数字电子技术基础

主　编◎白彦霞　陈晓芳

副主编◎赵　燕　卜旭芳　韩海花　李　靖　王　琪

華中科技大学出版社
http://www.hustp.com
中国·武汉

内 容 简 介

本书定位在“应用型本科层次”，内容简明，通俗易懂，由浅入深，突出集成器件的应用，理论联系实际。

全书共分为12章，分别为：数字逻辑概论、逻辑代数基础、逻辑门电路、组合逻辑电路、锁存器与触发器、时序逻辑电路、脉冲波形的产生与变换、数/模和模/数转换、半导体存储器、可编程逻辑器件、数字电路Multisim仿真研究、数字电路应用实例。

为方便教学，本书还配有电子课件等教学资源包，任课教师和学生可以登录“我们爱读书”网（www.ibook4us.com）免费注册并浏览，或者发邮件至 hustpeiit@163.com 免费索取。

本书篇幅适中、可读性强，可作为普通高等院校计算机相关专业、电气自动化技术和信息类相关专业应用型本（专）科的教材或参考书，也可供从事电子技术工作的工程技术人员参考。

图书在版编目(CIP)数据

数字电子技术基础/白彦霞，陈晓芳主编. —武汉：华中科技大学出版社，2017.6(2022.1重印)
应用型本科信息大类专业“十三五”规划教材
ISBN 978-7-5680-2854-7

Ⅰ.①数… Ⅱ.①白… ②陈… Ⅲ.①数字电路-电子技术-高等学校-教材 Ⅳ.①TN79

中国版本图书馆CIP数据核字(2017)第108362号

数字电子技术基础
Shuzi Dianzi Jishu Jichu

白彦霞 陈晓芳 主编

策划编辑：康 序
责任编辑：狄宝珠
责任监印：朱 玢
出版发行：华中科技大学出版社（中国·武汉） 电话：(027)81321913
武汉市东湖新技术开发区华工科技园 邮编：430223
录 排：武汉正风天下文化发展有限公司
印 刷：武汉科源印刷设计有限公司
开 本：787mm×1092mm 1/16
印 张：18.5
字 数：482千字
版 次：2022年1月第1版第4次印刷
定 价：45.00元

前言 PREFACE

本书定位在“应用型本科层次”，内容简明，通俗易懂，由浅入深，突出集成器件的应用，理论联系实际。

全书共分为12章，分别为：数字逻辑概论、逻辑代数基础、逻辑门电路、组合逻辑电路、锁存器与触发器、时序逻辑电路、脉冲波形的产生与变换、数/模和模/数转换、半导体存储器、可编程逻辑器件、数字电路Multisim仿真研究、数字电路应用实例。书后附有课后习题答案。

本书在内容组织上以讲清组合逻辑电路和时序逻辑电路的分析方法和设计方法为主线来介绍各种逻辑器件的功能及应用，贯彻理论联系实际和少而精的原则，加强了对中规模集成电路的应用。对教学目的和要求中要求必须掌握的基本概念、基本原理和基本分析方法，做到讲深讲透，并注意讲清思路、启发思维，以培养举一反三的能力。本书始终贯彻“讲、学、练”相结合的原则，从能力培养的角度出发，培养学生分析问题和解决问题的能力。

本书第1章由李靖编写，第2章和第10章由韩海花编写，第3章和第5章由卜旭芳编写，第4章由白彦霞编写，第6章和第8章由陈晓芳编写，第7章、第11章和第12章由赵燕编写，第9章由王琪编写，课后答案由陈晓芳整理。全书由陈晓芳整理，白彦霞定稿。北京化工大学莫德举教授和华北科技学院刘林生副教授对该书提出了许多宝贵的意见和建议，编者在此表示感谢。此外，感谢李丽芬、云彩霞、张秋菊、刘继超对该书编写工作的支持！

本书篇幅适中、可读性强，可作为普通高等院校计算机相关专业、电气自动化技术和信息类相关专业应用型本(专)科的教材或参考书，也可供从事电子技术工作的工程技术人员参考。

为方便教学，本书还配有电子课件等教学资源包，任课教师和学生可以登录“我们爱读书”网(www.ibooks4us.com)免费注册并浏览，或者发邮件至hustpeiit@163.com免费索取。

虽然编者对书稿做了多次校核，但是编者水平有限，离高等教育教学尚有差距，恳请使用本教材的师生和相关读者予以批评指正，以便不断提高。

编者

2017年5月

目录 CONTENTS

第1章 数字逻辑概论

主要教学内容

1. 数字电路与数字信号。
2. 数制。
3. 二进制数的算术运算。
4. 二进制代码。
5. 二值逻辑变量与基本逻辑运算。
6. 逻辑函数及其表示方法。

教学目的和要求

1. 了解模拟信号与数字信号、模拟电路与数字电路的区别与联系。
2. 熟练掌握数字量、数制的概念及不同数制的互化。
3. 熟练掌握二进制数的算术运算。
4. 掌握基本逻辑运算、逻辑函数的概念及逻辑问题的描述。
5. 掌握逻辑函数的常用表示方法:表达式、真值表、逻辑图、波形图,并掌握各种表示方法的相互转换。

随着现代电子技术的发展,人们正处于一个信息时代。每天都要通过电视、广播、通信、互联网等多种媒体获取大量的信息。而现代信息的存储、处理和传输越来越趋于数字化。在人们的日常生活中,常用的计算机、电视机、音响系统、视频记录设备、长途电信等电子设备或电子系统,无一不采用数字电路或数字系统。因此,数字电子技术的应用越来越广泛。

本章首先介绍数字技术的发展及应用、数字集成电路的分类及特点、模拟信号与数字信号以及数字信号的描述方法。然后讨论数制、二进制数的算术运算、二进制码和数字逻辑的基本运算。

1.1 数字电路与数字信号

1.1.1 数字技术的发展及其应用

20世纪中期至21世纪初,电子技术特别是数字电子技术得到了飞速的发展,使工业、农业、科研、医疗以及人们的日常生活发生了根本性的变革。

电子技术的发展是以电子器件的发展为基础的。20世纪初直至20世纪中期,主要使用的电子器件是真空管,也称电子管。随着固体微电子学的进步,第一只晶体三极管于1947年问世,开创了电子技术的新领域。20世纪60年代初,模拟和数字集成电路相继上市。到20世纪70年代末微处理器的问世,电子器件及其应用出现了崭新的局面。1988年,集成工艺可在1 cm^2 的硅片上集成3500万个元件,说明集成电路进入甚大规模阶段。随着微加工技术的发展,当前的制造技术已使集成电路芯片内部的布线细微到纳米量级。例如英特尔第四代酷睿系列产品i7 4790k,它的制造工艺已经达到22 nm级别,时钟频率高达4.4 GHz

(10^9 Hz)。随着芯片上元件和布线的缩小，芯片的功耗降低而速度却大为提高。

数字技术应用的典型代表是电子计算机，它是伴随着电子技术的发展而发展的。数字电子技术的发展衍生出计算机的不断发展和完善，计算机技术的影响已遍及人类经济生活的各个领域，掀起了一场"数字革命"。数字技术被广泛应用于广播、电视、通信、医学诊断、测量、控制、文化娱乐以及家庭生活等方面。由于数字信号具有便于存储、处理和传输的特点，使得许多使用传统模拟技术的领域转而运用数字技术。具体举例如下：

1. 照相机

传统的模拟相机是用卤化银感光胶片记录影像，胶片成像过程需要严格的加工工艺和技术，而且胶片不便于保存和传输。数字相机是将影像的光信号转换为数字信号，以像素阵列的形式进行存储。存储的信息包括色彩、光强度和位置等。例如 640×480 的像素阵列中，每个像素的红、绿、蓝三元色均是 8 位，则该阵列的数据超过 700 万。如果用 JPEG 图形格式进行压缩处理后，数据量只为原来的 5%，便于进行网络的远距离传输。随着计算机处理照片技术的推广，外置大容量小体积硬盘的普及，激光数字彩色照片冲印设备的广泛应用，数字相机将取代模拟相机。

JPEG(joint picture experts group 的缩写)是国际标准化组织 ISO(international standard organization 的缩写)和 CCITT(international telephone and telegraph consultative committee 的缩写)联合制定的静止图像压缩编码标准，是目前静止图像压缩比最高的文件格式。

2. 视频记录设备

VCD(video compact disk 的缩写)和 DVD(digital video disk 的缩写)普及之前，视频信息主要以记录模拟信号的录像带为主，而录像带的携带和保存都不方便。VCD 是利用 MPEG-1 压缩方式，以数字信号记录图像和声音，它可以在直径为 12 cm 的光盘上，记录 74 min的影音信息。DVD 利用 MPEG-2 的压缩技术，与 VCD 相比，它的容量更大，画质和音质更好。仅单面单层、直径 12 cm 的光盘就可存储 350 亿位数据，可播放 133 min，而双面双层存储的数据可达到其 4 倍之多。因此，DVD 已成为家庭影院的重要组成部分。

MPEG(moving picture experts group 的缩写)是世界数字视频和音频压缩比的标准化组织制定的，用于多媒体运动图像和伴音的数据压缩编码的国际标准。MPEG-1 可将移动图像和相关的声音压缩成二进制比特流，压缩比为 200∶1。与 MPEG-1 相比，MPEG-2 的视频编码做了多项改进，使压缩比更高，图像质量更好。

3. 交通灯控制系统

1920 年交通灯问世。早期的交通灯(红黄绿灯)是用机电定时器控制的。后来用继电器和开关构成的控制器，根据道路上传感器检测的信号进行控制。现在的交通灯由计算机控制，可以将监测系统检测到的车辆流量信息送到系统计算机，经计算后进行合理的时间分配。如果某路口东西方向堵塞，则将该路口东西方向的绿灯自动延时，并将附近区域东西方向的红灯也自动地延时，堵塞解除后，信号灯恢复正常状态。

随着微电子技术的发展，将会有更多的数字电子产品陆续问世。数字技术的发展、计算机的应用正在改变着人类的生产方式、生活方式及思维方式，它使得工业自动化、农业现代化、办公自动化和通信网络化成为现实。但是，无论数字技术如何发展，终将不能代替模拟技术。自然界中绝大多数物理量都是模拟量，数字技术不能直接接受模拟信号进行处理，也无法将处理后的数字信号直接送到外部物理世界。因此，模拟技术在电子系统中是不可缺少的。由于模拟技术难度远高于数字技术，其发展自然较慢。实际电子系统一般是模拟电路和数字电路的结合，在发展数字技术的同时，也应重视模拟技术的发展。

1.1.2 数字集成电路的分类及特点

电子电路按功能分为模拟电路和数字电路。根据电路的结构特点及其对输入信号响应规则的不同，数字电路可分为组合逻辑电路和时序逻辑电路。数字电路中的电子器件，例如二极管、三极管(BJT、FET)处于开关状态，时而导通，时而截止，构成电子开关。这些电子开关是组成逻辑门电路的基本器件。逻辑门电路又是数字电路的基本单元。如果将这些门电路集成在一片半导体芯片上就构成数字集成电路。

1. 数字集成电路的分类

数字电路的发展历史与模拟电路一样，经历了由电子管、半导体分立器件到集成电路的过程。由于集成电路的发展非常迅速，很快占有主导地位，因此，数字电路的主流形式是数字集成电路。从 20 世纪 60 年代开始，数字集成器件以双极型工艺制成了小规模逻辑器件，随后发展到中规模；20 世纪 70 年代末，微处理器的出现，使数字集成电路的性能发生了质的飞跃；从 20 世纪 80 年代中期开始，专用集成电路(ASIC，ASIC 是 application specific integrated circuit 的缩写)制作技术已趋于成熟，标志着数字集成电路发展到了新的阶段。

ASIC 是将一个复杂的数字系统制作在一块半导体芯片上，构成体积小、质量轻、功耗低、速度高、成本低且具有保密性的系统级芯片。ASIC 芯片的制作可以采用全定制或半定制的方法。全定制适用于生产批量的成熟产品，由半导体生产厂家制造。对于生产批量小或研究试制阶段的产品，可以采用半定制方法。它是用户通过软件编程，将自己设计的数字系统制作在厂家生产的可编程逻辑器件(PLD，PLD 是 programmable logic device 的缩写)半成品芯片上，便得到所需的系统级芯片。从集成度来说，数字集成电路可分为小规模(SSl)、中规模(MSl)、大规模(LSl)、超大规模(VLSl)和甚大规模(ULSl)五类。所谓集成度，是指每一芯片所包含的门的个数。表 1-1-1 所示为数字集成电路的分类。

表 1-1-1 数字集成电路的分类

分　类	门的个数	典型集成电路
小规模	最多 12 个	逻辑门、触发器
中规模	12～99	计数器、加法器
大规模	100～9 999	小型存储器、门阵列
超大规模	10 000～99 999	大型存储器、微处理器
甚大规模	10^6 以上	可编程逻辑器件、多功能专用集成电路

数字电路的发展不仅表现在集成度方面，而且在半导体器件的材料、结构和生产工艺上均有所体现。数字集成器件所用的材料以硅材料为主，在高速电路中，也使用化合物半导体材料，例如砷化镓等。

逻辑门是数字集成电路的主要单元电路，按照结构和工艺分为双极型、MOS 型和双极-MOS 型。晶体管-晶体管逻辑门电路 TTL(transistor-transistor logic 的缩写)问世较早，其工艺经过不断改进，是至今仍在使用的基本逻辑器件之一。随着金属-氧化物-半导体(MOS)工艺特别是 CMOS(complementary metal-oxide-semiconductor 的缩写)工艺的发展，使得集成电路具有很高的电路集成度和工作速度，并且功耗很低，因此 TTL 的主导地位已被 CMOS 器件所取代。

2. 数字集成电路的特点

与模拟电路相比，数字电路主要有下列优点。

1）稳定性高，结果的再现性好

数字电路的工作可靠，稳定性好。一般而言，对于一个给定的输入信号，数字电路的输出总是相同的。而模拟电路的输出则随着外界温度和电源电压的变化，以及器件的老化等因素而发生变化。

2）易于设计

数字电路又称为数字逻辑电路，它主要是对用 0 和 1 表示的数字信号进行逻辑运算和处理，不需要复杂的数学知识，广泛使用的数学工具是逻辑代数。数字电路能够可靠地区分 0 和 1 两种状态就可以正常工作，电路的精度要求不高。因此，数字电路的分析与设计相对较容易。

3）可大批量生产，成本低廉

数字电路结构简单，体积小而成本低廉。

4）可编程性

现代数字系统的设计，大多采用可编程逻辑器件，即厂家生产的一种半成品芯片。用户根据需要用硬件描述语言（HDL，HDL 是 hardware description language 的缩写）在计算机上完成电路设计和仿真，并写入芯片，这给用户研制开发产品带来了极大的方便性和灵活性。

5）高速度，低功耗

随着集成电路工艺的发展，数字器件的工作速度越来越高，而功耗越来越低。集成电路中单管的开关速度可以做到小于 10^{-11} s。整体器件中，信号从输入到输出的传输时间小于 2×10^{-9} s。百万门以上超大规模集成芯片的功耗，可以低达毫瓦级。

由于具有这些优点，数字电路在众多领域取代了模拟电路，而且可以肯定这种趋势将会继续发展下去。

3. 数字电路的分析、设计与测试

1）数字电路的分析方法

数字电路处理的是数字信号，电路中的半导体器件工作在开关状态，例如晶体管工作在饱和区或截止区，所以不能采用模拟电路的分析方法，例如小信号模型分析法。数字电路又称为逻辑电路，在电路结构、功能和特点等方面均不同于模拟电路，主要研究的对象是电路的输出与输入之间的逻辑关系，因而，数字电路的分析方法与模拟电路完全不同，所采用的分析工具是逻辑代数，表达电路输出与输入的关系主要用真值表、功能表、逻辑表达式或波形图。

随着计算机技术的发展，借助计算机仿真软件，可以更直观、更快捷、更全面地对电路进行分析。不仅可以对数字电路，而且可以对数模混合电路进行仿真分析。不仅可以进行电路的功能仿真，显示逻辑仿真的波形结果，以检查逻辑错误，而且可以考虑器件及连线的延迟时间，进行时序仿真，检测电路中存在的冒险竞争、时序错误等问题。

2）数字电路的设计方法

数字电路的设计是从给定的逻辑功能要求出发，确定输入、输出变量，选择适当的逻辑器件，设计出符合要求的逻辑电路。设计过程一般有方案的提出、验证和修改三个阶段。设计方式分为传统的设计方式和基于 EDA（electric design automation 的缩写）软件的设计方式。传统的硬件电路设计全过程都是由人工完成，硬件电路的验证和调试是在电路构成后进行的，电路存在的问题只能在验证后发现。如果存在的问题较大，有可能重新设计电路，因而设计周期长，资源浪费大，不能满足大规模集成电路设计的要求。基于 EDA 软件的设计方式是借助于计算机来快速准确地完成电路的设计。设计者提出方案后，利用计算机进

行逻辑分析、性能分析、时序测试,如果发现错误或方案不理想,可以重复上述过程直至得到满意的电路,然后进行硬件电路的实现。这种方法提高了设计质量,缩短了设计周期,节省了设计费用,提高了产品的竞争力。因此 EDA 软件已成为设计人员不可缺少的有力工具。

EDA 软件的种类较多,大多数软件包含以下主要工具。

(1) 原理图输入　设计者可以如同在纸上画电路一样,将逻辑电路图输入到计算机中,软件自动检查电路的接线、电源及地线的连接、信号的连接等。

(2) HDL 文本输入　硬件描述语言是用文本的形式描述硬件电路的功能、信号连接关系以及时序关系。它虽然没有图形输入那么直观,但功能更强,可以进行大规模、多个芯片的数字系统的设计。常用的 HDL 有 ABEL、VHDL 和 Verilog HDL 等。

(3) 测试平台　当逻辑电路的设计输入到计算机后,需要测试其逻辑功能或时序关系的正确性。测试平台用于编写或绘制激励信号。

(4) 仿真和综合工具　仿真包括对电路的功能仿真和时序仿真。功能仿真用于验证电路的功能和逻辑关系是否正确。时序仿真考虑门及连线的延时,验证系统内部工作过程及输入/输出的时序关系是否满足设计要求。综合工具将 HDL 描述的电路的逻辑关系,转换为门和触发器等元件及其相互连接的电路形式。

3) 数字电路的测试技术

数字电路在正确设计和安装后必须经过严格的测试方可使用。须具备下列基本仪器设备。

(1) 数字电压表　这是指把被测电压的数值通过数字技术,变换成数字量,然后用数码管以十进制数字显示被测量电压值的仪表,用来测量电路中各点的电压,并观察其测试结果是否与理论分析一致。

(2) 电子示波器　这是利用阴极射线管作为显示器所构成的一种电子测试仪器,不但能测量电信号的动态过程,还可以定量测量表征电信号特性的参数,常用来观察电路中各点处信号的波形。一个复杂的数字系统,在主频率信号源的激励下,电信号的逻辑关系可以从波形图中得到验证。

(3) 逻辑分析仪　这是一种类似于示波器的专用波形测试设备,它利用时钟从测试设备上采集和显示数字信号。但是逻辑分析仪不像示波器那样有许多电压等级,通常只显示两个电压(逻辑 1 和 0),它可以监测硬件电路工作时的逻辑电平(高或低),便于用户检测,分析电路设计(硬件设计和软件设计) 中的错误,而且它可以同时显示 8～32 位的数字波形,十分有利于对整体电路各部分之间的逻辑关系进行分析。

1.1.3　模拟信号与数字信号

1. 模拟信号

模拟信号是指时间上或幅值上连续变化的物理量,如广播的声音信号,每天的温度变化等。处理模拟信号的电子电路称为模拟电路。在工程技术上,为了便于处理和分析,通常用传感器将模拟量转换为与之成比例的电压或电流信号,然后再送到电子系统中进一步处理。在分析过程中,通常将电压、电流信号用波形来表示。图 1-1-1(a)所示为由热电偶得到的一个模拟电压信号波形。

2. 数字信号

与模拟量相对应的另一类物理量称为数字量。它们是在一系列离散的时刻取值,数值的大小和每次的增减都是量化单位的整数倍,即它们是一系列时间离散、数值也离散的信号。表示数字量的信号称为数字信号。将工作于数字信号下的电子电路称为数字电路。例如用温度计测量某一天内的温度变化,测量时间取在整点时刻读取数据,并且对数据进行量化，即某次的温度计的读数为 30.35 ℃，取 1 ℃作为量化单位，则温度值为 30 ℃。这样一天内的温度记录在时间上和数值上都不是连续的，温度是以 1 ℃为单位增加或减少。显然，用数字信号也可以表示温度、声音等各种物理量的大小，只是存在着一定的误差，误差取决于量化单位的大小。

随着计算机的广泛应用，绝大多数电子系统都采用计算机来对信号进行处理。由于计算机无法直接处理模拟信号，所以需要将模拟信号转换为数字信号。

3. 模拟量的数字表示

图 1-1-1 所示为转换过程中的各种波形图，图 1-1-1(a)所示为模拟电压信号。首先对模拟信号取样。图 1-1-1(b)所示为模拟信号通过取样电路后，变成时间离散、幅值连续的取样信号，t_0、t_1、t_2……为取样时间点。这里幅值连续是指各取样点的幅值没有量化，仍然与对应的模拟信号的幅值相同，例如图 1-1-1(a)和图 1-1-1(b)中 t_1 处的幅值均为模拟量 9.15 mV。然后对取样信号进行量化即数字化。选取一个量化单位，将取样信号除以量化单位并取整数结果，得到时间离散、数值也离散的数字量。最后对得到的数字量进行编码，生成用 0 和 1 表示的数字信号，如图 1-1-1(c)所示。图中以 1 mV 作为量化单位，对 t_1 处的幅值 9.15 mV 进行量化，量化后数值为 9。该值用 8 位二进制数表示为 00001001。如果取样点足够多，量化单位足够小，数字信号可以较真实地反映模拟信号。关于模数和数模转换的详细讨论见第 8 章。

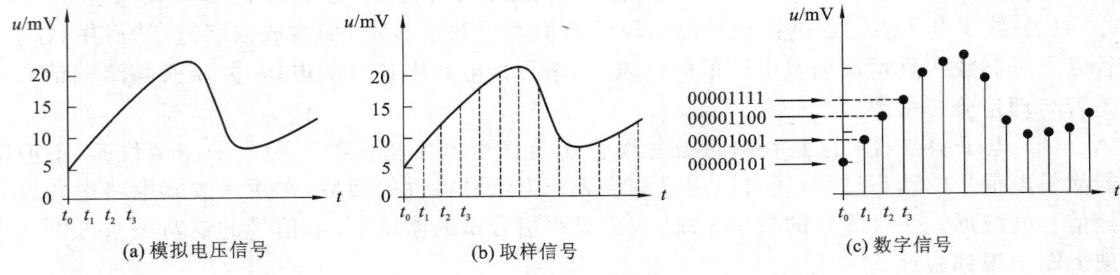

图 1-1-1　模拟量的数字表示

1.1.4　数字信号的描述方法

模拟信号的表示方式可以是数学表达式，也可以是波形图等。数字信号的表示方式可以是二值数字逻辑(二值数字逻辑是 binal digital logic 的译称)，以及有逻辑电平描述的数字波形。

1. 二值数字逻辑和逻辑电平

在数字电路中，可以用 0 和 1 组成的二进制数表示数量的大小，也可以用 0 和 1 表示两种不同的逻辑状态。当表示数量时，两个二进制数可以进行数值运算，常称为算术运算，将在 1.3 节中介绍。当用 0 和 1 描述客观世界存在的彼此相互关联又相互对立的事物时，例如，是与非，真与假，开与关，低与高，通与断等，这里的 0 和 1 不是数值，而是逻辑 0 和逻辑 1。这种只有两种对立逻辑状态的逻辑关系称为二值数字逻辑或简称数字逻辑。

在电路中，可以很方便地用电子器件的开关来实现二值数字逻辑，也就是以高、低电平分别表示逻辑 1 和 0 两种状态。在分析实际数字电路时，考虑的是信号之间的逻辑关系，只要能区别出表示逻辑状态的高、低电平，可以忽略高、低电平的具体数值。表 1-1-2 所示为一类 CMOS 器件的电压范围与逻辑电平之间的关系。当信号电压在 3.5～5 V 范围内，都表示高电平；在 0～1.5 V 范围内，都表示低电平。这些表示数字电压的高、低电平通常称为逻辑电平(Logic Level 的译称)。应当注意，逻辑电平不是物理量，而是物理量的相对表示。

表 1-1-2　电压范围与逻辑电平的关系

电压	二值逻辑	电平
3.5～5 V	1	H(高电平)
0～1.5 V	0	L(低电平)

图 1-1-2(a)所示为用逻辑电平描述的数字波形，其中逻辑 0 表示低电平，逻辑 1 表示高电平。图 1-1-2(b)所示为 16 位数据的波形。通常在分析一个数字系统时，由于电路采用相同的逻辑电平标准，一般可以不标出高、低电平的电压值，时间轴也可以不标。

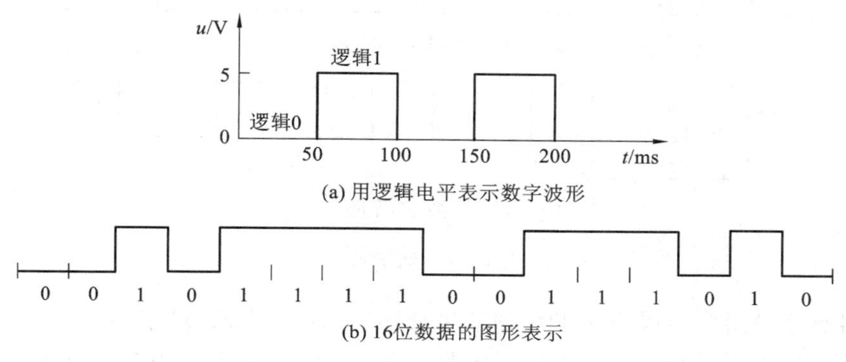

(a) 用逻辑电平表示数字波形

(b) 16位数据的图形表示

图 1-1-2　数字波形

2. 数字波形

1) 数字波形的两种类型

数字波形是逻辑电平对时间的图形表示。数字信号有两种传输波形，一种是非归零型，另一种是归零型。在图 1-1-3 中，一定的时间间隔 T，称为 1 位(1 bit)，或者一拍。如果在一个时间拍内用高电平代表 1，低电平代表 0，称为非归零型，如图 1-1-3(a)所示。如果在一个时间拍内有脉冲代表 1，无脉冲代表 0，称为归零型，如图 1-1-3(b)所示。两者的区别在于，非归零型信号在一个时间拍内不归零，而归零型信号在一个时间拍内会归零。只有作为时序控制信号使用的时钟脉冲是归零型，除此之外的大多数数字信号基本都是非归零型，非归零型信号使用较为广泛。

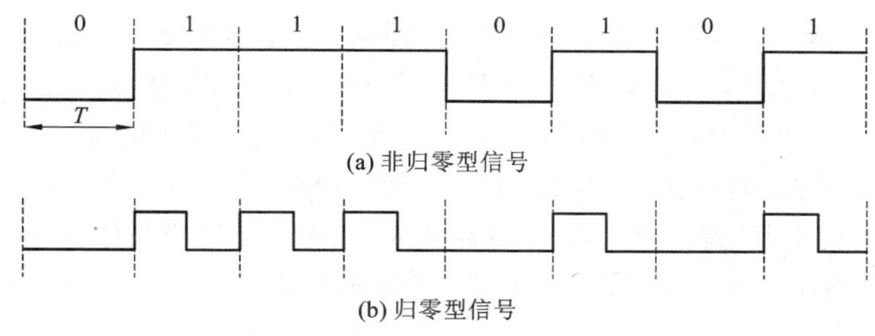

(a) 非归零型信号

(b) 归零型信号

图 1-1-3　数字信号的传输波形

数字信号只有两个取值，故称为二值信号，数字波形又称为二值位图。非归零型信号的每位数据占用一个位时间。每秒钟传输数据的位数称为数据率或比特率。

例 1.1.1　某通信系统每秒钟传输 1 544 000 位(1.544 兆位)数据，求每位数据的时间。

解 按题意，每位数据的时间为

$$\left[\frac{1.544\times10^{6}}{1\ \text{s}}\right]^{-1}=647.67\times10^{-9}\ \text{s}=648\ \text{ns}$$

2）周期性和非周期性

与模拟信号相同，数字波形也有周期性和非周期性之分。图 1-1-4 所示为这两类数字波形。

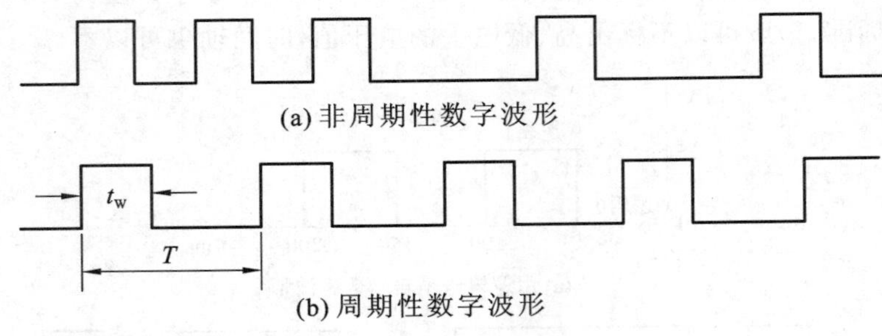

(a) 非周期性数字波形

(b) 周期性数字波形

图 1-1-4　数字波形

周期性数字波形常用周期 T 和频率 f 来描述。脉冲波形的脉冲宽度用 t_w 表示，它表示脉冲的作用时间。另一个重要参数是占空比 q，它表示脉冲宽度 t_w 占整个周期 T 的百分数，常用下式表示

$$q(\%)=\frac{t_w}{T}\times100\% \qquad (1\text{-}1\text{-}1)$$

当占空比为 50%时，称此时的矩形脉冲为方波，即 0 和 1 交替出现并持续占有相同的时间。

例 1.1.2 设周期性数字波形的高电平持续时间 6 ms，低电平持续 10 ms，求占空比 q。

解 因数字波形的脉冲宽度 $t_w=6$ ms，周期 $T=(6+10)$ ms$=16$ ms，则

$$q=\frac{6\ \text{ms}}{16\ \text{ms}}\times100\%=37.5\%$$

3）实际数字信号波形

在实际的数字系统中，数字信号并没有那么理想。当它从低电平跳变到高电平，或从高电平跳到低电平时，边沿没有那么陡峭，而要经历一个过渡过程，分别用上升时间 t_r 和下降时间 t_f 描述，如图 1-1-5 所示，将脉冲幅值的 10%到 90%时所经历的时间称为上升时间 t_r。下降时间则相反，从脉冲幅值的 90%到 10%时所经历的时间称为下降时间 t_f。将脉冲幅值的 50%的两个时间点所跨越的时间称为脉冲宽度 t_w，对于不同类型的器件和电路，其上升和下降时间各不相同。一般数字信号上升和下降时间的典型值为几纳秒(ns)。

4）时序图

在数字电路中，表明各信号之间时序关系的波形图称为时序图，常用时序图或称为脉冲波形图来分析时序电路的逻辑功能。图 1-1-6 所示为一典型的时序图。图中 CP 为时钟脉冲信号，它是数字系统中的时间参考信号。地址线、片选和数据写入等信号也示于图 1-1-6 中。关于时序图中各波形的具体作用，将在后续章节中介绍。通常数字集成电路，例如存储器和时序逻辑器件等须附有时序图，以便于进行数字系统的分析、设计和应用。

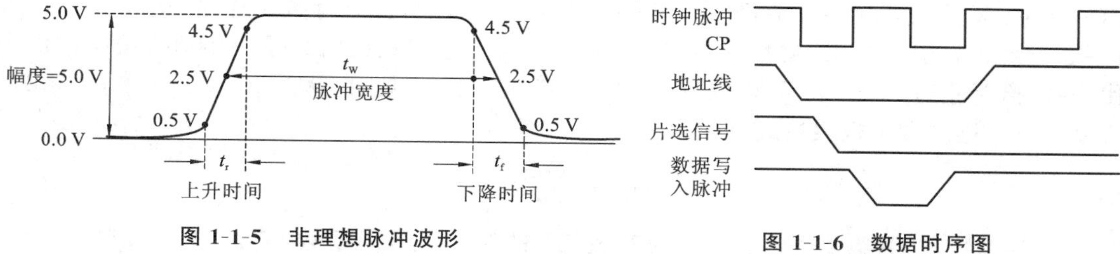

图 1-1-5 非理想脉冲波形

图 1-1-6 数据时序图

1.2 数制

人们在日常生活中经常遇到计数问题，并且习惯用十进制数。而在数字系统，例如在计算机系统中，数字和符号都是用电子元件的不同状态表示的，即以高、低电平表示。因为计算机内部只能识别二进制数，因此数字系统通常采用二进制数，有时也采用十六进制数或八进制数。这种多位数码的构成方式以及从低位到高位的进位规则称为数制。

在进位计数制中，每个数位所用的不同的数字的个数叫作基数，如十进制每个数位有 0，1，2，…，9 十个不同的数字情况，也就是说十进制的基数是 10。同理，二进制数的每一位只能是 0 和 1，二进制的基数是 2。那八进制的基数是 8，十六进制的基数为 16。

在一个数字中，同一个数字符号处在不同位置上所代表的值是不同的，以我们最熟悉的十进制为例，数字 3 在十位数位置上表示 30，在百位数位置上表示 300，而在小数点后第 1 位上则表示 0.3。同一个数字符号，不管它在哪一个十进制数中，只要在相同位置上，其值是相同的，例如，135 与 1235 中的数字 3 都在十位数位置上，而十位数位置上的 3 的值都是 30。通常称某个固定位置上的计数单位为位权。

1.2.1 十进制

所谓十进制就是以 10 为基数的计数体制。通常用$(N)_D$或$(N)_{10}$表示十进制数字 N，下标 D(decimal)表示十进制。任何十进制数都可以用 0、1、2、3、4、5、6、7、8、9 十个数码中的一个或几个，按一定的规律排列起来表示，其计数规律是“逢十进一”，即 9＋1＝10，其中左边的“1”为十位数，右边的“0”为个位数，也就是 $10=1\times10^1+0\times10^0$。这样，每一数码处于不同的位置时，它所代表的数值是不同的。例如，十进制数 4587.29 可以表示为

$$4587.29=4\times10^3+5\times10^2+8\times10^1+7\times10^0+2\times10^{-1}+9\times10^{-2}$$

式中，10^3、10^2、10^1、10^0 分别为千位、百位、十位和个位数码的位权，而小数点以右数码的权值是 10 的负幂。这与珠算盘横梁上所标示的个、十、百、千的位权是相同的。

十进制数位权表达式可表示为

$$(N)_D=\sum_{-\infty}^{+\infty}K_i\times10^i \tag{1-2-1}$$

其中，10 为基数；10^i 为第 i 位的权，K_i 为基数“10”的第 i 次幂的系数。K_i 的取值为 0 ～ 9 共 10 个数码。

用数字电路来存储或处理十进制数是不方便的。因为构成数字电路的基本思路是把电路的状态与数码对应起来。而十进制的十个数码要求电路有十个完全不同的状态，这样使得电路很复杂，因此在数字电路中不直接处理十进制数。

1.2.2 二进制

1. 二进制的表示方法

二进制就是以 2 为基数的计数体制。通常用$(N)_B$ 或$(N)_2$ 表示二进制数 N，下标

B(binary) 表示二进制。二进制数中，只有 0 和 1 两个数码，并且计数规律是"逢二进一"，即 $1+1=10$(读为"壹零")。必须注意，这里的"10"与十进制数的"10"是完全不同的，它并不代表数"拾"。左边的"1"表示 2^1 位数，右边的"0"表示 2^0 位数，也就是 $10=1\times 2^1+0\times 2^0$。所以任意二进制数位权表达式可表示为

$$(N)_B = \sum_{-\infty}^{+\infty} K_i \times 2^i \tag{1-2-2}$$

式中，2 为基数，2^i 为第 i 位的权，K_i 为基数"2"的第 i 次幂的系数，它可以是 0 或者 1。式(1-2-2) 也可以作为二进制数转换为十进制数的转换公式。

例 1.2.1 试将二进制数 $(1010110)_2$ 转换为十进制数。

解 将每 1 位二进制数与其位权相乘，然后按十进制加法相加便得相应的十进制数。

$$(1010110)_2=1\times 2^6+0\times 2^5+1\times 2^4+0\times 2^3+1\times 2^2+1\times 2^1+0\times 2^0=(86)_{10}$$

2. 二进制的优点

与十进制相比较，二进制具有以下优点，因此它在计算机技术中被广泛采用。

(1) 二进制的数字装置简单可靠，所用元件少。

二进制只有两个数码 0 和 1，因此它的每 1 位数都可用任何具有两个不同稳定状态的元件来表示，例如 BJT 的饱和与截止，继电器接点的闭合和断开，灯泡的亮和不亮等。只要规定其中一种状态表示 1，另一种状态表示 0，就可以表示二进制数。这样，数码的存储、分析和传输，就可以用简单而可靠的方式进行。

(2) 二进制的基本运算规则简单，运算操作方便。

3. 二进制的缺点

但是，采用二进制也有一些缺点。用二进制表示一个数时，位数多，例如，十进制数 49 表示为二进制数时，即为 110001，使用起来不方便也不习惯。

因此，在运算时原始数据多用人们习惯的十进制数，在送入机器时，就必须将十进制原始数据转换成数字系统能接受的二进制数。而在运算结束后，再将二进制数转换为十进制数，表示最终结果。

4. 二进制数的波形表示

在数字电子技术和计算机应用中，二值数据常用数字波形来表示。这样，数据比较直观，也便于使用电子示波器进行监视。图 1-2-1 所示为一计数器的波形，图中最左列标出了二进制数的位权(2^0、2^1、2^2、2^3)以及最低位(LSB，LSB 是 least significant bit 的缩写)和最高位(MSB，MSB 是 most significant bit 的缩写)，最后一行标出了从 0 到 15 的等效十进制数。

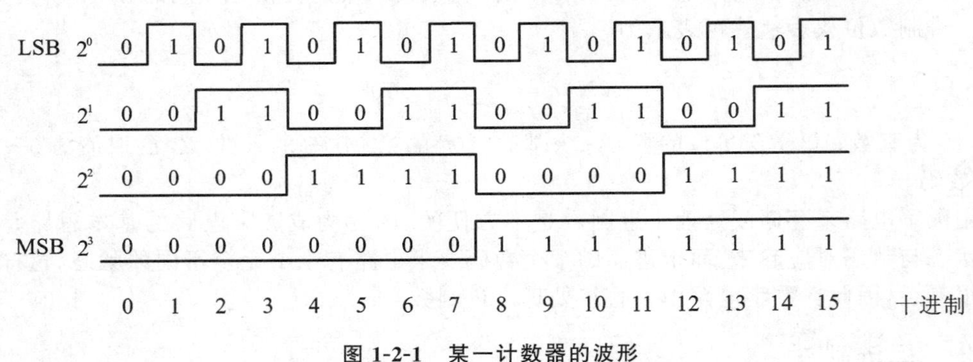

图 1-2-1 某一计数器的波形

从图 1-2-1 还可看出，每 1 位的波形均为对称方波，其占空比均为 50%，但每一波形的频率逐位减半直至最高位。

5. 二进制数据的传输

二进制数据从一处传输到另一处,可以采用串行方式或并行方式。对于串行方式,一组数据在时钟脉冲的控制下逐位传送。串行方式所需的设备简单,只需一根导线和一共同接地端即可。两台计算机之间,或计算机通过电话线与网络连接均采用这种方式。

二进制数据串行传输的示意图如图 1-2-2 所示,图 1-2-2(a)所示为二进制数据 00110110 从计算机 A 中串行传送到计算机 B。图 1-2-2(b)所示为数据信号在时钟脉冲 CP 的控制下,由最高位 MSB 到最低位 LSB 依次传输的波形图。注意,每传送 1 位数需要一个时钟周期,并且在时钟脉冲的下降沿完成。

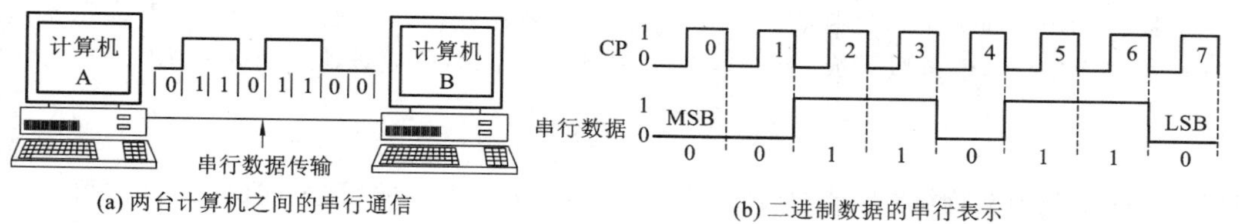

(a) 两台计算机之间的串行通信　　(b) 二进制数据的串行表示

图 1-2-2　二进制数据串行传输示意图

若要求传输速度快,则可采用并行传输的方式,即将一组二进制数据同时传送。图 1-2-3 所示为二进制数据并行传输的示意图。图 1-2-3(a)所示为一台打印机从一台计算机以 8 位数据并行的方式取用数据。传输 8 位数据所需的时间为一个时钟脉冲的周期,只有串行传输时间的 1/8。但所需设备复杂,需用八条传输线和其他部件。并行传输在数字系统中是一种常用的技术。

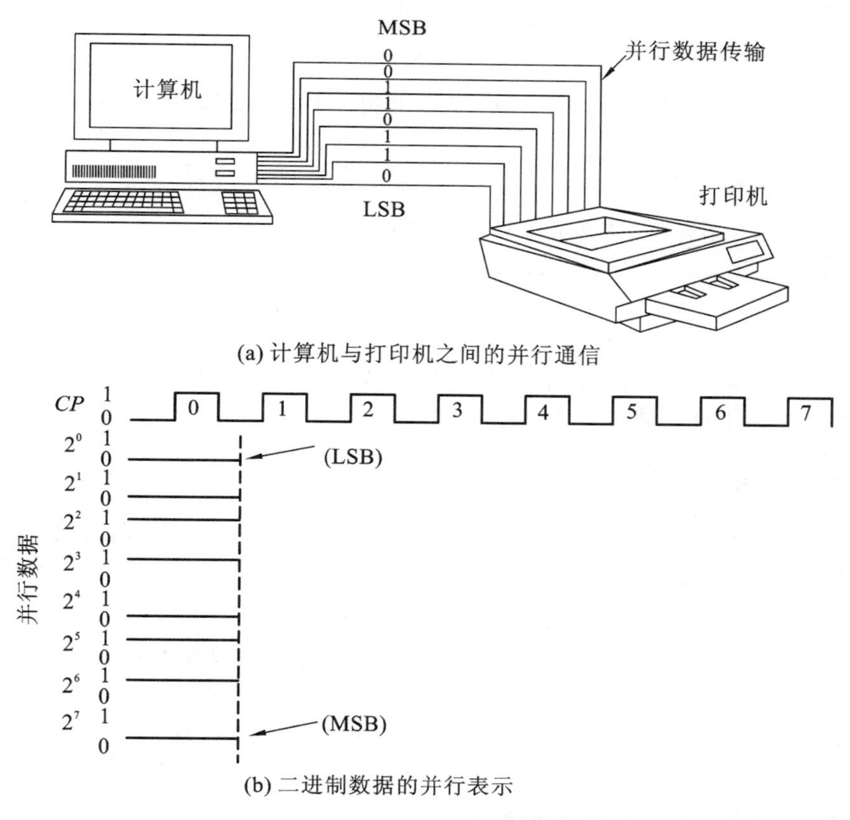

(a) 计算机与打印机之间的并行通信

(b) 二进制数据的并行表示

图 1-2-3　二进制数据并行传输示意图

1.2.3 十六进制和八进制

对于同一个数，用二进制数表示比用十进制数表示需要的位数多，不便书写和记忆，因此在数字计算机的资料中常采用十六进制数或八进制数来表示。计算机中引进八进制数和十六进制数主要是为了弥补二进制数在书写和读取方面的不足。

1. 十六进制

十六进制数是“逢十六进一”，以 16 为基数的计数体制。十六进制数采用十六个数码，分别为 0、1、2、3、4、5、6、7、8、9、A、B、C、D、E、F，其中 A、B、C、D、E、F 依次相当于十进制数中的 10、11、12、13、14、15。通常十六进制的表示形式为 $(N)_{16}$ 或 $(N)_{H}$，下标 H(hexadecimal) 表示十六进制。例如，$(A2.9)_{H}$，也可以写成 $(A2.9)_{16}$。任意十六进制数位权表达式可表示为

$$(N)_{H}=\sum_{-\infty}^{+\infty}K_i\times 16^i \tag{1-2-3}$$

式中，16 为基数，16^i 为第 i 位的权，K_i 为基数“16”的第 i 次幂的系数。式(1-2-3)也可以作为十六进制数转换为十进制数的转换公式。

例：$(A2.9)_{H}$ 的位权表达式为

$$(A2.9)_{H}=10\times 16^1+2\times 16^0+9\times 16^{-1}$$

2. 八进制

八进制就是“逢八进一”，以 8 为基数的计数体制。八进制数含有 0、1、2、3、4、5、6、7 八个基本数字，通常八进制的表示形式为 $(N)_8$ 或 $(N)_O$，下标 O(octal) 表示八进制。任意八进制数都可以由这八个数组合而成。任意八进制数位权表达式可表示为

$$(N)_{O}=\sum_{-\infty}^{+\infty}K_i\times 8^i \tag{1-2-4}$$

式中，8 为基数，8^i 为第 i 位的权，K_i 为基数“8”的第 i 次幂的系数。式(1-2-4)也可以作为八进制数转换为十进制数的转换公式。

例：$(23.4)_8$ 的位权表达式为：

$$(23.4)_{H}=2\times 8^1+3\times 8^0+4\times 8^{-1}$$

总之，任意 R 进制数的位权表达式为

$$(N)_{R}=\sum_{i=-\infty}^{+\infty}K_i\times R^i \tag{1-2-5}$$

式中，R 为基数，R^i 为第 i 位的权，K_i 为基数“R”的第 i 次幂的系数。式(1-2-5)也可以作为任意 R 进制数转换为十进制数的转换公式。

1.2.4 进制之间的相互转换

既然同一个数可以用二进制和十进制两种不同形式来表示，那么两者之间必然有一定的转换关系。

1. 二、八、十六进制转换成十进制

将二、八、十六进制数按位权展开，然后按十进制加法相加便得到相应的十进制数。

例如：$(10010)_B=1\times 2^4+0\times 2^3+0\times 2^2+1\times 2^1+0\times 2^0=(18)_D$

$(154.11)_O=1\times 8^2+5\times 8^1+4\times 8^0+1\times 8^{-1}+1\times 8^{-2}=(108.140625)_D$

$(1CB.D8)_H=1\times 16^2+12\times 16^1+11\times 16^0+13\times 16^{-1}+8\times 16^{-2}=(459.84375)_D$

2. 十进制转换成二、八或者十六进制

将十进制转换成二、八或者十六进制的方法概括起来如下：① 十进制整数转换成 R 进

制整数采用"除 R 取余法";② 十进制小数转换成 R 进制小数采用"乘 R 取整法";③ 在将一个十进制数转换成 R 进制数时,需要将分别进行转换后的整数部分和小数部分组合。

1）十进制换成二进制

十进制换成二进制的具体做法如下:将整数部分和小数部分分别进行转换。整数部分"除 2 取余",小数部分"乘 2 取整"。下面以十进制数 $(37.6875)_D$ 转换成二进制数为例子说明。

(1) 将十进制数整数部分除以 2,得到一个商数和一个余数;再将商数除以 2,又得到一个商数和一个余数……继续这个过程,直到商数等于零为止。每次得到的余数(必定是 0 或 1)就是对应二进制数的整数部分各位数字。

但必须注意:第一次得到的余数为二进制数的最低位,最后一次得到的余数为二进制数的最高位。

将十进制数 37 转换成二进制数的具体过程如下:

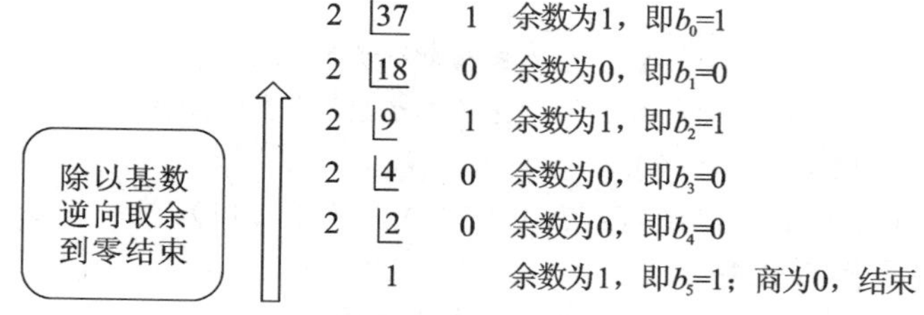

结果为:$(37)_D=(b_5b_4b_3b_2b_1b_0)_B=(100101)_B$。

(2) 十进制小数转换成二进制小数采用"乘 2 取整法"。具体做法如下:用 2 乘十进制小数,得到一个整数部分和一个小数部分;再用 2 乘小数部分,又得到一个整数部分和一个小数部分……继续这个过程,直到余下的小数部分为 0 或满足精度要求为止。最后将每次得到的整数部分(必定是 0 或 1)从左到右排列即得到所对应的二进制小数。

将十进制小数 0.6875 转换成二进制小数的过程如下:

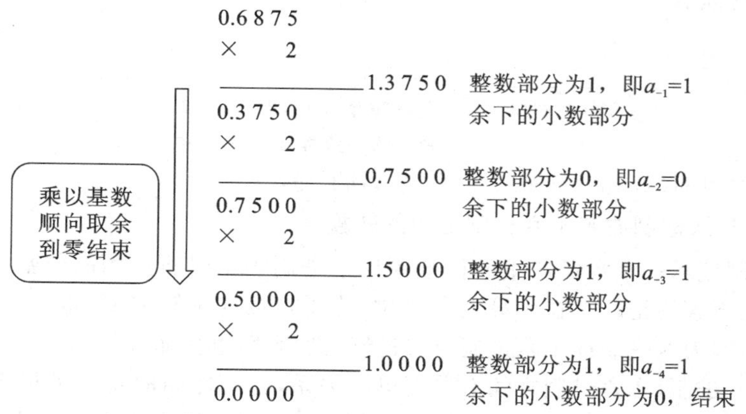

结果为:$(0.6875)_D=(0.a_{-1}a_{-2}a_{-3}a_{-4})_B=(0.1011)_B$

注意:一个十进制小数不一定能完全准确地转换成二进制小数。例如,十进制小数 0.1 就不能完全准确地转换成二进制小数。在这种情况下,可以根据精度要求只转换到小数点后某一位为止。

(3) 综合(1)和(2)的结果得到:$(37.6875)_{10}=(100101.1011)_2$。

2）十进制转换成八进制

例如,将十进制整数 277.140625 转换成八进制整数的过程如下。

(1) 十进制整数转换成八进制整数采用“除 8 取余法”。

8 |277　5　余数为5，即b_0=5
8 |34　2　余数为2，即b_1=2
8 |4　4　余数为4，即b_2=4；商为0，结束
0

最后结果为：$(277)_{10}=(b_2b_1b_0)_8=(425)_8$。

(2) 十进制小数转换成八进制小数采用“乘 8 取整法”。

将十进制小数 0.140625 转换成八进制小数的过程如下：

0.1 4 0 6 2 5
× 8
1.1 2 5 0 0 0　整数部分为 1，即 $a_{-1}=1$
0.1 2 5 0 0 0　余下的小数部分
× 8
1.0 0 0 0 0 0　整数部分为 1，即 $a_{-2}=1$
0.0 0 0 0 0 0　余下的小数部分为 0，结束

最后结果为：$(0.140625)_D=(0.a_{-1}a_{-2})_O=(0.11)_O$

(3) 综合(1)和(2)的结果得到：$(277.140625)_D=(425.11)_O$。

3) 十进制转换成十六进制

例如，十进制数 91.75 转换成十六进制数的过程如下：

先转换整数部分

16 |91　11　余数为11，即b_0=8
16 |5　5　余数为5，即b_1=5；商为0，结束
0

因此，$(91)_D=(5B)_H$。

再转换小数部分

0.7 5
× 1 6
12.0 0　整数部分为 12，即 $a_{-1}=C$
0.0 0　余下的小数部分为 0，结束

最后结果为：$(91.75)_D=(b_1b_0.a_{-1})_H=(5B.C)_H$。

3. 二进制与八进制或者十六进制之间的转换

使用二进制表示一个数所使用的位数要比十进制表示时所使用的位数长得多，书写不方便，不好读也不容易记忆。在计算机科学中，为了口读与书写方便，也经常采用八进制或十六进制表示，因为八进制或十六进制与二进制之间有着直接而方便的换算关系。

二进制与八进制、十六进制之间有着简单的关系，它们之间的转换是很方便的。由于 8 和 16 都是 2 的整数次幂，即 $8=2^3$、$16=2^4$。因此，三位二进制数相当于一位八进制数，四位二进制数相当于一位十六进制数。

(1) 八进制数转换成二进制数的规律是：每位八进制数用相应的三位二进制数代替。

例如，八进制数$(315.27)_8$转换成二进制数为

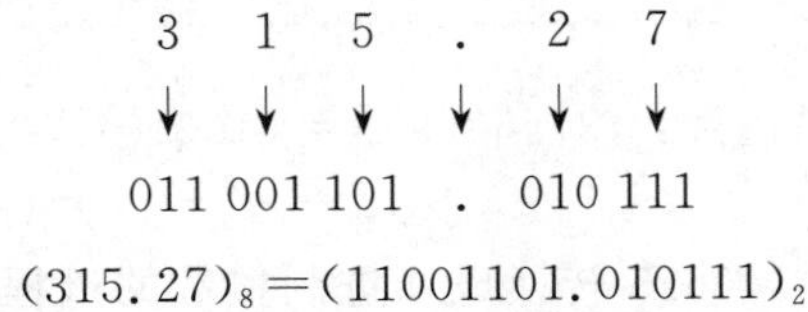

即　$(315.27)_8=(11001101.010111)_2$

(2) 二进制数转换成八进制数的规律是：从小数点开始，向前每三位一组构成一位八进制数；向后每三位一组构成一位八进制数，当左端的最后一组不够三位时，应在前面添0补足三位，也可以不补0。当右端的最后一组不够三位时，必须在后面添0补足三位。

例如，二进制数$(1101001101.01)_2$转换成八进制数为

$$\begin{array}{cccccc} \underline{1} & \underline{101} & \underline{001} & \underline{101} & . & \underline{010} \\ \downarrow & \downarrow & \downarrow & \downarrow & \downarrow & \downarrow \\ 1 & 5 & 1 & 5 & . & 2 \end{array}$$

即

$$(1101001101.01)_2=(1515.2)_8$$

(3) 十六进制数转换成二进制数的规律是：每位十六进制数用相应的四位二进制数代替。例如，十六进制数(2BD.C)16转换成二进制数为

$$\begin{array}{ccccc} 2 & B & D & . & C \\ \downarrow & \downarrow & \downarrow & \downarrow & \downarrow \\ \end{array}$$
$$001010111101 \; . \; 1100$$

即

$$(2BD.C)_{16}=(1010111101.11)_2$$

(4) 二进制数转换成十六进制数的规律是：从小数点开始，向前每四位一组构成一位十六进制数；向后每四位一组构成一位十六进制数，当左端的最后一组不够四位时，应在前面添0补足四位，也可以不补0。当右端的最后一组不够四位时，必须在后面添0补足四位。

例如，二进制数$(1101001101.01)_2$转换成十六进制数为

$$\begin{array}{ccccc} \underline{11} & \underline{0100} & \underline{1101} & . & \underline{0100} \\ \downarrow & \downarrow & \downarrow & \downarrow & \downarrow \\ 3 & 4 & D & . & 4 \end{array}$$

即

$$(1101001101.01)_2=(34D.4)_{16}$$

 1.3 二进制数的算术运算

在数字电路中，0和1既可以表示逻辑状态，又可以表示数量大小。当表示数量时，两个二进制数可以进行算术运算。本节将介绍无符号二进制数和带符号二进制数的算术运算。

1.3.1 无符号二进制数的算术运算

无符号进制数的计算既可以采用原码进行运算，也可以用补码进行运算。无符号进制数的加、减、乘、除四种运算的运算规则与十进制数类似，两者唯一的区别在于进位或借位规则不同。

(1) 二进制加法运算法则：

0+0=0　　0+1=1　　1+0=1　　1+1=10(逢二进一)

(2) 二进制减法运算法则：

0−0=0　　10−1=1(借一当二)　　1−0=1　　1−1=0

(3) 二进制乘法运算法则：

0×0=0　　0×1=0　　1×0=0　　1×1=1

(4) 二进制除法运算法则：

0÷0=0　　0÷1=0　　1÷0(无意义)　　1÷1=1

二进制数的加减运算，可借助于十进制数的加减运算竖式，即在进行两数相加时，首先写出被加数和加数，然后按照由低位到高位的顺序，根据二进制加法运算法则把两个数逐位

相加即可。

例 1.3.1 二进制加减乘除运算。

(1) 1001＋1010＝？

解

```
   1 0 0 1
 + 1 0 1 0
 ---------
 1 0 0 1 1
```

所以 1001＋1010＝10011

(2) 11010－10100＝？

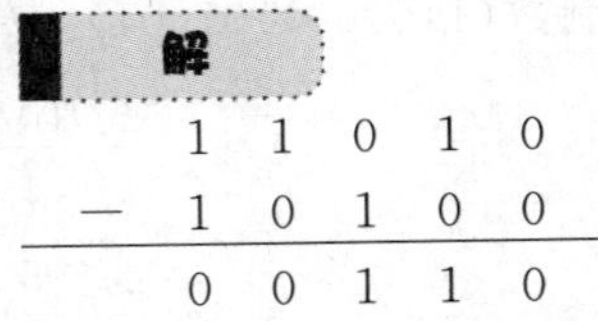

所以 11010－10100＝110

(3) 10010×1001＝？

解

```
          1 0 0 1 0
        ×   1 0 0 1
  -----------------
          1 0 0 1 0
        0 0 0 0 0
      0 0 0 0 0
    1 0 0 1 0
  -----------------
    1 0 1 0 0 0 1 0
```

所以 10010×1001＝10100010

(4) 1010÷111＝？

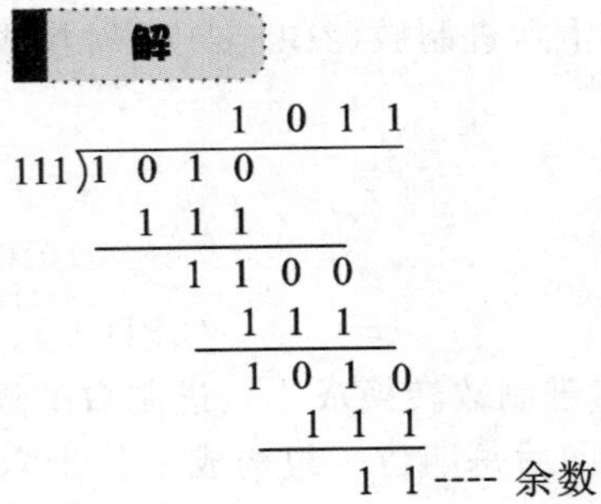

所以 1010÷111＝1.011 余 0.011

注：二进制的移位运算与十进制数的移位运算比较如下。

十进制中每左移 1 位相当于乘以 10，左移 n 位相当于乘以 10^n。

例：$2000=2\times10^3$（左移 3 位）。

二进制中每左移 1 位相当于乘以 2，左移 n 位相当于乘以 2^n。

例：$(10)_2\times2=(100)_2$（左移 1 位）。

所以二进制乘法运算可以转换为左移位和加法运算，除法可以转换为右移位和减法运算。

1.3.2 带符号二进制数的算术运算

在数字电路中，为简化电路常将减法运算变为加法运算。故引入原码、反码、补码的概念。数字的原码、反码和补码表示如下。

1. 无符号数字

基数为 R，位数为 n 的原码 N。

其反码为

$$(N)_{反}=R^n-N-1$$

补码为

$$(N)_{补}=R^n-N \tag{1-3-1}$$

以常用的十进制数为例，2 和 46 的补码分别为 10－2＝8 和 $10^2-46=54$。

例 1.3.2 利用补码分别计算出 8－2 和 82－46 各为多少。

解 根据式(1-3-1)有

$$8-2=8+(2)_{补}-10=8+8-10=6$$

$$82-46=82+(46)_{补}-10^2=82+54-100=36$$

2. 带符号二进制数的补码表示

带符号二进制数最高位用 0 和 1 表示该数的符号＋和－。下面对原码、反码、补码都以

8 位二进制为例进行说明。

当二进制数为正数时，其原码、反码和补码三种形式完全相同。

例如：

$X_1=+85=01010101$　$[X_1]_{原}=01010101$　$[X_1]_{反}=01010101$　$[X_1]_{补}=01010101$

当二进制数为负数时，反码最高位为 1，数值位为原码逐位求反。负数的补码为该负数的反码加 1。

例如：

$$X_2=-85=-1010101 \quad [X_2]_{原}=11010101$$

$$[X_2]_{反}=10101010 \quad [X_2]_{补}=[X_2]_{反}+1=10101011$$

在原码中，0 的原码有两种表达方式：

$$[+0]_{原}=00000000 \quad [-0]_{原}=10000000$$

由于 0 占用两个编码，因此 8 位的二进制数表示范围为 −127～−0，+0～127 共 256 个数，其中 0 占了两个编码——00000000 和 10000000。

在反码表示中，0 的反码有两种表达方式：

$$[+0]_{反}=00000000 \quad [-0]_{反}=11111111$$

因此，8 位带符号数反码的表示范围也是 −127～−0，+0～127 共 256 个数。

总之，在原码、反码中，n 位二进制数的表示范围是 $-2^{n-1}+1 \sim -0, +0 \sim 2^{n-1}-1$。

在补码表示中，0 的补码只有一种表达方式：$[+0]_{补}=00000000=[-0]_{补}$，而用 10000000 来表示 −128，所以 8 位带符号数补码的表示范围是 −128～127 共 256 个数。

在数字系统中带符号数一律用补码进行存储和计算，下面通过例 1.3.3 了解其中的原因。

例 1.3.3　计算 1−1=？

利用二进制数的原码来进行计算，可将该式做一下变换，即计算 1−1=1+(−1)=？

$$[1]_{原}=00000001 \qquad [-1]_{原}=10000001$$

```
   00000001
+  10000001
-----------
   10000010
```

很显然结果不对，带符号位的原码进行减运算的时候出现了问题，问题出现在(+0)和(−0)上，在人们的计算概念中 0 是没有正负之分的。而原码和反码中 0 都有两种表示方法，所以在计算机系统中，对带符号数值一律用补码表示(存储)。

所以，将该例采用补码计算，结果如下：

$$[1]_{补}=00000001 \qquad [-1]_{补}=11111111$$

```
   00000001
+  11111111
-----------
   00000000
```

注：两个用补码表示的数相加时，如果最高位(符号位)有进位，则进位被舍弃。

结果 00000000 即为数 0 的补码形式，即：1−1=0，结果正确。

例 1.3.4　试用 4 位二进制补码计算 5−2。

$$(5-2)_{补}=(5)_{补}+(-2)_{补}$$
$$=0101+1110$$
$$=0011$$

所以　　5−2=3

```
      0 1 0 1
    + 1 1 1 0
    ---------
  [1] 0 0 1 1
   └ 自动丢弃
```

注：① 进行二进制补码加法运算时，被加数的补码和加数的补码的位数要相等。② 两个用补码表示的数相加时，如果最高位（符号位）有进位，则进位被舍弃。

例 1.3.5 试用 4 位二进制补码计算 5＋7。

解

$$(5+7)_{补}=(5)_{补}+(7)_{补}$$
$$=0101+0111$$
$$=1100$$

计算结果 1100 表示－4，而显然，正确的结果应为 12。因为在 4 位二进制补码中，只有 3 位是数值位，即它所表示的范围为－8～＋7 。而本例的正确结果需要 4 位数值位 $(12)_D=(1100)_B$ 表示，因而产生溢出。解决溢出的办法是进行位扩展。

两个符号相反的数相加不会产生溢出，但两个符号相同的数相加可能产生溢出。下面通过具体例子说明溢出的判别方法。

例 1.3.6

$$\begin{array}{rr} +4 \\ +)\ +3 \\ \hline +7 \end{array} \quad \begin{array}{r} 0100 \\ +\ 0011 \\ \hline [0]\ 0111 \end{array}$$

(a)

$$\begin{array}{rr} -5 \\ +)\ -3 \\ \hline -8 \end{array} \quad \begin{array}{r} 1011 \\ +\ 1101 \\ \hline [1]\ 1000 \end{array}$$

(b)

$$\begin{array}{rr} +2 \\ +)\ +6 \\ \hline +8 \end{array} \quad \begin{array}{r} 0010 \\ +\ 0110 \\ \hline [0]\ 1000 \end{array}$$

(c)

$$\begin{array}{rr} -3 \\ +)\ -6 \\ \hline -9 \end{array} \quad \begin{array}{r} 1101 \\ +\ 1010 \\ \hline [1]\ 0111 \end{array}$$

(d)

4 位二进制补码表示的范围为－8～＋7。所以(a)、(b)无溢出；(c) 、(d)的运算结果应分别为＋8 和－9，均超过了允许范围，产生溢出。

事实上，比较四种情况可以看出，当进位位（如例 1.3.6 方括号中的位）与和数的符号位（如例 1.3.6 的 b_3 位）相反时，则意味着运算结果是错误的，产生溢出。

1.4 二进制代码

数字系统中的信息分为两类：一类是数值；另一类是文字符号（包括控制符）。因此计算机中二进制数码不仅可以用来表示数值的大小，还可以表示文字、符号（包括控制符）等信息。为了表示这些信息，往往用一定位数的二进制数码表示，此时数码不代表数值大小，仅是个代号。这些特定的二进制数码称为代码。n 位代码可以表示 2^n 个不同的信息。以一定的规则编制代码，用以表示十进制数值、字母、符号等不同信息的过程称为编码；将代码还原成所表示的十进制数值、字母、符号等的过程称为解码或者译码。

1.4.1 自然二进制码

自然二进制码是指按自然数顺序排列的二进制码。例如四位自然二进制码，可表示从 0～15的 16 个十进制数。

1.4.2 二-十进制编码

二-十进制编码是用4位二进制数码表示0～9十个十进制数码，简称BCD码。4位二进制数码有16种不同的组合方式，即16种代码，根据不同的规则从中选择10种来表示十进制的10个数码，方案有很多种。表1-4-1所示为几种常见的BCD码。

表1-4-1 几种常见的BCD码

十进制数码	8421码	2421码	5421码	余3码	余3循环码
0	0000	0000	0000	0011	0010
1	0001	0001	0001	0100	0110
2	0010	0010	0010	0101	0111
3	0011	0011	0011	0110	0101
4	0100	0100	0100	0111	0100
5	0101	1011	1000	1000	1100
6	0110	1100	1001	1001	1101
7	0111	1101	1010	1010	1111
8	1000	1110	1011	1011	1110
9	1001	1111	1100	1100	1010

8421码是最常用的一种BCD码，它是由4位自然二进制数0000(0)到1111(15)16种组合的前10种组成，即0000(0)～1001(9)，其余6种组合是无效的，其编码中每位的值都是固定数，即每位都有位权，因此它属于有权码。

在一般情况下，有权码的十进制数与二进制数之间可用下式来表示。

$$(N)_D = W_3b_3 + W_2b_2 + W_1b_1 + W_0b_0 \tag{1-4-1}$$

式中：$W_0 \sim W_3$为二进制码中各位的权；$b_0 \sim b_3$表示二进制码中各位上的数值。

2421码也是有权码，对应b_3、b_2、b_1、b_0的权分别是2、4、2、1。它的特点是，将任意一个十进制数D的代码各位取反，所得代码正好表示D对9的补码。例如2的代码0010各位取反为1101，它是7的代码，而2对9的补码为7，这种特性称为自补性。具有自补特性的代码称为自补码。

5421码也是有权码，由高到低各位的权依次为5、4、2、1。

余3码是自补码，与2421码有类似的自补性。余3码是无权码，它的每一位没有一定的权值，不能用式(1-4-1)表示其编码关系，但其编码可以由8421码加3(0011)得出。

余3循环码也是一种无权码，它的特点具有相邻性，任意两个相邻代码之间仅有1位取值不同，例如，4和5两个代码0100和1100仅b_3不同。余3循环码可以看成是将格雷码首尾各3种状态去掉得到的。下面来介绍格雷码。

1.4.3 格雷码

格雷码也是一种常见的无权码，其编码如表1-4-2所示。它也具有相邻性，即两个相邻代码之间仅有1位取值不同，因而常用于将模拟量转换成用连续二进制数序列表示数字量的系统中，当模拟量发生微小变化而引起数字量发生变化时，例如从3到4，格雷码变化是从0010到0110，只有b_2位从0到1，其余三位保持不变。如果对于自然二进制码，其变化是从

0011 到 0100，有三位发生变化，如果 b_2 位从 0 到 1 变化所需的时间，比 b_1 和 b_0 从 1 变化到 0 的时间长，则在转换过程中，会产生瞬间错误数码 0000。而格雷码可以避免错误数码的出现。

表 1-4-2　格雷码的编码

二进制码				格雷码				二进制码				格雷码			
b_3	b_2	b_1	b_0	G_3	G_2	G_1	G_0	b_3	b_2	b_1	b_0	G_3	G_2	G_1	G_0
0	0	0	0	0	0	0	0	1	0	0	0	1	1	0	0
0	0	0	1	0	0	0	1	1	0	0	1	1	1	0	1
0	0	1	0	0	0	1	1	1	0	1	0	1	1	1	1
0	0	1	1	0	0	1	0	1	0	1	1	1	1	1	0
0	1	0	0	0	1	1	0	1	1	0	0	1	0	1	0
0	1	0	1	0	1	1	1	1	1	0	1	1	0	1	1
0	1	1	0	0	1	0	1	1	1	1	0	1	0	0	1
0	1	1	1	0	1	0	0	1	1	1	1	1	0	0	0

1.4.4　ASCII 码

计算机不仅用于处理数字，而且用于处理字母、符号等信息。人们通过键盘上的字母、符号、数值向计算机发送数据和指令，每一个键符可用一个二进制码来表示，ASCII 码即是目前国际上最通用的一种字符码。它是用 7 位二进制码来表示 128 个十进制数、英文大小写字母、控制符、运算符以及特殊符号，如表 1-4-3 所示。

表 1-4-3　ASCII 码表

码值	字符	码值	字符	码值	字符	码值	字符	码值	字符	码值	字符	码值	字符	码值	字符
0	NUL	16	DLE	32	SP	48	0	64	@	80	P	96	′	112	p
1	SOH	17	DC1	33	!	49	1	65	A	81	Q	97	a	113	q
2	STX	18	DC2	34	"	50	2	66	B	82	R	98	b	114	r
3	ETX	19	DC3	35	♯	51	3	67	C	83	S	99	c	115	s
4	EOT	20	DC4	36	$	52	4	68	D	84	T	100	d	116	t
5	ENQ	21	NAK	37	%	53	5	69	E	85	U	101	e	117	u
6	ACK	22	SYN	38	&	54	6	70	F	86	V	102	f	118	v
7	BEL	23	ETB	39	ˋ	55	7	71	G	87	W	103	g	119	w
8	BS	24	CAN	40	(	56	8	72	H	88	X	104	h	120	x
9	HT	25	EM	41	)	57	9	73	I	89	Y	105	i	121	y
10	LF	26	SUB	42	*	58	:	74	J	90	Z	106	j	122	z
11	VT	27	ESC	43	+	59	;	75	K	91	[	107	k	123	{
12	FF	28	FS	44	,	60	<	76	L	92	\	108	l	124	|
13	CR	29	GS	45	—	61	=	77	M	93	]	109	m	125	}
14	SO	30	RS	46	.	62	>	78	N	94	ˆ	110	n	126	～
15	SI	31	US	47	/	63	?	79	O	95	—	111	o	127	DEL

1.5 二值逻辑变量与基本逻辑运算

当0和1表示逻辑状态时，两个二进制数码按照某种指定的因果关系进行的运算称为逻辑运算。逻辑运算与算术运算完全不同，它所使用的数学工具是逻辑代数（又称布尔代数）。逻辑代数是1847年由英国数学家乔治·布尔（George Boole）首先创立的，所以通常人们又称逻辑代数为布尔代数。逻辑代数与普通代数有着不同的概念，逻辑代数表示的不是数的大小之间的关系，而是逻辑的关系，它仅有两种状态，即0、1。它是分析和设计数字系统的数学基础。与普通代数一样，它是由逻辑变量和逻辑运算组成，变量可以用A、B、C、x、y、z等字母组成。所不同的是，在普通代数中，变量的取值可以是任意的，而在逻辑代数中的变量，即逻辑变量只有两个可取的值，即0和1，因而称之为二值逻辑变量。这里，0和1并不表示数量的大小，而是用来表示完全对立的逻辑状态。

在逻辑代数中，有与、或、非三种基本的逻辑运算。众所周知，运算是一种函数关系，它可以用语言描述，也可以用逻辑代数表达式描述，还可以用表格或图形来描述。输入逻辑变量所有取值的组合与其所对应的输出逻辑函数值构成的表格，称为真值表。用规定的逻辑符号表示的图形称为逻辑图。下面分别讨论几种基本的逻辑运算。

1. 与运算

定义：只有决定事物结果的全部条件同时具备时，结果才发生。图1-5-1(a)所示为与逻辑的电路图。

从图1-5-1(a)可以看出，当开关A、B有一个断开时，灯泡处于熄灭的状态，仅当两个开关同时合上时，灯泡L才会亮。

如果我们用0表示开关处于断开状态，1表示开关处于合上的状态；同时灯泡的状态L取0表示灭，取1表示亮。则可列出如表1-5-1所示的与逻辑。真值表是表示变量与函数关系的表格。从表中可看出，只有输入A、B都为1时，输出L为1，否则为0。于是我们可以将与逻辑的关系速记为："有0出0，全1出1"。

能实现与逻辑的电路称为与门。图1-5-1(b)、(c)给出了与逻辑（与门）的逻辑符号，&在英文中是AND的意思。

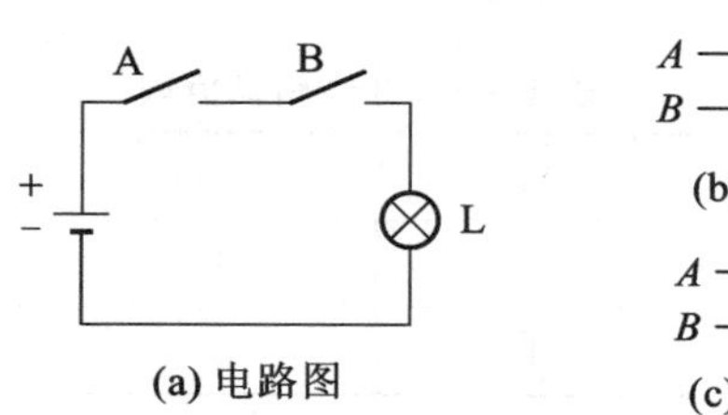

(a) 电路图

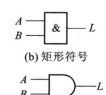

A
B
&
L

(b) 矩形符号

A
B
L

(c) 特异形符号

图1-5-1 与逻辑运算

表1-5-1 与逻辑真值表

A	B	$L=AB$
0	0	0
0	1	0
1	0	0
1	1	1

与逻辑的关系还可以用表达式的形式表示为

$$L=A\cdot B$$

式中，小圆点"·"表示A、B与运算，也称为逻辑乘。在不造成误解的情况下可简写为

$$L=AB$$

推广到n个逻辑变量情况，"与运算"的布尔代数表达式为

$$L=A_1A_2A_3\cdots A_n$$

从电路上可以看出，图1-5-1(a)所示的电路为一串联电路形式，下面我们来看一下并联电路形式的逻辑关系如何。

2. 或运算

定义：在决定事物结果的诸条件中只要任何一个满足，结果就会发生。

图 1-5-2(a)所示为一并联直流电路，当两只开关 A、B 都处于断开时，灯泡不会亮；当两个开关中有一个或两个一起合上时，灯泡就会亮。如开关合上的状态用 1 表示，开关断开的状态用 0 表示；灯泡的状态亮时用 1 表示，不亮时用 0 表示，则可列出如表 1-5-2 所示的真值表。这种逻辑关系就是通常讲的“或逻辑”，从表中可看出，只要输入 A、B 两个中有一个为 1，则输出为 1，否则为 0。所以或逻辑可速记为：“有 1 出 1，全 0 出 0”。

能实现或逻辑的电路称为或门。图 1-5-2(b)、(c)所示为或逻辑（或门）的逻辑符号，其方块中的“≥1”表示输入中有一个及一个以上的 1，输出就为 1。

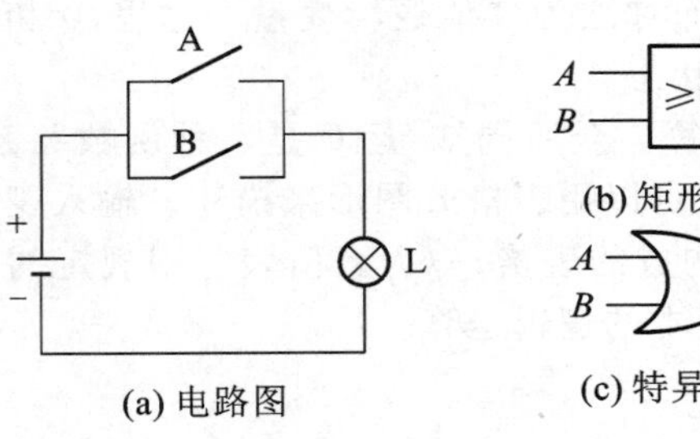

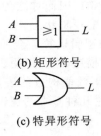

(a) 电路图　(b) 矩形符号　(c) 特异形符号

图 1-5-2　或逻辑运算

表 1-5-2　或逻辑真值表

A	B	$L=A+B$
0	0	0
0	1	1
1	0	1
1	1	1

或逻辑的表示式为

$$L=A+B$$

3. 非运算

定义：条件与结果反相。

非逻辑又常称为反相运算。图 1-5-3(a)所示的电路实现的逻辑功能就是非运算的功能，从图上可以看出当开关 A 合上时，灯泡反而灭；当开关断开时，灯泡才会亮，故其输出状态 L 与输入状态 A 正好相反。非运算的逻辑表达式为

$$L=\overline{A}$$

图 1-5-3(b)、(c)给出了非逻辑（非门）的逻辑符号。表 1-5-3 所示为非逻辑真值表。

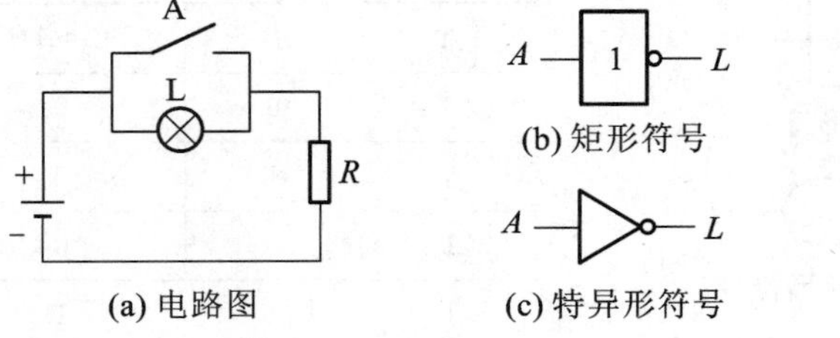

(a) 电路图　(b) 矩形符号　(c) 特异形符号

图 1-5-3　非逻辑运算

表 1-5-3　非逻辑真值表

A	$L=\overline{A}$
0	1
1	0

4. 复合逻辑运算

在数字系统中，除了与运算、或运算、非运算之外，常常使用的逻辑运算还有一些是通过这三种运算派生出来的运算，这种运算通常称为复合运算，常见的复合运算有：与非运算、或非运算、同或运算及异或运算等。

1）与非运算

与非运算是由与运算、非运算复合而成的。其逻辑表达式为

$$\mathrm{L}=\overline{\mathrm{AB}}$$

可描述为：“输入全部为 1 时，输出为 0；否则始终为 1”。图 1-5-4 所示为与非运算（与非

门)的逻辑符号,表 1-5-4 所示为与非逻辑真值表。

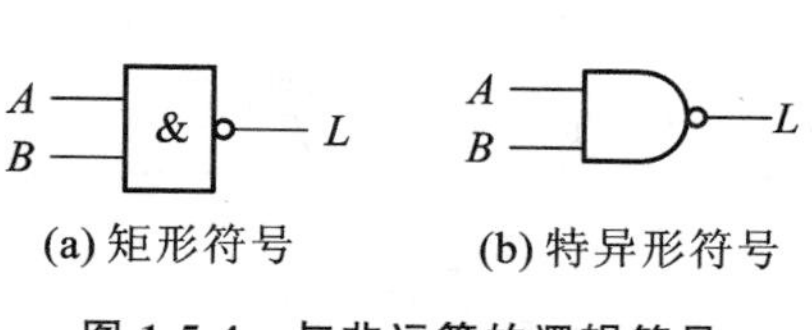

(a) 矩形符号　(b) 特异形符号

图 1-5-4　与非运算的逻辑符号

表 1-5-4　与非逻辑真值表

A	B	$L=\overline{AB}$
0	0	1
0	1	1
1	0	1
1	1	0

2) 或非运算

图 1-5-5 所示为或非运算(或非门)的逻辑符号,该逻辑运算的输出取 A 端和 B 端逻辑或结果的反状态,或非的逻辑表达式为

$$L=\overline{A+B}$$

表 1-5-5 所示为或非逻辑真值表。

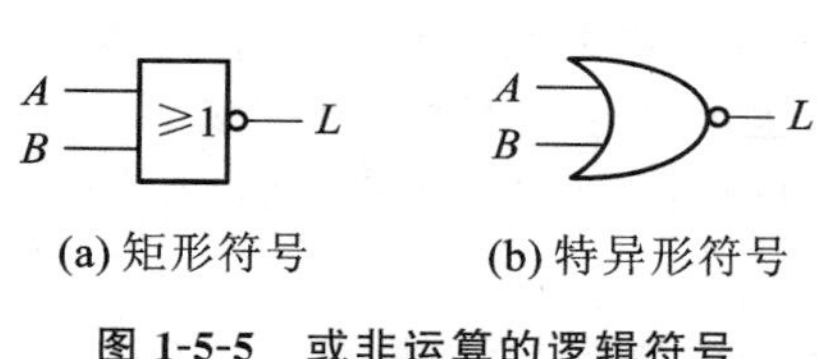

(a) 矩形符号　(b) 特异形符号

图 1-5-5　或非运算的逻辑符号

表 1-5-5　或非逻辑真值表

A	B	$L=\overline{A+B}$
0	0	1
0	1	0
1	0	0
1	1	0

3) 异或运算

图 1-5-6 所示为异或运算(异或门)的逻辑符号,图中"=1"表示当两个输入其中有一个为 1,另一个为 0,输出为 1,否则为 0。异或运算的逻辑表达式为

$$L=A\oplus B=A\overline{B}+\overline{A}B$$

表 1-5-6 所示为异或逻辑真值表。

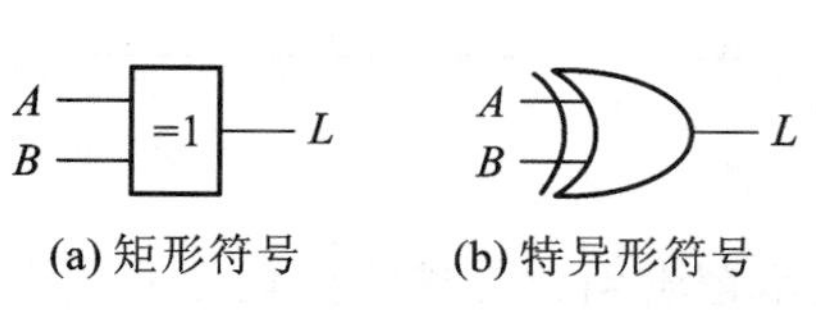

(a) 矩形符号　(b) 特异形符号

图 1-5-6　异或运算的逻辑符号

表 1-5-6　异或逻辑真值表

A	B	$L=A\oplus B$
0	0	0
0	1	1
1	0	1
1	1	0

4) 同或运算

图 1-5-7 所示为同或运算的逻辑符号,从图上可以看出同或实际上是异或的非逻辑,同或运算两个输入端同为 0 或者同为 1 时,输出为 1,否则输出为 0。同或运算的逻辑表达式为

$$L=A\odot B=AB+\overline{A}\,\overline{B}$$

表 1-5-7 所示为同或逻辑真值表。

A — = — L
B —

(a) 矩形符号

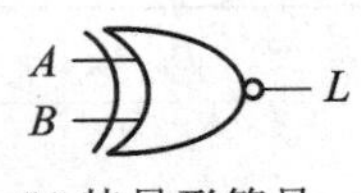

(b) 特异形符号

图 1-5-7　同或运算的逻辑符号

表 1-5-7　同或逻辑真值表

A	B	$L=A\odot B$
0	0	1
0	1	0
1	0	0
1	1	1

1.6　逻辑函数及其表示方法

从上一节介绍的逻辑运算中可以知道，逻辑变量分为两种：输入逻辑变量和输出逻辑变量。描述输入逻辑变量和输出逻辑变量之间的因果关系称为逻辑函数。由于逻辑变量是只取 0 或 1 的二值逻辑变量，因此逻辑函数也是二值逻辑函数。

一般来说，一个比较复杂的逻辑电路，往往是受多种因素控制的，就是说有多个逻辑变量，输出变量与输入变量之间的逻辑函数的描述方法有真值表、逻辑函数表达式、逻辑图、波形图和卡诺图等。下面举一个简单实例介绍前面四种逻辑函数的表示方法。卡诺图表示方法将在下一章介绍。

图 1-6-1 所示为一个控制楼梯照明灯开关的示意图。单刀双掷开关 A 装在楼下，开关 B 装在楼上，这样在楼下开灯后，可在楼上关灯；同样，也可在楼上开灯，而在楼下关灯。因为只有当两个开关都向上扳或向下扳时，灯才亮；而一个向上扳、另一个向下扳时，灯就不亮。

1. 真值表

图 1-6-1 所示电路的逻辑关系可用表 1-6-1 所示的真值表来描述。设 L 表示灯的状态，即 $L=1$ 表示灯亮，$L=0$ 表示灯不亮。用 A 和 B 表示开关 A 和开关 B 的位置，为 1 表示开关向上扳，为 0 表示开关向下扳。则 L 与 A、B 逻辑关系的真值表如表 1-6-1 所示。

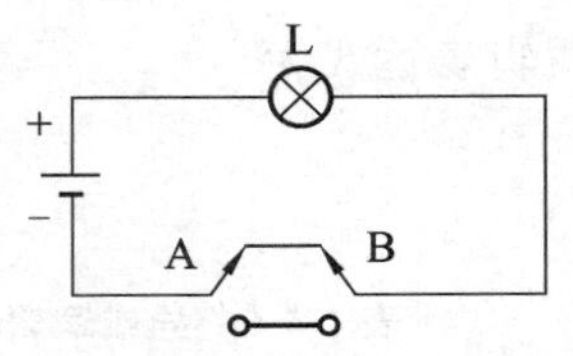

图 1-6-1　控制楼道照明灯开关的示意图

表 1-6-1　图 1-6-1 逻辑真值表

A	B	L
0	0	1
0	1	0
1	0	0
1	1	1

2. 逻辑表达式

逻辑表达式是用与、或、非等运算组合起来，表示逻辑函数与逻辑变量之间关系的逻辑代数式。

由真值表可知，在 A、B 状态的四种不同组合中，只有第一($A=B=0$)和第四($A=B=1$)两种组合才能使灯亮($L=1$)。逻辑变量之间是与的关系，而两种状态组合之间则是或的关系。对于变量 A、B 或输出 L，凡取 1 值的用原变量表示，取 0 值用反变量表示。故可写出图 1-6-1 所示电路的逻辑函数表达式

$$L=AB+\overline{A}\,\overline{B}=A\odot B \tag{1-6-1}$$

3. 逻辑图

用与、或、非等逻辑符号表示逻辑函数中各变量之间的逻辑关系所得到的图形称为逻

辑图。

将式(1-6-1)中所有的与、或、非运算符号用相应的逻辑符号代替，并按照逻辑运算的先后次序将这些逻辑符号连接起来，就得到图 1-6-1 所示电路所对应的逻辑图，如图 1-6-2(a)所示。式(1-6-1)表示的是同或逻辑关系，为简便起见，也可以用同或逻辑符号表示，得到图 1-6-2(b)所示的逻辑图。

4. 波形图

用输入端在不同逻辑信号作用下所对应的输出信号的波形图表示电路的逻辑关系。在图 1-6-3 所示的波形图中，在 t_1 时间段内，A、B 输入端均为高电平 1，根据式(1-6-1)或表 1-6-1 可知，此时输出 L 为高电平 1。依照此方法，可得出 t_2、t_3 和 t_4 时间段内输出 L 的波形图。从图 1-6-3 中可以直观地看出，对于同或逻辑关系，只要输入 A 和 B 相同，输出为 1；A 和 B 不相同时，输出为 0。

上述四种不同的表示方法所描述的是同一逻辑关系，因此它们之间有着必然的联系，可以从一种表示方法，得到其他表示方法。

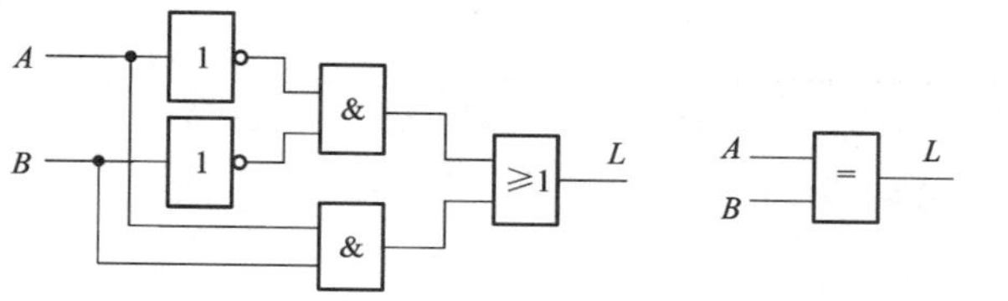

(a) 与、或、非逻辑符号构成的逻辑图　(b)同或逻辑符号构成的逻辑图

图 1-6-2　图 1-6-1 所示电路的逻辑图

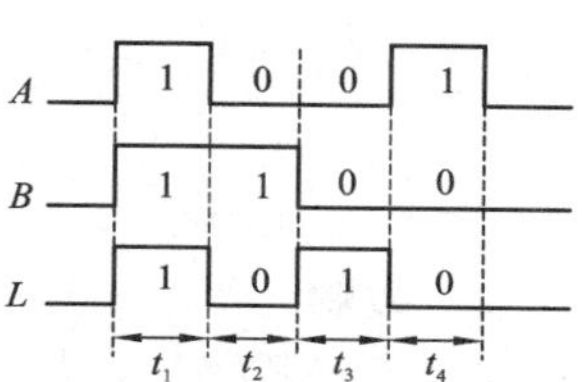

图 1-6-3　图 1-6-1 所示电路的波形图

本章小结

(1) 由于模拟信息具有连续性，实用上难于存储、分析和传输；应用二值数字逻辑构成的数字电路或数字系统较易克服这些困难。其实质是利用数字 1 和 0 来表示信息。

(2) 用 0 和 1 组成的二进制数可以表示数量的大小，也可以表示对立的两种逻辑状态。数字系统中常用二进制数来表示数值。所谓二进制是以 2 为基数的计数体制。十六进制是以 16 为基数的计数体制，常用于数字电子技术、微处理器、计算机和数据通信中。此外八进制也是一种常见的计数体制，任意一种格式的数可以在十六进制、二进制和十进制之间相互转换。

(3) 二进制数也有加、减、乘、除四种运算，加法是各种运算的基础。二进制数可以用原码、反码或补码表示。在数字系统或计算机中常采用二进制补码表示有符号的数，并进行有关运算。

(4) 二进制数码不仅可以用来表示数值的大小，还可以表示文字、符号(包括控制符)等信息。用一定位数的二进制数码代表某种特定的信息，这些特殊的二进制数码称为代码。常见的代码有：8421 码、2421 码、5421 码、余 3 码、余 3 循环码、格雷码等。也有用 7 位二进制数来表示符号-数字混合码，如 ASCII 码。

(5) 与、或、非是逻辑运算中的三种基本运算，其他的逻辑运算可以由这三种基本运算构成。数字逻辑是计算机的基础。布尔代数是分析设计逻辑电路的重要数学工具。

(6) 逻辑函数的描述方法有真值表、逻辑函数表达式、逻辑图、波形图和卡诺图(卡诺图将在第 2 章中介绍)等。

课后习题

1.1 数字电路与数字信号

1.1.1 一数字信号波形如图题 1.1.1 所示，试问该波形所代表的二进制数是什么？

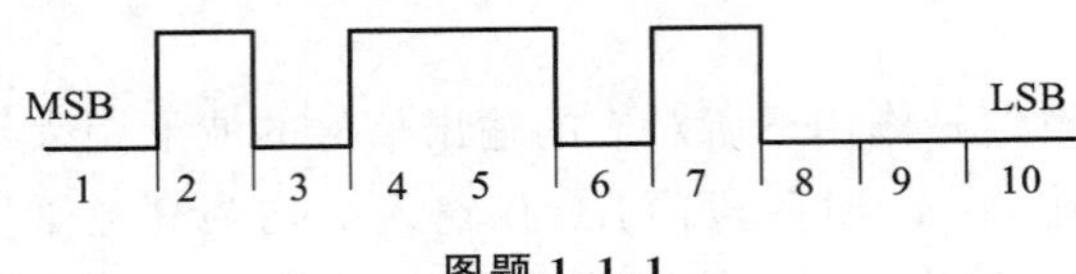

图题 1.1.1

1.1.2 试绘出下列二进制数的数字波形，设逻辑 1 的电压为 5 V，逻辑 0 的电压为 0 V。

(1) 001100110011　　(2) 0111010　　(3) 1111011101

1.1.3 一周期性数字波形如图题 1.1.3 所示，试计算：(1) 周期；(2) 频率；(3) 占空比。

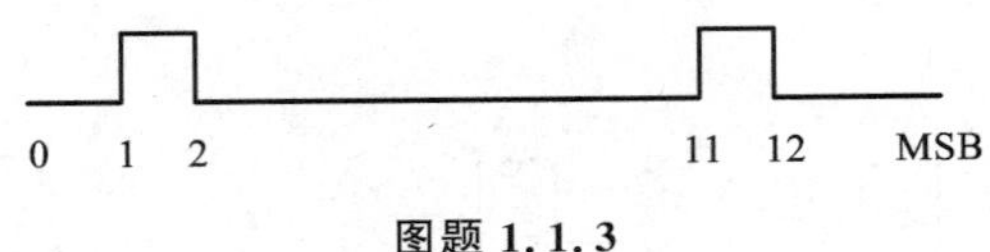

图题 1.1.3

1.2 数制

1.2.1 一数字波形如图题 1.2.1 所示，时钟频率为 4 kHz，试确定：(1) 它所表示的二进制数；(2) 串行方式传送 8 位数据所需要的时间；(3) 以 8 位并行方式传送数据时需要的时间。

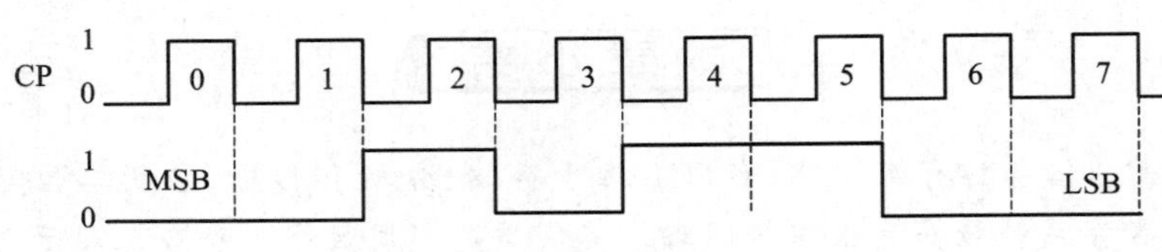

图题 1.2.1

1.2.2 将下列十六进制数转换为十进制数。

(1) $(103.2)_H$　　(2) $(A45D.0BC)_H$

1.2.3 将下列十进制数转换为二进制数、八进制数和十六进制数(要求转换误差不大于 2^{-4})。

(1) 43　　(2) 127　　(3) 254.25　　(4) 2.718

1.2.4 将下列二进制数转换成十六进制数。

(1) $(101001)_B$　　(2) $(11.01101)_B$

1.3 二进制的算术运算

1.3.1 写出以下带符号二进制数的反码和补码。

(1) 00011010　　(2) 10011010　　(3) 00101101　　(4) 10101101

1.3.2 写出下列带符号二进制补码所表示的十进制数。

(1) 0010111　　(2) 11101000

1.3.3 试用 8 位二进制补码计算下列各式，并用十进制数表示结果。

(1) 12+9　　(2) 11−3　　(3) −29−25　　(4) −120+30

1.4 二进制代码

1.4.1 将下列数码作为自然二进制数或 8421 码时，分别求出相应的十进制数。

(1) 10010111 (2) 100010010011 (3) 000101001001 (4) 10000100.10010001

1.4.2 请写出 3 位和 5 位格雷码的顺序编码。

1.4.3 用 ASCII 代码写出"Well Come!"。

1.5 二值逻辑变量与基本逻辑运算

1.5.1 请各举出一个现实生活中存在的与、或、非逻辑关系的事例。

1.5.2 两个变量的异或运算和同或运算之间是什么关系。

1.6 逻辑函数及其表示方法

1.6.1 在图题 1.6.1 中，已知输入信号 A、B 的波形，画出各门电路输出 L 的波形。

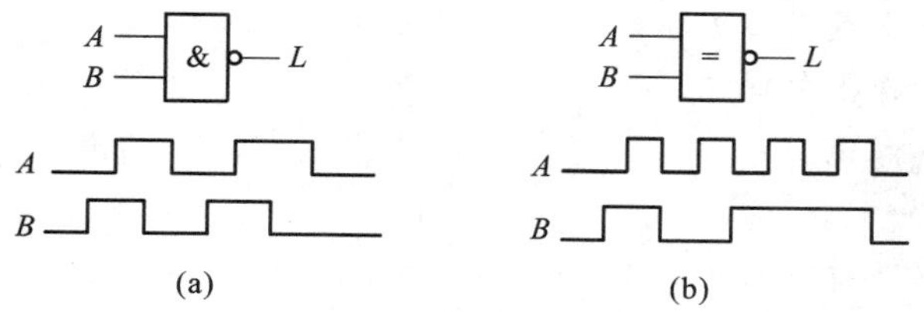

图题 1.6.1

1.6.2 写出图题 1.6.2 所示电路的逻辑函数式。

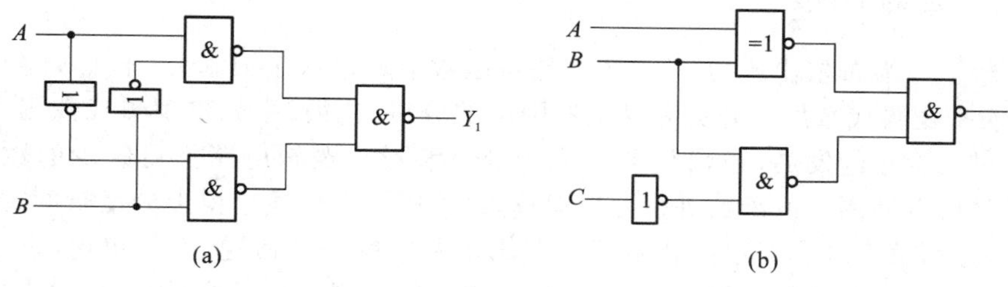

图题 1.6.2

1.7 历年考研习题

1.7.1 (1) $(1011001.101)_2$=(　　　　　　)$_{16}$=(　　　　　　)$_8$。

(2) $(0011\ 1001\ 1000)_{5421BCD}$=(　　　　　　)$_{10}$。

（北京科技大学 2011 年硕士研究生入学考试信号系统与数字电路考题）

1.7.2 (1) 格雷码的特点是任意两个相邻的代码中仅有(　　　)位二进制码不同。

(2) 将十六进制数$(8C)_{16}$转换为等值的十进制数为(　)$_{10}$。

（浙江理工大学 2012 年硕士研究生入学考试数字电路考题）

1.7.3 (1) 十进制数$(727)_{10}$的 2421BCD 码是(　　　　)$_{2421BCD}$。

(2) 用补码表示符号数，十位二进制补码能表示十进制整数的个数是为(　　)个。

（电子科技大学 2011 年硕士研究生入学考试数字电路考题）

1.7.4 $(110110)_2$=(　　)$_{16}$=(　　)$_8$=(　　)$_{10}$=(　　)$_{8421BCD}$。

（山东大学 2011 年硕士研究生入学考试数字电路考题）

1.7.5 $(0111\ 1000)_{8421BCD}$表示的二进制为(　　　　　)。

（浙江理工大学 2011 年硕士研究生入学考试数字电路考题）

第2章 逻辑代数基础

主要教学内容

1. 逻辑运算定理。
2. 逻辑函数的代数法变换与化简。
3. 逻辑函数的标准形式。
4. 逻辑函数的卡诺图表示方法。
5. 逻辑函数的卡诺图化简法。

教学目的和要求

1. 掌握逻辑代数的基本定律。
2. 能熟练使用代数法对逻辑函数进行化简和变换。
3. 能够熟练使用卡诺图对逻辑函数进行化简和变换。

2.1 逻辑代数

逻辑代数也称为布尔代数，其基本思想是英国数学家布尔(G. Boole)于1854年提出的。1938年，香农把逻辑代数用于开关和继电器网络的分析、化简，率先将逻辑代数用于解决实际问题。经过几十年的发展，逻辑代数已成为分析和设计逻辑电路不可缺少的数学工具。由于逻辑代数可以使用二值函数进行逻辑运算，一些用语言描述显得十分复杂的逻辑命题，使用数学语言后，就变成了简单的代数式。逻辑电路中的一个命题，不仅包含"肯定"和"否定"两重含义，而且包含条件与结果的多种组合，用真值表则一目了然，用代数式表达就更为简明。逻辑代数有一系列的定律和规则，用它们对逻辑表达式进行处理，可以完成电路的化简、变换、分析和设计。

2.1.1 逻辑代数的基本定律和恒等式

根据第1章介绍过的逻辑与、或、非三种基本运算法则可以推导出下面常用的逻辑代数基本定律和恒定式。

1. 逻辑相等

有两个逻辑函数 F 和 G，如果对于 F 和 G 的每一种取值组合，对应的输出都相同，则认为这两个逻辑函数相等，记作 $F=G$。

由逻辑函数相等的概念，可以得到下面的推论：

如果 $F=G$，则 F 和 G 对应的真值表完全相同；反过来，如果两个逻辑函数的真值表完全相同，则 $F=G$。

例 2.1.1 证明 $A+\overline{A}B=A+B$。

解 根据题意，列出真值表如表 2-1-1 所示。

由表 2-1-1 可以看出，对于 $A+\overline{A}B$ 和 $A+B$ 两个逻辑函数的每一种取值组合，它们的输出完全相同。所以，$A+\overline{A}B=A+B$。

逻辑函数相等的概念是逻辑函数运算、化简和变换的基础。我们介绍的定理、公式都可以利用逻辑函数相等的概念加以证明。

2. 逻辑运算公理

常用的逻辑运算公理如表 2-1-2 所示。

表 2-1-1　例 2.1.1 的真值表

A	B	$A+\overline{A}B$	$A+B$
0	0	0	0
0	1	1	1
1	0	1	1
1	1	1	1

表 2-1-2　常用的逻辑运算公理

原等式	对偶式
$0\cdot 0=0$	$1+1=1$
$0\cdot 1=1\cdot 0=0$	$1+0=0+1=1$
$1\cdot 1=1$	$0+0=0$
$\overline{0}=1$	$\overline{1}=0$
若 $A\neq 0$，则 $A=1$	若 $A\neq 1$，则 $A=0$

3. 逻辑运算定理

常用的逻辑运算定理如表 2-1-3 所示。

表 2-1-3　常用的逻辑运算定理

逻辑运算定理	原等式	对偶式
交换律	$A\cdot B=B\cdot A$	$A+B=B+A$
结合律	$A(BC)=(AB)C$	$A+(B+C)=(A+B)+C$
分配律	$A(B+C)=AB+AC$	$A+BC=(A+B)(A+C)$
自等律	$A\cdot 1=A$	$A+0=A$
0-1 律	$A\cdot 0=0$	$A+1=1$
互补律	$A\cdot\overline{A}=0$	$A+\overline{A}=1$
重叠律	$A\cdot A=A$	$A+A=A$
吸收律	$A+AB=A$	$A\cdot(A+B)=A$
非非律	$\overline{\overline{A}}=A$	$\overline{\overline{A}}=A$
反演律(摩根定律)	$\overline{AB}=\overline{A}+\overline{B}$	$\overline{A+B}=\overline{A}\cdot\overline{B}$

在以上所有定律中，反演律具有特殊重要的意义。反演律又称为摩根定理，它经常用于求一个原函数的非函数或者对逻辑函数进行变换。为了证明$\overline{A+B}=\overline{A}\,\overline{B}$，$\overline{AB}=\overline{A}+\overline{B}$，按 A、B 所有可能的取值情况列出真值表，如表 2-1-4 所示。将表中第 3 列和第 4 列进行比较，第 5 列和第 6 列进行比较，可见等式两边的真值表相同，故等式成立。

表 2-1-4　摩根定理的证明

A	B	$\overline{A}$	$\overline{B}$	$\overline{A+B}$	$\overline{A}\,\overline{B}$	$\overline{AB}$	$\overline{A}+\overline{B}$
0	0	1	1	$\overline{0+0}=1$	1	$\overline{0\cdot 0}=1$	1
0	1	1	0	$\overline{0+1}=0$	0	$\overline{0\cdot 1}=1$	1
1	0	0	1	$\overline{1+0}=0$	0	$\overline{1\cdot 0}=1$	1
1	1	0	0	$\overline{1+1}=0$	0	$\overline{1\cdot 1}=0$	0

4. 常用公式

逻辑运算的公式有许多，在表 2-1-5 中列出了五个常用公式，实际上，只要经过证明的等式都可以在以后的变换和化简时使用。

表 2-1-5 常用公式

项目	常用公式	推论或证明
1	$AB+A\overline{B}=A$	
2	$A+AB=A$	$A+AB+ABC+\cdots=A$
3	$A+\overline{A}B=A+B$	$A+\overline{A}B=A+AB+\overline{A}B=A+B$
4	$AB+\overline{A}C+BC=AB+\overline{A}C$	$AB+\overline{A}C+BC$ $=AB+\overline{A}C+(A+\overline{A})BC$ $=AB+\overline{A}C+ABC+\overline{A}BC$ $=AB(1+C)+\overline{A}C(1+B)$ $=AB+\overline{A}C$
5	$AB+\overline{A}C=(A+C)(\overline{A}+B)$	$(A+C)(\overline{A}+B)$ $=AB+\overline{A}C+BC+A\overline{A}$ $=AB+\overline{A}C$

注：公式 1、2 为吸收律和分配律的应用，公式 3 为多余因子定律，公式 4 为多余项定律，公式 5 为与或和或与转换定律。

本节所列出的基本公式反映的是逻辑关系，而不是数量之间的关系，在运算中不能简单套用初等代数的运算规则。例如初等代数中的移项规则就不能用，这是因为逻辑代数中没有减法和除法的缘故。这一点在使用时必须注意。

2.1.2 逻辑代数的基本规则

1. 代入规则

在任何一个逻辑等式中，如果将等式两边出现的某变量 A，都用一个函数代替，则等式依然成立，这个规则称为代入规则。

因为任何一个逻辑函数，它和一个逻辑变量一样，只有两种可能的取值(0 和 1)，所以代入规则是正确的。

有了代入规则，就可以将基本等式(定理、常用公式)中的变量用某一逻辑函数来代替，从而扩大了它们的应用范围。

例 2.1.2 在等式 $B(A+C)=BA+BC$ 中，将所有出现 A 的地方都用函数 $E+F$ 代替，试证明等式仍成立。

解 原式左边$=B[(E+F)+C]=B(E+F)+BC=BE+BF+BC$

原式右边$=B(E+F)+BC=BE+BF+BC$

所以等式 $B[(E+F)+C]=B(E+F)+BC$ 成立。

注意： 在使用代入规则时，必须将所有出现被代替变量的地方都用同一函数代替，否则不正确。

代入规则可以扩展所有基本定律或定理的应用范围。例如前面用真值表证明了用两变量表示的摩根定理$\overline{AB}=\overline{A}+\overline{B}$,若用 $L=CD$ 代替等式中的 A,则$\overline{(CD)B}=\overline{CD}+\overline{B}=\overline{C}+\overline{D}+\overline{B}$,依次类推,摩根定理对任意多个变量都成立。

2. 反演规则

根据摩根定理,由原函数 L 的表达式,求它的非函数 $\overline{L}$ 时,可以将 L 中的与(·)换成或(+),或(+)换成与(·);再将原变量换为非变量(如 A 换成 $\overline{A}$),非变量换为原变量;并将 1 换成 0,0 换成 1;那么所得的逻辑函数式就是 $\overline{L}$。这个规则称为反演规则。

利用反演规则,可以比较容易地求出一个原函数的非函数。运用反演规则时必须注意以下两个规则。

(1) 保持原来的运算优先级,即先进行与运算,后进行或运算。并注意优先考虑括号内的运算。

(2) 对于反变量以外的非号应保持不变。

例 2.1.3 试求 $L=\overline{A}\,\overline{B}+CD+0$ 的非函数 $\overline{L}$。

解 按照反演规则,得

$$\overline{L}=(A+B)\cdot(\overline{C}+\overline{D})\cdot 1=(A+B)(\overline{C}+\overline{D})$$

例 2.1.4 试求 $L=A+\overline{B\overline{C}+\overline{D+E}}$的非函数 $\overline{L}$。

解 按照反演规则,并保留反变量以外的非号不变,得

$$\overline{L}=\overline{A}\cdot\overline{(\overline{B}+C)\cdot\overline{\overline{DE}}}$$

3. 对偶规则

设 L 是一个逻辑表达式,若把 L 中的与(·)换成或(+),或(+)换成与(·);1 换成 0,0 换成 1,那么就得到一个新的逻辑函数式,这就是 L 的对偶式,记作 L'。变换时仍需注意保持原式中"先括号,然后与,最后或"的运算顺序。例如,$L=(A+\overline{B})(A+C)$,则 $L'=A\overline{B}+AC$。

当某个逻辑恒等式成立时,则该恒等式两侧的对偶式也相等,这就是对偶规则。

利用对偶规则,可从已知公式中得到更多的运算公式,例如,吸收律 $A+\overline{A}B=A+B$ 成立,则它的对偶式 $A(\overline{A}+B)=AB$ 也是成立的。

2.1.3 逻辑函数的变换及代数化简法

根据逻辑函数表达式,可以画出相应的逻辑图,然而,直接根据某种逻辑要求归纳出来的逻辑函数表达式往往不是最简单的形式,这就需要对逻辑函数表达式进行化简。利用化简后的逻辑函数表达式构成逻辑电路时,可以节省器件,降低成本,提高数字系统的可靠性。

1. 逻辑函数的变换

例 2.1.5 函数 $L=\overline{A\cdot\overline{AB}+B\cdot\overline{AB}}$对应的逻辑图如图 2-1-1 所示。利用逻辑代数的基本定律对上述表达式进行变换。

解

$$\begin{aligned}L&=\overline{A\cdot\overline{AB}+B\cdot\overline{AB}}\\&=\overline{\overline{AB}(A+B)}\\&=\overline{\overline{AB}\cdot\overline{\overline{A}\,\overline{B}}}\\&=AB+\overline{A}\,\overline{B}\end{aligned}$$

结果表明,图 2-1-1 所示电路是一个同或门。根据表达式 L 化简后的结果,可以画出同或门逻辑电路的另外一种结构,如图 2-1-2 所示。

例 2.1.6 求同或函数的反函数。

解

$$L=\overline{AB+\overline{A}\,\overline{B}}=\overline{AB}\cdot\overline{\overline{A}\,\overline{B}}$$
$$=(\overline{A}+\overline{B})(A+B)=\overline{A}B+A\overline{B}$$

上式表明同或函数的反函数为异或函数，它表明两个输入变量取值不同(一个为0，另一个为1)时，输出函数值为1。上面的推导更明确地告诉我们，异或门和同或门互为非函数，所以在异或门电路的输出端再加一级反相器，也能得到同或门，如图2-1-3所示。

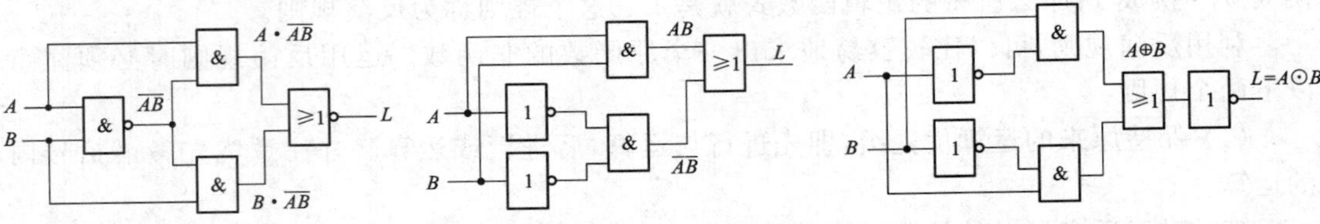

图2-1-1 同或门逻辑电路之一　图2-1-2 同或门逻辑电路之二　图2-1-3 同或门逻辑电路之三

对应同或函数唯一的真值表，已列举出三种不同形式的逻辑表达式和三个逻辑电路，事实上还可以列举许多。由此可以得出结论：一个特定的逻辑问题，对应的真值表是唯一的，但实现它的电路多种多样。我们可以通过函数表达式的变换，使用不同的器件实现相同的逻辑功能。

2. 逻辑函数的化简

根据逻辑表达式，可以画出相应的逻辑图。但是直接根据某种逻辑要求而归纳出来的逻辑表达式及其对应的逻辑图，往往并不是最简的形式，这就需要对逻辑表达式进行化简。

一个逻辑函数可以有多种不同的逻辑表达式，如与-或表达式、或-与表达式、与非-与非表达式、或非-或非表达式以及与-或-非表达式等。例如：

$$L=AC+\overline{C}D \qquad \cdots\cdots(\text{与-或表达式})$$
$$=\overline{\overline{AC}\cdot\overline{\overline{C}D}} \qquad \cdots\cdots(\text{与非-与非表达式})$$
$$=(A+\overline{C})(C+D) \qquad \cdots\cdots(\text{或-与表达式})$$
$$=\overline{\overline{A+\overline{C}}+\overline{(C+D)}} \qquad \cdots\cdots(\text{或非-或非表达式})$$
$$=\overline{\overline{A}C+\overline{C}\,\overline{D}} \qquad \cdots\cdots(\text{与-或-非表达式})$$

以上五个式子是同一函数不同形式的最简表达式，从上至下，依次是与-或表达式、与非-与非表达式、或-与表达式、或非-或非表达式、与-或-非表达式。以下将着重讨论与-或表达式的化简，因为与-或表达式易于从真值表直接写出，且只需运用一次摩根定律就可以从最简与-或表达式变换为与非-与非表达式，从而可以用与非门电路来实现。

最简与-或表达式有以下两个特点：①与项(即乘积项)的个数最少；②每个乘积项中变量的个数最少。代数法化简逻辑函数的依据是逻辑代数的基本定律和常用公式，常用的方法有并项法、吸收法、消去法和配项法。

1) 并项法

利用$A+\overline{A}=1$的公式，将两项合并成一项，并消去一个变量。

例 2.1.7 试用并项法化简下列与-或逻辑函数表达式。

(1) $L_1=\overline{A}\,\overline{B}C+\overline{A}\,\overline{B}\,\overline{C}$

(2) $L_2=A(BC+\overline{B}\,\overline{C})+A(B\overline{C}+\overline{B}C)$

解 (1) $L_1=\overline{A}\,\overline{B}(C+\overline{C})=\overline{A}\,\overline{B}$

(2) $L_2=ABC+A\overline{B}\,\overline{C}+AB\overline{C}+A\overline{B}C$
$\quad=AB(C+\overline{C})+A\overline{B}(C+\overline{C})$

$=A(B+\overline{B})=A$

2）吸收法

利用 $A+AB=A$ 的公式，消去多余的项 AB。根据代入规则，A、B 可以是任何一个复杂的逻辑式。

例 2.1.8 试用吸收法化简逻辑函数表达式 $L=\overline{A}B+\overline{A}BCDE+\overline{A}BCDF$。

解

$$L=\overline{A}B+\overline{A}BCD(E+F)=\overline{A}B$$

3）消去法

利用 $A+\overline{A}B=A+B$，消去多余的因子。

例 2.1.9 试用消去法化简逻辑函数表达式 $L=AB+\overline{A}C+\overline{B}C$。

解

$$\begin{aligned}L&=AB+(\overline{A}+\overline{B})C\\&=AB+\overline{AB}C\\&=AB+C\end{aligned}$$

4）配项法

先利用 $A=A(B+\overline{B})$，增加必要的乘积项，再用并项或吸收的办法使项数减少。

例 2.1.10 试用配项法化简逻辑函数表达式 $L=AB+\overline{A}\,\overline{C}+B\overline{C}$。

解

$$\begin{aligned}L&=AB+\overline{A}\,\overline{C}+(A+\overline{A})B\overline{C}\\&=AB+\overline{A}\,\overline{C}+AB\overline{C}+\overline{A}\,B\overline{C}\\&=(AB+AB\overline{C})+(\overline{A}\,\overline{C}+\overline{A}\,B\overline{C})\\&=AB+\overline{A}\,\overline{C}\end{aligned}$$

使用配项的方法要有一定的经验，否则越配越繁。通常对逻辑表达式进行化简，要综合使用上述技巧。以下再举几例。

例 2.1.11 化简 $L=AD+A\overline{D}+AB+\overline{A}C+BD+A\overline{B}EF+\overline{B}EF$。

解

$$\begin{aligned}L&=A+AB+\overline{A}C+BD+A\overline{B}EF+\overline{B}EF \quad (\text{利用 } A+\overline{A}=1)\\&=A+\overline{A}C+BD+\overline{B}EF \quad (\text{利用 } A+AB=A)\\&=A+C+BD+\overline{B}EF \quad (\text{利用 } A+\overline{A}B=A+B)\end{aligned}$$

例 2.1.12 化简 $Y=AB+A\overline{C}+\overline{B}C+\overline{C}B+\overline{B}D+\overline{D}B+ADE(F+G)$。

解

$$\begin{aligned}Y&=AB+A\overline{C}+\overline{B}C+\overline{C}B+\overline{B}D+\overline{D}B+ADE(F+G)\\&=A(B+\overline{C})+\overline{B}C+\overline{C}B+\overline{B}D+\overline{D}B+ADE(F+G) \quad (\text{分配律})\\&=A(\overline{\overline{B}C})+\overline{B}C+\overline{C}B+\overline{B}D+\overline{D}B+ADE(F+G) \quad (\text{摩根定律})\\&=A+\overline{B}C+\overline{C}B+\overline{B}D+\overline{D}B+ADE(F+G) \quad (\text{利用 } A+\overline{A}B=A+B)\\&=A+\overline{B}C(D+\overline{D})+\overline{C}B+\overline{B}D+\overline{D}B(C+\overline{C}) \quad (\text{利用 } A+AB=A;A+\overline{A}=1)\\&=A+\overline{B}CD+\overline{B}\,C\overline{D}+\overline{C}B+\overline{B}D+\overline{D}BC+\overline{D}\,B\overline{C} \quad (\text{分配律})\\&=A+(\overline{B}DC+\overline{B}D)+(\overline{B}\,C\overline{D}+B\,C\overline{D})+(\overline{C}B+\overline{C}\,B\overline{D}) \quad (\text{结合律})\\&=A+\overline{B}D+C\overline{D}+B\overline{C}\ (\text{利用 } A+AB=A;A+\overline{A}=1)\end{aligned}$$

例 2.1.13 已知逻辑函数表达式为 $L=AB\overline{D}+\overline{A}\,\overline{B}\,\overline{D}+ABD+\overline{A}\,\overline{B}\,\overline{C}D+\overline{A}\,\overline{B}CD$，要求：

（1）写出最简的与-或逻辑函数表达式，并画出相应的逻辑图；

（2）仅用与非门画出最简表达式的逻辑图。

解

$$L=AB(\overline{D}+D)+\overline{A}\,\overline{B}\,\overline{D}+\overline{A}\,\overline{B}D(\overline{C}+C) \quad (\text{分配律})$$

$$=AB+\overline{A}\,\overline{B}\,\overline{D}+\overline{A}\,\overline{B}D \quad (利用\ A+\overline{A}=1)$$

$$=AB+\overline{A}\,\overline{B}(\overline{D}+D) \quad (利用\ A+\overline{A}=1)$$

$$=AB+\overline{A}\,\overline{B} \quad (与\text{-}或表达式)$$

$$=\overline{\overline{AB+\overline{A}\,\overline{B}}} \quad (先利用\overline{\overline{A}}=A,再利用摩根定理)$$

$$=\overline{\overline{AB}\cdot\overline{\overline{A}\,\overline{B}}} \quad (与非\text{-}与非表达式)$$

最简与-或表达式的逻辑图如图 2-1-2 所示,使用与非门的等效逻辑图如图 2-1-4 所示。

图 2-1-2 所示为根据最简与-或表达式画出的逻辑图,它用到与门、或门和非门三种类型的逻辑门;图 2-1-4 所示为根据与非-与非表达式画出的逻辑图,它只用到两个输入端与非门一种类型的逻辑门。通常在一片集成电路器件内部有多个同类型的门电路,所以利用摩根定理对逻辑函数表达式进行变换,可以减少门电路的种类和集成电路的数量,具有一定的实际意义。

将与-或表达式变换成与非-与非表达式时,首先对与-或表达式取两次非,然后根据摩根定理分开下面的取非线。将与-或表达式变换成或非-或非表达式时,首先对与-或非表达式中的每个乘积项单独取两次非,然后按照摩根定理分开下面的取非线。下面再举一例说明逻辑函数的变换。

例 2.1.14 试对逻辑函数表达式 $L=\overline{A}\,\overline{B}C+AB\overline{C}$ 进行变换,仅用或非门画出该表达式的逻辑图(见图 2-1-5)。

解

$$L=\overline{\overline{\overline{A}\,\overline{B}C}}+\overline{\overline{AB\overline{C}}}$$

$$=\overline{A+B+\overline{C}}+\overline{\overline{A}+B+C} \quad (摩根定理)$$

$$=\overline{\overline{\overline{A+B+\overline{C}}+\overline{\overline{A}+B+C}}} \quad (或非\text{-}或非表达式)$$

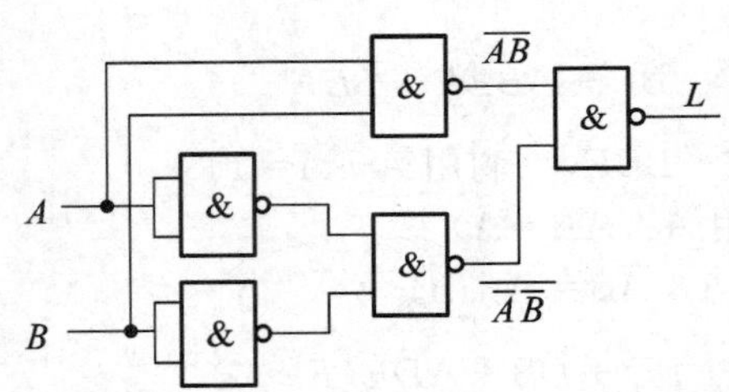

图 2-1-4 例 2.1.13 使用与非门的等效逻辑图

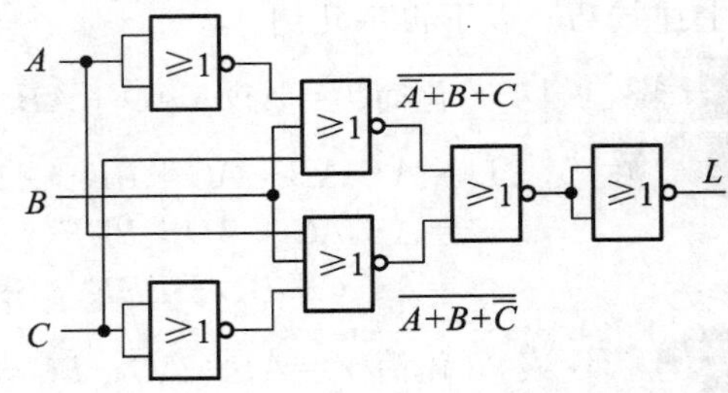

图 2-1-5 例 2.1.14 的逻辑图

2.2 逻辑函数的卡诺图化简法

利用代数法可使逻辑函数变成较简单的形式。但这种方法要求熟练掌握逻辑代数的基本定律,而且需要一些技巧,特别是经代数法化简后得到的逻辑表达式是否是最简式较难掌握,这就给使用逻辑函数带来一定的困难,使用卡诺图法可以比较简便地得到最简的逻辑表达式。

2.2.1 最小项的定义及其性质

1. 最小项的定义

根据逻辑函数的概念,一个逻辑函数的表达式不是唯一的,例如:

$$F(A,B,C)=AB+\overline{A}C$$

$$=AB(C+\overline{C})+\overline{A}(B+\overline{B})C$$

$$=ABC+AB\overline{C}+\overline{A}BC+\overline{A}\,\overline{B}C$$

在最后一个函数的表达式中，我们可以看到：

(1) 每个乘积项都包含了全部输入变量；

(2) 每个乘积项中的输入变量可以是原变量，或者非变量；

(3) 同一输入变量的原变量和非变量不同时出现在同一乘积项中，这样的乘积项我们称为最小项。

n 个变量 $X_1, X_2, \cdots, X_n$ 的最小项是 n 个因子的乘积，每个变量都以它的原变量或非变量在乘积项中出现，且仅出现一次。全部由最小项相加构成的与－或表达式称为最小项表达式，这是与－或表达式的标准表达式，又称为标准与－或表达式，或者标准积之和式。

2. 最小项的性质

为了分析最小项的性质，下面列出三个变量 A、B、C 所有最小项的真值表，如表 2-2-1 所示。

表 2-2-1　三变量最小项真值表

A	B	C	$\overline{A}\,\overline{B}\,\overline{C}$	$\overline{A}\,\overline{B}C$	$\overline{A}B\overline{C}$	$\overline{A}BC$	$A\overline{B}\,\overline{C}$	$A\overline{B}C$	$AB\overline{C}$	ABC
0	0	0	1	0	0	0	0	0	0	0
0	0	1	0	1	0	0	0	0	0	0
0	1	0	0	0	1	0	0	0	0	0
0	1	1	0	0	0	1	0	0	0	0
1	0	0	0	0	0	0	1	0	0	0
1	0	1	0	0	0	0	0	1	0	0
1	1	0	0	0	0	0	0	0	1	0
1	1	1	0	0	0	0	0	0	0	1

观察表 2-2-1 可以看出，最小项具有下列性质。

(1) 对于任意一个最小项，输入变量只有一组取值使得它的值为 1，而在变量取其他各组值时，这个最小项的值都是 0。

(2) 不同的最小项，使它的值为 1 的那一组输入变量取值也不同。

(3) 对于输入变量的任一组取值，任意两个最小项的乘积为 0。

(4) 对于输入变量的任一组取值，全体最小项之和为 1。

3. 最小项的编号

最小项通常用 m_i 表示，下标 i 即最小项编号，用十进制数表示。将最小项中的原变量用 1 表示，非变量用 0 表示，可得到最小项的编号，以 $\overline{A}BC$ 为例，因为它和 011 相对应，所以就称 $\overline{A}BC$ 是和变量 011 相对应的最小项，而 011 相当于十进制中的 3，所以把 $\overline{A}BC$ 记作 m_3。按此原则，三个变量的最小项表示符号如表 2-2-2 所示。

表 2-2-2　三变量最小项表示符号

最小项	变量取值			表示符号	最小项	变量取值			表示符号
	A	B	C			A	B	C	
$\overline{A}\,\overline{B}\,\overline{C}$	0	0	0	m_0	$A\overline{B}\,\overline{C}$	1	0	0	m_4
$\overline{A}\,\overline{B}C$	0	0	1	m_1	$A\overline{B}C$	1	0	1	m_5
$\overline{A}B\overline{C}$	0	1	0	m_2	$AB\overline{C}$	1	1	0	m_6
$\overline{A}BC$	0	1	1	m_3	ABC	1	1	1	m_7

2.2.2 逻辑函数的最小项表达式

利用逻辑代数的基本公式,可以把任一个逻辑函数化成若干个最小项之和的形式,称为最小项表达式。

例如,逻辑函数 $L(A,B,C)=AB+\overline{A}C$ 不是最小项表达式,利用 $A+\overline{A}=1$ 的基本运算关系,将逻辑函数中的每一个乘积项都转化成包含所有变量 A、B、C 的项,即

$$L(A,B,C)=AB+\overline{A}C=AB(C+\overline{C})+\overline{A}C(B+\overline{B})$$
$$=ABC+AB\overline{C}+\overline{A}BC+\overline{A}\,\overline{B}C \tag{2-2-1}$$

此项由四个最小项构成,它是一组最小项之和,因此是一个最小项表达式。

对照表 2-2-2,式(2-2-1)中最小项可分别表示为 m_7、m_6、m_3、m_1,所以可以写为

$$L(A,B,C)=m_1+m_3+m_6+m_7$$

为了简化,常用最小项下标编号来代表最小项,故上式又可写为

$$L(A,B,C)=\sum m(1,3,6,7)$$

例 2.2.1 将逻辑函数 $L(A,B,C)=\overline{(AB+\overline{A}\,\overline{B}+\overline{C})\,\overline{AB}}$ 转换成最小项表达式。

解 (1) 多次利用摩根定律去掉非号,直至最后得到一个只在单个变量上有非号的表达式,即

$$L(A,B,C)=\overline{(AB+\overline{A}\,\overline{B}+\overline{C})\,\overline{AB}}=\overline{(AB+\overline{A}\,\overline{B}+\overline{C})}+AB$$
$$=(\overline{AB}\cdot\overline{\overline{A}\,\overline{B}}\cdot C)+AB=(\overline{A}+\overline{B})(A+B)C+AB$$

(2) 利用分配律消去括号,直至得到一个与 - 或表达式。

$$L(A,B,C)=(\overline{A}+\overline{B})(A+B)C+AB$$
$$=\overline{A}BC+A\overline{B}C+AB$$

(3) 在所得式子中,有一项 AB 不是最小项(缺少变量 C),则用$(C+\overline{C})$进行配项,可得

$$L(A,B,C)=\overline{A}BC+A\overline{B}C+AB(C+\overline{C})$$
$$=\overline{A}BC+A\overline{B}C+ABC+AB\overline{C}$$
$$=m_3+m_5+m_6+m_7=\sum m(3,5,6,7)$$

由此可见,任一个逻辑函数经过变换,都能表示成唯一的最小项表达式。

2.2.3 用卡诺图表示逻辑函数

1. 逻辑函数的卡诺图表示法

一个函数可以用表达式表示,也可以用真值表来描述,但如果用真值表来描述时,对函数进行化简很不直观,美国工程师卡诺(Karnaugh)提出了一种描述逻辑函数的特殊方法——卡诺图。在这个方格图中,每个小方格代表逻辑函数的一个最小项,而且几何相邻的小方格具有逻辑相邻性,即两个相邻小方格所代表的最小项仅一个变量取值不同,这种特殊的小方格图通常称之为卡诺图(K-Map)。

图 2-2-1～图 2-2-3 中画出了 2～4 变量最小项的卡诺图。图形两侧标注的 0 和 1 表示使对应小方格内的最小项为 1 的变量取值。同时,这些 0 和 1 组成的二进制数所对应的十进制数大小也就是对应的最小项的编号。

为了保证图中几何位置相邻的最小项在逻辑上也具有相邻性,这些数码不是按自然二进制数从小到大的顺序排列,而必须按在图中的方式排列,以确保相邻的两个最小项仅有一个变量是不同的。例如在图 2-2-3 中,m_4 对应于 $\overline{A}B\overline{C}\,\overline{D}$,$m_5$ 对应于 $\overline{A}B\overline{C}D$,它们的差别仅

在 D 和 $\overline{D}$，m_5 和 m_{13} 的差别在于 A 和 $\overline{A}$，其余类推。要特别指出的是，卡诺图水平方向同一行里，最左端和最右端的方格也是符合上述相邻规律的。例如，m_4 和 m_6 的差别在 C 和 $\overline{C}$。同样，垂直方向同一列里最上端和最下端两个方格也是相邻的，这是因为都只有一个因子有差别。4 个对角（m_0、m_2、m_8、m_{10}）也符合上述相邻规律，这个特点说明卡诺图呈现循环邻接的特性。

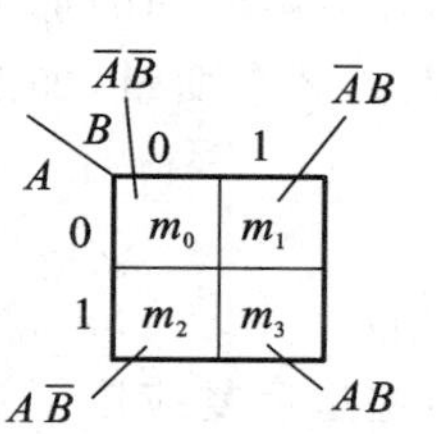

图 2-2-1　2 变量卡诺图

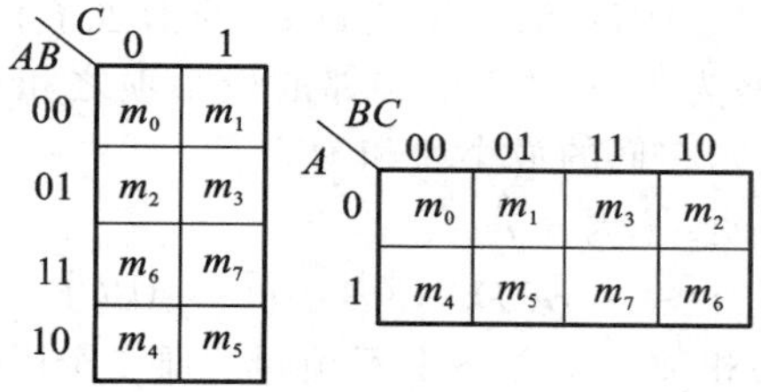

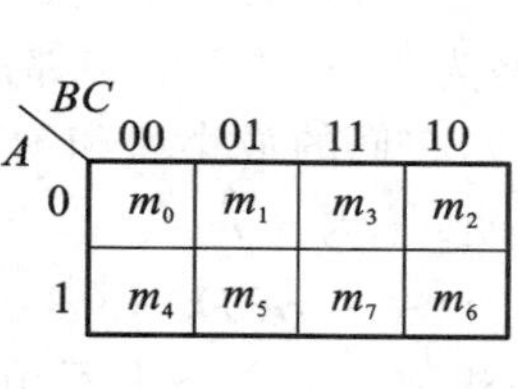

A \ BC	00	01	11	10
0	m_0	m_1	m_3	m_2
1	m_4	m_5	m_7	m_6

图 2-2-2　3 变量卡诺图

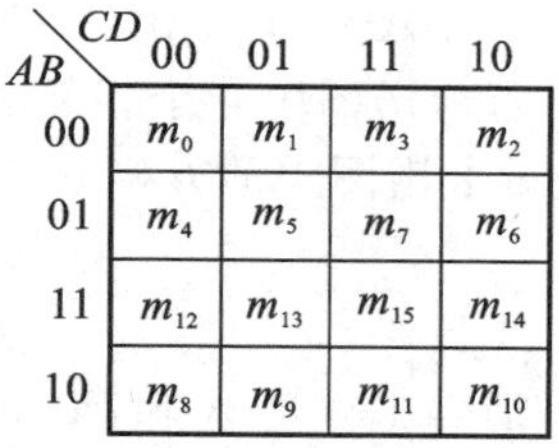

AB \ CD	00	01	11	10
00	m_0	m_1	m_3	m_2
01	m_4	m_5	m_7	m_6
11	m_{12}	m_{13}	m_{15}	m_{14}
10	m_8	m_9	m_{11}	m_{10}

图 2-2-3　4 变量卡诺图

2. 已知逻辑函数画卡诺图

既然任何一个逻辑函数都能表示为若干最小项之和的形式，那么自然也就可以设法用卡诺图来表示任意一个逻辑函数。具体的步骤如下：

(1) 将逻辑函数化为最小项表达式；

(2) 按最小项表达式填卡诺图，凡式中包含了的最小项，其对应方格填 1，其余方格填 0。

即：任何一个逻辑函数都等于它的卡诺图中填入 1 的那些最小项之和。

例 2.2.2　画出逻辑函数 $L(A,B,C,D)=\sum m(0,1,2,3,4,8,10,11,14,15)$ 的卡诺图。

根据图 2-2-3 所示 4 变量卡诺图的简化形式，对上列逻辑函数表达式中的各个最小项，在卡诺图相应小方格内填入 1，其余填入 0，即可得图 2-2-4 所示的 $L(A,B,C,D)$ 的卡诺图。

当逻辑函数的表达式为其他形式时，可将其变换为最小项表达式后，再作出卡诺图。

例 2.2.3　画出

$$L(A,B,C,D)=(\overline{A}+\overline{B}+\overline{C}+\overline{D})(\overline{A}+\overline{B}+C+\overline{D})(\overline{A}+B+\overline{C}+D)(A+\overline{B}+\overline{C}+D)(A+B+C+D)$$

的卡诺图。

解　(1) 由摩根定律，上式化成

$$\overline{L}=ABCD+AB\overline{C}D+A\overline{B}C\overline{D}+\overline{A}BC\overline{D}+\overline{A}\,\overline{B}\,\overline{C}\,\overline{D}=\sum m(15,13,10,6,0)$$

(2) 因上式中最小项之和为 $\overline{L}$，故对 $\overline{L}$ 中的各最小项，在卡诺图相应方格内填入 0，其余填入 1，即得图 2-2-5 所示的卡诺图。

L: AB \ CD	00	01	11	10
00	1	1	1	1
01	1	0	0	0
11	0	0	1	1
10	1	0	1	1

图 2-2-4　例 2.2.2 的卡诺图

L: AB \ CD	00	01	11	10
00	0	1	1	1
01	1	0	0	0
11	1	0	0	1
10	1	1	1	0

图 2-2-5　例 2.2.3 的卡诺图

2.2.4 用卡诺图化简逻辑函数

1. 化简的依据

卡诺图具有循环邻接的特性，若图中两个相邻的方格均为1，则这两个相邻最小项的和将消去一个变量。例如，图2-2-3所示4变量卡诺图中的方格5和方格7，其最小项之和为$\overline{A}B\overline{C}D+\overline{A}BCD=\overline{A}BD(\overline{C}+C)=\overline{A}BD$，消去了变量$C$，即消去了相邻方格中不同的那个因子。若卡诺图中4个相邻的方格为1，则这4个相邻的最小项之和将消去2个变量，如上述4变量卡诺图中的方格0、2、8、10，它们的最小项和为

$$\begin{aligned} & m_0+m_2+m_8+m_{10} \\ &= \overline{A}\,\overline{B}\,\overline{C}\,\overline{D}+\overline{A}\,\overline{B}C\overline{D}+A\overline{B}\,\overline{C}\,\overline{D}+A\overline{B}C\overline{D}=\overline{B}\,\overline{D} \end{aligned}$$

消去了变量A和C，即消去相邻4个方格中不相同的那2个因子，这里反复应用了$A+\overline{A}=1$的关系，就可使逻辑表达式得到简化。这就是利用卡诺图法化简逻辑函数的基本原理。

2. 化简的步骤

用卡诺图化简逻辑函数的步骤如下。

(1) 将逻辑函数写成最小项表达式。

(2) 按最小项表达式填充卡诺图，凡式中包含了的最小项，其对应方格填1，其余方格填0。

(3) 合并最小项，即相邻的1方格圈成一组(包围圈)，每一组含2^n个方格，对应每个包围圈写成一个新的乘积项。本书中包围圈用虚线框表示。

(4) 将所有包围圈对应的乘积项相加。

有时也可以由真值表直接填卡诺图，以上的(1)、(2)两步就合为一步。

画包围圈时应遵循以下原则。

(1) 包围圈内的方格数必定是2^n个，n等于0,1,2,3,4,…。

(2) 相邻方格包括上下相邻、左右相邻和四角相邻。

(3) 同一方格可以被不同的包围圈重复包围，但新增包围圈中一定要有新的方格，否则该包围圈为多余。

(4) 包围圈内的方格数要尽可能多，包围圈的数目要尽可能少。

化简后，一个包围圈对应一个与项(乘积项)，包围圈越大，所得乘积项中的变量越少。实际上，如果做到了使每个包围圈尽可能大，结果包围圈个数也就会少，使得消失的乘积项个数也越多，就可以得到逻辑函数最简的与-或表达式。下面通过举例来熟悉卡诺图化简逻辑函数的方法。

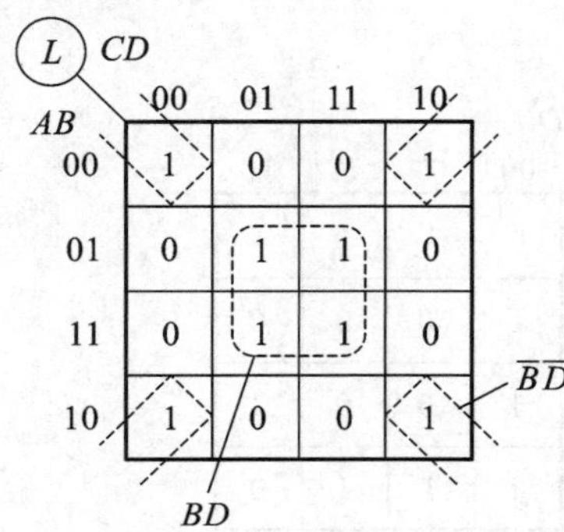

图2-2-6 例2.2.4的卡诺图

例2.2.4 用卡诺图法化简下列逻辑函数

$$L(A,B,C,D)=\sum m(0,2,5,7,8,10,13,15)$$

解 (1) 由L画出卡诺图，如图2-2-6所示。

(2) 画包围圈合并最小项，得最简与-或表达式

$$L=BD+\overline{B}\,\overline{D}$$

例2.2.5 一个逻辑电路有4个逻辑变量A、B、C、D，它的真值表如表2-2-3所示，用卡诺图法求得简化的与-或表达式及与非-与非表达式。

表 2-2-3 例 2.2.5 的真值表

A	B	C	D	L	A	B	C	D	L
0	0	0	0	1	1	0	0	0	1
0	0	0	1	0	1	0	0	1	0
0	0	1	0	0	1	0	1	0	1
0	0	1	1	0	1	0	1	1	0
0	1	0	0	1	1	1	0	0	1
0	1	0	1	1	1	1	0	1	0
0	1	1	0	0	1	1	1	0	0
0	1	1	1	0	1	1	1	1	1

解 (1) 由真值表画出卡诺图，如图 2-2-7 所示。

(2) 画包围圈合并最小项，得化简的与-或表达式。

$$L=\overline{C}\,\overline{D}+\overline{A}\,B\overline{C}+A\overline{B}\,\overline{D}+ABCD$$

(3) 求与非-与非表达式，两次求非得

$$L=\overline{\overline{\overline{C}\,\overline{D}+A\overline{B}\,\overline{D}+\overline{A}\,B\overline{C}+ABCD}}$$

然后利用摩根定律得

$$L=\overline{\overline{\overline{C}\,\overline{D}}\cdot\overline{A\overline{B}\,\overline{D}}\cdot\overline{\overline{A}\,B\overline{C}}\cdot\overline{ABCD}}$$

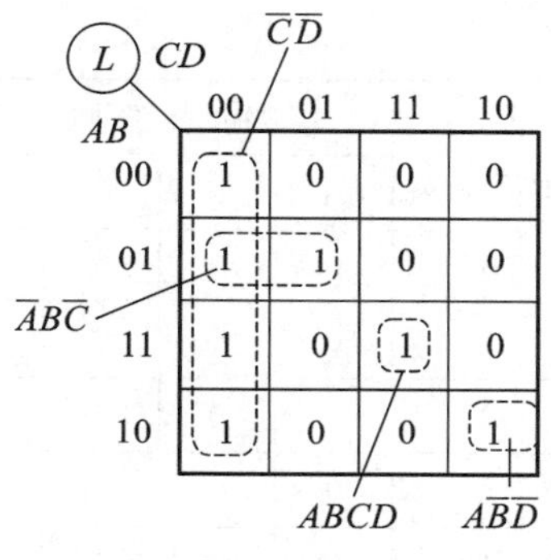

图 2-2-7 例 2.2.5 的卡诺图

利用卡诺图表示逻辑函数式时，如果卡诺图中各小方格被 1 占去了大部分，虽然可用包围 1 的方法进行化简，但由于要重复利用 1 项，往往显得零乱而易出错。这时可以采用包围 0 方格的方法进行化简，求出反函数 $\overline{L}$，再对 $\overline{L}$ 求非，其结果相同，这种方法更简单。

例 2.2.6 化简下列逻辑函数

$$L(A,B,C,D)=\sum m(0\sim 3,5\sim 11,13\sim 15)$$

解 (1) 由 L 画出卡诺图，如图 2-2-8(a)所示。

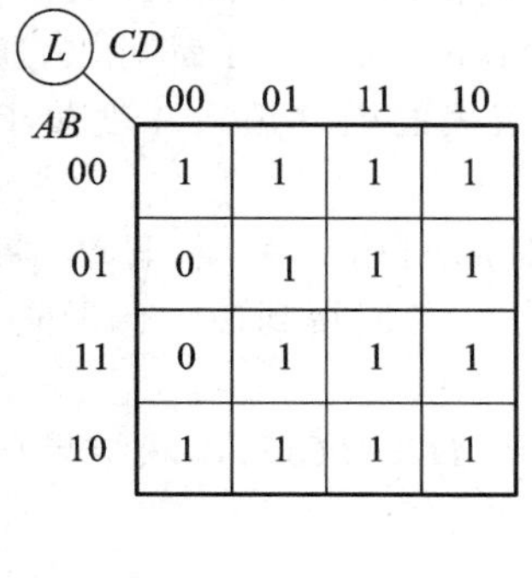

(a)

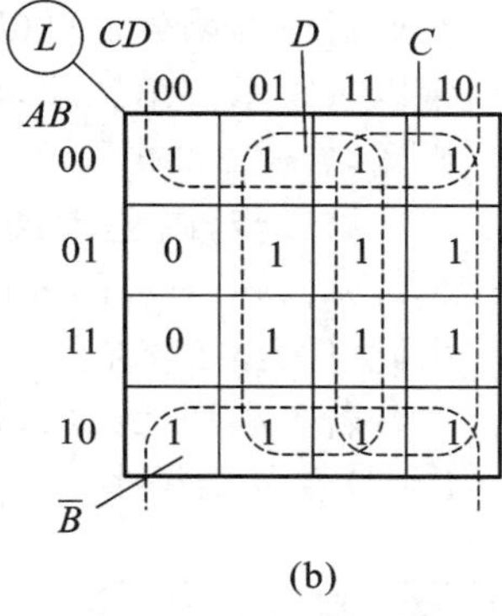

(b)

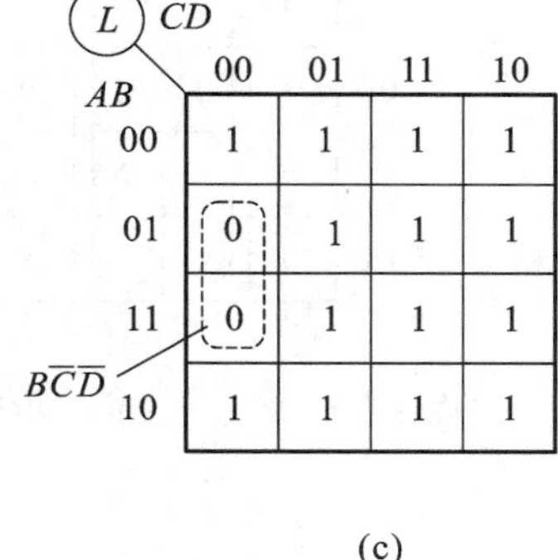

(c)

图 2-2-8 例 2.2.6 的卡诺图

(2) 用包围 1 的方法化简，如图 2-2-8(b)所示，得

$$L=\overline{B}+C+D$$

(3) 用包围 0 的方法化简，如图 2-2-8(c)所示，得 $\overline{L}=B\overline{C}\overline{D}$，对 $\overline{L}$ 求非，可得

$$L=\overline{B}+C+D$$

3. 任意项的处理

实际中经常会遇到这样的问题，在真值表内对于变量的某些取值组合，函数的值可以是任意的，或者这些变量的取值根本不会出现，这些变量取值所对应的最小项称为无关项或任意项。

既然任意项的值可以是任意的，或者我们根本不关心，所以在化简逻辑函数时，它的值可以取 0 或取 1，具体取什么值，可以根据使函数尽量得到简化而定。

例 2.2.7 设计一个逻辑电路，能够判断 1 位十进制数是奇数还是偶数。当十进制数为奇数时，电路输出为 1；当十进制数为偶数时，电路输出为 0。

解 第一步，列写真值表。用 8421BCD 码表示十进制数，4 位码即为输入变量，当对应的十进制数为奇数时，函数值为 1，反之为 0，得到表 2-2-4 所示的真值表。

表 2-2-4 例 2.2.7 的真值表

对应十进制数	输入变量				输出	对应十进制数	输入变量				输出
	A	B	C	D	L		A	B	C	D	L
0	0	0	0	0	0	8	1	0	0	0	0
1	0	0	0	1	1	9	1	0	0	1	1
2	0	0	1	0	0	无关项	1	0	1	0	×
3	0	0	1	1	1	无关项	1	0	1	1	×
4	0	1	0	0	0	无关项	1	1	0	0	×
5	0	1	0	1	1	无关项	1	1	0	1	×
6	0	1	1	0	0	无关项	1	1	1	0	×
7	0	1	1	1	1	无关项	1	1	1	1	×

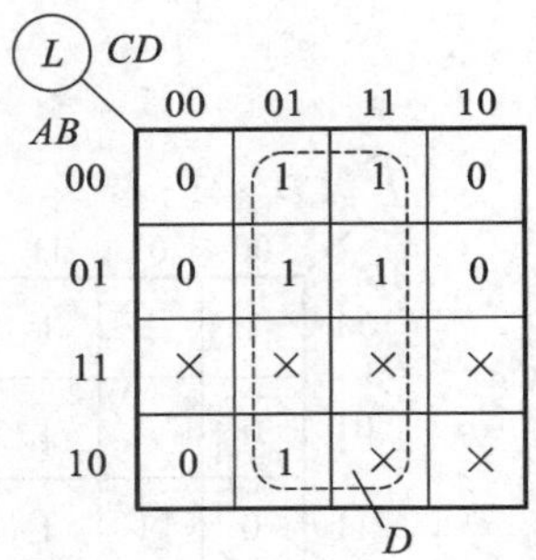

图 2-2-9 例 2.2.7 的卡诺图

因为 8421BCD 码只有 10 个，所以表 2-2-4 中 4 位十进制码的后 6 种组合不可能输入，它们都是无关项，它们对应的函数值可以任意假设，为 0 为 1 都可以，通常以×表示。第二步，将真值表的内容填入 4 变量卡诺图，如图 2-2-9 所示。

第三步，画包围圈，此时应利用无关项，显然，将 m_{13}、m_{15}、m_{11} 对应的方格视为 1，可以得到最大包围圈，由此可写出 $L=D$。

若不利用无关项，则 $L=\overline{A}D+\overline{B}\,\overline{C}D$，显然结果比 $L=D$ 要复杂得多。

本章小结

(1) 数字电路的研究方法是把输入变量所有可能的状态组合一一列出，并将对应的输出变量的状态填入表中，形成真值表。

（2）逻辑代数是分析和设计逻辑电路的工具。一个逻辑问题可用逻辑函数来描述。逻辑函数可用真值表、逻辑表达式、卡诺图和逻辑图表达，这 4 种表达方式各具特点，可根据需要选用。

课后习题

2.1 逻辑代数

2.1.1 用真值表证明下列恒等式：

（1）$(A\oplus B)\oplus C=A\oplus(B\oplus C)$；

（2）$(A+B)(A+C)=A+BC$；

（3）$\overline{A\oplus B}=\overline{A}\,\overline{B}+AB$。

2.1.2 写出三变量的摩根定理表达式，并用真值表验证其正确性。

2.1.3 用逻辑代数定律证明下列等式：

（1）$A+\overline{A}B=A+B$；

（2）$ABC+A\overline{B}C+AB\overline{C}=AB+AC$；

（3）$A+A\overline{B}\,\overline{C}+\overline{A}CD+(\overline{C}+\overline{D})E=A+CD+E$。

2.1.4 用代数法化简下列各式：

（1）$AB(BC+A)$；

（2）$(A+B)(A\overline{B})$；

（3）$\overline{\overline{A}BC}(B+\overline{C})$；

（4）$\overline{\overline{A\overline{B}+ABC}+A(B+A\overline{B})}$；

（5）$\overline{AB+\overline{A}\,\overline{B}+\overline{A}B+A\overline{B}}$；

（6）$\overline{\overline{(\overline{A}+B)}+\overline{(A+B)}+\overline{\overline{\overline{A}B}\,\overline{A\overline{B}}}}$；

（7）$\overline{B}+ABC+\overline{AC}+\overline{AB}$；

（8）$\overline{ABC}+A\overline{B}C+ABC+A+B\overline{C}$；

（9）$ABC\overline{D}+ABD+BC\overline{D}+ABCD+B\overline{C}$；

（10）$\overline{\overline{AC+\overline{A}BC}+\overline{B}C+AB\overline{C}}$。

2.1.5 将下列各式转换成与-或形式：

（1）$\overline{A\oplus B}\oplus\overline{C\oplus D}$；

（2）$\overline{\overline{A+B}+\overline{C+D}}+\overline{\overline{C+D}+\overline{A+D}}$；

（3）$\overline{\overline{\overline{AC}\cdot\overline{BD}}\quad\overline{\overline{BC}\cdot\overline{AB}}}$。

2.1.6 已知逻辑函数表达式为 $L=\overline{A}\,BC\overline{D}$，画出实现该式的逻辑电路图，限使用非门和二输入与非门。

2.1.7 画出实现下列逻辑表达式的逻辑电路图，限使用非门和二输入与非门。

（1）$L=AB+AC$；

（2）$L=\overline{D(A+C)}$；

（3）$L=\overline{(A+B)(C+D)}$。

2.1.8 已知逻辑函数表达式为 $L=A\overline{B}+\overline{A}C$，画出实现该式的逻辑电路图，限使用与非门和二输入或非门。

2.2 逻辑函数的卡诺图化简法

2.2.1 将下列函数展开为最小项表达式：

(1) $L=A\bar{C}D+\bar{B}C\bar{D}+ABCD$；

(2) $L=\overline{\bar{A}(B+\bar{C})}$；

(3) $L=\overline{\overline{AB}+ABD}(B+\bar{C}D)$；

(4) $L=\overline{A+\bar{B}}+\bar{A}\bar{B}C$；

(5) $L(A,B,C)=\overline{(AB+\bar{A}\bar{B}+\bar{C})\overline{AB}}$。

2.2.2　已知函数 $L(A,B,C,D)$ 的卡诺图如图题 2.2.2 所示，试写出函数 L 的最简与-或表达式。

L (AB \ CD)	00	01	11	10
00		1		1
01	1			
11	1			
10		1	1	1

图题 2.2.2

2.2.3　用卡诺图化简下列各式：

(1) $A\bar{B}CD+AB\bar{C}D+A\bar{B}+A\bar{D}+A\bar{B}C$；

(2) $(\bar{A}\bar{B}+B\bar{D})\bar{C}+BD\overline{(\bar{A}\bar{C})}+\bar{D}\overline{(\bar{A}+\bar{B})}$；

(3) $A\bar{B}CD+D(\bar{B}\bar{C}D)+(A+C)B\bar{D}+\bar{A}\overline{(\bar{B}+C)}$；

(4) $L(A,B,C,D)=\sum m(0,2,4,8,10,12)$；

(5) $L(A,B,C,D)=\sum m(0,1,2,5,6,8,9,10,13,14)$；

(6) $L(A,B,C,D)=\sum m(0,2,4,6,9,13)+\sum d(1,3,5,7,11,15)$；

(7) $L(A,B,C,D)=\sum m(0,13,14,15)+\sum d(1,2,3,9,10,11)$。

2.2.4　已知逻辑函数 $L=A\bar{B}+B\bar{C}+C\bar{A}$，试用真值表、卡诺图和逻辑图（限用非门和与非门）表示。

2.3　历年考研题

2.3.1　在约束条件 $\bar{A}B=0$ 下，用卡诺图化简下面的三输出函数。

（北京航空航天大学 2001 年）

$$Z_1(A,B,C,D)=\sum m(4,8,9,10,12,13,14)$$

$$Z_2(A,B,C,D)=\sum m(4,8,9,10,11,12,14)$$

$$Z_3(A,B,C,D)=\sum m(9,11,13)$$

2.3.2　用卡诺图法化简下面二输出逻辑函数。

（北京航空航天大学 2005 年）

$$Z_1(A,B,C,D)=\sum m(0,2,5,6,8,10,13,14)+\sum d(7,15)$$

$$Z_2(A,B,C,D)=\sum m(1,6,9,14)\text{；约束条件为：}B\bar{C}=0$$

2.3.3　用代数法化简以下逻辑函数。

（浙江大学 2007 年）

(1) $Y_1=\bar{A}(C\oplus D)+B\bar{C}D+AC\bar{D}+A\bar{B}\bar{C}D$

(2) $Y_2=1\oplus A\oplus B\oplus C\oplus AB\oplus AC\oplus BC\oplus ABC$

第3章 逻辑门电路

主要教学内容

1. MOS管的基本工作原理。
2. CMOS门电路的电路结构、工作原理和电气特性。
3. 双极型三极管的基本工作原理和开关特性。
4. TTL门电路的电路结构、工作原理和电气特性。
5. 典型逻辑门电路实际使用中的一些问题。

教学目的和要求

1. 了解逻辑门电路的分类和特点。
2. 掌握典型逻辑门的功能、外特性和实际使用中的一些问题。
3. 了解正负逻辑的概念及相互关系。
4. 了解TTL与CMOS门的接口问题。

3.1 MOS逻辑门电路

3.1.1 概述

我们把实现基本逻辑运算和复合逻辑运算的电子电路统称为逻辑门电路，简称为门电路。作为基本逻辑运算和复合逻辑运算的有与、或、非、与非、或非、与或非、异或、同或等。因此，从逻辑功能上区分，门电路也有与门、或门、非门（习惯上经常称之为反相器）、与非门、或非门、与或非门、异或门、异或非门（也称为同或门）等几种。按开关管的类型区分，门电路包括MOS逻辑门电路和TTL逻辑门电路。

MOS逻辑门电路是在TTL电路之后出现的一种广泛应用的数字集成器件。按照器件结构的不同形式，可以分为NMOS、PMOS和CMOS三种逻辑门电路。由于制造工艺的不断改进，CMOS电路已成为占主导地位的逻辑器件，其工作速度已经赶上甚至超过TTL电路，它的功耗和抗干扰能力则远优于TTL。因此，几乎所有的超大规模存储器以及PLD器件都采用CMOS工艺制造，且费用较低。

早期生产的CMOS门电路为4000系列，后来发展为4000B系列，其工作速度较慢，与TTL不兼容，但它具有功耗低、工作电压范围宽、抗干扰能力强的特点。随后出现了高速CMOS器件74HC和74HCT系列。与4000B系列相比，其工作速度快、带负载能力强。74HCT系列与TTL兼容，可与TTL器件交换使用。另一种新型CMOS系列是74VHC和74VHCT系列，其工作速度达到了74HC和74HCT系列的两倍。对于54系列产品，其引脚编号及逻辑功能与74系列基本相同，所不同的是54系列是军用产品，适用的温度范围更宽，测试和筛选标准更严格。

近年来，随着便携式设备（例如笔记本电脑、数字相机、手机等）的发展，要求使用体积小、功耗低、电池耗电小的半导体器件，因此先后推出了低电压CMOS器件74LVC系列，以及超低电压CMOS器件74AUC系列，并且半导体制造工艺可以使它们的成本更低、速度更快，同时大多数低电压器件的输入/输出电平可以与5 V电源的CMOS或TTL电平兼容。

不同的 CMOS 系列器件对电源电压要求不一样，表 3-1-1 所示为几种 CMOS 集成电路的电源电压范围和电源最大电压额定值。

表 3-1-1　几种 CMOS 电路的电源电压范围和电源最大电压额定值

参数＼类型	4000B	74HC	74HCT	74LVC	74AUC
电源电压范围/V	3～18	2～6	4.5～5.5	1.2～3.6	0.8～2.7
电源最大电压额定值/V	20	7	7	6.5	3.6

CMOS 是数字逻辑电路的主流工艺技术，但 CMOS 技术却不适合用在射频和模拟电路中。因此 BiMOS 成为射频系统中用得最多的工艺技术。BiMOS 集成电路是将 BJT 的高速性能和高驱动能力，以及 CMOS 的高密度、低功耗和低成本等优点结合起来，并且既可用于数字集成电路，也可用于模拟集成电路。BiMOS 技术主要用于高性能集成电路的生产。

目前使用的两种双极型数字集成电路是 TTL 和 ECL 系列。TTL 是应用最早，技术比较成熟的集成电路，曾被广泛使用。大规模集成电路的发展要求每个逻辑单元电路的结构简单，并且功耗低。TTL 电路不能满足这个条件，因此逐渐被 CMOS 电路取代，退出其主导地位。由于 TTL 技术在整个数字集成电路设计领域中的历史地位和影响，很多数字系统设计技术仍采用 TTL 技术，特别是从小规模到中规模数字系统的集成，因此推出了新型的低功耗和高速 TTL 器件，这种新型的 TTL 使用肖特基势垒二极管(SBD)，以避免 BJT 工作在饱和状态，从而提高工作速度。

最早的 TTL 门电路是 74 系列。后来出现了改进型的 74H 系列，其工作速度提高了，但功耗却增加了。而 74L 系列的功耗降低了很多，但工作速度也降低了。为了解决功耗和速度之间的矛盾，推出了低功耗和高速的 74S 系列，它使用肖特基晶体三极管，使电路的工作速度和功耗均得到改善。之后又生产出 74LS 系列，其速度与 74 系列相当，但功耗却降低到 74 系列的 1/5。74LS 系列广泛应用于中、小规模集成电路。随着集成电路的发展，生产出进一步改进的 74AS 和 74ALS 系列。74AS 系列与 74S 系列相比，功耗相当，但速度却提高了两倍。74ALS 系列将 74LS 系列的速度和功耗又进一步提高。而 74F 系列的速度和功耗介于 74AS 和 74ALS 之间，广泛应用于速度要求较高的 TTL 逻辑电路。

ECL 也是一种双极型数字集成电路，其基本器件是差分对管。饱和型的 TTL 电路中，晶体三极管作为开关在饱和区和截止区切换，其退出饱和区需要的时间较长。而 ECL 电路中晶体三极管不工作在饱和区，因此工作速度较高。但 ECL 器件功耗比较高，不适合制成大规模集成电路，因此不像 CMOS 或 TTL 系列被广泛使用。ECL 电路主要用于高速或超高速数字系统和设备中。

砷化镓是继锗和硅之后发展起来的新一代半导体材料。由于砷化镓器件中载流子的迁移率非常高，因而其工作速度比硅器件快得多，并且具有功耗低和抗辐射的特点，已成为光纤通信、移动通信以及全球定位系统等应用的首选材料。

3.1.2　MOS 管的开关特性

MOS 管具有集成度高、输入阻抗高、功耗低、工艺简单和没有电荷存储效应等优点，在数字电路中具有后来者居上的地位。主要缺点是工作速度稍慢。与 NPN 半导体三极管类似，MOS 管的伏安特性曲线可以分为三个工作区域：非饱和区（可变电阻区）、截止区和饱和区（恒流区）。图 3-1-1(a)所示为 N 沟道增强型 MOS 管构成的开关电路，其实是 N 沟道 MOS 管构成的反相器。$v_I = v_{GS}$，$v_o = v_{DS}$，U_T 为开启电压。图 3-1-1(b)所示为 N 沟道 MOS

管的输出特性曲线，其中斜线为直流负载线。

当 $u_i<U_T$ 时，MOS 管处于截止状态，$i_D=0$，输出电压 $u_o=V_{DD}$。此时器件不损耗功率。

当 $u_i>U_T$ 时，并且比较大，使得 $u_{DS}>u_{GS}-U_T$ 时，MOS 管工作在饱和区。随着 u_i 的增加，i_D 增加，u_{DS} 随之下降，MOS 管最后工作在可变电阻区。从特性曲线的可变电阻区可以看到，当 u_{GS} 一定时，D、S 之间可近似等效为线性电阻。u_{GS} 越大，输出特性曲线越倾斜，等效电阻越小。此时 MOS 管可以看成一个受 u_{GS} 控制的可变电阻。u_{GS} 的取值足够大时，使得 R_D 远远大于 D、S 之间的等效电阻时，电路输出为低电平。

由此可见，MOS 管相当于一个由 u_{GS} 控制的无触点开关，当输入为低电平时，MOS 管截止，相当于开关"断开"，输出为高电平，其等效电路如图 3-1-2(a)所示；当输入为高电平时，MOS 管工作在可变电阻区，相当于开关"闭合"，输出为低电平，其等效电路如图 3-1-2(b)所示。图中 R_{on} 为 MOS 管导通时的等效电阻，在 1 kΩ 以内。

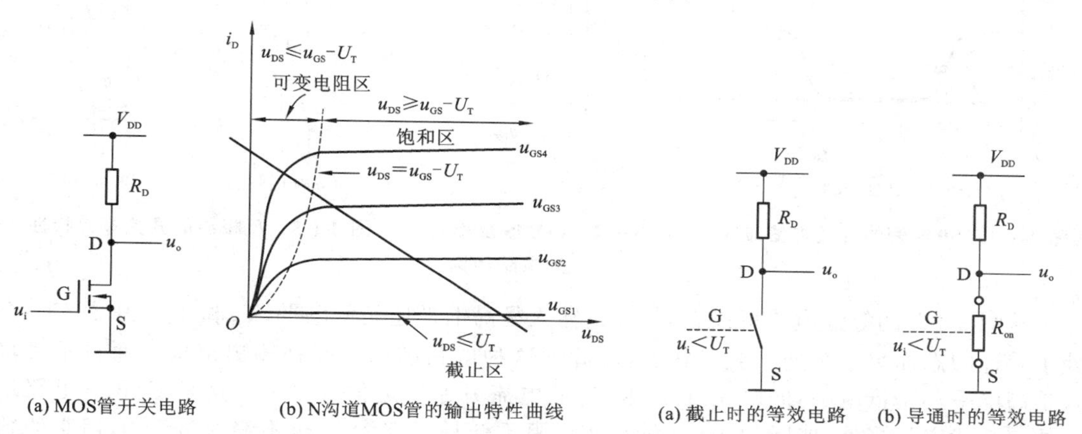

(a) MOS管开关电路　(b) N沟道MOS管的输出特性曲线

图 3-1-1　MOS 管开关电路及其输出特性曲线

(a) 截止时的等效电路　(b) 导通时的等效电路

图 3-1-2　MOS 管的开关等效电路

在图 3-1-1(a)所示 MOS 管的开关电路的输入端，加一个理想的脉冲波形，如图 3-1-3(a)所示。由于 MOS 管中栅极与衬底之间电容 C_{GB}、漏极与衬底间电容 C_{DB}、栅极与漏极电容 C_{GD} 以及导通电阻等的存在，使其在导通和闭合两种状态之间转换时，不可避免地受到电容充、放电过程的影响。输出电压 u_o 的波形已不是和输入一样的理想脉冲，上升和下降沿都变得缓慢了，而且输出电压的变化滞后于输入电压的变化，如图 3-1-3(b)所示。

3.1.3　COMS 反相器和传输门

由于 COMS 电路中巧妙地利用了 N 沟道增强型 MOS 管和 P 沟道增强型 MOS 管特性的互补性，因而不仅电路结构简单，而且在电气特性上也有突出的优点。正因为如此，CMOS 电路的制作工艺在数字集成电路中得到了广泛的应用。

在 CMOS 逻辑电路中，反相器(非门)和传输门是最基本的两种电路单元。各种逻辑功能门电路和很多更加复杂的逻辑电路都是在这两种单元的基础上组合而成的。

1. CMOS 反相器

图 3-1-4 所示为 CMOS 反相器的电路结构图。由图可见，它由一个 N 沟道增强型 MOS 管 T_N 和一个 P 沟道增强型 MOS 管 T_P 组成，两管的栅极相连作为输入端，P 沟道管的源极接至电源的正端，N 沟道管的源极接电源的公共端(电源的负端)，两管的漏极相连作为输出端。按照图中标明的电压与电流方向，$u_i=u_{GSN}$，$u_o=u_{DSN}$，并设 $i_{DN}=i_{DP}=i_D$。为了电路正常工作，要求电源电压 V_{DD} 大于两只 MOS 管的开启电压的绝对值之和，即 $V_{DD}>(U_{TN}+|U_{TP}|)$。

假定电源电压 V_{DD} 为 +5 V，输入信号的高电平 $u_{iH}=5$ V，低电平 $u_{iL}=0$ V，并且 V_{DD} 大

于 T_N 的开启电压 U_{TN} 和 T_P 开启电压 U_{TP} 的绝对值之和。当输入为低电平 $u_{iL}=0$ 时，T_N 的 $u_{GS}=0$，所以 T_N 截止；而 T_P 的 $u_{GS}=-V_{DD}$，所以 T_P 导通。由于 T_N 的截止电阻远大于 T_P 的导通电阻，所以反相器的等效电路可以用图 3-1-5(a)表示，故输出为高电平 $u_{oH}=V_{DD}$。

当输入为高电平 $u_{iH}=V_{DD}$ 时，T_P 的 $u_{GS}=0$，T_P 截止；而 T_N 的 $u_{GS}=V_{DD}$，T_N 导通。这时反相器的等效电路可以画成图 3-1-5(b)的形式，故输出为低电平 $u_{oL}=0$。

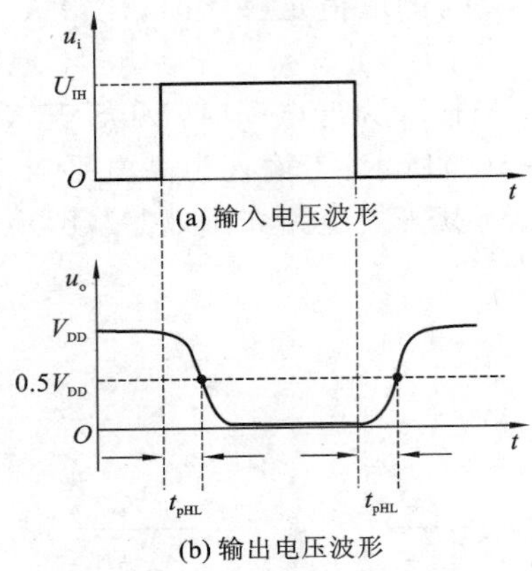

图 3-1-3　MOS 管的开关电路波形

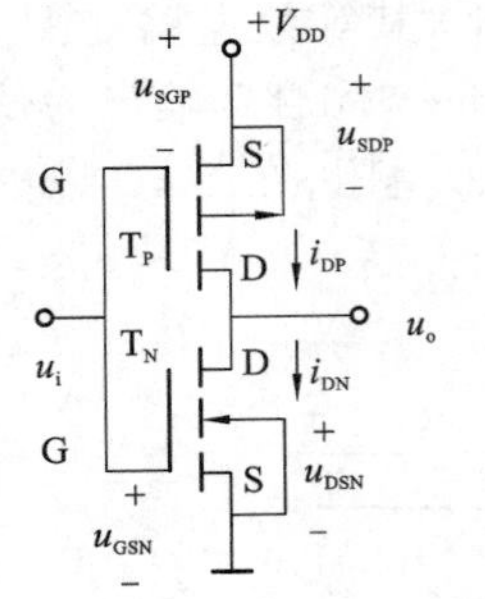

图 3-1-4　COMS 反相器的电路结构

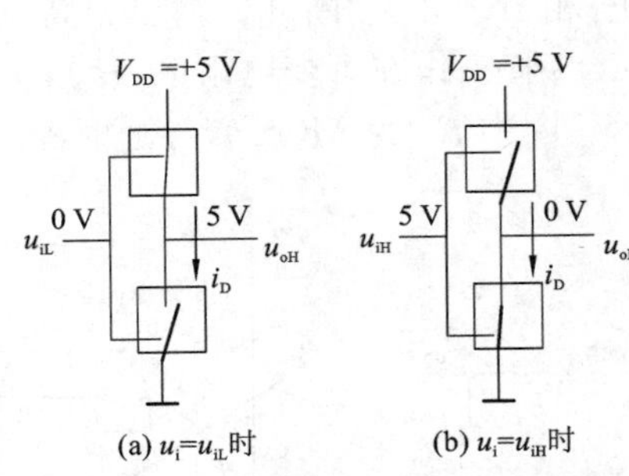

图 3-1-5　反相器的开关等效特性

从图 3-1-5 的等效电路可以看到，无论输入是高电平还是低电平，T_N 和 T_P 当中总有一个处于导通状态而另一个处于截止状态，因此称这种电路结构为互补输出结构。而且不管输入是高电平还是低电平，同时流过 T_N 和 T_P 的电流 i_D 始终近似等于零。这是 CMOS 电路最大的一个优点。当然，实际的 MOS 管截止内阻不会是无穷大，i_D 也不绝对等于 0，但它的数值极小，所以在分析输出的高、低电平时可以忽略不计。

CMOS 反相器电压传输特性是指其输出电压 u_o 随输入电压 u_i 变化所得到的曲线，如图 3-1-6(a)所示。电流传输特性是指漏极电流 i_D 随输入电压 u_i 变化的曲线，如图 3-1-6(b)所示，图中 $V_{DD}=5$ V，$U_{TN}=|U_{TP}|=U_T=1$ V。根据 T_N 和 T_P 两管工作原理的不同，可将传输特定曲线分为五段。在传输特性曲线的 AB 或 EF 段，根据 CMOS 反相器的两种极限情况分析可知，不论输出为高电平或是低电平，总有一只 MOS 管工作在截止区，因此，流过两管的电流接近零值。

在 BC 或 DE 段，T_N 和 T_P 两管中，总有一个工作在饱和区，另一个工作在可变电阻区，此时输出电流比较大，传输特性变化比较快，两管在 $u_i=V_{DD}/2$ 处转换状态。

在 CD 段，由于 T_N 和 T_P 两管均工作在饱和区，此时 $u_i=V_{DD}/2$，电流 i_D 达到最大值。在两管均导通的过渡区域，由于电流较大，因而产生较大的功耗。使用时应避免使两管长时间工作在此区域，以防止功耗过大而损坏。

当 $U_{TN}<u_i<V_{DD}-|U_{TP}|$ 时，T_N 和 T_P 两管同时导通。考虑到电路是互补对称的，一器件可将另一器件视为它的漏极负载。还应注意到，器件在饱和区呈现恒流特性，两管之一可当作高阻值的负载。因此，在过渡区域，传输特性变化比较急剧。两管在 $u_i=V_{DD}/2$ 处转换状态。

2. CMOS 传输门

CMOS 传输门是由一个 N 沟道增强型 MOS 管和一个 P 沟道增强型 MOS 管接成的双向开关，其电路结构如图 3-1-7(a)所示。它的开关状态由加在 P 和 N 的控制信号决定。图 3-1-7(b)是它的电路符号。当 P=0 V、N=V_{DD} 时，两个 MOS 管均为导通状态，$A \rightarrow B$ 间呈低导通电阻(可以达到 10 Ω 以内)，$A \rightarrow B$ 间相当于开关接通。反之，若 P=V_{DD}、N=0 V，则两只 MOS 管同时截止，$A \to B$ 间相当于开关断开。

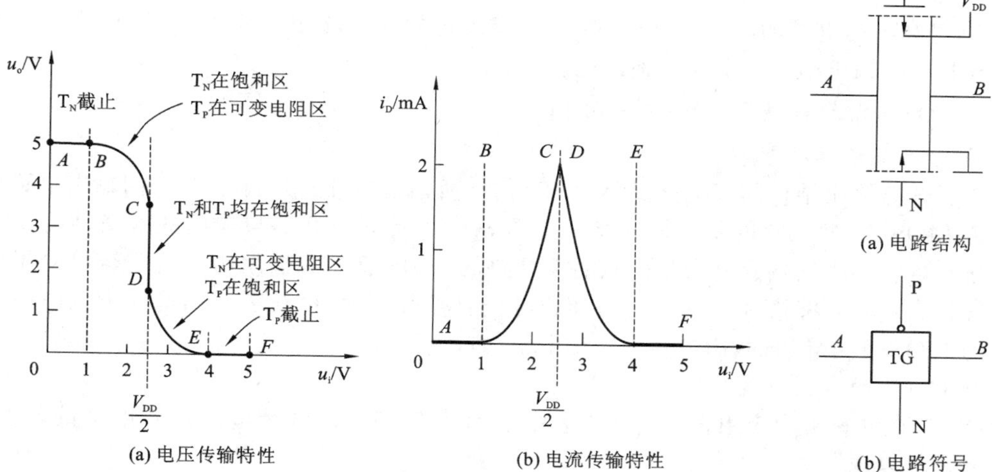

图 3-1-6　CMOS 反相器的电压电流传输特性

图 3-1-7　CMOS 传输门

3.1.4　COMS 与非门、或非门和异或门

在反相器的基础上，通过在反相器上并联或串联一些 MOS 管，就很容易构成与非门和或非门了。图 3-1-8 所示为与非门的电路结构和逻辑符号。

由图 3-1-8(a)可见：

当 $A=B=0$ 时，T_1 和 T_2 截止、T_3 和 T_4 导通，$Y=1$；

当 $A=0$、$B=1$ 时，T_1 截止、T_3 导通，$Y=1$；

当 $A=1$、$B=0$ 时，T_2 截止、T_4 导通，$Y=1$；

当 $A=B=1$ 时，T_1 和 T_2 导通、T_3 和 T_4 截止，$Y=0$。

因此，Y 和 A、B 之间为与非关系，即 $Y=\overline{AB}$。

图 3-1-9 是或非门的电路结构。由图可见，只要 A、B 当中有一个是 1，Y 就等于 0；只有 A、B 同时为 0，Y 才等于 1。因此，Y 和 A、B 间为或非关系，即 $Y=\overline{A+B}$。

CMOS 异或门电路如图 3-1-10 所示。它由一级或非门和一级与或非门组成。或非门的输出 $X=\overline{A+B}$。而与或非门的输出 Y 即为输入 A、B 的异或，即

$$L=\overline{AB+X}=\overline{AB+\overline{A+B}}=\overline{AB+\overline{A}\,\overline{B}}=A\oplus B$$

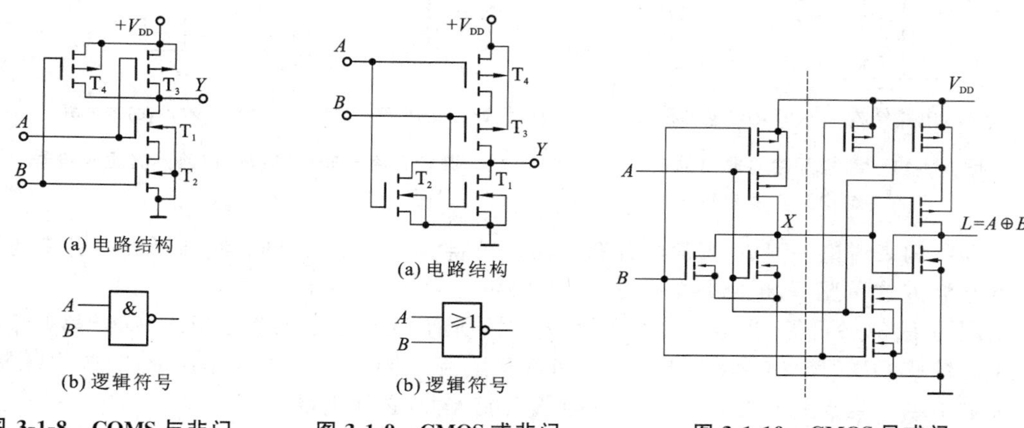

图 3-1-8　COMS 与非门

图 3-1-9　CMOS 或非门

图 3-1-10　CMOS 异或门

3.1.5 COMS 漏极开路门电路和三态输出门电路

在 CMOS 门电路的输出结构中，除了已经讲过的互补输出结构以外，还有漏极开路输出结构和三态输出结构。下面分别讨论。

1. COMS 漏极开路门电路——OD 门

1）电路及逻辑符号

漏极开路输出结构的门电路又称为 OD 门。所谓漏极开路是指 CMOS 门输出电路只有 N 沟道 MOS 管，并且它的漏极是开路的。图 3-1-11 是漏极开路与非门的电路结构及其逻辑符号。从它的输出端看进去是一只漏极开路的 MOS 管。我们用与非门逻辑符号里面的菱形标记表示它是漏极开路输出结构，同时用菱形下面的短横线表示当输入为低电平时输出端的 MOS 管是导通的，门电路的输出电阻为低电阻。

2）OD 门的典型应用

OD 门在计算机中应用很广泛，它可实现“线与”逻辑、总线传输及逻辑电平的转换等。下面分别加以说明。

（1）实现“线与”逻辑。

漏极开路输出门电路的一个特有功能是可以将它们的输出端直接相连，实现输出信号之间的逻辑与运算，如图 3-1-12(a)所示为其电路接线图，图 3-1-12(b)所示为其电路逻辑图。我们把这种连接方式称为“线与”(wire-and)。由图中可以看出，只有在 Y_1 和 Y_2 同时为高电平时 L 才等于 1，因此 L 和 Y_1、Y_2 之间是与逻辑关系，即

$$L=Y_1Y_2=\overline{AB}\,\overline{CD}$$

在使用这一类门电路时，需要在输出端与电源之间外接一个上拉电阻 R_P，如图 3-1-12(a)所示。只要 R_P 的阻值远远小于 T_1 或 T_2 的截止电阻 R_{OFF}，而又远远大于 T_1 和 T_2 的导通电阻 R_{ON}，则输出的高、低电平将近似为 $u_{oH}=V_{DD}$、$u_{oL}=0$。

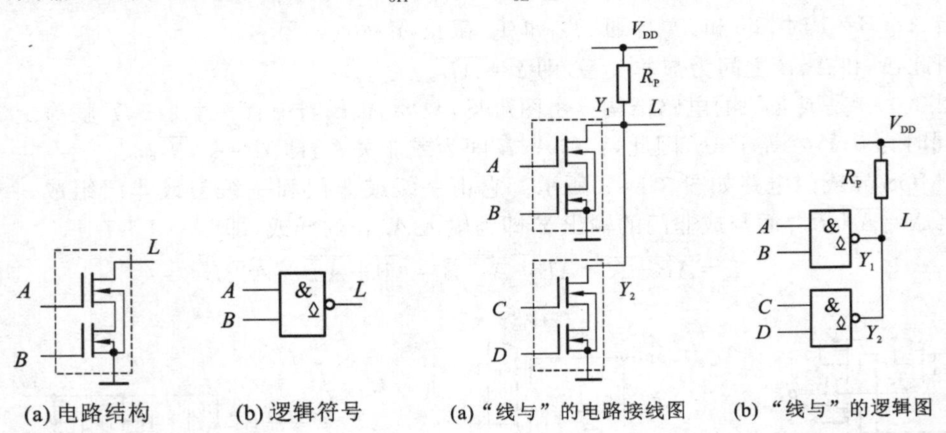

(a) 电路结构　(b) 逻辑符号

图 3-1-11　漏极开路与非门的电路结构及其逻辑符号

(a)“线与”的电路接线图　(b)“线与”的逻辑图

图3-1-12　漏极开路与非门“线与”电路及其逻辑符号

下面我们来讨论一下 R_P 阻值的计算方法。若将 n 个 OD 门接成“线与”结构，并考虑存在负载电流 i_L 的情况下，电路将如图 3-1-13 所示。

由图 3-1-13(a)可见，当输出为高电平 u_{oH} 时，所有 OD 门输出端的 MOS 管全都处于截止状态。这些 OD 门输出管的漏电流 i_{oH} 和负载电流 i_L 同时流过 R_P，并在 R_P 上产生压降。为保证输出电压高于要求的 u_{oH} 值，R_P 的阻值不能太大，必须满足：

$$u_o=V_{DD}-(ni_{oH}+|i_L|)R_P\geqslant V_{oH}$$

$R_P \leqslant (V_{DD} - u_{oH})/(ni_{oH} + |i_L|)$

由此即可得 R_P 的最大允许值

$$R_{P(max)} = (V_{DD} - u_{oH})/(ni_{oH} + |i_L|) \quad (3\text{-}1\text{-}1)$$

因为输出为高电平时负载电流 i_L 是从 OD 门流出的，和图中箭头所标示的规定正方向相反，所以应取其绝对值代入式(3-1-1)中计算。

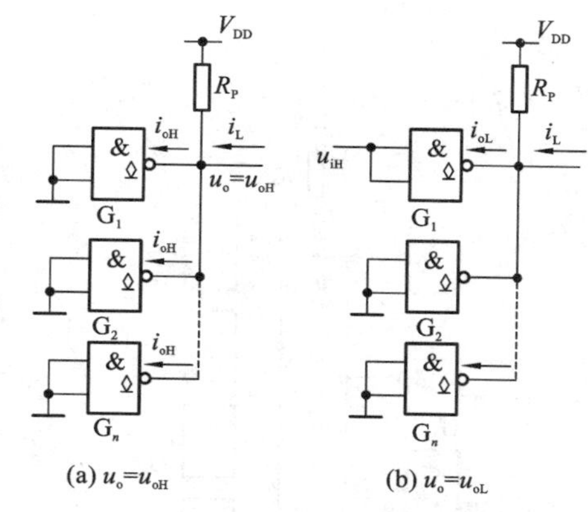

图 3-1-13 计算 R_P 取值范围所用的电路

在输出为低电平 u_{oL} 的情况下，当只有一个 OD 门的输出管导通时，负载电流 i_L 和流过 R_P 的电流将全部流入这个 MOS 管，如图 3-1-13(b)所示。为了保证流入这个导通 OD 门的电流不超过允许的低电平输出电流最大值 $i_{oL(max)}$，R_P 的阻值不能太小，必须满足：

$$i_L + (V_{DD} - u_{oL})/R_P \leqslant i_{oL(max)}$$

$$R_P \geqslant (V_{DD} - u_{oL})/(i_{oL(max)} - i_L)$$

由此得到 R_P 的最小允许值：

$$R_{P(min)} = (V_{DD} - u_{oL})/(i_{oL(max)} - i_L) \quad (3\text{-}1\text{-}2)$$

例 3.1.1 计算图 3-1-14 所示电路中 OD 门外接上拉电阻 R_P 取值的允许范围。已知 $V_{DD}=5$ V，OD 门 $G_1 \sim G_3$ 输出端 MOS 管截止时的漏电流 $i_{oH}=5\ \mu A$，导通时允许流入的最大负载电流为 $i_{oL(max)}=4$ mA。负载 $G_4 \sim G_7$ 是四个反相器，它们的高电平输入电流为 $i_{iH}=1\ \mu A$，低电平输入电流为 $i_{iL}=-1\ \mu A$（从输入端流出）。要求输出的高、低电平满足 $u_{oH} \geqslant 4.4$ V，$u_{oL} \leqslant 0.2$ V。

解 根据式(3-1-1)得到

$$\begin{aligned} R_{P(max)} &= (V_{DD} - u_{oH})/(ni_{oH} + |i_L|) \\ &= [(5-4.4)/(3\times5\times10^{-6}+4\times10^{-6})]\ \Omega \\ &= 31.6\ \text{k}\Omega \end{aligned}$$

根据式(3-1-2)又可得到

$$\begin{aligned} R_{P(min)} &= (V_{DD} - u_{oL})/(i_{oL(max)} - i_L) \\ &= [(5-0.2)/(4\times10^{-3}\text{-}4\times10^{-6})]\ \Omega \\ &= 1.2\ \text{k}\Omega \end{aligned}$$

故得到 R_P 允许的取值范围为 $1.2\ \text{k}\Omega \leqslant R_P \leqslant 31.6\ \text{k}\Omega$。

注意：这种"线与"连接方法不能用于普通的互补输出门电路。以图 3-1-15 中的两个互补输出的与非门为例，假定与非门 G_1 的两个输入为低电平，而与非门 G_2 的两个输入为高电平，则 G_1 的 T_3 和 T_4 导通、T_1 和 T_2 截止，而 G_2 的 T_7 和 T_8 截止、T_5 和 T_6 导通。如果将 G_1 和 G_2 的输出端相连，则由于 T_3、T_4、T_5 和 T_6 都处于低内阻的导通状态，流过它们的电流 i_L 将远远超过正常工作状态下的允许值。因此，不能将它们的输出端并联使用。

(2) 实现总线传输。

漏极开路输出的门电路还可以用于接成总线结构的系统。例如在图 3-1-16 中，三个漏极开路输出的与非门输出端接到了同一条总线上。任何时候只要 B_1、B_2 和 B_3 当中有一个为 1，就可以在同一条总线上传送相应的信号 $\overline{A}_1$、$\overline{A}_2$ 和 $\overline{A}_3$。

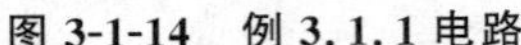

图 3-1-14　例 3.1.1 电路

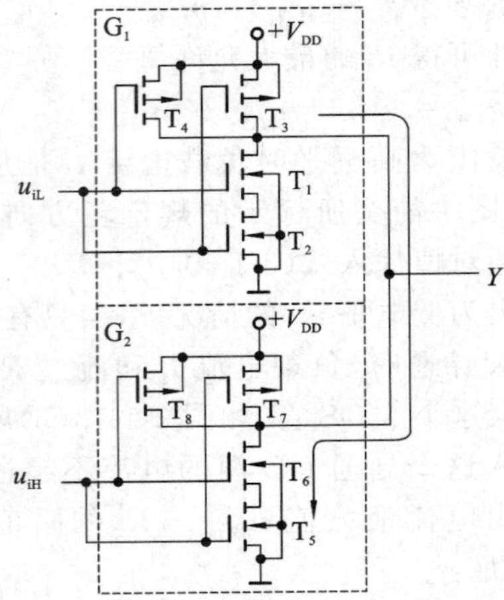

图 3-1-15　两个互补输出与非门输出并联情况

(3) 实现逻辑电平的转换。

此外，利用漏极开路输出的门电路还能很方便地实现输入信号逻辑电平与输出信号逻辑电平的变换。由图 3-1-16 可知，输出的高电平 $u_{oH}=V_{DD}$。这个 V_{DD} 值可以不等于输入信号的高电平 u_{iH}。我们完全可以根据对输出高电平的要求选定这个 V_{DD} 值。

(4)驱动发光二极管。

通常数字逻辑电路要外接指示电路，图 3-1-17 所示为 OD 与非门驱动发光二极管 D 的接口电路，当 OD 与非门输出低电平时，有较大的电流从 V_{CC} 经电阻 R、发光二极管 D 到 OD 门输出端，发光二极管 D 导通发亮；当 OD 与非门输出高电平时，就不足以使二极管 D 发亮的电流流过，发光二极管就变暗。

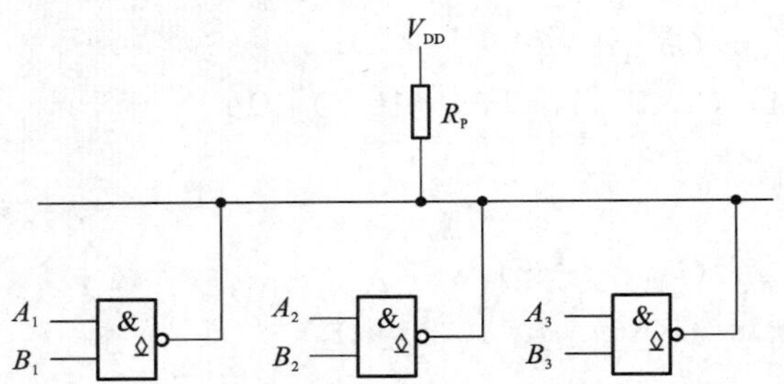

图 3-1-16　利用漏极开路输出门接成总线结构

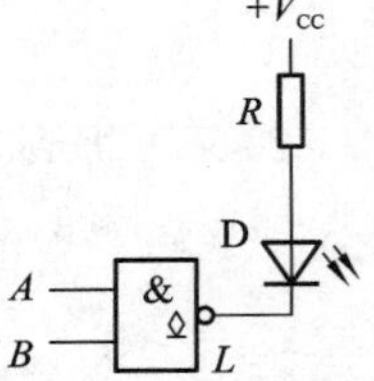

图 3-1-17　OD 与非门驱动发光二极管 D 的接口电路

2. 三态输出的门电路(TSL 门)

三态门是一种计算机广泛使用的特殊门电路。它有三种输出状态：高电平 u_{oH}、低电平 u_{oL}、高阻抗状态。其中 u_{oH}、u_{oL} 为工作态，高阻抗状态为禁止态。

注意：三态门不是具有三个逻辑值，在工作状态下，它的输出可为逻辑“1”和逻辑“0”；在禁止态下，输出高阻表示输出端悬浮，此时该门电路与其他门电路无关，因此不是一个逻辑值。

图 3-1-18(a)所示为高电平使能的三态输出缓冲电路，其中 A 是输入端，L 输出端，EN 是控制信号输入端，也称使能端。图 3-1-18(b)是它的逻辑符号。

由图可见，当控制端 EN=1 时，如果 $A=0$，则 $B=1$，$C=1$，使得 T_1 导通，T_2 截止，输出

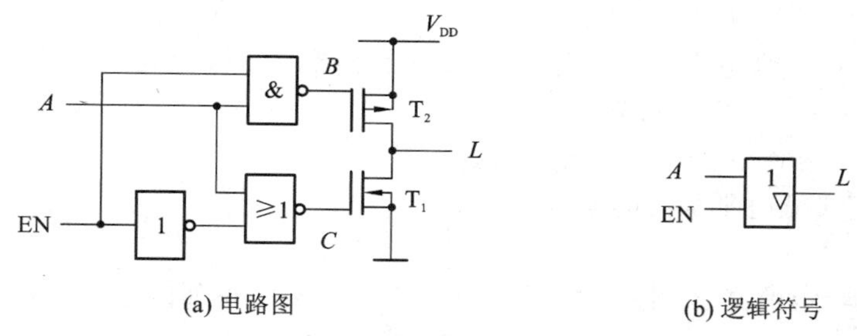

图 3-1-18　高电平使能的三态输缓冲电路及其逻辑符号

端 $L=0$；如果 $A=1$，则 $B=0$，$C=0$，使 T_1 截止，T_2 导通，输出端 $L=1$。

当控制端 EN=0 时，不论 A 的取值为何，都使得 $B=1$，$C=0$，则 T_1 和 T_2 均截止，电路的输出端出现开路，既不是低电平，又不是高电平，这就是第三种状态——高阻抗状态(禁止态)。

其他逻辑功能的门电路(如与非门、或非门等)也可以在输出端接入三态输出反相器，组成三态输出结构的门电路。

三态输出的门电路广泛地用于采用总线连接的数字系统中。例如在图 3-1-19 的总线结构电路中，只要轮流地令 EN_1、EN_2 和 EN_3 为 1，就可以用同一根总线(bus)轮流传送 A、B、C 三个数字信号。

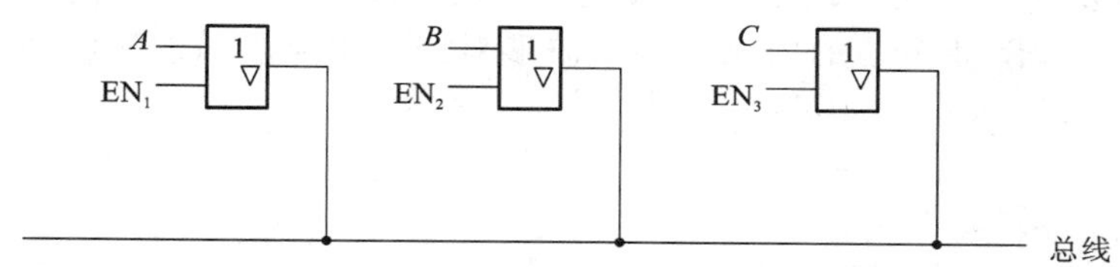

图 3-1-19　用三态输出门实现总线连接

3.1.6　COMS 门电路的电气特性和参数

当选用各种数字集成电路器件组成所需要的数字电路时，不仅需要知道这些器件的逻辑功能，还需要了解它们的电气特性。只有这样，才能正确地处理这些集成电路之间以及它们和外围其他电路之间的连接问题。

1. 直流电气特性和参数

所谓直流电气特性(也称静态特性)，是指电路处于稳定工作状态下的电压、电流特性，通常用一系列电气参数来描述。对于不同系列产品，这些电气参数的具体数值也不相同，可查阅附录 B。下面以 74HC 系列 CMOS 集成电路为例，说明这些参数的物理意义。

1) 输入高电平 u_{iH} 和输入低电平 u_{iL}

由图 3-1-6 中的 CMOS 反相器的电压传输特性可以看到，在保证输出电平基本不变的情况下，允许输入高、低电平有一定范围的变化。因此，在指定的电源电压下，都给出输入高电平的最小值 $u_{iH(min)}$ 和输入低电平的最大值 $u_{iL(max)}$。在电源电压 V_{DD} 为 +5 V 时，74HC 系列集成电路的 $u_{iH(min)}$ 约为 3.5 V，$u_{iL(max)}$ 约为 1.5 V。

2) 输出高电平 u_{oH} 和输出低电平 u_{oL}

u_{oH} 和 u_{oL} 同样也各有一个允许的数值范围，所以同样也给出输出高电平的最小值 $u_{oH(min)}$ 和输出低电平的最大值 $u_{oL(max)}$。在 +5 V 电源电压下，74HC 系列 CMOS 集成电路的 $u_{oH(min)}$ 约为 3.84 V(输出端接 TTL 负载)，$u_{oL(max)}$ 约为 0.33 V(输出端接 TTL 负载)。

3) 噪音容限 u_{NH} 和 u_{NL}

在将两个门电路互相连接使用时，前边一个门电路的输出信号也就是后面一个门电路的输入信号，如图 3-1-20 所示。由于 G_1 输出高电平的下限值 $u_{oH(min)}$ 高于 G_2 输入高电平下限 $u_{iH(min)}$，所以容许在高电平输入信号上叠加一定限度内的噪音电压，并称这个容许的限度为高电平噪音容限 u_{NH}。由图可知

$$u_{NH}=u_{oH(min)}-u_{iH(min)} \tag{3-1-3}$$

同理，我们定义低电平噪音容限为

$$u_{NL}=u_{iL(max)}-u_{oL(max)} \tag{3-1-4}$$

在图 3-1-20 给定的高、低电平情况下，可以算出 74HC 系列门电路的噪音容限为

$$u_{NH}=(3.84-3.5)\ V=0.34\ V$$
$$u_{NL}=(1.5-0.33)\ V=1.17\ V$$

2. 开关电气特性和参数

开关电气特性也称作动态特性，是指电路在状态转换过程中的电压、电流特性。用于描述开关特性的重要参数如下。

1）传输延迟时间 t_{pd}（propagation delay）

图 3-1-21(a)所示为由保护电路和 MOS 管构成的 CMOS 反相器。由于 MOS 管开关状态的转换不是瞬间完成的，而且输出端又存在着负载电容 C_L，所以当输入电压突变时，输出电压的变化要比输入电压的变化延迟一段时间，如图 3-1-21(b)所示。考虑到输入电压和输出电压的变化都不可能是理想的突变，需要经历一段上升时间或下降时间，所以为了便于计算，取输出波形下降沿、上升沿的中点与输入波形对应沿中点之间的时间间隔，分别用 t_{PLH} 和 t_{PHL} 表示。

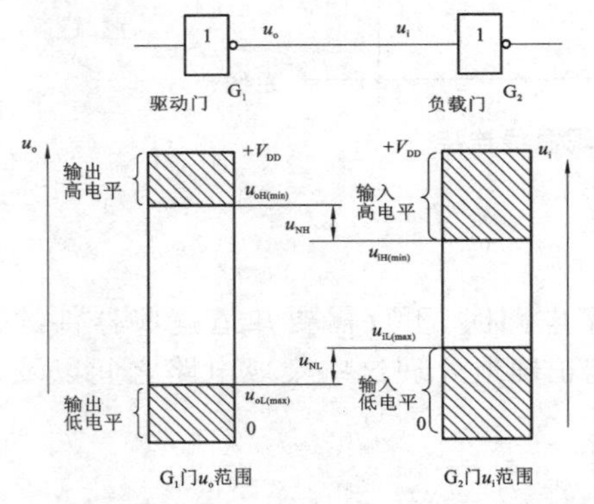

图 3-1-20　CMOS 电路的输入、输出电平和噪声容限

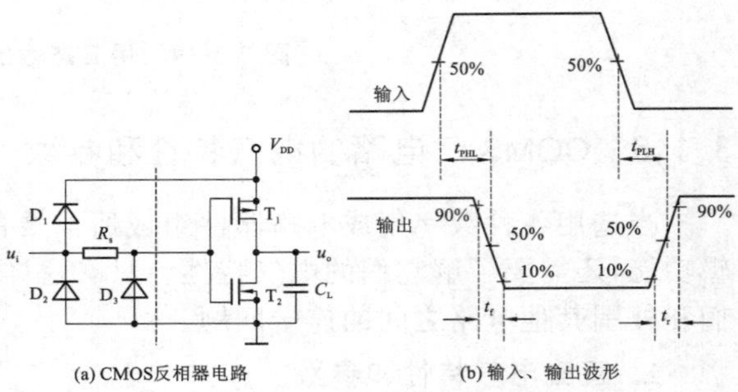

(a) CMOS反相器电路　(b) 输入、输出波形

图 3-1-21　CMOS 门电路传输延迟时间

在 CMOS 门电路中，输出电压由高电平变为低电平时的传输延迟时间 t_{PHL} 和由低电平变为高电平时的传输延迟时间 t_{PLH} 相近，所以通常只给出一个 t_{pd} 参数。在 t_{PHL} 与 t_{PLH} 不相等时，t_{pd} 通常标示两者的平均值。传输延迟时间的大小与门电路的负载电容 C_L 有关，即电容 C_L 越大，传输延迟时间将越长，而且输出电压波形的上升和下降时间也越长，因此，C_L 越小越有利于减小 t_{pd} 和改善输出电压波形。然而，在任何实际电路中，C_L 总是不可避免地存在着。C_L 不仅包括输出端外接负载电路的电容，还包括门电路内部输出端的电容以及接线和封装的杂散电容。集成电路器件手册上给出的传输延迟时间都是在规定的 C_L 条件下测得的数据。在 $C_L=50$ pF 的条件下，反相器 74HC04 的传输延迟时间 t_{pd} 约为 9 ns。

2）功耗

功耗分为静态功耗和动态功耗。静态功耗指的是当电路的输出没有状态转换时的功耗，即门电路空载时电源总电流 i_D 与电源电压 V_{DD} 的乘积。CMOS 电路处于稳定状态下的静态功耗 P_Q 是非常小的。这是因为无论输出保持在高电平还是低电平，电源电流都极小。

例如 74HC04 集成电路中有 6 个反相器，静态下的电源电流在 1 μA 以下，所以这时的功耗几乎可以忽略不计。

动态功耗指的是电路在输出状态转换时的功耗。CMOS 电路在状态转换过程中产生的动态功耗要比静态功耗大得多。由图 3-1-21(a)可以看到，在输出电压 u_o 由低电平跳变为高电平的过程中，电源电压 V_{DD} 经过 T_2 的导通内阻 $R_{ON(P)}$ 使 C_L 充电，充电电流流经 $R_{ON(P)}$ 产生功率损耗。在 u_o 由高电平跳变为低电平的过程中，电容上的电荷将通过 T_1 的导通内阻 $R_{ON(N)}$ 放电，放电电流流经 $R_{ON(N)}$ 也产生功率损耗。可以证明，由于 C_L 充、放电产生的功耗 P_L 可用式(3-1-5)计算

$$P_L = C_L V_{DD}^2 f \tag{3-1-5}$$

式中：f 为输出电压变化的频率。

此外，在电路的输出电平从高到低或从低到高的转换过程中，输出端的一对 MOS 管会出现短暂时间内同时导通的状态，因而有一个尖峰电流流过两个 MOS 管，产生瞬变功耗 P_T。P_T 的大小和输入保护电路的电路参数、MOS 管的特性、输入信号频率有关。在输入信号的变化速度很快(低于规定的上升、下降时间)的情况下，瞬变功耗可近似用式(3-1-6)计算

$$P_T = C_{pd} V_{DD}^2 f \tag{3-1-6}$$

式中：C_{pd} 称为功耗电容，它的数值由器件手册给出。需要说明的是 C_{pd} 并不是一个接在输出端的实际电容，它只是用于计算瞬变功耗的一个等效参数。

综合以上两部分，就得到了总的动态功耗 P_D 为

$$\begin{aligned} P_D &= P_L + P_T \\ &= (C_L + C_{pd}) V_{DD}^2 f \end{aligned} \tag{3-1-7}$$

例 3.1.2 已知 CMOS 反相器的电源电压 $V_{DD}=5$ V，静态电源电流 $I_{DD}=0.2$ μA，负载电容 $C_L=100$ pF，功耗电容 $C_{pd}=20$ pF，输入信号频率 $f=500$ kHz，试求反相器的动态功耗和静态功耗。

解 根据式(3-1-7)得到动态功耗为

$$\begin{aligned} P_D &= (C_L + C_{pd}) V_{DD}^2 f \\ &= [(100+20)\times 10^{-12} \times 5^2 \times 5 \times 10^5]\ \text{W} \\ &= 1.5\ \text{mW} \end{aligned}$$

静态功耗为

$$\begin{aligned} P_Q &= V_{DD} I_{DD} \\ &= (5 \times 0.2 \times 10^{-6})\ \text{W} \\ &= 1\ \mu\text{W} \end{aligned}$$

可见，与动态功耗 P_D 相比，静态功耗 P_Q 可忽略不计。

3) 输入电容 C_I

CMOS 集成电路的输入电容 C_I 包含了输入级一对 MOS 管的栅极电容以及输入保护电路的接线杂散电容。74HC 系列门电路 C_I 的典型数值为 3 pF。当输入信号来自前一级门电路时，它将成为前级门电路输出端的一个负载电容。

3. 扇入数与扇出数

门电路的扇入数取决于它的输入端的个数，例如一个 3 输入端与非门，其扇入数 $N_I=3$。

门电路的扇出数是指其在正常工作情况下，所能带同类门电路的最大数目。扇出数的计算则稍复杂些，这时要考虑两种情况，一种是负载电流从驱动门流向外电路，称为拉电流负载；另一种是负载电流从外电路流入驱动门，称为灌电流负载。拉与灌形象地表明了负载的性质。下面分别予以介绍。

1）拉电流工作情况

图 3-1-22(a)所示为拉电流负载的情况，图中左边为驱动门，右边为负载门，负载门的输入电流为 I_{iH}。当负载门的个数增加时，总的拉电流将增加，会引起输出高电压的降低。但不得低于输出高电平的下限值，这就限制了负载门的个数。这样，输出为高电平时的扇出数可表示如下

$$N_{oH}=\frac{I_{oH}(\text{驱动门})}{I_{iH}(\text{负载门})} \tag{3-1-8}$$

2）灌电流工作情况

3-1-22(b)所示为灌电流负载的情况，当驱动门的输出端为低电平时，负载电流 I_{oL} 流入驱动门，它是负载门输入端电流 I_{iL} 之和。当负载门的个数增加时，总的灌电流 I_{oL} 将增加，同时也将引起输出低电压 U_{oL} 的升高。当输出为低电平，并且保证不超过输出低电平的上限值时，驱动门所能驱动同类门的个数由式(3-1-9)决定

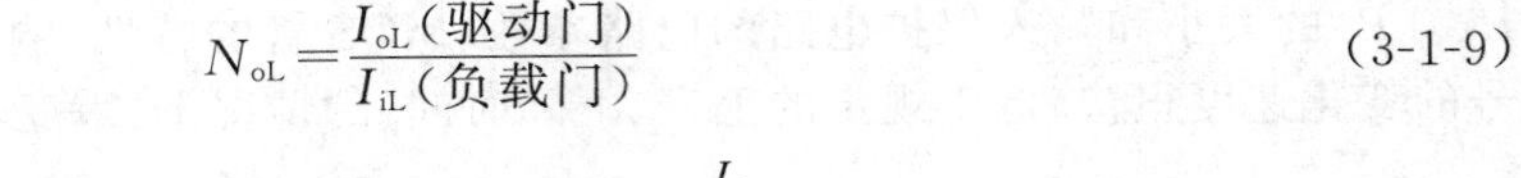

$$N_{oL}=\frac{I_{oL}(\text{驱动门})}{I_{iL}(\text{负载门})} \tag{3-1-9}$$

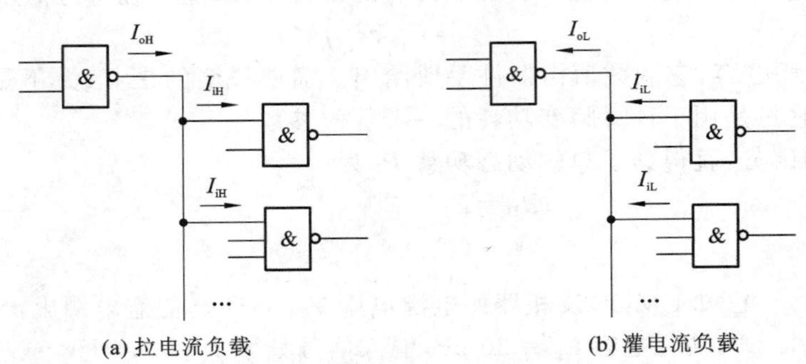

(a) 拉电流负载　　(b) 灌电流负载

图 3-1-22　计算扇出数的两种情况

一般逻辑器件的手册中，并不给出扇出数，而必须用计算或用实验的方法求得，并注意在设计时留有余地，以保证数字电路或系统能正常运行。在实际的工程设计中，如果输出高电平电流 I_{oH} 与输出低电平电流 I_{oL} 不相等，则 $N_{oL}\neq N_{oH}$，常取两者中最小值。

对于 CMOS 门电路扇出数的计算分两种情况：一种是带 CMOS 负载；另一种是带 TTL 负载。负载类型不同，数据手册中给出的输出高电平电流 I_{oH} 或者输出低电平电流 I_{oL} 也不同。当所带负载为 CMOS 电路时，根据数据手册，查得 74HC/74HCT 的输出电流 $I_{oH}=-20\ \mu\text{A}$，$I_{oL}=20\ \mu\text{A}$，输入电流 $I_{iH}=1\ \mu\text{A}$，$I_{iL}=-1\ \mu\text{A}$。数据前的负号表示电流从器件流出，反之表示电流流入器件，计算时只取绝对值。所以 $N_{oH}=N_{oL}=20\ \mu\text{A}/1\ \mu\text{A}=20$，即最多可接同类型电路的输入端数为 20 个。

上述 CMOS 扇出数的计算是保证 CMOS 驱动门的高电平输出为 4.9 V。如果允许其高电平输出降至 TTL 门的逻辑电平 3.84 V(低电平亦然)，则 I_{oH} 和 I_{oL} 分别为 -4 mA 和 4 mA，此时计算出的扇出数为 4000，实际不可能达到这么大的数，因为 CMOS 门的输入电容比较大，电容的充、放电电流不能忽略。

74HCT 系列与 TTL 兼容，如果 CMOS 所带负载为 74LS 系列的 TTL 门电路，此时 $I_{oH}=I_{oL}=4$ mA，而 $I_{iH}=0.02$ mA，$I_{iL}=0.4$ mA，根据式(3-1-8)可计算高电平输出时的扇出数

$$N_{oH}=\frac{I_{oH}}{I_{iH}}=\frac{4\ \text{mA}}{0.02\ \text{mA}}=200$$

根据式(3-1-9)可计算低电平输出时的扇出数

$$N_{oL}=\frac{I_{oL}}{I_{iL}}=\frac{4\ \text{mA}}{0.4\ \text{mA}}=10$$

因此，根据上述两种情况的计算，取数值小的为扇出数，即 CMOS 最多可接 74LS 系列 TTL 门电路的输入端 10 个。这里考虑每个负载门只有一个输入端与驱动门相接，如果每个负载门有两个以上的输入端接入驱动门，则扇出数实为输入端数目。

值得指出的是，当负载为 CMOS 逻辑门时，其输入电容不能忽略。驱动门为高电平时，会向负载门的输入电容充电；而驱动门为低电平时，充电的电容会通过驱动门输出电阻放电。因此，增加负载门数量将导致总电容值的增加，致使充、放电时间增加，从而影响门电路的开关速度。

4. 各种系列 CMOS 数字集成电路的性能比较

到目前为止，各国生产的 CMOS 数字集成电路已有 4000 系列、HC/HCT 系列、AHC/AHCT系列、LVC 系列、ALVC 系列等定型产品。其中 4000 系列是最早投放市场的 CMOS 数字集成电路定型产品。由于当时生产工艺水平的限制，虽然它的工作电压范围比较宽(3～18 V)，但存在着传输延迟时间长(60～100 ns)、负载能力弱的缺点。例如工作在 5 V电源电压时，允许的高电平输出电流和低电平输出电流最大值只有 0.5 mA。因此，现在已经很少使用 4000 系列产品了。

HC/HCT 系列是高速 CMOS 逻辑(high-speed CMOS logic)系列的简称。经过改进制造工艺生产的 HC/HCT 系列产品大大缩短了传输延迟时间，同时也提高了负载能力。当电源电压为 5 V 时，HC/HCT 系列的传输延迟时间约为 10 ns，几乎是 4000 系列的十分之一；输出高、低电平时的最大负载电流达 4 mA。

HC 系列和 HCT 系列的区别在于，HC 系列的工作电压范围较宽(2～6 V)，但它的输入、输出电平和负载能力不能和下面将要介绍的 TTL 电路完全兼容，所以适于用在单纯由 CMOS 器件组成的系统中。而 HCT 系列一般仅工作在 5 V 电源电压下，在输入、输出电平以及负载能力上均可与 TTL 电路兼容，所以适于用在 CMOS 与 TTL 混合的系统中。

AHC/AHCT 系列是改进的高速 CMOS 逻辑(advanced HC/HCT logic)系列的简称。通过进一步改进生产工艺，AHC/AHCT 系列在电气性能上又有了进一步提高。它的传输延迟时间约为 HC/HCT 系列的三分之一，而负载能力提高了一倍。

LVC 系列是低压 CMOS 逻辑(low-voltage CMOS logic)系列的简称。LVC 系列不仅能在很低的电源电压(1.65～3.6 V)下工作，而且传输延迟时间非常短(在 5 V 的极限电源电压下仅 3.8 ns)，还可提供高达 24 mA 的输出驱动电流。此外，LVC 系列还提供了多种用于 5～3.3 V 逻辑电平转换的器件。

ALVC 系列是改进的 LVC 逻辑(advanced low-voltage CMOS logic)系列的简称。它在电气性能上比 LVC 系列更加优越。LVC 和 ALVC 系列是目前 CMOS 电路中最新也是性能最好的产品，可以满足当今一些最先进的、高性能的数字系列设计的需要。

在诸多系列的 CMOS 电路产品中，只要产品型号最后的数字相同，它们的逻辑功能就是一样的。例如 74/54HC00、74/54HCT00、74/54AHCT00、74/54LVC00 和 74/54ALVC00 的逻辑功能是一样的，它们都是四 2 输入与非门，即内部有四个两输入端的与非门。但是，它们的电气性能和参数就大不相同了。54HC00 和 74HC00 仅在允许的工作环境温度范围上有所区别，其他方面(逻辑功能、主要的电气参数、外形封装、引脚排列等)完全相同。54HC 系列的工作环境温度范围为－55～125 ℃，而 74HC 系列的工作环境温度为－40～85 ℃。

 3.2 TTL 逻辑门电路

TTL 逻辑门电路由若干三极管和电阻组成。这种门电路于 20 世纪 60 年代问世，随后经过电路结构和工艺方面的改进，至今仍广泛应用于各种数字电路或系统中。TTL 电路的

基本环节是带电阻负载的三极管反相器(非门),为了改善它的开关速度和其他性能,往往还需要增加其他元器件。

3.2.1 三极管的开关特性

在数字电路中,晶体三极管和二极管一样也常作开关使用。三极管的伏安曲线可分为三个工作区域:放大区、截止区和饱和区。对应这三个工作区域,三极管具有放大、截止和饱和三种工作状态。在模拟电路中,三极管主要工作于放大状态;在数字电路中,三极管作为开关元件,主要工作于截止和饱和这两种状态,而放大状态只是三极管从一种稳定状态向另一种状态转换的过渡状态。这就要求三极管要有良好的稳定开关特性、接通(饱和状态)和断开(截止状态)特性,以及良好的瞬态开关特性(经过放大区)。图 3-2-1 给出了 NPN 型三极管的开关等效电路。

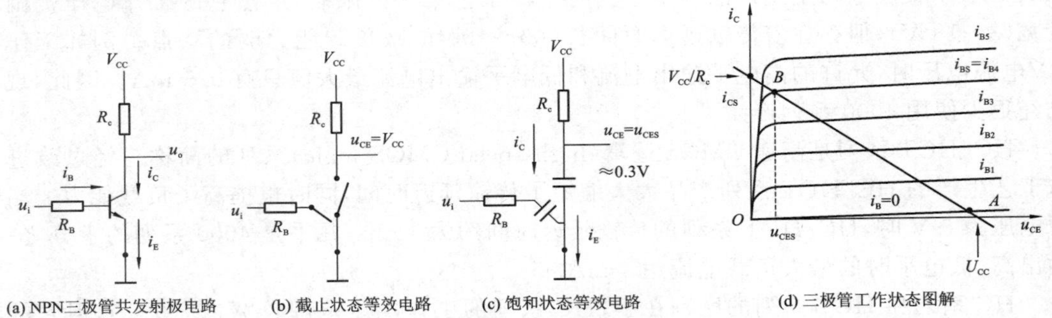

图 3-2-1 NPN 型三极管的开关等效电路

当输入电平是负值,即 $u_{BE}<0$ 时,其发射结反向偏置,$u_{BC}<0$,集电结也反向偏置,三极管截止。这时只有少数载流子形成极小的漂移电流,若将它们忽略,基极电路 $i_B\approx0$,集电极电路 $i_C\approx0$,由于集电极电阻 R_C 上无压降,输出电压 $u_{CE}=V_{CC}$。此时,C-E 间导通电阻很大,相当于开关断开。这种状态称为三极管的截止状态,也称为"关态"。即使输入电压 $u_i>0$,但只要不超过死区电压 u_r,三极管仍然处于截止状态。

如果输入电压 u_i 升高,使 $u_i>0.5$ V(锗管 0.2 V),即超过死区电压 u_r,三极管处于放大状态。此时基极电路 $i_B>0$,集电极电路 $i_C=\beta i_B$,C-E 间导通电阻相当于一个受 i_B 控制的电流源的内阻。三极管导通后,发射结正向压降钳位 $u_{BE}=0.7$ V(锗管 0.3 V),输出电压 $u_{CE}=V_{CC}-i_C R_C$,其值大于 u_{BE},因此放大状态下的集电结始终反向偏置。

放大区是晶体三极管开关转换时候的过渡状态,从截止区到饱和区或从饱和区到截止区,工作点迅速沿着负载线转移。晶体三极管的功耗也主要产生在放大区,转移时间越短,功耗越小。

三极管导通以后,随着输入电平 u_i 的增大,基极电流 i_B、集电极电流 $i_C=\beta i_B$ 随之增大,输出电压 $u_{CE}=V_{CC}-i_C R_C$ 不断下降,而当 u_{CE} 下降至 $u_{BC}<0$,即硅管 0.7 V、锗管 0.3 V 以下,发射结仍保持正偏,集电结则由反向偏置转为正向偏置,此时三极管进入饱和状态。在饱和状态下,C-E 间的压降很小(约 0.3 V),称为三极管的饱和压降 u_{CES}。此时,C-E 间导通电阻很小,相当于一个闭合的开关。晶体管饱和压降越小,越接近理想开关的接通。因此这种状态也称为三极管的"开态"。虽然饱和也是一种导通状态,但此时集电极饱和电流 $i_{CS}=\dfrac{V_{CC}-u_{CES}}{R_C}$,它不受 i_B 控制。

3.2.2 TTL 逻辑门电路

TTL 系列逻辑门电路中,除上述介绍的非门外,还有与非门、或非门和与或非门等门电路，下面仍以 74 系列为例，分别加以介绍。

1. 与非门电路

将基本 TTL 反相器的输入级 T_1 改为多发射极的 BJT，就构成了与非门，如图 3-2-2 所示。在 P 型的基区上扩展两个高浓度的 N 型区，形成彼此独立的两个发射极，而基区和集电区是公用的。

图 3-2-3 所示为采用多发射极 BJT 构成的 2 输入端 TTL 与非门电路。当任一输入端为低电平时，T_1 的发射结将正向偏置而导通，其基极电压为 $u_{B1}=0.9$ V。所以 T_2、T_3 都截止，输出为高电平。只有当全部输入端为高电平时，T_1 将转入倒置放大状态，T_2 和 T_3 均饱和，输出为低电平。

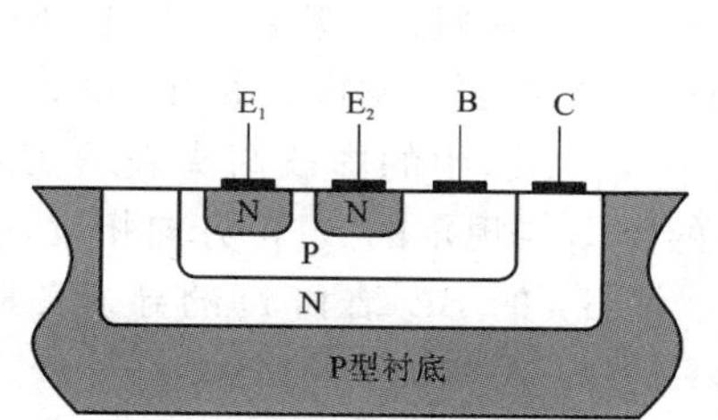

图 3-2-2 NPN 型多发射极 BJT 的结构示意图

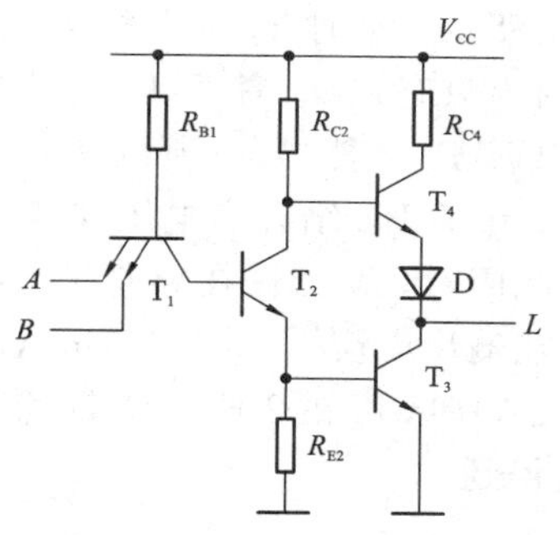

图 3-2-3 采用多发射极 BJT 构成的 2 输入端 TTL 与非门电路

2. 或非门电路

图 3-2-4 所示为 TTL 或非门逻辑电路。图中 T_{1A}、T_{2A} 和 R_{1A} 组成的电路与 T_{1B}、T_{2B} 和 R_{1B} 组成的电路相同。若 A、B 两输入端均为低电平，则 T_{2A} 和 T_{2B} 均将截止，$i_{B3}=0$，T_3 截止。同时，T_{2A} 和 T_{2B} 的集电极为高电平 u_{C2}，使 T_4 和 D 饱和导通，输出为高电平。若 A、B 两输入端中有一个为高电平，则 T_{2A} 或 T_{2B} 将饱和，导致 $i_{B3}>0$，i_{B3} 使 T_3 饱和，T_4 截止，输出为低电平。这就实现了或非功能。

将或非门的两个输入管 T_{1A} 和 T_{1B} 改成多发射极的 BJT，就构成与或非门电路。

3.2.3 反相器的基本电路

1. 电路结构和工作原理

TTL 门电路的基本结构形式也是反相器。图 3-2-5 中给出了 74 系列（也称标准系列）TTL 反相器的电路结构。这个电路可以划分为输入级、倒相级和输出级三个组成部分。

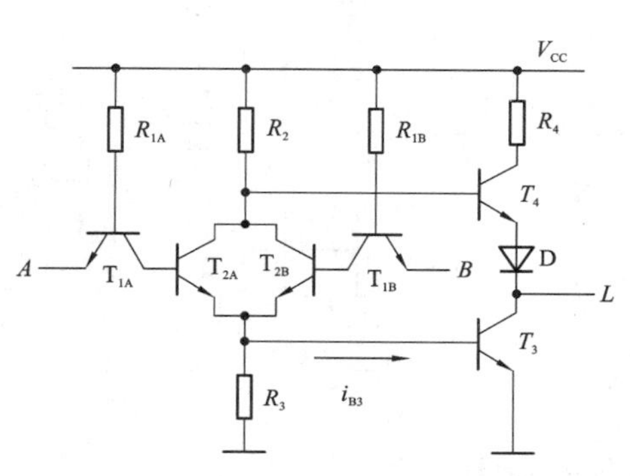

图 3-2-4 TTL 或非门逻辑电路

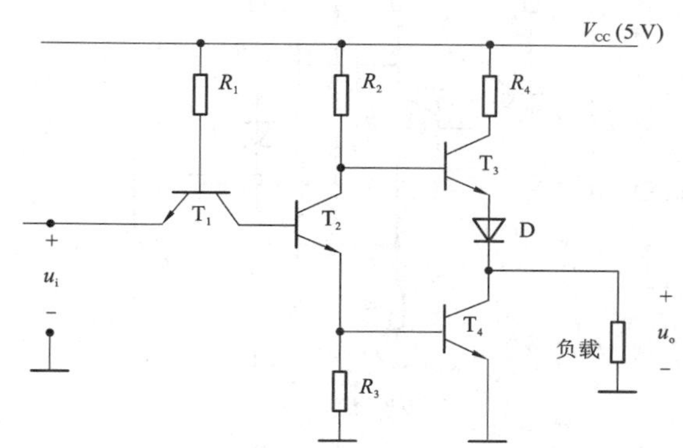

图 3-2-5 TTL 反相器的电路结构

输入级由 T_1 和 R_1 组成，它为后面的倒相级提供驱动信号。

倒相级由 T_2 和 R_2、R_3 组成。当 T_2 的基极电流增加时，集电极电流和发射极电流也随之增加，T_2 的发射极电位升高而集电极的电位下降。可见，由 T_2 的发射极和集电极输出的信号具有相反的变化方向，因此把这部分电路称为倒相级。

由 T_3、T_4 和 R_4 组成的输出级通常称为推拉式(push-pull)电路，也称为图腾柱(totem-pole)电路。其特点是提升开关速度和带负载能力。如果能够保证输出高电平时 T_3 导通、T_4 截止，而输出低电平时 T_4 导通、T_3 截止，就可以保证无论输出为高电平还是低电平时，电路都具有很低的输出电阻，而且流过 T_3 和 T_4 支路的电流基本为零。

TTL 电路正常的工作电压规定为 5 V。若输入为低电平 $u_{iL}=0.2\ \text{V}$，则电路的工作状态如图 3-2-6(a)所示。这时 T_1 的发射结(BE 结)导通，使 T_1 的基极电位为 $u_{BI}=(0.2+0.7)\ \text{V}=0.9\ \text{V}$。因为只有在 u_{BI} 高于 T_1 的集电结(BC 结)开启电压与 T_2 的发射结开启电压之和(1.4 V)以后 T_2 才能导通，所以这时 T_2 截止。而要想使 T_4 导通，u_{BI} 需要大于 T_1 的 BC 结开启电压、T_2 的 BE 结开启电压和 T_4 的 BE 结开启电压之和(2.1 V)，因此 T_4 也处于截止状态。与此同时，T_3 工作在导通状态，故输出为高电平 u_{oH}。图中的虚线箭头表示实际的电流方向。在输出电流 $i_{oH}=-0.4\ \text{mA}$(因为实际电流的方向与规定的 i_{oH} 正方向相反，所以写作 $-0.4\ \text{mA}$)时，T_3 的 BE 结和 D 均处于导通状态。设 T_3 的 BE 结和 D 的导通压降均为 0.7 V，则得到

$$u_{oH}=V_{CC}-u_{R2}-u_{BE3}-u_D$$

如果忽略 u_{R2}，则得到

$$u_{oH}=V_{CC}-u_{BE3}-u_D=(5-0.7-0.7)\ \text{V}=3.6\ \text{V}$$

需要说明的是，即使是同一型号的器件，在电路参数上也存在一定的分散性，而且输出端所接的负载情况也不一定相同，因此 u_{oH} 值也会有差异。例如在输出端空载的情况下，流过 T_3 的 BE 结和 D 的电流接近于零(T_4 截止时有极小的漏电流)，它们均未充分导通，压降远小于 0.7 V，因此 u_{oH} 要比 3.6 V 高得多。

当输入为高电平 $u_{iH}=3.6\ \text{V}$ 时，电路的工作状态如图 3-2-6(b)所示。在 u_1 从 u_{iL} 开始上升的过程中，T_1 的基极电位 u_{B1} 也随之升高，在升至 $u_{B1}=2.1\ \text{V}$ 以后，T_4 的 BE 结和 T_2 的 BE 结经 R_1 和 T_1 的 BC 结导通，T_2 和 T_4 进入饱和导通状态，输出为低电平 u_{OL}。因此，u_1 继续升高时 u_{B1} 基本维持不变。T_2 导通后为饱和导通状态，集电极电位 C_2 等于 T_4 的 BE 结压降(0.7 V)与 T_2 饱和导通压降(0.1 V)之和，约 0.8 V。因为只有在 C_2 高于 1.4 V 时 T_3 的 BE 结和 D 才可能导通，所以这时 T_3 必然截止。图中用虚线箭头标明了电流的实际方向。

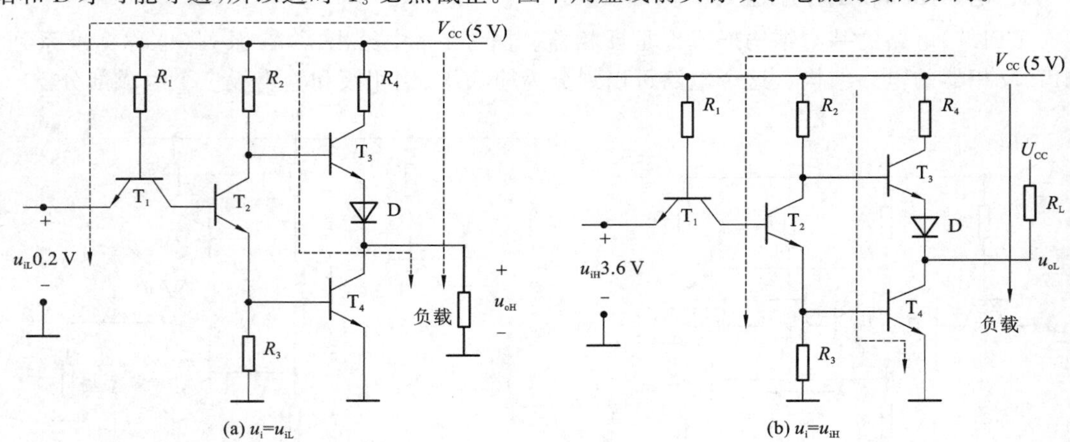

图 3-2-6　TTL 反相器工作状态分析

以上分析表明，图 3-2-5 所示电路实现了反相器的逻辑功能。

将输出电压随输入电压的变化用曲线表示出来，就得到了图 3-2-7 所示反相器的电压传输特性。我们把电压传输特性转折区中点对应的输入电压称为阈值电压。由图可见，它的阈值电压 u_{TH} 约为 1.4 V。

由上述分析可知，在传输特性曲线的 AB 段，$u_i<0.4$ V 时，T_1 饱和导通，T_2 和 T_4 截止，而 T_3 导通，输出高电平 $u_o=3.6$ V。当 u_i 增加至 BC 段，T_2 导通并工作在放大区，u_o 随着 u_i 的增加而下降。当 u_i 继续增加至 CD 段，使 T_4 导通并工作在放大区，u_o 迅速下降。当 u_i 增加至 D 点时，T_2 和 T_4 饱和，T_3 截止，输出低电平 $u_o=0.2$ V。

2. 输入特性

从图 3-2-6 上还可以看到，无论输入为高电平还是低电平，输入电流都不等于零。而且空载下的电源电流也比较大。这两点与 CMOS 电路形成了鲜明的对照。由于 TTL 电路的功耗比较大，所以难以做成大规模集成电路。

以反相器 SN7404 为例，由图 3-2-6(a)可见，当 $u_1=u_{iL}=0.2$ V 时，低电压输入电流 i_{iL} 的实际流向是从输入端流出的，与规定的正方向相反，因而记做负值。由图得到

$$\begin{aligned} i_{iL} &= -(V_{CC}-u_{BE1}-u_{iL})/R_1 \\ &= [-(5-0.7-0.2)/4\times10^3]\ \mu\text{A} \\ &= -1\ \text{mA} \end{aligned} \tag{3-2-1}$$

当 $u_i=u_{iH}=3.6$ V 时，由图 3-2-6(b)可知，T_1 的 BC 结处于正向偏置而 BE 结处于反向偏置，相当于将原来的发射极和集电极互换了。在这种“倒置”状态下，三极管的电流放大系数 β 被设计得非常小(小于 0.01)，所以这时的输入电流 i_{iH} 非常小，而且在输入高电平范围内几乎不随输入电平的不同而改变。通常在产品手册上都给出每种门电路产品 i_{iH} 的最大值。

另外，如果将 TTL 电路的输入端经过一个电阻 R_P 接地(见图 3-2-8)，则输入端的电位 u_i 将不等于零，而且 u_1 随 R_P 的增加而升高。由图可得

$$u_i=(V_{CC}-u_{BE1})R_P/(R_1+R_P) \tag{3-2-2}$$

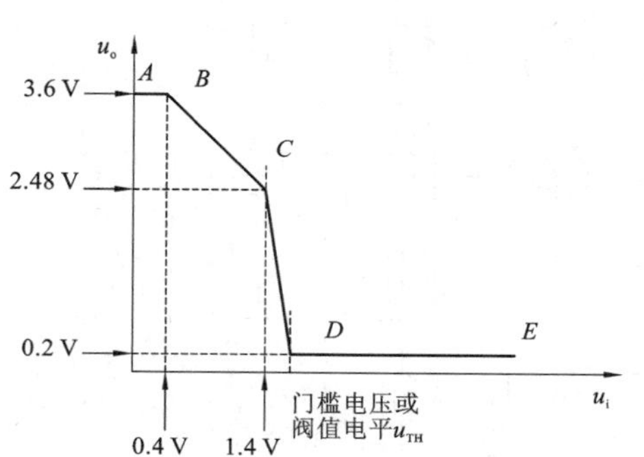

图 3-2-7　TTL 反相器的电压传输特性

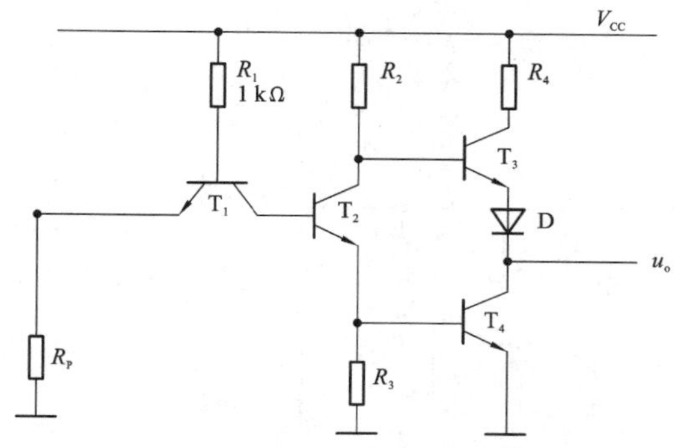

图 3-2-8　TTL 反相器输入端经电阻接地时的工作状态

但是在 u_i 升至 1.4 V 以后，由于 T_1 的 BE 结和 T_2、T_4 的 BE 结同时导通，将 u_{B1} 固定在 2.1 V，所以即使 R_P 再增大，u_i 也不会再升高了，基本上维持在 1.4 V 左右。

由此可知，当 TTL 反相器的输入端悬空时(R_P 为无穷大)，输出必为低电平。如果从输出端看，就如同输入端接高电平信号一样。所以，对于输出端状态而言，TTL 输入的悬空状态和接逻辑 1 电平是等效的。

需要注意的是，在 CMOS 电路中如果将输入端经过一个电阻接地，由于电阻上没有电流流过，所以输入端电位始终为零。

3. 输出特性

当反相器的输出端接有负载电路时，因为反相器的输出电阻不等于零，所以输出的高、

低电平将随负载电流的变化而改变。不过 TTL 电路输出高电平时的输出电阻和输出低电平时的输出电阻都很小，所以负载电路在允许的工作范围内变化时，输出的高、低电平变化不大。反相器 7404 的高电平输出阻值 R_{oH} 在 100 Ω 以内，低电平输出电阻 R_{oL} 小于 8 Ω。由于高电平输出电阻比较大，而且允许的负载电流又比较小，所以在需要驱动较大的负载电流时，总是用输出低电平去驱动。

3.2.4 集电极开路门和三态门

1. 集电极开路与非门(OC 门)

如图 3-2-9(a)所示是一个 OC 门电路，在此电路中，输出管 T_3 集电极开路。在使用时必须外接上拉电阻和电源。当输入端有"0"电平时，T_1 深度饱和，T_2、T_3 均截止，输出端为"1"电平。当输入端全为"1"电平时，T_2、T_3 均饱和导通，输出端为"0"电平。所以，该电路具有与非逻辑功能。OC 门电路符号如图 3-2-9(b)所示。

OC 门在计算机中应用很广泛，功能与 OD 门类似，也可实现"线与"逻辑、逻辑电平的转换及总线传输等功能。此处不再赘述。

2. 三态输出门电路(TSL 门)

1）电路及逻辑符号

如图 3-2-10(a)所示为三态输出与非门电路，其中 T_5、T_6 和 T_7 构成使能控制电路，EN 为使能控制输入端，A、B 为与非门的输入端。在此电路中，当控制端 EN=1 时，T_5 处于倒置放大状态，T_6 饱和，T_7 截止，即其集电极相当于开路。此时电路处于工作状态，$L=\overline{AB}$；当控制端 EN=0 时，T_7 导通，使 T_4 的基极钳制于低电平。同时使能端的低电平信号送到 T_1 的输入端，迫使 T_2 和 T_3 截止。这样 T_3 和 T_4 均截止，与输出端 L 相接的上下两个支路均开路，输出端处于高阻状态。

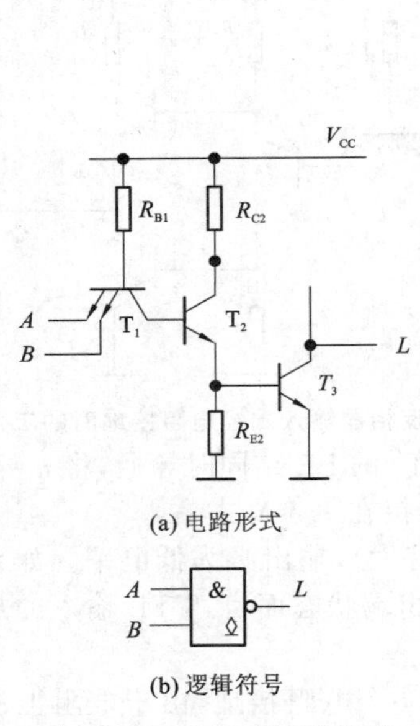

图 3-2-9 OC 门电路和符号

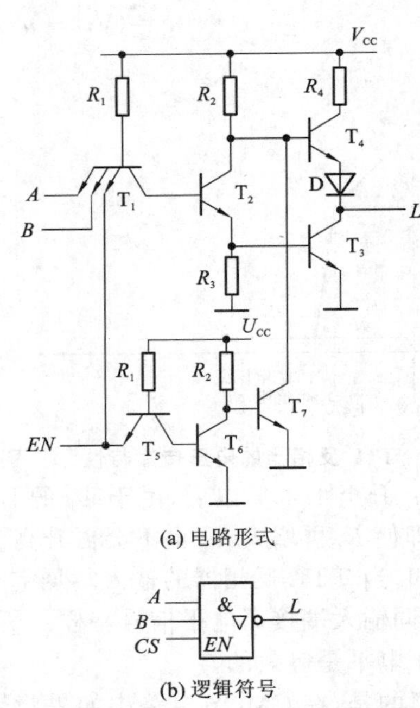

图 3-2-10 三态输出与非门电路形式及其逻辑符号

2）三态门典型应用

三态门在数字系统中，主要应用于总线传送，它可进行单向数据传送，也可进行双向数据传送。

(1)"三态门"构成单向数据总线。

如图 3-2-11 所示为用三态与非门构成的单向数据总线。在任何时刻,n 个三态门中仅允许其中一个处于工作状态,而其他门均处于高阻态,此门相应的数据就被与非门送上总线传送出去。若某一时刻同时有两个门处于工作状态,那么总线传送信息就会出错。

(2)"三态门"构成双向数据总线。

如图 3-2-12 所示为用三态非门构成的双向数据总线。当控制输入信号 CS 为高电平时,G_1 三态门处于工作态,G_2 三态门处于禁止态,数据输入信号 D_1 的非送到数据总线上传输;当控制输入信号 CS 为低电平时,G_1 三态门处于禁止态,G_2 三态门处于工作态,这时就将数据总线上的信号 D 的非送到 D_2。这样就可以通过改变控制信号 CS 的状态,实现分时的数据双向传送。

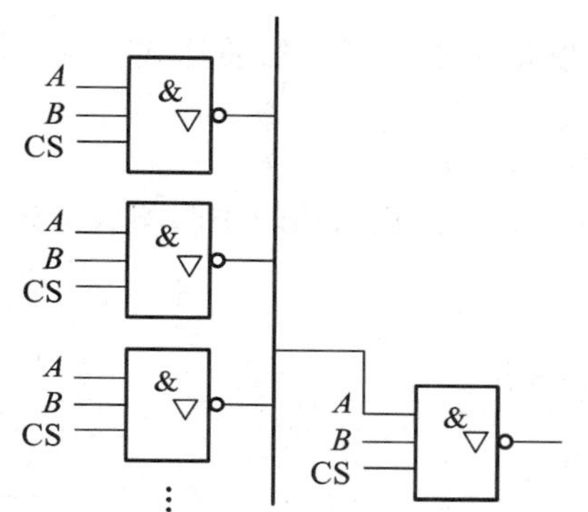

图 3-2-11 三态与非门构成的单向数据总线

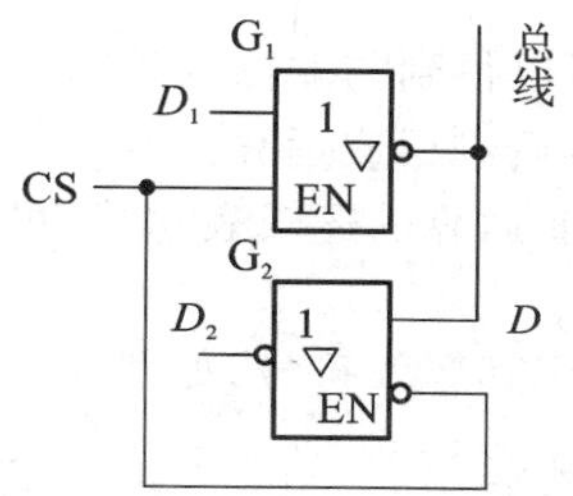

图 3-2-12 三态非门构成的双向数据总线

3.3 逻辑描述中的几个问题

3.3.1 正负逻辑问题

1. 正负逻辑的规定

在数字电路中,可以采用两种不同的逻辑体制表示电路输入和输出的高、低电平。在前面讨论时,将高电平用逻辑 1 表示,低电平用逻辑 0 表示,这种表示方法称为正逻辑体制。如果将高电平用逻辑 0 表示,低电平用逻辑 1 表示,则这种表示方法称为负逻辑体制。

对于同一电路的输入与输出关系的描述,可以采用正逻辑体制,也可以采用负逻辑体制。正逻辑和负逻辑两种体制不牵涉逻辑电路本身的结构问题,但根据所选正负逻辑体制的不同,即使同一电路也具有不同的逻辑功能。例如某个逻辑门电路的输入和输出电平如表 3-3-1 表示,其中 H 和 L 分别表示高、低电平。如果采用正逻辑体制,令 $H=1,L=0$,得到如表 3-3-2 所示的真值表,它表示与非逻辑关系 $L=\overline{AB}$。如果采用负逻辑体制,令 $H=0,L=1$,得到如表 3-3-3 所示的真值表,它表示或非逻辑关系 $L=\overline{A+B}$。因此,正逻辑的与非门等效于负逻辑的或非门。正逻辑和负逻辑只是看问题的角度或分析问题的方法不同而已,问题的实质是不变的,即电路输入与输出的电平关系始终不变。本书如无特殊说明,一律采用正逻辑体制,即规定高电平为逻辑 1,低电平为逻辑 0。

2. 正负逻辑的等效变换

工程实践中,电路描述一般采用正逻辑体制,负逻辑体制用得比较少。如果需要,可以按下列方式进行两种体制的互换:

$$与非 \Leftrightarrow 或非,\quad 与 \Leftrightarrow 或,\quad 非 \Leftrightarrow 非$$

表 3-3-1 某电路输入与输出电平表

A	B	L
L	L	H
L	H	H
H	L	H
H	H	L

表 3-3-2 正与非门真值表

A	B	L
0	0	1
0	1	1
1	0	1
1	1	0

表 3-3-3 负或非门真值表

A	B	L
1	1	0
1	0	0
0	1	0
0	0	1

3.3.2 基本逻辑门电路的等效符号及其应用

1. 基本逻辑门电路的等效符号

利用摩根定律对基本逻辑运算进行变换，可以得到不同形式的表达式。例如与非逻辑运算的表达式可以写成：

$$L=\overline{AB}=\overline{A}+\overline{B}$$

由此，可以得到与非门的等效符号，如图 3-3-1 所示。输入端的小圆圈表示先对信号进行非运算，然后进行或运算。

对于或非运算的逻辑表达式，可以写成：

$$L=\overline{A+B}=\overline{A}\,\overline{B}$$

所以得到其等效符号，如图 3-3-2 所示。

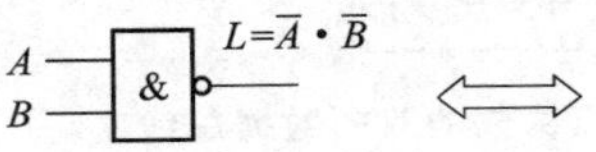

图 3-3-1 与非门及其等效符号

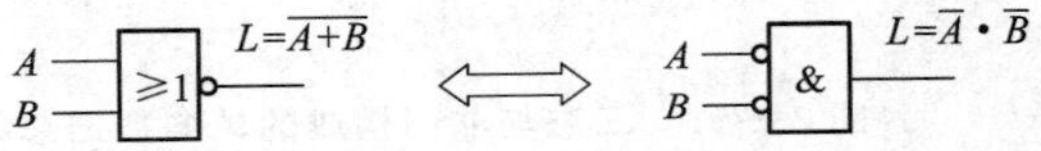

图 3-3-2 或非门及其等效符号

同理，利用摩根定律对与门和或门的逻辑表达式进行交换，可以得到它们的等效符号，分别如图 3-3-3 和图 3-3-4 所示。

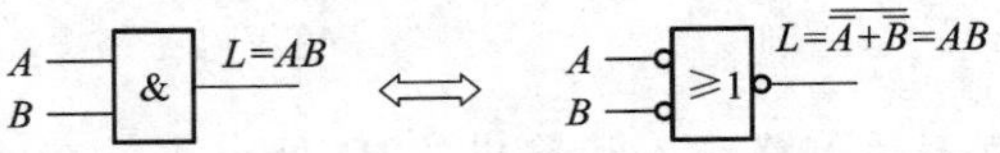

图 3-3-3 与门及其等效符号

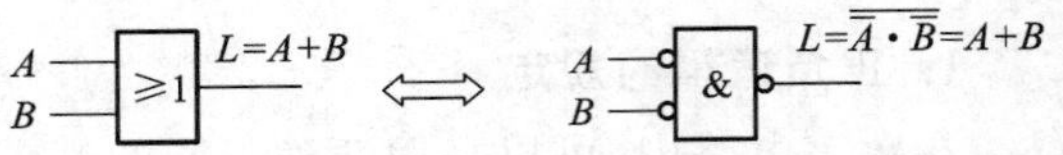

图 3-3-4 或门及其等效符号

上述各图所示的逻辑符号及其等效符号，是在同一逻辑体制下，用两种不同的方式描述同一逻辑运算。因此，不能将等效符号看成是负逻辑体制或者负逻辑表示方法。本书采用正逻辑体制，所以对于输入和输出均是高电平为 1，低电平为 0。可以用真值表验证各逻辑符号及其等效符号是等价的。

2. 逻辑门等效符号的应用

利用逻辑门等效符号对逻辑电路进行交换，在不改变电路逻辑功能的前提下，可以简化电路，以便能减少实现电路的门的种类或芯片的种类。

图 3-3-5(a)所示电路由两级组成，第一级是两个与门，第二级是一个或门。如果用标准集成芯片实现，需要与门和或门两种芯片。

利用摩根定律 $\overline{\overline{X}}=X$，在图 3-3-5(a)中间连线的两端各加一个圆圈，相当于进行两次非运算，但并没有改变电路的功能，得到如图 3-3-5(b)所示的电路。然后将图 3-3-5(b)所示电路第二级的与非门的等效符号用与非门符号代替，就可以得到如图 3-3-5(c)所示电路，该电路由三个与非门构成。一片 74HC00 包含 4 个 2 输入与非门，因此，用一片 74HC00 即可实现图 3-3-5 所示电路的逻辑功能。

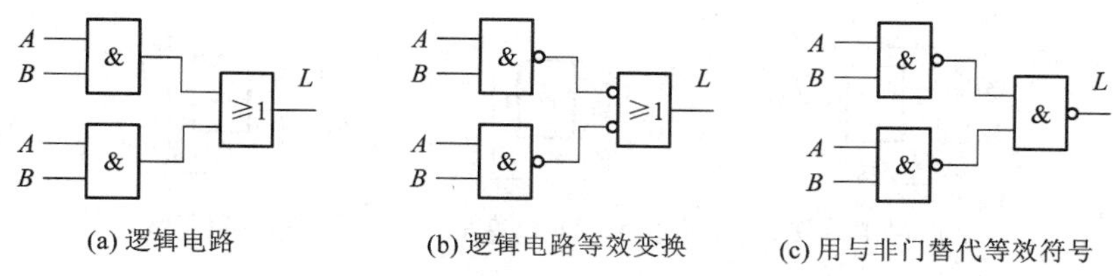

图 3-3-5 逻辑门等效符号的应用

3. 逻辑门等效符号强调低电平有效

在介绍三态门时，就涉及有效电平的概念。三态门的使能控制信号可以是高电平有效，也可以是低电平有效。对于高电平使能的三态门，当使能端信号为 1 时，电路处于正常逻辑工作状态；对于低电平使能的三态门，当使能端信号为 0 时，电路正常工作。有效电平的概念不止限于使能端信号。在实际电路中，特别是大规模集成芯片中，任何输入或者输出信号都有可能是高电平有效，或者是低电平有效。所谓低电平有效，是指当信号为低电平时，电路完成规定的操作；而高电平有效，是指信号为高电平时，电路完成规定的操作。

图 3-3-6 所示是一个可以控制数据传输的电路。其中集成芯片 IC 的使能端 $\overline{\mathrm{EN}}$ 要求低电平有效，电路的两个控制信号分别是请求信号 RE 和允许信号$\overline{\mathrm{AL}}$。图中，G_2 门是输入、输出均为低电平有效的与门。根据图 3-3-4 可知，G_2 门实际是或门的等效符号。这里之所以采用等效符号是为了强调低电平有效，以便于理解实际电路中，请求信号 RE、允许信号$\overline{\mathrm{AL}}$以及 IC 芯片的使能信号$\overline{\mathrm{EN}}$之间的逻辑关系。当请求信号 RE 为有效高电平信号，允许信号$\overline{\mathrm{AL}}$为有效低电平信号时，G_2 门的两个输入端均为有效信号，即低电平，则产生一个有效的输出信号，即 $\overline{L}$ 为低电平，使$\overline{\mathrm{EN}}$为低电平，允许 IC 传输数据。

信号名称$\overline{\mathrm{EN}}$、$\overline{\mathrm{AL}}$和 $\overline{L}$ 上面的横线表示该信号是低电平有效，在进行逻辑运算时，应该作为一个整体符号。如果在运算过程中，变量上面的"－"号参与运算，则在画逻辑电路图，或者验证真值表时，应该将其还原为低电平有效符号。

图 3-3-6 中的 G_1 门可以用包含 6 个非门的 74HCT04 实现。G_2 门是或门的等效信号，因此可以用包含 4 个 2 输入的或门 74HCT32 实现。

需要注意的是，如果一根连线的两端都有圆圈，并且都包含非运算的含义，可以用"圈圈相消"进行电路化简，如图 3-3-5 所示。但在图 3-3-6 中，G_2 门的输出端与使能端之间的连线也有圆圈，但这两个圆圈不能抵消，因为集成芯片 IC 使能端的圆圈是表示低电平有效，不能去掉。

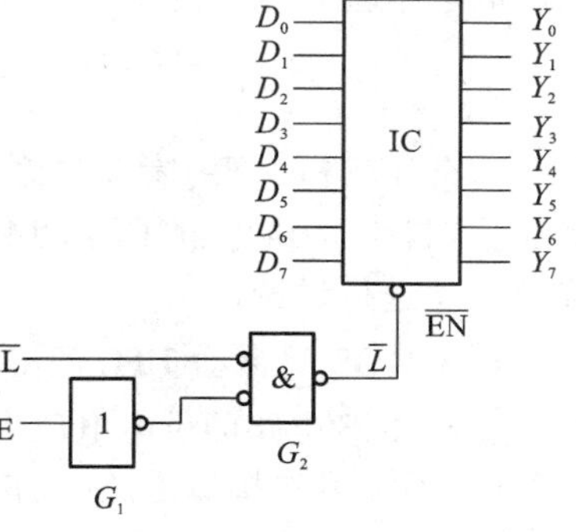

图 3-3-6 数据传输控制电路

如果要求请求信号 *RE* 和允许信号 AL 均为高电平有效，而芯片 IC 的使能端$\overline{\mathrm{EN}}$仍为低电平有效，可以采用如图 3-3-7(a)所示的控制电路。G_2 门可以看成是输入为高电平有效，输出为低电平有效的与门，用一片包含 4 个 2 输入的与非门 74HCT00 实现。

如果要求请求信号$\overline{\mathrm{RE}}$和允许信号$\overline{\mathrm{AL}}$均为低电平有效，而芯片 IC 的使能端 EN 为高电平有效，则采用如图 3-3-7(b)所示的控制电路。G_2 门可以看成是输入为低电平有效，输出为高电平有效的与门。根据图 3-3-2 可知，G_2 门是或非门的等效符号，可以用或非门 74HCT02 实现。

同理，如果要求请求信号 RE 和允许信号 AL 均为高电平有效，芯片 IC 的使能信号也为高电平有效，则采用如图 3-3-7(c)所示的控制电路。G_2 门为输入、输出均是高电平有效的与门，用与门 74HCT08 实现。

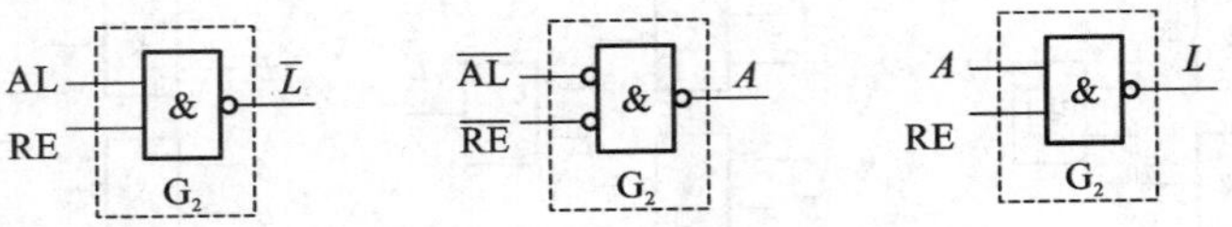

(a) 与非门实现　　(b) 或非门实现　　(c) 与门实现

图 3-3-7　几种不同的控制电路

3.4　逻辑门电路使用中的几个实际问题

以上讨论了几种逻辑门电路，重点讨论了 CMOS 和 TTL 两种电路。在具体的应用中，可以根据传输延迟时间、功耗、噪声容限、带负载能力等要求来选择器件。有时需要将两种逻辑系列的器件混合使用，因此就出现了不同逻辑门电路之间的接口问题，以及门电路与负载之间的匹配等问题。下面对几个实际问题进行讨论。

3.4.1　各种门电路之间的接口问题

在数字电路或系统的设计中，往往由于工作速度或者功耗指标的要求，需要将多种逻辑器件混合使用，例如，同时使用 CMOS 和 TTL 两种器件。由于不同逻辑器件的电压和电流参数各不相同，因而需要采用接口电路，需要考虑以下因素。

第一是逻辑门电路的扇出问题，即驱动器件必须能对负载器件提供足够的灌电流或者拉电流。

灌电流情况下应满足：

$$i_{oL(max)} \geqslant i_{iL(total)} \tag{3-4-1}$$

拉电流情况下应满足：

$$i_{oH(max)} \geqslant i_{iH(total)} \tag{3-4-2}$$

第二是逻辑电平兼容性问题，驱动器件的输出电压必须满足负载器件所要求的高电平或者低电平输入电压的范围。即

$$u_{oH(min)} \geqslant u_{iH(min)} \tag{3-4-3}$$

$$u_{oL(max)} \leqslant u_{iL(max)} \tag{3-4-4}$$

其余如噪声容限、输入和输出电容以及开关速度等参数在某些设计中也必须予以考虑。下面分别就 5V 供电电压的 CMOS 电路与 TTL 电路，以及不同供电电压的逻辑电路之间的接口问题进行讨论。

1. CMOS 门驱动 TTL 门

在 CMOS 电路的供电电源为＋5 V 时，两者的逻辑电平参数可满足式(3-4-3)和式(3-4-4)的条件，不需另加接口电路，仅按电流大小计算出扇出数即可。

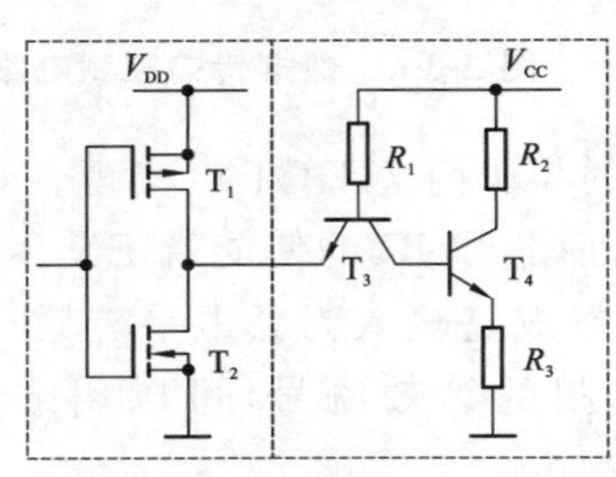

图 3-4-1　CMOS 门驱动 TTL 门的简单电路

图 3-4-1 表示 CMOS 门驱动 TTL 门的简单电路。当 CMOS 门的输出为高电平时，它为 TTL 负载提供拉电流，反之则提供灌电流。

例 3.4.1　用一个 74HC00 与非门电路驱动一个 74 系列 TTL 反相器和 6 个 74LS 系列逻辑门电路。试验算此时的 CMOS 门电路是否过载？已知 74 系列 TTL 反相器的参数 $i_{iL(max)}=1.6$ mA，$i_{iH(max)}=0.04$ mA，其他参数可查附录 B。

解　由附录 B 查得 74HC00 和 74LS 系列参数如下：

(1) 灌电流情况下，74HC00 电路的 $i_{oL(max)}=4$ mA，74LS 门的输入电流 $i_{iL(max)}=0.4$ mA，总的输入电流为 74 系列 TTL 反相器和 74LS 系列逻辑门电路输入电流之和，即 $i_{iL(max)}=1.6\ \text{mA}+6\times0.4\ \text{mA}=4$ mA，满足式(3-4-1)的条件。

(2) 拉电流情况下，74HC00 门电路的 $i_{oH(max)}=4$ mA，74LS 系列的 $i_{iH(max)}=0.02$ mA，因此总的输入电流 $i_{iH(total)}=0.04\ \text{mA}+6\times0.02\ \text{mA}=0.16$ mA，满足式(3-4-2)的条件。

根据以上分析，CMOS 驱动 TTL 门电路未过载，但是灌电流情况刚刚满足条件，在实际电路设计中要考虑留出一定的余量，可以在驱动门和负载门之间增加一个驱动器，由于 TTL 系列 $i_{oL(max)}$ 比 CMOS 的 $i_{oL(max)}$ 大得多，最简单的办法是 CMOS 门后面加一个 TTL 系列的同相缓冲器，再用这个缓冲器驱动上述 1 个 74 系列 TTL 反相器和 6 个 74LS 系列逻辑门电路。

2. TTL 门驱动 CMOS 门

用 TTL 电路驱动 74HCT 系列 CMOS 电路时，由附录 B 可知，由于高、低电平参数兼容，无须另加接口电路。当 74HC 系列 CMOS 为负载器件时，TTL 输出低电平参数与 74HC 的输入低电平参数兼容，但是高电平参数不兼容。例如 74LS 系列的 $u_{oH(min)}$ 为 2.7 V，而 74HC 系列的 $u_{oH(min)}$ 为 3.5 V。为了解决这一矛盾，常采用如图 3-4-2 所示的方法，在 TTL 的输出端与 +5 V 电源之间接一个上拉电阻 R_p，上拉电阻的值取决于负载器件的数目以及 TTL 和 CMOS 的电流参数，可以用 OC 门外接上拉电阻 R_P 的计算方法进行计算。如果 R_P 取值不太大，u_{o1} 将被提高至接近 V_{DD}。

由上述可知，TTL 驱动 74HCT 系列 CMOS 时，不需另加接口电路。因此，在数字电路设计中，也常将 74HCT 系列器件当作接口电路，以省去上拉电阻。

3. 低电压 CMOS 电路及接口

CMOS 电路的动态功耗为 $P_D=(C_{PD}+C_L)V_{DD}^2 f$，为减小功耗，采用低电源电压。另外，半导体制造工艺使晶体管尺寸越做越小，CMOS 的栅极与源极、栅极与漏极间的绝缘层也越来越薄，不足以承受 5 V 电源电压，半导体厂家推出了供电电压分别为 3.3 V、2.5 V 和 1.8 V等一系列低电压集成电路。为了降低成本，能够与原有外围设备兼容，在同一系统中采用不同供电电压的逻辑器件，为此，需要考虑不同逻辑器件之间的接口问题。

3.3 V 供电电源的 CMOS 逻辑器件 74LVC 系列具有 5 V 输入容限，即输入端可以承受 5 V 输入电压，因此，可以与 HCT 系列 CMOS 或 TTL 系列直接接口。当用 74LVC 系列驱动 HC 系列 CMOS 门时，高电平参数不满足式(3-4-3)，可以用上拉电阻、OD 门或采用专门的逻辑电平转换器。

2.5 V 或 1.8 V 供电电源的 CMOS 逻辑器件与其他系列的逻辑电路接口时，需要专用的逻辑电平转换电路，例如 74ALVC164245 可用于不同 CMOS 系列或 TTL 系列之间的逻辑电平转换，它采用两种直流电源 U_{CC1} 和 U_{CC2}，如图 3-4-3 所示。74ALVC164245 的结构与功能表分别如图 3-4-4 和表 3-4-1 所示，它是双向传输器件，可以接收 2.5 V(或 3.3 V)供电电压的逻辑电平，输出 3.3 V(或 5 V)供电电压的逻辑电平。反之，它也可以接收 3.3 V(或 5 V)供电电压的逻辑电平，输出 2.5 V(或 3.3 V)供电电压的逻辑电平。

表 3-4-1 逻辑电平移动电路功能表

输入		操作
$\overline{OE}$	DIR	
L	L	数据 *B* 传送到 *A*
L	H	数据 *A* 传送到 *B*
L	X	隔离

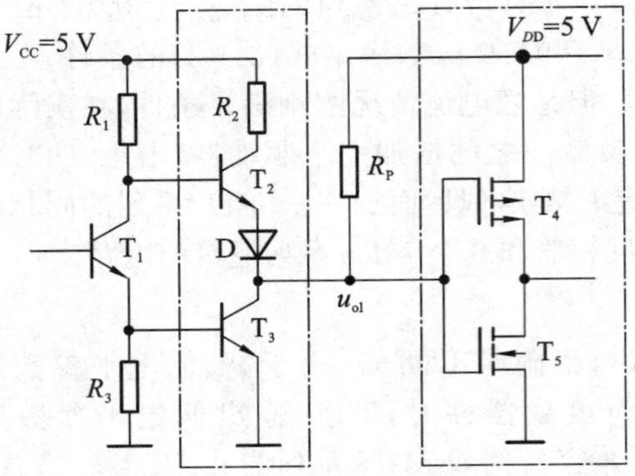

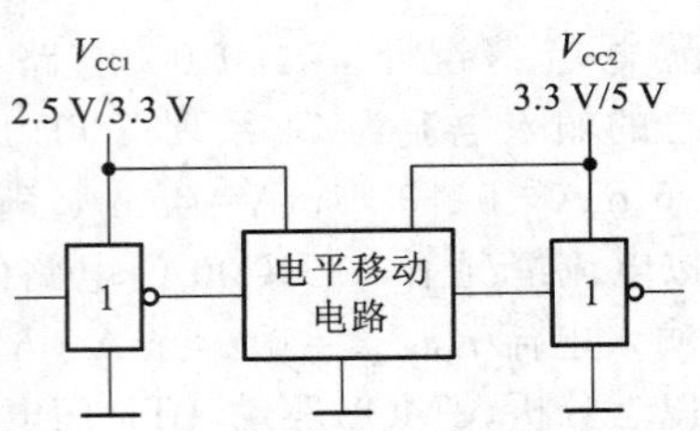

图 3-4-2 TTL 门驱动 CMOS 门

图 3-4-3 逻辑电平移动电路用做接口

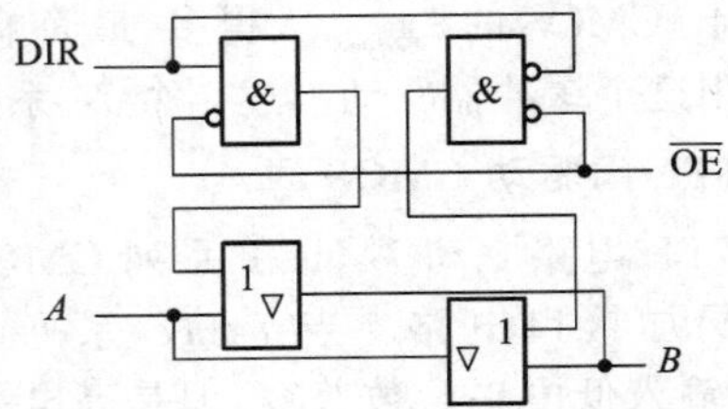

图 3-4-4 1/16 74ALVC164245 逻辑电平移动电路

4. 门电路带负载时的接口问题

在数字电路中,往往需要用发光二极管来显示信息,例如电源接通或者断开的指示、七段数码显示、图形符号显示等。

图 3-4-5 所示为用反相器驱动一发光二极管 LED,电路中接了一个限流电阻 R 以保护 LED。限流电阻 R 的大小可分别按下面两种情况来计算。

对于图 3-4-5(a),当门电路的输入为低电平,输出为高电平时,LED 发光,则

$$R=\frac{u_{oH}-u_F}{i_D} \tag{3-4-5}$$

反之,对于图 3-4-5(b),当门电路的输入为高电平,输出为低电平时,LED 发光,则

$$R=\frac{V_{CC}-u_F-u_{oL}}{i_D} \tag{3-4-6}$$

在式(3-4-5)和式(3-4-6)中,i_D 为 LED 的电流,u_F 为 LED 的正向压降,u_{oH} 和 u_{oL} 为非门的输出高电平、输出低电平的电压值,常取典型值。

例 3.4.2 试用 74HC04 六个 CMOS 反相器中的一个作为接口电路,使门电路的输入为高电平时,LED 导通发光。

解 LED 正常发光需要几毫安的电流,并且导通时的压降 u_F 为 1.6 V。根据附录 B 查得,当 $V_{CC}=5$ V 时,$u_{oL(max)}=0.1$ V,$i_{oL(max)}=4$ mA,因此 i_D 取值不能超过 4 mA。根据式(3-4-6)计算限流电阻的最小值为

$$R=\frac{(5-1.6-0.1)\ \text{V}}{4\ \text{mA}}=825\ \Omega$$

相应的电路如图 3-4-5(b)所示。

3.4.2 抗干扰措施

利用逻辑门电路(CMOS 和 TTL)做具体的电路设计时,还应该注意下列几个实际问题。

1. 多余输入端的处理措施

集成逻辑门电路在使用时,一般不让多余的输入端悬空,以防止干扰信号引入。对于多余的输入端的处理以不改变电路的工作状态及稳定可靠性为原则。如图 3-4-6 所示。图 3-4-6(a)是将多余输入端与其他输入端并接在一起。图 3-4-6(b)是根据逻辑要求,与门或者

与非门的多余输入端通过 1～3 kΩ 电阻接正电源，对 CMOS 电路可以直接接电源；图 3-4-6(c)是或门或者或非门的多余输入端接地。对于高速电路的设计，并接会增加输入端等效电容性负载，而使信号的传输速度下降，最好采用图 3-4-6(b)、(c)所示的两种方法。

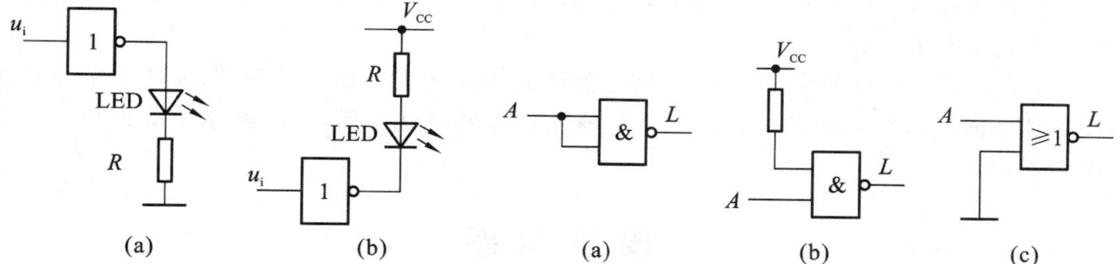

图 3-4-5　用反相器驱动一发光二极管 LED

图 3-4-6　多余输入端的处理电路

特别是 CMOS 电路的多余输入端绝对不能悬空。由于它的输入电阻很大，容易受到静电或工频电磁场引入电荷的影响，从而破坏电路的正常工作状态。

2. 去耦合滤波电容

数字电路或系统往往是由多片逻辑门电路构成，由一公共的直流电源供电。这种电源是非理想的，一般是由整流稳压电路供电，具有一定的内阻抗。当数字电路在高、低状态之间交替变换时，产生较大的脉冲电流或尖峰电流，当它们流经公共的内阻抗时，必将产生相互影响，甚至使逻辑功能发生错乱。一种常用的处理方法是采用去耦合滤波电容，用 10～100 μF 的大电容器接在直流电源与地之间，滤除干扰信号。除此以外，对于每个集成芯片的电源与地之间接一个 0.1 μF 的电容器以滤除开关噪声。

3. 接地与安装工艺

正确的接地技术对于降低电路噪声是很重要的。方法是将电源地与信号地分开，先将信号地汇集一点，然后将两者用最短的导线连在一起，以避免含有多种脉冲波形(含尖峰电流)的大电流引到某数字器件的输入端而破坏系统正常的逻辑功能。此外，当系统中同时有模拟和数字两种器件时，同样需将两者的地分别连在一起，然后再选用一个适合共同点接地，以免除两者之间的影响。必要时，也可设计模拟和数字两块电路板，各备直流电源，然后将两者的地恰当地连接在一起。在印制电路板的设计或安装中，要注意连线尽可能短，以减少接线电容产生寄生反馈而引起寄生振荡。这方面更详细的介绍，可参阅有关文献。某些典型电路应用设计也可参考集成数字电路的数据手册。

此外，CMOS 器件在使用和储藏过程中要注意静电感应导致损伤的问题。静电屏蔽是常用的防护措施。

本章小结

(1) 逻辑门电路的主要技术参数有输入和输出高电平、低电平的最大值或最小值，噪声容限，传输时间，功耗，扇入数和扇出数等。

(2) 在数字电路中，不论哪一种逻辑门电路，其中的关键器件是 MOS 管或三极管。它们均可以作开关器件。影响它们开关速度的主要因素是器件的内部各电极之间的结电容。

(3) CMOS 逻辑门电路是目前应用最广泛的逻辑门电路。其优点是集成度高、功耗低、扇出数大(指带同类门负载)、噪声容限大、开关速度较高。CMOS 逻辑门电路中，为了实现线与的逻辑功能，可以采用漏极开路门和三态门。

(4) TTL逻辑门电路是应用较广泛的门电路之一，电路由若干三极管和电阻构成。TTL反相器的输入级由三极管构成，输出级采用推拉式结构，其目的是为提高开关速度和增强带负载能力。

(5) 在逻辑体制中有正、负逻辑的规定，本书主要采用正逻辑。逻辑门等效符号常用于简化电路的分析和设计。

(6) 在逻辑门电路的实际应用中，有可能遇到不同类型门电路之间、门电路与负载之间的接口技术问题以及抗干扰工艺问题。正确分析与解决这些问题，是数字电路设计工作者应当掌握的。

课后习题

3.1 MOS逻辑门电路

3.1.1 求图题3.1.1所示电路的输出逻辑表达式。

3.1.2 图题3.1.2表示三态门作总线传输的示意图，图中 n 个三态门的输出接到数据传输总线，$D_1, D_2, \cdots, D_n$ 为数据输入端，$CS_1, CS_2, \cdots, CS_n$ 为片选信号输入端。试问：(1) CS信号如何控制，以便数据 $D_1, D_2, \cdots, D_n$ 通过该总线进行正常传输；(2) CS信号能否有两个或两个以上同时有效？(3) 如果所有 CS_i 信号均无效，总线处在什么状态？

3.1.3 在图题3.1.3电路中，已知OD门 G_1、G_2 输出高电平时输出端MOS管的漏电流 $i_{oH(max)}=5\ \mu A$；输出电流为 $i_{oL(max)}=10\ mA$ 时，输出低电平为 $u_{oL}\leqslant 0.3\ V$。若取 $V_{DD}=5\ V$，试计算在保证 $u_{oH}\geqslant 3.5\ V$、$u_{oL}\leqslant 0.3\ V$ 的条件下，外接电阻 R_P 的取值范围。

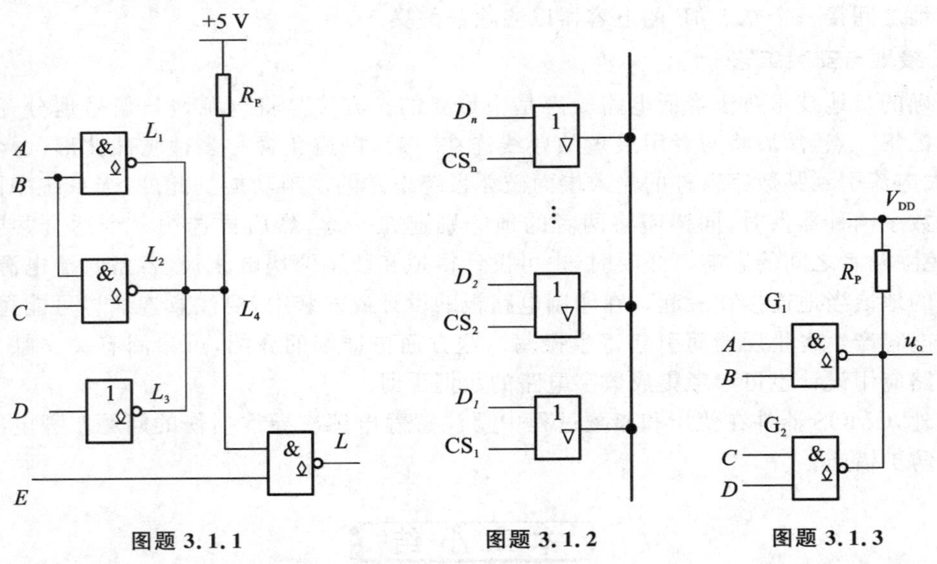

图题 3.1.1　　图题 3.1.2　　图题 3.1.3

3.1.4 求下列情况下TTL逻辑门的输出数：(1) 74LS门驱动同类门；(2) 74LS门驱动74ALS系列TTL门。

3.1.5 已知图题3.1.5所示各MOSFET管的 $|u_T|=2\ V$，忽略电阻上的压降，试确定其工作状态（导通或截止）。

3.2 TTL逻辑门电路

3.2.1 为什么说TTL与非门的输入端在以下四种接法，都属于逻辑1：(1) 输入端悬空；(2) 输入端高于2 V的电源；(3) 输入端接同类与非门的输出高电压3.6 V；(4) 输入端接10 kΩ的电阻到地。

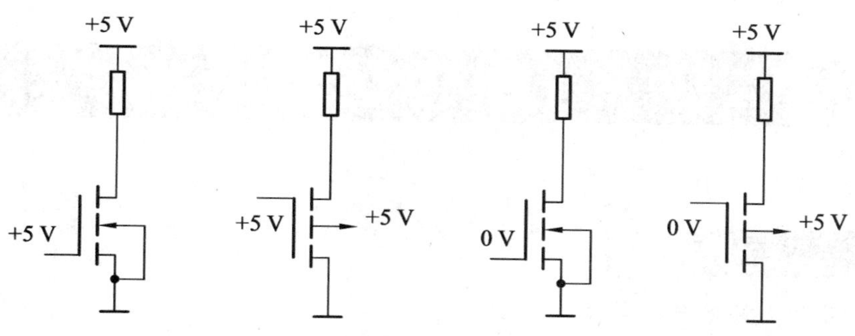

图题 3.1.5

3.2.2　为什么说 TTL 与非门的输入端在以下四种接法，都属于逻辑 0：(1) 输入端接地；(2) 输入端低于 0.8 V 的电源；(3) 输入端接同类与非门的输出低电压 0.2 V；(4) 输入端接 500 Ω 的电阻到地。

3.3　逻辑描述中的几个问题

3.3.1　试对图题 3.3.1 所示电路的逻辑门进行变换，使其可用单一的或非门实现。

3.3.2　电路如图题 3.3.2 所示，试用与非门实现该电路。

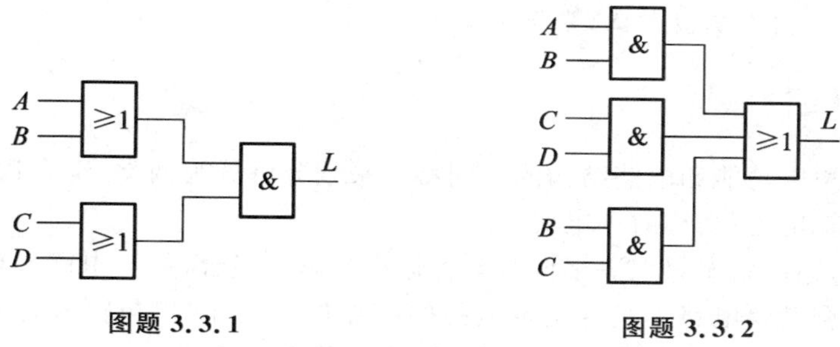

图题 3.3.1　　图题 3.3.2

3.4　逻辑门电路使用中的几个实际问题

3.4.1　设计一发光二极管(LED)驱动电路，设 LED 的参数为 $u_F=2.5$ V，$i_D=4.5$ mA；若 $V_{CC}=5$ V，当 LED 发亮时，电路的输出为低电平，选用集成电路的型号，并画出电路图。

3.4.2　当 CMOS 和 TTL 两种门电路相互连接时，要考虑哪几个电压和电流参数？这些参数应满足怎样的关系？

3.4.3　复习一下 TTL 门的输出电路。若 TTL 的输出级超载时，电路会出现什么现象？用什么仪器进行判断？

第4章 组合逻辑电路

主要教学内容

1. 组合逻辑电路的分析与设计。
2. 组合逻辑电路中的竞争冒险。
3. 常用组合逻辑集成电路：编码器、译码器、数据分配器、数值比较器、算术运算电路等。

教学目的和要求

1. 熟练掌握组合逻辑电路的分析方法和设计方法。
2. 熟悉中规模组合逻辑电路（编码器、译码器、全加器、数据选择器、数据分配器、数值比较器、算术运算电路等）的原理、功能和应用。
3. 掌握组合逻辑电路的瞬态现象——竞争冒险。
4. 了解典型的组合集成电路，掌握其应用。

4.1 概述

数字电路按逻辑功能和电路结构的不同特点来划分可分为两类：组合逻辑电路（简称组合电路）、时序逻辑电路（简称时序电路）。

在任何时刻，输出状态只取决于该时刻各输入状态的组合，而与电路以前的状态无关的逻辑电路称为组合逻辑电路。组合逻辑电路的特点如下：①输出与输入之间没有反馈延时通路；②电路中没有记忆元件；③基本单元电路为各种逻辑门。

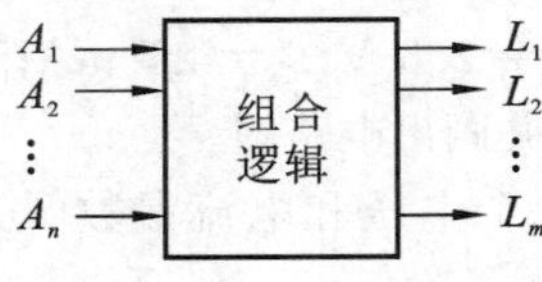

图 4-1-1　组合电路的框图

对于任何一个多输入、多输出的组合逻辑电路，都可以用图 4-1-1 所示的框图来表示。图中 $A_1,A_2,\cdots,A_n$ 表示输入变量，$L_1,L_2,\cdots,L_m$ 表示输出变量。输出与输入间的逻辑关系可以用一组逻辑函数表示，即 $L_i=f_i(A_1,A_2,\cdots,A_n),i=1,2,3,\cdots,m$。

从组合电路逻辑功能的特点不难想到，既然它的输出与电路的历史状况无关，那么电路中就不包含存储单元。这就是组合逻辑电路在电路结构上的共同特点。

组合逻辑电路除可以用函数表达式表示外，还可以由真值表、卡诺图、逻辑电路图来表达，实际上由一种表示方法可推出另一种表示方法。

4.2 组合逻辑电路的分析

组合逻辑电路分析的主要任务是根据逻辑电路图确定逻辑功能。一般可采用下列步骤分析。

（1）根据逻辑电路图，从输入到输出，逐级写出逻辑函数表达式，直到写出最后输出与输入信号的逻辑函数表达式。

（2）化简和变换各逻辑函数表达式，以得到最简的表达式。

（3）根据最简表达式列出真值表。

（4）根据真值表和化简后的逻辑表达式对逻辑电路进行分析，最后确定电路的逻辑功能，并可附加简单说明。

下面举例说明组合逻辑电路的分析方法。

例 4.2.1 试分析图 4-2-1 所示逻辑电路的逻辑功能，要求写出表达式，列出真值表。

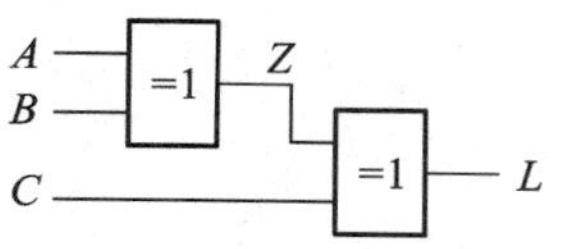

图 4-2-1 例 4.2.1 的逻辑电路图

解 (1) 根据逻辑图写出输出函数的逻辑表达式，为了方便起见，电路中标出了中间变量 Z。

$$\begin{aligned} L &= Z \oplus C \\ &= (A \oplus B) \oplus C \\ &= A \oplus B \oplus C \end{aligned}$$

(2) 列写真值表。该表达式无须化简和变换，可直接列出真值表。将 3 个输入变量的 8 种可能的组合一一列出。分别将每一组变量的取值代入逻辑函数表达式，然后算出中间变量 Z 值和输出 L 值，填入表中，如表 4-2-1 所示。

表 4-2-1 例 4.2.1 的真值表

A	B	C	$Z=A\oplus B$	$L=A\oplus B\oplus C$
0	0	0	0	0
0	0	1	0	1
0	1	0	1	1
0	1	1	1	0
1	0	0	1	1
1	0	1	1	0
1	1	0	0	0
1	1	1	0	1

(3) 确定逻辑功能。分析真值表可知，当 A、B、C 三个输入变量的取值中有奇数个 1 时，L 为 1，否则 L 为 0，电路具有奇校验功能，可用于检查 3 位二进制码的奇偶性。当输入电路的二进制码中含有奇数个 1 时，输出 1 为有效信号，所以称为奇校验电路。

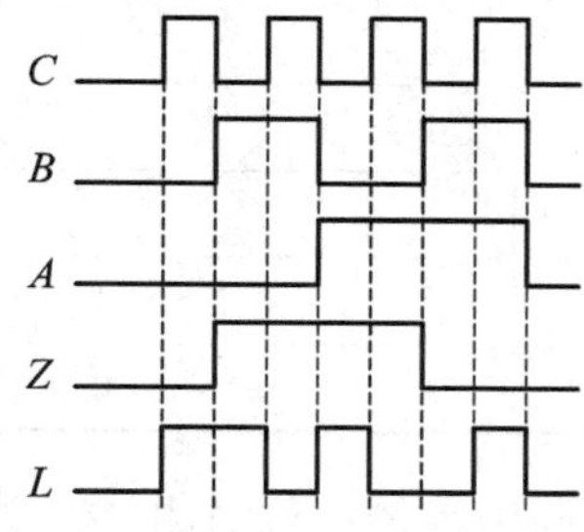

图 4-2-2 例 4.2.1 的波形图

如果在上述电路的输出端再加一级反相器，当输入电路的二进制码中含有偶数个 1 时，输出为 1，则称此电路为偶校验电路。

波形图可以比较直观地反映输入与输出之间的逻辑关系，所以对于比较简单的组合逻辑电路，也可用画波形图的方法进行分析。为了避免出错，通常是根据输入波形的变化分段，逐段画出波形。例如，图 4-2-2 所示为例 4.2.1 的波形图，第一段的输入信号 A、B、C 的值均为 0，代入表达式中得出 Z 和 L 的值。最后根据逻辑图的输出端和输入端的波形之间的关系确定逻辑功能。

例 4.2.2 试分析图 4-2-3 所示电路的逻辑功能，要求写出表达式，列出真值表。

解 (1) 从给出的逻辑图，由输入到输出的电路关系，写出各逻辑门的输出表达式：

$$T_1 = \overline{AB}, \quad T_2 = \overline{A\overline{AB}}$$

$$T_3 = \overline{B\overline{AB}}, \quad F = \overline{\overline{A\overline{AB}}\,\overline{B\overline{AB}}}$$

（2）进行逻辑变换和化简：

$$
\begin{aligned}
F &= \overline{\overline{A\overline{AB}}\ \overline{B\overline{AB}}} \\
&= A\overline{AB} + B\overline{AB} \\
&= A(\overline{A}+\overline{B}) + B(\overline{A}+\overline{B}) \\
&= A\overline{B} + \overline{A}B
\end{aligned}
$$

（3）写出真值表，如表 4-2-2 所示。

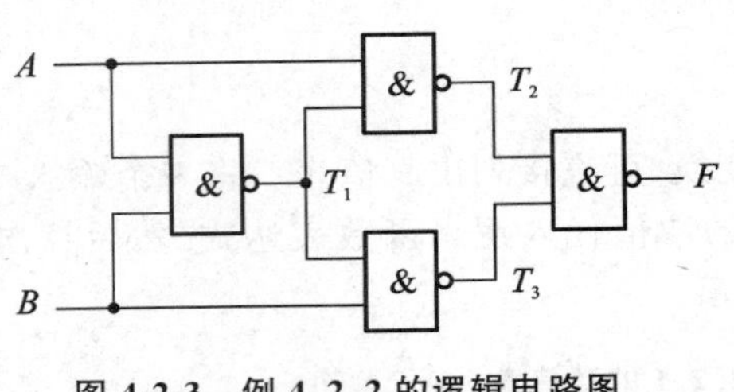

图 4-2-3　例 4.2.2 的逻辑电路图

表 4-2-2　例 4.2.2 的真值表

A	B	F
0	0	0
0	1	1
1	0	1
1	1	0

（4）由表达式和真值表可知：图 4-2-3 所示逻辑电路实现的逻辑功能是“异或”运算。

例 4.2.3　试分析图 4-2-4 所示电路的逻辑功能，要求写出表达式，列出真值表。

解　（1）根据逻辑电路写出各输出端的逻辑表达式，并进行化简和变换。

$$X = A$$

$$Y = \overline{\overline{A\overline{B}} \cdot \overline{\overline{A}B}} = A\overline{B} + \overline{A}B$$

$$Z = \overline{\overline{A\overline{C}} \cdot \overline{\overline{A}C}} = A\overline{C} + \overline{A}C$$

（2）列写真值表，如表 4-2-3 所示。

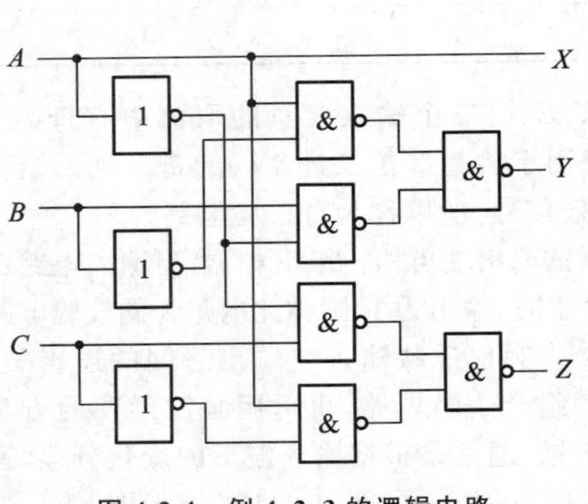

图 4-2-4　例 4.2.3 的逻辑电路

表 4-2-3　例 4.2.3 的真值表

A	B	C	X	Y	Z
0	0	0	0	0	0
0	0	1	0	0	1
0	1	0	0	1	0
0	1	1	0	1	1
1	0	0	1	1	1
1	0	1	1	1	0
1	1	0	1	0	1
1	1	1	1	0	0

（3）确定电路逻辑功能。通过分析真值表可知，输出最高位 X 与输入最高位 A 相等。当 A 为 0 时，输出 Y、Z 分别与所对应的输入 B、C 相同；而当 A 为 1 时，输出 Y、Z 分别与所对应的输入 B、C 相反。故该电路逻辑功能是对输入的二进制码求反码。最高位为符号位，0 表示正数，1 表示负数，正数的反码与原码相同，负数的数值部分是在原码的基础上逐位求反。

4.3　组合逻辑电路的设计

实际上，组合逻辑电路的设计与分析过程是一个相反的过程。组合逻辑电路设计的任务是根据给定的逻辑问题(课题),设计出能实现其逻辑功能的组合逻辑电路,最后画出实现逻辑功能的电路图。通常要求电路最简,即电路中所用器件的种类和每种器件的数目要尽可能少,所以用前面介绍的代数法和卡诺图法化简逻辑函数,就是为了获得最简的逻辑表达式,有时还需要一定的变换,以便能用最少的门电路来组成逻辑电路,使电路结构紧凑,工作可靠而且经济。电路的实现可以采用小规模集成门电路、中规模组合逻辑器件或者可编程逻辑器件。因此,逻辑函数的化简也要结合所选用的器件。

组合逻辑电路的设计步骤大致如下。

(1) 明确实际问题的逻辑功能。根据实际逻辑问题的因果关系确定输入、输出变量,并定义逻辑状态的含义。

(2) 根据逻辑描述列出真值表。

(3) 由真值表写出逻辑表达式。

(4) 化简、变换逻辑表达式,并画出逻辑图。

这样逻辑电路原理设计的工作任务就完成了,实际设计工作还包括集成电路芯片的选择,电路板工艺设计,安装、调试等内容。

下面举例说明组合逻辑电路的设计方法和步骤。

例 4.3.1 某火车站有特快、直快和慢车三种类型的客运列车进出,试用两输入与非门和反相器设计一个指示列车等待进站的逻辑电路,一、二、三号指示灯分别对应特快、直快和慢车。列车的优先级别依次为特快、直快和慢车,要求当特快请求进站时,无论其他两种列车是否请求进站,一号灯亮。当特快没有请求,直快请求进站时,无论慢车是否请求,二号灯亮。当特快和直快均没有请求,而慢车有请求时,三号灯亮。

解 (1) 明确逻辑功能。

设特快、直快和慢车的进站请求信号分别为 3 个输入信号 I_0、I_1、I_2,且规定有进站请求时为 1,没有请求时为 0。3 个指示灯的状态表示 3 个输出信号 L_0、L_1、L_2,且规定灯亮为 1,灯灭为 0。

电路的逻辑功能是:当输入 I_0 为 1 时,输出 L_0 为 1,L_1、L_2 为 0,此时 I_1、I_2 可以为 1 或 0,因此用×表示取任意值;当输入 I_0 为 0 且 I_1 为 1,I_2 为×时,输出 L_1 为 1,其余两个输出为 0;当输入 I_2 为 1 且 I_0 和 I_1 都为 0 时,输出 L_2 为 1,其余两个输出为 0。

根据题意列出真值表,如表 4-3-1 所示。

(2) 根据真值表写出各输出逻辑表达式

$$L_0 = I_0 \qquad L_1 = \overline{I}_0 I_1 \qquad L_2 = \overline{I}_0 \overline{I}_1 I_2$$

(3) 根据要求将上式变换为与非形式

$$L_0 = I_0 \qquad L_1 = \overline{\overline{\overline{I}_0 I_1}} \qquad L_2 = \overline{\overline{\overline{I}_0 \overline{I}_1 I_2}}$$

(4) 根据输出逻辑表达式画出逻辑图,如图 4-3-1 所示。

表 4-3-1 例 4.3.1 的真值表

输入			输出		
I_0	I_1	I_2	L_0	L_1	L_2
0	0	0	0	0	0
1	×	×	1	0	0
0	1	×	0	1	0
0	0	1	0	0	1

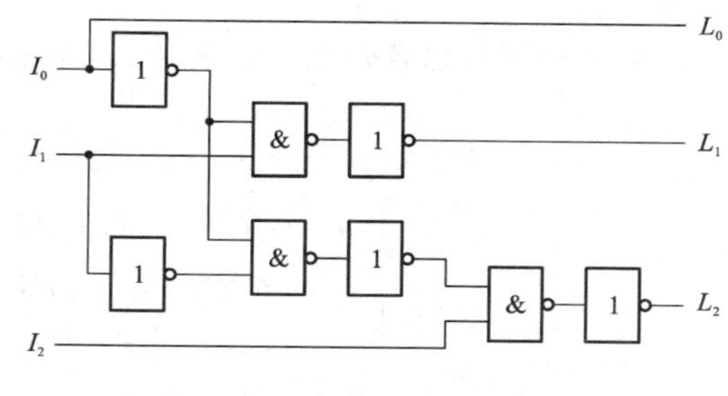

图 4-3-1 例 4.3.1 的逻辑图

如果选用的器件不同，则实现逻辑电路的方案也不同。例如，可用一片内含 4 个 2 输入端 CMOS 与非门集成芯片 74HC00 和一片内含 6 个 CMOS 反相器集成芯片 74HC04 实现上述逻辑图；也可以用两片 CMOS 与非门集成芯片 74HC00 实现。

由此例子可以看出，变换前的逻辑表达式虽然是最简形式，但不能满足规定器件类型的要求，因此需要进行变换，但是变换后的表达式不一定是最简式。变换的宗旨是在满足设计要求的前提下，减少所用器件的数目和种类，使电路得到简化。

在不同的数字系统中，可能采用不同的码制对信息进行编码和处理。如果在两个采用不同码制的数字系统之间进行信息传输，则需要一个码转换电路，以保证两者之间相互匹配。

例 4.3.2 试设计一个码转换电路，将 4 位格雷码转换为自然二进制码。可以采用任何逻辑门电路来实现。

解 (1) 明确逻辑功能，列出真值表。

设电路的 4 个输入变量 G_3、G_2、G_1 和 G_0 为格雷码，4 个输出变量 B_3、B_2、B_1 和 B_0 为自然二进制码。当输入格雷码按照从 0 到 15 递增排序时，对应输出的真值表如表 4-3-2 所示。

表 4-3-2 例 4.3.2 的真值表

输入				输出				输入				输出			
G_3	G_2	G_1	G_0	B_3	B_2	B_1	B_0	G_3	G_2	G_1	G_0	B_3	B_2	B_1	B_0
0	0	0	0	0	0	0	0	1	1	0	0	1	0	0	0
0	0	0	1	0	0	0	1	1	1	0	1	1	0	0	1
0	0	1	1	0	0	1	0	1	1	1	1	1	0	1	0
0	0	1	0	0	0	1	1	1	1	1	0	1	0	1	1
0	1	1	0	0	1	0	0	1	0	1	0	1	1	0	0
0	1	1	1	0	1	0	1	1	0	1	1	1	1	0	1
0	1	0	1	0	1	1	0	1	0	0	1	1	1	1	0
0	1	0	0	0	1	1	1	1	0	0	0	1	1	1	1

(2) 画出各输出函数的卡诺图，如图 4-3-2 所示。

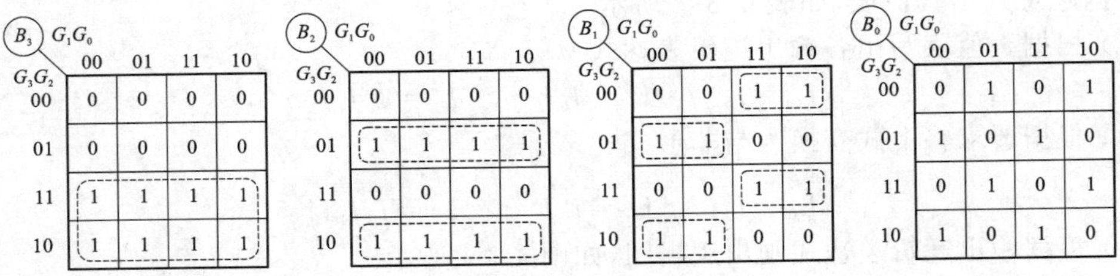

B_3 G_3G_2 \ G_1G_0	00	01	11	10
00	0	0	0	0
01	0	0	0	0
11	1	1	1	1
10	1	1	1	1

B_2 G_3G_2 \ G_1G_0	00	01	11	10
00	0	0	0	0
01	1	1	1	1
11	0	0	0	0
10	1	1	1	1

B_1 G_3G_2 \ G_1G_0	00	01	11	10
00	0	0	1	1
01	1	1	0	0
11	0	0	1	1
10	1	1	0	0

B_0 G_3G_2 \ G_1G_0	00	01	11	10
00	0	1	0	1
01	1	0	1	0
11	0	1	0	1
10	1	0	1	0

图 4-3-2 例 4.3.2 的卡诺图

(3) 由卡诺图写出各输出逻辑表达式，并化简和变换，如式(4-3-1)所示。

$$
\begin{cases}
B_3 = G_3 \\
B_2 = \overline{G}_3 G_2 + G_3 \overline{G}_2 = G_3 \oplus G_2 \\
B_1 = G_3 \overline{G}_2 \overline{G}_1 + \overline{G}_3 G_2 \overline{G}_1 + G_3 G_2 G_1 + \overline{G}_3 \overline{G}_2 G_1 \\
\quad = (G_3 \overline{G}_2 + \overline{G}_3 G_2) \overline{G}_1 + \overline{G_3 \overline{G}_2 + \overline{G}_3 G_2} G_1 \\
\quad = G_3 \oplus G_2 \oplus G_1 \\
B_0 = G_3 \oplus G_2 \oplus G_1 \oplus G_0
\end{cases}
\tag{4-3-1}
$$

(4) 根据逻辑表达式(式(4-3-1)),画出逻辑图,如图 4-3-3 所示。

从以上逻辑表达式和卡诺图可以看出,用异或门代替与门和或门能使逻辑电路比较简单。在化简和变换逻辑表达式时,注意综合考虑,使各式中的相同项尽可能多,使某些输出作为另一些门的输入,这样可以减少门电路的数目。例如,利用 B_2 作为 B_1 的一个输入,B_1 又作为 B_0 的一个输入。该电路可由一片内含 4 个 CMOS 异或门的集成芯片 74HC86 实现。

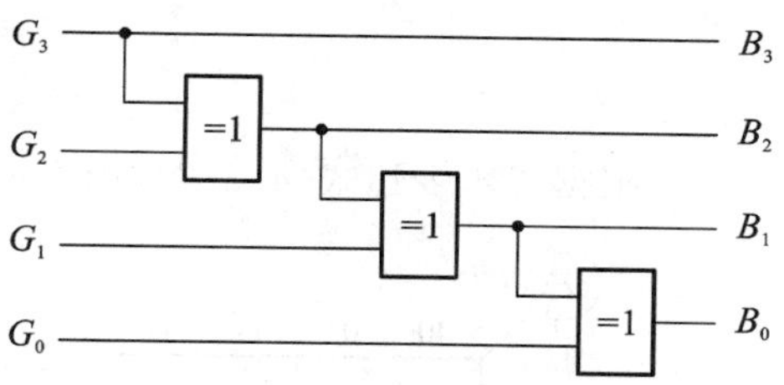

图 4-3-3 例 4.3.2 的逻辑图

例 4.3.3 试设计一个用来判别一位十进制数的 8421 BCD 码是否大于 5 的电路。当输入值大于或等于 5 时,电路输出为 1;当输入小于 5 时,电路输出为 0。注意:一位十进制数在数字电路中用四位二进制数表示。十进制数 X 与四位二进制数 $ABCD$ 的关系是 $X=8A+4B+2C+D$,该电路用于实现十进制数的四舍五入运算。

解 (1) 明确逻辑功能,列出真值表。

设电路的 4 个输入变量 A、B、C 和 D 为 8421 BCD 码,1 个输出变量为 F。由于 8421BCD 码每一位数都是由四位二进制数组成,且其有效编码为 0000～1001,而 1010～1111 是不可能出现的,故在真值表中当作任意项×来处理。其真值表如表 4-3-3 所示。

表 4-3-3 例 4.3.3 的真值表

十进制数	输入对应的 8421 BCD 码				输出
	A	B	C	D	F
0	0	0	0	0	0
1	0	0	0	1	0
2	0	0	1	0	0
3	0	0	1	1	0
4	0	1	0	0	0
5	0	1	0	1	1
6	0	1	1	0	1
7	0	1	1	1	1
8	1	0	0	0	1
9	1	0	0	1	1
10	1	0	1	0	×
11	1	0	1	1	×
12	1	1	0	0	×
13	1	1	0	1	×
14	1	1	1	0	×
15	1	1	1	1	×

(2) 画出输出函数 F 的卡诺图,如图 4-3-4 所示。由卡诺图写出逻辑表达式的最简与或表达式,并进行变换,得出其与非表达式,如式(4-3-2)所示。

$$F=A+BD+BC$$

$$F=\overline{\overline{A+BD+BC}}$$

$$=\overline{\overline{A}\cdot\overline{BD}\cdot\overline{BC}} \quad (4\text{-}3\text{-}2)$$

(3) 根据逻辑表达式(4-3-2),画出逻辑图,如图 4-3-5 所示。

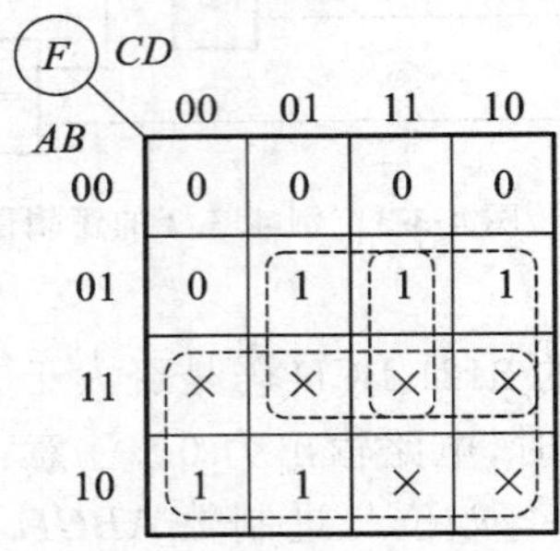

图 4-3-4　例 4.3.3 的卡诺图

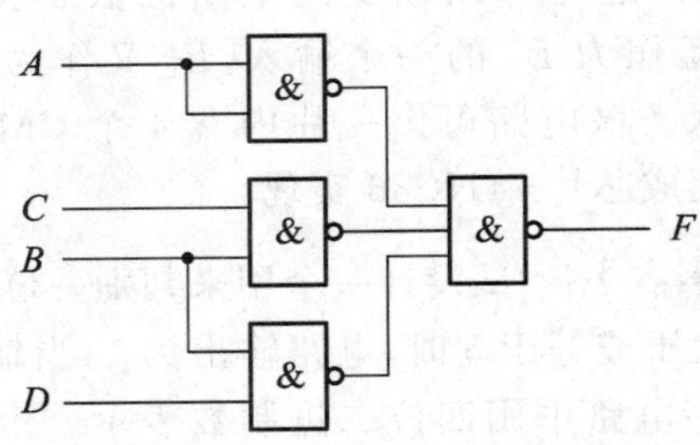

图 4-3-5　例 4.3.3 的逻辑图

4.4　组合逻辑电路中的竞争冒险

4.2 和 4.3 节中介绍的组合逻辑电路的分析和设计,都没有考虑逻辑门的延迟时间对电路产生的影响,而是基于稳定状态这一前提的。所谓稳定状态,是指输入变量不发生变化,输出变量也不会发生变化的情况。实际上,信号经过逻辑门电路都需要一定的时间。由于不同的路径上门的级数不同,信号经过不同路径传输的时间就不同。或者门的级数相同,而各个门的延迟时间有差异,也会造成传输时间的不同。因此,电路在信号电平变化瞬间,可能与稳态下的逻辑功能不一致,导致电路输出错误的结果。这种现象就是电路中的竞争冒险。

4.4.1　产生竞争冒险的原因

下面通过两个简单电路的工作情况,说明产生竞争冒险的原因。图 4-4-1(a)所示的与门,在稳态情况下,当 $A=0$、$B=1$ 或者 $A=1$、$B=0$ 时,输出 L 始终为 0。如果信号 A、B 的变化同时发生,则能满足要求。若由于前一级门电路的延迟差异或其他原因,致使 B 从 1 变为 0 的时刻,滞后于 A 从 0 变为 1 的时刻,因此,在很短的时间间隔内,与门的两个输入端均为 1,其输出出现一个高电平窄脉冲(干扰脉冲),如图 4-4-1(b)所示,图中考虑了与门的延迟时间。

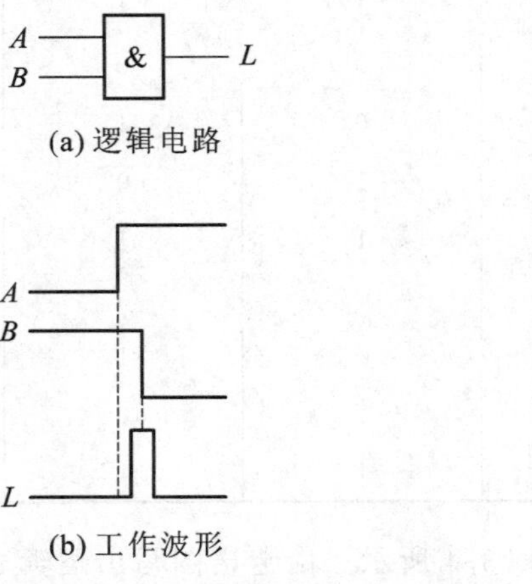

图 4-4-1　产生正跳变脉冲的竞争冒险

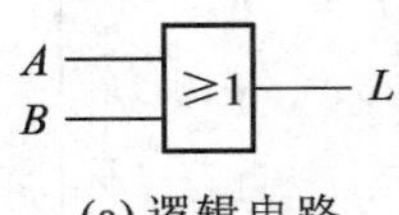

(a) 逻辑电路

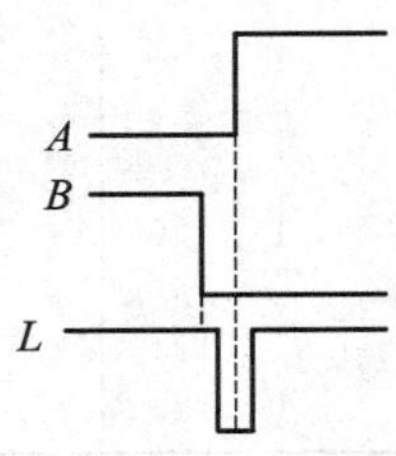

(b) 工作波形

图 4-4-2　产生负跳变脉冲的竞争冒险

同理，图 4-4-2(a)所示的或门，在稳态情况下，当 $A=0$、$B=1$ 或者 $A=1$、$B=0$ 时，输出 L 始终为 1。若 A 从 0 变为 1 的时刻，滞后于 B 从 1 变为 0 的时刻，则在很短的时间间隔内，或门的两个输入端均为 0，其输出出现一个低电平窄脉冲(干扰脉冲)，如图 4-4-2(b)所示。

下面进一步分析组合逻辑电路产生的竞争冒险。图 4-4-3(a)所示的逻辑电路的输出逻辑表达式为 $L=AC+B\overline{C}$。由此式可知，当 A 和 B 都为 1 时，表达式简化成两个互补信号相加，即 $L=C+\overline{C}$，因此，该电路存在竞争冒险。由图 4-4-3(b)所示的波形可以看出，在 C 由 1 变 0 时，$\overline{C}$ 由 0 变 1 有一延迟时间，G_2 和 G_3 的输出 AC 和 $B\overline{C}$ 分别相对于 C 和 $\overline{C}$ 均有延迟，AC 和 $B\overline{C}$ 经过 G_4 的延迟而使输出出现一负跳变的窄脉冲。

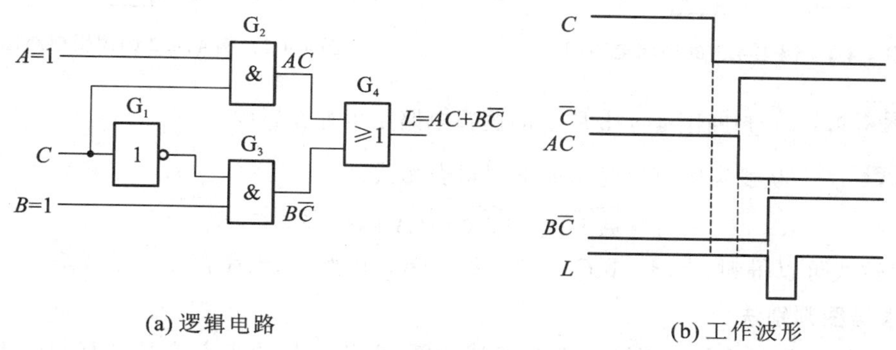

(a) 逻辑电路　　(b) 工作波形

图 4-4-3　组合逻辑电路的竞争冒险

综上所述，一个逻辑门的两个输入端的信号同时向相反方向变化，而变化的时间有差异的现象，称为竞争。两个输入端可以是不同变量所产生的信号，但其取值的变化方向是相反的，如图 4-4-1 和图 4-4-2 中的 AB 和 $A+B$。也可以是在一定条件下门电路输出端的逻辑表达式简化成两个互补信号相乘或者相加，即 $L=A\cdot\overline{A}$ 或者 $L=A+\overline{A}$，如图 4-4-3 所示。由于竞争而使电路的输出端产生尖峰脉冲，从而导致后级电路产生错误动作的现象称为冒险。产生负尖峰脉冲的称为 0 型冒险；产生正尖峰脉冲的称为 1 型冒险。

在考虑延迟的条件下：若与门的两个输入端 A 和 $\overline{A}$，其中一个先从 0 变 1，则 $A\cdot\overline{A}$ 会向其非稳定值 1 变化，此时会产生冒险；若或门的两个输入端 A 和 $\overline{A}$，其中一个先从 1 变 0，则 $A+\overline{A}$ 会向其非稳定值 0 变化，此时也会产生冒险。两者之间存在对偶关系。

值得注意的是，有竞争现象时不一定都会产生干扰脉冲，如图 4-4-1(a)所示，如果 A 从 0 变 1 时刻没有滞后信号 B 的变化，则输出不会产生冒险。在一个复杂的逻辑系统中，由于信号的传输路径不同，或者各个信号延迟时间的差异、信号变化的互补性以及其他一些因素，很容易产生竞争冒险现象。

4.4.2　竞争冒险现象的识别

判断一个组合逻辑电路是否存在竞争冒险现象有两种常用的方法：代数判别法和卡诺图判别法。

1. 代数判别法

在一个组合逻辑电路中，如果某个门电路的输出表达式在一定条件下简化为 $F=A\cdot\overline{A}$ 或 $F=A+\overline{A}$ 的形式，而式中的 A 和 $\overline{A}$ 是变量 A 经过不同传输途径得来的，则该电路存在竞争冒险现象。若 $F=A+\overline{A}$ 则存在 0 型冒险，若 $F=A\cdot\overline{A}$ 则存在 1 型冒险。

例 4.4.1　判断图 4-4-4 所示的逻辑电路是否存在冒险。

解　从逻辑图可以写出如下逻辑表达式：

$$Z=\overline{\overline{A\overline{B}C}\,\overline{\overline{A}D}}=A\overline{B}C+\overline{A}D$$

从表达式可以看出，当 $B=0$、$C=D=1$ 时，$Z=A+\overline{A}$。因此，该电路存在 0 型冒险。

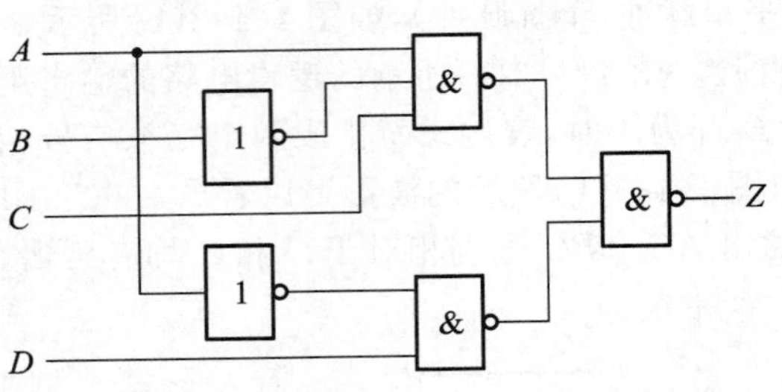

图 4-4-4　例 4.4.1 的逻辑电路图

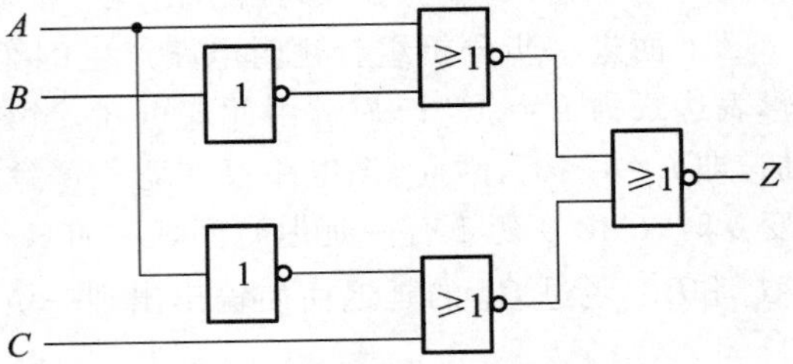

图 4-4-5　例 4.4.2 的逻辑电路图

例 4.4.2　判断图 4-4-5 所示的逻辑电路是否存在冒险。

解　从逻辑图可以写出如下逻辑表达式：

$$Z=\overline{\overline{A+\overline{B}}+\overline{\overline{A}+C}}=(A+\overline{B})(\overline{A}+C)$$

从表达式可以得到，当 $B=1$、$C=0$ 时，$Z=A\overline{A}$。因此，该电路存在 1 型冒险。

2. 卡诺图判别法

如果逻辑函数对应的卡诺图中存在相切的圈，而相切的两个方格又没有同时被另一个圈包含，则当变量组合在相切方格之间变化时，存在竞争冒险现象。

例 4.4.3　设逻辑函数 $Z=B\overline{C}+\overline{A}\,\overline{B}D+A\overline{B}C$，试用卡诺图法判别该电路是否存在冒险。

解　画出与该函数对应的卡诺图，如图 4-4-6 所示。

由卡诺图可知：1 号圈中编号为 1 的方格和 2 号圈中编号为 5 的方格相切而且没有同时被另一个圈包含；另外，1 号圈中编号为 3 的方格和 3 号圈中编号为 11 的方格相切而且也没有同时被另一个圈包含。因此，当变量组合在 1 号方格和 5 号方格之间变化或在 3 号方格和 11 号方格之间变化时，存在冒险现象。两种情况对应的变量组合如下：

① 在 1 号方格和 5 号方格中，$A=0$、$C=0$、$D=1$，此时 $Z=B+\overline{B}$，当 B 变化时存在冒险；

② 在 3 号方格和 11 号方格中，$B=0$、$C=1$、$D=1$，此时 $Z=\overline{A}+A$，当 A 变化时存在冒险。

用与非门实现的电路逻辑图如图 4-4-7 所示。

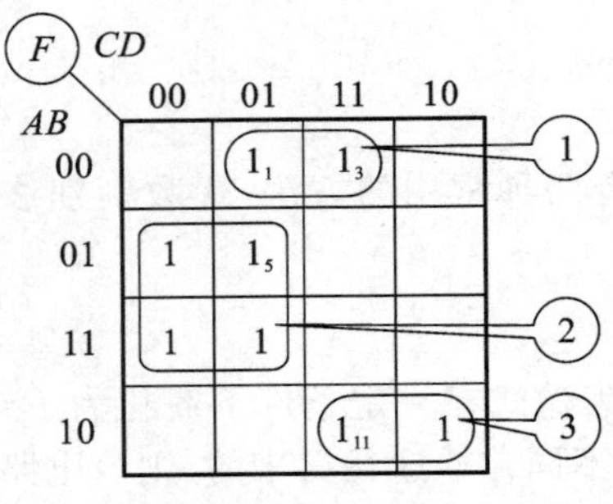

图 4-4-6　例 4.4.3 的卡诺图

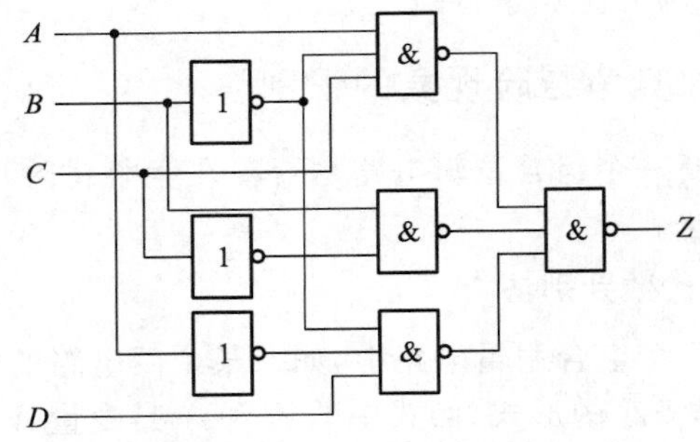

图 4-4-7　例 4.4.3 的电路逻辑图

此外，在实验室中，通过示波器和逻辑分析仪来检查电路的竞争和冒险是常用的方法，并能对电路的设计和计算机仿真的结果进行验证。

4.4.3 竞争冒险的消除方法

消除组合逻辑电路中竞争冒险现象的常用方法有：脉冲选通法、滤波法和修改设计法。

1. 脉冲选通法

因为冒险现象仅仅发生在输入信号变化转换的瞬间，在稳定状态下是没有冒险信号的，所以，采用选通脉冲，输入信号发生转换的瞬间，正确反映组合电路稳定时的输出值，可以有效地避免各种冒险。脉冲选通法是在电路中加入一个选通脉冲，在确定电路进入稳定状态后，才让电路输出选通，否则封锁电路输出。如图 4-4-8 所示，因为 p 的高电平出现在电路达到稳定状态后，所以 $G_0 \sim G_3$ 每个门的输出端都不会出现尖峰脉冲。但需要注意，这时 $G_0 \sim G_3$ 正常的输出信号也将变成脉冲信号，而且其宽度和选通脉冲宽度相同。例如，当输入信号 AB 变成 11 以后，Y_3 并没有马上变成高电平，而要等到 p 端的正选通脉冲出现时才给出一个正脉冲。

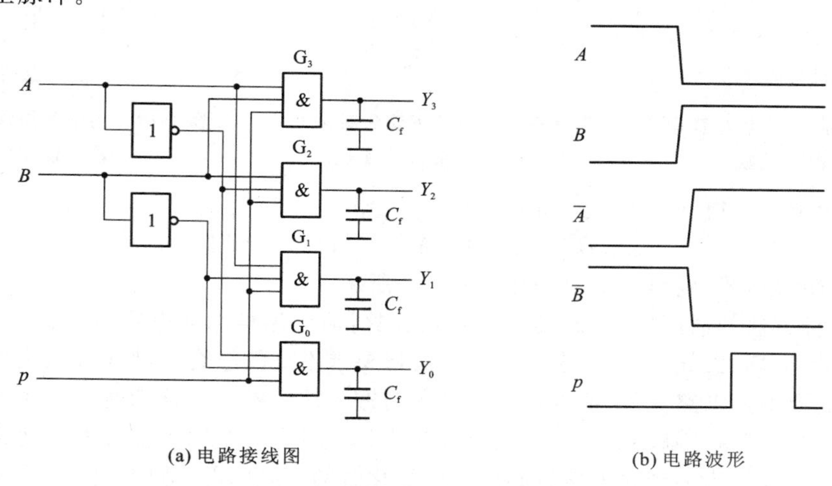

(a) 电路接线图　　(b) 电路波形

图 4-4-8　选通脉冲消除竞争冒险现象

2. 滤波法

滤波法是在门电路的输出端接上一个滤波电容，将尖峰脉冲的幅度削减至门电路的阈值电压以下。由于竞争产生的干扰脉冲一般很窄，因此在电路的输出端对地接一个电容值在 4～20 pF 的小电容，如图 4-4-9(a)所示，R_o 是逻辑门电路的输出电阻。若在图 4-4-3(a)所示电路的输出端并联电容 C，当 $A=B=1$，C 的波形与图 4-4-3(b)所示波形相同的情况下，得到如图 4-4-9(b)所示的输出波形。

显然，电路对窄脉冲起到平波的作用，使输出端不会出现逻辑错误，但同时也使输出波形的上升沿和下降沿都变得比较缓慢，从而消除冒险现象。

3. 修改设计法

1）代数法

对于逻辑表达式 $L=AB+\overline{A}C$，当 $B=C=1$ 时，存在竞争冒险现象。利用逻辑代数公式，可以增加冗余项 BC，使 $L=AB+\overline{A}C+BC$，图 4-4-10 是按照增加冗余项后的逻辑表达式实现的电路。当 $B=C=1$ 时，由于 G_5 的输出保持为 1，因此，即使 A 发生变化，G_4 的输出仍恒定为 1。

2）卡诺图法

我们知道，若逻辑函数对应的卡诺图中存在相切的圈，而相切的两个方格又没有同时被另一个圈包含，则当变量组合在相切方格之间变化时，存在竞争冒险现象。因而，通过增加由这两个相切方格组成的圈，就可以消除竞争冒险现象。

例 4.4.4 修改图 4-4-7 所示电路，消除竞争冒险现象。

解 从图 4-4-6 所示卡诺图可以看出，要消除竞争冒险现象，需要增加由 1 号方格和 5 号方格组成的圈以及由 3 号方格和 11 号方格组成的圈，如图 4-4-11 所示。

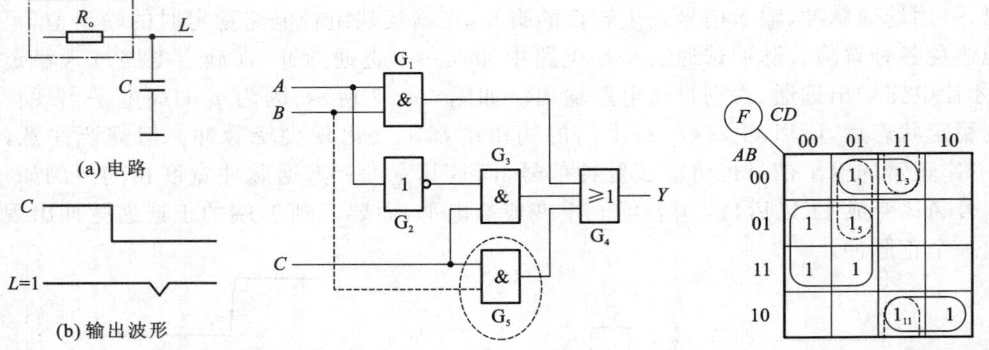

图 4-4-9 滤波法消除竞争冒险现象　　图 4-4-10 更改逻辑设计消除竞争冒险现象　　图 4-4-11 用卡诺图法消除竞争冒险现象

这样，由卡诺图得到的表达式如下：

$$Z=B\overline{C}+\overline{A}\,\overline{B}D+A\overline{B}C+\overline{A}\,\overline{C}D+\overline{B}CD$$

根据逻辑表达式，画出逻辑图，如图 4-4-12 所示。

上述三种方法的适用场合、效果等仍有利有弊：输出端接滤波电容虽方便易行，但会使输出电压波形变坏，因此，仅仅适合于对信号波形要求不高的场合。脉冲选通法虽然比较简单，一般不需要增加电路元件，但选通脉冲必须与输入信号维持严格的时间关系，因此，选通脉冲的产生并不容易。修改设计法虽然可以解决每次只有单个输入信号发生变化时电路的冒险问题，但不能解决多个输入信号同时发生变化时的冒险问题，适用范围非常有限。

4.5 常用组合逻辑集成电路

随着集成电路的不断发展，在单个芯片上集成的电子元件数目越来越多，形成了中规模集成电路(MSI)、大规模集成电路(LSI)和超大规模集成电路(VLSI)。

MSI、LSI 的特点如下。

(1) 通用性、兼容性及扩展功能较强，其名称仅代表主要用途，不是全部用途。

(2) 外接元件少，可靠性高，体积小，功耗低，使用方便。

(3) MSI、LSI 封装在一个标准化的外壳内，对内部电路的了解是次要的，关心的是外部功能，可通过查器件手册中的引脚图、逻辑符号、功能表，了解其逻辑功能。

(4) 用 MSI、LSI 进行设计时和选用的器件有关。

有时选用不同的器件可实现相同的电路功能，这时就需进行比较，以芯片数最少、最经济为目标。

因此要求：①熟悉芯片的功能和使用方法；②会灵活使用。下面介绍几种常用的中规模集成电路及其应用。

4.5.1 编码器

将所要处理的信息或数据赋予二进制代码的过程称为编码。实现编码功能的电路称为编码器，如图 4-5-1 所示。由于 n 位二进制代码有 2^n 个取值组合，可以表示 2^n 种信息，所以

输出 n 位代码的编码器可有 $m \leqslant 2^n$ 个输入信号端，故编码器输入端比输出端多。如 BCD 编码器是将 10 个编码输入信号分别编成 10 个 4 位码输出；又如 8 线-3 线编码器是将 8 个输入信号分别编成 8 个 3 位二进制数码输出。

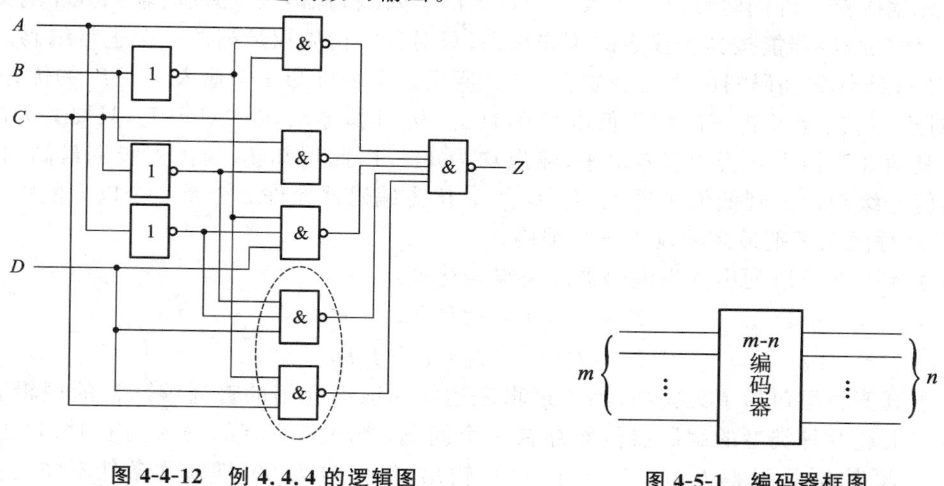

图 4-4-12　例 4.4.4 的逻辑图

图 4-5-1　编码器框图

编码器按照输出的代码种类不同，可分为二进制编码器（$m=2^n$）和二-十进制编码器（$m<2^n$）；按是否有优先权编码，可分为普通编码器和优先编码器。

1. 普通编码器

普通编码器指任何时候只允许输入一个编码信号有效，否则输出就会发生混乱的编码器。下面以 4 线-2 线普通编码器为例来详细介绍其原理。4 线-2 线编码器的真值表如表 4-5-1 所示。4 个输入 $I_0 \sim I_3$ 为高电平有效，输出是两个二进制代码 Y_1Y_0，任何时刻输入只能有一个取值为 1，并且有一组对应的二进制代码输出。除了表中列出的 4 个输入变量的 4 种取值组合有效外，其余 12 种组合对应的输出都是 00。对于输入或输出变量，凡取值为 1 的用原变量表示，取值为 0 的用反变量表示，由真值表可以列出如下逻辑表达式：

$$Y_1 = \overline{I}_3 I_2 \overline{I}_1 \overline{I}_0 + I_3 \overline{I}_2 \overline{I}_1 \overline{I}_0$$

$$Y_0 = \overline{I}_3 \overline{I}_2 I_1 \overline{I}_0 + I_3 \overline{I}_2 \overline{I}_1 \overline{I}_0$$

根据逻辑表达式画出逻辑图，如图 4-5-2 所示。

表 4-5-1　4 线-2 线编码器真值表

输入				输出	
I_3	I_2	I_1	I_0	Y_1	Y_0
0	0	0	1	0	0
0	0	1	0	0	1
0	1	0	0	1	0
1	0	0	0	1	1

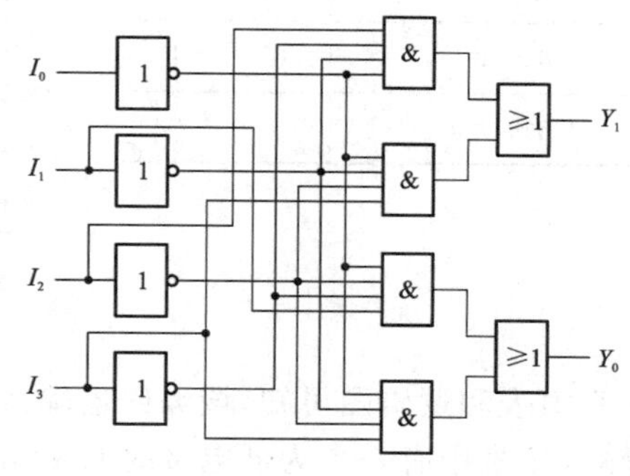

图 4-5-2　4 线-2 线编码器逻辑图

普通编码器存在一个问题，如果输入信号中有 2 个或 2 个以上的取值同时为 1，则输出会出现错误编码。例如，I_2 和 I_3 同时等于 1 时，Y_1Y_0 为 00，此时的输出既不是对 I_2 或 I_3 的编码，更不是对 I_0 的编码。而实际应用中，经常会遇到有两个或更多个输入编码信号同时有效的情况。此时必须根据轻重缓急，规定好这些信号的先后次序，即优先级别。识别多个编码请求信号的优先级别，并进行相应编码的逻辑部件称为优先编码器。

2. 优先编码器

优先编码器允许同时输入 2 个及 2 个以上的有效编码信号。当同时输入几个有效编码信号时，优先编码器能按预先设定的优先级别，只对其中优先权最高的一个进行编码。

4 线-2 线优先编码器的真值表如表 4-5-2 所示。由表可知 4 个输入 $I_0 \sim I_3$ 的优先级别。例如，对于 I_0，只有当 $I_1 \sim I_3$ 均为低电平 0，且 I_0 为 1 时，输出 00。对于 I_3，只要其为高电平 1，无论其他 3 个输入是否为有效电平，输出均为 11。由此可知 I_3 的优先级别最高，且 4 个输入的优先级别由高到低依次是 I_3、I_2、I_1、I_0。优先编码器允许 2 个及 2 个以上的输入同时为 1，但只对优先级别最高的输入进行编码。

由表 4-5-2 可以列出优先编码器的逻辑表达式：

$$Y_1 = I_3 + \overline{I}_3 I_2 = I_3 + I_2$$

$$Y_0 = I_3 + \overline{I}_3 \overline{I}_2 I_1 = I_3 + \overline{I}_2 I_1$$

由于真值表里包括了无关项，因此逻辑表达式比前面介绍的普通编码器的逻辑表达式简单些。上述两种类型的编码器仍然存在一个问题，当电路所有的输入为 0 时，输出 Y_1Y_0 均为 00。而当 I_0 等于 1，I_1、I_2、I_3 等于 0 时，输出 Y_1Y_0 也为 00，即输入条件不同而输出代码却相同。这种情况在实际应用中必须加以区分，解决方法参考键控 8421 BCD 码编码器。

3. 键控 8421BCD 码编码器

计算机的键盘输入电路就是由编码器组成的。图 4-5-3 所示是用十个按键和门电路组成的 8421BCD 码编码器，其真值表如表 4-5-3 所示。十个按键 $S_0 \sim S_9$ 分别对应十进制数 0～9，编码器的输出为 $ABCD$ 和 GS，GS 为工作状态标志位，用于区分 S_0 有输入和无输入的情况。

表 4-5-2　4 线-2 线优先编码器的真值表

输入				输出	
I_3	I_2	I_1	I_0	Y_1	Y_0
1	×	×	×	1	1
0	1	×	×	1	0
0	0	1	×	0	1
0	0	0	1	0	0

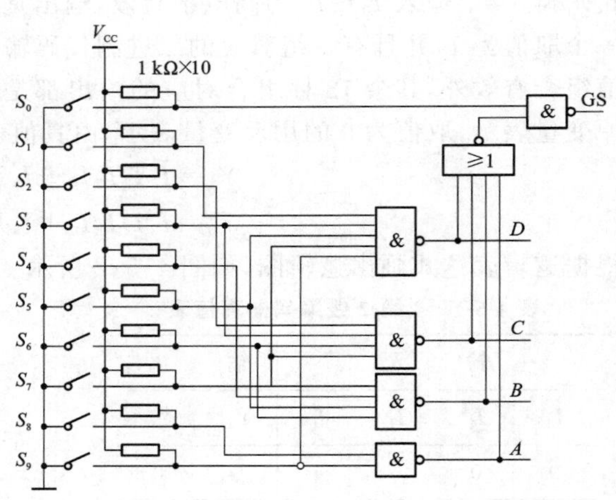

图 4-5-3　用十个按键和门电路组成的 8421BCD 码编码器的逻辑电路

由真值表和逻辑图可知，该编码器输入为低电平有效；在按下 $S_0 \sim S_9$ 中的任意一个键时，即输入信号中有一个为低电平时 GS=1，表示有信号输入，而只有 $S_0 \sim S_9$ 均为高电平时 GS=0，此时的输出代码 0000 为无效代码。由此解决了图 4-5-2 所示电路存在的问题，即输入条件不同而输出代码相同的问题。

4. 集成优先编码器

常用的集成优先编码器有 10 线-4 线、8 线-3 线两种。10 线-4 线优先编码器常见的型号为 CC40147、74HC147；8 线-3 线优先编码器常见的型号为 74HC148、CD4532。下面以

CMOS 中规模集成电路 CD4532 为例介绍集成优先编码器的功能。

8 线-3 线优先编码器 CD4532 的逻辑图、逻辑符号和引脚图分别如图 4-5-4(a)、(b)和(c)所示。集成芯片引脚的这种排列方式称为双列直插式封装。

表 4-5-3　十个按键 8421BCD 码编码器的真值表

输入										输出				
S_9	S_8	S_7	S_6	S_5	S_4	S_3	S_2	S_1	S_0	A	B	C	D	GS
1	1	1	1	1	1	1	1	1	1	0	0	0	0	0
0	1	1	1	1	1	1	1	1	1	1	0	0	1	1
1	0	1	1	1	1	1	1	1	1	1	0	0	0	1
1	1	0	1	1	1	1	1	1	1	0	1	1	1	1
1	1	1	0	1	1	1	1	1	1	0	1	1	0	1
1	1	1	1	0	1	1	1	1	1	0	1	0	1	1
1	1	1	1	1	0	1	1	1	1	0	1	0	0	1
1	1	1	1	1	1	0	1	1	1	0	0	1	1	1
1	1	1	1	1	1	1	0	1	1	0	0	1	0	1
1	1	1	1	1	1	1	1	0	1	0	0	0	1	1
1	1	1	1	1	1	1	1	1	0	0	0	0	0	1

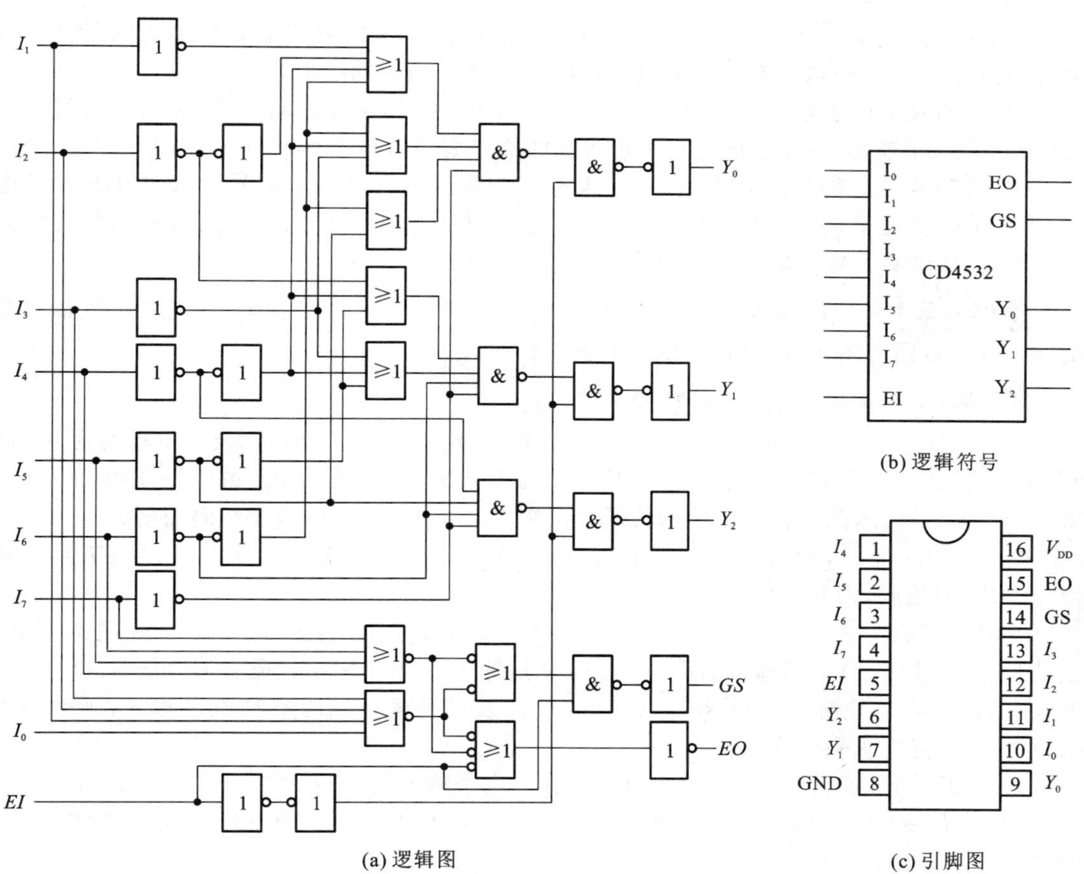

(a) 逻辑图　(b) 逻辑符号　(c) 引脚图

图 4-5-4　集成优先编码器 CD4532 的逻辑图、逻辑符号和引脚图

集成优先编码器 CD4532 的功能表如表 4-5-4 所示。从功能表可以看出，该编码器有 8 个信号输入端，3 个二进制码输出端。输入端均为高电平有效，而且输入优先级别依次为 $I_7, I_6, \cdots, I_0$。此外为了便于实现多个芯片连接起来扩展电路的功能，还设置了高电平有效的输入使能端 EI 和输出使能端 EO，以及优先编码工作状态标志 GS。

表 4-5-4　集成优先编码器 CD4532 的功能表

输入									输出				
EI	I_7	I_6	I_5	I_4	I_3	I_2	I_1	I_0	Y_2	Y_1	Y_0	GS	EO
L	×	×	×	×	×	×	×	×	L	L	L	L	L
H	L	L	L	L	L	L	L	L	L	L	L	L	H
H	H	×	×	×	×	×	×	×	H	H	H	H	L
H	L	H	×	×	×	×	×	×	H	H	L	H	L
H	L	L	H	×	×	×	×	×	H	L	H	H	L
H	L	L	L	H	×	×	×	×	H	L	L	H	L
H	L	L	L	L	H	×	×	×	L	H	H	H	L
H	L	L	L	L	L	H	×	×	L	H	L	H	L
H	L	L	L	L	L	L	H	×	L	L	H	H	L
H	L	L	L	L	L	L	L	H	L	L	L	H	L

当 EI 为高电平时，编码器工作；而当 EI 为低电平时，编码器禁止工作，此时无论 8 个输入端为何种状态，3 个输出端均为低电平，且 GS 和 EO 均为低电平。

EO 只有在 EI 为高电平，且所有输入端均为低电平时，输出为高电平，它可以与另一片相同器件的 EI 连接，以便组成有更多输入端的优先编码器。

GS 的功能是，当 EI 为高电平，且至少有一个输入端有高电平信号输入时，GS 为高电平，表明编码器处于工作状态，否则 GS 为低电平，由此可以区分当电路所有输入端均无高电平输入，或者只有输入端 I_0 为高电平时，$Y_2Y_1Y_0$ 均为 000 的情况。

例 4.5.1　用 2 片 CD4532 构成 16 线-4 线优先编码器，即利用 EI/EO 的功能扩展实现。其逻辑图如图 4-5-5 所示，试分析其工作原理。

解　根据 CD4532 的功能表，可知：

① 当 $EI_1=0$ 时，片(1) 禁止编码，其输出端 $Y_2Y_1Y_0$ 为 000，而且 GS_1、EO_1 均为 0。同时 EO_1 使 $EI_0=0$，片(0)也禁止编码，其输出端及 GS_0、EO_0 均为 0。由电路图可知，$GS=GS_0+GS_1=0$，表示此时整个电路的代码输出端 $L_3L_2L_1L_0=0000$ 是非编码输出。

② 当 $EI_1=1$ 时，片(1) 允许编码，若 $A_{15}\sim A_8$ 均为无效电平，则 $EO_1=1$，使 $EI_0=1$，从而允许片(0)编码，因此片(1) 的优先级高于片(0)。

此时由于 $A_8\sim A_{15}$ 没有有效电平输入，片(1) 的输出端均为 0，使 4 个或门都打开，$L_3L_2L_1L_0$ 取决于片(0)的输出，而 $L_3=GS_1$ 总是等于 0，因此输出代码在 0000～0111 变化。若只有 A_0 有高电平输入，则输出为 0000，若 A_7 及其他输入同时有高电平输入，则输出为 0111。A_0 的优先级别最低。

③ 当 $EI_1=1$ 且 $A_8\sim A_{15}$ 中至少有一个为高电平输入时，$EO_1=0$，使 $EI_0=0$，片(0)禁止编码，此时 $L_3=GS_1=1$，$L_3L_2L_1L_0$ 取决于片(1) 的输出，输出代码在 1000～1111 变化。A_{15} 的优先级别最高。

整个电路实现了 16 位输入的优先编码，优先级别从 A_{15} 到 A_0 依次递减。

4.5.2 译码器/数据分配器

译码是编码的逆操作，是将每个代码所代表的信息翻译过来，还原成相应的输出信息。实现译码功能的逻辑电路称作译码器，图 4-5-6 所示为其框图，满足关系式：$m \leqslant 2^n$。

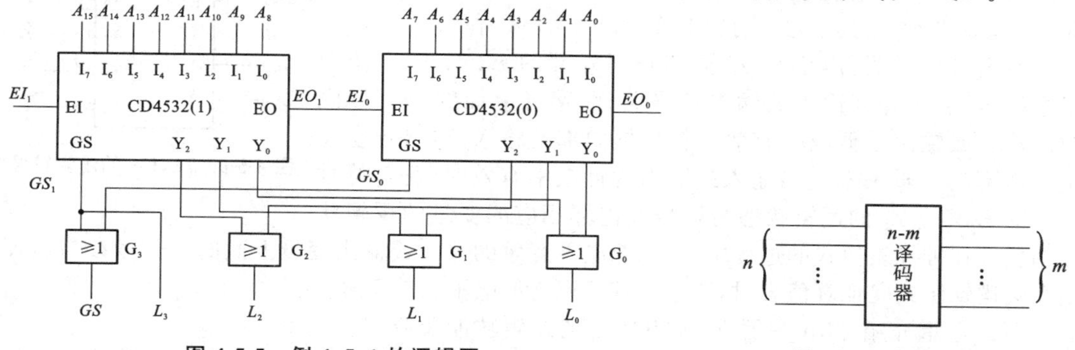

图 4-5-5 例 4.5.1 的逻辑图　　**图 4-5-6 译码器框图**

常用的译码器有两类：一种是将一系列代码转换成与之一一对应的有效信号，这种译码器称为唯一地址译码器，如二进制译码器（$m=2^n$）和二-十进制译码器（$m<2^n$）；另一种是将一种代码转换成另一种代码的译码器，称为代码转换器或数字显示译码器。

1. 二进制译码器

二进制译码器满足关系式 $m=2^n$，即完全译码，输出是输入变量的各种组合，因此一个输出对应一个最小项，又称为最小项译码器。若输出是 1 有效，称作高电平译码，一个输出就是一个最小项；若输出是 0 有效，称作低电平译码，一个输出对应一个最小项的非。

1）2 线-4 线译码器

下面以 2 线-4 线译码器为例，分析译码器的工作原理和电路结构。

2 线-4 线译码器输入变量 A、B 共有 4 种不同的状态组合，因而译码器有 4 个输出信号 $\overline{Y}_0 \sim \overline{Y}_3$，且输出低电平有效，其真值表如表 4-5-5 所示。

可见输出就是四个最小项的非，另外设置了使能控制端 $\overline{EI}$，当 $\overline{EI}$ 为 1 时，无论 A、B 为何种状态，输出全为 1，译码器处于非工作状态。而当 $\overline{EI}$ 为 0 时，对应于 A、B 的某种状态组合，其中只有一个输出量为 0，其余各输出量均为 1，是低电平译码。例如，$AB=00$ 时，输出 $\overline{Y}_0$ 为 0，$\overline{Y}_1 \sim \overline{Y}_3$ 均为 1，因而实现了译码器功能。由此可见，译码器通过输出端的逻辑电平识别不同的代码。

根据真值表可写出各输出端的逻辑表达式：

$$\overline{Y}_0=\overline{\overline{\overline{EI}}\,\overline{A}\,\overline{B}},\overline{Y}_1=\overline{\overline{\overline{EI}}\,\overline{A}\,B},\overline{Y}_2=\overline{\overline{\overline{EI}}\,A\,\overline{B}},\overline{Y}_3=\overline{\overline{\overline{EI}}\,AB}$$

由逻辑表达式画出逻辑图，如图 4-5-7 所示。

表 4-5-5 2 线-4 线译码器真值表

$\overline{EI}$	A	B	$\overline{Y}_0$	$\overline{Y}_1$	$\overline{Y}_2$	$\overline{Y}_3$
1	×	×	1	1	1	1
0	0	0	0	1	1	1
0	0	1	1	0	1	1
0	1	0	1	1	0	1
0	1	1	1	1	1	0

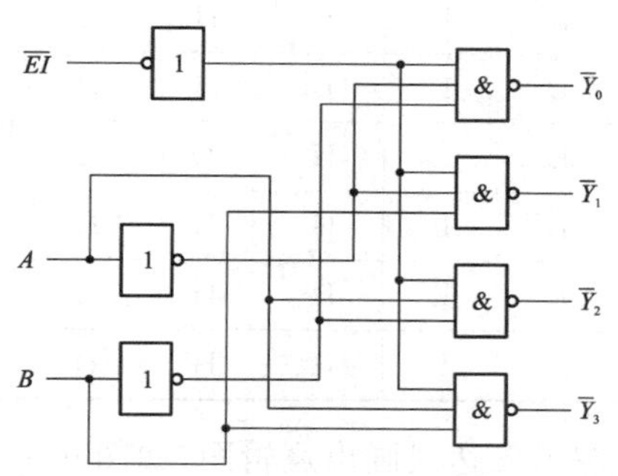

图 4-5-7 2 线-4 线译码器逻辑图

2) 集成电路译码器

常用的集成电路译码器有CMOS(如74 HC138)和TTL(如74 LS138)的定型产品,两者在逻辑功能上没有区别,只是电性能参数不同而已,用74X138表示两者中任意一种。74X139是双2线-4线译码器,两个独立的译码器封装在一个集成芯片中,其中之一的逻辑符号如图4-5-8所示。

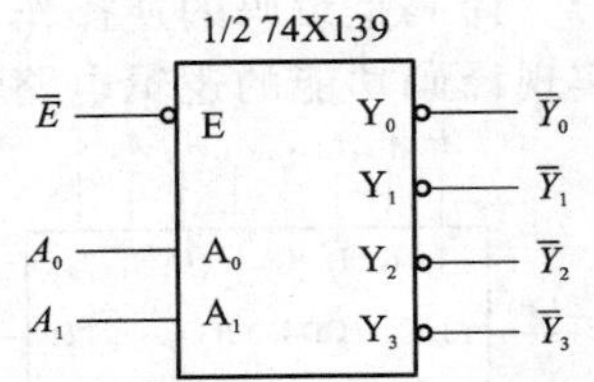

图 4-5-8 74X139 的逻辑符号

逻辑符号说明:74X139逻辑符号框外部的$\overline{E}$、$\overline{Y}_0\sim\overline{Y}_3$作为变量符号,表示外部输入或输出信号名称,字母上面的"—"号说明该输入或输出是低电平有效。符号框内部的输入、输出变量表示其内部的逻辑关系。当输入或输出为低电平有效时,逻辑符号框外部$\overline{E}$、$\overline{Y}_0\sim\overline{Y}_3$的逻辑状态与符号框内部相应的变量的逻辑状态相反。在推导表达式的过程中,如果低电平有效的输入或输出变量上面的"—"号参与运算,则在画逻辑图或验证真值表时,注意将其还原为低电平有效符号。

下面着重介绍CMOS器件74HC138的逻辑功能及应用。

74HC138是3线-8线译码器,其功能表如表4-5-6所示。输入为3位二进制数A_2、A_1、A_0,它们共有8种状态的组合,可译出8个输出信号,输出为低电平有效。此外为了功能扩展,还设置了3个使能端或选通端E_3、$\overline{E}_2$和$\overline{E}_1$。由功能表可知,$E_3=0$或者$\overline{E}_1=1$或者$\overline{E}_2=1$时,译码器处于禁止态。当$E_3=1$,且$\overline{E}_2=\overline{E}_1=0$时,译码器处于工作态。此时,输出端的逻辑表达式为

$$\overline{Y}_0=\overline{E_3\cdot\overline{\overline{E}_2}\cdot\overline{\overline{E}_1}\cdot\overline{A}_2\cdot\overline{A}_1\cdot\overline{A}_0}$$

$$\vdots$$

$$\overline{Y}_7=\overline{E_3\cdot\overline{\overline{E}_2}\cdot\overline{\overline{E}_1}\cdot A_2\cdot A_1\cdot A_0}$$

一般逻辑表达式$\overline{Y}_i=\overline{E_3\cdot\overline{\overline{E}_2}\cdot\overline{\overline{E}_1}\cdot m_i}$,$(i=0\sim7)$当$E_3=1$,且$\overline{E}_2=\overline{E}_1=0$时,$\overline{Y}_i=\overline{m_i}$,即每个输出是输入变量所对应的最小项的非,是低电平译码。

表 4-5-6 3线-8线译码器74HC138的功能表

输入						输出							
E_3	$\overline{E}_2$	$\overline{E}_1$	A_2	A_1	A_0	$\overline{Y}_0$	$\overline{Y}_1$	$\overline{Y}_2$	$\overline{Y}_3$	$\overline{Y}_4$	$\overline{Y}_5$	$\overline{Y}_6$	$\overline{Y}_7$
×	H	×	×	×	×	H	H	H	H	H	H	H	H
×	×	H	×	×	×	H	H	H	H	H	H	H	H
L	×	×	×	×	×	H	H	H	H	H	H	H	H
H	L	L	L	L	L	L	H	H	H	H	H	H	H
H	L	L	L	L	H	H	L	H	H	H	H	H	H
H	L	L	L	H	L	H	H	L	H	H	H	H	H
H	L	L	L	H	H	H	H	H	L	H	H	H	H
H	L	L	H	L	L	H	H	H	H	L	H	H	H
H	L	L	H	L	H	H	H	H	H	H	L	H	H
H	L	L	H	H	L	H	H	H	H	H	H	L	H
H	L	L	H	H	H	H	H	H	H	H	H	H	L

由逻辑表达式画出逻辑图,如图4-5-9(c)所示。图4-5-9(a)、(b)所示分别为74HC138的逻辑符号和引脚图。

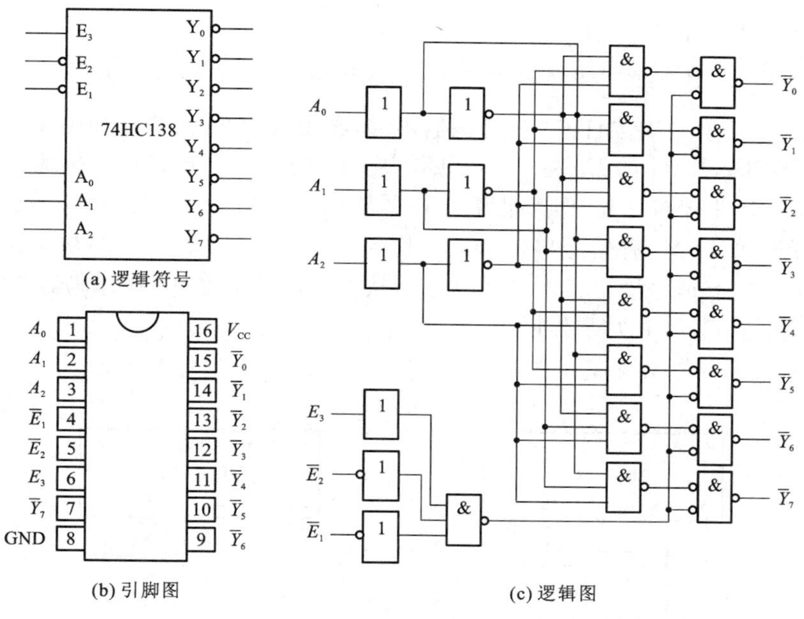

图 4-5-9　74HC138 3 线-8 线集成译码器

3）二进制译码器的应用

在中规模译码器中，一般都设置有使能端。使能端有两个用途：其一是作选通脉冲输入端，消除冒险脉冲的发生；其二是用于功能扩展。

（1）构成顺序脉冲发生器。

例 4.5.2　已知 74HC138 3 线-8 线译码器的接线如图 4-5-10 所示。输入信号 E 的波形和 A、B、C 的波形如图 4-5-11(a)所示，试画出译码器输出的波形。

解　根据 74HC138 的功能表和输入波形，可得输出端的波形如图 4-5-11(b)所示。

从图中可以看出，若输入信号按照一定的规律循环，则在译码器的输出端依次出现脉冲信号，将该组脉冲作为控制信号，可以控制数字电路或系统按照事先规定好的顺序进行一系列的操作。因此，译码器可以用于构成顺序脉冲发生器。

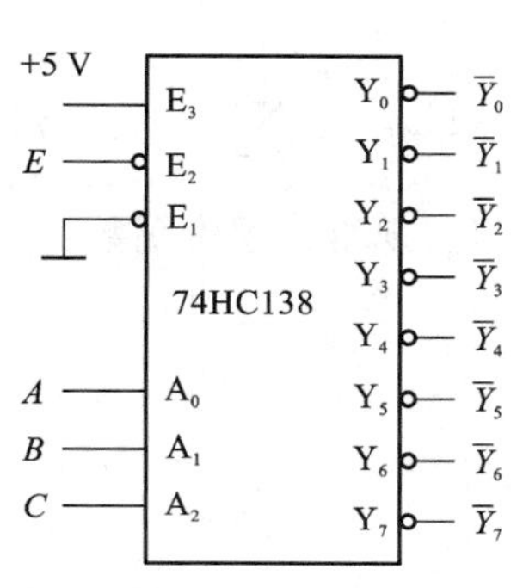

图 4-5-10　74HC138 译码器接线图

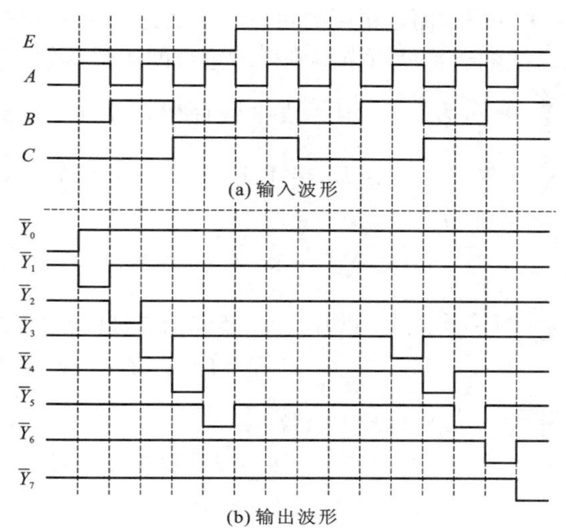

图 4-5-11　例 4.5.2 输入、输出波形

(2) 串行扩展。

例 4.5.3 用 3 线-8 线译码器 74HC138 组成 4 线-16 线译码器。

解 显然 1 片 74HC138 译码器不够，必须选用 2 片，连接如图 4-5-12 所示。输入四位码为 $DCBA$，片(0)的 E_3 接 +5 V 电源，片(1) 的 $\overline{E}_1$、$\overline{E}_2$ 连在一起接地。片(0)的 $\overline{E}_1$、$\overline{E}_2$ 和片(1) 的 E_3 并接在一起，作为最高位 D 的输入端。当 $D=0$ 时，片(0)正常译码，而片(1) 被禁止译码，$\overline{Y}_0\sim\overline{Y}_7$ 有信号出，$\overline{Y}_8\sim\overline{Y}_{15}$ 均为 1。当 $D=1$ 时，片(0)被禁止译码，片(1)正常译码，$\overline{Y}_8\sim\overline{Y}_{15}$ 有信号输出，$\overline{Y}_0\sim\overline{Y}_7$ 均为 1，从而实现了 4 线-16 线译码器的功能，使能端可用于进一步扩展，保证正常工作即可。

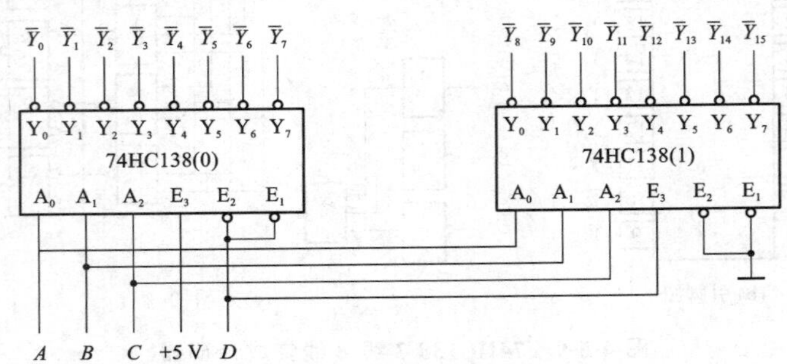

图 4-5-12 4 线-16 线译码器扩展连接图

总之，扩展方法为：①根据输出线数确定需要的最少芯片数；②连接时，同名地址端相连作低位输入，高位输入接使能端，保证每次只有 1 片处于工作状态，其余处于禁止状态。

(3) 并行扩展。

例 4.5.4 用 74HC139 和 74HC138 构成 5 线-32 线译码器。

解 由输出线数可知，至少需要 4 片 74HC138 译码器，这时使能端本身已经不能完成高位控制了，常采用树型结构扩展，再加 1 片译码器 74HC139 对高 2 位译码，其 4 个输出分别控制其余 4 片 74HC138 的使能端，选择其中一个工作，连接如图 4-5-13 所示。

(4) 作函数发生器。

因为 3 线-8 线译码器的每一个输出分别对应一个最小项(高电平译码)或一个最小项的非(低电平译码)，而逻辑函数可以表示为最小项之和的形式，所以只要将二进制译码器的某些输出进行合适的运算就可以得到任意组合的逻辑函数。其特点是方法简单、无须简化、工作可靠。

例 4.5.5 用 3 线-8 线译码器 74HC138 实现函数 $F(A、B、C)=\sum(0,3,4,7)$。

解 令 $E_3=1$、$\overline{E}_2=\overline{E}_1=0$，$A$、$B$、$C$ 分别从 A_2、A_1、A_0 输入。如图 4-5-14 所示。由图可得：

$$F=\overline{\overline{Y}_0\,\overline{Y}_3\,\overline{Y}_4\,\overline{Y}_7}=Y_0+Y_3+Y_4+Y_7=m_0+m_3+m_4+m_7=\sum(0,3,4,7)$$

例 4.5.6 试用 1 片译码器 74HC138 和适当的逻辑门实现组合逻辑函数：

$$L(A,B,C,D)=AB\overline{C}+ACD$$

解

$$\begin{aligned}L(A,B,C,D)&=AB\overline{C}+ACD\\&=AB\overline{C}\,\overline{D}+AB\overline{C}D+A\overline{B}CD+ABCD\\&=A(B\overline{C}\,\overline{D}+B\overline{C}D+\overline{B}CD+BCD)\\&=A(m_4+m_5+m_3+m_7)\\&=A(\overline{\overline{m_3}\cdot\overline{m_4}\cdot\overline{m_5}\cdot\overline{m_7}})\end{aligned}$$

根据表达式变换之后的结果，令 A 从使能端 E_3 输入，B、C、D 分别从 A_2、A_1、A_0 输入，此处的 m_i 是 B、C、D 的第 i 个最小项。由此画出逻辑图，如图 4-5-15 所示。注意此函数的特殊点：各乘积项含公共因子 A。

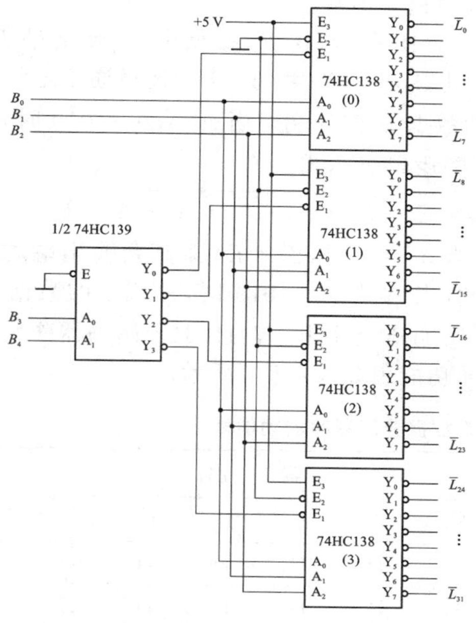

图 4-5-13　5 线-32 线译码器扩展连接图

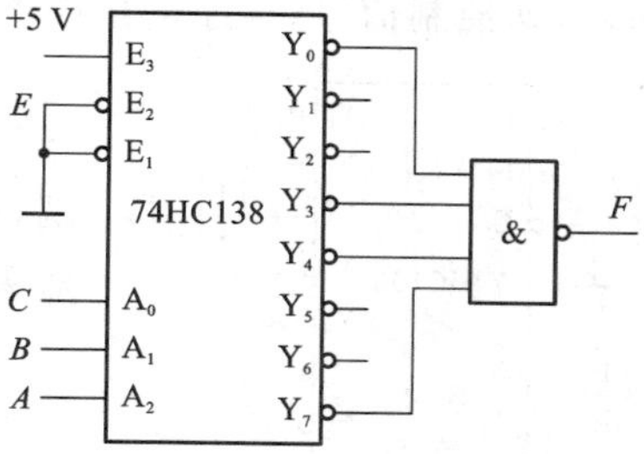

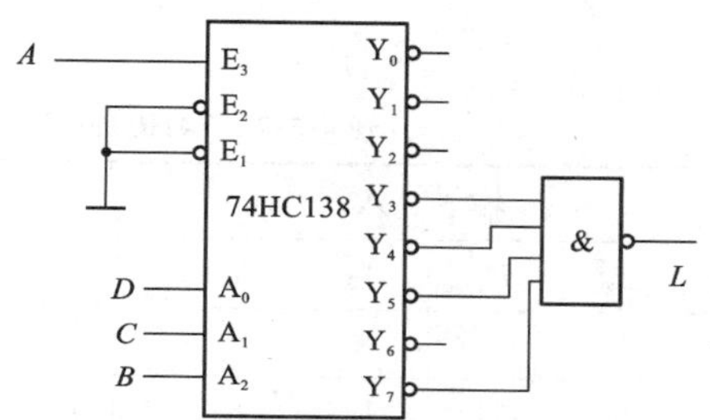

图 4-5-14　例 4.5.5 译码器实现函数

图 4-5-15　例 4.5.6 译码器实现函数的逻辑图

例 4.5.7　试用 1 片 74HC138 加适当的逻辑门电路产生如下多个输出的逻辑函数。

$$\begin{cases} L_1 = AC \\ L_2 = \overline{A}\,\overline{B}C + A\overline{B}\,\overline{C} + BC \end{cases}$$

解　将逻辑函数化成最小项表达式，并转化成满足 74HC138 输出的形式，具体如下。

$$\begin{cases} L_1 = AC(B+\overline{B}) = ABC + A\overline{B}C = \overline{\overline{m_7 + m_5}} = \overline{\overline{m_7}\,\overline{m_5}} = \overline{\overline{Y_7}\,\overline{Y_5}} \\ L_2 = \overline{A}\,\overline{B}C + A\overline{B}\,\overline{C} + BC \\ \quad = \overline{A}\,\overline{B}C + A\overline{B}\,\overline{C} + BC(A+\overline{A}) \\ \quad = \overline{A}\,\overline{B}\,C + A\overline{B}\,\overline{C} + ABC + \overline{A}BC \\ \quad = \overline{\overline{m_1 + m_4 + m_7 + m_3}} = \overline{\overline{m_1}\,\overline{m_4}\,\overline{m_7}\,\overline{m_3}} = \overline{\overline{Y_1}\,\overline{Y_4}\,\overline{Y_7}\,\overline{Y_3}} \end{cases}$$

根据表达式变换之后的结果，画出逻辑图，如图 4-5-16 所示。

(5) 作数据分配器。

数据分配器相当于多输出的单刀多掷开关，是一种能将数据分时送到多个不同通道上去的逻辑电路。其示意图如图 4-5-17 所示。

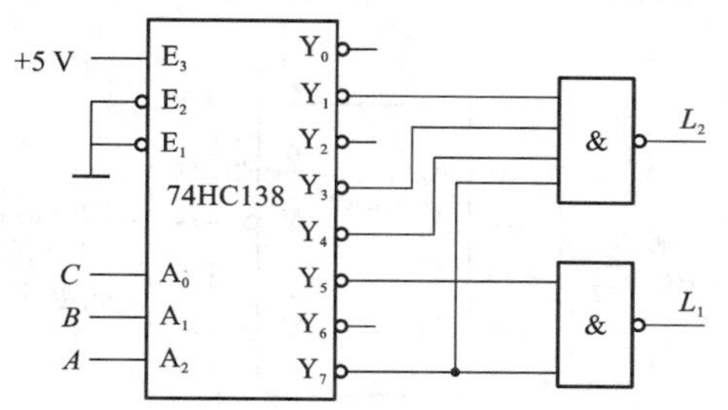

图 4-5-16　例 4.5.7 译码器实现多个函数的逻辑图

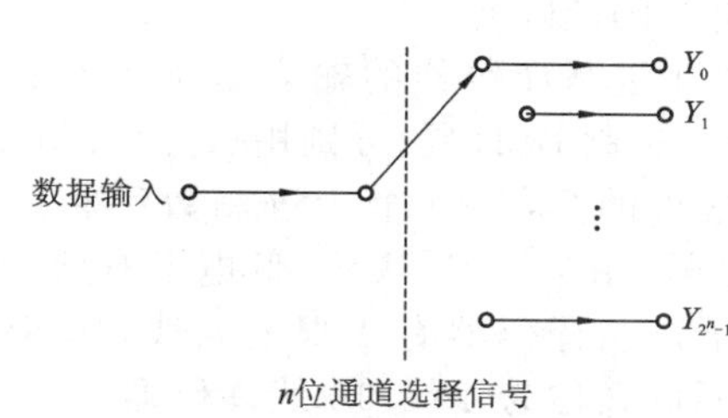

图 4-5-17　数据分配器示意图

数据分配器可用二进制译码器(全译码器或唯一地址译码器)实现。如用3线-8线译码器74X138可将数据按要求分配到不同地址的通道上去。具体方法如下:①使E_3、$\overline{E}_1$(或$\overline{E}_2$)使能有效,$\overline{E}_2$(或$\overline{E}_1$)作为数据输入端,与总线相连;②原三位二进制码输入端作为三位通道选择输入,即控制信号;③原输出端作为8位通道输出端。

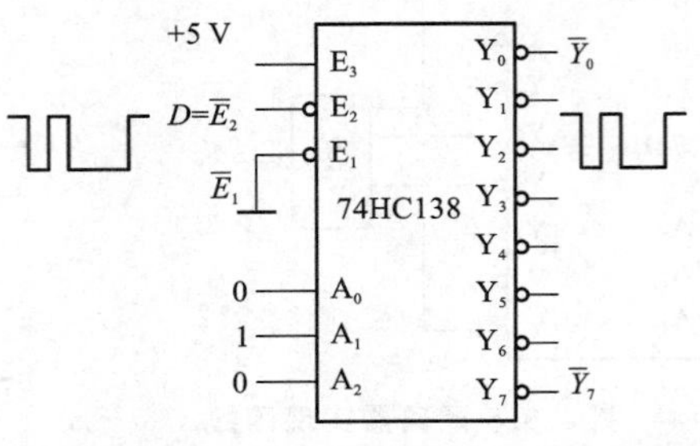

图 4-5-18　用 74HC138 作为数据分配器

如图4-5-18所示,将$\overline{E}_1$接低电平,使能端E_3接+5 V电源电压,A_2、A_1和A_0作为选择通道地址输入端,$\overline{E}_2$作为数据D输入端。当$A_2A_1A_0=010$时,由功能表得$\overline{Y}_2$的逻辑表达式

$$\overline{Y}_2=\overline{E_3\cdot\overline{\overline{E_2}}\cdot\overline{\overline{E_1}}\cdot\overline{A_2}\cdot A_1\cdot\overline{A_0}}=\overline{E}_2$$

显然,当$m_2=1$时,$\overline{Y}_2=D$,而其余输出端均为高电平。因此,当$A_2A_1A_0=010$时,总线上的数据D被分配到了$\overline{Y}_2$通道上输出。74HC138译码器作为数据分配器时的功能表如表4-5-7所示。

表 4-5-7　74HC138 译码器作为数据分配器时的功能表

输　入						输　出							
E_3	$\overline{E}_2$	$\overline{E}_1$	A_2	A_1	A_0	$\overline{Y}_0$	$\overline{Y}_1$	$\overline{Y}_2$	$\overline{Y}_3$	$\overline{Y}_4$	$\overline{Y}_5$	$\overline{Y}_6$	$\overline{Y}_7$
L	L	×	×	×	×	H	H	H	H	H	H	H	H
H	L	D	L	L	L	D	H	H	H	H	H	H	H
H	L	D	L	L	H	H	D	H	H	H	H	H	H
H	L	D	L	H	L	H	H	D	H	H	H	H	H
H	L	D	L	H	H	H	H	H	D	H	H	H	H
H	L	D	H	L	L	H	H	H	H	D	H	H	H
H	L	D	H	L	H	H	H	H	H	H	D	H	H
H	L	D	H	H	L	H	H	H	H	H	H	D	H
H	L	D	H	H	H	H	H	H	H	H	H	H	D

数据分配器用途比较多,例如,与计数器结合使用,可以构成脉冲分配器。

除了以上介绍的译码器的典型应用之外,译码器还可以在计算机系统中用作地址译码器。计算机系统中的众多器件(例如寄存器、存储器)和外设(例如键盘、显示器、打印机等)接口都通过统一的地址总线AB(address bus)、数据总线DB(data bus)、控制总线CB(control bus)与CPU相连。

2. 二-十进制译码器

把BCD码翻译成10个十进制数字信号的电路,称为二-十进制译码器,又称为8421BCD码-十进制码译码器。

二-十进制译码器的输入是十进制数R的4位二进制BCD码,分别用A_3、A_2、A_1、A_0表示;输出的是与10个十进制数字相应的10个信号,用$\overline{Y}_0\sim\overline{Y}_9$表示,低电平有效。由于二-十进制译码器有4根输入线,10根输出线,所以又称为4线-10线译码器。二-十进制译码器74HC42的逻辑示意图如图

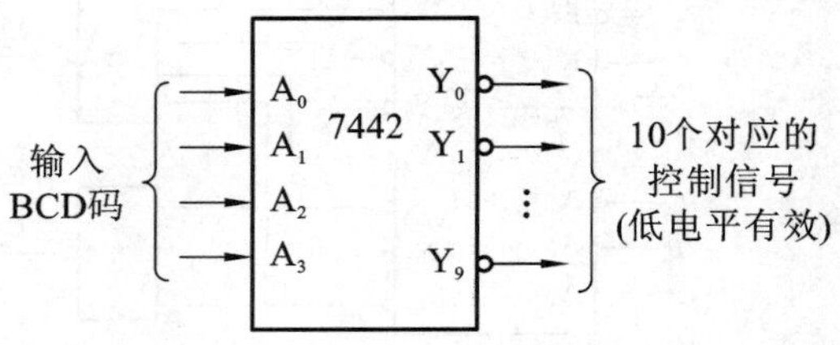

图 4-5-19　二-十进制译码器示意图

4-5-19所示。

二-十进制译码器的功能表如表4-5-8所示。表中左边是输入的8421BCD码，右边是译码输出。其中1010～1111共6种状态没有使用，是无效状态，称之为伪码，对应输出均为高电平。

表4-5-8　集成二-十进制译码器74HC42功能表

十进制数	BCD输入				输出									
	A_3	A_2	A_1	A_0	$\overline{Y}_0$	$\overline{Y}_1$	$\overline{Y}_2$	$\overline{Y}_3$	$\overline{Y}_4$	$\overline{Y}_5$	$\overline{Y}_6$	$\overline{Y}_7$	$\overline{Y}_8$	$\overline{Y}_9$
0	L	L	L	L	L	H	H	H	H	H	H	H	H	H
1	L	L	L	H	H	L	H	H	H	H	H	H	H	H
2	L	L	H	L	H	H	L	H	H	H	H	H	H	H
3	L	L	H	H	H	H	H	L	H	H	H	H	H	H
4	L	H	L	L	H	H	H	H	L	H	H	H	H	H
5	L	H	L	H	H	H	H	H	H	L	H	H	H	H
6	L	H	H	L	H	H	H	H	H	H	L	H	H	H
7	L	H	H	H	H	H	H	H	H	H	H	L	H	H
8	H	L	L	L	H	H	H	H	H	H	H	H	L	H
9	H	L	L	H	H	H	H	H	H	H	H	H	H	L

由表4-5-8可直接写出输出函数，分别为

$$\overline{Y}_0=\overline{\overline{A}_3\overline{A}_2\overline{A}_1\overline{A}_0}=\overline{m}_0$$

$$\vdots$$

$$\overline{Y}_9=\overline{A_3\overline{A}_2\overline{A}_1A_0}=\overline{m}_9$$

一般逻辑表达式为$\overline{Y}_i=\overline{m}_i$，由这些表达式画出逻辑图如图4-5-20所示。如果要输出为原变量，即为高电平有效则只需将图4-5-20所示电路中的10个与非门换成与门即可。

3. 数字显示译码器

在各种数字设备中经常需要将数字、文字和符号直观地显示出来，供人们直接读取结果，或用以监视数字系统的工作情况。因此，显示电路是许多数字设备中必不可少的部分。8421BCD码→7段十进制码显示的译码器可以用来驱动各种显示器件，从而将二进制代码表示的数字、文字、符号翻译成人们习惯的形式直观地显示出来的电路，称为显示译码器。

显示器件的种类很多，在数字电路中最常见的显示器是半导体显示器(又称为发光二极管显示器LED)和液晶显示器(LCD)。LED主要用于显示数字和字母，LCD可以显示数字、字母、文字和图形等。数字显示电路包括译码驱动电路和数码显示器，其框图如图4-5-21所示。下面介绍常用的7段LED数码显示器及其译码驱动电路。

1) 7段LED数码显示器

7段LED数码显示器俗称“数码管”，是分段式半导体显示器件，7个发光段就是7个发光二极管，它的PN结是由特殊的半导体材料磷砷化镓做成。当外加正向电压时，发光二极管可以将电能转化为光能，从而发出清晰悦目的光线。

数码管中的7个发光二极管显示电路有共阳极和共阴极两种连接方式，分别如图4-5-22(a)、(b)所示。共阳极方式是将7个发光二极管的阳极接在一起并接到正电源上，阴极接到译码器的各输出端，哪个发光二极管的阴极为低电平哪一个发光管就亮；共阴极方式

是将 7 个发光二极管的阴极连在一起并接地，阳极接到译码器的各输出端，哪一个阳极为高电平哪一个发光管就亮。若用共阴极电路，译码器的输出经输出驱动电路分别加到 7 个阳极上，当给其中某些段加上驱动信号时，则图中的发光二极管 a～g 用于显示十进制码的 10 个数字 0～9。图 4-5-23(a)是一种共阴极荧光数码管 BS201A(还带一个小数点)的分段布置图，图 4-5-23(b)为其显示的十进制数。

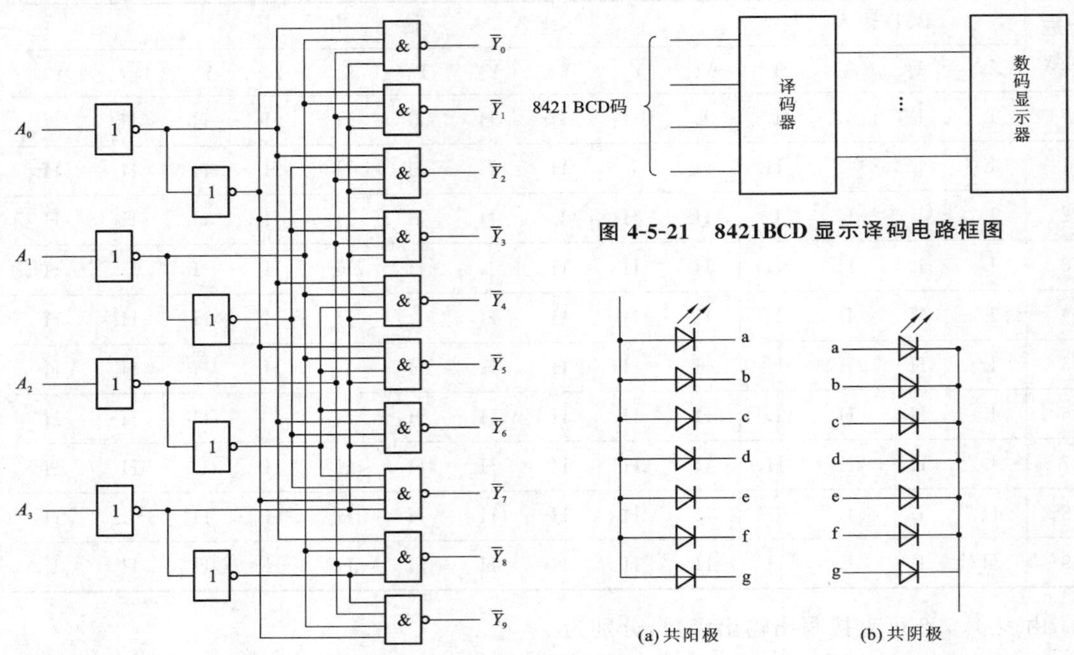

图 4-5-20　二-十进制译码器的逻辑图

图 4-5-21　8421BCD 显示译码电路框图

图 4-5-22　7 段 LED 数码管的连接方式

如前所述，7 段 LED 数码管是利用不同发光段组合来显示不同的数字。以共阴极显示器为例，若 a、b、c、d、g 各段接高电平，则对应的各段发光，显示出十进制数字 3；若 b、c、f、g 各段接高电平，则显示十进制数字 4。a～g 组合成为 7 位代码，要显示的数字一般首先转换成为 7 位代码，然后驱动 7 段 LED 数码管显示。

2）译码驱动电路

7 段 LED 数码管工作时需要与分段式译码驱动电路相配合。下面介绍一种中规模二-十进制 7 段显示译码/驱动器 74LS48，图 4-5-24 是它的逻辑符号，其中 A_3、A_2、A_1、A_0 为 BCD 码输入信号，Y_a、Y_b、Y_c、Y_d、Y_e、Y_f、Y_g 为译码器的 7 个输出口(高电平有效)，因为它驱动的是共阴极电路。为增加器件的功能，扩大器件的应用，在译码/驱动电路基础上又附加了辅助功能控制信号 $\overline{LT}$、$\overline{RBI}$、$\overline{BI}/\overline{RBO}$。

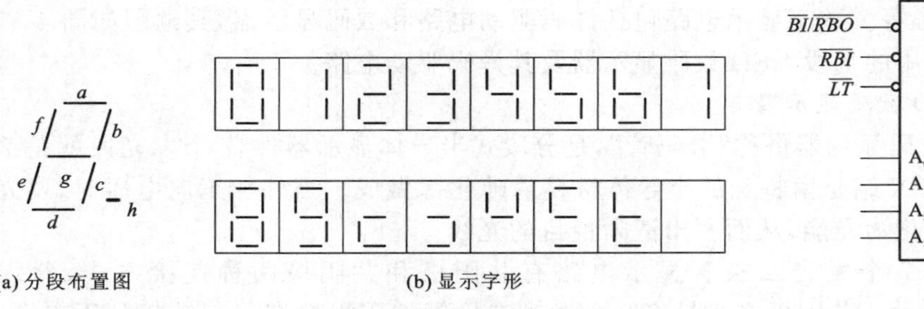

图 4-5-23　7 段 LED 数码管分段布置图及显示字形

图 4-5-24　74LS48 逻辑符号

74LS48 的功能列于表 4-5-9 中，可见，当辅助功能控制信号无效时，A_3、A_2、A_1、A_0 输入一组二进制码，$Y_a \sim Y_g$ 输出端有相应的输出，电路实现正常译码。如 $A_3A_2A_1A_0 = 0001$，只有 Y_b、Y_c 输出 1，b、c 字段点燃，显示数字 1。由于已接有上拉电阻，使用时可将输出 $Y_a \sim Y_g$ 直接驱动 BS201A 的输入。

表 4-5-9　74LS48 真值表

输入							输出							
$\overline{LT}$	$\overline{RBI}$	A_3	A_2	A_1	A_0	$\overline{BI}/\overline{RBO}$	Y_a	Y_b	Y_c	Y_d	Y_e	Y_f	Y_g	字形
1	1	0	0	0	0	1	1	1	1	1	1	1	0	0
1	×	0	0	0	1	1	0	1	1	0	0	0	0	1
1	×	0	0	1	0	1	1	1	0	1	1	0	1	2
1	×	0	0	1	1	1	1	1	1	1	0	0	1	3
1	×	0	1	0	0	1	0	1	1	0	0	1	1	4
1	×	0	1	0	1	1	1	0	1	1	0	1	1	5
1	×	0	1	1	0	1	0	0	1	1	1	1	1	6
1	×	0	1	1	1	1	1	1	1	0	0	0	0	7
1	×	1	0	0	0	1	1	1	1	1	1	1	1	8
1	×	1	0	0	1	1	1	1	1	0	0	1	1	9
1	×	1	0	1	0	1	0	0	0	1	1	0	1	c
1	×	1	0	1	1	1	0	0	1	1	0	0	1	ɔ
1	×	1	1	0	0	1	0	1	0	0	0	1	1	u
1	×	1	1	0	1	1	1	0	0	1	0	1	1	⊆
1	×	1	1	1	0	1	0	0	0	1	1	1	1	t
1	×	1	1	1	1	1	0	0	0	0	0	0	0	
×	×	×	×	×	×	0	0	0	0	0	0	0	0	
1	0	0	0	0	0	0	0	0	0	0	0	0	0	
0	×	×	×	×	×	1	1	1	1	1	1	1	1	8

下面介绍辅助功能控制信号 $\overline{LT}$、$\overline{RBI}$、$\overline{BI}/\overline{RBO}$ 的作用。

(1) $\overline{BI}$ 为熄灭信号。当 $\overline{BI}=0$ 时，不论 $\overline{LT}$、$\overline{RBI}$ 及输入 $A_3A_2A_1A_0$ 为何值，输出 $Y_a \sim Y_g$ 均为 0，使 7 段显示都处于熄灭状态，不显示数字，优先权最高。

(2) $\overline{LT}$ 为试灯信号，用来检查 7 段显示器件是否能正常显示。当 $\overline{BI}=1$，$\overline{LT}=0$ 时，不论输入 $A_3A_2A_1A_0$ 为何值，输出 $Y_a \sim Y_g$ 均为 1，使 7 段显示都点燃，优先权次之。

(3) $\overline{RBI}$ 为灭 0 输入信号，当不希望 0（例如小数点前后多余的 0）显示出来时，可以用 $\overline{RBI}$ 信号灭掉。当 $\overline{LT}=1$、$\overline{RBI}=0$ 时，只有当输入 $A_3A_2A_1A_0=0000$ 时，$Y_a \sim Y_g$ 输出均为 0，7 段显示都熄灭，不显示数字 0，而输入 $A_3A_2A_1A_0$ 为其他组合时能正常显示。故 $\overline{RBI}=0$，只能熄灭 0 字，优先权最低。

(4) $\overline{RBO}$ 为灭 0 输出信号。当 $\overline{LT}=1$，$\overline{RBI}=0$ 时，若输入 $A_3A_2A_1A_0=0000$，不仅本片灭 0，而且输出 $\overline{RBO}=0$。这个 0 送到另一片 7 段译码器的 $\overline{RBI}$ 端，可以使这两片的 0 都熄灭。

注意：熄灭信号 $\overline{BI}$ 和灭 0 输出信号 $\overline{RBO}$ 是电路的同一点，故表示为 $\overline{BI}/\overline{RBO}$，即该端口是双重功能的端口，既可作为输入信号 $\overline{BI}$ 端口，又可作为输出信号 $\overline{RBO}$ 端口。

将灭 0 输入信号 $\overline{RBI}$ 与灭 0 输出信号 $\overline{RBO}$ 配合使用，可实现多位数码显示系统的灭 0 控制。图 4-5-25 示出了灭 0 控制的连接方法。只需在整数部分把高位的 $\overline{RBO}$ 与低位的 $\overline{RBI}$ 相连，在小数部分将低位的 $\overline{RBO}$ 与高位的 $\overline{RBI}$ 相连，就可以把前后多余的 0 熄灭了。这样在整数部分，由于百位（片Ⅰ）的 $\overline{RBI}=0$，当百位输入 $A_3A_2A_1A_0=0000$ 时，百位不会显示 0 字，如果十位（片Ⅱ）的输入 $A_3A_2A_1A_0$ 和百位输入 $A_3A_2A_1A_0$ 同时都为 0000 时，使得十位也处于灭 0 状态。若百位输入 $A_3A_2A_1A_0 \neq 0000$，则片Ⅰ输出 $\overline{RBO}=1$，使片Ⅱ $\overline{RBI}=1$，则十位（片Ⅱ）不会灭 0。在小数部分，最低位 1/1000 位（片Ⅵ）的输入 $\overline{RBI}$ 接地，所以 1/1000位显示器灭 0，而当 1/1000 位的输入和 1/100 位（片Ⅴ）的输入同时为 0000 时，则会实现 1/1000 位和 1/100 位同时灭“0”。例如当各片输入为 002 .800，由于 $\overline{RBO}$ 和 $\overline{RBI}$ 的配合，直接显示 2.8。这样，既看起来清晰，又可以减少功耗。

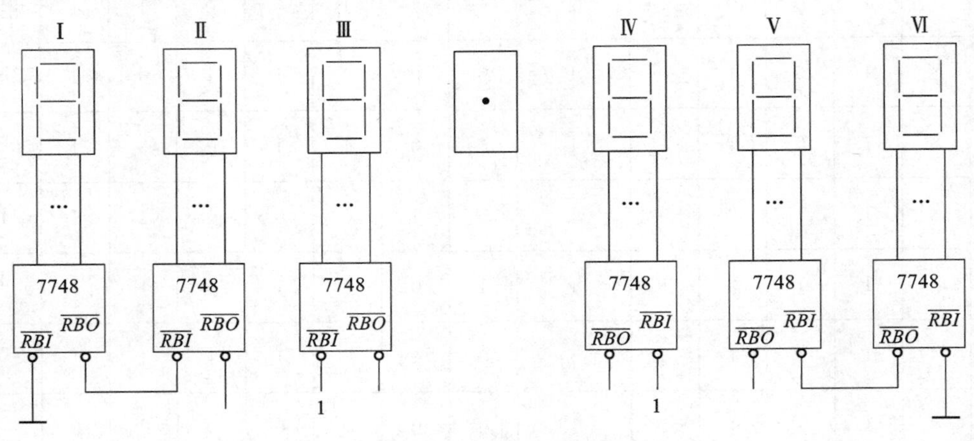

图 4-5-25 数字显示系统连接图

此外，常用的 7 段显示译码器还有 CMOS 系列器件 74HC4511，这里不再介绍。

4.5.3 数据选择器

数据选择器是一种能从多路输入数据中选择一路数据输出的组合逻辑电路，它的作用相当于多个输入的单刀多掷开关，又称“多路开关”。数据选择的功能是在通道选择信号的作用下，将多个通道的数据分时传送到公共的数据通道上去。国标符号中规定用 MUX 作为数据选择器的限定符。目前常用的数据选择器有二选一、四选一、八选一和十六选一等多种类型。其示意图如图 4-5-26 所示。

1. 数据选择器的工作原理

下面以四选一数据选择器为例说明其工作原理。

如图 4-5-27 所示是四选一数据选择器的逻辑图，表 4-5-10 是其功能表。其中，S_1、S_0 为控制数据准确传送的 2 位地址信号，产生 4 个地址信号，$D_0 \sim D_3$ 为供选择的电路并行输入信号，$\overline{E}$ 为使能输入端，由于 S_1S_0 等于 00、01、10、11 分别控制 4 个与门的开闭。显然，任何时候 S_1S_0 只有一种可能的取值，所以只有一个与门打开，使对应的那一路数据通过，送达 Y 端。$\overline{E}=0$ 时，选择器正常工作允许数据通过。当 $\overline{E}=1$ 时，所有与门都被封锁，无论地址码是什么，Y 总是等于 0；当 $\overline{E}=0$ 时，封锁解除，由地址码决定哪一个与门打开。

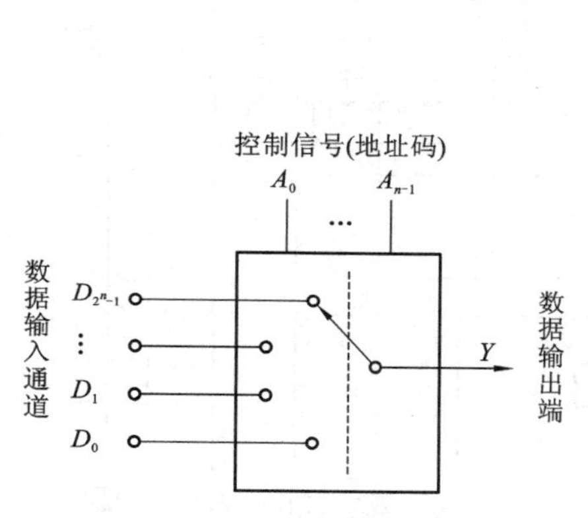

图 4-5-26　数据选择器示意图

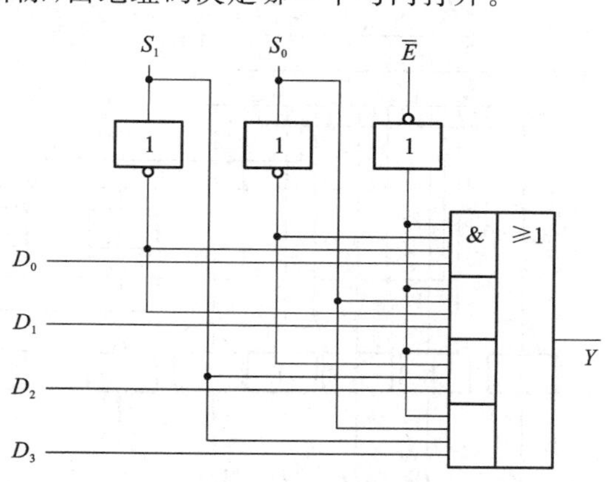

图 4-5-27　四选一数据选择器逻辑图

表 4-5-10　四选一选择器的功能表

输入			输出
使能	地址		
$\overline{E}$	S_1	S_0	Y
1	×	×	0
0	0	0	D_0
0	0	1	D_1
0	1	0	D_2
0	1	1	D_3

同样原理，可以构成更多输入通道的数据选择器。被选数据源越多，所需地址码的位数也越多，若地址输入端为 n，则可选输入端为 2^n。

当 $\overline{E}=0$ 时，根据逻辑图或功能表可列出其输出表达式：

$$Y=\overline{S_1}\,\overline{S_0}D_0+\overline{S_1}S_0D_1+S_1\overline{S_0}D_2+S_1S_0D_3$$

其一般化表达式为 $Y=\sum_{i=0}^{3}D_im_i$，m_i 为地址变量 S_1S_0 的最小项。

2. 集成电路数据选择器

常用的集成电路数据选择器有许多种类，并且有 CMOS 和 TTL 产品。例如，四 2 选 1

数据选择器 74X157、双 4 选 1 数据选择器 74X153、8 选 1 数据选择器 74X151 等。

还有一些数据选择器具有三态输出功能，例如与上述产品相对应具有三态输出功能的有 74X257、74X253 和 74X251。除了正常的 0 或 1 输出之外，当低电平使能输入端 $\overline{E}$ 为 1 时，输出为高阻状态。利用这一特点，可以将多个芯片的输出端线与在一起，共用一根数据传输线，而且不会存在负载效应问题。

1）74HC153 集成双 4 选 1 数据选择器

74HC153 是双 4 选 1 数据选择器，在一个芯片上集成了两个完全相同的 4 选 1 数据选择器，其逻辑图、引脚图和示意图分别如图 4-5-28(a)、(b)、(c)所示。其中 S_1、S_0 为两个地址输入端，被两个选择器所共用，每个选择器各有一个使能输入端。其功能表同表 4-5-10，对芯片中的任意一个 4 选 1 数据选择器都适用。

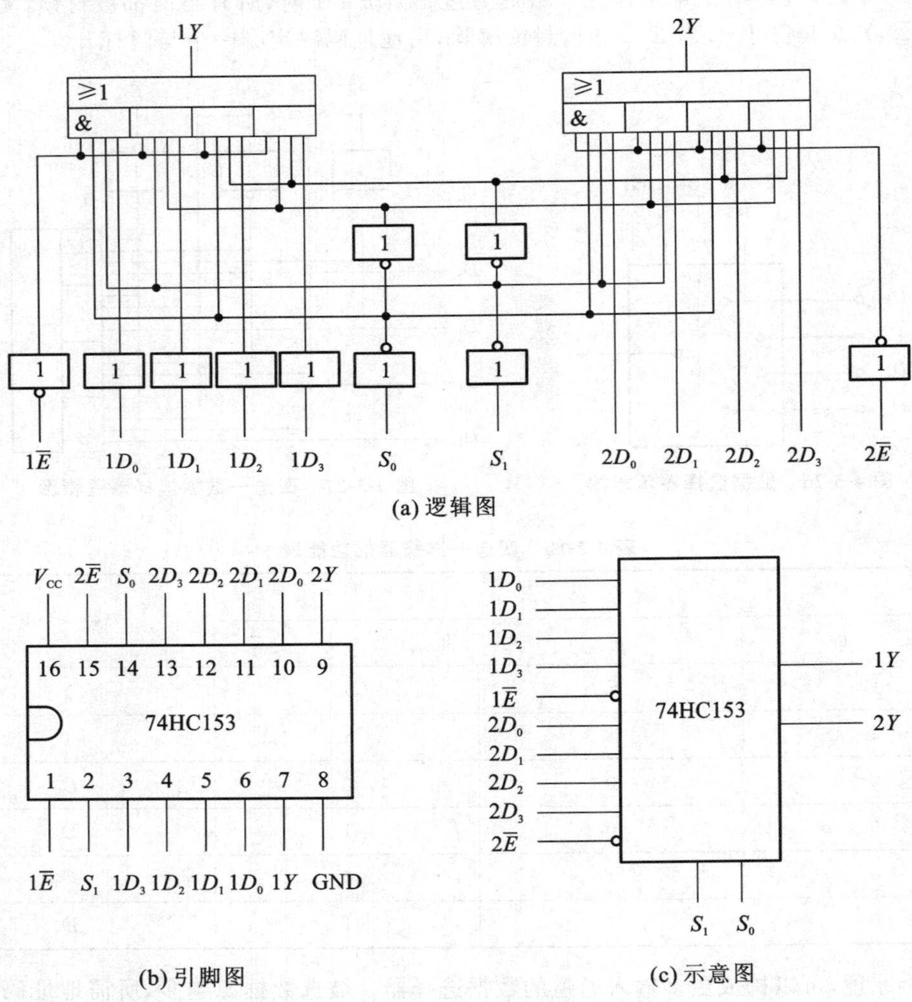

图 4-5-28　CMOS 集成双 4 选 1 数据选择器 74HC153

2）74HC151 集成 8 选 1 数据选择器

74HC151 是一种典型的 CMOS 集成电路数据选择器，其逻辑图和示意图分别如图 4-5-29(a)、(b)所示，其中 S_2、S_1、S_0 为 3 个地址输入端，D_0～D_7 为数据输入端，Y 和 $\overline{Y}$ 为两个互补输出端，$\overline{E}$ 为使能输入端，低电平有效。其功能表如表 4-5-11 所示。

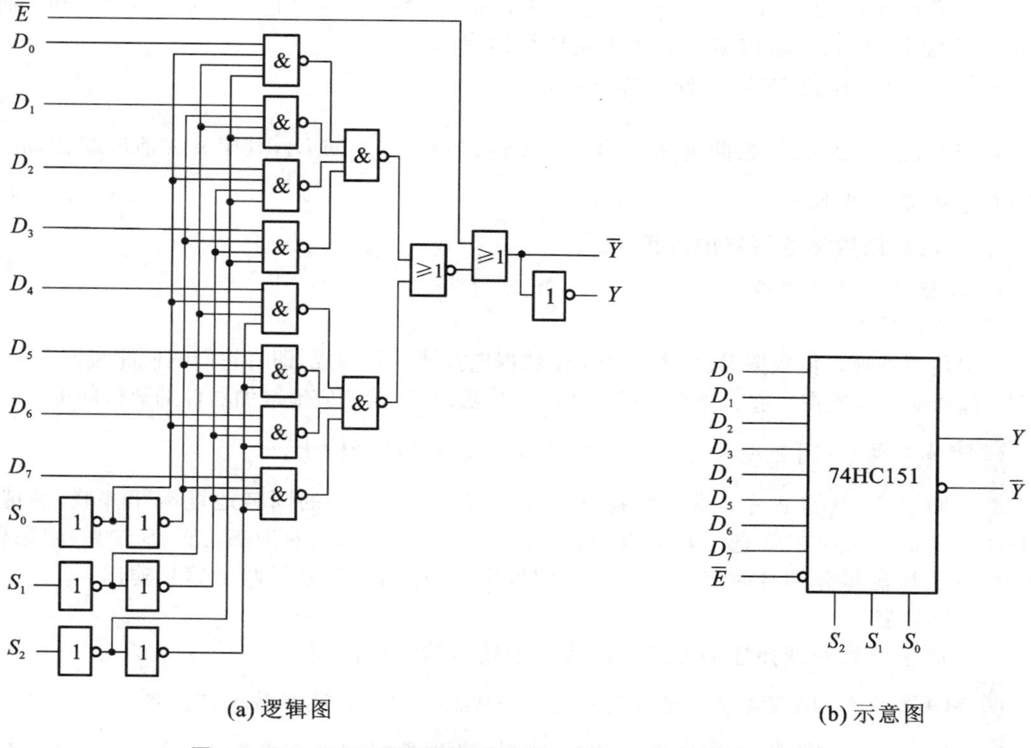

(a) 逻辑图　　(b) 示意图

图 4-5-29　CMOS 集成数据选择器 74HC151 的逻辑图和示意图

表 4-5-11　74HC151 的功能表

输入				输出	
$\overline{E}$	通道选择			Y	$\overline{Y}$
	S_2	S_1	S_0		
H	×	×	×	L	H
L	L	L	L	D_0	$\overline{D_0}$
L	L	L	H	D_1	$\overline{D_1}$
L	L	H	L	D_2	$\overline{D_2}$
L	L	H	H	D_3	$\overline{D_3}$
L	H	L	L	D_4	$\overline{D_4}$
L	H	L	H	D_5	$\overline{D_5}$
L	H	H	L	D_6	$\overline{D_6}$
L	H	H	H	D_7	$\overline{D_7}$

当 $\overline{\mathrm{E}}=0$ 时，根据逻辑图或功能表可列出其输出表达式：

$$Y=\overline{S_2}\,\overline{S_1}\,\overline{S_0}D_0+\overline{S_2}\,\overline{S_1}S_0D_1+\overline{S_2}S_1\overline{S_0}D_2+\overline{S_2}S_1S_0D_3+S_2\overline{S_1}\,\overline{S_0}D_4$$
$$+S_2\overline{S_1}S_0D_5+S_2S_1\overline{S_0}D_6+S_2S_1S_0D_7$$

其一般化表达式为 $Y=\sum_{i=0}^{7}D_im_i$，m_i 为地址变量 $S_2S_1S_0$ 的最小项。

由上式可知，当 $S_2S_1S_0=000$ 时，$Y=D_0$，当 $S_2S_1S_0=001$ 时，$Y=D_1$，依次类推。即在 $S_2S_1S_0$ 的控制下，从 8 路数据中选择 1 路送至输出端。

当 $\overline{E}=1$ 时，输出 $Y=0$，处于禁止状态。

同理，可推出 2^n 选 1 数据选择器的输出表达式：$Y=\sum_{i=0}^{2^n-1}m_iD_i$，其中 n 为地址端数，m_i 为地址变量构成的最小项。

3. 集成电路数据选择器的应用

1）数据选择器的扩展

（1）位扩展。

如果需要选择多位数据时，可由几个 1 位数据选择器并联而成，即将它们的使能端连在一起，相应的选择输入端连在一起。当需要进一步扩充位数时，只需相应地增加器件的数目即可。

例 4.5.8 用 2 片 8 选 1 数据选择器构成两位选择输出。

解 共需 2 片 8 选 1 数据选择器，片(1) 和片(0)的同名地址端相并联，使能端相并联。由此构成 2 位 8 选 1 数据选择器，如图 4-5-30 所示。对应 S_2、S_1、S_0 的一组取值，两个数据选择器将分别从两组的 8 个输入信号中，选择同一序号的两个信号输出。

（2）字扩展。

字扩展是把数据选择器的使能端作为地址选择输入端使用。

例 4.5.9 用双 4 选 1 数据选择器 74HC153 构成 8 选 1 数据选择器。

解 如图 4-5-31 所示。将双 4 选 1 数据选择器的使能端 $1\overline{E}$ 和 $2\overline{E}$ 通过一个反相器接在一起作地址的最高位 S_2。当 $S_2=0$ 时，低位片(1) 工作而高位片(2) 不工作，此时 $Y_2=0$，Y_1 按地址输入 000～011 选中数据 $D_0\sim D_3$ 中的某一个输出；当 $S_2=1$ 时，两片工作情况正好相反，此时，$Y_1=0$，Y_2 按地址输入 100～111 选中数据 $D_4\sim D_7$ 中的某一个输出，故 8 选 1 数据选择器的输出 $Y=Y_1+Y_2=D_i$（$i=0\sim7$）。

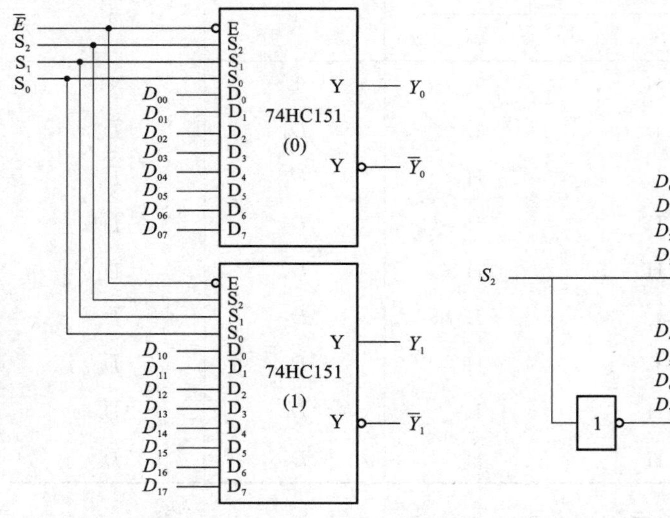

图 4-5-30 2 位 8 选 1 数据选择器的连接方法

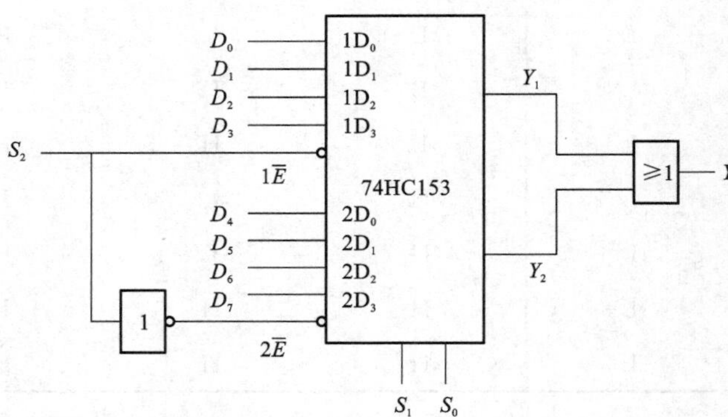

图 4-5-31 4 选 1 数据选择器 74HC153 构成 8 选 1 数据选择器

例 4.5.10 将两片 74HC151 连接成一个 16 选 1 的数据选择器。

解 将两片 74HC151 连接成一个 16 选 1 的数据选择器，其连接方式如图

4-5-32所示。16 选 1 的数据选择器的地址选择输入有 4 位，其最高位 D 与一个 8 选 1 数据选择器的使能端连接，经过一反相器后又与另一个数据选择器的使能端连接。低 3 位地址选择输入端 C、B、A 与两片 74HC151 的地址输入端相对应连接。

2）逻辑函数产生器

2^n 选 1 数据选择器的输出表达式为

$$Y=\sum_{i=0}^{2^n-1} m_i D_i$$

其中，n 为地址端数，m_i 为地址变量对应的最小项。将该式与 $F=\sum m_i$ 对比可见，D_i 相当于最小项表达式中的系数。当 $D_i=1$，对应的最小项列入函数式；当 $D_i=0$，对应的最小项不列入函数式。所以将逻辑变量从数据选择器的地址端输入，而在数据端加上适当的 0 或 1，就可以实现逻辑函数。

（1）逻辑变量数≤所选用 MUX 地址端数时。

列出真值表，直接在 MUX 的数据输入端加上与真值表对应的值。

例 4.5.11 用 8 选 1 数据选择器 74HC151 实现三变量的奇校验函数。

解 其真值表见本章第二节例 4.2.1，如表 4-2-1 所示，则在数据选择器的数据输入端加上与真值表对应的值，即 $D_1=D_2=D_4=D_7=1$，其余为 0，如图 4-5-33 所示。则输出函数表达式为

$$F=m_1+m_2+m_4+m_7=\overline{A}\,\overline{B}C+\overline{A}B\overline{C}+A\overline{B}\,\overline{C}+ABC$$

通过上面例题可以看出，与使用各种逻辑门设计组合逻辑电路相比，数据选择器的好处是不需要对函数简化。

连接时注意：①使能端的连接；②高低位的连接；③若变量数＜选用 MUX 地址端数时，不用的地址端和数据端均应接地。如图 4-5-34 所示为用 8 选 1 数据选择器实现异或函数和同或函数。

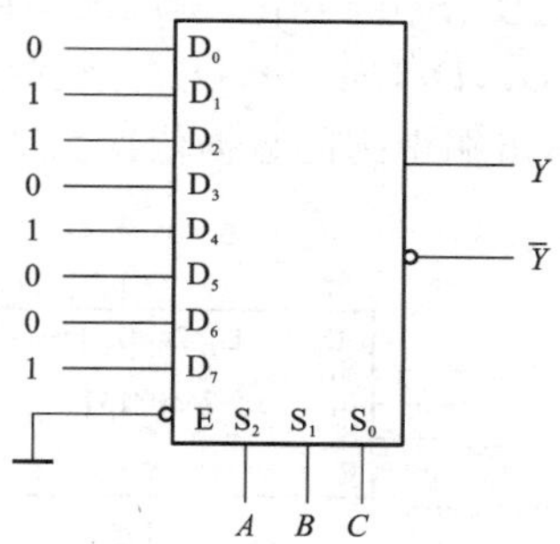

图 4-5-33　8 选 1 数据选择器 74HC151 实现奇校验函数

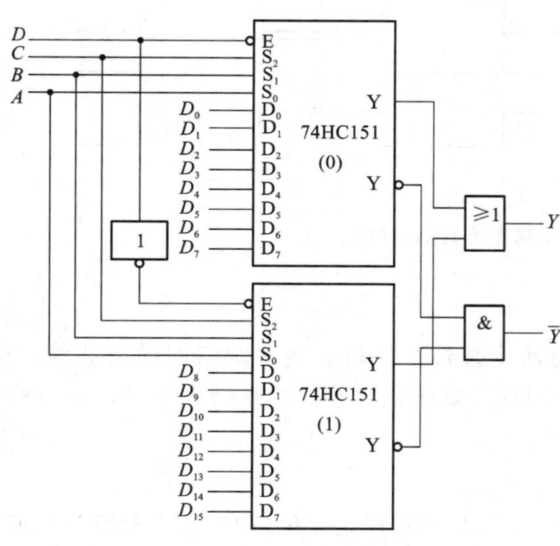

图 4-5-32　两片 74HC151 连接成一个 16 选 1 的数据选择器

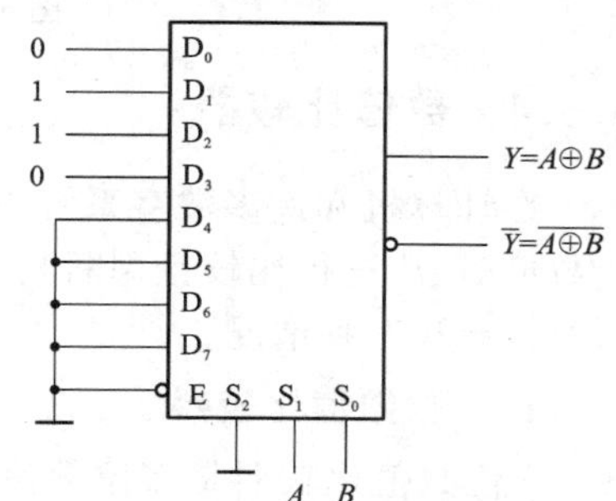

图 4-5-34　8 选 1 数据选择器实现异或、同或函数

(2) 逻辑变量数 n 等于数据选择器地址端数 $m+1$ 时。

首先选出 m 个变量从数据选择器地址端输入，剩下的一个变量只能从数据端输入，故 D_i 不再是简单的 0 或 1，而是其余 $n-m$ 个变量的函数。

例 4.1.12 用 4 选 1 数据选择器实现三变量函数：$F=\overline{A}\,\overline{B}C+\overline{A}\,\overline{B}C+A\overline{B}\,\overline{C}+ABC$。

若选变量 A、B（也可以选其他任何两个变量）作地址变量，则从上述最小项表达式中提取地址变量最小项的公共因子，整理后如下：

$$F=\overline{A}\,\overline{B}(\overline{C}+C)+A\overline{B}\,\overline{C}+ABC=m_0+m_2\overline{C}+m_3C$$

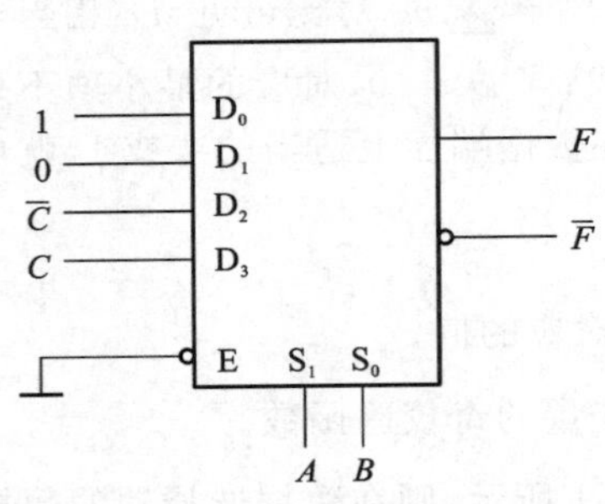

图 4-5-35　4 选 1 数据选择器实现函数的逻辑图

即得 4 选 1 数据选择器数据输入 $D_3\sim D_0$。D_0 为 m_0 的系数，$D_0=1$，D_1 为 m_1 的系数，$D_1=0$；同理可得 $D_2=\overline{C}$，$D_3=C$。D_2、D_3 是变量 C 的函数，其逻辑图如图 4-5-35 所示。

数据选择器实现函数与译码器实现函数相比，在一个芯片前提下，译码器必须外加门才能实现变量数不大于其输入端数的函数，不能实现变量数大于其输入端数的函数，但可同时实现多个函数；数据选择器不用外加门就能实现变量数等于或大于其地址端数的函数，但一个数据选择器只能实现一个函数。

3) 实现并行数据到串行数据的转换

数据选择器通用性较强，除了能从多路数据中选择输出信号外，还可以实现并行数据到串行数据的转换等。在数字系统中，往往要求将并行输入的数据转换成串行数据输出，用数据选择器很容易完成这种转换。

图 4-5-36 所示为由 8 选 1 数据选择器构成的并/串行转换的电路图。选择器地址输入端 S_2、S_1、S_0 的变化，按照图中所给的波形从 000 到 111 依次进行，则选择器的输出 L 随之接通 $D_0, D_1, D_2, \cdots, D_7$。当选择器的数据输入端 $D_0\sim D_7$ 与一个并行 8 位数 01001101 相连时，输出端得到的数据依次为 0—1—0—0—1—1—0—1，即串行数据输出。

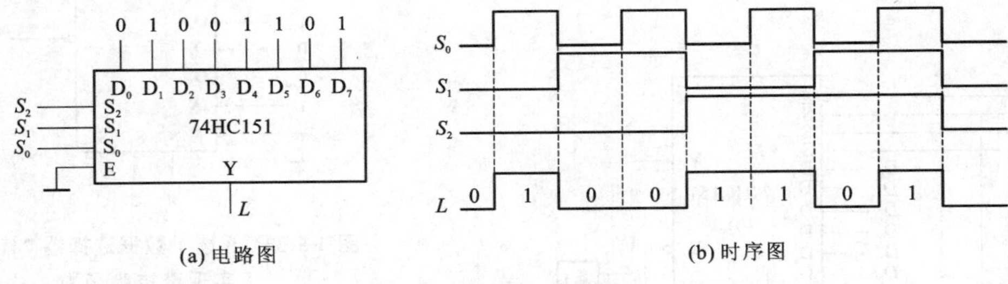

图 4-5-36　并行数据到串行数据的转换

4.5.4　数值比较器

在计算机和许多数字系统中，经常需要对两个数进行比较。能对两组同样位数的二进制数值 A、B 进行比较且判断其大小的逻辑电路称为数码比较器。比较结果有 $A>B$、$A<B$ 以及 $A=B$ 三种情况。

1. 1 位数值比较器

1 位数值比较器是多位数值比较器的基础。当 A 和 B 都是 1 位数时，它们只能取 0 或 1 两种值，由此可写出 1 位数值比较器的真值表，如表 4-5-12 所示。由真值表得到如下逻辑表达式。

$$F_{A>B}=A\overline{B}$$
$$F_{A<B}=\overline{A}B$$
$$F_{A=B}=\overline{A}\,\overline{B}+AB$$

由以上逻辑表达式可画出图 4-5-37 所示的逻辑电路。

表 4-5-12　1 位数值比较器真值表

输　入		输　出		
A	B	$F_{A>B}$	$F_{A<B}$	$F_{A=B}$
0	0	0	0	1
0	1	0	1	0
1	0	1	0	0
1	1	0	0	1

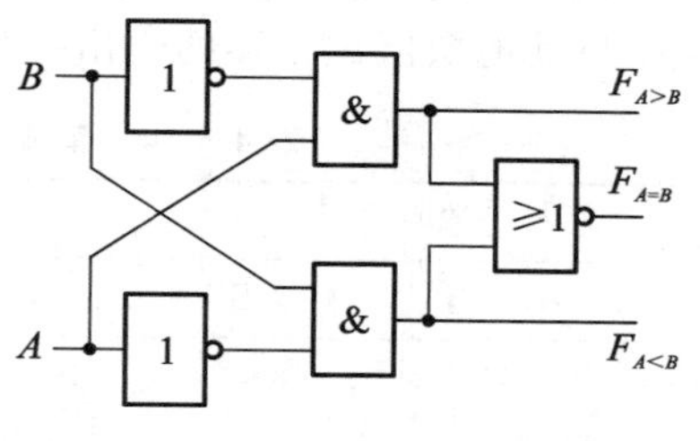

图 4-5-37　1 位数值比较器逻辑图

2. 2 位数值比较器

现在分析比较两位数字 A_1A_0 和 B_1B_0 的情况，用 $F_{A>B}$、$F_{A<B}$和 $F_{A=B}$表示比较结果。当高位(A_1、B_1)不相等时，无须比较低位(A_0、B_0)，两个数的比较结果就是高位比较的结果。当高位相等时，两数的比较结果由低位比较的结果决定。利用 1 位数值的比较结果，可以列出简化的真值表，如表 4-5-13 所示。

由表 4-5-13 可以写出如下逻辑表达式：

$$F_{A>B}=A_1\,\overline{B}_1+(\overline{A}_1\,\overline{B}_1+A_1B_1)A_0\overline{B}_0=F_{A_1>B_1}+F_{A_1=B_1}\cdot F_{A_0>B_0}$$
$$F_{A<B}=F_{A_1<B_1}+F_{A_1=B_1}\cdot F_{A_0<B_0}$$
$$F_{A=B}=F_{A_1=B_1}\cdot F_{A_0=B_0}$$

根据上式画出逻辑图，如图 4-5-38 所示。电路利用了 1 位数值比较器的输出作为中间结果。它所依据的原理是，如果 2 位数 A_1A_0 和 B_1B_0 的高位不相等，则高位比较结果就是两数的比较结果，与低位无关。这时，高位输出 $F_{A_1=B_1}=0$，使与门 G_1、G_2、G_3 均封锁，而或门都打开，低位比较结果不能影响或门，高位比较结果则从或门直接输出。如果高位相等，即 $F_{A_1=B_1}=1$，使与门 G_1、G_2、G_3 均打开，同时由于 $F_{A_1>B_1}=0$ 和 $F_{A_1<B_1}=0$ 作用，或门也打开，低位相比较的结果直接送达输出端，即低位的比较结果决定两数谁大、谁小或者相等。

用以上的方法可以构成更多位数的数值比较器。

表 4-5-13　两位数值比较器真值表

输　入				输　出		
A_1	B_1	A_0	B_0	$F_{A>B}$	$F_{A<B}$	$F_{A=B}$
$A_1>B_1$		×		1	0	0
$A_1<B_1$		×		0	1	0
$A_1=B_1$		$A_0>B_0$		1	0	0
$A_1=B_1$		$A_0<B_0$		0	1	0
$A_1=B_1$		$A_0=B_0$		0	0	1

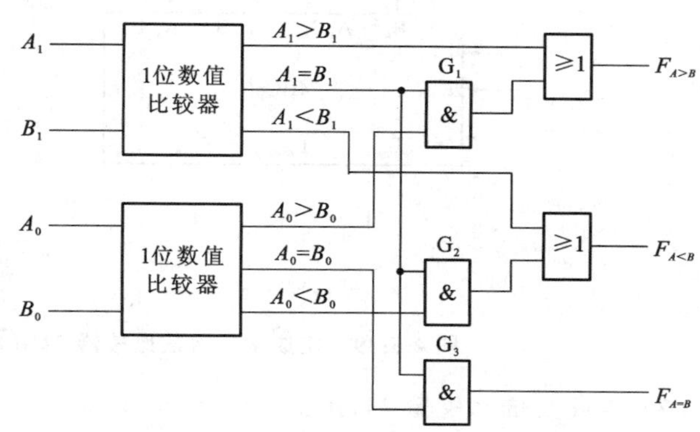

图 4-5-38　2 位数值比较器逻辑图

3．集成数值比较器

常用的中规模集成数值比较器有 CMOS 和 TTL 的产品。74HC85 是 4 位数值比较器，74X682 是 8 位数值比较器。这里主要介绍 74HC85。

1）集成数值比较器 74HC85 的基本功能

CMOS 中规模集成 4 位数值比较器 74HC85 的功能表如表 4-5-14 所示，输入端包括 $A_3 \sim A_0$ 和 $B_3 \sim B_0$，输出端为 $F_{A>B}$、$F_{A<B}$、$F_{A=B}$，以及扩展输入端为 $I_{A>B}$、$I_{A<B}$ 和 $I_{A=B}$。扩展输入端与其他数值比较器的输出端相连，以便组成位数更多的数值比较器。

表 4-5-14　集成 4 位数值比较器 74HC85 的功能表

输入				级联输入			输出		
A_3 B_3	A_2 B_2	A_1 B_1	A_0 B_0	$I_{A>B}$	$I_{A<B}$	$I_{A=B}$	$F_{A>B}$	$F_{A<B}$	$F_{A=B}$
$A_3>B_3$	×	×	×	×	×	×	H	L	L
$A_3<B_3$	×	×	×	×	×	×	L	H	L
$A_3=B_3$	$A_2>B_2$	×	×	×	×	×	H	L	L
$A_3=B_3$	$A_2<B_2$	×	×	×	×	×	L	H	L
$A_3=B_3$	$A_2=B_2$	$A_1>B_1$	×	×	×	×	H	L	L
$A_3=B_3$	$A_2=B_2$	$A_1<B_1$	×	×	×	×	L	H	L
$A_3=B_3$	$A_2=B_2$	$A_1=B_1$	$A_0>B_0$	×	×	×	H	L	L
$A_3=B_3$	$A_2=B_2$	$A_1=B_1$	$A_0<B_0$	×	×	×	L	H	L
$A_3=B_3$	$A_2=B_2$	$A_1=B_1$	$A_0=B_0$	H	L	L	H	L	L
$A_3=B_3$	$A_2=B_2$	$A_1=B_1$	$A_0=B_0$	L	H	L	L	H	L
$A_3=B_3$	$A_2=B_2$	$A_1=B_1$	$A_0=B_0$	L	L	H	L	L	H

从表 4-5-14 可以看出，该比较器的比较原理和 2 位数值比较器的比较原理相同。两个 4 位数的比较是从 A 的最高位 A_3 和 B 的最高位 B_3 进行比较，如果它们不相等，则该位的比较结果可以作为两数的比较结果。若最高位 $A_3=B_3$，则再比较次高位才能得到结果，依次类推。当四位均相等时，比较结果和级联输入有关，看 $I_{A>B}$、$I_{A<B}$ 和 $I_{A=B}$ 的级联输入；所以当仅对 4 位数进行比较时，应对 $I_{A>B}$、$I_{A<B}$ 和 $I_{A=B}$ 进行适当处理，即 $I_{A>B}=I_{A<B}=0$，$I_{A=B}=1$。集成 4 位数值比较器 74HC85 的示意图与引脚图如图 4-5-39 所示。

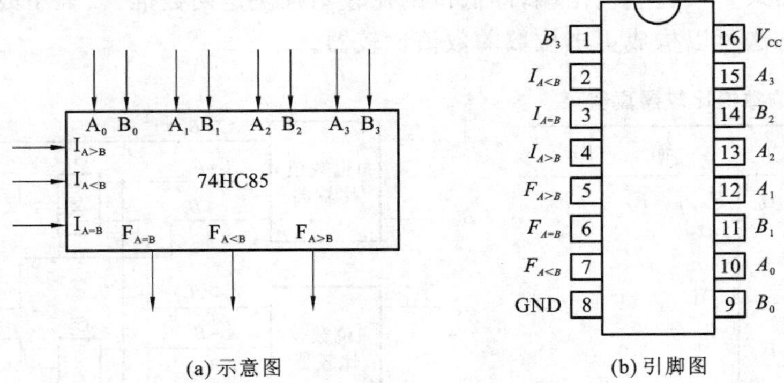

(a) 示意图　　(b) 引脚图

图 4-5-39　集成 4 位数值比较器 74HC85 的示意图与引脚图

2）集成数值比较器 74HC85 的功能扩展

下面讨论数值比较器的位数扩展问题。数值比较器的扩展方式有串联和并联两种。

(1) 串行级联。

图 4-5-40 所示为两个 4 位数值比较器串联成为一个 8 位的数值比较器。输入信号同时加到两个比较器的比较输入端，低位片的输出接到高位片的级联输入端 $I_{A>B}$、$I_{A<B}$ 和 $I_{A=B}$，比较结果由高位片的输出端输出。对于两个 8 位数，若高 4 位相同，它们的大小则由低 4 位的比较结果确定。需要注意低位片的级联输入端必须使即 $I_{A>B}=I_{A<B}=0, I_{A=B}=1$，否则当两数相等时输出端 $F_{A=B}\neq 1$。

同理可将三片或多片 4 位比较器串行级联，来比较更多位的二进制数。串行级联电路简单，但显然级数越多，速度越慢。

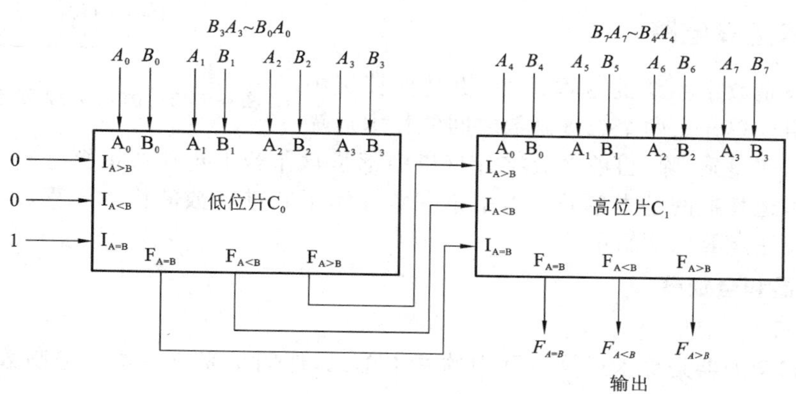

图 4-5-40 串行级联构成的八位比较器

(2) 并行级联。

当位数多且要满足一定的速度要求时，可以采取并联方式。图 4-5-41 所示为 16 位并联数值比较器的原理图。由图可以看出这里采用两级比较法，将 16 位按高低次序分成 4 组，每组 4 位，各组的比较是并行进行的。将每组的比较结果再经 4 位数值比较器进行比较后得出结果。显然，从数据输入到稳定输出只需 2 倍的 4 位比较器延迟时间，若用串联方式，则 16 位的数值比较器从输入到稳定输出所需约 4 倍的 4 位比较器的延迟时间。

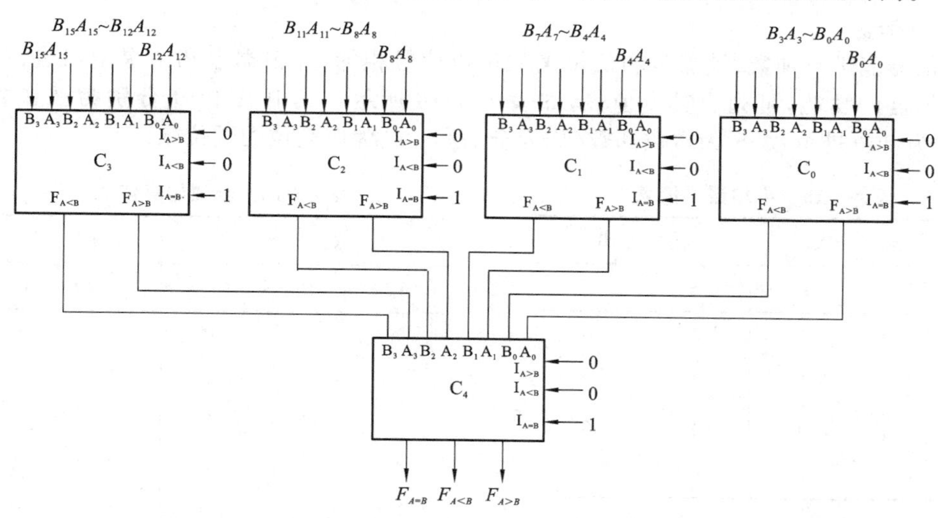

图 4-5-41 并行级联构成的 16 位数值比较器的原理图

并行级联的特点是速度快，只需经两级芯片的延迟就可得到输出。此例也可 4 片串行级联，但速度慢。因此在组成多位比较器时，常采用并行级联。

例 4.5.13 用数码比较器构成用8421BCD码表示的一位十进制数的四舍五入电路。

解 用一片4位比较器即能实现上述功能。

设8421BCD码为 $A_3A_2A_1A_0$，当其小于或等于4(即0100)时电路输出 F 为0，否则输出 F 为1。将四位BCD码接于比较器的 $A_3 \sim A_0$ 端，而将0100接于 $B_3 \sim B_0$ 端，输出 $F_{A>B}$ 端作为判别输出端 F，如图4-5-42所示。

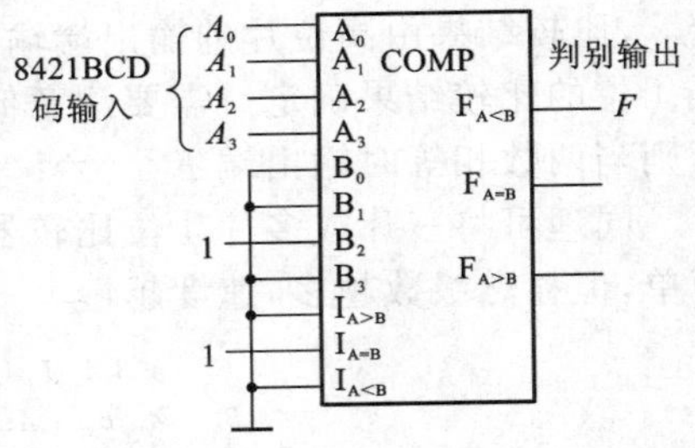

图 4-5-42 例 4.5.12 四舍五入电路

4.5.5 算术运算电路

算术运算是数字系统的基本功能，更是计算机中不可缺少的组成单元。两个二进制数之间的算术运算无论是加、减，还是乘、除，目前在数字计算机中都是化作若干步加法运算进行的，因此加法器是构成算术运算器的基本单元。本书第一章介绍了二进制数的算术运算，下面介绍实现加法运算和减法运算的逻辑电路。

1. 半加器和全加器

1) 半加器

半加器和全加器是算术运算电路中的基本单元，他们是完成一位二进制数相加的一种组合电路。

只考虑了两个加数本身，而不考虑低位进位的加法运算，称为半加。实现半加运算的逻辑电路称为半加器。两个一位二进制数的半加运算可用表4-5-15所示的真值表表示，其中 A 和 B 是两个加数，S 表示和数，C 表示进位数。由真值表可得逻辑表达式如下：

$$S=\overline{A}B+A\overline{B}=A\oplus B$$

$$C=AB$$

由上述表达式可以画出由异或门和与门组成的半加器的逻辑图，如图4-5-43(a)所示，图4-5-43(b)所示为半加器的逻辑符号。

2) 全加器

全加器能进行加数、被加数和低位来的进位信号相加，并根据求和结果给出进位信号。根据全加器的功能，可列出其真值表，如表4-5-16所示。其中 A 和 B 分别为被加数和加数，C_{i-1} 为低位进位数，S_i 为本位和数(称为全加和)，C_i 为向高位的进位数。

表 4-5-15 半加器真值表

输入		输出	
A	B	S	C
0	0	0	0
0	1	1	0
1	0	1	0
1	1	0	1

表 4-5-16 全加器真值表

输入			输出	
A_i	B_i	C_{i-1}	S_i	C_i
0	0	0	0	0
0	0	1	1	0
0	1	0	1	0
0	1	1	0	1
1	0	0	1	0
1	0	1	0	1
1	1	0	0	1
1	1	1	1	1

为了求出 S_i 和 C_i 的逻辑表达式，分别画出 S_i 和 C_i 的卡诺图，如图 4-5-44 所示，其中 C_i 的包围圈是为了便于利用 $A \oplus B$ 的结果，得出下列表达式：

$$S_i = \overline{A}_i \overline{B}_i C_{i-1} + \overline{A}_i B_i \overline{C}_{i-1} + A_i \overline{B}_i \overline{C}_{i-1} + A_i B_i C_{i-1} = A_i \oplus B_i \oplus C_{i-1}$$

$$C_i = A_i B_i + A_i \overline{B}_i C_{i-1} + \overline{A}_i B_i C_{i-1} = A_i B_i + (A_i \oplus B_i) C_{i-1}$$

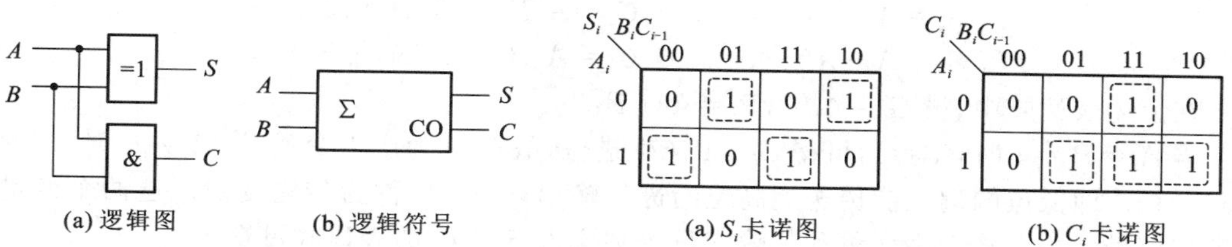

图 4-5-43　半加器

A_i \ B_iC_{i-1}	00	01	11	10
0	0	1	0	1
1	1	0	1	0

(a) S_i 卡诺图

A_i \ B_iC_{i-1}	00	01	11	10
0	0	0	1	0
1	0	1	1	1

(b) C_i 卡诺图

图 4-5-44　全加器卡诺图

由上式可以画出一位全加器的逻辑图，如图 4-5-45(a)所示，它由两个半加器和一个或门构成，图 4-5-45(b)所示是它的逻辑符号。

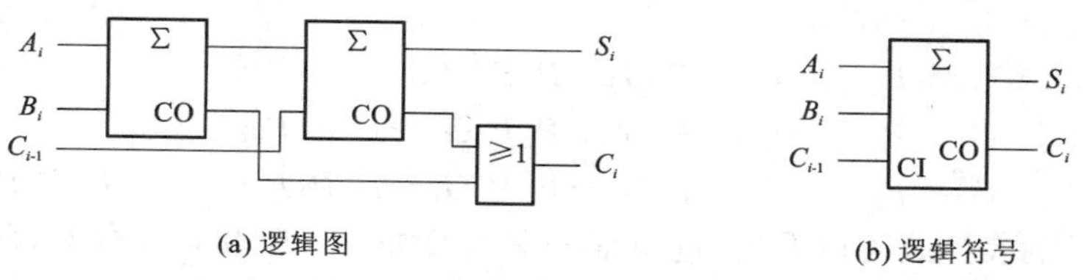

图 4-5-45　全加器

2. 多位数加法器

1) 串行进位加法器

一个全加器只能实现一位二进制加法，若实现多位二进制相加，需要多个全加器。例如，有 2 个 4 位二进制数 $B_3B_2B_1B_0$ 和 $A_3A_2A_1A_0$ 相加，可采用 4 个全加器构成 4 位数加法器，图 4-5-46 所示是采用并行相加串行进位的方式来完成两个 4 位数相加的连接图。将低位的进位输出信号接到高位的进位输入端，因此，任意 1 位的加法运算必须在低 1 位的运算完成之后才能进行，这种进位方式称为串行进位。

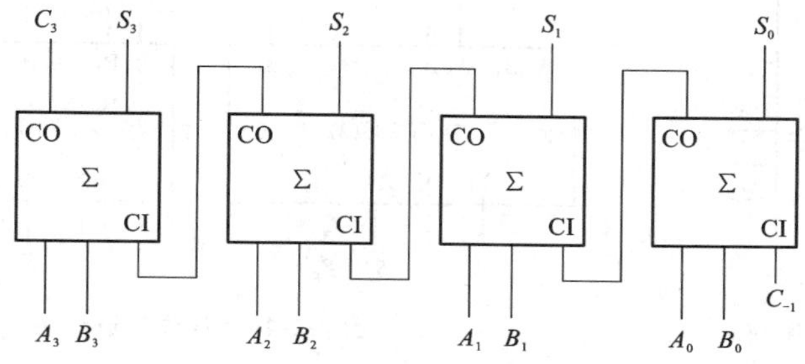

图 4-5-46　全加器实现的四位加法

这种加法器虽然各位相加是并行的，但其进位信号是由低位向高位逐级传递的，因此运算速度较慢。但结构比较简单，在运算速度要求不高的情况下，仍可采用。

2) 超前进位加法器

为了提高运算速度，必须设法减小或消除由于进位信号逐级传递所耗费的时间，可以通过逻辑电路事先得出每一位全加器的进位信号，而无须再从最低位开始向高位逐位传递进位信号，采用这种结构的加法器叫超前进位加法器。下面以四位超前进位加法器为例来说明。

设两个加数 A 和 B，$A=A_3A_2A_1A_0$，$B=B_3B_2B_1B_0$。

由前面逐位传递加法器可得到各位和与进位表达式为：

$$S_0=A_0\oplus B_0\oplus C_{-1}\qquad C_0=A_0B_0+C_{-1}(A_0\oplus B_0)$$

$$S_1=A_1\oplus B_1\oplus C_0\qquad C_1=A_1B_1+C_0(A_1\oplus B_1)$$

$$S_2=A_2\oplus B_2\oplus C_1\qquad C_2=A_2B_2+C_1(A_2\oplus B_2)$$

$$S_3=A_3\oplus B_3\oplus C_2\qquad C_3=A_3B_3+C_2(A_3\oplus B_3)$$

在上述表达式中，设 $G_i=A_iB_i$，$P_i=A_i\oplus B_i$。

当 $A_i=B_i=1$ 时，$G_i=1$，可得 $C_i=1$ 产生进位，故 G_i 称为产生变量；当 $A_i\neq B_i$ 时，$P_i=1$，则 $C_i=C_{i-1}$ 即低位的进位能传送到高位的进位输出端，故 P_i 称为传输变量。这两个变量都与进位信号无关。将产生变量和传输变量分别代入 S_i 和 C_i 的表达式可得

$$S_i=P_i\oplus C_{i-1}$$

$$C_i=G_i+P_iC_{i-1}$$

进位信号 C_i 的形成速度取决于乘积项 P_iC_{i-1}，将进位表达式变换一下得：

$$C_0=G_0+P_0C_{-1}$$

$$C_1=G_1+P_1C_0=G_1+P_1G_0+P_1P_0P_{-1}$$

$$C_2=G_2+P_2C_1=G_2+P_2G_1+P_2P_1G_0+P_2P_1P_0C_{-1}$$

$$C_3=G_3+P_3C_2=G_3+P_3G_2+P_3P_2G_1+P_3P_2P_1G_0+P_3P_2P_1P_0C_{-1}$$

由进位信号的表达式可以看出，进位信号只与变量 G_i、P_i 和 C_{-1} 有关，而 C_{-1} 是向最低位的进位信号，其值为 0，所以各位的进位信号都只与两个加数有关，它们是可以并行产生的。用与门和或门即可实现超前进位产生电路，电路图从略。74HC283 四位超前进位加法器就是基于这种逻辑结构制作的，图 4-5-47 所示为其简化逻辑符号。

超前进位加法器大大提高了运算速度。但是，随着加法器位数的增加，超前进位逻辑电路越来越复杂。显然，进位传递时间的节省是以逻辑电路的复杂为代价换取的。因此当运算位数较多时常采用折中方法，即将 n 位分为若干组，组内采用超前进位，组间采用串行进位。例如实现两个八位二进制数相加，需用两片 74HC283 四位超前进位加法器串行级联，低位片的进位 CO 接到相邻高位片的 C_{-1}，最低位片的 C_{-1} 接 0 即可，如图 4-5-48 所示。

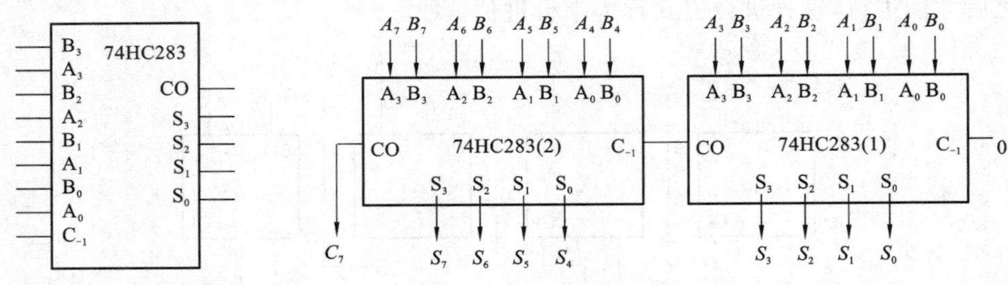

图 4-5-47　74HC283 逻辑符号

图 4-5-48　八位二进制数

加法器除作二进制加法运算外，还可以广泛用于构成其他功能电路，如代码转换电路、减法器、十进制加法器等。

例 4.5.14　用四位加法器 74HC283 实现 8421BCD 码至余 3 BCD 码的转换。

解　由于余 3 BCD 码比相应的 8421BCD 多 3(0011)，只需将输入的 8421BCD 加 3 即可，用一片四位加法器 74HC283 就能实现，如图 4-5-49 所示。

3. 减法运算

由第 1 章介绍的二进制数算术运算可知，减法运算的原理是将减法运算变成加法运算

进行的。上面介绍的加法运算器既能实现加法运算，又可实现减法运算，从而可以简化数字系统结构。

若 n 位二进制的原码为 $N_{原}$，则与它相对应的补码为

$$N_{补}=2^n-N_{原}$$

补码与反码的关系式：

$$N_{补}=N_{反}+1$$

设两个数 A、B 相减，利用以上两式可得：

$$A-B=A-B+2^n-2^n=A+2^n-B-2^n=A+(B_{反}+1)-2^n$$

上式表明，A 减 B 可由 A 加 B 的补码并减 2^n 完成。4 位减法运算逻辑图如图 4-5-50(a)所示，具体原理如下。

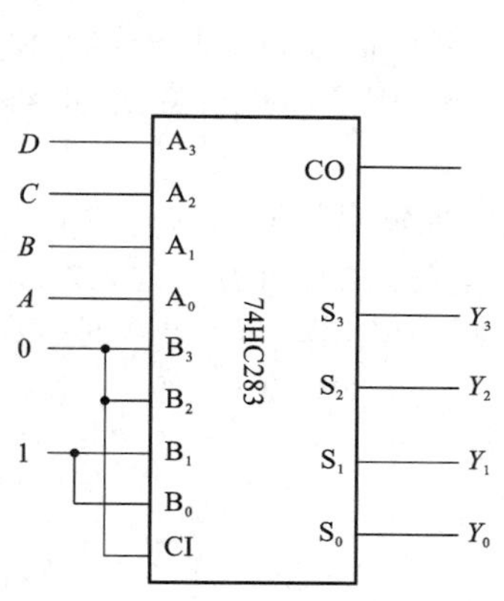

图 4-5-49　代码转换电路

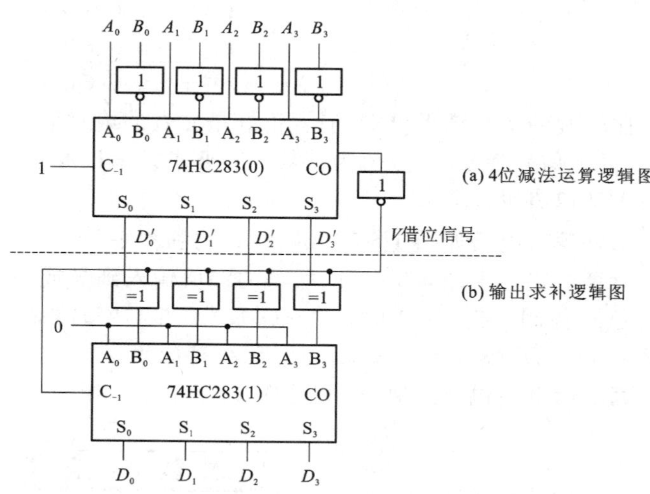

图 4-5-50　输出为原码的 4 位减法运算逻辑图

由 4 个反相器将 B 的各位反相(求反)，并将进位输入端 C_{-1} 接逻辑 1 以实现加 1，由此求得 B 的补码。加法器相加的结果为 $A+(B_{反}+1)$。

由于 $2^n=2^4=10000B$，相加结果与 2^n 相减只能由加法器进位输出信号完成。当进位输出信号为 1 时，它与 2^n 的差为 0；当进位输出信号为 0 时，它与 2^n 的差值为 1，同时还应发出借位信号。因此，只要将进位信号反相即实现了减 2^n 的运算，反相器的输出 V 为 1 时需要借位，故 V 也可以当作借位信号。下面分两种情况分析减法运算过程。

(1) $A-B\geqslant 0$ 的情况。设 $A=0101$，$B=0001$。

求补相加演算过程如下：

$$\begin{array}{lr} (A) & 0101 \\ (B_{反}) & 1110 \\ + & 1 \\ \hline & 10100 \\ & \downarrow \\ 借位\longrightarrow & 00100 \quad 进位反相 \end{array}$$

直接做减法演算，则有

$$\begin{array}{lr} (A) & 0101 \\ (B) & -\ 0001 \\ \hline & 0100 \end{array}$$

比较两种运算结果，它们完全相同。在 $A-B\geqslant 0$ 时，所得的差值就是差的原码，借位信

号为 0。

(2) $A-B<0$ 的情况。设 $A=0001, B=0101$。

求补相加演算过程如下：

$$
\begin{array}{lr}
(A) & 0\,0\,0\,1 \\
(B_{反}) & 1\,0\,1\,0 \\
+ & 1 \\
\hline
 & 0\,1\,1\,0\,0 \\
 & \downarrow \\
借位 \longrightarrow & 1\,1\,1\,0\,0 \quad 进位反相
\end{array}
$$

直接做减法演算，则有

$$
\begin{array}{lr}
(A) & 0\,0\,0\,1 \\
(B) & -\,0\,1\,0\,1 \\
\hline
符号 \longrightarrow & -\,0\,1\,0\,0
\end{array}
$$

比较两种运算结果可知，前者正好是后者的绝对值的补码，借位信号为 1 时表示差值为负值，借位信号为 0 时，差值为正数。若要求差值以原码形式输出，则还需进行变换，即将补码再求补得原码。

求补逻辑电路如图 4-5-50(b)所示，它和图 4-5-50(a)共同组成输出为原码的完整的 4 位减法运算电路。由图 4-5-50(a)所得的差值输入到异或门的一个输入端，而另一输入端由借位信号 V 控制。当 $V=1$ 时，$D_3' \sim D_0'$ 反相，并与 C_{-1} 相加，实现求补运算；当 $V=0$ 时，$D_3' \sim D_0'$ 不反相，加法器也不实现加 1 运算，维持原码。

算术运算还包括乘法、除法运算，这里不做介绍。

本章小结

(1) 组合逻辑电路指任一时刻的输出仅取决于该时刻输入信号的取值组合，而与电路原有状态无关的电路。它在逻辑功能上的特点是：没有存储和记忆作用；在电路结构上的特点是：由各种门电路组成，不含记忆单元，只存在从输入到输出的通路，没有反馈回路。

(2) 组合逻辑电路的描述方法主要有逻辑表达式、真值表、卡诺图和逻辑图等。

(3) 组合逻辑电路的基本分析方法是：根据给定电路逐级写出输出函数式，并进行必要的化简和变换，然后列出真值表，确定电路的逻辑功能。

(4) 组合逻辑电路的基本设计方法是：根据给定设计任务进行逻辑抽象，列出真值表，然后写出输出函数式并进行适当化简和变换，求出最简表达式，从而画出最简(或称最佳)逻辑电路。

(5) 以逻辑门为基本单元的电路设计，其最简含义是：逻辑门数目最少，且各个逻辑门输入端的数目和电路的级数也最少，没有竞争冒险。以 MSI 组件为基本单元的电路设计，其最简含义是：MSI 组件个数最少，品种最少，组件之间的连线最少。

(6) 竞争冒险可能导致负载电路误动作，应用中需加以注意。同一个门的一组输入信号到达的时间有先有后，这种现象称为竞争。因竞争而导致输出产生尖峰干扰脉冲的现象，称为冒险。

(7) 用于实现组合逻辑电路的 MSI 组合逻辑部件主要有编码器、译码器、数据选择器、数据分配器、数值比较器和加法器等。

① 编码器的作用是将具有特定含义的信息编成相应二进制代码输出，常用的有二进制编码器、二-十进制编码器和优先编码器。

② 译码器的作用是将表示特定意义信息的二进制代码翻译出来，常用的有二进制译码器、二-十进制译码器和数码显示译码器。

③ 数据选择器的作用是根据地址码的要求，从多路输入信号中选择其中一路输出。

④ 数据分配器的作用是根据地址码的要求，将一路数据分配到指定输出通道上去。

⑤ 数值比较器用于比较两个二进制数的大小。

⑥ 加法器用于实现多位加法运算，其单元电路有半加器和全加器；其集成电路主要有串行进位加法器和超前进位加法器。

课后习题

4.1 概述(略)

4.2 组合逻辑电路的分析

4.2.1 写出如图题 4.2.1 所示电路的对应表达式，列出真值表。

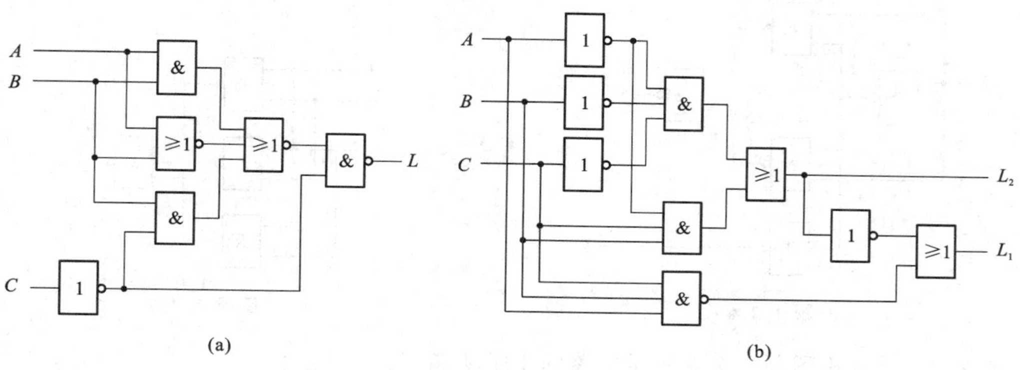

图题 4.2.1

4.2.2 试分析图题 4.2.2 所示电路的逻辑功能。

4.2.3 设有四种组合逻辑电路，它们的输入波形 A、B、C、D 如图题 4.2.3(a)所示，其对应的输出波形为 W、X、Y、Z，如图题 4.2.3(b)所示，试分别写出它们的简化逻辑表达式。

4.2.4 试分析图题 4.2.4 所示电路的逻辑功能。

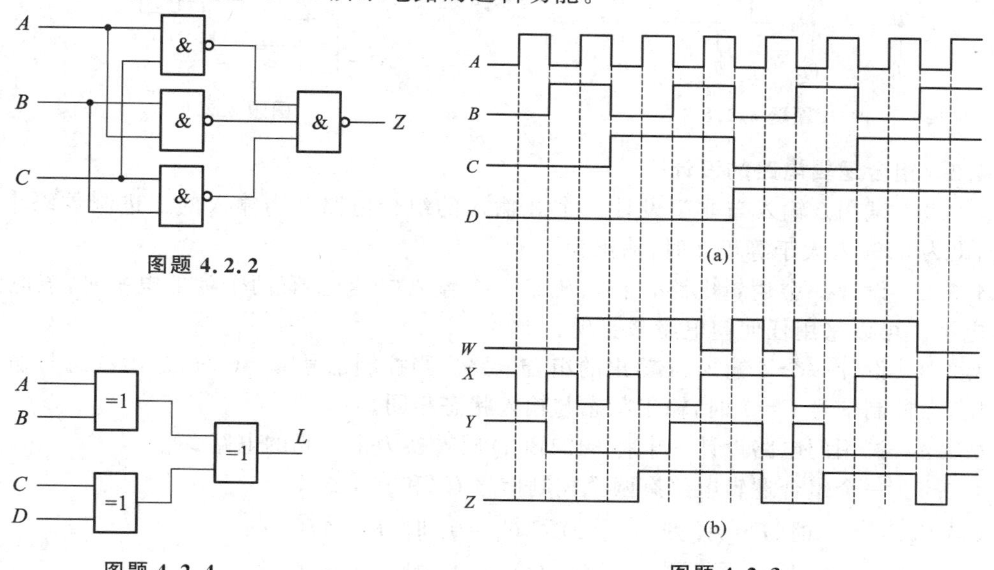

图题 4.2.2

图题 4.2.4

图题 4.2.3

4.2.5　画出图题 4.2.5(a)所示逻辑电路的输出波形。已知电路的输入波形如图题 4.2.5(b)所示。

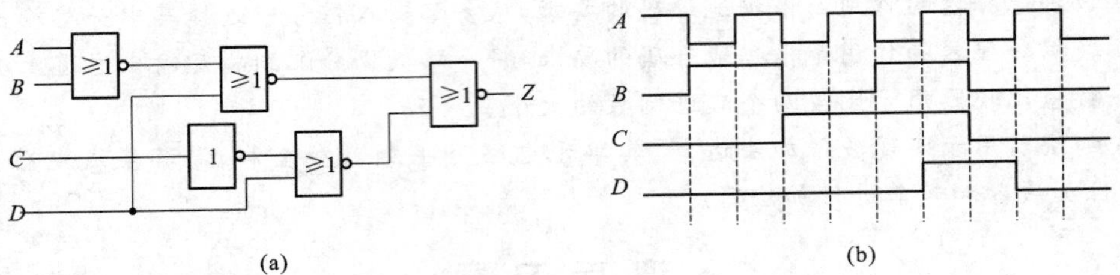

图题 4.2.5

4.2.6　试分析图题 4.2.6 所示电路的逻辑功能。

4.2.7　试分析图题 4.2.7 所示电路的逻辑功能。

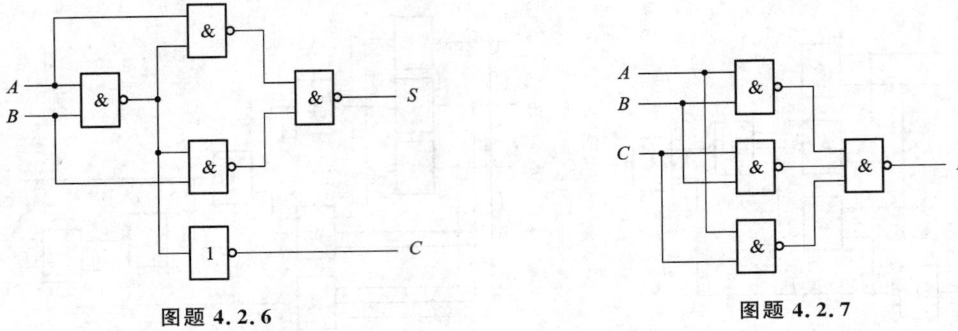

图题 4.2.6　　图题 4.2.7

4.2.8　试分析图题 4.2.8 所示电路的逻辑功能。

4.2.9　试分析哪些输入码型可使图题 4.2.9 所示逻辑图中输出 F 为 1。

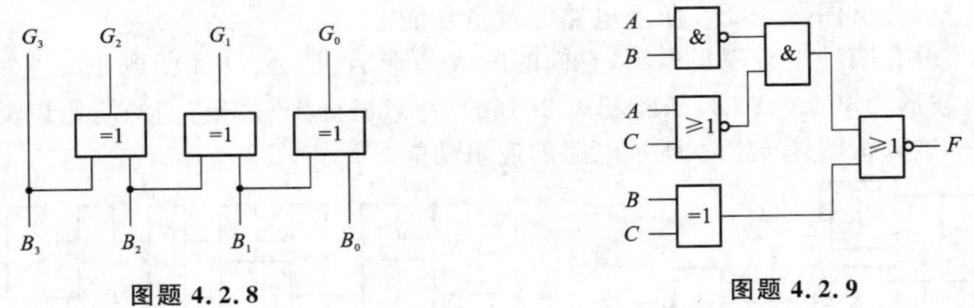

图题 4.2.8　　图题 4.2.9

4.3　组合逻辑电路的设计

4.3.1　试用 2 输入与非门设计一个 3 输入的组合电路。当输入的二进制数码小于 3 时，输出为 0；输入大于等于 3 时，输出为 1。

4.3.2　设计一个逻辑电路，当 A、B、C 三个输入中，至少有两个为低电平时，该电路输出高电平。可以采用任何门电路来实现。

4.3.3　设计一个 4 输入、4 输出的组合电路。当控制信号 $C=0$ 时，输出状态与输入状态相反；当控制信号 $C=1$ 时，输出状态与输入状态相同。

4.3.4　试用门电路设计一个将 8421BCD 码转换为余三码的电路。

4.3.5　一个组合逻辑电路有两个控制信号 C_1 和 C_2，要求：

(1) $C_2C_1=00$ 时，$F=A\oplus B$　　(2) $C_2C_1=01$ 时，$F=\overline{AB}$

(3) $C_2C_1=10$ 时，$F=\overline{A+B}$　　(4) $C_2C_1=11$ 时，$F=AB$

试设计符合上述要求的逻辑电路。

4.3.6　设计一个有三个输入、一个输出的组合逻辑电路，输入为二进制数。当输入二进制数能被3整除时，输出为1，否则，输出为0。

4.3.7　设计一个电灯控制电路。要求：在三个不同的位置上控制同一盏电灯，任何一个开关拨动都可以使灯的状态发生改变。即：如果原来灯亮，任意拨动一个开关，灯灭；如果原来灯灭，任意拨动一个开关，灯亮。

4.3.8　设计一个组合逻辑电路，输入是四位二进制数 $ABCD$，当输入大于等于9而小于等于14时输出 Z 为1，否则输出 Z 为0。要求用与非门实现此电路。

4.3.9　雷达站有A、B、C三部雷达，其中A、B功率消耗相等，C的功率是A的2倍。三部雷达由2台发电机X和Y供电。发电机X的最大输出功率等于雷达A的消耗功率，发电机Y的最大输出功率是X的3倍。要求：设计一个逻辑电路，能根据各个雷达的启动和关闭，以最节约的方式起、停发电机。

4.3.10　一组合逻辑电路的真值表如表题4.3.10所示，用或非门实现该电路。

表题 4.3.10

A	B	C	D	Z	A	B	C	D	Z
0	0	0	0	0	1	0	0	0	1
0	0	0	1	0	1	0	0	1	1
0	0	1	0	1	1	0	1	0	1
0	0	1	1	0	1	0	1	1	1
0	1	0	0	0	1	1	0	0	1
0	1	0	1	0	1	1	0	1	0
0	1	1	0	1	1	1	1	0	1
0	1	1	1	0	1	1	1	1	0

4.3.11　有一火灾报警系统，设有烟感、温感和紫外光感三种不同类型的火灾探测器。为了防止误报警，只有当其中两种或两种以上的探测器发出火灾探测信号时，报警系统才产生报警控制信号。试写出真值表。

4.3.12　设计一个监视交通灯工作状态的逻辑电路。设一组信号灯由红(R)、黄(Y)、绿(G)三盏灯组成，如图题4.3.12所示。正常情况下，点亮的状态只能是红、绿或黄加绿当中的一种。当出现其他五种状态时，表明信号灯发生故障，要求监测电路发出故障报警信号。要求：采用SSI组合电路设计方法，应用74LS00(四2输入与非门)和74LS20(二4输入与非门)，以最少的与非门实现该电路。

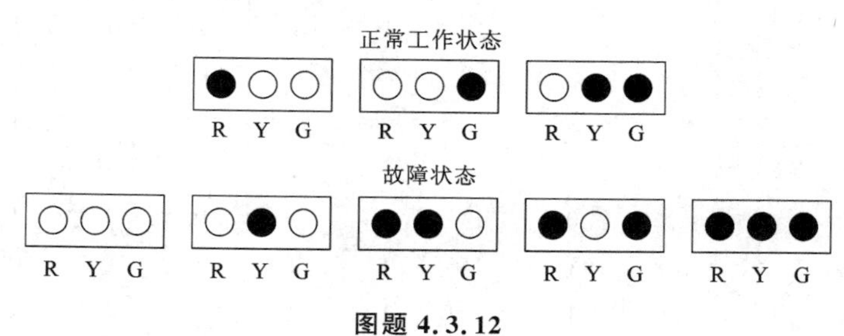

图题 4.3.12

4.3.13　用或非门设计一个8421BCD码的四舍五入电路。

4.4 组合逻辑电路中的竞争冒险

4.4.1 设逻辑函数 $F=(A+B)(\overline{B}+C)$，试用卡诺图法判别该电路是否存在冒险。

4.4.2 判断下列逻辑函数是否存在冒险现象。

(1) $Y=AB+A\overline{B}C$

(2) $Y=\overline{ABC}C+A\overline{ABC}$

(3) $Y=\overline{A}\,\overline{B}+\overline{A}B$

(4) $Y=(\overline{A}+C)(A+C)$

(5) $Y(A,B,C,D)=\sum m(5,7,13,15)$

(6) $Y(A,B,C,D)=\sum m(0,2,4,6,8,10,12,14)$

(7) $Y(A,B,C,D)=\sum m(0,2,4,6,12,13,14,15)$

4.4.3 试分别画出图题 4.4.3(a)、(b)所示电路的输出波形。给定输入波形如图题 4.4.3(c)所示，设门的传输延迟时间为 t_{pd}，门 G_2、G_3 的传输延时不予考虑。

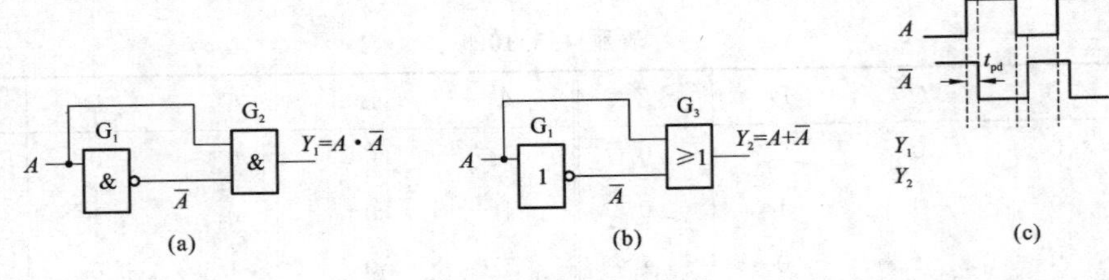

图题 4.4.3

4.4.4 判断表达式 $F=\overline{A}\,\overline{D}+\overline{A}\,\overline{B}\,\overline{C}+ABC+ACD$ 是否存在冒险？若存在，设法消除。

4.5 常用组合逻辑集成电路

4.5.1 优先编码器 CD4532 的输入端 $I_1=I_3=I_5=1$，其余输入端均为 0，试确定其输出 $Y_2Y_1Y_0$。

4.5.2 试用与非门设计一个 4 输入的优先编码器，要求输入、输出及工作标志均为高电平有效，列出真值表，画出逻辑图。

4.5.3 试用一片 3 线-8 线优先编码器 74LS148 和外加门构成 8421BCD 码编码器。已知 74LS148 的功能表如表题 4.5.3 所示，其中 $\overline{I}_0\sim\overline{I}_7$ 分别代表十进制数 0～7，角标越大，优先权越高，$\overline{ST}$ 是使能输入端；$\overline{Y}_2\sim\overline{Y}_0$ 为编码输出端，Y_S 是使能输出端，$\overline{Y}_{EX}$是扩展输出端，此两端都用于扩展编码器功能。

表题 4.5.3 优先编码器 74LS148 的真值表

$\overline{ST}$	$\overline{I}_0$	$\overline{I}_1$	$\overline{I}_2$	$\overline{I}_3$	$\overline{I}_4$	$\overline{I}_5$	$\overline{I}_6$	$\overline{I}_7$	$\overline{Y}_2$	$\overline{Y}_1$	$\overline{Y}_0$	$\overline{Y}_{EX}$	Y_S
1	×	×	×	×	×	×	×	×	1	1	1	1	1
0	1	1	1	1	1	1	1	1	1	1	1	1	0
0	×	×	×	×	×	×	×	0	0	0	0	0	1
0	×	×	×	×	×	×	0	1	0	0	1	0	1
0	×	×	×	×	×	0	1	1	0	1	0	0	1
0	×	×	×	×	0	1	1	1	0	1	1	0	1
0	×	×	×	0	1	1	1	1	1	0	0	0	1
0	×	×	0	1	1	1	1	1	1	0	1	0	1
0	×	0	1	1	1	1	1	1	1	1	0	0	1
0	0	1	1	1	1	1	1	1	1	1	1	0	1

4.5.4 请用 3 线 -8 线译码器 74HC138 和少量门器件实现逻辑函数 $F(A,B,C)=\sum m(0,3,6,7)$

4.5.5 为了使 74HC138 译码器第 10 脚输出为低电平，试标出各输入端应置的逻辑电平。

4.5.6 试用一片 3 线-8 线译码器 74HC138 和适当的逻辑门实现组合逻辑函数 $F=\overline{A}\,\overline{B}\,\overline{C}+A\overline{B}\,\overline{C}+AB\overline{C}+ABC$。

4.5.7 试用一片 3 线-8 线译码器 74HC138 和适当的逻辑门实现组合逻辑函数 $L(A,B,C,D)=AB\overline{C}+ACD$。

4.5.8 试用一片 3 线-8 线译码器 74HC138 和与非门实现如下多输出逻辑函数。

$$\begin{cases}F_1=A\overline{C}+\overline{A}BC+A\overline{B}C\\F_2=BC+\overline{A}\,\overline{B}C\\F_3=\overline{A}B+A\overline{B}C\\F_4=\overline{A}\,B\overline{C}+\overline{B}\,\overline{C}+ABC\end{cases}$$

4.5.9 已知 3 线-8 线译码器 74HC138 的接线如图题 4.5.9 所示，试分析哪个输出引脚有效。

4.5.10 试用 3 线-8 线译码器 74HC138 和门电路设计 1 位二进制全减电路。输入为被减数、减数和来自低位的借位信号。输出为两数之差和向高位的借位信号。

4.5.11 试用两片双 4 选 1 数据选择器 74HC153 和 3 线-8 线译码器 74HC138 接成 16 选 1 的数据选择器。

4.5.12 如图题 4.5.12 所示，试写出由 3 线-8 线译码器 74HC138 构成的输出 F 的最简与或表达式。

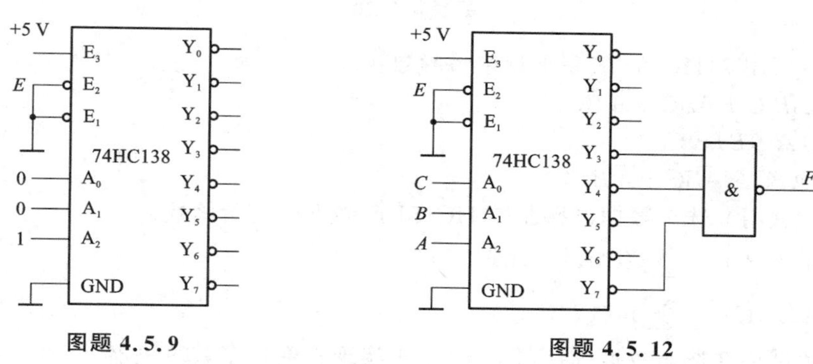

图题 4.5.9　　　　图题 4.5.12

4.5.13 用 3 线-8 线译码器 74HC138 组成 6 线-64 线译码器。

4.5.14 已知七段译码器电路及对应的输入波形分别如图题 4.5.14(a)、(b)所示，试确定显示器显示的字符序列。

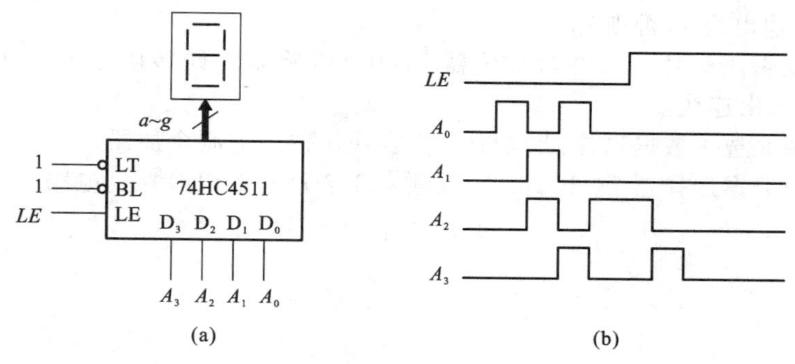

(a)　　　　(b)

图题 4.5.14

4.5.15　用 8 选 1 数据选择器 74HC151 构成 64 选 1 数据选择器。

4.5.16　用 4 选 1 数据选择器 74HC153 实现三变量函数：$F=A\overline{B}\,\overline{C}+\overline{A}\,\overline{C}+BC$。

4.5.17　用 4 选 1 数据选择器 74HC153 实现题 4.3.12 所述的交通灯监测电路。

4.5.18　设计一个故障报警的逻辑电路。已知某实验室有红、黄两个故障指示灯，用来指示三台设备的工作情况。当只有一台设备有故障时，黄灯亮；有两台设备有故障时，红灯亮；只有当三台设备都发生故障时，才会使红、黄两个故障指示灯同时点亮。要求采用 MSI 组合电路设计方法，用双 4 选 1 数据选择器 74HC153 实现。

4.5.19　用 4 选 1 数据选择器 74HC153 产生逻辑函数 $L(A,B,C)=\sum m(1,2,6,7)$。

4.5.20　74HC151 的连接方式和各输入端的波形分别如图题 4.5.20(a)、(b)所示，试画出输出端 Y 的波形。

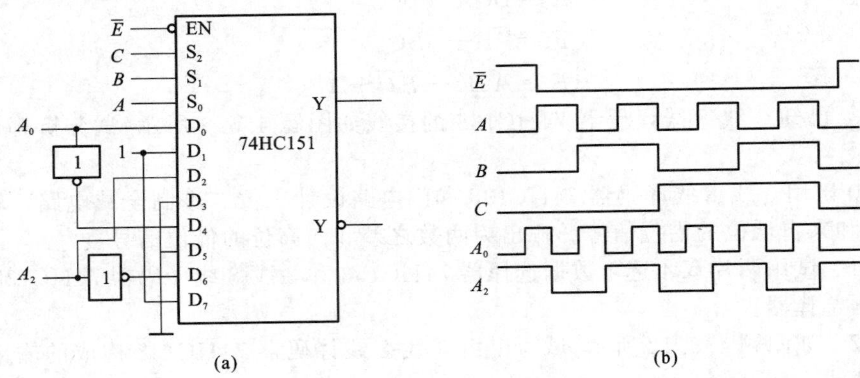

图题 4.5.20

4.5.21　试用 74HC151 实现下列逻辑函数：

(1) $F=A\overline{B}\,\overline{C}+A\overline{B}C+\overline{A}\,\overline{B}C$

(2) $F=(A\odot B)\odot C$

(3) $F=AB\overline{C}+\overline{A}BC+\overline{A}\,\overline{B}$

4.5.22　试用 8 选 1 数据选择器 74HC151 产生下列逻辑函数：

(1) $F(A,B,C)=\sum m(0,1,5,6)$

(2) $F(A,B,C)=\sum m(1,2,4,7)$

4.5.23　试用 8 选 1 数据选择器 74HC151 实现三变量多数表决器。

4.5.24　试用 8 选 1 数据选择器 74HC151 实现题 4.5.18 所述的故障报警的逻辑电路。

4.5.25　用异或门、与非门及或非门设计一个两位二进制数码比较器。

4.5.26　试用数值比较器 74HC85 设计一个 8421BCD 码有效性测试电路，当输入为 8421BCD 码时，输出为 1，否则为 0。

4.5.27　能否用一片 4 位并行加法器 74HC283 将余 3 码转换成 8421 的二-十进制代码？若可能，请画出连线图。

4.5.28　用 8 选 1 数据选择器 74HC151 实现 1 位二进制全加器。

4.5.29　用数据选择器 74HC153 实现题 4.3.7 所述的电灯控制电路。

第5章 锁存器与触发器

主要教学内容

1. 锁存器:SR 锁存器、D 锁存器。

2. 触发器的电路结构和工作原理:主从触发器、维持阻塞触发器、利用传输延时的触发器。

3. D 触发器、JK 触发器、T 触发器、SR 触发器、D 触发器的逻辑功能及功能转换。

教学目的和要求

1. 了解锁存器、触发器的电路结构和工作原理。

2. 掌握 SR 锁存器、JK 触发器、D 触发器及 T 触发器的逻辑功能。

3. 正确理解锁存器、触发器的动态特性。

5.1 概述

前面介绍的各种组合逻辑电路虽然逻辑功能不同,但有一个共同点,即某一时刻的输出,仅仅由该时刻的输入决定,而与该时刻以前电路的状态没有关系。

从本章开始学习时序逻辑电路(sequential logic circuit)。时序电路的特征是输出不仅和当前的输入有关,而且也和以前的状态有关。换句话说,即使当前的输入是相同的,但由于以前的状态不同,输出也可能不同。因此这类电路必须含有存储电路,以记录以前的状态。

目前在半导体存储器中采用的存储单元有锁存器(latch)和触发器(flip-flop)两类。

为了存储 1 位二进制信息,存储单元都必须具有两个能自行保持的稳定状态,分别用以记忆 1 和 0。同时,还必须能按照输入信号的要求置 1 或置 0 状态。这是所有存储单元都必须具备的基本特性。

5.1.1 锁存器与触发器

锁存器和触发器是能存放 1 位二进制数最简单的时序电路,是时序逻辑电路的存储单元电路。

锁存器和触发器的共同点如下。

(1) 具有 0 和 1 两个稳定状态,一旦状态被确定,就能自行保持。一个锁存器或触发器能存储一位二进制码。

(2) 能根据输入置 0 或置 1。

(3) 当输入信号消失后,获得的新状态能保持下去——记忆功能。

锁存器和触发器的不同点如下。

(1) 锁存器——对脉冲电平敏感的存储电路,在特定输入脉冲电平作用下改变状态。

(2) 触发器——对脉冲边沿敏感的存储电路,在时钟脉冲的上升沿或下降沿的变化瞬间改变状态。可参考图 5-1-1。

5.1.2 锁存器和触发器逻辑功能描述方法

锁存器和触发器逻辑功能描述方法主要包括特性表、特性方程、波形图、状态图等。

1. 特性表

特性表又称真值表、功能表，但是与组合逻辑电路中真值表的不同点为变量中含电路的现态。

2. 特性方程

特性方程是描述电路的次态与现态及输入之间的关系式。

现态指输入信号作用前的状态，即现在状态，用 Q^n 表示。

次态指输入信号作用后的状态，即下一状态，用 Q^{n+1} 表示。

3. 波形图

波形图又称时序图，是直观描述输入信号、时钟信号、输出信号及电路状态转换与时间对应关系的图形。

4. 状态图

状态图是描述锁存器和触发器的次态与输入、现态关系的图形。

5.1.3 双稳态存储单元电路

1. 电路结构

将两个非门 G_1 和 G_2 接成图 5-1-2 所示的交叉耦合形式，则构成最基本的双稳态存储单元电路。下面从逻辑角度对其特性进行分析。

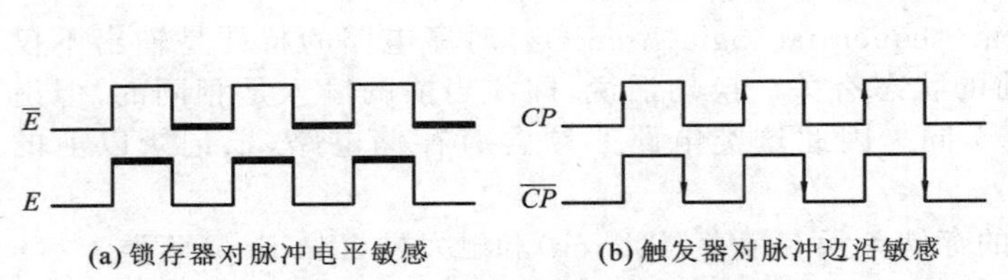

图 5-1-1 锁存器与触发器的比较

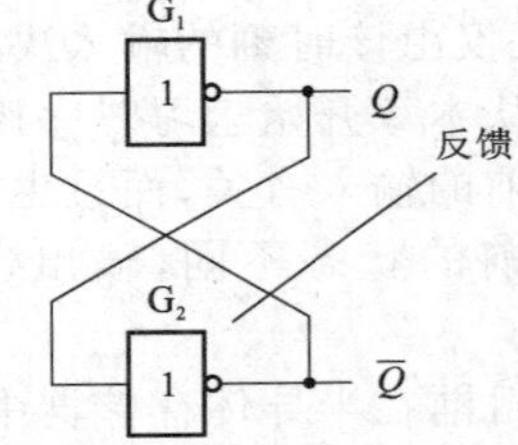

图 5-1-2 双稳态存储单元电路

2. 逻辑状态分析

从电路的逻辑关系可知，若 $Q=0$，由于非门 G_2 的作用，则使 $\overline{Q}=1$，$\overline{Q}$ 反馈到 G_1 输入端，又保证了 $Q=0$。由于两个非门首尾相连的逻辑锁定，因而电路能自行保持在 $Q=0$、$\overline{Q}=1$ 的状态，形成第一种稳定状态。反之，若 $Q=1$，则 $\overline{Q}=0$，形成第二种稳定状态。在两种稳定状态中，输出端 Q 和 $\overline{Q}$ 总是逻辑互补的。因为电路只存在这两种可以长期保持的稳定状态，故称为双稳态存储单元电路。可以定义 $Q=0$ 为电路的 0 状态，而当 $Q=1$ 时则为 1 状态。电路接通电源后，可能随机进入其中一种状态，并能长期保持不变，因此，电路具有存储或记忆 1 位二进制数的功能。因为没有控制信号的输入，所以无法确定图 5-1-2 所示电路在通电后究竟进入哪一种状态，也无法在运行中改变状态。

5.2 锁存器

锁存器和触发器是构成各种时序电路的存储单元电路，其共同特点是都具有 0 和 1 两种稳定状态，一旦状态被确定，就能自行保持，即长期保持 1 位二进制码，直到有外部信号作用时才有可能改变。锁存器是一种对脉冲电平敏感的存储单元电路，它们可以在特定输入脉冲电平作用下改变状态。而触发器则是一种对脉冲边沿敏感的存储电路，它们只有在作为触发信号的时钟脉冲上升沿或下降沿的变化瞬间才能改变状态。

5.2.1 基本 SR 锁存器

1. 电路结构

基本 SR 锁存器由两个或非门或两个与非门交叉形成，其结构分别如图 5-2-1(a)、(b)所示。其中，S 为置位端，R 复位端。图 5-2-1(c)、(d)所示分别为图 5-2-1(a)、(b)两种结构的基本 SR 锁存器的国标逻辑符号。该电路的基本特点为电路的下一状态是其输入和现在状态的函数。

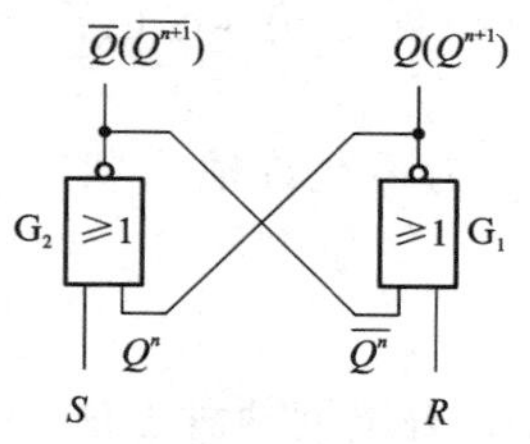

(a) 或非门构成的基本SR锁存器

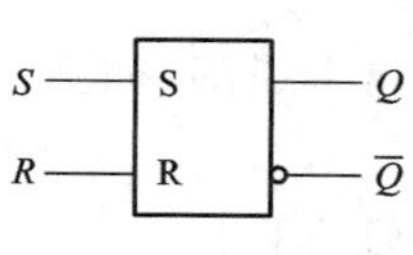

(c) 或非门构成的基本SR锁存器的国标逻辑符号

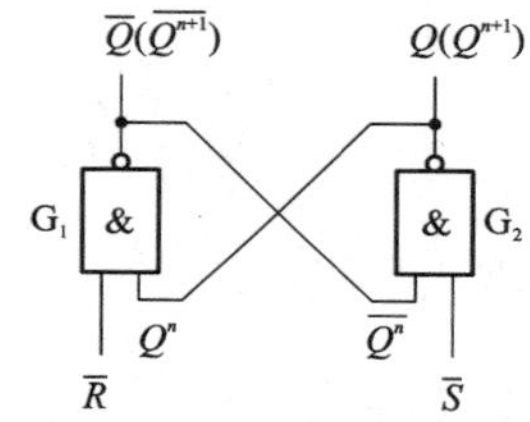

(b) 与非门构成的基本SR锁存器

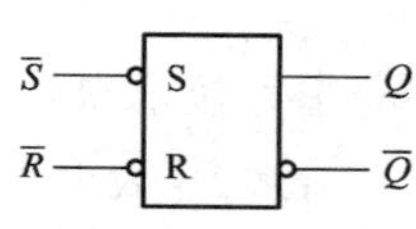

(d) 与非门构成的基本SR锁存器的国标逻辑符号

图 5-2-1 基本 SR 锁存器

由于或非门有 1 就输出 0，1 信号起作用，即 1 有效；与非门有 0 就输出 1，0 信号起作用，即 0 有效。为统一两者取值关系，在与非门组成的锁存器输入信号上加非号成 $\overline{S}\overline{R}$，逻辑符号上 S、R 端加一小圆圈，表示 0 有效。图 5-2-1(a)称为 SR 锁存器，图 5-2-1(b)称为 $\overline{\mathrm{S}}\,\overline{\mathrm{R}}$ 锁存器。

2. 原理

由图 5-2-1(a)、(b)不难得出两种结构的锁存器具有如下所示的特点：

(1) 当 $\left.\begin{matrix} S=0,R=0 \\ \overline{S}=1,\overline{R}=1 \end{matrix}\right\}$ $Q^{n+1}=Q^n$，锁存器保持原状态；

(2) 当 $\left.\begin{matrix} S=0,R=1 \\ \overline{S}=1,\overline{R}=0 \end{matrix}\right\}$ $Q^{n+1}=0$ 复位，锁存器置 0；

(3) 当 $\left.\begin{matrix} S=1,R=0 \\ \overline{S}=0,\overline{R}=1 \end{matrix}\right\}$ $Q^{n+1}=1$ 置位，锁存器置 1；

(4) 当 $\left.\begin{matrix} S=1,R=1 \\ \overline{S}=0,\overline{R}=0 \end{matrix}\right\}$ 或非门：$Q^{n+1}=0,\overline{Q^{n+1}}=0$；与非门：$Q^{n+1}=1,\overline{Q^{n+1}}=1$。

此时：

① 破坏了输出端互补的逻辑关系；

② 当 S、R 同时由 1→0($\overline{S}$,$\overline{R}$ 由 0→1)，由于两个门的延迟时间不同($t_{\mathrm{pd1}}\neq t_{\mathrm{pd2}}$)，且谁大谁小具有随机性，当 $t_{\mathrm{pd1}}<t_{\mathrm{pd2}}$ 时，$Q^{n+1}=1$，当 $t_{\mathrm{pd1}}>t_{\mathrm{pd2}}$ 时，$Q^{n+1}=0$，所以新状态不确定。

③ 当 S、R 非同时由 1→0 时，若 S 先由 1→0，$Q^{n+1}=0$，若 R 先由 1→0，$Q^{n+1}=1$。

综合以上情况，基本 SR 锁存器不允许 $S=R=1$ 这种情况出现，即约束条件为 $S\cdot R=0$。

5.2.2 锁存器和触发器逻辑功能描述

下面以基本 *SR* 锁存器为例来进行介绍。

1. 特性表(功能表)

特性表为简化的真值表，只列出输入与输出 Q^{n+1} 的对应关系，多用于器件手册。基本 SR 锁存器的特性表如表 5-2-1 所示。

特性表在形式上与组合逻辑电路的真值表相似，左边是输入的各种组合；右边是相应的输出状态。但这时输出状态取值中除了 0 和 1 之外还有反映现态 Q^n，这也正体现出时序电路的特性。

根据表 5-2-1 画出卡诺图，如图 5-2-2 所示。S=R=1 为不允许输入状态，在卡诺图中表现为任意项。

2. 状态方程(特性方程)

将输入 S、R、Q^n 和 Q^{n+1} 之间的关系用函数式表示出来，有下列两种方法。

(1) 化简图 5-2-2 基本 SR 锁存器的卡诺图，可得：

$$\begin{cases} Q^{n+1}=S+\overline{R}Q^n \\ R\cdot S=0 \end{cases}$$

(2) 从图 5-2-1(a)中直接求得：

$$Q^{n+1}=\overline{R+\overline{S+Q^n}}=\overline{R}(S+Q^n)=S\overline{R}+\overline{R}Q^n$$

由于有约束条件 $S\cdot R=0$，可在上式中加入一项 SR，得：

$$\begin{cases} Q^{n+1}=S\overline{R}+\overline{R}Q^n+RS=S+\overline{R}Q^n \\ R\cdot S=0\text{(或非门) 或 }\overline{R}+\overline{S}=1\text{(与非门)} \end{cases}$$

可见两种方法的结论相同，$\overline{S}\,\overline{R}$ 锁存器的状态方程和 SR 触发器是一致的。

3. 波形图(时序图)

锁存器输入信号和其输出 *Q* 之间对应关系的工作波形图称为时序图，该图可直观地说明锁存器的特性。根据功能表就可由锁存器的现在状态及输入来决定锁存器的下一状态，图 5-2-3 所示为基本 SR 锁存器的波形图，设初始状态为 $Q_0=0$，图中虚线部分表示状态不确定。

表 5-2-1 基本 SR 锁存器的特性表

S	R	Q^{n+1}	功能说明
0	0	Q^n	保持
0	1	0	置 0
1	0	1	置 1
1	1	×	不允许

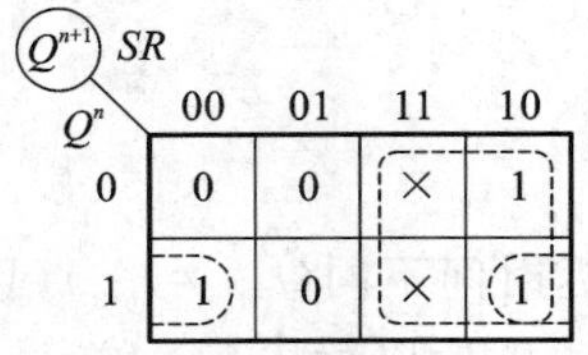

图 5-2-2 基本 SR 锁存器的卡诺图

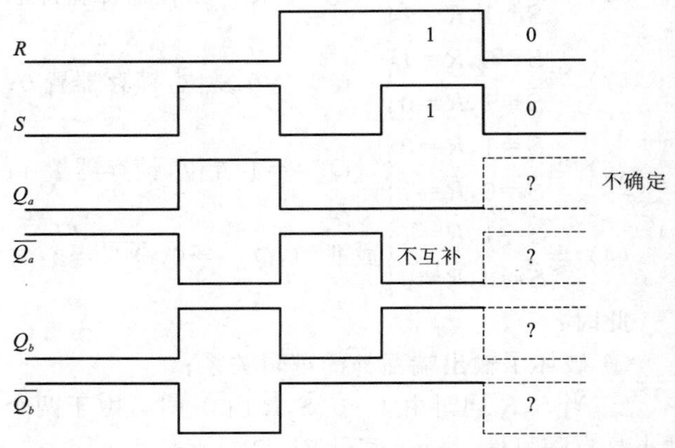

图 5-2-3 基本 SR 锁存器的波形图

正如所有逻辑电路都有延迟一样，SR 锁存器的输出对输入也有一定的延迟。设每个或非门(与非门)的延迟时间为 t_{pd},则可以得到图 5-2-4(a)、(b)所示的波形图,图 5-2-4(a)是带延迟的或非门基本锁存器的输出波形,图 5-2-4(b)是带延迟的与非门基本锁存器的输出波形。在图 5-2-4(a)中当 S 变为 1 时,经过一个 t_{pd}后引起 $\overline{Q}$ 的变化,再经过一个 t_{pd}引起 Q 的变化。而在图 5-2-4(b)中,则是 $\overline{S}$ 变为低电平后先引起 Q 的变化(延迟 t_{pd}),再经过一个 t_{pd} 后才引起 $\overline{Q}$ 的变化。所以考虑到门延迟的影响,要保证基本 SR 锁存器有稳定的输出,输入信号的持续时间应大于 $2t_{pd}$。

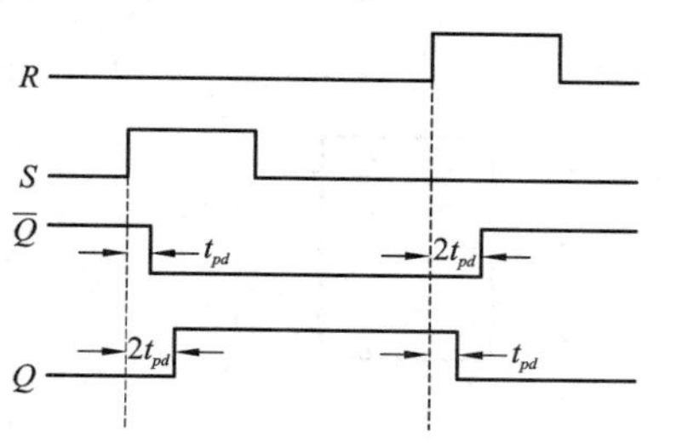

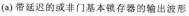

(a) 带延迟的或非门基本锁存器的输出波形

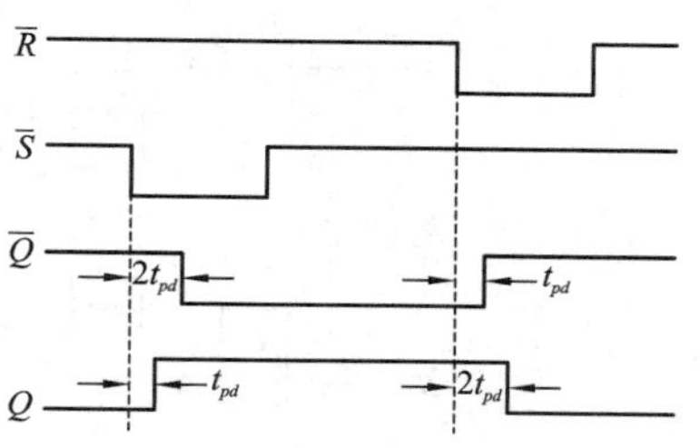

(b) 带延迟的与非门基本锁存器的输出波形

图 5-2-4　考虑延迟的基本 RS 锁存器波形图

例 5.2.1　已知基本 SR 锁存器(或非门构成)S、R 端的输入波形如图 5-2-5(a)所示,试画出输出端 Q、$\overline{Q}$ 的波形。

解　根据基本 SR 锁存器的特性表,得输出端 Q、$\overline{Q}$ 的波形如图 5-2-5(b)所示。

4. 状态图(或状态转移图)

状态图以图形方式表示输出状态转换的条件和规律。用圆圈"○"表示各状态,圈内注明状态名或取值,用箭头"→"表示状态间的转移,箭头指向新状态,线上注明状态转换的条件/输出,条件可以有多个。基本 SR 锁存器的状态图如图 5-2-6 所示。

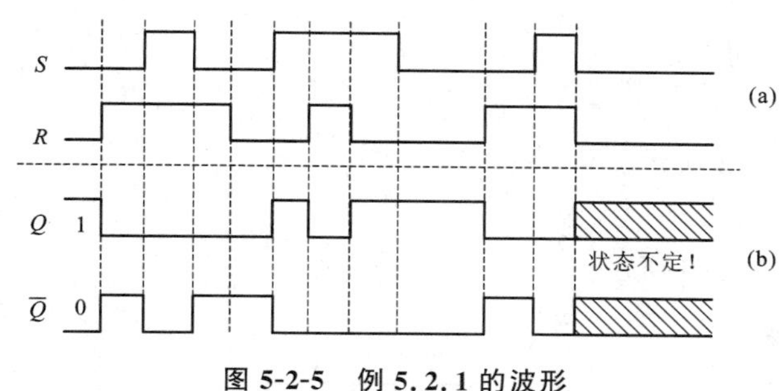

图 5-2-5　例 5.2.1 的波形

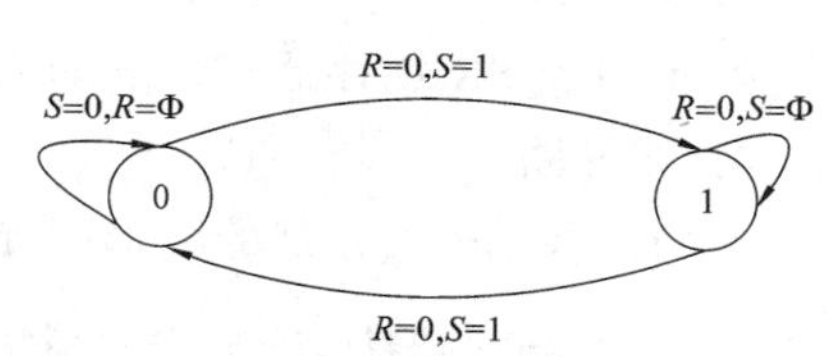

图 5-2-6　基本 SR 锁存器的状态图

5. 基本 SR 锁存器的特点

(1) 电路具有记忆功能,即:有两个稳态($Q=0$ 或 $Q=1$)——可用于表示两种对立的逻辑状态或二进制数 0 和 1。

(2) 电路状态的转换依赖于外加输入电平,通常称此锁存器为置 0、置 1 锁存器或复位、置位锁存器(用小圆圈表示低电平或逻辑 0 有效)。

(3) 动作特点:由于 S、R 直接加至输出门的输入端,则在 SR 的全部作用时间内敏感。

(4) 有约束条件:$\overline{R}+\overline{S}=1$(与非门输入不能同时为 0),$SR=0$(或非门输入不能同时为 1)

5.2.3　逻辑门控 SR 锁存器——同步触发器

前面所讨论的基本 SR 锁存器的输出状态是由输入信号 S 或 R 直接控制的,如图 5-2-7 所示电路在基本 SR 锁存器前增加了一对逻辑门 G_3、G_4,用锁存使能信号 E 控制锁存器在

某一指定时刻根据 S、R 输入信号确定输出状态。这种锁存器称为逻辑门控 SR 锁存器。与基本 SR 锁存器相比，逻辑门控 SR 锁存器增加了锁存使能输入端 E。通过控制 E 端电平，可以实现多个锁存器同步进行数据锁存。即：为协调各部分的动作，加控制门，引入使能信号 E（或时钟信号），使其只在使能信号 E 到来时，才按照输入信号改变其状态。

1. 电路组成及逻辑符号

逻辑门控 RS 锁存器的电路结构和国标逻辑符号分别如图 5-2-7(a)、图 5-2-7(b)所示。

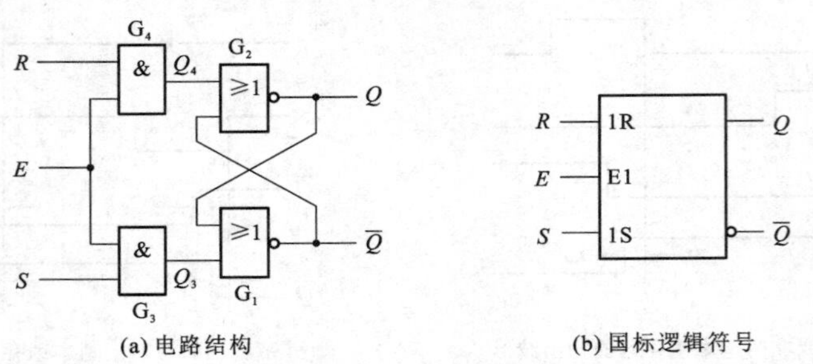

(a) 电路结构　　(b) 国标逻辑符号

图 5-2-7　逻辑门控 SR 锁存器

2. 逻辑功能分析

$E=0$：状态不变；

$E=1$：$Q_3=S$ $Q_4=R$。

此时，状态发生变化，等价于由或非门组成的基本 SR 锁存器。

即：

$S=0,R=0$：$Q^{n+1}=Q^n$；

$S=1,R=0$：$Q^{n+1}=1$；

$S=0,R=1$：$Q^{n+1}=0$；

$S=1,R=1$：$Q^{n+1}=\Phi$。

这种锁存器必须严格遵守 $SR=0$ 的约束。

3. 特性表

逻辑门控 SR 锁存器特性表如表 5-2-2 所示。

4. 波形图

逻辑门控 SR 锁存器的波形图如图 5-2-8 所示。

表 5-2-2　逻辑门控 SR 锁存器特性表

E	R	S	Q^n	Q^{n+1}
0	×	×	×	Q^n
1	0	0	0	0
1	0	0	1	1
1	0	1	0	1
1	0	1	1	1
1	1	0	0	0
1	1	0	1	0
1	1	1	0	不定
1	1	1	1	不定

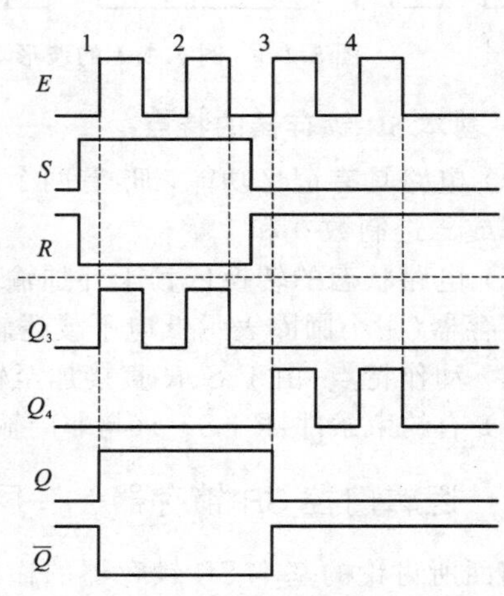

图 5-2-8　逻辑门控 SR 锁存器的波形图

5. 动作特点

从以上分析可以看出：

(1) 只有当使能信号有效时，才能把输入信号的状态反映到输出端。即通过控制 E 端电平，可以实现多个锁存器同步进行数据锁存。

(2) 在使能信号全部作用时间内，对输入信号敏感。即在 E 有效时，S、R 的改变都将引起输出状态的改变。即此种锁存器的触发被控制在一个时间间隔内，而不是控制在某一时刻进行。

(3) 仍有约束条件，$SR=0$（不能同时为 1），否则输出状态不定。

5.2.4 D 锁存器

1. 逻辑门控 D 锁存器

消除逻辑门控 SR 锁存器不确定状态最简单的方法是在图 5-2-7(a)所示电路的 S 和 R 输入端连接一个非门 G_5，从而保证了 S 和 R 不同时为 1 的条件，其电路结构如图 5-2-9(a)所示，它只有两个输入端：数据输入 D 和使能输入 E。$E=0$ 时，G_3 和 G_4 输出均为 0，使 G_1、G_2 构成的基本 SR 锁存器处于保持状态，无论 D 信号怎样变化，输出 Q 和 $\overline{Q}$ 均保持不变。当需要更新状态时，可将门控信号 E 置 1，此时根据送到 D 端新的信息将锁存器置为新的状态：如果 $D=0$，无论基本 SR 锁存器原来状态如何，都将使 $Q=0$，$\overline{Q}=1$；反之，则将锁存器置为 1 状态。如果 D 信号在 $E=1$ 期间发生变化，电路提供的信号路径将使 Q 端信号跟随 D 而变化。在 E 由 1 跳变为 0 以后，锁存器将锁存跳变前 D 端的逻辑值，可以暂存 1 位二进制数据。表 5-2-3 以表格形式对 D 锁存器的功能进行了概括。图 5-2-9(b)所示为 D 锁存器的逻辑符号。其中，C1 和 1D 表示两者是关联的，C1 控制着 1D 的输入。

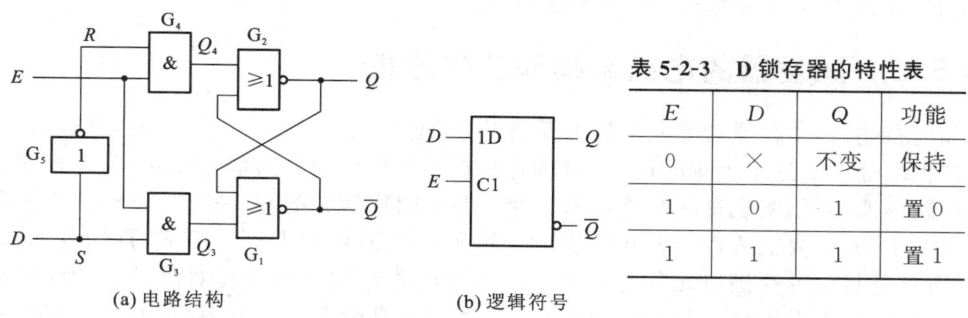

(a) 电路结构　　(b) 逻辑符号

图 5-2-9　逻辑门控 D 锁存器

表 5-2-3　D 锁存器的特性表

E	D	Q	功能
0	×	不变	保持
1	0	1	置 0
1	1	1	置 1

2. 传输门控 D 锁存器

1) 电路结构

图 5-2-10(a)所示是另一种 D 锁存器的电路结构，多见于 CMOS 集成电路。它与图 5-2-9(a)所示电路的逻辑功能完全相同，但数据锁存不使用逻辑门控，而是在图 5-1-2 的双稳态电路基础上增加两个传输门 TG_1 和 TG_2 实现的。电路中，E 是锁存使能信号。当 $E=1$ 时，$\overline{C}=0$，$C=1$，TG_1 导通，TG_2 断开，输入数据 D 经 G_1、G_2 两个非门，使 $Q=D$，$\overline{Q}=\overline{D}$，如图 5-2-10(b) 所示的简图。显然，这时 Q 端跟随输入信号 D 的改变而变化。当 $E=0$ 时，$\overline{C}=1$，$C=0$，TG_1 断开，TG_2 导通，构成类似于图 5-1-2 所示的双稳态电路，如图 5-2-10(c)所示。由于 G_1、G_2 输入端存在的分布电容对逻辑电平有短暂的保持作用，此时电路将被锁定在 E 信号由 1 变 0 前瞬间 D 信号所确定的状态。由于逻辑功能完全相同，所以传输门控 D 锁存器的逻辑符号仍如图 5-2-9(b)所示。

其逻辑功能与逻辑门控 D 锁存器完全相同，所以逻辑符号与逻辑门控 D 锁存器相同。

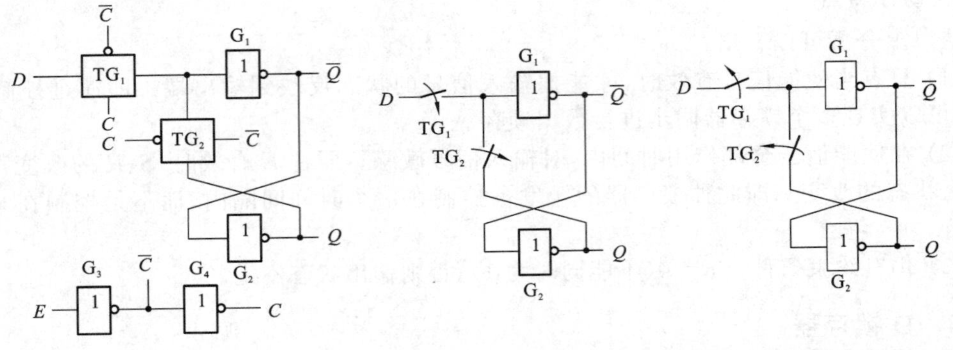

(a) 电路结构　　(b) E=1时的等效电路　　(c) E=0时的等效电路

图 5-2-10　传输门控 D 锁存器

2) 工作原理

(1) $E=1$ 时，TG_1 导通，TG_2 断开，$Q=D$。等效电路如图 5-2-10(b)所示。

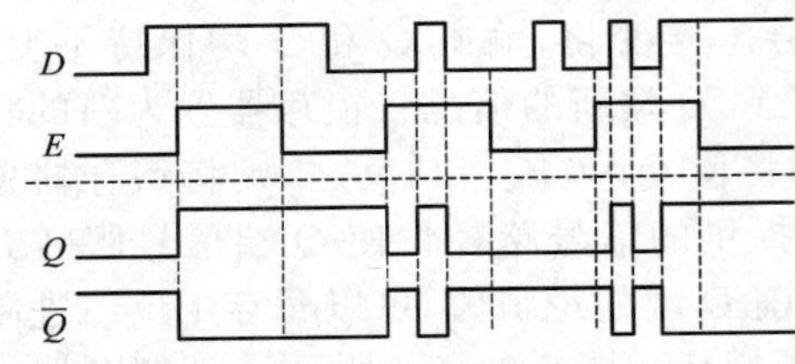

图 5-2-11　传输门控 D 锁存器波形

(2) $E=0$ 时，TG_2 导通，TG_1 断开，Q 不变。等效电路如图 5-2-10(c)所示。

3) 工作波形

根据图 5-2-10(b)、(c)所示，每当 $E=1$ 时，Q 端波形跟随 D 端变化，当 E 跳变为 0 时，锁存器保持在跳变前瞬间的状态，可以画出 Q 和 $\overline{Q}$ 的波形，如图 5-2-11 虚线下边所示。由波形图可以看出：在 $E=1$ 的全部时间内输出对输入信号敏感。

5.3　触发器的电路结构和工作原理

如前所述，D 锁存器在使能信号 E 为逻辑 1 期间更新状态，在图 5-1-1(a)所示的波形图中以加粗部分表示这个敏感时段。在这期间，它的输出会随输入信号变化，从而使很多时序逻辑功能不能实现，实现这些功能要求存储电路对时序信号的某一边沿敏感，而在其他时刻状态保持不变，不受输入信号变化的影响。这种在时钟脉冲边沿作用下的状态刷新称为触发，具有这种特性的存储单元称为触发器。不同电路结构的触发器对时钟脉冲的敏感边沿可能不同，分为上升沿触发和下降沿触发。本书以 CP 命名上升沿触发的时钟信号，触发边沿如图 5-1-1(b)波形中的箭头↑所示；以 $\overline{CP}$ 命名下降沿触发的时钟信号，触发边沿如图 5-1-1(b)波形中的箭头↓所示。

目前应用的触发器主要有三种：主从触发器、维持阻塞触发器和利用传输延迟的触发器。下面分别予以讨论。

5.3.1　主从触发器

1. 电路结构

将两个图 5-2-10(a)所示的 D 锁存器级联，则构成 CMOS 主从触发器，如图 5-3-1 所示。图中左边的锁存器称为主锁存器，右边的称为从锁存器。主锁存器的锁存使能信号正好与从锁存器相反，利用两个锁存器的交互锁存，则可实现存储数据和输入信号之间的隔离。

四个传输门中，TG_1 和 TG_4 的工作状态相同，TG_2 和 TG_3 的工作状态相同。

2. 工作原理

图 5-3-1 中的触发器工作过程分为以下两个节拍。

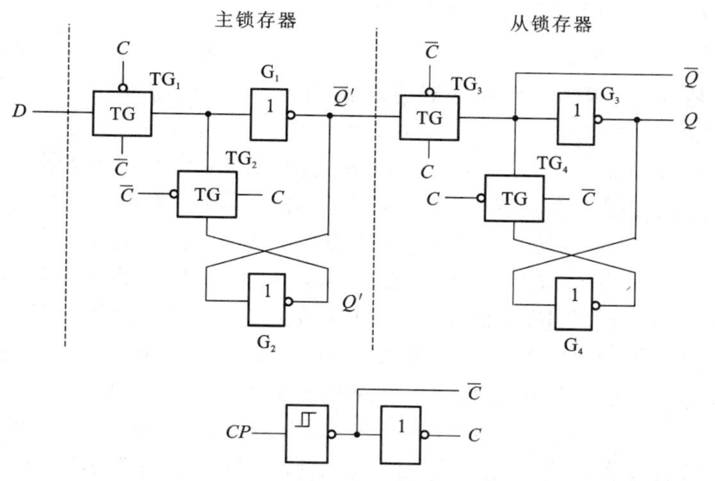

图 5-3-1　CMOS 主从 D 触发器的逻辑电路

(1) 当时钟信号 $CP=0$ 时，$\overline{C}=1$、$C=0$，使 TG_1 导通，TG_2 断开，D 端输入信号进入主锁存器，这时 Q' 跟随 D 端的状态变化，使 $Q'=D$。例如，D 为 1 时，经 TG_1 的输入端，使 $\overline{Q'}=0$、$Q'=1$。同时由于 TG_3 断开，切断了从锁存器与主锁存器之间的联系，而 TG_4 导通，G_3 的输入端与 G_4 的输出端经 TG_4 连通，构成图 5-1-2 所示的双稳态存储单元电路，使从锁存器维持在原来的状态不变，即触发器的输出状态不变。

(2) 当 CP 由 0 跳变到 1 后，$\overline{C}=0$、$C=1$，使 TG_1 断开，从而切断了 D 端与主锁存器的联系，同时 TG_2 导通，将 G_1 的输入端和 G_2 的输出端连通，使主锁存器维持原态不变。这时，TG_3 导通，TG_4 断开，将 Q' 端信号传输到 Q 端。若 $\overline{Q'}=0$，经 TG_3 传输给 G_3 的输入端，于是 $\overline{Q}=0$、$Q=1$。

可见，从锁存器工作中总是跟随主锁存器的状态变化，触发器因之冠名“主从”。它的输出状态转换发生在 CP 信号上升沿到来后的瞬间。而触发器的状态仅仅取决于 CP 信号上升沿到达前瞬间的 D 信号，从功能上考虑称为 D 触发器。如果以 Q^{n+1} 表示 CP 信号上升沿到达后触发器的状态，则 D 触发器的特性可以用式(5-3-1)来表达：

$$Q^{n+1}=D \tag{5-3-1}$$

式(5-3-1)称为 D 触发器的特性方程。它反映了触发器在时钟信号作用后的状态与此前输入信号 D 的关系。

5.3.2　维持阻塞触发器

1. 电路结构

维持阻塞触发器的逻辑电路如图 5-3-2 所示。该触发器由 3 个用与非门构成的基本 SR 锁存器组成，其中，G_1、G_2 和 G_3、G_4 构成的两个基本 SR 锁存器响应外部输入数据 D 和时钟信号 CP，它们的输出 Q_2 和 Q_3 作为 $\overline{S}$、$\overline{R}$ 信号控制着由 G_5、G_6 构成的第三个基本 SR 锁存器的状态，即整个触发器的状态。

2. 工作原理

下面分析其工作原理。

(1) 当 $CP=0$ 时，与非门 G_2 和 G_3 被封锁，其输出 $Q_2=Q_3=1$，即 $\overline{S}=\overline{R}=1$，使输出锁存器处于保持状态，触发器的输出 Q 和 $\overline{Q}$ 不改变状态。同时，Q_2 和 Q_3 的反馈信号分别将 G_1 和 G_4 两个门打开，使 $Q_4=\overline{D}$，$Q_1=\overline{Q_4}=D$，D 信号进入触发器，为触发器状态刷新做好准备。

(2) 当 CP 由 0 变 1 后瞬间，G_2 和 G_3 打开，它们的输出 Q_2 和 Q_3 的状态由 G_1 和 G_4 的输出状态决定，即 $\overline{S}=Q_2=\overline{Q_1}=\overline{D}$，$\overline{R}=Q_3=\overline{Q_4}=D$，两者状态永远是互补的，也就是说 $\overline{S}$ 和 $\overline{R}$ 中必定有一个是 0。由基本 SR 锁存器的逻辑功能可知，这时，$Q^{n+1}=D$，触发器状态按此前 D 的逻辑值刷新。

(3) 在 $CP=1$ 期间，由 G_1、G_2 和 G_3、G_4 分别构成的两个基本 SR 锁存器可以保证 Q_2、Q_3 的状态不变，使触发器状态不受输入信号 D 变化的影响。在 $Q=1$ 时，$Q_2=0$，则将 G_1 和 G_3 封锁。Q_2 至 G_1 的反馈线使 $Q_1=1$，起维持 $Q_2=0$ 的作用，从而维持了触发器的 1 状态，称为置 1 维持线；而 Q_2 至 G_3 的反馈线使 $Q_3=1$，虽然 D 信号在此期间的变化可能使 Q_4 相应改变，但不会改变 Q_3 的状态，从而阻塞了 D 端输入的置 0 信号，称为置 0 阻塞线。在 $Q=0$ 时，$Q_3=0$，则将 G_4 封锁，使 $Q_4=1$，即阻塞了 $D=1$ 信号进入触发器的路径，又与 $CP=1$、$Q_2=1$ 共同作用，将 Q_3 维持为 0，而将触发器维持在 0 状态，故将 Q_3 至 G_4 的反馈线称为置 1 阻线、置 0 维持线。正因为这种触发器工作中的维持、阻塞特性，所以称之为维持阻塞触发器。

虽然维持阻塞触发器的电路结构与图 5-3-1 所示的电路完全不同，但这两个电路所实现的逻辑功能是完全相同的，都是在 CP 脉冲上升沿到来后瞬间转换输出状态，将输入信号 D 传递到 Q 端并保持下去。因此，它们使用同一逻辑符号，特性方程也是一致的，即式(5-3-1)。

5.3.3 利用传输延迟的触发器

1. 电路构成

图 5-3-3 是利用门的传输延迟构成的负边沿 JK 触发器。两个与或非门构成基本 SR 触发器，两个与非门 G_7、G_8 用来接收 JK 信号。时钟信号一路送给 G_7、G_8，另一路送给 G_2、G_6，注意 CP 信号是经 G_7、G_8 延时，所以送到 G_3、G_5 的时间比到达 G_2、G_6 的时间晚一个与非门的延迟时间($1t_{pd}$)，这就保证了触发器的翻转对准的是 CP 的下降沿。

2. 工作原理

下面分三个阶段来分析其工作原理。

(1) 当 $\overline{CP}=0$ 时，与门 G_2、$G_6=0$，与非门 G_7、G_8 封锁，不接收 JK 输入，输出 $S=R=1$，使触发器的输出保持不变。

(2) 当 $\overline{CP}=1$ 时，与非门 G_7、G_8 打开，接收 JK 输入，由图 5-3-3 可得输出表达式：

$$Q^{n+1}=\overline{\overline{Q^n}\cdot\overline{CP}+\overline{Q^n}\cdot S}=\overline{\overline{Q^n}+\overline{Q^n}\cdot S}=Q^n \tag{5-3-2}$$

$$\overline{Q^{n+1}}=\overline{Q^n\cdot\overline{CP}+Q^n\cdot R}=\overline{Q^n+Q^n\cdot R}=\overline{Q^n} \tag{5-3-3}$$

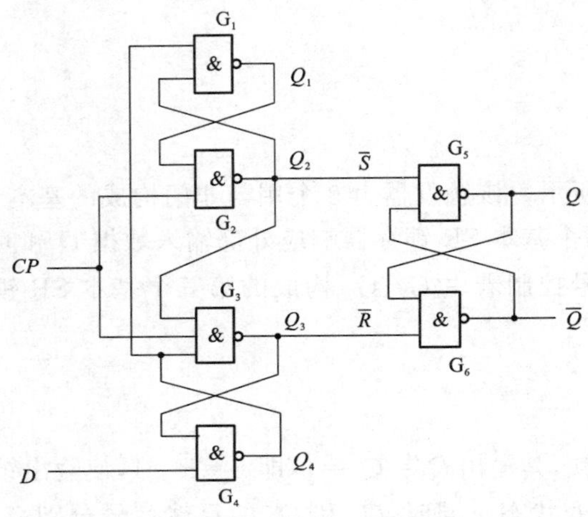

图 5-3-2　维持阻塞触发器的逻辑电路

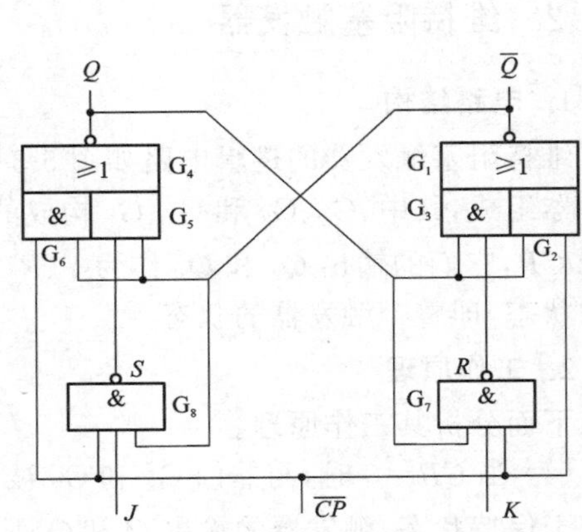

图 5-3-3　负边沿 JK 触发器

可知触发器的输出仍保持不变。

(3) 在 $\overline{CP}$ 由 1→0 的瞬间，$\overline{CP}$ 信号是直接加到与门 G_2、G_6 输入端，但 G_7、G_8 的输出 S 和 R，需要经过一个与非门的延迟时间 t_{pd} 才能变为 1。设 $\overline{Q^{n'}}$ 为 G_1 在这一瞬间的输出，则 S、R 在没有变为 1 之前，仍维持 $\overline{CP}$ 下降前的值：

$$S=\overline{J\,\overline{Q^n}}\quad R=\overline{KQ^n}$$

由式(5-3-2)，可得：

$$Q^{n+1}=\overline{\overline{Q^{n'}}\cdot 0+\overline{Q^{n'}}\cdot S}=\overline{\overline{Q^{n'}}\cdot S} \tag{5-3-4}$$

由式(5-3-3)可得：

$$\overline{Q^{n'}}=\overline{Q^n\cdot 0+Q^n\cdot R}=\overline{Q^n\cdot R}$$

代入式(5-3-4) 得：

$$\begin{aligned}Q^{n+1}&=\overline{\overline{Q^n\cdot R}\cdot S}\\&=\overline{\overline{Q^n\cdot\overline{KQ^n}}\cdot\overline{J\,\overline{Q^n}}}\quad \text{（将 }S\text{、}R\text{ 的表达式代入）}\\&=J\,\overline{Q^n}+\overline{K}Q^n\end{aligned}$$

显然，这是 JK 触发器的特征方程。

由以上分析可知，只有时钟下降沿的 JK 值才能对触发器起作用并引起翻转，实现了边沿触发 JK 触发器的功能。

5.4 触发器的逻辑功能

在 5.3 节中以两种 D 触发器和一种 JK 触发器为例介绍了构成触发器的不同电路结构，本节将进一步讨论触发器的逻辑功能。触发器在每次时钟脉冲触发沿到来之前的状态称为现态，而在此之后的状态称为次态。所谓触发器的逻辑功能，是指次态与现态、输入信号之间的逻辑关系，这种关系可以用特性表、特性方程或状态图来描述。按照触发器状态转换的规则不同，通常分为 D 触发器、JK 触发器、T 触发器、SR 触发器等几种逻辑功能类型。它们的逻辑符号如图 5-4-1 所示。各方框内分别标明了时钟信号与不同输入的控制关联关系。

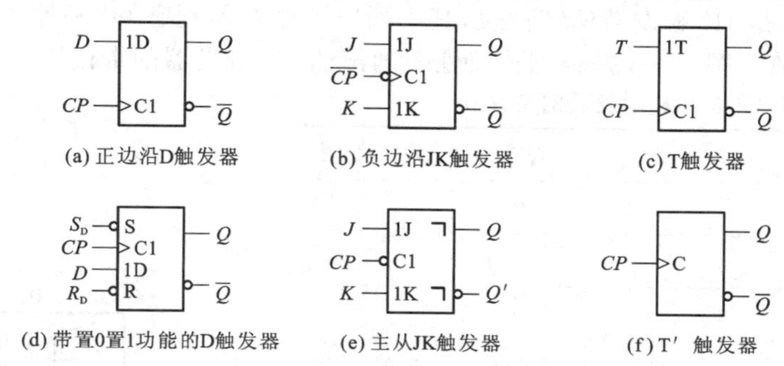

图 5-4-1 不同逻辑功能触发器的逻辑符号

需要指出的是，逻辑功能与电路结构是两个不同的概念。同一逻辑功能的触发器可以用不同的电路结构实现，如前述两种不同电路结构而功能完全相同的 D 触发器；同时，以同一基本电路结构，也可以构成不同逻辑功能的触发器，例如 5.4.6 节将要讨论的 D 触发器逻辑功能的转换。对于某种特定的电路结构，只不过是可能更易于实现某一逻辑功能而已。在本节讨论触发器的逻辑功能时，可以暂不考虑其内部的电路结构。

5.4.1 D 触发器

1. 特性表

以触发器的现态和输入信号为变量，以次态为函数，描述它们之间逻辑关系的真值表称为触发器的特性表。D 触发器的功能表如表 5-4-1 所示，表中对触发器的现态 Q^n 和输入信号 D 的每种组合都列出了相应的次态 Q^{n+1}。

2. 特性方程

触发器的逻辑功能也可以用逻辑表达式来描述，称为触发器的特性方程。根据表 5-4-1 可以列出 D 触发器的特性方程为

$$Q^{n+1}=D \tag{5-4-1}$$

该式与 5.3 节中主从触发器结构导出的式(5-3-1)完全相同。

3. 状态图

触发器的功能还可以用图 5-4-2 所示的状态图更为形象地表示。状态图同样可以用 D 触发器的特性表导出，图中，两个圆圈内标有 1 和 0，表示触发器的两个状态，4 根方向线表示状态转换的方向，分别对应特性表中的 4 行，方向线起点为触发器现态 Q^n，箭头指向相应的次态 Q^{n+1}，方向线旁边标出了状态转换的条件，即输入信号 D 的逻辑值。

表 5-4-1　D 触发器的功能表

Q^n	D	Q^{n+1}
0	0	0
0	1	1
1	0	0
1	1	1

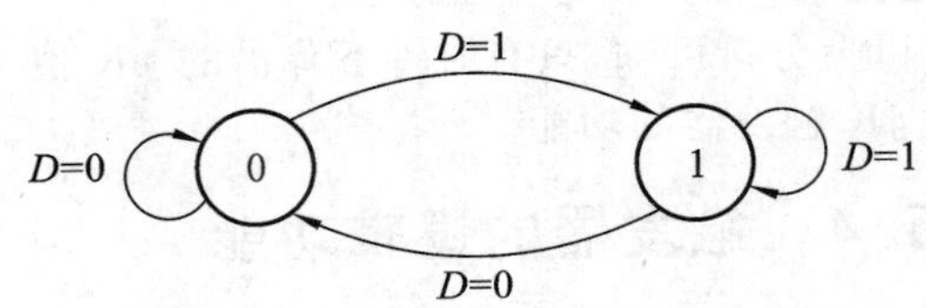

图 5-4-2　D 触发器的状态图

5.4.2　JK 触发器

1. 特性表

表 5-4-2 所示是 JK 触发器的特性表，其中列出了触发器现态 Q^n 和输入信号 J、K 在不同条件下的次态值。图 5-4-3 是根据该特性表画出的 JK 触发器的卡诺图。

表 5-4-2　JK 触发器的特性表

J	K	Q^n	Q^{n+1}	说　明
0	0	0	0	状态不变
0	0	1	1	
0	1	0	0	置 0
0	1	1	0	
1	0	0	1	置 1
1	0	1	1	
1	1	0	1	翻转
1	1	1	0	

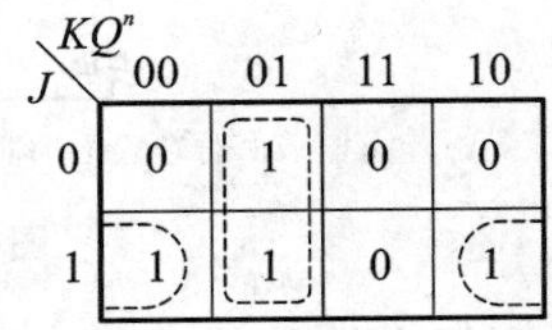

图 5-4-3　JK 触发器的卡诺图

2. 特性方程

从表 5-4-2 可以写出 JK 触发器次态的逻辑表达式，经过简化可得其特性方程如下(或由卡诺图得出)：

$$Q^{n+1}=J\overline{Q^n}+\overline{K}Q^n \tag{5-4-2}$$

3. 状态图

JK 触发器的状态图如图 5-4-4 所示，它可以从表 5-4-2 导出。由于存在无关变量（以×表示，既可以取 0，也可以取 1），所以 4 根方向线实际对应表中的 8 行，读者可以自己找出它们之间的对应关系。

由特性表、特性方程或状态图均可以看出，当 $J=1$、$K=0$ 时，触发器的下一状态被置 1（$Q^{n+1}=1$）；当 $J=0$、$K=1$ 时，将被置零 0（$Q^{n+1}=0$）；$J=K=0$ 时，触发器状态保持不变（$Q^{n+1}=Q^n$）；$J=K=1$ 时，触发器翻转（$Q^{n+1}=\overline{Q^n}$），在所有类型的触发器中，JK 触发器具有最强的逻辑功能，它能执行置 1、置 0、保持和翻转四种操作，并可用简单的附加电路转换为其他功能的触发器，因此在数字电路中有较广泛的应用。

例 5.4.1 设下降沿触发的 JK 触发器时钟脉冲和 J、K 信号的波形如图 5-4-5(a) 所示，试画出输出端 Q 的波形。设触发器的初始状态为 0。

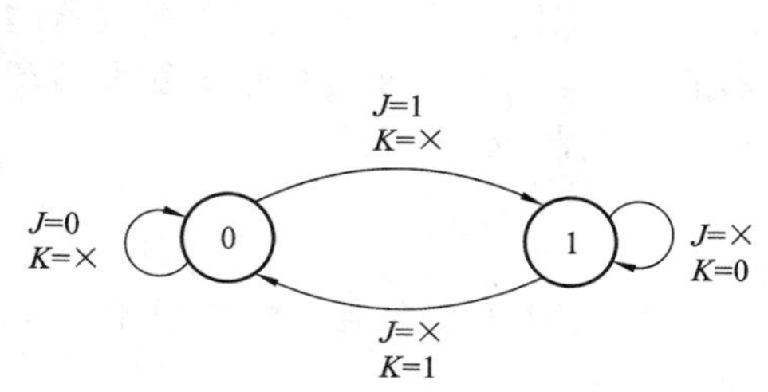

图 5-4-4　JK 触发器的状态图

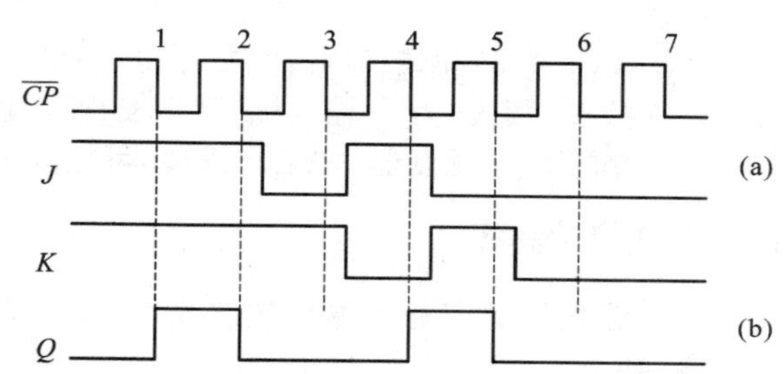

图 5-4-5　例 5.4.1 的波形图

解 根据表 5-4-2、式(5-4-2)或图 5-4-4 都可画出 Q 端的波形，如图 5-4-5(b) 所示。

从图 5-4-5 可以看出，在第 1、2 个 $\overline{CP}$ 脉冲作用期间，J、K 均为 1，每输入一个脉冲，Q 端的状态就改变一次，即触发器翻转一次。触发器的这种工作状态称为计数状态。由触发器翻转的次数可以计算出时钟脉冲的个数。同时，Q 端的方波频率是时钟脉冲频率的 $\frac{1}{2}$。若以 $\overline{CP}$ 为输入信号，Q 为输出信号，则一个触发器可以作为二分频电路，两个触发器可以获得四分频电路，依次类推。

5.4.3　T 触发器

在某些应用中，需要对上述记数功能进行控制，当控制信号 $T=1$ 时，每来一个 CP（或 $\overline{CP}$）脉冲，它的状态就翻转一次；而当 $T=0$ 时，则不对 CP（或 $\overline{CP}$）信号做出相应反应而保持状态不变。具备这种逻辑功能的触发器称为 T 触发器。

1. 逻辑符号

T 触发器的逻辑符号如图 5-4-6 所示。

2. 特性表

T 触发器的特性表如表 5-4-3 所示。

3. 特性方程

由表 5-4-3 可以写出 T 触发器的逻辑表达式为

$$Q^{n+1}=T\overline{Q^n}+\overline{T}Q^n \tag{5-4-3}$$

4. 状态转换图

T 触发器的状态图如图 5-4-7 所示。

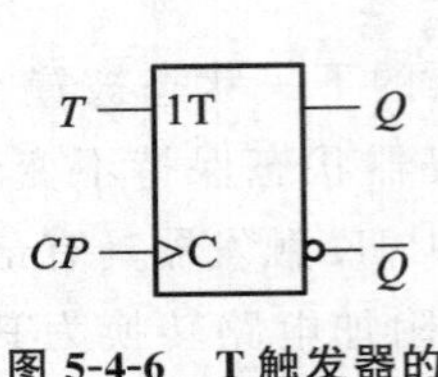

图 5-4-6 T 触发器的逻辑符号

表 5-4-3 T 触发器特性表

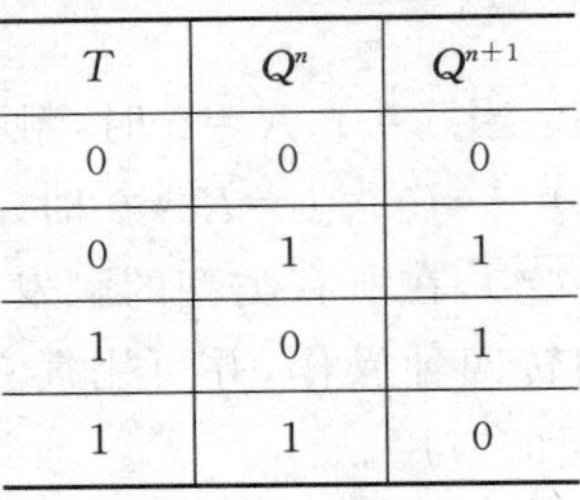

T	Q^n	Q^{n+1}
0	0	0
0	1	1
1	0	1
1	1	0

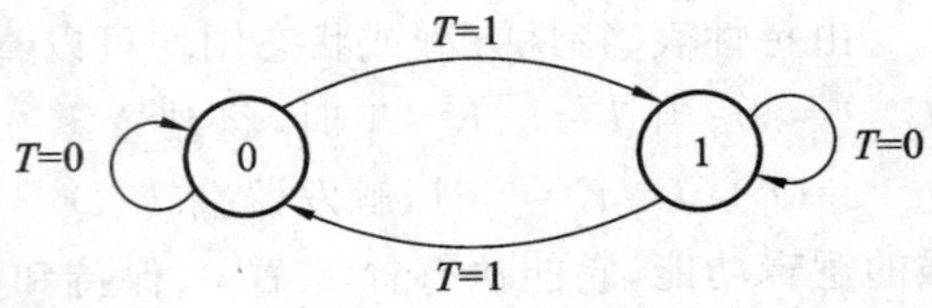

图 5-4-7 T 触发器的状态图

由此可知，T 触发器的功能是：$T=1$ 时为记数状态，$Q^{n+1}=\overline{Q^n}$；$T=0$ 时为保持状态，$Q^{n+1}=Q^n$。

比较式(5-4-3)和式(5-4-2)，如果令 $J=K=T$，则两式等效。事实上只要 JK 触发器的 J、K 端连接在一起作为 T 输入端，就可实现 T 触发器的功能，因此，在小规模集成触发器产品中没有专门的 T 触发器，如果有需要，可用其他功能的触发器转换。

5.4.4 T′触发器

当 T 触发器的 T 输入端固定接高电平时(即 $T\equiv1$)，即构成 T′触发器，将 $T=1$ 代入式(5-4-3)得：

$$Q^{n+1}=\overline{Q^n} \tag{5-4-4}$$

由(5-4-4)式可以看出，时钟脉冲每作用一次，触发器就翻转一次。T′触发器的逻辑符号如图 5-4-8 所示。

5.4.5 SR 触发器

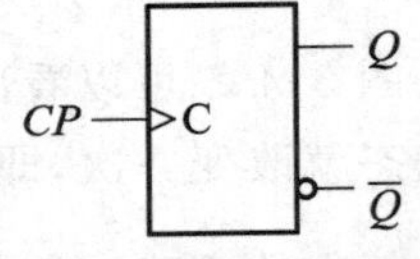

图 5-4-8 T′触发器的逻辑符号

仅有置位、复位功能的触发器称为 SR 触发器，它的特性表如表 5-4-4 所示。从表中可以看出，$S=R=1$ 时，触发器的次态是不能确定的，如果出现这种情况，触发器将失去控制。因此，SR 触发器的使用必须遵循 $SR=0$ 的约束条件。从特性表可导出表达次态与现态、输入信号关系的表达式，进而借助约束条件化简，于是得到特性方程：

$$\begin{cases} Q^{n+1}=S+\overline{R}Q^n \\ SR=0 \end{cases} \tag{5-4-5}$$

表 5-4-4 SR 触发器的特性表

Q^n	S	R	Q^{n+1}
0	0	0	0
0	0	1	0
0	1	0	1
0	1	1	不确定
1	0	0	1
1	0	1	0
1	1	0	1
1	1	1	不确定

也可以从特性表导出状态图，如图 5-4-9 所示。

事实上，生产厂家罕有专门的 SR 触发器芯片提供，实际应用中可以由 JK 触发器直接代用。比较图 5-4-4 和图 5-4-9，令 $J=S, K=R$，便可用 JK 触发器实现 SR 触发器的全部有效功能。

5.4.6 触发器功能转换

如前所述，D 触发器和 JK 触发器具有较完善的功能，有很多独立的中、小规模集成电路产品。而 T 触发器和 SR 触发器则主要出现于集成电路的内部结构，用户如有单独需要，可以很容易用前两种类型的触发器转化而成。由于主从结构的 D 触发器所需要的门电路和连接线最少，在芯片上占用面积最小，转换为其他功能的触发器也较容易，因而在大规模 CMOS 集成电路，特别是可编程逻辑器件中得到普遍应用。这里，将仅仅讨论 D 触发器的功能转换，其他触发器功能间的相互转换，读者可以采用类似的方法举一反三。方法：将两种触发器的特性方程联立求解。

1. D 触发器构成 T 触发器

T 触发器的特性方程为

$$Q^{n+1}=T\overline{Q^n}+\overline{T}Q^n=T\oplus Q^n$$

D 触发器的特性方程为

$$Q^{n+1}=D$$

于是可以令 $D=T\oplus Q^n$，据此画出电路，如图 5-4-10 所示。

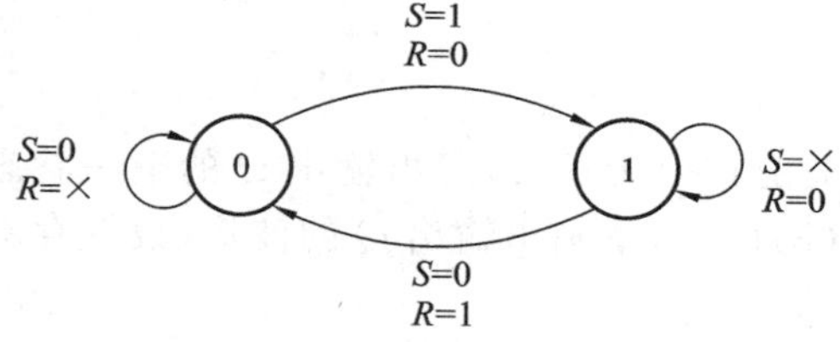

图 5-4-9 SR 触发器状态图

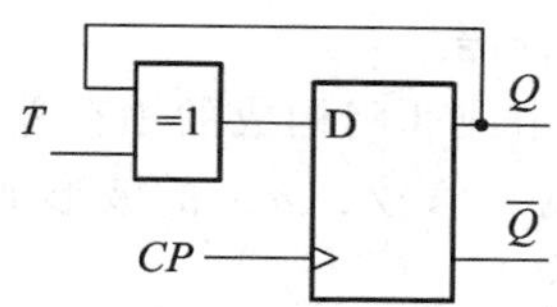

图 5-4-10 用 D 触发器实现 T 触发器的逻辑功能

2. D 触发器构成 T′触发器

T′触发器的特性方程为

$$Q^{n+1}=\overline{Q^n}$$

D 触发器的特性方程为

$$Q^{n+1}=D$$

于是可以令 $D=\overline{Q^n}$，据此画出电路，如图 5-4-11 所示。

3. D 触发器构成 JK 触发器

JK 触发器的特性方程为

$$Q^{n+1}=J\,\overline{Q^n}+\overline{K}Q^n$$

D 触发器的特性方程为

$$Q^{n+1}=D$$

于是令：

$$D=J\overline{Q}+\overline{K}Q$$

电路如图 5-4-12 所示。

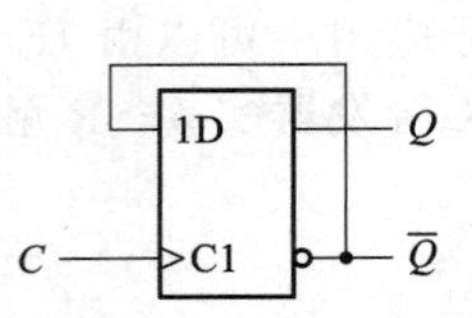

图 5-4-11 用 D 触发器实现 T′触发器的逻辑功能

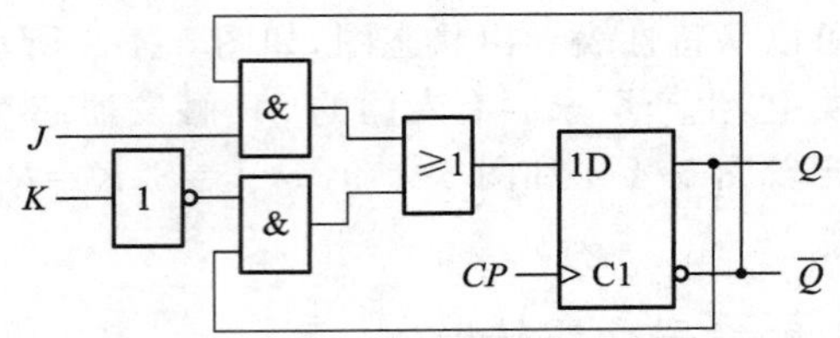

图 5-4-12 用 D 触发器实现 JK 触发器的逻辑功能

本章小结

(1) 锁存器和触发器都是具有存储功能的逻辑电路,是构成时序电路的基本逻辑单元。每个锁存器或触发器都能存储 1 位二值信息。

(2) 锁存器是对脉冲电平敏感的电路,它们在一定电平作用下改变状态。

(3) 触发器是对时钟脉冲边沿敏感的电路,它们在时钟脉冲上升沿或下降沿的作用下改变状态。

(4) 触发器按逻辑功能分类有 D 触发器、JK 触发器、T 触发器、T′触发器和 SR 触发器。它们的功能可用特性表、特性方程和状态图来描述。

课后习题

5.1 概述(略)

5.2 锁存器

5.2.1 由或非门构成的锁存器电路如图题 5.2.1(a)所示,请写出输出 Q 的下一状态方程。已知输入信号 a、b、c 的波形如图题 5.2.1 (b)所示,请画出输出 Q 的波形(设锁存器的初始状态为 1)。

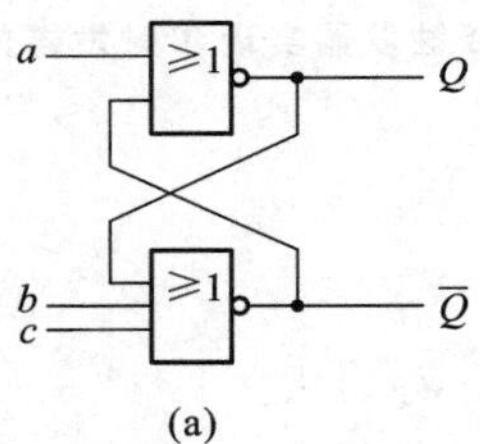

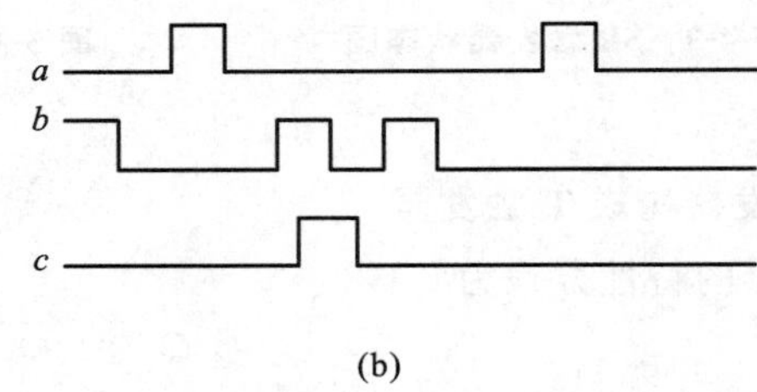

图题 5.2.1

5.2.2 由与非门构成的锁存器电路如图题 5.2.2(a)所示,请写出输出 Q 的下一状态方程,并根据图题 5.2.2 (b)所示的输入波形,画出输出 Q 的波形(设初始状态 Q 为 1)。

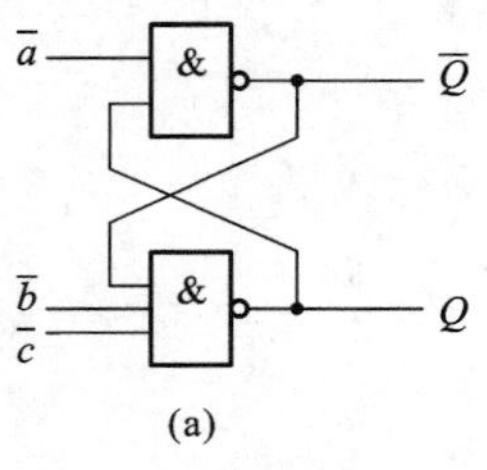

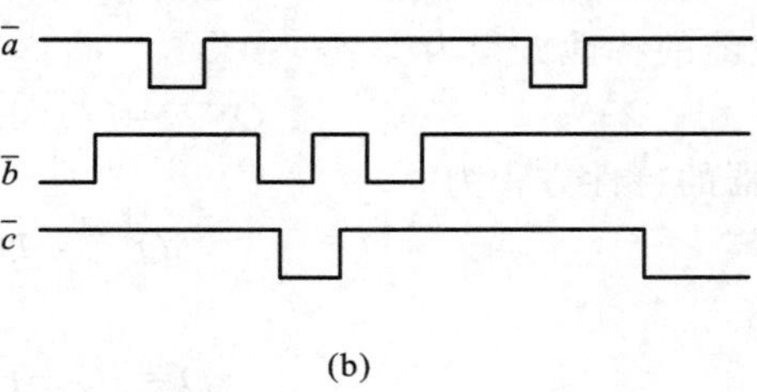

图题 5.2.2

5.2.3　用基本 SR 锁存器构成一个消除机械开关震颤的防颤电路，如图题 5.2.3(a)所示，画出对应于图题 5.2.3 (b)输入波形的输出 Q 的波形，并说明其工作原理。

5.2.4　用或非门构成的逻辑门控 SR 锁存器信号波形如图题 5.2.4 所示，画出 Q 和 $\overline{Q}$ 的波形。设初态 $Q=0$。E 为高电平使能。

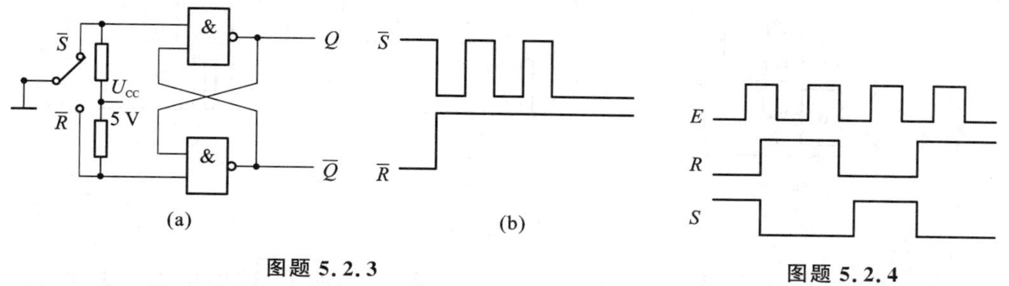

图题 5.2.3　　图题 5.2.4

5.3　触发器的电路结构和工作原理(略)

5.4　触发器的逻辑功能

5.4.1　上升沿和下降沿触发的 D 触发器的逻辑符号、时钟信号 $CP(\overline{CP})$和输入信号 D 的波形如图题 5.4.1 所示，试画出 Q 端的波形图，设初态 $Q=0$。

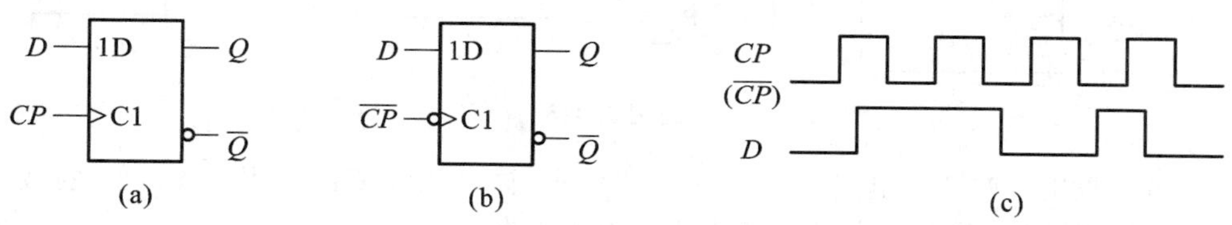

图题 5.4.1

5.4.2　下降沿触发的 JK 触发器初始状态为 0，时钟信号$\overline{CP}$和输入信号 J、K 的波形如图题 5.4.2 所示，试画出 Q 端的波形图，设初态 $Q=0$。

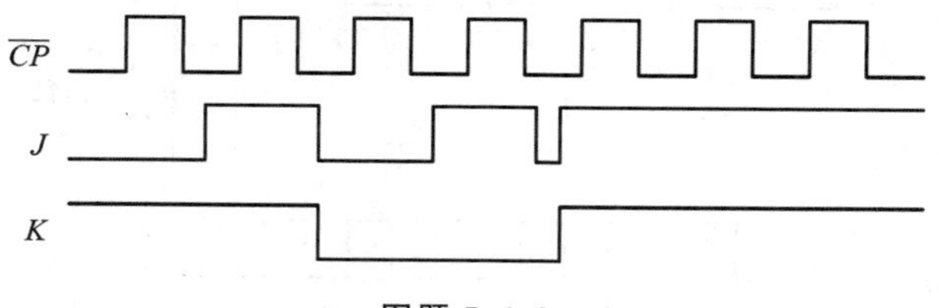

图题 5.4.2

5.4.3　下降沿触发的 JK 触发器如图题 5.4.3(a)、(b)、(c)、(d)所示，设各触发器的初态为 0，画出在 $\overline{CP}$ 脉冲作用下 Q 端波形。

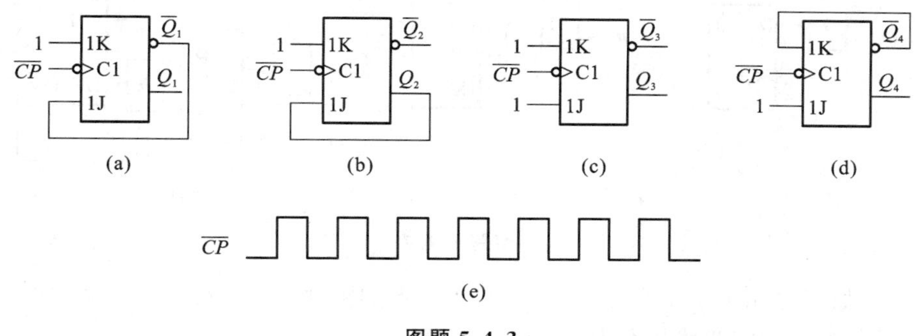

图题 5.4.3

5.4.4　图题 5.4.4(a)是用主从 JK 触发器构成的信号检测电路，用来检测 CP 高电平期间 u 是否有输入脉冲，若 CP、u 的波形如图题 5.4.4(b)所示，画出输出 Q 的波形。设初态 $Q=0$。

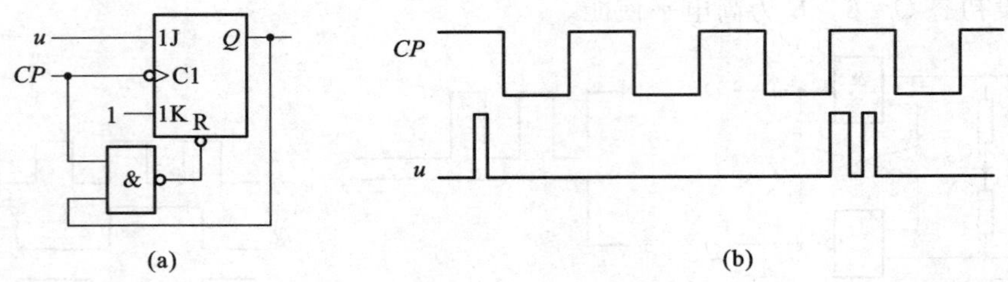

(a)　(b)

图题 5.4.4

5.4.5　逻辑电路如图题 5.4.5 所示，已知 $\overline{CP}$ 和 X 的波形，试画出 Q_1 和 Q_2 的波形。设触发器的初始状态均为 0。

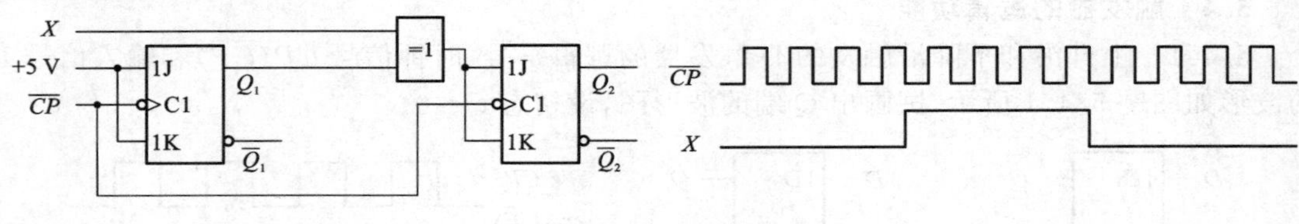

图题 5.4.5

5.4.6　两相脉冲产生电路如图题 5.4.6 所示，试画出在 $\overline{CP}$ 作用下 Y_1、Y_2 的波形，并说明 Y_1 和 Y_2 的时间关系。设各触发器的初始状态为 0。

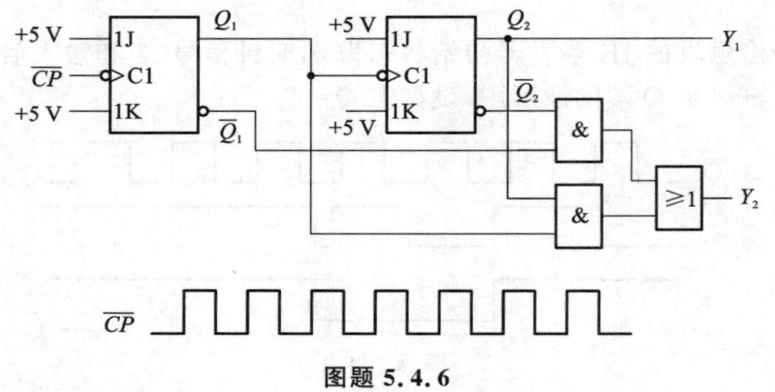

图题 5.4.6

5.4.7　写出图题 5.4.7 所示各触发器的状态方程。

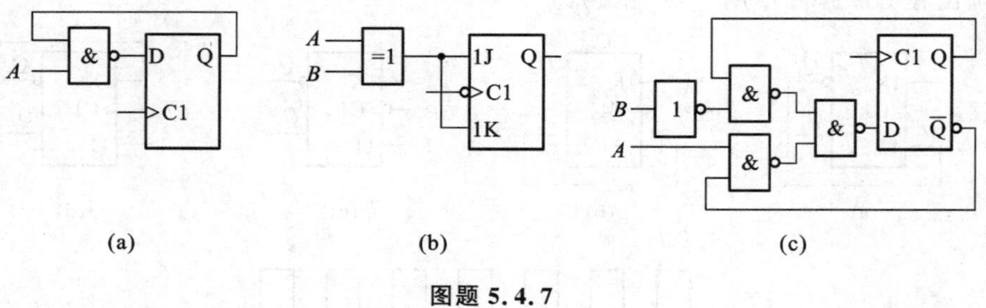

(a)　(b)　(c)

图题 5.4.7

5.4.8　如图题 5.4.8(a)所示的电路，输入波形如图题 5.4.8 (b)所示，画出输出 Q_1、Q_2 的波形。设各触发器的初始状态为 0。

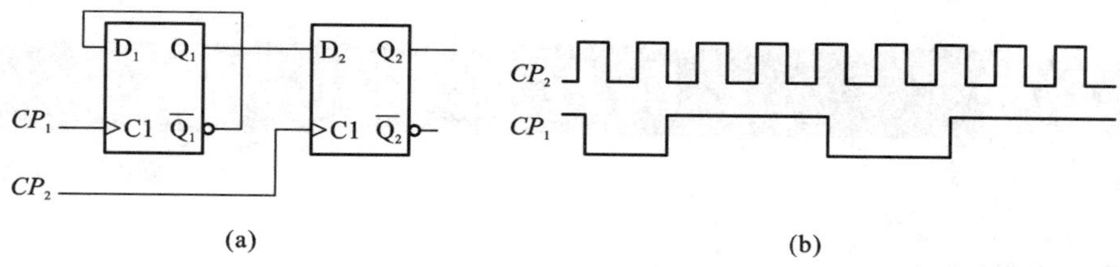

图题 5.4.8

5.4.9 写出图题 5.4.9 中各个触发器的下一状态方程，并画出各个触发器的输出 Q 的波形（设初始状态为 0）。

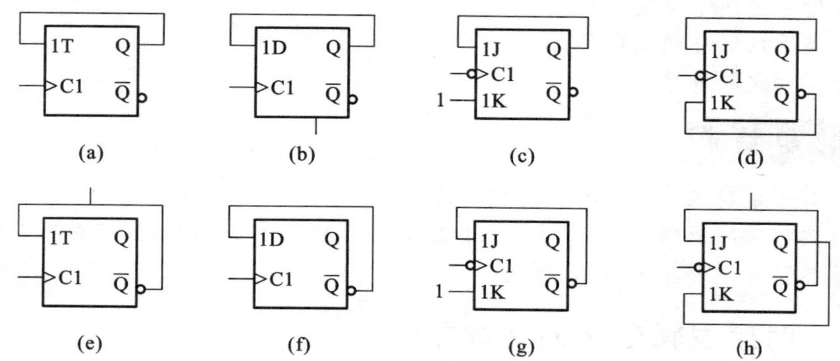

图题 5.4.9

5.4.10 将 JK 触发器分别转换为 D 触发器和 T 触发器，画出逻辑电路。

5.4.11 将 D 触发器分别转换为 JK 触发器和 T 触发器，画出逻辑电路。

5.4.12 将 T 触发器转换为 D 触发器，画出逻辑电路。

5.4.13 逻辑电路如图题 5.4.13 所示，试画出在 CP 作用下，Φ_0、Φ_1、Φ_2 和 Φ_3 的波形。

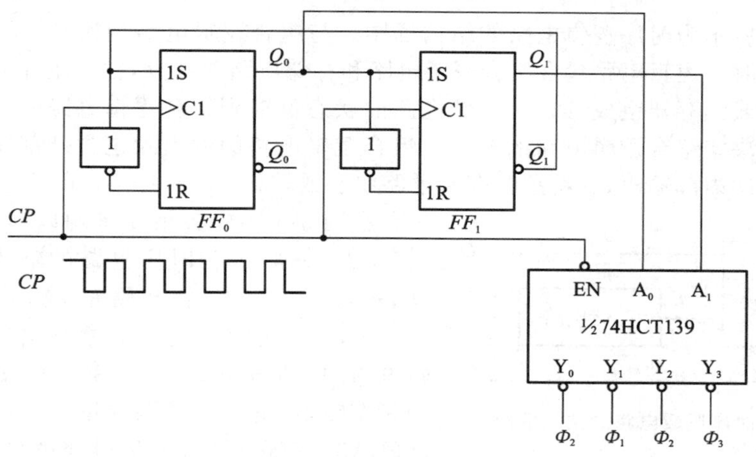

图题 5.4.13

第6章 时序逻辑电路

主要教学内容

1. 时序逻辑电路的基本概念。
2. 同步时序逻辑电路的分析。
3. 异步时序逻辑电路的分析。
4. 若干典型的时序逻辑电路。
5. 同步时序逻辑电路的设计。

教学目的和要求

1. 掌握时序逻辑电路的分析方法和设计方法。
2. 了解典型时序逻辑电路(寄存器、计数器等)的结构和工作原理,掌握其功能和应用。
3. 了解异步时序逻辑电路的分析。

6.1 时序逻辑电路的基本概念

在第4章所讨论的组合逻辑电路中,任一时刻的输出仅与该时刻输入变量的取值有关,而与输入变量的历史情况无关;在时序逻辑电路中,任一时刻的输出不仅与该时刻输入变量的取值有关,而且与电路的原状态,即与过去的输入情况有关。具备这种逻辑功能特点的电路叫作时序逻辑电路,简称时序电路。

6.1.1 时序逻辑电路的特点

图6-1-1所示为时序逻辑电路的结构框图。与组合逻辑电路相比,时序逻辑电路有两个特点:第一,时序逻辑电路包含组合逻辑电路和存储电路两部分,存储电路具有记忆功能,通常由触发器或锁存器组成;第二,存储电路的状态反馈到组合逻辑电路的输入端,与外部输入信号共同决定组合逻辑电路的输出。组合逻辑电路的输出除包含外部输出,还包含连接到存储电路的内部输出,它将控制存储电路状态的转移。

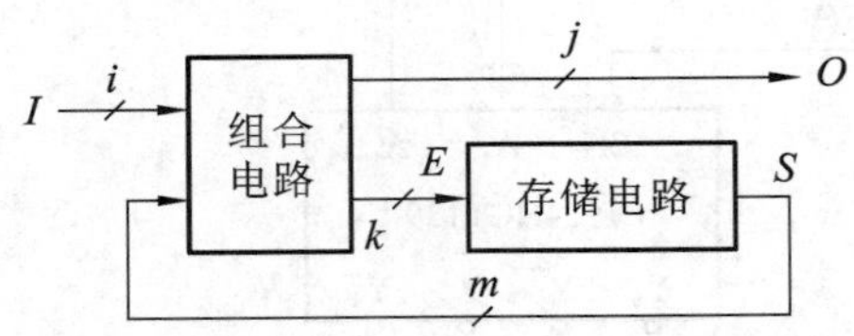

图 6-1-1 时序逻辑电路的结构框图

在图6-1-1中各组变量均以向量表示,其中,$I(I_1, I_2, \cdots, I_i)$为时序电路的输入信号;$O(O_1, O_2, \cdots, O_j)$为时序电路的输出信号;$E(E_1, E_2, \cdots, E_k)$为存储电路的激励信号,也是组合逻辑电路的内部输出;$S(S_1, S_2, \cdots, S_m)$为存储电路的状态输出,也称为状态变量,它表示时序电路当前的状态,简称现态,也是组合逻辑电路的内部输入。在存储电路中,每一位输出$S_i(i=1, 2, \cdots, m)$称为一个状态变量,m个状态变量可以组成2^m个不同的内部状态。时序逻辑电路对于输入变量历史情况的记忆反映在状态变量的不同取值上,即不同的内部状态代表不同的输入变量的历史情况。状态变量S反馈到组合电路的输入端,与输入信号I一起决定时序电路的输出信号O,并产生对存储电路的激励信号E,从而确定其下一个状态,即次态。于是,上述4组变量间的逻辑关系可用下列三个向量函数形式的方程来表述,即

$$O=f_1(I,S) \tag{6-1-1}$$

$$E=f_2(I,S) \tag{6-1-2}$$

$$S^{n+1}=f_3(E,S^n) \tag{6-1-3}$$

其中，式(6-1-1)表示时序电路的输出信号与输入信号、状态变量的关系，称为时序电路输出方程。式(6-1-2)表示激励信号与输入信号、状态变量的关系，称为驱动方程(或激励方程)。式(6-1-3)表示存储电路从现态到次态的转换关系，称为状态方程。方程中的上标 n 和 $n+1$ 表示相邻的两个离散时间(或称相邻的两个节拍)，如 S^n 表示存储电路中每个触发器的当前状态(也称现状态或原状态)，S^{n+1} 表示存储电路中每个触发器的新状态(也称下一状态或次状态)。以上三个向量函数形式的方程分别对应于表达时序电路的三个方程组，即输出方程组、激励方程组、状态方程组。

在后续的学习中我们会看到，有些具体的时序电路中，并不具备图 6-1-1 所示的完整形式。例如，有的时序电路中没有组合电路部分，而有的时序电路有可能没有输入变量，但它们在逻辑功能上仍具有时序电路的基本特征。

6.1.2 时序逻辑电路的分类

根据工作方式，或者说根据存储单元状态变化的特点，时序电路分为同步时序电路和异步时序电路两大类。实际的数字系统多数是同步时序电路构成的同步系统。本章介绍的基本时序逻辑电路也主要是关于同步时序电路的分析和设计。

若电路中所有存储电路的状态变化都是在同一时钟信号作用下同时发生的，则这种电路称为同步时序电路。比如图 6-1-2 所示的电路。同步时序电路的存储电路一般用触发器实现，所有触发器的时钟输入端都应接在同一个时钟脉冲源上，而且它们对时钟脉冲的敏感沿也都应一致。因此，所有触发器的状态更新是在同一时刻，其输出状态变换的时间不存在差异或差异很小。在时钟脉冲两次作用的间隔期间，从触发器输入到状态输出的通路被切断，即使此时输入信号发生变化，也不会改变每个触发器的输出状态，所以很少发生输出不稳定的现象。更重要的是，其电路的状态很容易用固定周期的时钟脉冲边沿清楚地分离为序列步进，其中，每一个步进都可以通过输入信号和所有触发器的现态单独进行分析，从而有一套较系统、易掌握的分析和设计方法，电路行为很容易用 VHDL 来描述。所以，目前较复杂的时序电路广泛采用同步时序电路实现，很多大规模可编程逻辑器件(包括大规模存储器)也采用同步时序电路。

与同步时序电路不同，若电路中各触发器的时钟脉冲不同，或电路中没有时钟脉冲(如 SR 锁存器构成的时序电路)，电路中各存储单元状态变化不是同时发生的，则这种电路称为异步时序电路。比如图 6-1-3 所示的电路。根据电路是对脉冲边沿敏感还是对电平敏感，异步时序电路又分为脉冲异步时序电路(由触发器构成)和电平异步时序电路(由锁存器构成)两种。异步时序电路的状态转换取决于以任意时间间隔变化的输入信号序列，各存储单元的状态转换因存在时间差异而可能造成输出状态短时间的不稳定，而且这种不稳定的状态有时难以预知，常常给电路设计和调试带来困难。

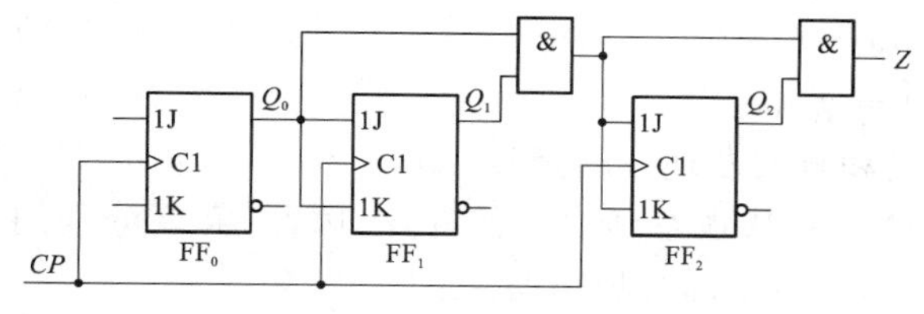

图 6-1-2 同步时序电路一例

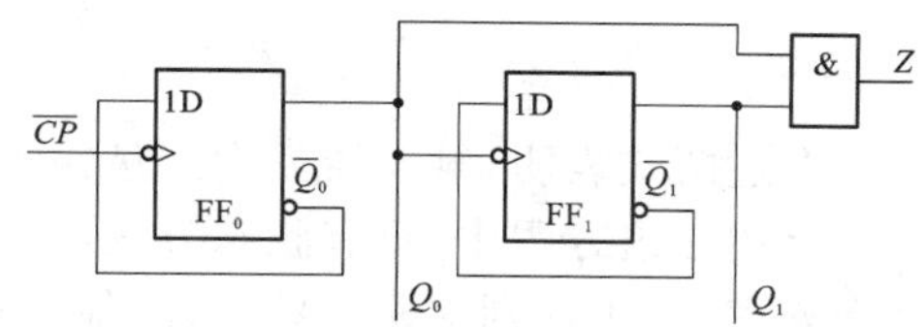

图 6-1-3 异步时序电路一例

时序电路按输出信号的特点又可以分为米里(Mealy)型和摩尔(Moore)型时序电路。

米里型时序电路的输出状态不仅与存储电路的状态有关，还与输入信号有关。如图6-1-4所示的Mealy型电路结构框图，图中输出信号$O=f(I,S)$。

摩尔型时序电路输出仅仅取决于各触发器的状态，而不受电路当时的输入信号影响或没有输入变量。如图6-1-5所示的Moore型电路结构框图，图中输出信号$O=f(S)$。可见Moore型电路只不过是Mealy型电路的一种特例而已。

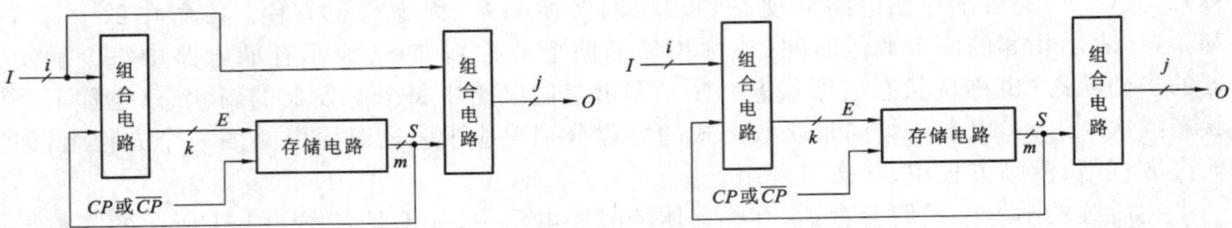

图 6-1-4　Mealy型电路结构框图　　图 6-1-5　Moore型电路结构框图

6.1.3　时序逻辑电路的功能描述

组合电路的逻辑功能可以用一组输出方程来描述，也可以用真值表和波形图来描述。相应的，时序电路可以用方程组、状态表、状态图和时序图来描述。从理论上讲，有了输出方程组、激励方程组和状态方程组，时序电路的逻辑功能就可以唯一确定了。但是，对于许多时序电路而言，仅从这三组方程还不易判断其逻辑功能，在设计时序电路时，往往很难根据给出的逻辑需求直接写出这三组方程。因此，还需要用更能直观反映电路状态变化序列全过程的状态表和状态图。三组方程、状态表、状态图之间可以直接实现相互转换，根据其中任意一种描述方式，都可以画出时序图。下面通过具体例子来讨论时序电路逻辑功能的四种描述方法。

1. 逻辑方程组

如图6-1-6所示的时序电路，其由组合电路和存储电路两部分组成。其中，存储电路由两个正边沿D触发器FF_1、FF_0构成，两者共用一个时钟信号CP，由此构成同步时序电路。电路的输入信号为A，输出信号为Y。触发器的激励信号分别为D_1和D_0，Q_1和Q_0为电路的状态变量。

1）输出方程组

图6-1-6所示的逻辑电路中只有一个输出变量Y，其输出方程为

$$Y=(Q_0+Q_1)\overline{A} \tag{6-1-4}$$

2）激励方程组

根据图6-1-6中的组合电路，可写出两个D触发器的激励方程组

$$D_0=(Q_0+Q_1)A \tag{6-1-5}$$

$$D_1=\overline{Q_0}A \tag{6-1-6}$$

3）状态方程组

将激励方程分别代入D触发器的特性方程$Q_1^{n+1}=D$，得到状态方程组

$$Q_0^{n+1}=(Q_0^n+Q_1^n)A \tag{6-1-7}$$

$$Q_1^{n+1}=\overline{Q_0^n}A \tag{6-1-8}$$

上述两式表明，触发器的次态是输入变量和触发器现态的函数。

上述三组方程中，只有状态方程组存在触发器从现态到次态的变化，因此，需要分别用上标n和$n+1$区别这两种状态，其他未标注的变量全部为现态值。

2. 状态表

与组合逻辑电路类似，根据逻辑表达式(6-1-4)、(6-1-7)、(6-1-8)可以列出真值表，如

表 6-1-1 所示。其中，输入变量为 Q_1^n、Q_0^n 和 A，输出变量为 Q_1^{n+1}、Q_0^{n+1} 和 Y。由于该表反映了触发器从现态到次态的转换，故称为状态转换真值表。

在分析和设计时序电路时，更常用的是状态表，如表 6-1-2 所示。它与表 6-1-1 完全等效，为其集约形式。表 6-1-2 用矩阵形式表达出在不同现态和输入条件下，电路的状态转换和输出逻辑值。需要注意的是，表中的输出值 Y，是现态和输入的函数，而不是次态的函数。

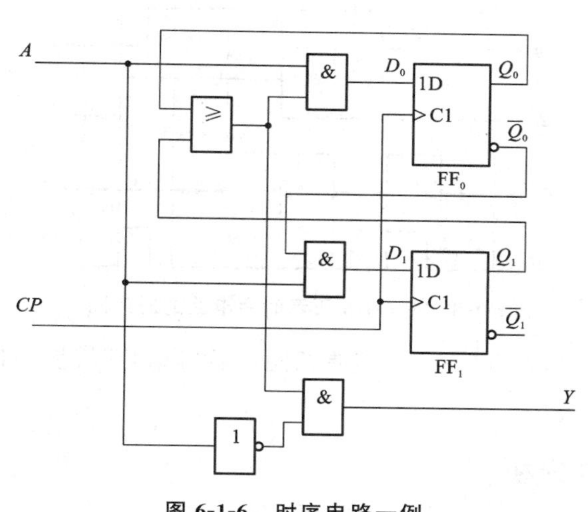

图 6-1-6　时序电路一例

表 6-1-1　图 6-1-6 所示时序电路的状态转换真值表

Q_1^n	Q_0^n	A	Q_1^{n+1}	Q_0^{n+1}	Y
0	0	0	0	0	0
0	0	1	1	0	0
0	1	0	0	0	1
0	1	1	0	1	0
1	0	0	0	0	1
1	0	1	1	1	0
1	1	0	0	0	1
1	1	1	0	1	0

表 6-1-2　图 6-1-6 所示时序电路的状态表

$Q_1^n Q_0^n$	$Q_1^{n+1} Q_0^{n+1}/Y$	
	$A=0$	$A=1$
0　0	0　0/0	1　0/0
0　1	0　0/1	0　1/0
1　0	0　0/1	1　1/0
1　1	0　0/1	0　1/0

3. 状态图

将表 6-1-2 转换为如图 6-1-7 所示的状态图，可以更直观形象地表示出电路的状态转换过程，它以信号流图方式表达了电路的逻辑功能。图中，圆圈表示电路的状态，圆圈中的二进制码为状态编码。带箭头的方向指示状态转换的方向，当方向线的起点和终点都在一个圆圈上时，则表示状态不变。标在方向线旁斜线左、右两侧的二进制数分别表示状态转换前输入信号的逻辑值和相应的输出逻辑值。

需要强调指出，图 6-1-7 中状态转换的方向，取决于电路中下一个时钟脉冲触发沿到来前瞬间的输入信号，如果在此之前输入信号发生改变，则状态转换的方向也会立即改变。例如，当状态处于 10 时，如果输入值保持为 1，则输出为 0，下一个状态转换为 11。若在状态转换前输入由 1 变为 0，则输出值立即变化为 1，下一个状态则转换为 00。

4. 时序图

与组合电路一样，波形图能直观地表达时序电路中各信号在时间上的对应关系，通常把时序电路的状态和输出对时钟脉冲序列和输入信号响应的波形图称为时序图。时序图可以从上述三组逻辑方程、状态表或状态图得到。图 6-1-6 所示电路的时序图如图 6-1-8 所示。

使用时序图时需要注意，有时它并不完全表达出电路状态转换的全部过程，而是根据需要仅仅画出部分典型的波形图，例如图 6-1-8 中就没有表达出当状态为 11 而输入 A 为 0 时状态转换和输出的波形。

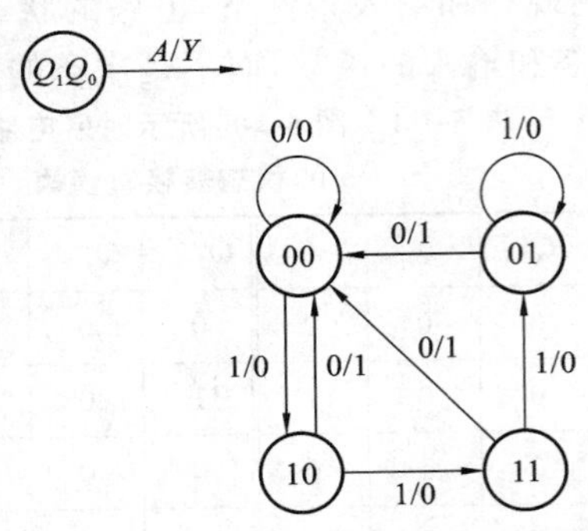

图 6-1-7　图 6-1-6 时序电路的状态图

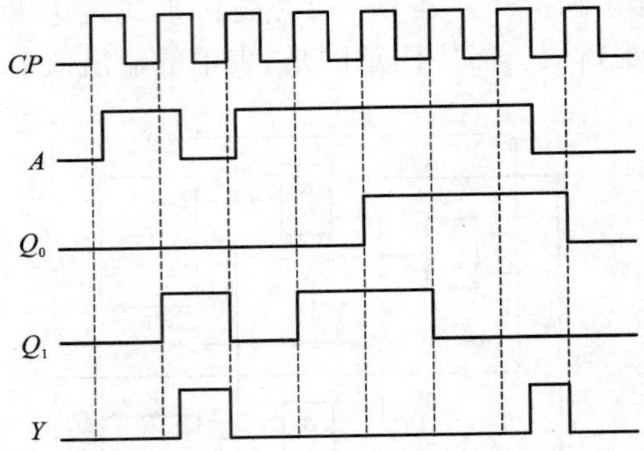

图 6-1-8　图 6-1-6 所示时序电路的时序图

以上几种时序逻辑电路功能描述的方法，各有特点，但实质相同，且可以相互转换，它们都是时序逻辑电路分析和设计的主要工具。

6.2　同步时序逻辑电路的分析

分析一个时序电路，就是要找出给定时序电路的逻辑功能。具体来说，就是要找出电路的状态和输出状态在输入变量和时钟信号作用下的变化规律，理解其逻辑功能和工作特性。下面先介绍分析同步时序电路的一般步骤，然后通过具体例子加深对分析方法的理解。

6.2.1　分析同步时序逻辑电路的一般步骤

（1）根据逻辑图求出时序电路的输出方程和各触发器的激励方程。

（2）根据已求出的激励方程和所用触发器的特征方程，获得时序电路的状态方程。

（3）根据时序电路的状态方程和输出方程，建立状态表，进而画出状态图和波形图。

（4）分析描述电路的逻辑功能。

6.2.2　同步时序逻辑电路分析举例

例 6.2.1　分析如图 6-2-1 所示同步时序电路的逻辑功能。

解　这是一个由两个 T 触发器和两个与门组成的时序电路，分析如下。

（1）根据电路列出三个方程组。

① 输出方程组：

$$Y=AQ_1Q_0$$

② 激励方程组：

$$T_0=A$$
$$T_1=AQ_0$$

③ 状态方程组：

T 触发器的特性方程为

$$Q^{n+1}=T\overline{Q^n}+\overline{T}Q^n=T\oplus Q^n$$

将两个激励方程分别代入 T 触发器的特性方程，得状态方程组：

$$Q_0^{n+1}=A\oplus Q_0^n$$

$$Q_1^{n+1}=(AQ_0^n)\oplus Q_1^n$$

(2) 列出状态表。

首先,将电路可能出现的现态和输入在状态表中列出,本例中需要将 00、01、10、11 四个可能的现态列在“$Q_1^nQ_0^n$”栏目中,并把输入 $A=0$ 和 $A=1$ 列在“$Q_1^{n+1}Q_0^{n+1}/Y$”栏目中。然后,将现态和输入 A 的逻辑值一一代入上述输出方程组和状态方程组,分别求出输出和次态逻辑值。例如,将 $Q_1=Q_0=A=0$ 代入上述输出方程,得到 $Y=AQ_1Q_0=0$,将 $Q_1^n=Q_0^n=A=0$ 分别代入两个状态方程,得到 $Q_1^{n+1}=0$ 和 $Q_0^{n+1}=0$,于是可在状态表 $Q_1^{n+1}Q_0^{n+1}/Y$ 栏目下,$A=0$ 这一列的第一行填入 00/0。其余依次类推,最后列出的状态表,如表 6-2-1 所示。

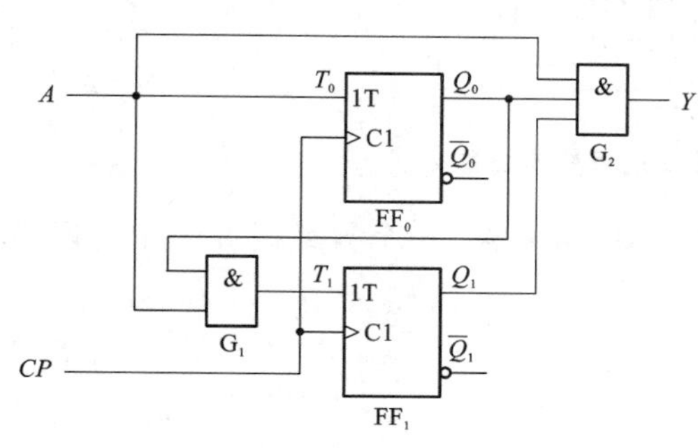

图 6-2-1 例 6.2.1 的逻辑电路图

表 6-2-1 例 6.2.1 的状态表

$Q_1^nQ_0^n$	$Q_1^{n+1}Q_0^{n+1}/Y$	
	$A=0$	$A=1$
0 0	0 0/0	0 1/0
0 1	0 1/0	1 0/0
1 0	1 0/0	1 1/0
1 1	1 1/0	0 0/1

(3) 画出状态图。

根据状态表即可画出状态图,如图 6-2-2 所示。

(4) 画出时序图。

设电路的初始状态为 00,根据状态表和状态图,可画出一系列在 CP 脉冲作用下电路的时序图,如图 6-2-3 所示。

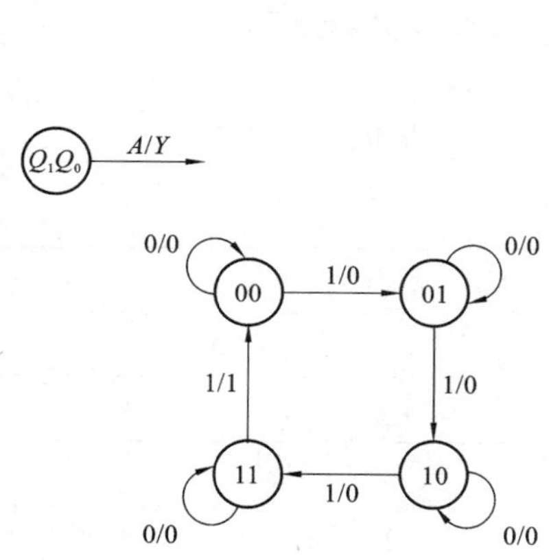

图 6-2-2 例 6.2.1 的状态图

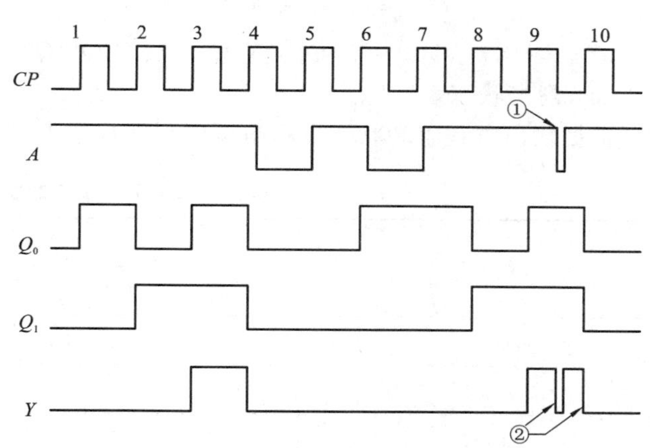

图 6-2-3 例 6.2.1 的时序图

(5) 分析逻辑功能。

通过观察状态图和时序图可知,该电路是一个由信号 A 控制的可控二进制计数器,CP 为计数脉冲。当 $A=0$ 时停止计数,即 CP 上升沿到来后电路状态保持不变;当 $A=1$ 时,在 CP 上升沿到来后电路状态值加 1,一旦计数到 11 状态,Y 输出 1,且电路状态将在下一个 CP 上升沿回到 00。输出信号 Y 的下降沿可用于触发进位操作。观察图 6-2-3 所示的时序图,在第 9 个和第 10 个 CP 脉冲之间,输入信号出现短时间的 0 电平,如图 6-2-3 中箭头①所示,结果使输出 Y 也出现相应的变化。若信号 A 上的这个低电平脉冲是外界干扰造成的(输入信号引线有时较长,易捡拾干扰信号),计数器将输出两次进位触发脉冲沿,如图 6-2-3

中箭头②所示。

该电路也可以作为序列信号检测器，用来检测同步脉冲信号序列 A 中 1 的个数，一旦检测到四个 1 状态（这四个 1 状态可以不连续），电路则输出高电平。

例 6.2.2 分析图 6-2-4 所示同步时序电路的逻辑功能。

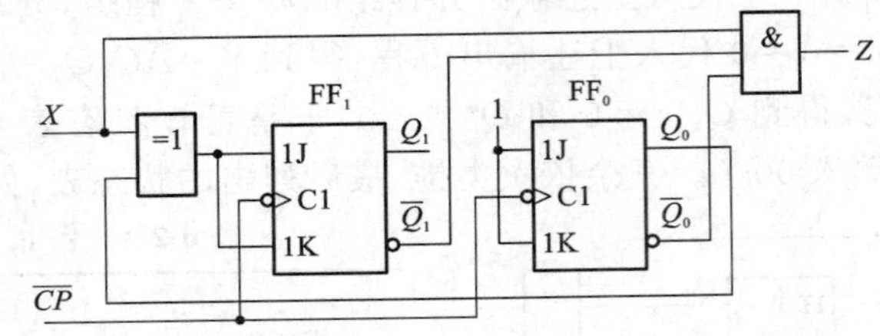

图 6-2-4 例 6.2.2 的逻辑电路图

解 这是一个由两个下降沿触发的 JK 触发器、一个异或门和一个与门组成的时序电路，分析如下。

（1）根据电路列出三个方程组。

① 输出方程组：

$$Z=X\overline{Q_1}\,\overline{Q_0}$$

② 激励方程组：

$$J_0=K_0=1$$
$$J_1=K_1=X\oplus Q_0$$

③ 状态方程组。

将两个激励方程分别代入 JK 触发器的特性方程，得状态方程组：

$$Q_0^{n+1}=J_0\,\overline{Q_0^n}+\overline{K_0}Q_0^n=\overline{Q_0^n}$$
$$Q_1^{n+1}=J_1\,\overline{Q_1^n}+\overline{K_1}Q_1^n=(X\oplus Q_0^n)\overline{Q_1^n}+\overline{X\oplus Q_0^n}Q_1^n=X\oplus Q_0^n\oplus Q_1^n$$

（2）列出状态表。

根据输出方程组和状态方程组可以列出状态表，如表 6-2-2 所示。

表 6-2-2 例 6.2.2 的状态表

$Q_1^nQ_0^n$	$Q_1^{n+1}Q_0^{n+1}/Z$	
	$X=0$	$X=1$
0 0	0 1/0	1 1/1
0 1	1 0/0	0 0/0
1 0	1 1/0	0 1/0
1 1	0 0/0	1 0/0

（3）画出状态图。

根据状态表即可画出状态图，如图 6-2-5 所示。

（4）画出时序图。

设 Q_1Q_0 的初始状态为 00，输入变量 X 的波形如图 6-2-6 第二行所示。根据表 6-2-2 的状态表即可画出波形图。例如，第一个 CP 下降沿到来前 $X=0$，$Q_1Q_0=00$，从表中查出次态 $Q_1^{n+1}Q_0^{n+1}=01$，因此在画波形时应在第一个 CP 下降沿到来后使 Q_1Q_0 进入 01。依次类推，即可以画出 Q_1Q_0 的整体波形，如图 6-2-6 第三、四行所示。外部输出 $Z=X\overline{Q_1Q_0}$，它是组合电路的即时输出，只要外部输入或内部状态发生变化，外部输出 Z 就会跟着改变，画波形时要特别注意这一点。

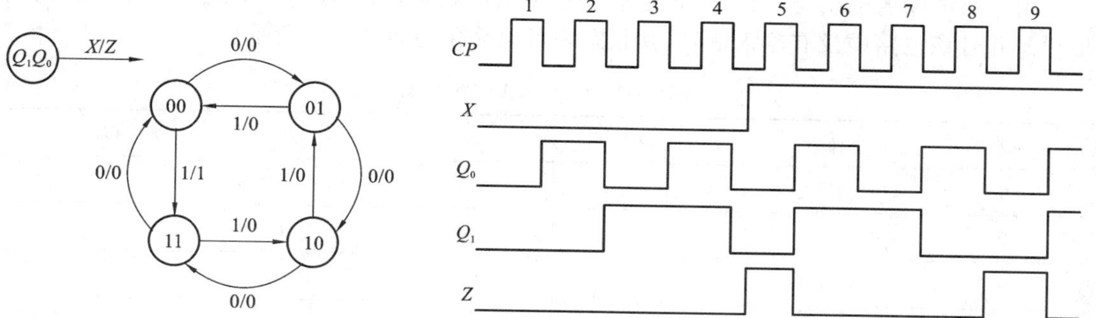

图 6-2-5　例 6.2.2 的状态图

图 6-2-6　例 6.2.2 的时序图

(5) 分析逻辑功能。

由状态图可以看出，当外部输入 $X=0$ 时，状态转移按 00→01→10→11→00→…规律变化，实现模 4 加法计数器的功能，即每来一个时钟脉冲，计数器值 Q_1Q_0 加 1，经过 4 个时钟脉冲作用后，电路的状态循环一次；当 $X=1$ 时，状态转移按 00→11→10→01→00→…规律变化，实现模 4 减法计数器的功能。所以，该电路是一个同步模 4 可逆计数器。X 为加/减控制信号，Z 为借位输出。有关计数器的详细内容将在 6.4.2 节讨论。

例 6.2.3　分析图 6-2-7 所示同步时序电路的逻辑功能。

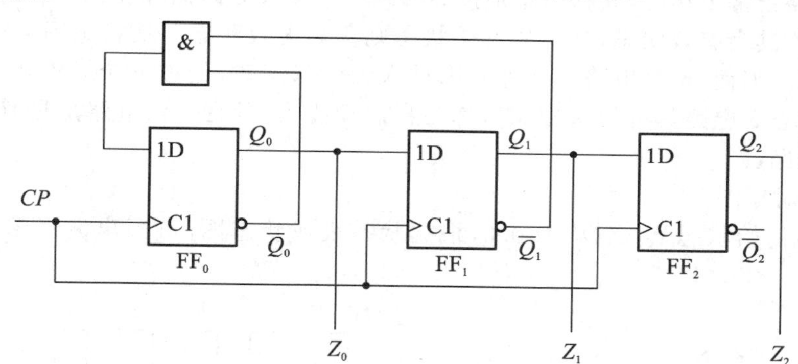

图 6-2-7　例 6.2.3 的逻辑电路图

解　该电路由 3 个正边沿 D 触发器和一个与门构成，除 CP 脉冲外，无其他输入，是一个摩尔型时序电路，分析如下。

(1) 根据电路列出三个方程组。

① 输出方程组：

$$Z_0=Q_0^n$$
$$Z_1=Q_1^n$$
$$Z_2=Q_2^n$$

② 状态方程组。

将三个激励方程分别代入 D 触发器的特性方程 $Q^{n+1}=D$，可以很方便地从激励方程直接列出状态方程组。

$$Q_0^{n+1}=D_0=\overline{Q_0^n}\,\overline{Q_1^n}$$
$$Q_1^{n+1}=D_1=Q_0^n$$

$$Q_2^{n+1}=D_2=Q_1^n$$

（2）列出状态表。

由于该电路的输出 Z_0、Z_1、Z_2 就是各个触发器的状态，所以状态表中可不再单独列出输出栏。并且该电路中没有输入信号，其状态表可以简化为表 6-2-3 所示。

表 6-2-3　例 6.2.3 的状态表

Q_2^n	Q_1^n	Q_0^n	Q_2^{n+1}	Q_1^{n+1}	Q_0^{n+1}
0	0	0	0	0	1
0	0	1	0	1	0
0	1	0	1	0	0
0	1	1	1	1	0
1	0	0	0	0	1
1	0	1	0	1	0
1	1	0	1	0	0
1	1	1	1	1	0

（3）画出状态图。

根据状态表即可画出状态图，如图 6-2-8 所示。由图可见，001、010、100 三个状态形成闭合回路，电路正常工作时，其状态总是按照回路中的箭头方向循环变化。这三个状态构成了有效序列，称其为有效状态，其余的五个状态则称为无效状态。从状态图可以看出，无论电路的初始状态如何，或当电路因某种原因进入无效状态时，经过 n 个 CP 脉冲后，总能自动回到有效状态。电路具有的这种能力称为自启动能力。因此，该电路是具有自启动能力的同步时序电路。

（4）画出时序图。

设电路的初始状态 $Q_2Q_1Q_0$ 为 000，根据状态表或状态图，可画出波形图，如图 6-2-9 所示。

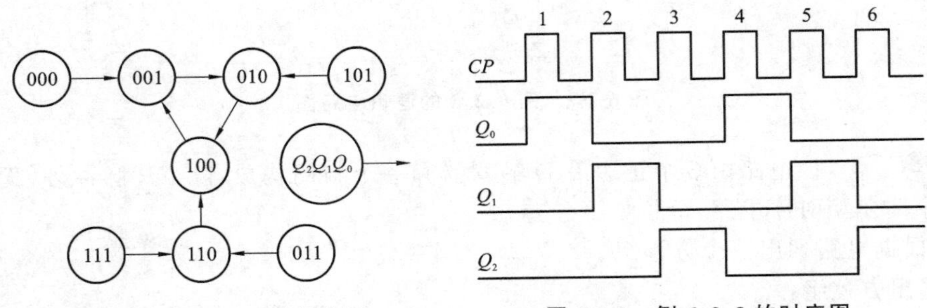

图 6-2-8　例 6.2.2 的状态图

图 6-2-9　例 6.2.3 的时序图

（5）分析逻辑功能。

从以上分析可看出，该电路在 CP 脉冲作用下，把宽度为一个 CP 周期的脉冲依次分配给 Q_0、Q_1 和 Q_2 各端，因此，该电路是一个脉冲分配器或节拍脉冲产生器。由状态图和波形图可以看出，该电路每经过 3 个时钟周期循环一次，并且该电路具有自启动能力。

6.3　异步时序逻辑电路的分析

异步时序电路的分析过程与同步时序电路的分析过程基本相同，其主要区别在于异步时序电路中没有统一的时钟脉冲，因而各存储电路不是同时更新状态，状态之间没有准确的分界，故异步时序电路分析应写出每一级的时钟方程，具体分析过程比同步时序电路要复杂一些。本节主要讨论由触发器构成的脉冲异步时序电路的分析方法，在分析脉冲异步时序电路时必须注意以下几点。

（1）分析状态转换时必须考虑各触发器的时钟信号作用情况。

异步时序电路中，由于各个触发器只有在其时钟输入 CP_n（或 $\overline{CP_n}$，下标 n 表示电路中第 n 个触发器）端的相应脉冲沿作用时，才有可能改变状态。因此，在分析状态转换时，首先应根据给定的电路列出各个触发器的时钟信号的逻辑表达式，据此分别确定各个触发器的 CP_n（或 $\overline{CP_n}$）端是否有时钟信号的作用。然后再根据激励信号确定各个触发器的状态是否改变。

（2）每一次状态转换必须从输入信号所能触发的第一个触发器开始逐级确定。

同步时序电路的分析可以从任意一个触发器开始推导状态的转换，而异步时序电路每一次状态转换的分析必须从输入信号所能起作用的第一个触发器开始推导，确定它的状态变化，然后根据它的输出信号分析下一个触发器的时钟信号，进一步确定该触发器是否发生状态转换。像这样依次逐级分析，直到最后一个触发器。待全部触发器的转换状态导出之后，才能最终确定电路的次态。

（3）每一次状态转换都有一定的时间延迟。

同步时序电路的所有触发器是同时转换状态的，与之不同，异步时序电路各个触发器之间的状态转换存在一定的延迟，也就是说，从现态 S^n 到次态 S^{n+1} 的转换过程中有一段“不稳定”的时间。在此期间，电路的状态是不确定的。只有当全部触发器状态转换完毕，电路才进入新的“稳定”状态，即次态 S^{n+1}。因此，异步时序电路的输入信号（包括时钟信号）必须等待电路进入稳定状态之后才允许发生改变，否则电路会处于不确定的状态。由于延迟时间的存在，对于一系列的集成逻辑电路，功能类似的同步时序电路的速度要快于异步时序电路。

下面通过一个例子具体说明一下异步时序电路的分析方法和步骤。

例 6.3.1 分析如图 6-3-1 所示异步时序电路的逻辑功能。

解 该电路由两个上升沿触发的 D 触发器和一个与门组成，两个触发器的时钟信号 CP_0 和 CP_1 没有共用同一个时钟，故属于异步时序电路，分析如下。

（1）根据电路列出四个方程组。

① 时钟方程：

$$CP_0 = CP \qquad CP_1 = Q_0$$

② 输出方程组：

$$Z = Q_1 Q_0$$

③ 激励方程组：

$$D_0 = \overline{Q_0} \qquad D_1 = \overline{Q_1}$$

④ 状态方程组。

将各激励方程代入 D 触发器的特性方程，得到各触发器的状态方程。

$$Q_0^{n+1} = D_0 = \overline{Q_0^n} \quad (CP\ 由\ 0\to 1\ 时此式有效)$$

$$Q_1^{n+1} = D_1 = \overline{Q_1^n} \quad (Q_0\ 由\ 0\to 1\ 时此式有效)$$

注意：各触发器如有时钟脉冲的上升沿作用时，其状态变化；无时钟脉冲上升沿作用时，其状态不变。

（2）列出状态表。

异步时序电路列状态表的方法与同步时序电路基本相似，只是应该注意各个触发器的时钟脉冲的触发沿是否到来，因此，可在状态表中增加 CP_1、CP_0 两列。对应于输入信号 CP 的每一个上升沿，将 Q_0 的现态代入状态方程，从而得到次态。因为只有对应于 Q_0 由 0 到 1 的跳变，Q_1 的次态才会发生变化。据此，根据输出方程组和状态方程组可得到如表 6-3-1 所示的状态表。

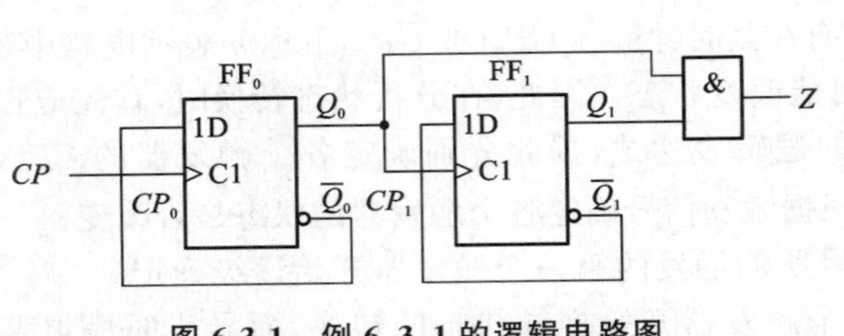

图 6-3-1　例 6.3.1 的逻辑电路图

表 6-3-1　例 6.3.1 的状态表

Q_1^n	Q_0^n	Q_1^{n+1}	Q_0^{n+1}	Z	CP_1	CP_0
0	0	1	1	1	↑	↑
0	1	0	0	0	0	↑
1	0	0	1	0	↑	↑
1	1	1	0	0	0	↑

(3) 画出状态图。

根据状态表即可画出状态图，如图 6-3-2 所示。

(4) 画出时序图。

根据状态图和具体触发器的传输延迟时间 t_{pLH} 和 t_{pHL}，可以画出时序图，如图 6-3-3 所示。可以看出，由于两个触发器异步翻转之间存在延迟，电路有短时间存在着不确定的状态，如果使用 74HCT74 双 D 触发器实现图 6-3-1 所示的电路，这段时间在 40 ns 左右。

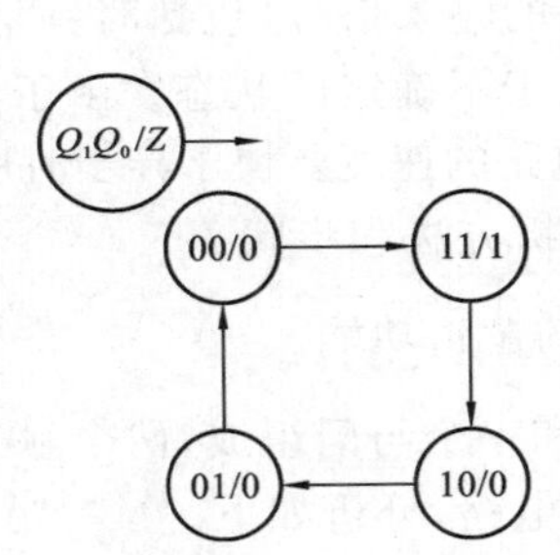

图 6-3-2　例 6.3.1 的状态图

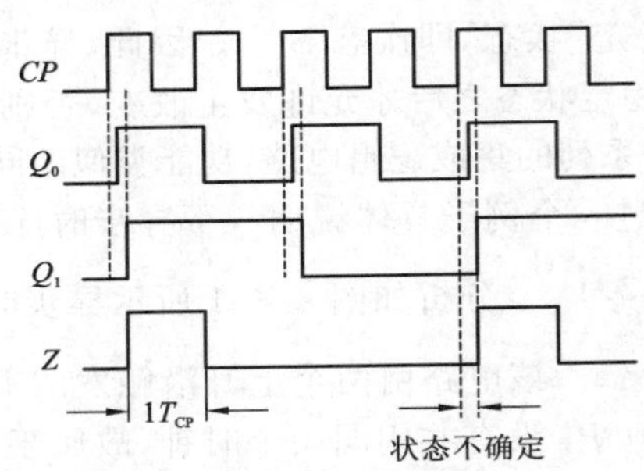

图 6-3-3　例 6.3.1 的时序图

(5) 分析逻辑功能。

由状态图和时序图可以看出，该电路一共有 4 个状态 00、11、10、01，在 CP 作用下，按照减 1 规律循环变化，所以是一个四进制异步减法计数器（也可称为异步二进制减法计数器），Z 信号的上升沿可触发借位操作。也可把它看作为一个序列信号发生器。输出序列脉冲信号 Z 的重复周期为 $4T_{CP}$，脉宽约为 $1T_{CP}$。

6.4　若干典型的时序逻辑电路

本节介绍在数字系统中广泛应用的几种典型的时序逻辑电路——寄存器、移位寄存器和计数器，它们与各种组合电路一起，可以构成逻辑功能极其复杂的数字系统。寄存器、移位寄存器和计数器有很多种类的中规模集成电路定型产品，可以直接应用于一些较简单的数字系统。而对于较复杂的时序逻辑电路，目前一般应选择可编程逻辑器件或专用集成电路实现，而不再用中小规模集成电路组装。本节介绍的一些中规模集成电路定型产品一般都具有较完善的功能，在一些可编程逻辑器件的集成开发软件中已将它们作为“宏模块”提供给用户使用，从而使数字系统的设计得到简化。因此，充分了解这些典型集成电路的工作原理和电路结构，对于运用 EDA 技术设计复杂逻辑功能的数字系统也是有益的。

6.4.1 寄存器和移位寄存器

1. 寄存器

寄存器是数字系统中用来存储代码或数据的逻辑部件，用于寄存一组二值代码，它被广泛用于各类数字系统和数字计算机中，其主要组成部分是触发器。

因为一个触发器能存储 1 位二进制代码，所以存储 n 位二进制代码的寄存器需要用 n 个触发器组成。寄存器实际上是若干触发器的集合。对寄存器中使用的触发器只要求具有置 1、置 0 的功能即可，因而无论是用基本 RS 结构的触发器，还是用数据锁存器、主从结构或边沿触发结构的触发器，都能组成寄存器。

图 6-4-1 是中规模集成 4 位寄存器 74LS175 的逻辑图，其功能表如表 6-4-1 所示。74LS175 是由 4 个负边沿 D 触发器构成的单拍接收 4 位数据寄存器。当接收端 CP 为逻辑 0 时，寄存器保持原状态不变；当需将 4 位二进制数据存入数据寄存器时，单拍即能完成——将要保存的数据 $D_3D_2D_1D_0$ 送入数据输入端（如 $D_3D_2D_1D_0=1101$），再送接收信号 CP（一个正向脉冲），要保存的数据将被保存在数据寄存器中（$Q_3Q_2Q_1Q_0=1101$），从数据寄存器的输出端 $Q_3Q_2Q_1Q_0$ 可获得被保存的数据。对于功能完善的触发器，如主从 JK 触发器等，都可构成这类数据寄存器。若要扩大寄存器位数，可将多片器件进行级联。

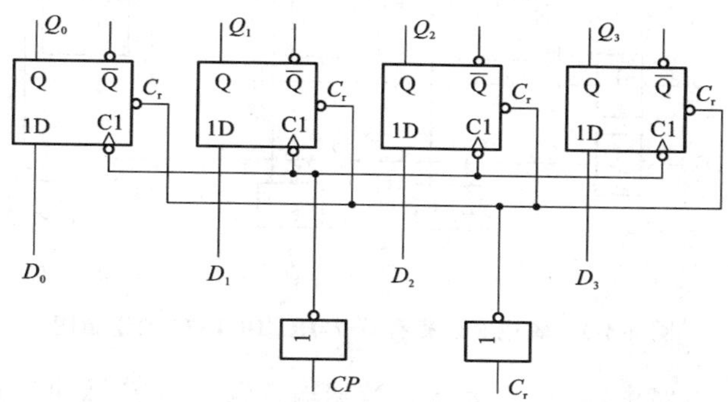

图 6-4-1 四位寄存器 74LS175 的逻辑图

表 6-4-1 四位寄存器 74LS175 的功能表

输入			输出	
C_r	CP	D_n	Q_n	$\overline{Q_n}$
0	×	×	0	1
1	↑	1	1	0
1	↑	0	0	1
1	0	×	Q_n	$\overline{Q_n}$

图 6-4-2 是由 JK 触发器构成的二拍接收四位数据寄存器。当清 0 端为逻辑 1，接收端为逻辑 1 时，寄存器保持原状态。当需将四位二进制数据存入数据寄存器时，需二拍完成：第一拍，发清 0 信号（一个负向脉冲），使寄存器状态为 0（$Q_3Q_2Q_1Q_0=0000$）；第二拍，将要保存的数据 $D_3D_2D_1D_0$ 送入数据输入端（如 $D_3D_2D_1D_0=1101$），再送接收信号 $\overline{CP}$（一个负向脉冲），要保存的数据将被保存在数据寄存器中（$Q_3Q_2Q_1Q_0=1101$）。从该数据寄存器的输出端 $Q_3Q_2Q_1Q_0$ 可获得被保存的数据。

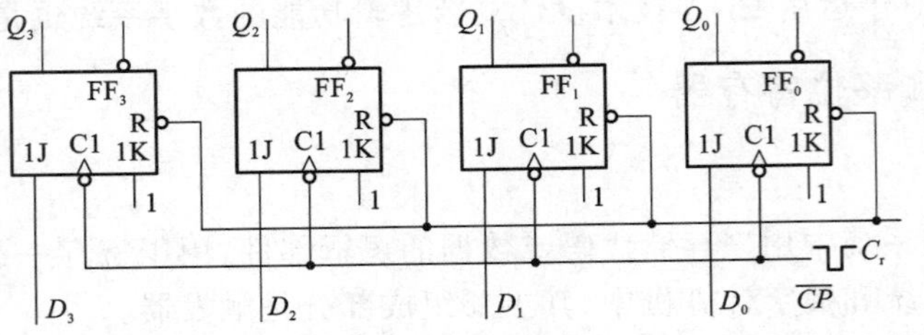

图 6-4-2　JK 触发器构成的四位数据寄存器

集成 8 位寄存器 74HC/HCT374 的逻辑图如图 6-4-3 所示。与许多中规模集成电路一样，电路在所有的输入端、输出端都插入了缓冲电路，这是现代集成电路的特点之一。一方面，使芯片内部逻辑电路与外部电路得到有效隔离，使内部逻辑部分的工作更加稳定可靠；另一方面，由于其输入、输出特性可以简单地按该系列标准单门来考虑，从而提高了电路的兼容性，简化了设计工作。

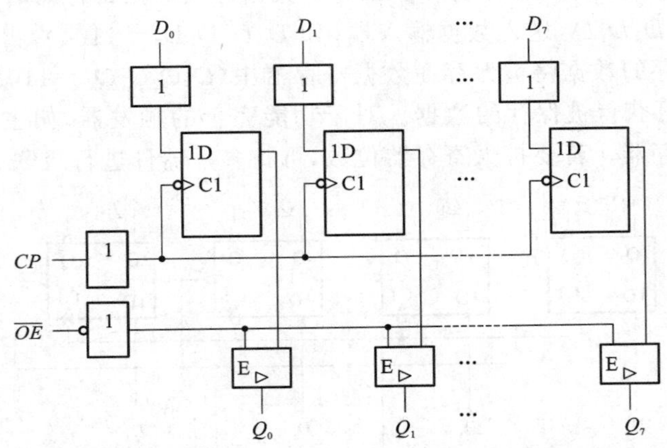

图 6-4-3　集成 8 位寄存器 74HC/HCT374 的逻辑图

图 6-4-3 所示的电路中，$D_7 \sim D_0$ 是 8 位数据输入端，在 CP 脉冲上升沿作用下，$D_7 \sim D_0$ 端的数据同时存入相应的触发器。输出数据可通过控制 $\overline{OE}=0$，从三态门输出端 $Q_7 \sim Q_0$ 并行输出。表 6-4-2 所示是 74HC/HCT374 的功能表。

表 6-4-2　74HC/HCT374 的功能表

工作模式	输入			内部触发器 Q_N^{n+1}	输出 $Q_0 \sim Q_7$
	$\overline{OE}$	CP	D_N		
存入和读出数据	L	↑	L*	L	对应内部触发器的状态
	L	↑	H*	H	
存入数据，禁止输出	H	↑	L*	L	高阻
	H	↑	H*	H	高阻

注：D_N 和 Q_N^{n+1} 的下标 N 表示第 N 位触发器。L^*、H^* 表示 CP 上升沿前瞬间 D_N 的状态。

在上述介绍的三种寄存器中，接收数据时所有各位数据是同时输入的，而且触发器中的数据是并行出现在输出端，因此将这种输入、输出方式叫作并行输出方式。

2. 移位寄存器

移位寄存器是既能寄存数码，又能在时钟脉冲的作用下使数码向高位或向低位移动的逻辑功能部件。若在移位脉冲(一般就是时钟脉冲)的作用下,寄存器中的数码向左移动一位,则称左移,如依次向右移动一位,则称为右移。移位寄存器具有单向移位功能的称为单向移位寄存器;既可左移又可右移的称为双向移位寄存器。移位寄存器的电路形式较多,按移位方向来分有左向移位寄存器、右向移位寄存器和双向移位寄存器;按接收数据的方式可分为串行输入和并行输入;按输出方式可分为串行输出和并行输出。

1) 单向移位寄存器

图 6-4-4 所示电路是由维持阻塞式 D 触发器组成的四位单向移位(右移)寄存器。在该电路中,D_i 为外部串行数据输入(或称右移输入),D_o 为外部输出(或称移位输出),输出端 $Q_3Q_2Q_1Q_0$ 为外部并行输出,CP 为时钟脉冲输入端(或称移位脉冲输入端),清 0 端信号将使寄存器清 0($Q_3Q_2Q_1Q_0=0000$)。

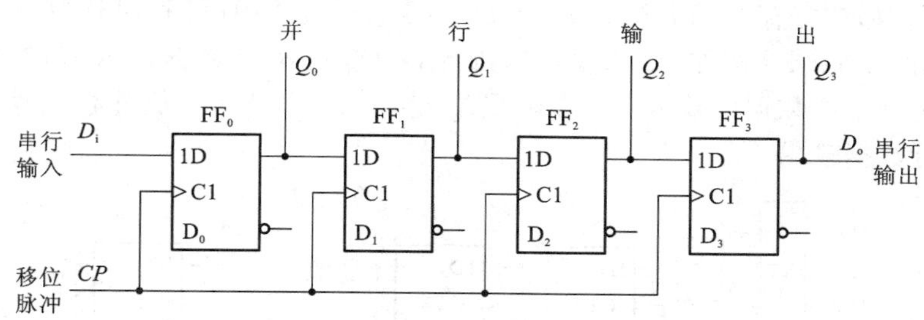

图 6-4-4　用 D 触发器组成的四位单向移位(右移)寄存器

在该电路中,各触发器的激励方程为 $D_0=D_i, D_1=Q_0, D_2=Q_1, D_2=Q_2$ 或 $D_0=D_i$, $D_{n+1}=Q_n(n=0,1,2)$。设输入 $D_i=1011$,则清 0 后在移位脉冲 CP 的作用下,移位寄存器中数码移动的情况如表 6-4-3 所示,各触发器输出端 $Q_0Q_1Q_2Q_3$ 的波形如图 6-4-5 所示。

表 6-4-3　移存器数码移动状况

CP	D_i	Q_0	Q_1	Q_2	Q_3
0	1	0	0	0	0
1	0	1	0	0	0
2	1	0	1	0	0
3	1	1	0	1	0
4	0	1	1	0	1
5	0	0	1	1	0
6	0	0	0	1	1
7	0	0	0	0	1
8	0	0	0	0	0

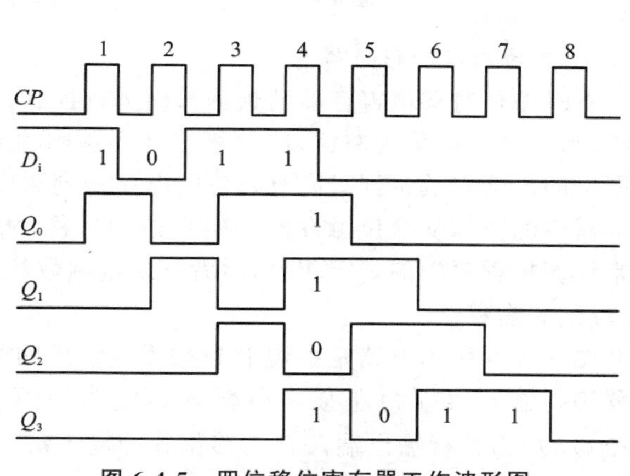

图 6-4-5　四位移位寄存器工作波形图

可以看到,经过 4 个 CP 脉冲后,串行输入的 4 位代码全部移入了移位寄存器中,同时在 4 个触发器的输出端得到了并行输出的代码。因此,利用移位寄存器可以实现代码的串行—并行转换。当 4 位代码出现在并行输出端后,继续加入 4 个移位脉冲,则移位寄存器的 4 位代码将从串行输出端 D_o 依次输出,从而实现代码的并行—串行转换。

图 6-4-6 是用 JK 触发器组成的 4 位移位寄存器,它和图 6-4-4 具有相同的逻辑功能。

单向移位寄存器的典型集成电路有 74HC/HCT164,其内部逻辑图如图 6-4-7 所示。电

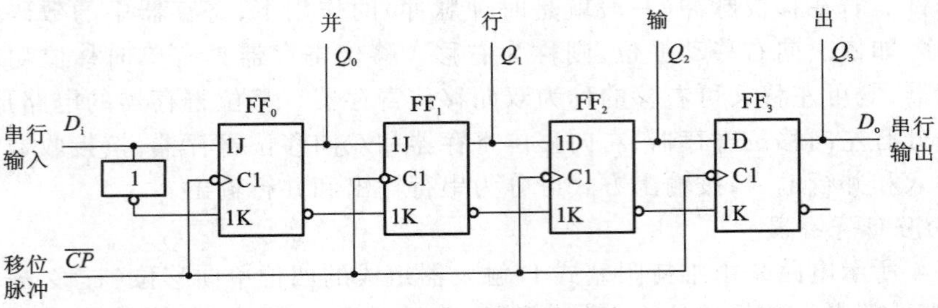

图 6-4-6　用 JK 触发器组成的四位移位寄存器

路原理与图 6-4-4 相同，只是把位数扩展到了 8 位。图中，D_{SA}和 D_{SB}是两个串行数据输入端，实际上，输入移位寄存器的数据为 $D_{SI}=D_{SA}\cdot D_{SB}$。应用中，可利用其中一个输入端作为串行数据输入的使能端。例如，令 $D_{SA}=1$，则允许 D_{SB}的串行数据进入移位寄存器；反之，$D_{SA}=0$，则禁止 D_{SB}的数据而输入 0。在输出端 $Q_7\sim Q_0$ 可得到 8 位并行数据输出，同时在 Q_7 端得到串行数据输出。

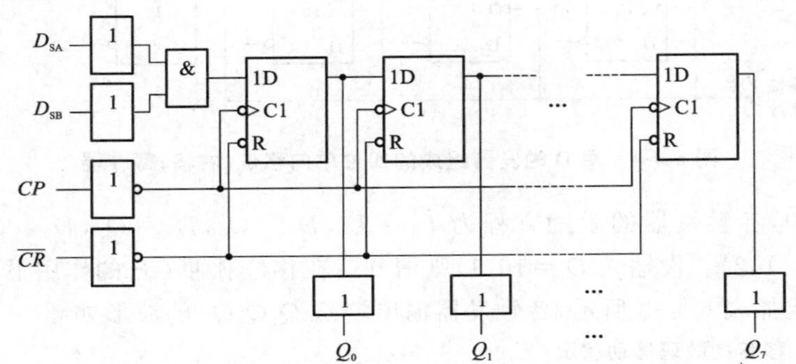

图 6-4-7　8 位移位寄存器 74HC/HCT164 的内部逻辑图

2）多功能双向移位寄存器

有时需要对移位寄存器的数据流向进行控制，实现数据的双向移动，其中一个方向称为右移，另一个方向称为左移，这种移位寄存器称为双向移位寄存器。由于国家标准规定，逻辑图中的最低有效位到最高有效位的电路排列顺序应从上到下，从左到右。因此，定义移位寄存器中的数据从低位触发器移向高位为右移，从高位触发器移向低位为左移。这一点与通常计算机程序中的规定相反，后者从二进制数的自然排列考虑，将数据移向高位定义为左移，反之为右移。

图 6-4-8 所示电路是由边沿 D 触发器组成的四位双向移位寄存器。在该电路中，D_{SR}为右移串行输入，D_{SL}为左移串行输入，D_{oR}为右移串行输出，D_{oL}为左移串行输出，输出端 $Q_0Q_1Q_2Q_3$ 为并行输出端，CP 为移位脉冲输入端，S 为移位控制端，清 0 端信号 $\overline{CR}$ 将使寄存器清 0（$Q_0Q_1Q_2Q_3=0000$）。

以 FF_0、FF_1 为例，其数据输入端 D 的表达式分别为

$$D_0=\overline{\overline{S\overline{D}_{SR}}+\overline{\overline{S}Q_1}}$$

$$D_1=\overline{\overline{SQ_0}+\overline{\overline{S}Q_2}}$$

当 $S=1$ 时，$D_0=D_{SR}$，$D_1=Q_0$，所以 $Q_i^{n+1}=D_i=Q_{n-1}^n$，即在时钟脉冲 CP 作用下，由 D_{SR}端输入的数据将向右移位。

当 $S=0$ 时，$D_0=Q_1$，$D_1=Q_2$，$Q_i^{n+1}=D_i=Q_{n+1}^n$，即在时钟脉冲 CP 作用下，由 D_{SL}端输入的数据将向左移位。

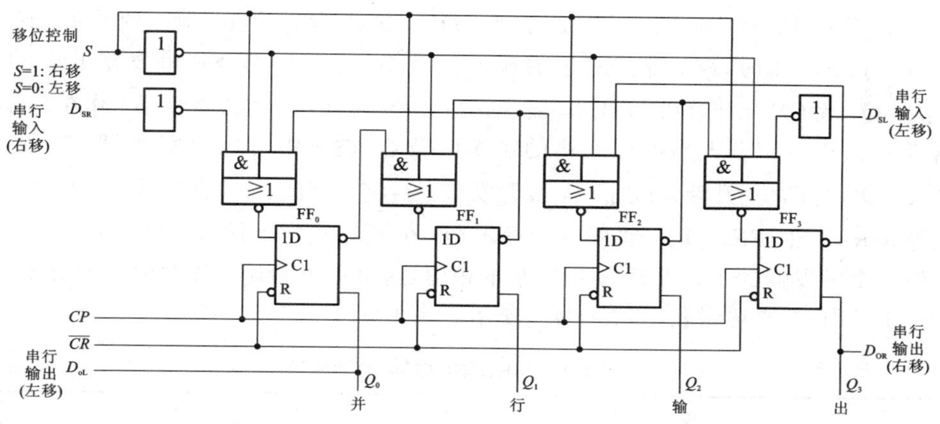

图 6-4-8 用边沿 D 触发器组成的四位双向移位寄存器

为了扩展逻辑功能和增加使用的灵活性，某些双向移位寄存器集成电路产品又附加了并行输入、并行输出、同步置数、异步清零(复位)和保持功能。图 6-4-9 所示电路 CMOS 4 位双向移位寄存器 74HC/HCT194 就是一个典型的例子。

74HC/HCT194 是一典型的中规模集成移位寄存器。它是由 4 个 RS 触发器和一些门电路所构成的 4 位双向移位寄存器。D_{SR}为右移串行输入端，D_{SL}为左移串行输入端，$\overline{CR}$ 为异步清 0 输入端，CP 是同步时钟脉冲输入端，S_1、S_0 是工作方式选择端。若令触发器 1R 端的输入量为 $\overline{D}$，则 1S 端的输入为 D，将两者分别代入 SR 触发器的特性方程，得到

$$Q^{n+1}=S+\overline{R}Q^n=D+DQ^n=D$$

故图 6-4-9 中的 SR 触发器和非门实现了 D 触发器的功能。而连接在触发器 1R 端上的与或非门则实现了数据选择器的功能，下面以 FF_1 为例说明其工作原理。

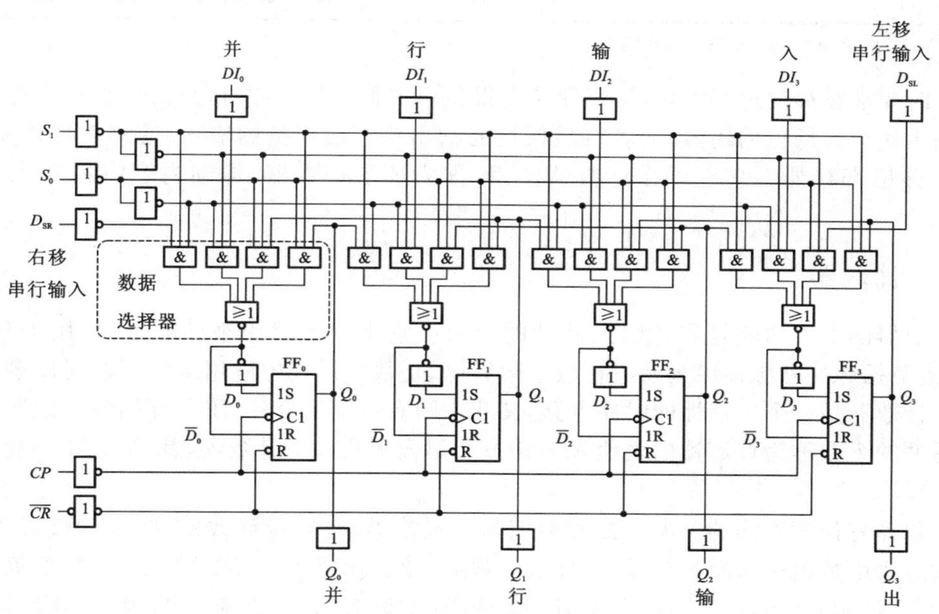

图 6-4-9 CMOS 4 位双向移位寄存器 74HC/HCT194

当 $S_1=S_0=0$ 时，与或非门最右边的输入信号 Q_1^n 被选中，使 SR 触发器 FF_1 的输入为 $S=Q_1^n$、$R=\overline{Q_1^n}$，故 CP 上升沿到达时 FF_1 被置成 $Q_1^{n+1}=Q_1^n$。因此，移位寄存器工作在保持状态。

当 $S_1=S_0=1$ 时，第二个输入信号 DI_1 被选中，使 SR 触发器 FF_1 的输入为 $S=DI_1$、

$R=\overline{DI_1}$，故 CP 上升沿到达时 FF_1 被置成 $Q_1^{n+1}=DI_1$。因此，移位寄存器处于数据并行输入状态。

当 $S_1=0$、$S_0=1$ 时，与或非门左边的输入信号 Q_0^n 被选中，使 SR 触发器 FF_1 的输入为 $S=Q_0^n$、$R=\overline{Q_0^n}$，故 CP 上升沿到达时 FF_1 被置成 $Q_1^{n+1}=Q_0^n$。因此，移位寄存器工作在右移状态。

当 $S_1=1$、$S_0=0$ 时，与或非门右边的输入信号 Q_2^n 被选中，使 SR 触发器 FF_1 的输入为 $S=Q_2^n$、$R=\overline{Q_2^n}$，故 CP 上升沿到达时 FF_1 被置成 $Q_1^{n+1}=Q_2^n$。因此，移位寄存器工作在左移状态。

此外，$\overline{CR}=0$ 时 FF_0～FF_3 将同时被置成 $Q=0$，所以正常工作时应使 $\overline{CR}=1$。

其他三个触发器的工作原理与 FF_1 基本相同，这里不再阐述。根据以上的分析，可以列出 74HC/HCT194 的功能表，如表 6-4-4 所示。

表 6-4-4　74HC/HCT194 的功能表

输入										输出				行
清零	控制信号		串行输入		时钟	并行输入								
$\overline{CR}$	S_1	S_0	右移 D_{SR}	左移 D_{SL}	CP	DI_0	DI_1	DI_2	DI_3	Q_0^{n+1}	Q_1^{n+1}	Q_2^{n+1}	Q_3^{n+1}	
L	×	×	×	×	×	×	×	×	×	L	L	L	L	1
H	L	L	×	×	×	×	×	×	×	Q_0^n	Q_1^n	Q_2^n	Q_3^n	2
H	L	H	L	×	↑	×	×	×	×	L	Q_0^n	Q_1^n	Q_2^n	3
H	L	H	H	×	↑	×	×	×	×	H	Q_0^n	Q_1^n	Q_2^n	4
H	H	L	×	L	↑	×	×	×	×	Q_1^n	Q_2^n	Q_3^n	L	5
H	H	L	×	H	↑	×	×	×	×	Q_1^n	Q_2^n	Q_3^n	H	6
H	H	H	×	×	↑	DI_0^*	DI_1^*	DI_2^*	DI_3^*	DI_0	DI_1	DI_2	DI_3	7

注：DI_N^* 表示 CP 脉冲上升沿前 DI_N 瞬间的电平。

有时要求在移位过程中，数据仍保持在寄存器中不丢失。此时，只要将移位寄存器最高位的输出接至最低位的输入，或者将最低位的输出接至最高位的输入，便可实现该功能，称为环形移位寄存器。它也可作计数器使用，称为环形计数器，详细内容将在 6.4.2 节中讨论。

6.4.2　计数器

计数器的主要功能是累计输入脉冲的个数。它不仅可以用来计数，还可用于分频、定时、产生节拍脉冲和脉冲序列及进行数字运算等，是数字系统中应用最广泛的时序逻辑部件之一。计数器是一个周期性的时序电路，其状态图有一个闭合环，闭合环循环一次所需要的时钟脉冲的个数称为计数器的模值 M。由 n 个触发器构成的计数器，其模值 M 一般应满足 $2^{n-1}<M\leqslant 2^n$。

计数器有许多不同的类型。按时钟控制方式分类，有异步计数器、同步计数器两大类；按计数过程中数值的增减来分类，有加法计数器、减法计数器、可逆计数器 3 类；按编码方式分类，有二进制码（简称二进制）计数器、BCD 码（也称为二-十进制）计数器、循环码计数器。此外，还可以按计数器的计数容量，即按模值来分类，有二进制、十进制和任意进制计数器。

1. 二进制计数器

1）异步二进制计数器

（1）工作原理。

图 6-4-10 所示是一个 4 位异步二进制计数器的逻辑图，它由 4 个 T′触发器组成。计数脉冲 $\overline{CP}$ 通过输入缓冲器加至触发器 FF_0 的时钟脉冲输入端，每输入一个计数脉冲，FF_0 翻转一次。FF_1、FF_2、和 FF_3 都以前级触发器的 Q 端输出作为触发信号，当低位 Q 端由 1→0 时向高位产生进位，高位翻转。所以，对下降沿触发的触发器，其高位的 $\overline{CP}$ 端应与其邻近低位的原码输出 Q 端相连，即 $\overline{CP}_m=\overline{Q}_{m-1}$；对上升沿触发的触发器，其高位的 $\overline{CP}$ 端应与其邻近低位的反码输出 $\overline{Q}$ 端相连，即 $\overline{CP}_m=\overline{Q}_{m-1}$。分析其工作过程，不难得出输出波形，如图 6-4-11 所示。由图可见，从初态 0000(可由 CR 输入高电平脉冲使 4 个触发器全部置 0)开始，每输入一个计数脉冲，计数器的状态就按照二进制编码递增 1，输入第 15 个脉冲时，输出 1111，当输入第 16 个脉冲时，输出返回初态 0000，且 Q_3端输出进位信号下降沿。因此，该电路构成 4 位二进制加法计数器，或称为模 16 加法计数器。其中，Q_0 的频率是 $\overline{CP}$ 的 1/2，即实现了 2 分频，Q_1 得到 $\overline{CP}$ 的 4 分频，依次类推，Q_2、Q_3 分别对 $\overline{CP}$ 进行了 8 分频和 16 分频，因此，计数器也可以作为分频器使用。模为 M 的计数器也是一个 M 分频器，M 分频器的输出信号即为计数器最高位的输出信号。

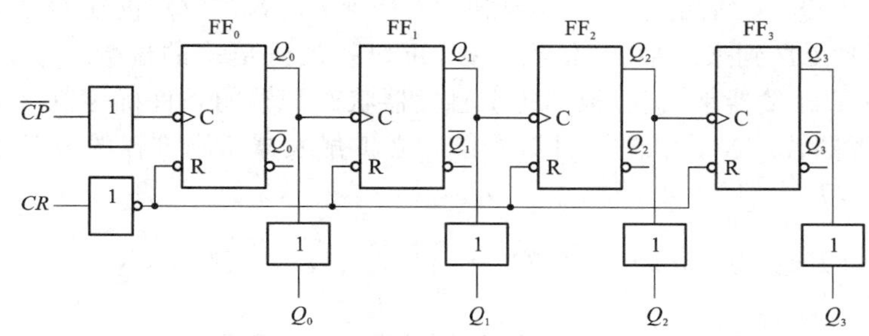

图 6-4-10　4 位异步二进制计数器的逻辑图

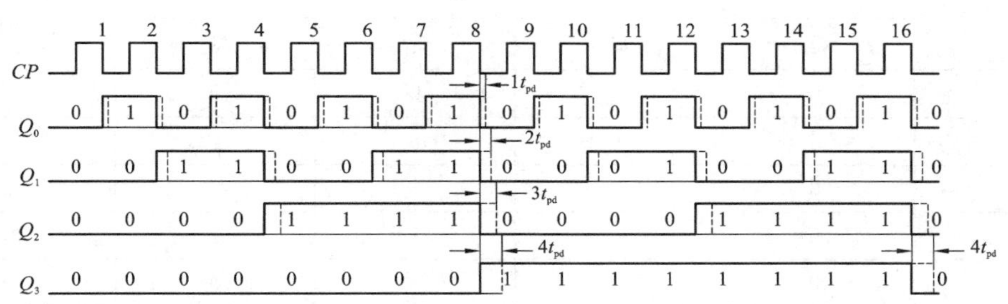

图 6-4-11　4 位异步二进制计数器时序图

异步二进制计数器的原理、结构简单，图 6-4-11 中的虚线是考虑了触发器逐级翻转中平均传输延迟时间 t_{pd}的波形。由于各个触发器的翻转时间有延迟，若用该计数器驱动组合逻辑电路，则可能出现瞬间逻辑错误。例如，当计数值从 0111 加 1 时，先后要经过 0110、0100、0000 几个状态，才最终翻转为 1000。如果对 0110、0100、0000 译码，这时译码输出端则会出现毛刺状波形。另外，当计数脉冲频率很高时，$Q_0Q_1Q_2Q_3$ 甚至会出现编码输出分辨不清的情况。对于一个 N 位异步二进制计数器来说，从一个计数脉冲开始作用到第一个触发器，到第 N 个触发器翻转达到稳定状态，需要经历的时间为 Nt_{pd}。为了保证正确地检验出计数器的输出状态，计数脉冲的周期 T_{CP}必须满足 $T_{CP}\gg Nt_{pd}$这一条件。

(2) 典型集成电路。

中规模集成电路 74HC/HCT393 中集成了两个如图 6-4-10 所示的 4 位异步二进制计数器，图 6-4-12 是它的引脚图。在 5 V、25 ℃工作条件下，74HC/HCT393 中每级触发器的传输延迟时间典型值为 6 ns。

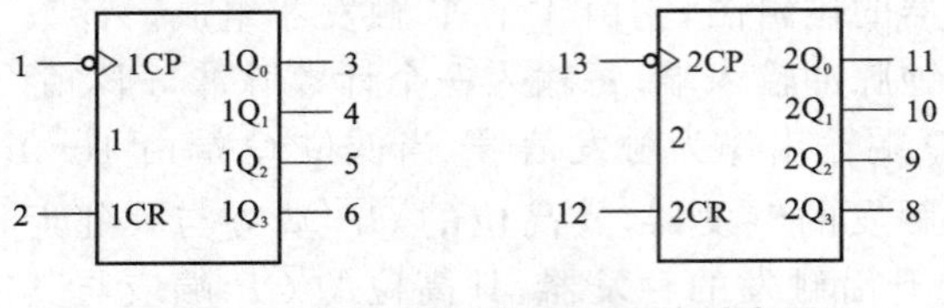

图 6-4-12　74HC/HCT393 的引脚图

2）同步二进制加法计数器

异步计数器由于进位信号是逐级传递的，所以运算速度慢，且位数越多，累计的翻转时间较长。为了提高计数器的工作速度，可采用同步式计数器。其特点是计数脉冲作为时钟信号，同时，接于各个触发器的时钟脉冲输入端，在每次时钟脉冲到来之前，根据当前计数器的状态，利用组合逻辑控制，准备好适当的条件。当计数脉冲到来时，所有应翻转的触发器同时翻转，同时也使所有应保持原状态的触发器不改变状态。由于不存在延迟时间累积，所以能取得较高的计数速度，输出编码也不会发生混乱。

（1）工作原理。

表 6-4-5 所示是 4 位二进制计数器的状态表。从该表可以看出，Q_0 在每个计数脉冲 CP 到来时都要翻转一次；Q_1 仅在 $Q_0=1$ 时准备好翻转的条件，下一个计数脉冲 CP 到来时翻转；Q_2 仅在 $Q_0=Q_1=1$ 后的下一个计数脉冲 CP 到来时翻转；Q_3 仅在 $Q_0=Q_1=Q_2=1$ 后的下一个计数脉冲 CP 到来时翻转；依次类推，可以扩展到更多的位数。于是，同步二进制加法计数器可用 T 触发器来实现，根据每个触发器状态翻转的条件确定其 T 输入端的逻辑值，以控制它是否翻转。N 位二进制计数器第 i 位 T 触发器激励方程的一般化表达式为

$$\begin{cases} T_0 = 1 \\ T_i = Q_{i-1}Q_{i-2}\cdots Q_2Q_1Q_0 = \prod_{j=0}^{i-1} Q_j \quad (i=1,2,\cdots,N-1) \end{cases} \tag{6-4-1}$$

表 6-4-5　4 位二进制计数器的状态表

计数顺序	电路状态				进位输出
	Q_3	Q_2	Q_1	Q_0	
0	0	0	0	0	0
1	0	0	0	1	0
2	0	0	1	0	0
3	0	0	1	1	0
4	0	1	0	0	0
5	0	1	0	1	0
6	0	1	1	0	0
7	0	1	1	1	0
8	1	0	0	0	0
9	1	0	0	1	0
10	1	0	1	0	0
11	1	0	1	1	0
12	1	1	0	0	0
13	1	1	0	1	0
14	1	1	1	0	0
15	1	1	1	1	1
16	0	0	0	0	0

图 6-4-13 所示是 4 位同步二进制加法计数器的一种实现方案。图中，4 个点画线方框内均采用 D 触发器和同或门实现 T 触发器的逻辑功能。由图 6-4-13 可以列出电路的激励方程组如下：

$$\begin{cases} T_0 = CE \\ T_1 = Q_0 \cdot CE \\ T_2 = Q_1 Q_0 \cdot CE \\ T_3 = Q_2 Q_1 Q_0 \cdot CE \end{cases} \tag{6-4-2}$$

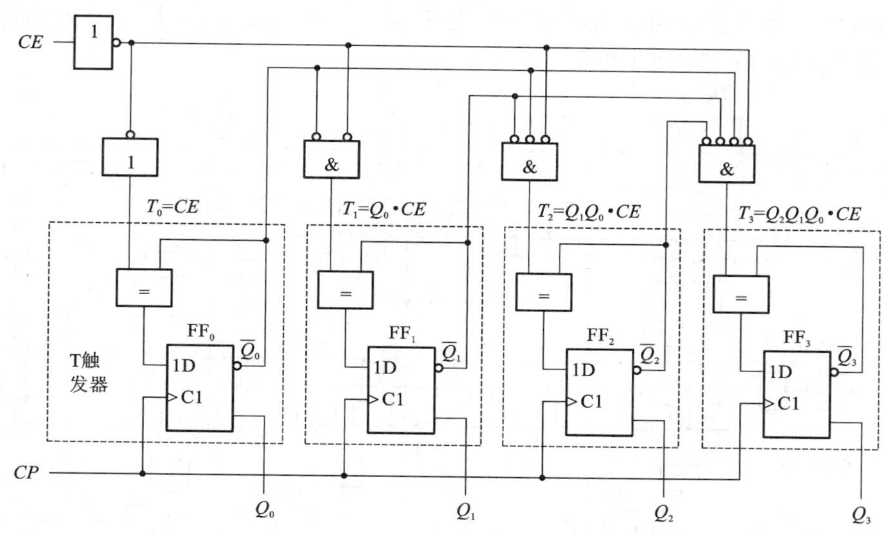

图 6-4-13　4 位同步二进制加法计数器

可以看出，当计数使能端 $CE=1$ 时，式(6-4-2)与式(6-4-1)所表达的意义是一致的。

图 6-4-14 所示是图 6-4-13 所示电路的时序图，其中虚线是考虑到传输延迟时间 t_{pd} 的波形。由该波形图可知，在同步计数器中，由于计数脉冲 CP 同时作用于各触发器，所有触发器的状态刷新是同时进行的，都比计数脉冲 CP 的作用滞后一个 t_{pd}。因此，输出状态比异步二进制计数器稳定，其工作速度一般高于异步计数器。应当指出，同步计数器的电路结构比异步计数器复杂，需要增加一些控制电路，其工作速度也要受到这些电路传输延迟时间的限制。

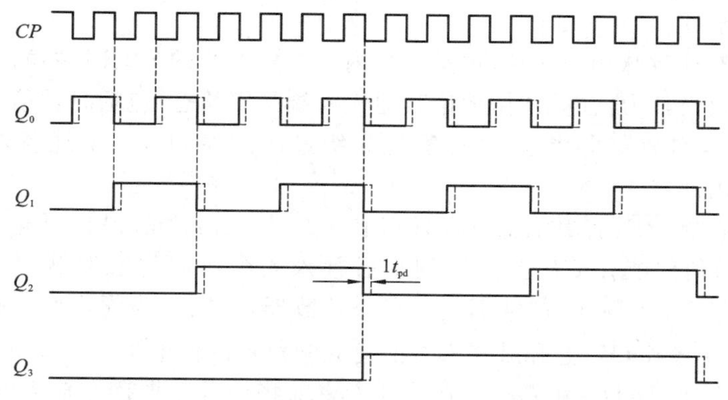

图 6-4-14　4 位同步二进制加法计数器的时序图

(2) 典型集成电路。

74LVC161 是一种典型的高性能、低功耗的 CMOS 4 位同步二进制加法计数器，其可以在 1.2～3.6 V 电源电压范围内工作，其所有逻辑输入端都可耐受高达 5.5 V 的电压，因此，电源电压为 3.3 V 时可直接与 5 V 供电的 TTL 逻辑电路接口。其工作速度很高,从输入时钟 CP 上升沿到 Q_{N-1} 输出的典型延迟时间仅 3.9 ns,最高时钟工作频率可达 200 MHz。

图 6-4-15 为 74LVC161 的内部逻辑电路图,除具有同步二进制计数功能外,电路还具有并行数据的同步预置功能。预置和计数功能的选择是通过在每个 D 触发器的输入端插入一个由与或非门构成的 2 选 1 数据选择器来实现的。电路中,当 $\overline{PE}=0$ 时为并行数据预置操作,每个数据选择器左边的与门打开,于是,$D_3D_2D_1D_0$ 到达相应触发器的输入端,当 CP 脉冲沿到达时,该组数据进入触发器而实现同步预置功能;当 $\overline{PE}=1$ 时,每个数据选择器右边的与门打开,各 D 触发器与相应的同或门实现 T 触发器的功能,接受同步计数器的控制信号,其工作原理与图 6-4-13 所示电路相同。

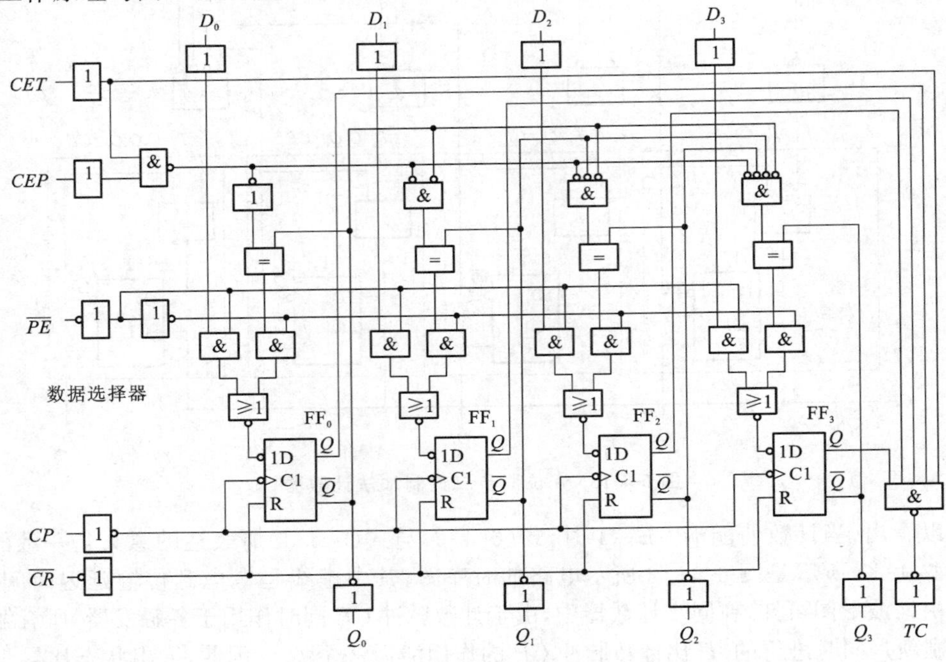

图 6-4-15　74LVC161 的内部逻辑电路图

表 6-4-6 所示是 74LVC161 的功能表。下面对照逻辑图和功能表,说明它工作时各个引线端的功能和操作。

时钟脉冲 CP:计数脉冲输入端,也是芯片内 4 个触发器的公共时钟输入端。

异步清零 $\overline{CR}$:当其为低电平时,无论其他输入端是何状态(包括时钟信号),都使片内所有触发器状态置 0,称为异步清零。$\overline{CR}$ 有优先级最高的控制权。下述各输入信号都是在 $\overline{CR}=1$ 时才起作用。

并行置数使能端 $\overline{PE}$:置数控制端,只需在 CP 上升沿之前保持低电平,数据输入端 $D_3D_2D_1D_0$ 的逻辑值便能在 CP 上升沿到来后置入 4 个相应的触发器中。由于该操作与 CP 上升沿同步,且 $D_3D_2D_1D_0$ 的数据同时置入计数器,所以称为同步并行预置。为保证数据正确置入,要求 $\overline{PE}$ 在 CP 上升沿到来之前建立起稳定的低电平。

数据输入端 $D_3D_2D_1D_0$:在 CP 上升沿到来之前将预置数据摆在输入端 $D_3D_2D_1D_0$,且 $\overline{PE}=0$,则 CP 上升沿到来后,数据 $D_3D_2D_1D_0$ 便置入触发器。

计数使能端 CEP:在 CP 上升沿到来之前保持高电平,且 $CET=1$,CP 上升沿到来时就能使计数器进行一次计数操作。

计数使能端 CET:该信号和 CEP 在相与后的运算结果对本芯片进行计数控制,当 CET ·

$CEP=0$,即两个计数使能端中有 0 时,无论有没有 CP 脉冲作用,计数器都将停止计数,保持原有状态;当 $\overline{CR}=\overline{PE}=CET=CEP=1$ 时处于计数状态,其状态转换表与表 6-4-5 相同。CET 还直接控制进位输出信号 TC,CET 和 CEP 的典型接法和作用可参考例 6.4.1。

计数输出 $Q_3Q_2Q_1Q_0$:计数器中 4 个触发器的 Q 端状态输出。

进位信号 TC:只有当 $CET=1$ 且 $Q_3Q_2Q_1Q_0=1111$ 时,进位信号 TC 才为 1,表明下一个 CP 上升沿到来时将会有进位发生。

表 6-4-6　74LVC161 的功能表

输入									输出				
清零	预置	使能		时钟	预置数据输入				计数				进位
$\overline{CR}$	$\overline{PE}$	CEP	CET	CP	D_3	D_2	D_1	D_0	Q_3	Q_2	Q_1	Q_0	TC
L	×	×	×	×	×	×	×	×	L	L	L	L	L
H	L	×	×	↑	D_3	D_2	D_1	D_0	D_3	D_2	D_1	D_0	*
H	H	L	×	×	×	×	×	×	保持				*
H	H	×	L	×	×	×	×	×	保持				L
H	H	H	H	↑	×	×	×	×	计数				*

注:* 表示只有 CET 为高电平,且计数器状态为 1111 时,进位输出为高电平。

综合上述功能可以得到 74LVC161 的典型时序图,如图 6-4-16 所示。图中,当清零信号 $\overline{CR}=0$ 时,各触发器置 0。当 $\overline{CR}=1$ 时,若 $\overline{PE}=0$,则在下一个时钟脉冲 CP 上升沿到来后,各触发器的输出状态与预置的输入数据相同。在 $\overline{CR}=\overline{PE}=1$ 的条件下,若 $CET=CEP=1$,则电路处于计数状态。图 6-4-16 中从预置的 1100 开始计数,直到 $CET\cdot CEP=0$,计数状态结束。此后处于保持状态 $Q_3Q_2Q_1Q_0=0010$。进位信号 TC 只有在 $Q_3Q_2Q_1Q_0=1111$ 且 $CET=1$ 时输出为 1,其余时间均为 0。

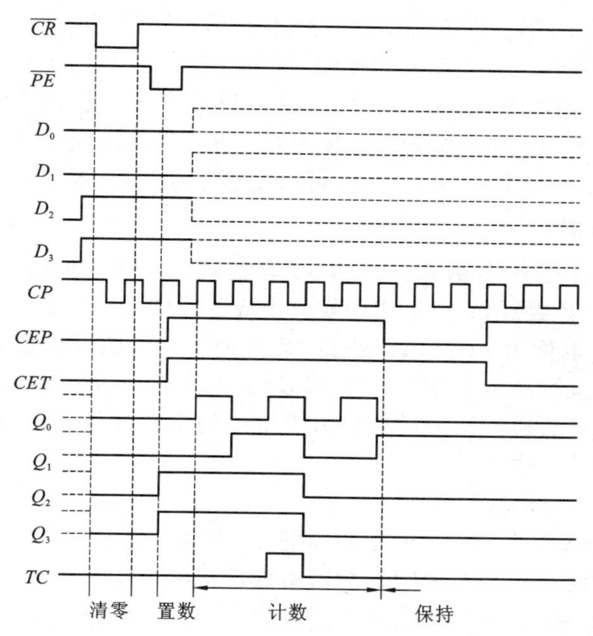

图 6-4-16　74LVC161 的典型时序图

例 6.4.1 试用 74LVC161 构成模 2^{16} 的同步二进制计数器。

解 一片 74LVC161 可以构成模 16 的计数器，模 2^{16} 的同步二进制计数器需要用 4 片 74LVC161 构成，电路如图 6-4-17 所示。图中，$D_0 \sim D_{15}$ 为 16 位并行二进制数据输入端；$Q_0 \sim Q_{15}$ 为 16 位计数器输出端；$\overline{LD}$ 为数据预置控制端；CE 为计数使能端，高电平有效；$\overline{RESET}$ 为复位输入端，低电平有效；CLK 为计数脉冲(时钟脉冲)输入端，上升沿触发。

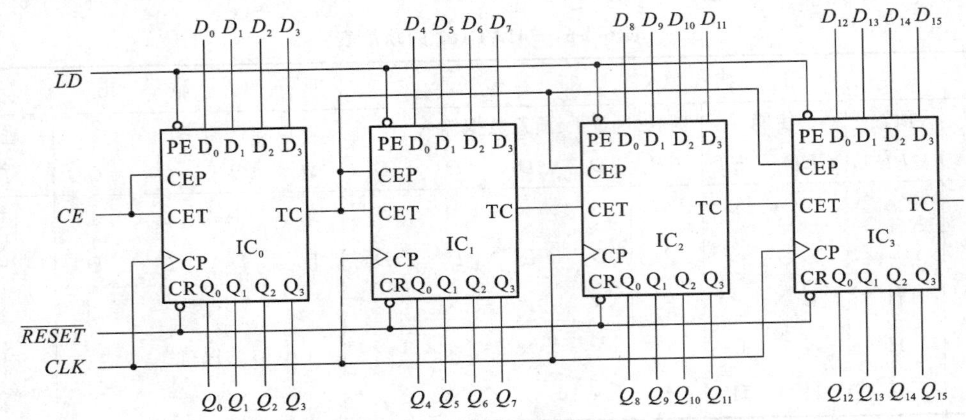

图 6-4-17 用 74LVC161 构成模 2^{16} 的同步二进制计数器

需要注意的是图 6-4-17 所示电路中各计数使能端 CEP 和 CET 的接法：电路中低位芯片的进位输出 TC 均与相邻高位芯片的 CET 相连；而最低位的 TC 则还与所有高位的 CEP 相连。这种接线方式主要是为了提高级联电路的可靠性和抗干扰能力，因为进位信号 TC 的脉冲宽度只有一个时钟周期，亦即只有在低位芯片的 TC 处于高电平这一小段时间内才允许高位芯片响应 CP 信号进行计数操作，而其余绝大部分时间内均禁止计数。此外，由于芯片内部 CET 直接控制着进位信号 TC(如图 6-4-15 所示的逻辑电路)，当 IC_1 和 IC_2 均为 1111 状态时，一旦 IC_0 的 TC 端输出高电平的进位信号，只需经过有限个门电路的延迟便将进位信号传递到高位芯片 IC_3 的 CET 端，其 CEP 也因与 IC_0 的 TC 直接相连而同时变为高电平，使 IC_3 迅速进入准备计数状态，在下一个 CP 上升沿到来时完成进位计数操作。这种迅速传递进位信号的连接方法，允许大幅度缩短计数脉冲 CP 的周期，从而提高级联计数器的工作频率上限。总之，图 6-4-17 所示电路的级联方式可以使芯片的速度潜能得到充分的发挥。

2. 非二进制计数器

N 进制计数器又称模 N 计数器。当 $N=2^n$ 时，就是前面讨论的 n 位二进制计数器；当 $N \neq 2^n$ 时，为非二进制计数器，一般采用中规模集成器件构成。非二进制计数器中最常用的是二-十进制计数器，也称为 BCD 码计数器，其他进制的计数器习惯上称为任意进制计数器。非二进制计数器也有同步和异步之分，以及加、减和可逆等各种类型。在此介绍一种集成二-十进制计数器，然后通过例子讨论如何用定型的集成计数器构成任意进制计数器，最后还将介绍一种流行的集成环形计数器。

1) 异步二-十进制计数器

一片 74HC/HCT390 中集成了两个相同的二-十进制计数器，每个二-十进制计数器都是由一个二进制计数器和一个五进制计数器级联而成的。图 6-4-18 所示是其中一个计数器的逻辑图。为了应用的灵活性，除清零信号 CR 外，二进制计数器和五进制计数器的输入端、输出端均是独立引出的。

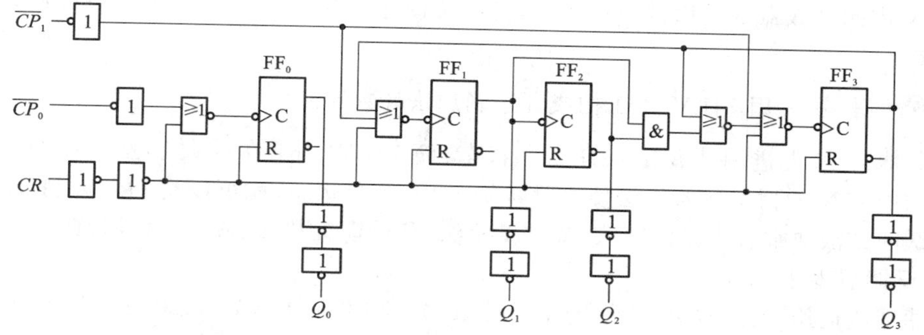

图 6-4-18 74HC/HCT390 中的一个异步二-十进制计数器的逻辑图

表 6-4-7 例 6.4.2 的两种连接方式的状态表

计数顺序	连接方式 1(8421BCD 码)				连接方式 2(5421BCD 码)			
	Q_3	Q_2	Q_1	Q_0	Q_0	Q_3	Q_2	Q_1
0	0	0	0	0	0	0	0	0
1	0	0	0	1	0	0	0	1
2	0	0	1	0	0	0	1	0
3	0	0	1	1	0	0	1	1
4	0	1	0	0	0	1	0	0
5	0	1	0	1	1	0	0	0
6	0	1	1	0	1	0	0	1
7	0	1	1	1	1	0	1	0
8	1	0	0	0	1	0	1	1
9	1	0	0	1	1	1	0	0

例 6.4.2 将图 6-4-18 所示的电路按以下两种方式连接：

① $\overline{CP_0}$ 接计数脉冲信号，将 Q_0 与 $\overline{CP_1}$ 相连；

② $\overline{CP_1}$ 接计数脉冲信号，将 Q_3 与 $\overline{CP_0}$ 相连。

试分析它们的逻辑输出状态。

解 按①方式连接时，计数脉冲先进行二分频，然后进行五分频。从 0000 状态开始，依次分析，得到的状态表如表 6-4-7 左边所示，$Q_3\ Q_2\ Q_1\ Q_0$ 输出为 8421BCD 码。

按②方式连接时，计数脉冲先进行五分频，然后再进行二分频。得到的状态表如表 6-4-7 右边所示，Q_0、Q_3、Q_2、Q_1 的权值分别为 5、4、2、1，这种编码称为 5421BCD 码。因此，电路构成 5421BCD 码计数器。

2) 任意进制计数器的构成方法

任意进制计数器可以用厂家定型的集成计数器产品外加适当的电路连接而成。用 N 进制集成计数器构成 M 进制计数器时，如果 $M<N$，则只需一个 N 进制集成计数器。当 $M>N$ 时，需将多片 N 进制计数器组合。下面结合例子分别介绍这两种情况下构成任意进制计数器的实现方法。

(1) $M<N$ 的情况。

在 N 进制计数器的顺序计数过程中，若设法使之跳跃 $N-M$ 个状态，就可以得到 M 进制计数器了。

例 6.4.3 用 74LVC161 构成九进制加法计数器。

解 九进制计数器应有 9 个状态，而 74LVC161 在计数过程中有 16 个状态。因此属于 $M<N$ 的情况。若设法使之跳跃 $16-9=7$ 个状态，就可以得到九进制计数器了。实现跳跃的方法通常有反馈清零法（或称复位法）和反馈置数法（或称置位法）两种。

① 反馈清零法。

反馈零法适用于有清零输入端的集成计数器。其工作原理为：设原有的计数器为 N 进制，当它从全 0 状态 S_0 开始计数并接收 M 个计数脉冲以后，电路进入 S_M 状态。如果将 S_M 状态译码产生一个清零信号加到计数器的清零输入端，则计数器将立刻返回 S_0 状态，这样就可以跳过 $N-M$ 个状态而得到 M 进制计数器（或称为分频器）。图 6-4-19(a)所示为反馈清零法原理示意图。

由于电路一进入 S_M 状态后立即又被置成 S_0 状态，所以 S_M 状态仅在极短的瞬间出现，在稳定的状态循环中不包括 S_M 状态。

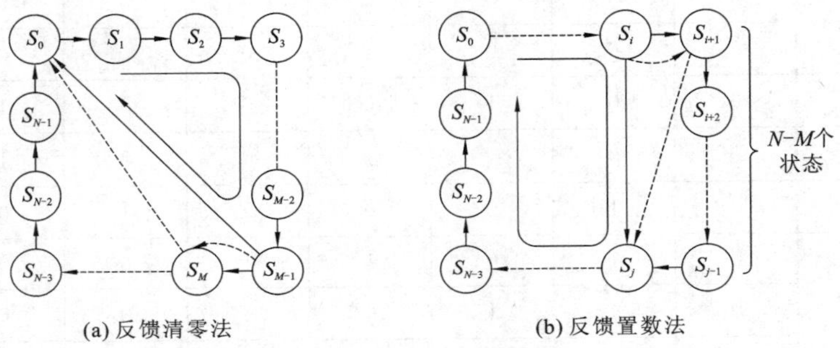

(a) 反馈清零法　　(b) 反馈置数法

图 6-4-19　获得任意进制计数器的两种方法

集成计数器 74LVC161 具有异步清零功能，在其计数过程中，不管其输出处于哪一状态，只要在异步清零输入端加一低电平电压，使 $\overline{CR}=0$，74LVC161 的输出会立即从那个状态回到 0000 状态。清零信号消失后，74LVC161 又从 0000 状态开始重新计数。结合 74LVC161 的功能表画出用 74LVC161 构造九进制计数器的逻辑图，如图 6-4-20(a)所示。

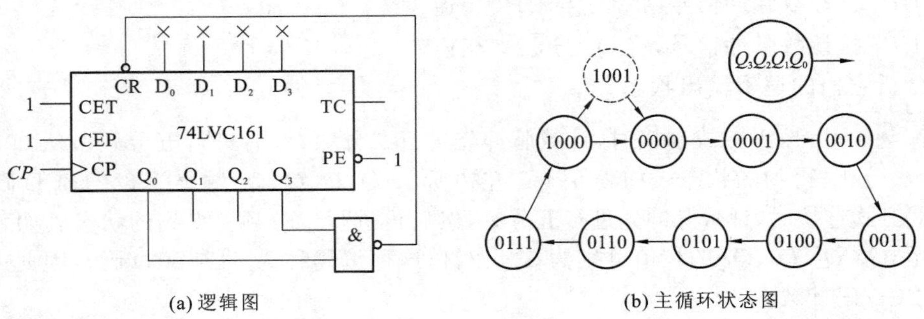

(a) 逻辑图　　(b) 主循环状态图

图 6-4-20　用反馈清零法将 74LVC161 接成九进制计数器

图 6-4-20(b)所示为该九进制计数器的主循环状态图。由图可知，74LVC161 从 0000 状态开始计数，当第 9 个 CP 脉冲上升沿到达时，输出 $Q_3Q_2Q_1Q_0=1001$，通过一个与非门译码后，反馈给 $\overline{CR}$ 端一个清零信号，立即使 $Q_3Q_2Q_1Q_0$ 返回到 0000 状态。此刻，产生清零信号的条件已消失，$\overline{CR}$ 端随之变为高电平，74LVC161 又重新从 0000 状态开始新的计数。由此

跳越了 1001～1111 七个状态，故构成九进制计数器。该电路的状态中没有 1111 状态，因此，TC 端始终没有输出信号。此时，进位信号应从 Q_3 引出。需要说明一点，电路是在进入 1001 状态后，才立即被置成 0000 状态的，即 1001 状态会在极短的瞬间出现。因此，在主循环状态图中用虚线表示。

② 反馈置数法。

反馈置数法适用于具有预置数功能的集成计数器，置数法与清零法不同，它是通过给计数器重复置入某个数值使之跳越 $N-M$ 个状态，从而获得 M 进制计数器的，如图 6-4-19(b)所示。

对于具有预置功能的计数器而言，在其计数过程中，可以将它输出的任何一个状态通过译码，产生一个预置控制信号反馈至预置控制端 $\overline{PE}$，在下一个 CP 脉冲作用后，计数器就会把预置数输入端 D_3、D_2、D_1、D_0 的状态置入计数器。预置控制信号消失后，计数器就从被置入的状态开始新的计数。

图 6-4-21 所示电路就是利用 74LVC161 的同步预置功能，采用反馈置数法将 74LVC161 接成九进制加法计数器的。该种连接方式是把输出 $Q_3Q_2Q_1Q_0=1000$ 的状态经译码产生预置信号 0，反馈至 $\overline{PE}$，在下一个 CP 脉冲上升沿到达时置入 0000 状态，图6-4-21(b)所示为该九进制计数器的主循环状态图。其中 0001～1000 这 8 个状态是 74LVC161 进行加 1 计数实现的，0000 是由同步反馈置数得到的。该电路的状态中没有 1111 状态，因此，TC 端始终没有输出信号。此时，进位信号应从 Q_3 引出。

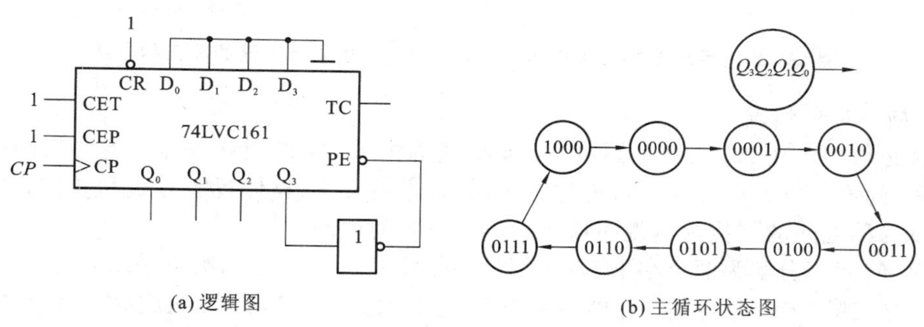

(a) 逻辑图　　(b) 主循环状态图

图 6-4-21　用反馈置数法将 74LVC161 接成九进制计数器的第一种电路

置数操作可以在电路的任何一个状态下进行。例如可以将 $Q_3Q_2Q_1Q_0=1111$ 状态的译码信号反馈至 $\overline{PE}$，这时，预置数据输入端应接为 0111 状态，计数器将在 0111～1111 这 9 个状态间循环。

图 6-4-22 所示电路的接法就是将 74LVC161 计数到 1111 状态时产生的进位信号反相后，反馈到预置控制端。预置数据输入端应置为 0111 状态。该电路从 0111 状态开始加 1 计数，输入第 8 个 CP 脉冲后到达 1111 状态，此时 $TC=CET \cdot Q_3 \cdot Q_2 \cdot Q_1 \cdot Q_0$，$\overline{PE}=0$，在第 9 个 CP 脉冲作用后，$Q_3Q_2Q_1Q_0$ 被置成 0111 状态，同时使 $TC=0$，$\overline{PE}=1$，新的计数周期又从 0111 开始。

以上介绍的两种反馈置数法的主循环状态图分别选择的是 0000～1111 这 16 个状态中的前 9 个和后 9 个状态，还可以选中间任意连续的 9 个状态。图 6-4-23 所示电路也是用反馈置数法将 74LVC161 接成九进制计数器的，预置数据输入端置为 0001 状态。该种连接方式是把输出 $Q_3Q_2Q_1Q_0=1001$ 的状态经译码产生预置信号 0，反馈至 $\overline{PE}$，在下一个 CP 脉冲上升沿到达时置入 0001 状态，图 6-4-23(b)所示是图 6-4-23(a)所示电路的主循环状态图。其中 0010～1001 这 8 个状态是 74LVC161 进行加 1 计数实现的，0001 是由同步反馈置数得到的。请读者注意该种接线方式和反馈清零法的差异，这里不再阐述。

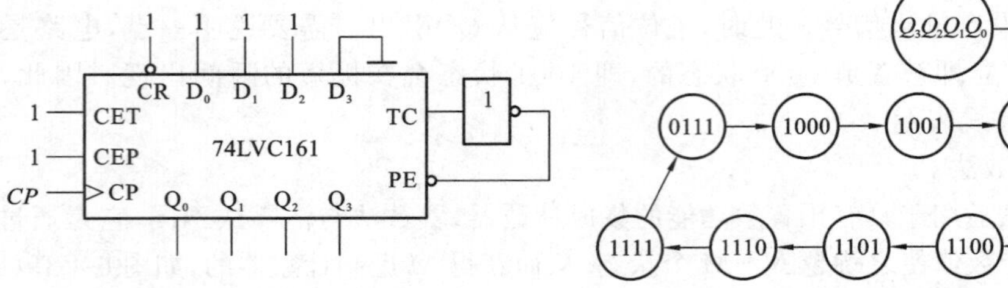

(a) 逻辑图　　　　(b) 主循环状态图

图 6-4-22　用反馈置数法将 74LVC161 接成九进制计数器的第二种电路

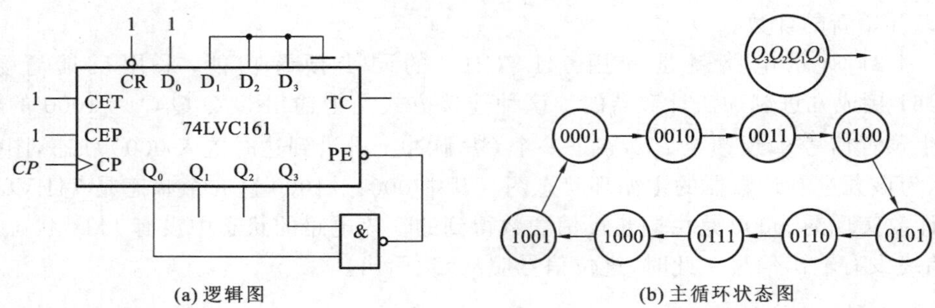

(a) 逻辑图　　　　(b) 主循环状态图

图 6-4-23　用反馈置数法将 74LVC161 接成九进制计数器的第三种电路

(2) $M>N$ 的情况。

这时必须用多片 N 进制计数器组合起来，才能构成 M 进制计数器。各片之间(或称为各级之间)的连接方式可分为串行进位方式、并行进位方式、整体置零方式和整体置数方式。下面仅以两种之间的连接为例说明这 4 种连接方式的原理。

① 若 M 可以分解为两个小于 N 的因数相乘，即 $M=N_1\times N_2$，则可采用并行进位方式或串行进位方式将一个 N_1 进制计数器和一个 N_2 进制计数器连接起来，构成 M 进制计数器。

在串行进位方式中，以低位片的进位输出信号作为高位片的时钟输入信号。在并行进位方式中，以低位片的进位输出信号作为高位片的工作状态控制信号(计数的使能信号)，两片的 CP 输入端同时接计数输入信号。

例 6.4.4　试利用同步 4 位二进制计数器 74LVC161 实现模 256 计数器。

解　本例中 $M=256$，$N_1=N_2=16$，将两片直接按并行进位方式或串行进位方式连接即得模 256 计数器。

图 6-4-24 所示电路是并行进位方式的接法。以第(1) 片的进位输出 TC 作为第(2) 片的 CET、CEP 输入，只有当第(1) 片计数至 15(1111)状态时，其 $TC=1$，片(2)才能处于计数状态。在下一个计数脉冲 CP 作用后，第(2) 片计入 1，而第(1) 片由 15(1111)变成 0(0000)状态，它的进位信号 TC 也变成 0，片(2)停止计数。第(1) 片的 CET、CEP 恒为 1，始终处于计数工作状态。

图 6-4-25 所示电路是串行进位方式的接法。两片 74LVC161 的 CET、CEP 恒为 1，都处于计数工作状态。第(1) 片每计数到 15(1111)时 TC 端输出变为高电平，经反相器后使第(2) 片的 CP 端为低电平。下一个计数脉冲到达后，第(1) 片计成 0(0000)状态，TC 端跳变为低电平，经反相器后使第(2) 片的 CP 端产生一个正跳变，于是第(2) 片计入 1，否则保持不变。可见，在这种接法下两片 74LVC161 不是同步工作的。

当 N_1 和 N_2 不等于 N 时，可以先将两个 N 进制计数器分别接成 N_1 进制计数器和 N_2

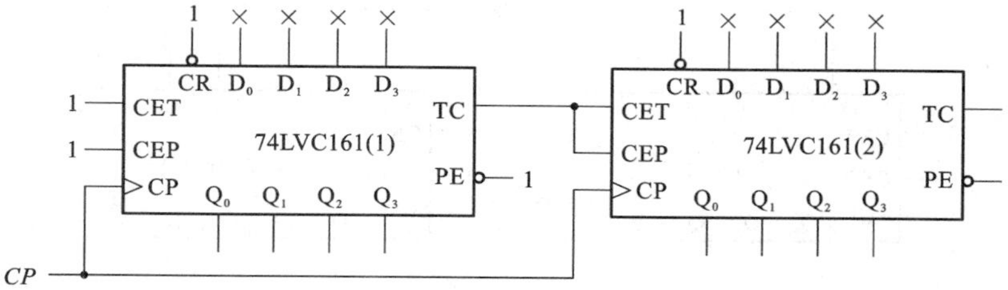

图 6-4-24　例 6.4.4 电路的并行进位方式

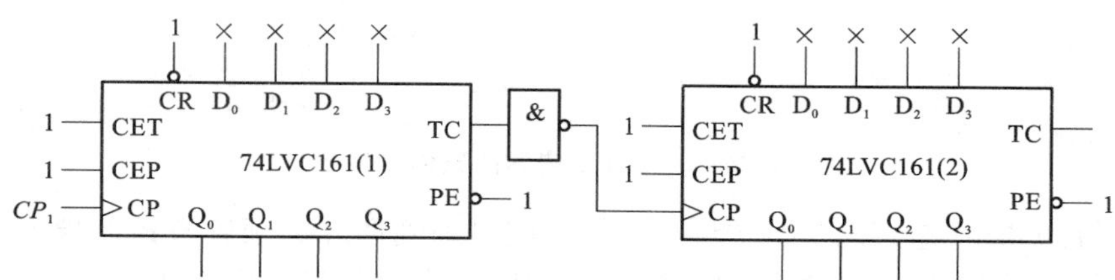

图 6-4-25　例 6.4.4 电路的串行进位方式

进制计数器,然后再以并行进位方式或串行进位方式将它们连接起来。

② 当 M 为大于 N 的素数时,不能分解成 N_1 和 N_2,上面讲的并行进位方式或串行进位方式就行不通了。这时必须采取整体清零法或整体置数法构成 M 进制计数器。

所谓整体清零法,是首先将两片 N 进制计数器按最简单的方式接成一个大于 M 进制的计数器(例如 $N\times N$ 进制),然后在计数器计为 M 状态时译出异步清零信号 $\overline{CR}=0$,将两片计数器同时清零。这种方式的基本原理和 $M<N$ 时的反馈清零法是一样的。

整体置数法的原理与 $M<N$ 时的反馈置数法类似。首先需将两片 N 进制计数器用最简单的连接方式接成一个大于 M 进制的计数器(例如 $N\times N$ 进制),然后在选定的某一状态下译出预置数控制信号 $\overline{PE}=0$,将两个 N 进制计数器同时置入适当的数据,跳过多余的状态,获得 M 进制计数器。采用这种接法要求已有的 N 进制计数器本身必须具有预置数的功能。

当然,当 M 不是素数时整体清零法和整体置数法一样可以使用。

例 6.4.5　试用两片同步 16 进制计数器 74LVC161 接成 17 进制计数器。

解　因为 $M=17$ 是一个素数,所以必须用整体清零法或整体置数法构成 17 进制计数器。

图 6-4-26 所示电路是用整体清零法构成的 17 进制计数器。首先将两片 74LVC161 以并行进位的方式连接成一个 256 进制计数器,当计数器从全 0 状态开始计数,计入 17 个脉冲时,即计数到 17(00010001)状态时,经与非门译码产生低电平信号立刻将两片 74LVC161 同时置零,于是便得到了 17 进制计数器。

需要注意的是,计数过程中第(2)片 74LVC161 不出现 1111 状态,因而其 TC 端不能给出进位信号,而且,与非门 G_1 输出的脉冲持续时间极短,所以不宜作进位信号输出。如果要求进位信号输出持续时间为一个 CP 时钟周期,则应从电路的 16(00010000)状态译码输出。也就是说,当电路计入 16 个脉冲后 G_2 输出变为低电平,第 17 个计数脉冲到达后 G_2 输出跳变为高电平,因为此时输入端已经被置为全 0。

通过这个例子可以看到,整体清零法不仅可靠性较差,而且往往还要另加译码电路才能得到需要的进位输出信号。

整体置数法可以避免整体清零法的上述缺点。图 6-4-27 所示电路就是采用整体置数法接成的 17 进制计数器。首先仍需将两片 74LVC161 连接成一个 256 进制计数器,然后将电

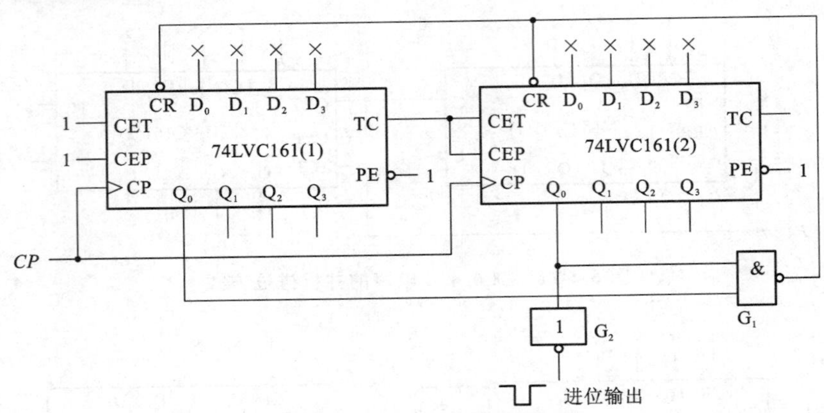

图 6-4-26　例 6.4.5 电路的整体清零方式

路的 16(00010000)状态译码产生 $\overline{PE}=0$ 信号，同时加到两片的预置数控制端上，在下一个计数脉冲(第 17 个输入脉冲)到达时，将 0000 同时置入两片 74LVC161 中，从而得到 17 进制计数器。进位信号可以直接由非门 G 的输出端引出。

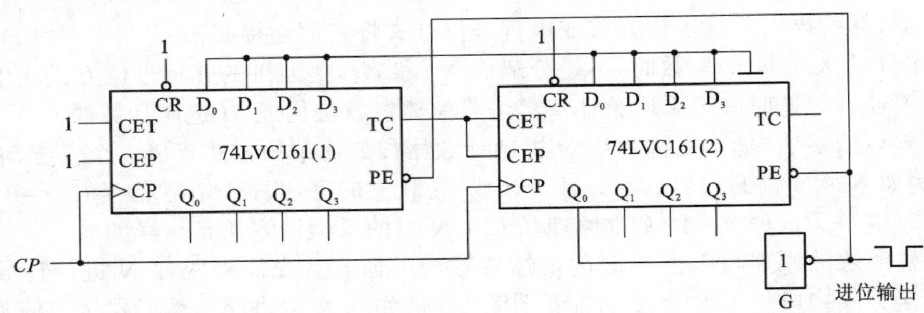

图 6-4-27　例 6.4.5 电路的整体置数(置全 0)方式

如果要求所置数据并非全 0，而且要求置数信号从 161(2) 的进位输出端引出，接线方式又该如何呢？这种情况下的连接方式与 M<N 时的连接方式类似，接线如图 6-4-28 所示，具体内容这里不再阐述，请读者自己思考。

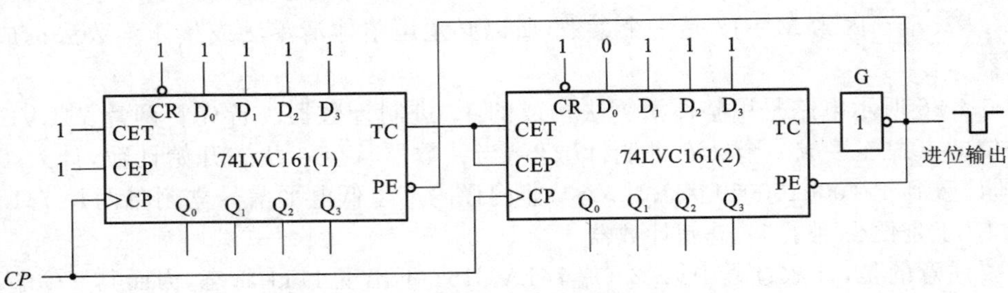

图 6-4-28　例 6.4.5 电路的整体置数(置非全 0)方式

例 6.4.6　试用 74HCT390 构成 24 进制计数器。

解　74HCT 390 是 2/5 十进制异步计数器，具有异步清零功能。所以本题可运用反馈清零法实现。因为 $M=24$，$N=10$，所以需要使用芯片中的两组 2/5 十进制计数器 C_0 和 C_1。先将两组计数器均接成 8421 码二-十进制计数器，然后将它们级联，低位计数器的 Q_3 接高位计数器的 CP_0，接成 100 进制计数器。在此基础上，借助与门译码和计数器异步清零功能，将 C_0 的 Q_2 和 C_1 的 Q_1 分别接至与门的输入端。工作时，在第 24 个计数脉冲作用后，计数器输出为 0010 0100 状态（十进制数 24），C_1 的 Q_1 和 C_0 的 Q_2 同时为 1，使与门输出高电平。该高电平作用在计数器 C_0 和 C_1 的清零端 CR（高电平有效），使计数器立即返回到 0000 0000 状态。状态 0010 0100 仅在瞬间出现一下。这样，便构成了一个 24 进制计数器。其逻辑图如图 6-4-29 所示。

这种连接方式可称为整体反馈清零法，其原理与 $M<N$ 时的反馈清零法相同。也可以用具有预置数据功能的集成计数器，采用整体反馈置数法构成 24 进制计数器，其原理与 $M<N$ 时的反馈置数法相似。读者可以自行分析与设计。

3）环形计数器

（1）基本环形计数器。

如图 6-4-30 所示，将移位寄存器首尾相接，即 $D_0=Q_3$，则构成环形计数器。在连续不断地输入时钟信号时寄存器里的数据将循环右移。

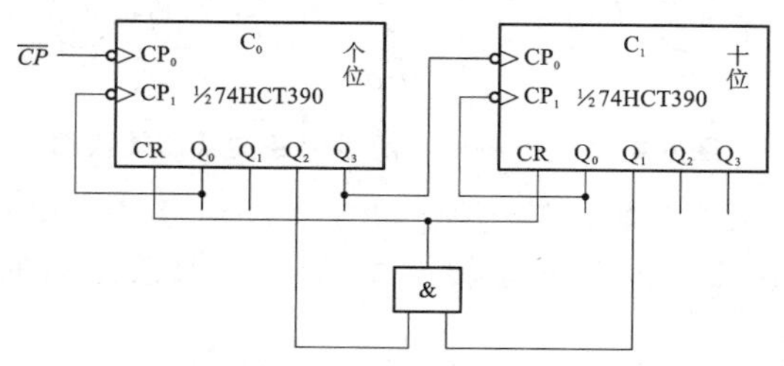

图 6-4-29　例 6.4.6 的逻辑电路图

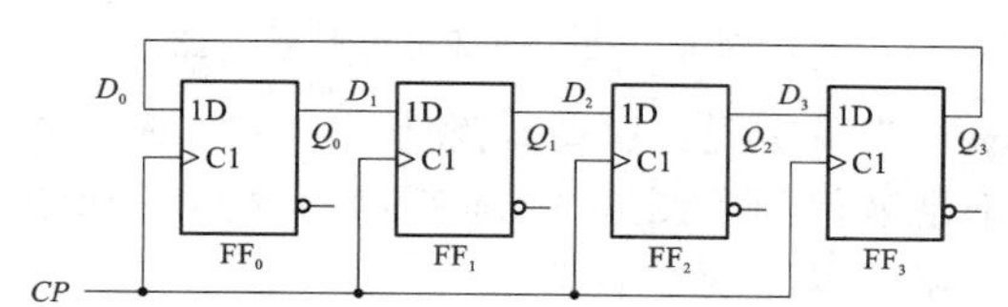

图 6-4-30　环形计数器电路

例如，电路的初始状态为 $Q_0Q_1Q_2Q_3=1000$，则在不断输入时钟信号时电路的状态按 1000→0100→0010→0001→1000 的次序循环变化。因此，用电路的不同状态能够表示输入时钟信号的数目，也就是说，可以把这个电路作为时钟脉冲的计数器。

根据移位寄存器的工作特点，不必列出环形计数器的状态方程即可直接画出图 6-4-31 所示的状态转换图。如果取由 1000、0100、0010 和 0001 所组成的状态循环为所需要的有效循环，那么同时还存在着其他几种无效循环。而且一旦脱离有效循环之后，电路将不会自动返回有效循环中去，所以图 6-4-30 所示的环形计数器不能自启动。为确保它能正常工作，必须首先通过串行端或并行端将电路置成有效循环中的某个状态，然后再开始计数。

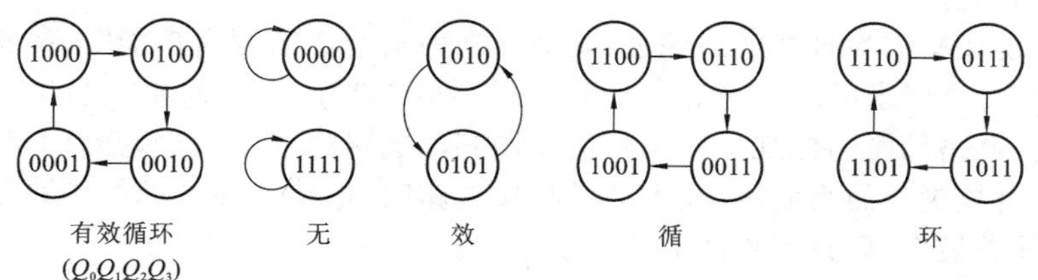

图 6-4-31　图 6-4-30 所示电路的状态转换图

环形计数器的突出优点是电路结构极其简单。而且，在有效循环的每个状态只包含一个 1（或 0）时，可以直接以各个触发器输出端的 1 状态表示电路的一个状态，不需要另外加译码电路。

环形计数器的主要缺点是没有充分利用电路的状态。用 n 位移位寄存器组成的环形计数器只用了 n 个状态，而电路总共有 2^n 个状态，这显然是一种浪费。

（2）扭环形计数器。

为了在不改变移位寄存器内部结构的条件下提高环形计数器的电路状态利用率，只能在改变反馈逻辑电路上想办法。

环形计数器是反馈逻辑函数中最简单的一种，即 $D_0=Q_{n-1}$。若将反馈逻辑函数取为 $D_0=$

$\overline{Q_{n-1}}$，则得到的电路如图 6-4-32 所示。这个电路称为扭环形计数器，也称为约翰逊计数器。

如将它的状态转换图画出，则如图 6-4-33 所示。可以看出，它有两个状态循环，若取图中左边的一个为有效循环，则余下的一个就是无效循环了。所以说 n 位移位寄存器构成的扭环形计数器可以得到含 $2n$ 个有效状态的循环，状态利用率比环形计数器提高了一倍。并且，电路每一次状态转换时均只有一位触发器改变状态，因而，在状态译码时不会产生竞争冒险现象。但是该电路仍不能自启动。

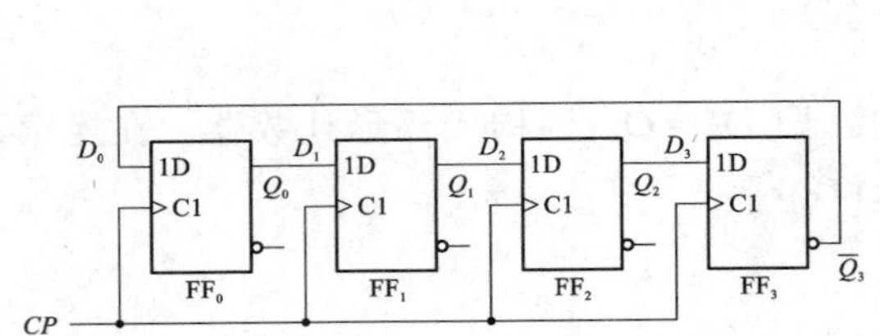

图 6-4-32　扭环形计数器电路

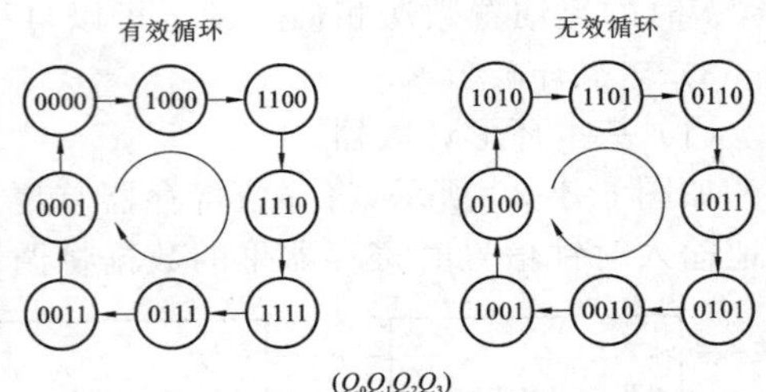

图 6-4-33　图 6-4-32 所示电路的状态转换图

为了实现自启动，可将图 6-4-32 所示电路的反馈逻辑函数稍加修改，令 $D_0=\overline{Q_3}+\overline{Q_2}Q_1$，于是就得到了图 6-4-34 所示的电路图和图 6-4-35 所示的状态转换图。可见，修改之后的电路可以实现自启动。

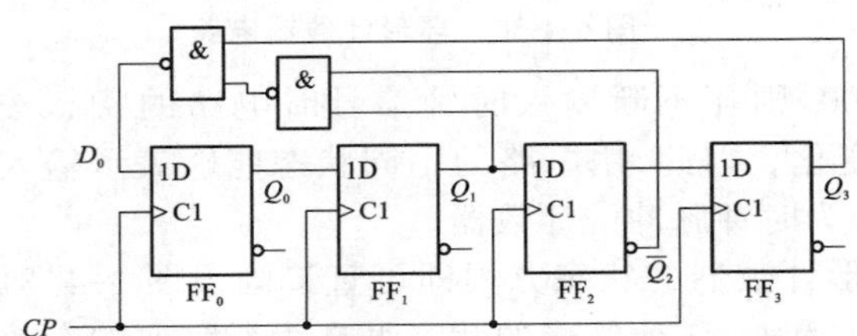

图 6-4-34　能自启动的扭环形计数器电路图

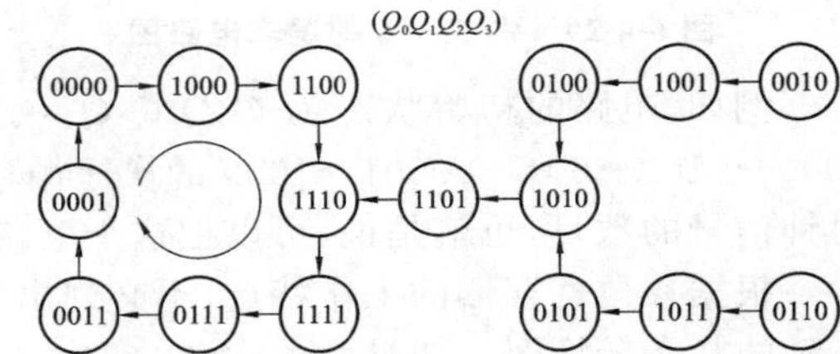

图 6-4-35　图 6-4-34 所示电路的状态转换图

6.5　同步时序逻辑电路的设计

时序电路设计又称为时序电路综合，其任务是根据给定的逻辑功能需求，选择适当的逻辑器件，设计出符合要求的时序电路。所得到的设计结果应力求简单。当选用小规模集成电路做设计时，电路最简的标准是所用的触发器和门电路的数目最少，并且触发器和门电路的输入端数目也最少。而当使用中、大规模集成电路时，电路最简的标准则是使用的集成电路数目最少，种类最少，而且互相间的连线也最少。

本节讨论的用触发器及门电路设计同步时序电路的方法是时序电路设计的基础，了解这些设计方法，有助于理解成品时序集成电路的电路结构和工作原理。

6.5.1　设计同步时序逻辑电路的一般步骤

设计同步时序逻辑电路的一般过程如图 6-5-1 所示。

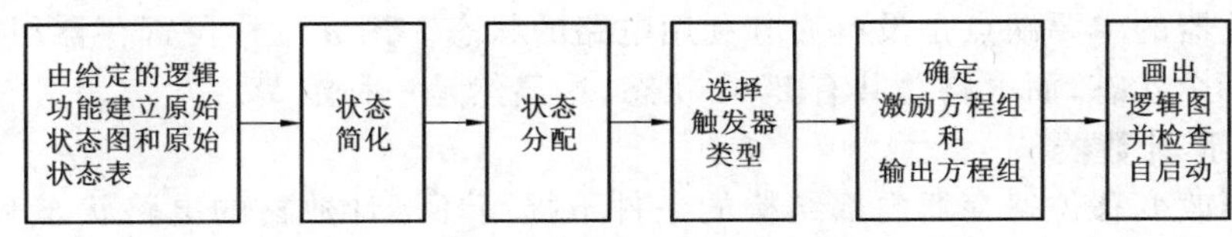

图 6-5-1　设计同步时序逻辑电路的一般过程

下面对设计过程的主要步骤加以说明。

1. 根据给定的逻辑功能建立原始状态图和原始状态表

通常，所要设计的时序电路的逻辑功能是通过文字、图形或波形图来描述的，首先必须把它们变换成规范的状态图或状态表。这种直接从图文描述得到的初始状态图或状态表称为原始状态图或原始状态表。这个过程是对实际问题进行分析的过程，具体做法如下。

(1) 明确电路的输入条件和相应的输出要求，分别确定输入变量和输出变量的数目和符号。同步时序电路的时钟脉冲 CP 或 $\overline{CP}$ 一般不作为输入变量考虑。

(2) 找出所有可能的状态和状态转换之间的关系，画出状态转换图。

画状态图的基本思想：根据文字描述的设计要求，先假定一个初态，从这个初态开始，根据输入(每个输入有 0、1 两种取值；n 个输入有 2^n 个取值组合)条件，就可以确定一个次态和一个输出；此过程一直持续下去，直到每一个现态对应各种输入情况向其次态的转换都被考虑，并且不再构成新的状态为止；最后确定需要多少个状态，由此建立起原始状态图。需要注意的是，在现态向次态的转化过程中，该次态可能是现态本身，也可能是已有的另一个状态，或是新增加的一个状态。

(3) 根据原始状态图建立原始状态表。

由于以后所有的设计步骤都将在原始状态图或原始状态表的基础上进行，只有在它们全面、正确反映给定设计要求的条件下，才有可能获得成功的设计结果。

2. 状态化简

原始状态图或原始状态表很可能隐含多余的状态，去除多余状态的过程称为状态化简，其目的是减少电路中触发器及门电路的数量，但不能改变原始状态图或原始状态表所表达的逻辑功能。状态化简建立在等价状态的基础上：如果两个状态作为现态，其任何相同输入所产生的输出及建立的次态均完全相同，则这两个状态称为等价状态。凡是两个等价状态都可以合并成一个状态而不改变输入/输出关系。

3. 状态分配

对每个状态指定一个特定的二进制代码，称为状态分配或状态编码。编码方案不同，设计出的电路结构就不同。编码方案选择得当，设计结果可能就会相对简单。

首先，确定状态编码的位数。同步时序电路的状态取决于触发器的状态组合，触发器的个数 n 即状态编码的位数。n 与状态数 M 一般应满足 $2^{n-1}<M\leqslant 2^n$ 的关系。

其次，对每个状态赋予一组二进制代码，即状态编码。从 2^n 个状态中取 M 个状态组合可能存在多种不同的方案，随着 n 值的增大，编码方案的数目会急剧增多，面对大量的编码方案是难以一一进行仔细比较的。一般来说，选取的编码方案应该有利于所选触发器的激励方程及输出方程的化简以及电路的稳定可靠。有时，遵循状态变化的顺序，以自然二进制数递增的顺序编码可以简化电路。而使用具有一定特征的编码，比如格雷码，则有利于减少状态输出出现竞争冒险的可能性。

状态分配完成后，则可将简化状态图和状态表中的字符替换为状态编码。

4. 选择触发器的类型

触发器类型选择的余地实际上是非常小的。小规模集成电路的触发器产品，大多是 D 触发器和 JK 触发器。由于单个 JK 触发器具有较强的功能，选择 JK 触发器有时可使设计灵活方便。中规模集成电路大多已组成为功能模块，对于电路设计来说已无选择余地。如前所述，很多可编程逻辑器件中采用 D 触发器来实现时序逻辑设计，若有特殊要求，用 D 触发器也非常容易构成其他逻辑功能的触发器。

5. 求出电路的激励方程和输出方程

根据状态分配后的状态表，用卡诺图或其他方式对逻辑函数进行化简，可求得电路的激励方程组和输出方程组。这两个方程组决定了同步时序电路的组合电路部分。

6. 画出逻辑图,并检查自启动能力。

按照前一步导出的激励方程组和输出方程组,可画出接近工程实现的逻辑电路图。有些同步时序电路设计中会出现没有用到的无效状态,当电路通电后有可能陷入这些无效状态而不能退出,因此,设计的最后一步应检查电路是否能进入有效状态,即是否具有自启动能力。如果电路不能自启动,则需采取措施加以解决。一种解决办法是在电路开始工作时通过预置值将电路的状态预置成有效状态循环中的某一状态。另一种解决方法是通过修改逻辑设计加以解决。

需要说明的是,上述步骤是设计同步时序电路的一般化过程,实际设计中并不是每一步都要执行,可根据具体情况简化或省略一些步骤,可参考 6.5.2 节的例子。

6.5.2 同步时序逻辑电路设计举例

下面通过不同类型的具体例子进一步深入说明上述设计方法。

例 6.5.1 用 D 触发器设计一个 8421BCD 码同步十进制加法计数器。

解 计数器实际上就是对时钟脉冲进行计数,每来一个时钟脉冲,计数器状态改变一次。8421BCD 码十进制加法计数器在每个时钟脉冲作用下,触发器输出编码值加 1,编码顺序与 8421BCD 码一致,每十个时钟脉冲完成一个计数周期。由于电路的状态数、状态转换关系及状态编码等都是明确的,因此设计过程较简单,没有必要严格按照 6.5.1 节所述的设计步骤进行。

(1) 列出状态表。

十进制加法计数器共有 10 个状态,需要 4 个 D 触发器构成,其状态表如表 6.5.1 所示。

表 6-5-1 8421 码同步十进制加法计数器的状态表

计数脉冲 CP 的顺序	现态				次态				激励信号			
	Q_3^n	Q_2^n	Q_1^n	Q_0^n	Q_3^{n+1}	Q_2^{n+1}	Q_1^{n+1}	Q_0^{n+1}	D_3	D_2	D_1	D_0
0	0	0	0	0	0	0	0	1	0	0	0	1
1	0	0	0	1	0	0	1	0	0	0	1	0
2	0	0	1	0	0	0	1	1	0	0	1	1
3	0	0	1	1	0	1	0	0	0	1	0	0
4	0	1	0	0	0	1	0	1	0	1	0	1
5	0	1	0	1	0	1	1	0	0	1	1	0
6	0	1	1	0	0	1	1	1	0	1	1	1
7	0	1	1	1	1	0	0	0	1	0	0	0
8	1	0	0	0	1	0	0	1	1	0	0	0
9	1	0	0	1	0	0	0	0	0	0	0	0

(2) 确定激励方程组。

按表 6-5-1 画出各触发器激励信号的卡诺图,如图 6-5-2 所示。

4 个触发器可组合 16 个状态(0000~1111),其中有 6 个状态(1010~1111)在 8421BCD 码十进制加法计数器中是无效状态,在如图 6-5-2 所示的卡诺图中以无关项×表示。

于是,根据卡诺图得到激励方程组(在本例中同时得到状态方程组)如下:

$$Q_3^{n+1}=D_3=Q_3^n\overline{Q_0^n}+Q_2^nQ_1^nQ_0^n$$

D_3 （$Q_3^nQ_2^n$ \ $Q_1^nQ_0^n$）

0	0	0	0
0	0	1	0
×	×	×	×
1	0	×	×

D_2 （$Q_3^nQ_2^n$ \ $Q_1^nQ_0^n$）

0	0	1	0
1	1	0	1
×	×	×	×
0	0	×	×

D_1 （$Q_3^nQ_2^n$ \ $Q_1^nQ_0^n$）

0	1	0	1
0	1	0	1
×	×	×	×
0	0	×	×

D_0 （$Q_3^nQ_2^n$ \ $Q_1^nQ_0^n$）

1	0	0	1
1	0	0	1
×	×	×	×
1	0	×	×

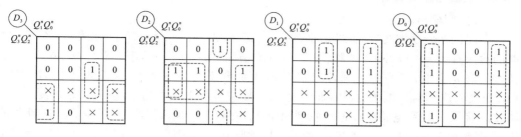

图 6-5-2　例 6.5.1 的卡诺图

$$Q_2^{n+1}=D_2=Q_2^n\overline{Q_1^n}+Q_2^n\overline{Q_0^n}+\overline{Q_2^n}Q_1^nQ_0^n$$
$$Q_1^{n+1}=D_1=Q_1^n\overline{Q_0^n}+\overline{Q_3^n}\,\overline{Q_1^n}Q_0^n$$
$$Q_0^{n+1}=D_0=\overline{Q_0^n}$$

(3) 画出逻辑图,并检查自启动能力。

根据激励方程组可画出逻辑图,如图 6-5-3 所示。图中,各触发器的直接置 0 端为低电平有效,如果系统没有复位信号,电路的 $\overline{RESET}$ 输入端应保持为高电平,计数器才能正常工作。

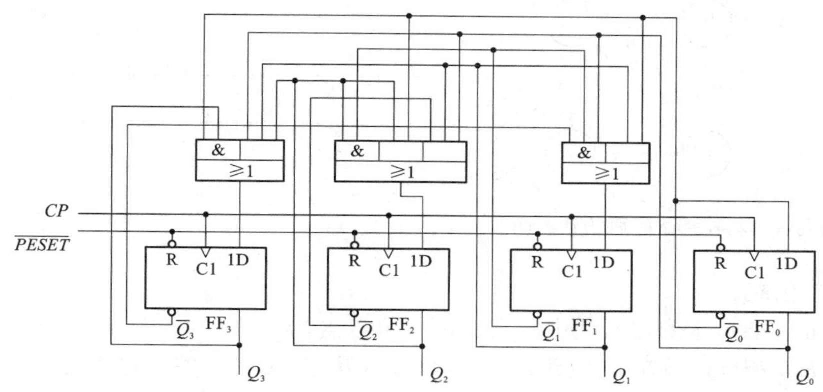

图 6-5-3　例 6.5.1 的逻辑图

检查自启动能力的方法是:将该电路的 6 个无效状态:1010、1011、1100、1101、1110 和 1111 分别作为现态,代入电路的状态方程组而求其次态。如果还没有进入有效状态,则再以新的状态作为现态求次态,依次类推,看最终能否进入有效状态。结果证明,这 6 个状态在经历一两个时钟周期后全部都能进入有效循环状态,电路具有自启动能力。于是,可画出完全状态图,如图 6-5-4 所示。

如果要求电路必须从 0000 开始计数,则可以在开始计数之前给电路的 $\overline{RESET}$ 输入端输入一个低电平脉冲,强制使 4 个触发器进入 0000 的初始状态,待 $\overline{RESET}$ 的低电平脉冲消失后再开始计数。

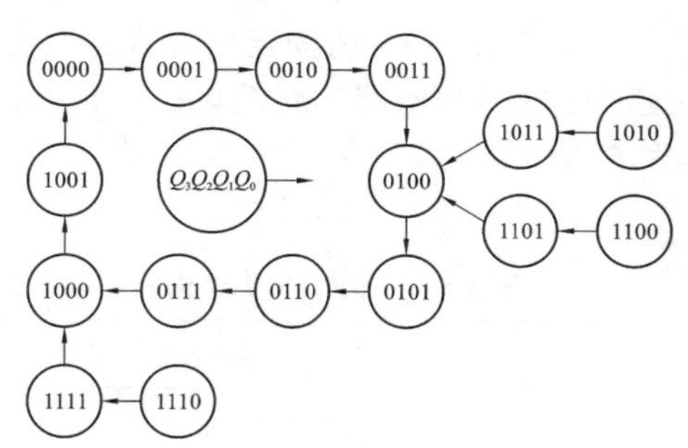

图 6-5-4　图 6-5-3 的状态图

例 6.5.2　设计一个序列编码检测器,当检测到输入信号出现 110 序列编码(按自左至右的顺序)时,电路输出为 1,否则输出为 0。

解　(1) 根据给定的逻辑功能建立原始状态图和原始状态表。

由题意可知,电路有一个输入信号 A 和一个输出信号 Y,电路功能是对输入信号 A 的编码序列进行检测,一旦检测到信号 A 出现连续编码为 110 序列时,输出为 1,检测到其他编码序列时，则输出均为 0。

设电路的初始状态为 a，如图 6-5-5 中大箭头所指。在此状态下，电路输出 $Y=0$，这时可能的输入有 $A=0$ 和 $A=1$ 两种情况。当 CP 脉冲相应边沿到来时，若 $A=0$，则收到 0，应保持在状态 a 不变；若 $A=1$，则转向状态 b，表示电路收到一个 1。当在状态 b 时，若输入 $A=0$，则表明连续输入编码为 10，而不是 110，则应回到初始状态 a，重新开始检测；若 $A=1$，则转向状态 c，表示电路已经连续收到两个 1。在状态 c 时，若 $A=0$，则表示已收到序列编码 110，则输出 $Y=1$，并进入状态 d；若 $A=1$，则收到序列编码 111，应保持在状态 c 不变，看下一个编码输入是否为 $A=0$；由于尚未收到最后的 0，故输出仍为 0。在状态 d，若输入 $A=0$，则应回到初始状态 a，重新开始检测；若 $A=1$，则电路应转向状态 b，表示在收到 110 之后又重新收到一个 1，已进入下一轮检测；在 d 状态下，无论输入 A 为何值，输出 Y 均为 0。根据上述分析，可以得出如图 6-5-5 所示的原始状态图和表 6-5-2 所示的原始状态表。

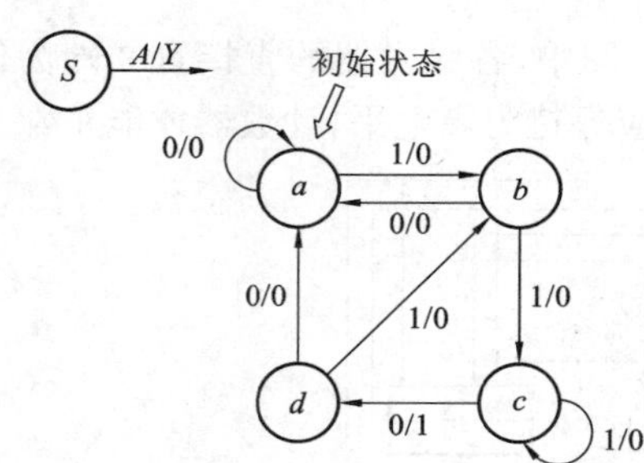

图 6-5-5　例 6.5.2 的原始状态图

表 6-5-2　例 6.5.2 的原始状态表

现　态　S^n	次态 S^{n+1}/输出 Y	
	$A=0$	$A=1$
a	$a/0$	$b/0$
b	$a/0$	$c/0$
c	$d/1$	$c/0$
d	$a/0$	$b/0$

(2) 状态化简。

观察表 6-5-2 所示的现态栏中 a 和 d 两行可以看出，当 $A=0$ 和 $A=1$ 时，分别具有相同的次态 a、b 及相同的输出 0，因此，a 和 d 是等价状态，可以合并。这里选择去除 d 状态，并将其他行中的次态 d 改为 a。于是，得到化简后的状态表，如表 6-5-3 所示，状态图也可作相应化简。从实际物理意义看也不难理解这种化简：当进入状态 c 后，电路已连续收到两个 1，这时输入若为 0，则意味着已收到编码 110，下一步电路可回到初始状态 a，以准备新的一轮检测，原始状态表中的 d 状态显然是多余的。

(3) 状态分配。

化简后的状态有 3 个，可以用 2 位二进制代码组合(00、01、10、11)中的任意 3 个代码表示，用两个触发器组成电路。观察表 6-5-3，当输入信号 $A=1$ 时，有 $a \to b \to c$ 的变化；当 $A=0$ 时，又存在 $c \to a$ 的变化。综合这两方面考虑，这里采取 00→01→11→00 的变化顺序，可能使其中的组合电路相对简单。于是，可令 $a=00$，$b=01$，$c=11$，得到状态分配后的状态图，如图 6-5-6 所示。

表 6-5-3　例 6.5.2 经化简后的状态表

现　态　S^n	次态 S^{n+1}/输出 Y	
	$A=0$	$A=1$
a	$a/0$	$b/0$
b	$a/0$	$c/0$
c	$a/1$	$c/0$

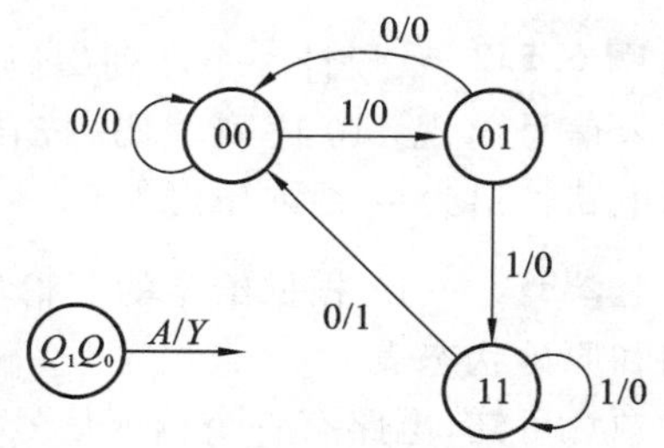

图 6-5-6　例 6.5.2 状态分配后的状态图

(4) 选择触发器的类型。

用小规模集成的触发器芯片设计时序电路时，选用逻辑功能较强的JK触发器可能得到较简化的组合电路。

(5) 求激励方程组和输出方程组。

用JK触发器设计时序电路时，电路的激励方程需要间接导出。在设计时序电路时，状态表已列出现态到次态的转换关系，希望推导出触发器的激励条件。所以需要将特性表作适当变换，以给定的状态转换为条件，列出所需求的输入信号，这样的表格称为激励表。根据JK触发器的特性表建立JK触发器的激励表，如表6-5-4所示。表中的×表示其逻辑值与该行的状态转换无关。

表 6-5-4　JK 触发器的激励表

Q^n	Q^{n+1}	J	K
0	0	0	×
0	1	1	×
1	0	×	1
1	1	×	0

根据图6-5-6和表6-5-4可以列出状态转换真值表及两个触发器所要求的激励信号，如表6-5-5所示。据此，分别画出两个触发器的输入J、K和电路输出Y的卡诺图，如图6-5-7所示。图中，不使用的状态均以无关项×填入。化简后得到激励方程组和输出方程如下：

$$\begin{cases} J_1=Q_0A & K_1=\overline{A} \\ J_0=A & K_0=\overline{A} \end{cases}$$

$$Y=Q_1\overline{A}$$

表 6-5-5　例 6.5.2 的状态转换真值表及激励信号

输　入	现　态		次　态		输　出	驱动信号			
A	Q_1^n	Q_0^n	Q_1^{n+1}	Q_0^{n+1}	Y	J_1	K_1	J_0	K_0
0	0	0	0	0	0	0	×	0	×
0	0	1	0	0	0	0	×	×	1
0	1	0	×	×	×	×	×	×	×
0	1	1	0	0	1	×	1	×	1
1	0	0	0	1	0	0	×	1	×
1	0	1	1	1	0	1	×	×	0
1	1	0	×	×	×	×	×	×	×
1	1	1	1	1	0	×	0	×	0

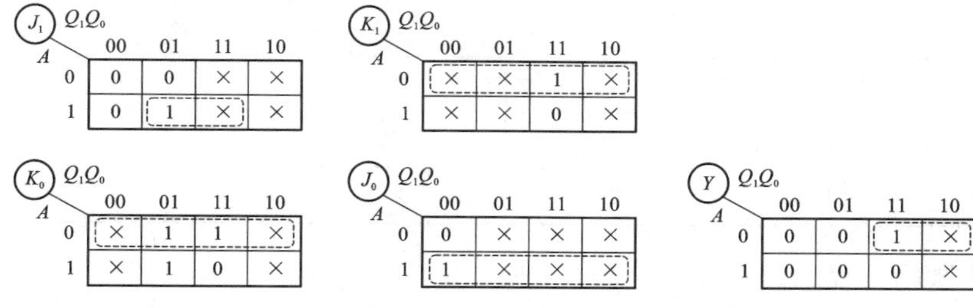

图 6-5-7　激励信号和输出信号的卡诺图

(6) 根据激励方程和输出方程画出逻辑图。

逻辑图如图 6-5-8 所示。

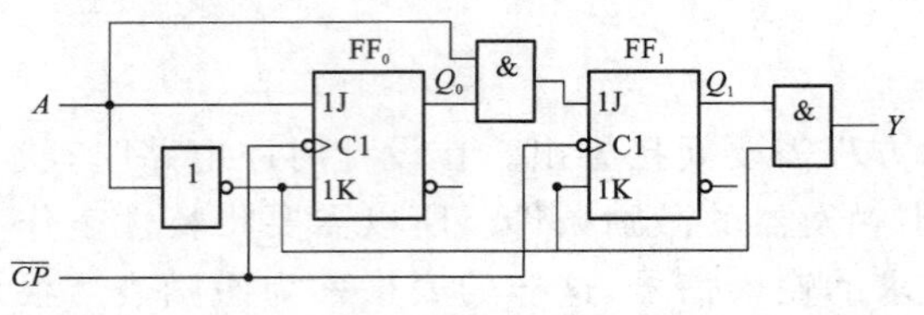

图 6-5-8　例 6.5.2 的逻辑图

(7) 检查自启动能力。

最后检查该电路图是否具有自启动的能力。当电路进入无效状态 10 后，由激励方程组和输出方程可知，若 $A=0$，则次态为 00；若 $A=1$，则次态为 11，电路能自动进入有效序列。但是从输出来看，若电路在无效状态 10，当 $A=0$ 时，输出错误地出现 $Y=1$。为此，需要对输出方程做适当修改，即将图 6-5-7 中输出信号 Y 的卡诺图里无关项 $\overline{A}Q_1\overline{Q}_0$ 不画在包围圈里，则输出方程变为 $Y=\overline{A}Q_1Q_0$。根据此式对图 6-5-8 也做相应的修改即可。

注意：如果发现所设计的电路不能自启动或输出错误，则应修改设计。可以采用下列两种方法。第一种方法，将原来的时序电路中没有描述的状态(即多余的状态)的转移情况加以定义。比如将本例中的无效状态 10 的次态直接定义为 00。这样做肯定能够实现自启动，但是这种方法由于失去了任意项，会增加电路的复杂程度。第二种方法，改变原来的圈法。在激励信号卡诺图的包围圈中，对无关项×的处理做适当修改(可参考例 6.5.3)，即将原来取 1 圈入包围圈的，可试着取 0 而不圈入包围圈，与上述对输出 Y 的处理方法类似。于是，得到新的激励方程组、输出方程组和逻辑图，然后再检查其自启动能力，直到能自启动为止。

例 6.5.3　用 JK 触发器设计一个五进制同步计数器，要求状态转换关系为：

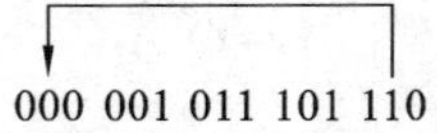

解　本例属于给定状态时序电路设计问题。

(1) 列状态表。

根据题意，该时序电路有三个状态变量。设状态变量为 Q_2、Q_1、Q_0，可列出二进制状态表如表 6-5-6 所示。

表 6-5-6　例 6.5.3 的状态表 1

Q_2^n	Q_1^n	Q_0^n	Q_2^{n+1}	Q_1^{n+1}	Q_0^{n+1}
0	0	0	0	0	1
0	0	1	0	1	1
0	1	0	×	×	×
0	1	1	1	0	1
1	0	0	×	×	×
1	0	1	1	1	0
1	1	0	0	0	0
1	1	1	×	×	×

(2) 确定激励方程组。

由表 6-5-6 所示的状态表分别画出 Q_2、Q_1、Q_0 的次态卡诺图，如图 6-5-9 所示。

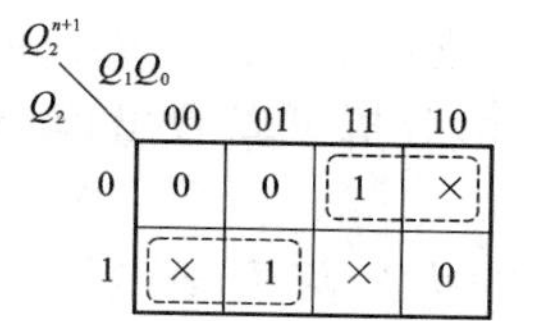

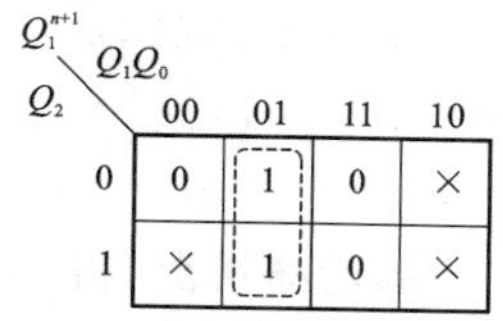

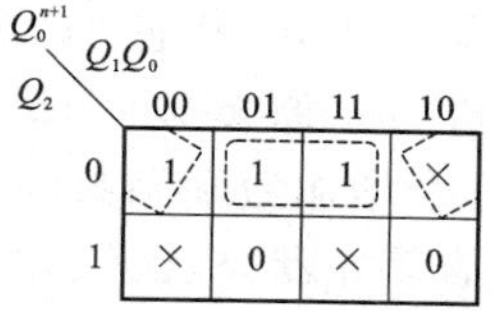

图 6-5-9　表 6-5-6 的次态卡诺图

由次态卡诺图分别求出其状态方程如下：

$$Q_2^{n+1}=Q_1^n\,\overline{Q_2^n}+\overline{Q_1^n}Q_2^n$$

$$Q_1^{n+1}=Q_0^n\,\overline{Q_1^n}$$

$$Q_0^{n+1}=\overline{Q_2^n}\,\overline{Q_0^n}+\overline{Q_2^n}Q_0^n$$

将 3 个状态方程，分别与特性方程 $Q^{n+1}=J\overline{Q^n}+\overline{K}Q^n$ 对比，求出激励方程如下：

$$J_2=Q_1,\quad K_2=Q_1$$

$$J_1=Q_0,\quad K_1=1$$

$$J_0=\overline{Q_2},\quad K_0=Q_2$$

(3) 检查自启动。

根据以上状态方程，检查多余状态(010、100、111)的转移情况，得到新的状态表，如表 6-5-7所示，其完整的状态图如图 6-5-10 所示。

表 6-5-7　例 6.5.3 的状态表 2

Q_2^n	Q_1^n	Q_0^n	Q_2^{n+1}	Q_1^{n+1}	Q_0^{n+1}
0	0	0	0	0	1
0	0	1	0	1	1
0	1	0	1	0	1
0	1	1	1	0	1
1	0	0	1	0	0
1	0	1	1	1	0
1	1	0	0	0	0
1	1	1	0	0	0

根据状态表画出状态图，如图 6-5-10 所示。从图 6-5-10 可以看出，该电路一旦进入状态 100，就不能进入计数主循环，因而该电路不能实现自启动，需要修改设计。通过观察图图 6-5-9 所示的次态卡诺图，如果希望能尽量使用任意项，只能对 Q_2 和 Q_0 的圈法做适当修改。现对 Q_0 的圈法做修改，它仅改变 Q_0 的转移，新的圈法如图 6-5-11 所示。由新圈法得

$$Q_0^{n+1}=\overline{Q_1^n}\,\overline{Q_0^n}+\overline{Q_2^n}Q_0^n$$

$$J_0=\overline{Q}_1,\quad K_0=Q_2$$

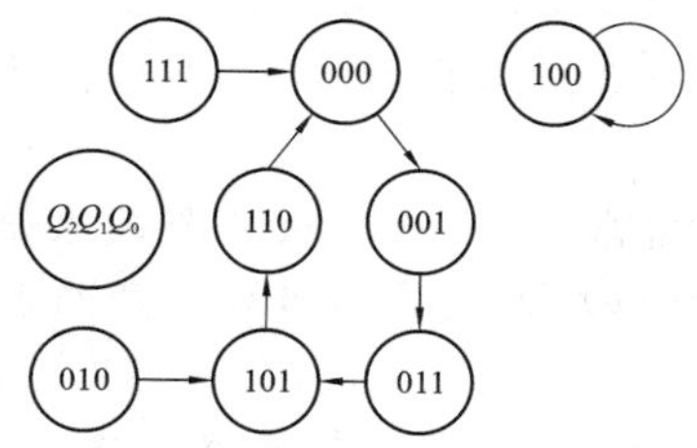

图 6-5-10　表 6-5-7 的状态图

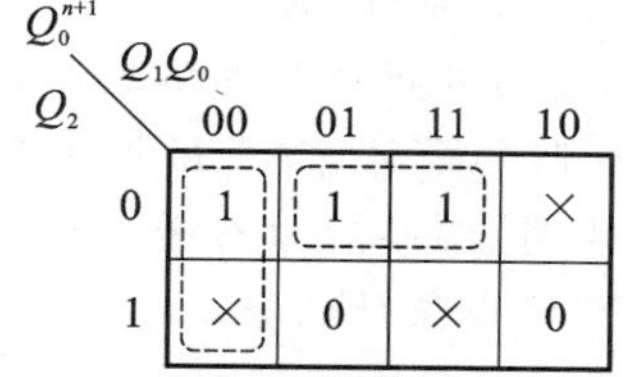

图 6-5-11　Q_0 修整后的新圈法

分析新圈法可知：状态 010 将转移到 100（原转移到 101，现在最后一位 Q_0 转为 0），状态 100 将转移到 101（原转移到 100，现最后一位 Q_0 转为 1）。由分析可以看出，新圈法将克服死循环，也不会增加激励函数的复杂程度。

重新检查多余状态（010、100、111）的转移情况，得到新的状态表，如表 6-5-8 所示，其完整的状态图如图 6-5-12 所示。可以看到该电路具有自启动能力。如果修改 Q_2 的圈法，可以得到同样的效果。

表 6-5-8　例 6.5.3 的状态表 3

Q_2^n	Q_1^n	Q_0^n	Q_2^{n+1}	Q_1^{n+1}	Q_0^{n+1}
0	0	0	0	0	1
0	0	1	0	1	1
0	1	0	1	0	0
0	1	1	1	0	1
1	0	0	1	0	1
1	0	1	1	1	0
1	1	0	0	0	0
1	1	1	0	0	0

（4）画逻辑图。

最后，根据上述分析画出逻辑图，如图 6-5-13 所示。

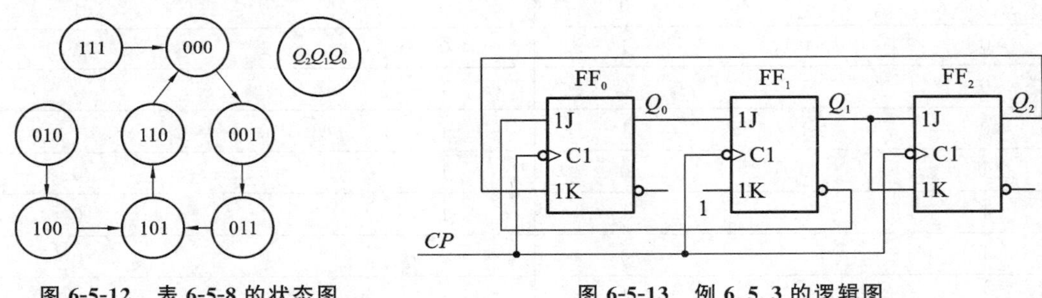

图 6-5-12　表 6-5-8 的状态图　　**图 6-5-13　例 6.5.3 的逻辑图**

本 章 小 结

（1）时序逻辑电路一般由组合电路和存储电路两部分构成。时序逻辑电路的特点是任一时刻输出状态不仅取决于当时的输入信号，还与电路的原状态有关。因此时序电路中必须含有存储器件。

（2）时序电路可分为同步和异步两大类。逻辑方程组、状态表、状态图和时序图从不同方面表达了时序电路的逻辑功能，是分析和设计时序电路的主要依据和手段。

（3）时序电路的分析，首先按照给定电路列出各逻辑方程组，进而列出状态表，画出状态图和时序图，最后分析得到电路的逻辑功能。

（4）时序电路的设计，首先根据逻辑功能的需求，导出原始状态图或原始状态表，必要时需进行状态化简，继而对状态进行编码，然后根据状态表导出激励方程组和输出方程组，最后画出逻辑图完成设计任务。

（5）寄存器是一种常用的时序逻辑器件。寄存器分为数码寄存器和移位寄存器两种。

（6）计数器是一种简单而又最常用的时序逻辑器件。计数器不仅能用于统计输入脉冲的个数，还常用于分频、定时、产生节拍脉冲等。

(7) 用已有的 M 进制集成计数器产品可以构成 N(任意)进制的计数器。

课后习题

6.1 时序逻辑电路的基本概念

6.1.1 已知状态图如图题 6.11 所示，试列出其状态表。

6.1.2 已知状态表如表题 6.1.2 所示，X 为输入信号，Z 为输出信号，试画出其状态图。

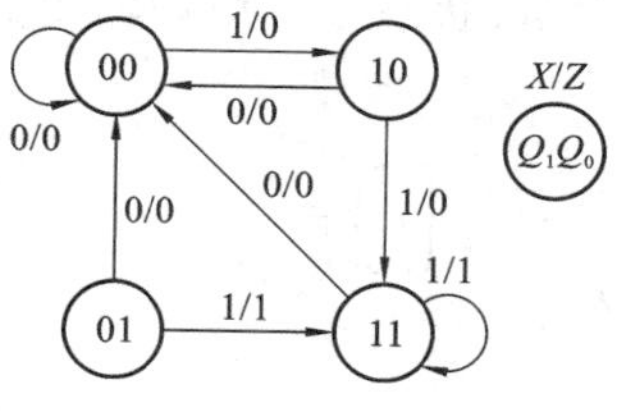

图题 6.1.1

表题 6.1.2

现 态 S^n	次态/输出(S^{n+1}/Z)	
	$X=0$	$X=1$
a	$d/1$	$b/0$
b	$d/1$	$c/0$
c	$d/1$	$a/0$
d	$b/1$	$c/0$

6.1.3 建立“111”序列检测器的原始状态图和原始状态表。设该电路的输入变量为 X，代表输入串行序列，输出变量为 Z，表示检测结果。已知此检测器的输入序列、输出序列分别为：

输入序列 X：011011111011；

输出序列 Z：000000111000。

6.2 同步时序逻辑电路的分析

6.2.1 试分析图题 6.2.1(a)所示逻辑电路，画出其状态表和状态图。设电路的初始状态为 0，在图题 6.2.1(b)所示波形作用下，试画出 Q 和 Z 的波形图。

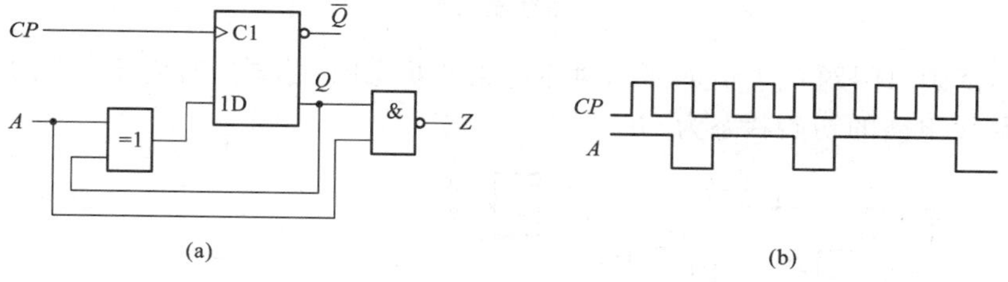

图题 6.2.1

6.2.2 时序电路如图题 6.2.2 所示，写出它的激励方程组、状态方程组和输出方程组，画出状态表和状态图，以及画出输入信号 x 序列为 1010 1100 的时序图，设初始状态 $Q_2Q_1=00$。

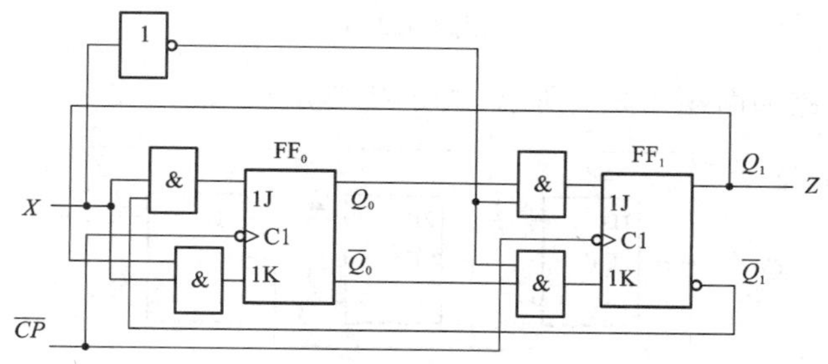

图题 6.2.2

6.2.3　试分析图题 6.2.3 所示时序电路，写出它的激励方程组、状态方程组和输出方程组，画出状态表和状态图。

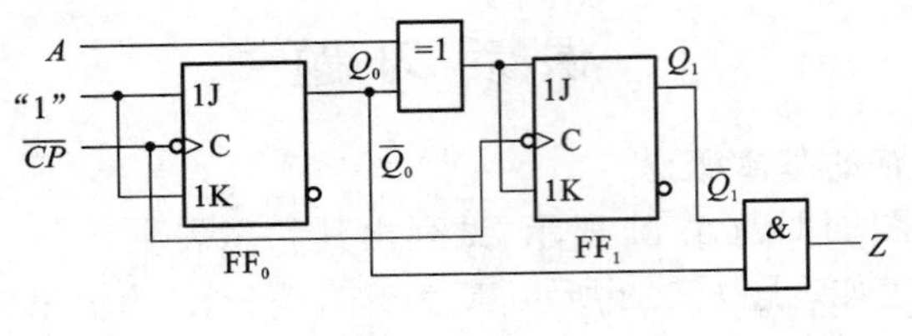

图题 6.2.3

6.2.4　分析图题 6.2.4 所示电路，写出它的激励方程组、状态方程组和输出方程组，画出状态表和状态图。

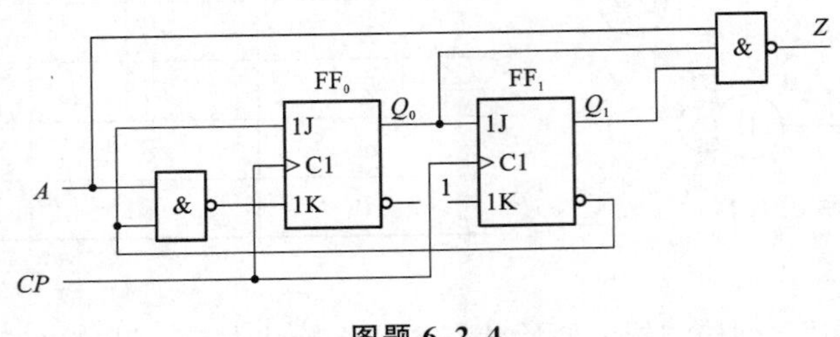

图题 6.2.4

6.2.5　分析图题 6.2.5 所示电路，写出它的激励方程组、状态方程组和输出方程组，画出状态表和状态图。

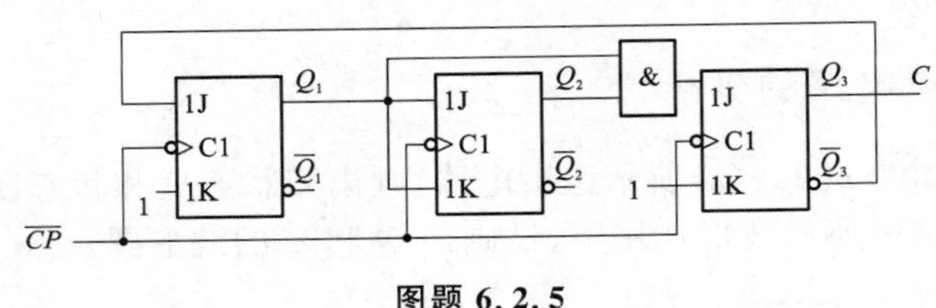

图题 6.2.5

6.2.6　试画出图题 6.2.6(a)所示时序电路的状态图，并画出对应于 $\overline{CP}$ 的 Q_1、Q_0 和输出 Z 的波形，设电路的初始状态为 00。

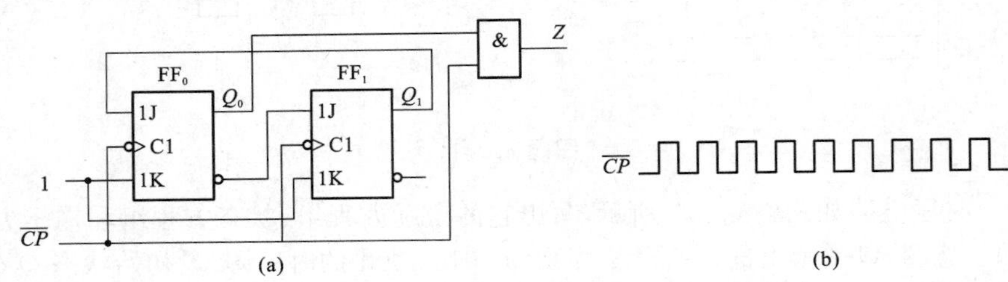

图题 6.2.6

6.2.7　时序电路如图题 6.2.7 所示，试分析其功能。

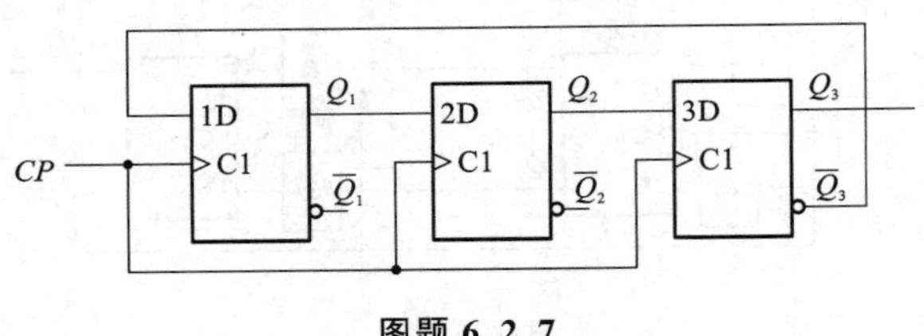

图题 6.2.7

6.3　异步时序逻辑电路的分析

6.3.1　已知异步时序电路的逻辑图如图题 6.3.1 所示，试分析它的逻辑功能，画出电路的状态图。

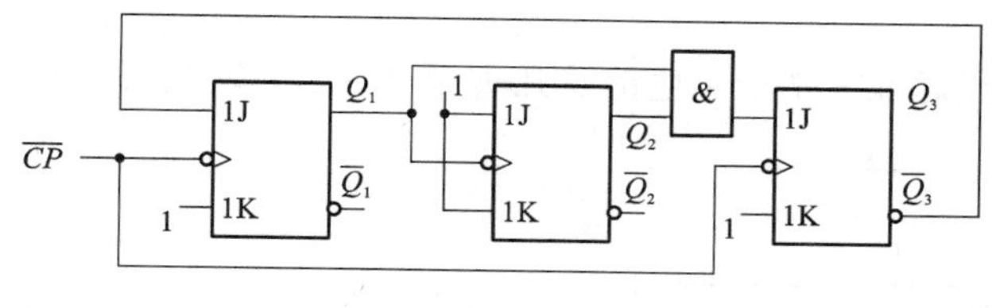

图题 6.3.1

6.3.2　已知异步时序电路的逻辑图如图题 6.3.2 所示，试分析它的逻辑功能，画出电路的状态图。

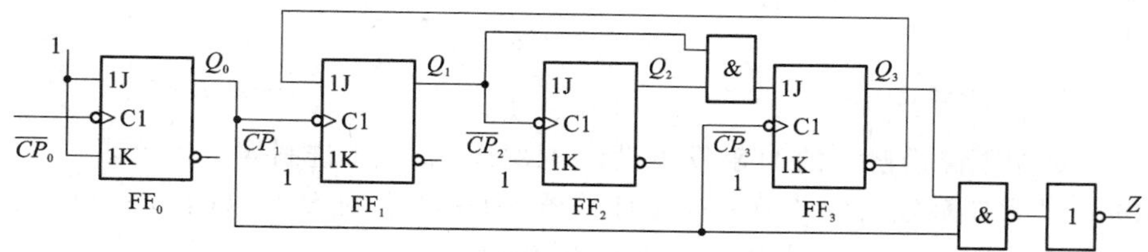

图题 6.3.2

6.3.3　已知异步时序电路的逻辑图如图题 6.3.3 所示，试分析它的逻辑功能，画出电路的状态图。

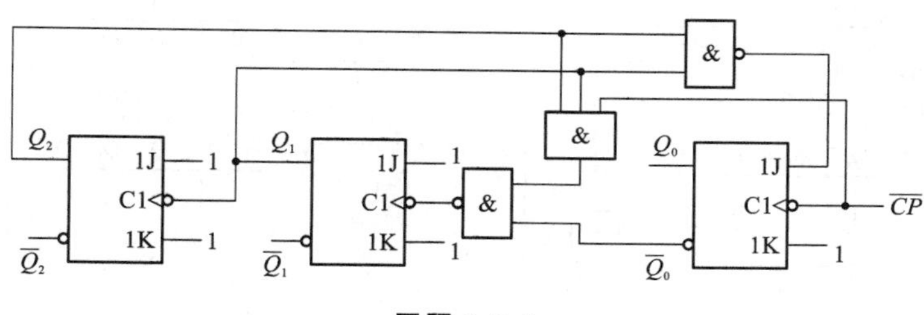

图题 6.3.3

6.3.4　试分析如图题 6.3.4 所示时序逻辑电路，画出时序图和状态图。

6.4　若干典型的时序逻辑电路

6.4.1　试画出图题 6.4.1 所示逻辑电路的输出（$Q_3 \sim Q_0$）波形，并分析该电路的逻辑功能。

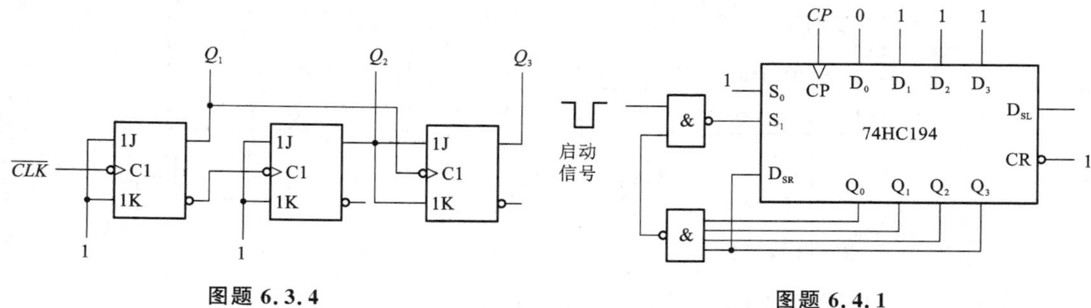

图题 6.3.4　　　　图题 6.4.1

6.4.2　试用两片 74HC194 构成 8 位双向移位寄存器。

6.4.3　已知 74 HC194 电路如图题 6.4.3 所示，列出该电路的状态转换表，并指出其功能。

6.4.4　试用上升沿触发的 JK 触发器组成异步七进制加法计数器，画出逻辑图。

6.4.5　试用下降沿触发的 JK 触发器分别组成异步 3 位二进制加法计数器和异步 3 位二进制减法计数器，画出逻辑图。

6.4.6　试用上升沿触发的 D 触发器及门电路组成同步 3 位二进制加法计数器，画出逻辑图。

6.4.7　试分析图题 6.4.7 所示电路是几进制计数器，画出各触发器输出端的波形图。

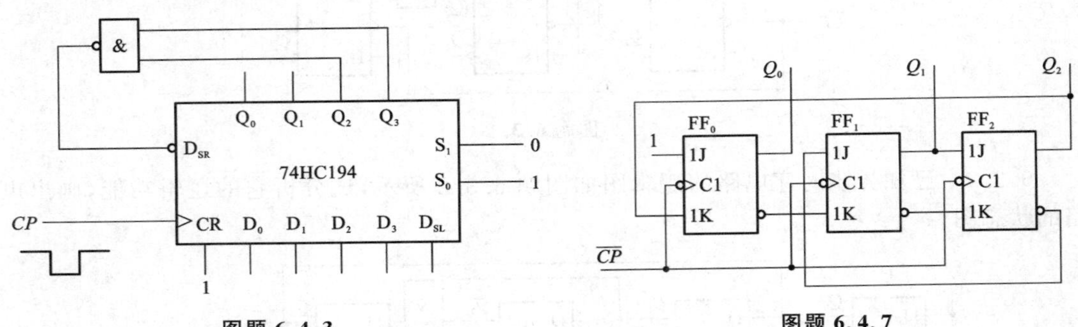

图题 6.4.3　　　　图题 6.4.7

6.4.8　试用下降沿触发的 D 触发器设计 8421BCD 二-十进制异步计数器。

6.4.9　试用 D 触发器设计模 6 同步计数器，使用状态为 $S_0=000$，$S_1=001$，$S_2=011$，$S_3=111$，$S_4=110$，$S_5=100$，且当处于状态 S_5 时输出 1。

6.4.10　试分析图题 6.4.10 所示电路是几进制计数器，画出状态图。

6.4.11　试分析图题 6.4.11 所示电路是几进制计数器，画出状态图。

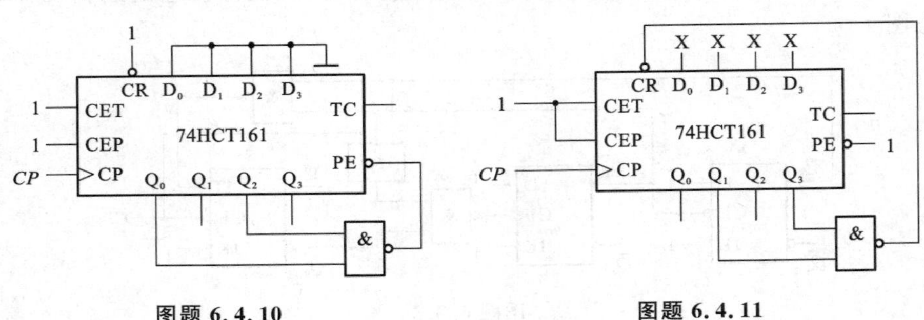

图题 6.4.10　　　　图题 6.4.11

6.4.12　试分析图题 6.4.12 所示电路是几进制计数器，画出状态图。

6.4.13　试分析图题 6.4.13 所示电路是几进制计数器，画出状态图。

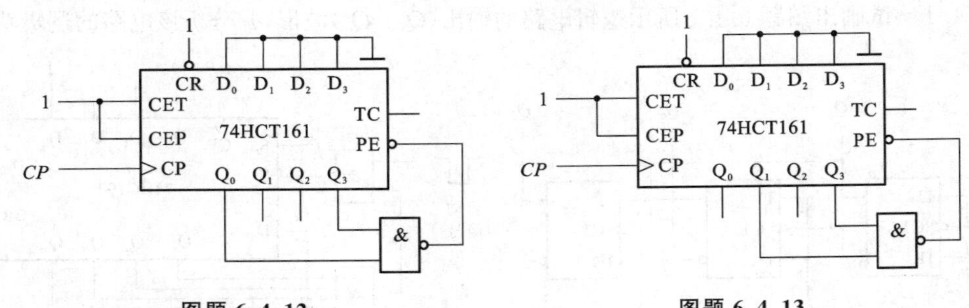

图题 6.4.12　　　　图题 6.4.13

6.4.14　试分析图题 6.4.14 所示电路是几进制计数器，画出状态图。

6.4.15　试用集成计数器 74HCT161 和与非门，采用反馈清零法组成 6 进制计数器，画出状态图、逻辑图。

6.4.16　试用集成计数器 74HCT161 和与非门，采用反馈置数法组成 6 进制计数器，画出状态图、逻辑图(要求采用置全 0 和非全 0 两种方法)。

6.4.17　试分析图题 6.4.17 所示电路,说明它是几进制计数器。

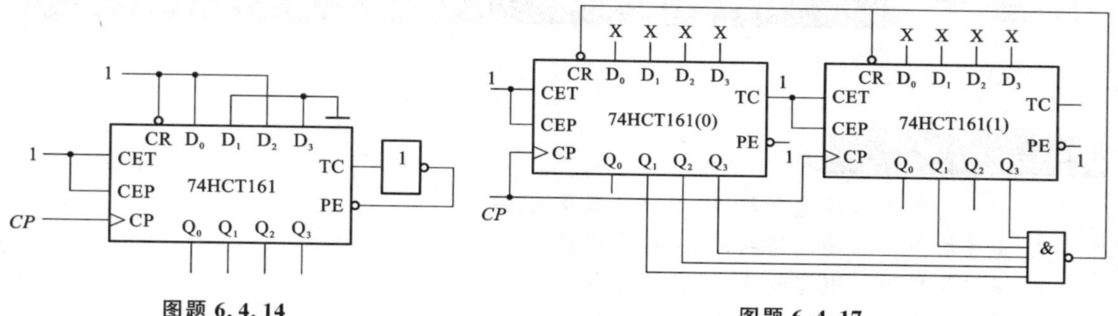

图题 6.4.14　　　　图题 6.4.17

6.4.18　试分析图题 6.4.18 所示电路,说明它是几进制计数器。

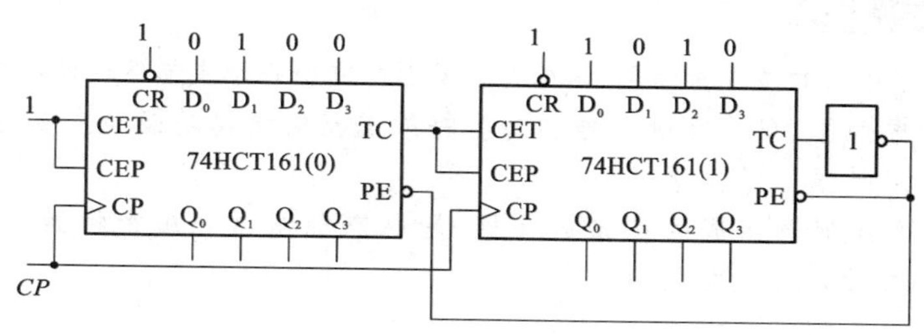

图题 6.4.18

6.4.19　用 74HCT161 构成 24 进制计数器,要求用三种方法实现。

6.5　同步时序逻辑电路的设计

6.5.1　已知某时序电路的状态图如图题 6.5.1 所示,试求用 D 触发器实现的最简激励方程组。

6.5.2　试用上升沿触发的 JK 触发器设计一同步时序电路,其状态图如图题 6.5.2 所示,要求电路使用的门电路最少。

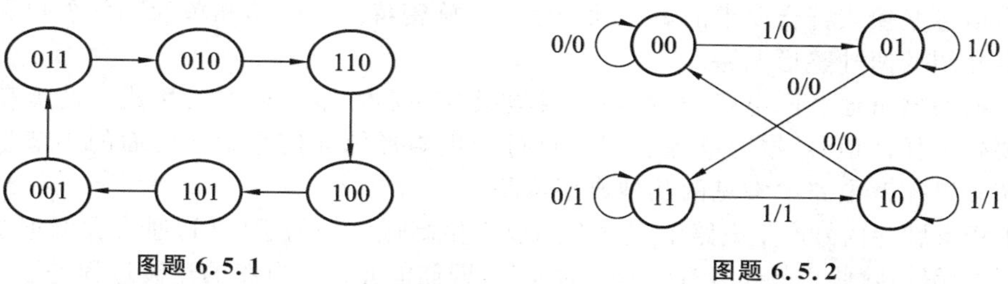

图题 6.5.1　　　　图题 6.5.2

6.5.3　试用 D 触发器设计一个模 7 同步加法计数器。

6.5.4　试用下降沿触发的 JK 触发器完成"111"序列检测器的设计。该检测器有一个输入端 X,它的功能是对输入信号进行检测。当连续输入三个 1(以及三个以上 1)时,该电路输出 $Y=1$,否则输出 $Y=0$。

6.5.5　试用上升沿触发的 D 触发器完成"1101"序列检测器的设计,它有一个输入端和一个输出端。

第7章 脉冲波形的产生与变换

主要教学内容

1. 单稳态触发器的电路组成、工作原理及应用。
2. 施密特触发器的电路组成、工作原理及应用。
3. 多谐振荡器的电路组成、工作原理及应用。
4. 555 定时器的组成、工作原理及应用。

教学目的和要求

1. 掌握门电路组成的多谐振荡器、单稳态触发器和施密特触发器的电路组成及工作原理。
2. 掌握多谐振荡器、单稳态触发器和施密特触发器的逻辑功能及主要指标的计算。
3. 掌握 555 定时器的工作原理。
4. 掌握由 555 定时器组成的多谐振荡器、单稳态触发器和施密特触发器的电路组成、工作原理、外接参数及电路指标的计算。

7.1 概述

在数字电路中，要控制和协调整个系统的工作，常常需要时钟脉冲(CP)信号。本章只限于讨论数字电路工作过程中经常出现的矩形脉冲信号。本节我们简要介绍一下获取矩形脉冲的方法及几种常用的矩形脉冲信号产生电路。

获取矩形脉冲的方法通常有两种：一种是通过整形电路把已有的周期性变化波形变换为符合要求的矩形脉冲；另一种则是利用多谐振荡器直接产生所需要的矩形脉冲信号。

整形电路本身不能自行产生矩形脉冲信号，但是它能将特性不符合要求的矩形脉冲或者非矩形信号变换成符合要求的矩形脉冲信号。施密特触发电路和单稳态触发电路是我们将要重点介绍的两种整形电路。

多谐振荡器可通过门电路、石英晶体或集成 555 定时器三种方式构成。此振荡器工作时不需要外加任何信号，接通电源后即可自行产生矩形脉冲信号。在后面的小节里我们将具体介绍多谐振荡电路中常见的几种典型电路。

以上矩形脉冲信号产生电路中都含有用以产生高低电平的逻辑门，通常我们把这些逻辑门称为开关元件；除此之外还含有阻容延时元件，即储能元件。电路的过渡过程是通过开关元件的状态转换来实现的。以下各节通过电路的工作波形图对其工作过程加以详细分析。

7.2 单稳态触发器

单稳态触发器的工作特点如下：

第一，它有稳态和暂稳态两个不同的工作状态；

第二，在触发脉冲作用下，触发器能从稳态翻转到暂稳态，且暂稳态是一种不能长久保持的状态；

第三，在暂稳态维持一段时间后，将自动返回稳态，暂稳态维持时间的长短取决于电路本身的参数，与外加触发信号的宽度无关。

单稳态触发器的这些特性被广泛应用于脉宽鉴别、延时(产生滞后于触发脉冲的输出脉冲)以及定时(产生固定时间宽度的脉冲信号)等。

7.2.1 用门电路组成的单稳态触发器

单稳态触发器由逻辑门和 RC 电路组成。根据 RC 电路连接方式的不同,单稳态触发器可分为微分型单稳态触发器和积分型单稳态触发器。

1. 微分型单稳态触发器

1) 电路组成及工作原理

图 7-2-1(a)、(b)是用 CMOS 门电路和 RC 微分电路构成的微分型单稳态触发器。由于所用逻辑门不同,电路的触发信号和输出脉冲也不一样。下面以图 7-2-1(a)所示电路为例,介绍单稳态触发器的工作原理。

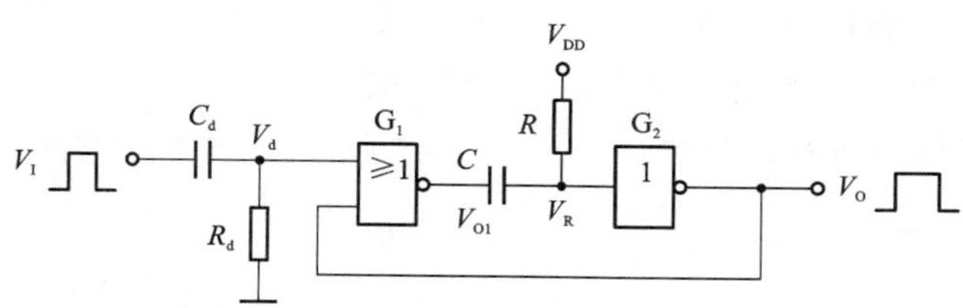

(a) 用或非门和非门构成的微分型单稳态触发器

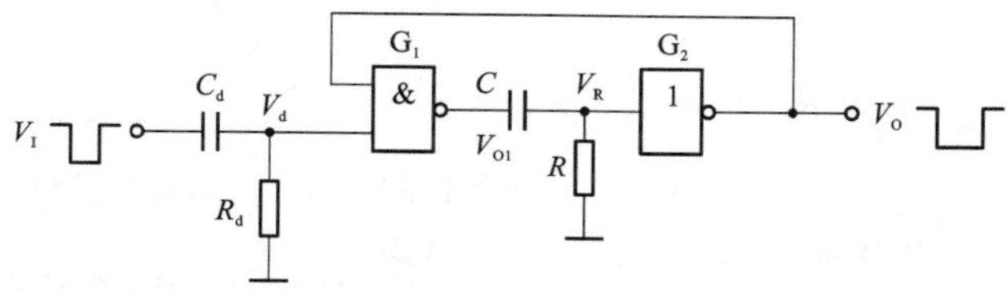

(b) 用与非门和非门构成的微分型单稳态触发器

图 7-2-1 微分型单稳态触发器

对于 CMOS 门电路,可以近似的认为 $V_{OH}\approx V_{DD}$、$V_{OL}\approx 0$、$V_{TH}=\dfrac{V_{DD}}{2}$。

(1) 没有触发信号时电路工作在稳态。

当没有触发信号时,V_I为低电平。因为门 G_2 的输入端经电阻 R 接至 V_{DD},V_R为高电平,因此 V_O为低电平;门 G_1 的两个输入均为低电平,其输出 V_{O1}为高电平,电容 C 两端的电压接近为 0。这是电路的稳态,在触发信号到来之前,电路一直处于这个状态:$V_{O1}\approx V_{DD}$,$V_O\approx 0$。

(2) 外加触发信号使电路由稳态翻转到暂稳态。

当正触发脉冲到来时,在 V_I的上升沿,R_d、C_d微分电路输出正的窄脉冲,当 V_d上升到 G_1 门的阈值电压 V_{TH}时,在电路中产生如下的正反馈过程:

$$V_I\uparrow\rightarrow V_{O1}\downarrow\rightarrow V_R\downarrow\rightarrow V_O\uparrow$$

这一正反馈过程使 G_1 瞬间导通,V_{O1}迅速由高电平变为低电平,由于电容电压不能突变,V_R也随之跳变到低电平,使门 G_2 的输出 V_O跳变为高电平。这个高电平反馈到门 G_1 的输入端,此时即使 V_I的触发信号撤除,仍能维持门 G_1 的低电平输出。但是电路的这种状态是不能长久保持的,所以称为暂稳态。暂稳态时,$V_{O1}\approx 0$,$V_O\approx V_{DD}$。

(3) 电容充电使电路由暂稳态自动返回到稳态。

在暂稳态期间,V_{DD}经电阻 R 和门 G_1 的导通工作管对电容 C 充电,随着充电的进行,电容 C

上的电荷逐渐增多，使 V_R 升高。当 V_R 上升到阈值电压 V_{TH} 时，电路又产生下述的正反馈过程：

$$V_R\uparrow \rightarrow V_O\downarrow \rightarrow V_{O1}\uparrow$$

如果此时触发脉冲已消失，上述正反馈使 G_1 门迅速截止，G_2 门迅速导通，V_{O1} 跳变到高电平，输出返回到 $V_O\approx 0$ 的状态。由于电容电压不能突变，V_R 也随 V_{O1} 上跳变同样的电平值，则 V_R 上升到 $V_{DD}+V_{TH}$。对于 CMOS 门来说，由于门内部保护二极管的作用，V_R 只能上升到 $V_{DD}+0.7$ V。此后电容 C 通过电阻 R 和 G_2 门的输入保护电路向 V_{DD} 放电，最终使电容 C 上的电压恢复到稳定状态时的初始值，电路从暂稳态返回到稳态。

上述工作过程中微分型单稳态触发器各点电压工作波形如图 7-2-2 所示。

2）主要参数的计算

(1) 输出脉冲宽度 t_w。

输出脉冲宽度等于暂稳态的持续时间，而暂稳态的持续时间等于从电容 C 开始充电到 V_R 等于 V_{TH} 的时间。根据 RC 电路过渡过程的分析

$$t_w=RC\ln\frac{V_C(\infty)-V_C(0^+)}{V_C(\infty)-V_{TH}} \qquad (7\text{-}2\text{-}1)$$

将 $V_C(0^+)=0$、$V_C(\infty)=V_{DD}$、$V_{TH}=\frac{V_{DD}}{2}$ 代入式(7-2-1)可求得

$$t_w=RC\ln\frac{V_{DD}-0}{V_{DD}-V_{TH}}=RC\ln 2\approx 0.69RC \qquad (7\text{-}2\text{-}2)$$

式(7-2-2)说明，输出脉冲宽度只取决于电路参数，与输入的触发脉冲宽度无关。调节 R 或 C，可改变 t_w 的宽度。

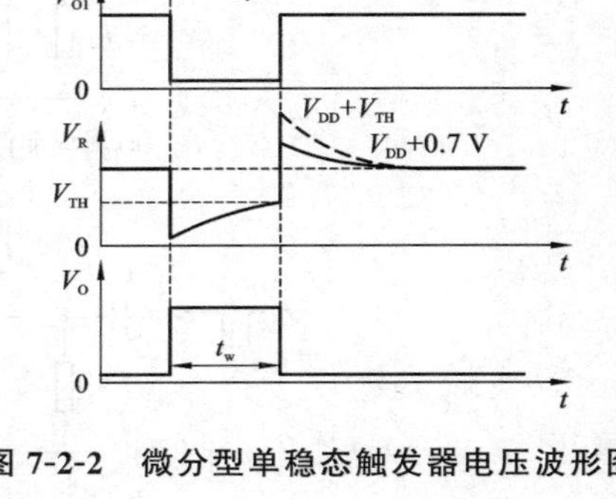

图 7-2-2　微分型单稳态触发器电压波形图

(2) 恢复时间 t_{re}。

暂稳态结束后，要使电路完全恢复到触发前的初始状态，还需要经过一段恢复时间，使电容器 C 上的电荷完全释放。一般认为经过(3～5)RC 时间，电容已经放电完毕，即：$t_{re}\approx$(3～5)RC。

(3) 最高工作频率 f_{max}（或最小工作周期 T_{min}）。

设触发信号的时间间隔为 T，为了使单稳态触发器能够正常工作，应当满足 $T>(t_w+t_{re})$ 的条件，即 $T_{min}=t_w+t_{re}$。因此，单稳态触发器的最高工作频率为

$$f_{max}=1/T_{min}=1/(t_w+t_{re})$$

3）讨论

(1) 为保证触发脉冲为窄脉冲，输入端加 RC 微分电路。

(2) 为避免在瞬态结束瞬间 V_R 上跳变时损坏 CMOS 门，在器件内部有二极管保护电路。

(3) 与非门组成的微分型单稳态触发器是负窄脉冲触发，输出负宽脉冲。

(4) 若图 7-2-1(b)是用 TTL 与非门组成的微分型单稳态触发器，考虑到输入电流，则应使 $R<R_{off}$，$R_d>R_{on}$。而用 CMOS 门组成的单稳态触发器中 R、R_d 不受此限制。

(5) 微分型单稳态触发器采用窄脉冲触发，容易引起误动作；由于电路中有正反馈，所以输出脉冲的边沿比较好。

2. 积分型单稳态触发器

1）电路组成及工作原理

图 7-2-3 是用 TTL 与非门和反相器以及 RC 积分电路构成的积分型单稳态触发器。

(1) 没有触发信号时电路工作在稳态。

当没有触发信号时，V_I为低电平，门 G_1、G_2 截止，$V_{O1}=V_O\approx V_{DD}$，V_{O1}经电阻 R 向电容 C 充电至 $V_C=V_{O1}\approx V_{DD}$，这是电路的稳态。在触发信号到来之前，电路一直处于这个状态：$V_{O1}=V_O\approx V_{DD}$。

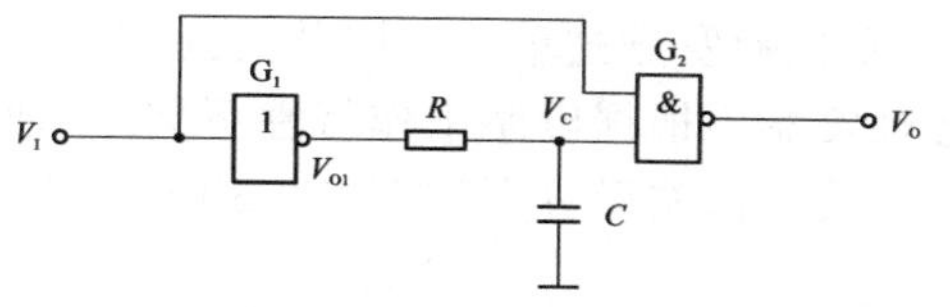

图 7-2-3　积分型单稳态触发器

(2) 外加触发信号使电路由稳态翻转到暂稳态。

当输入正的触发脉冲后，V_{O1}跳变为低电平。由于电容电压不能突变，所以在一段时间里 V_C仍在 V_{TH}以上。因此，在这段时间里门 G_2 的两个输入端电压同时高于 V_{TH}，使 V_O输出低电平，电路进入暂稳态。

(3) 电容放电使电路由暂稳态自动返回到稳态。

在暂稳态期间，随着电容 C 的放电，V_C不断下降。当 V_C下降到阈值电压 V_{TH}时，即使 V_I的正脉冲仍然存在，门 G_2 变为截止状态，V_O由低电平跳变到高电平。触发脉冲消失后，门 G_1 截止，V_{O1}由低电平跳变到高电平。同时 V_{O1}又经电阻 R 向电容 C 充电，经过恢复时间 t_{re}后，V_C恢复到高电平，电路从暂稳态返回到稳态。

上述工作过程中积分型单稳态触发器各点电压工作波形如图 7-2-4 所示。

2) 主要参数的计算

(1) 输出脉冲宽度 t_w。

输出脉冲宽度 t_w 等于从电容 C 开始放电到使 V_C等于 V_{TH}的时间。根据 RC 电路过渡过程的分析，有

$$t_w=(R+R_O)C\ln\frac{V_C(\infty)-V_C(0^+)}{V_C(\infty)-V_{TH}} \tag{7-2-3}$$

式中：R_O是门 G_1 输出为低电平时的输出电阻。

将 $V_C(0^+)=V_{OH}\approx V_{DD}$、$V_C(\infty)=V_{OL}\approx 0$ 代入式(7-2-3)可求得

$$t_w=(R+R_O)C\ln\frac{0-V_{DD}}{0-V_{TH}} \tag{7-2-4}$$

由式(7-2-4)可知，积分型单稳态触发器的输出脉冲宽度也与输入的触发脉冲宽度无关。调节 R 或 C，可改变 t_w 的宽度。

(2) 恢复时间 t_{re}。

恢复时间等于 V_{O1}跳变为高电平后电容 C 充电至 V_{DD}所经过的时间。一般认为经过充电时间常数的 3～5 倍，电容已经充电完毕，即：$t_{re}\approx(3\sim5)(R+R_O')C$。其中 R_O'是门 G_1 输出为高电平时的输出电阻。

3) 讨论

(1) 在使用积分型单稳态触发器时，输入触发脉冲 V_I的宽度 t_{pi}应大于输出脉冲的宽度 t_w，即 $t_{pi}>t_w$，且触发脉冲最小周期 $T_{min}>5RC$，否则电路不能正常工作。

(2) 积分型单稳态触发器采用宽脉冲触发，尖峰脉冲的干扰不会引起误动作，抗干扰能力较强。

(3) 积分型单稳态触发电路中没有正反馈，电路状态转换过程较慢，输出波形的上升沿较差，一般在输出端加一级反相器加以调整。

7.2.2　集成单稳态触发器

1. 工作原理

用逻辑门构成的单稳态触发器虽然电路简单，但输出脉冲宽度的稳定性较差，调节范围

小，而且触发方式单一。因此为提高单稳态触发器的性能指标，实际应用中常采用集成单稳态触发器。根据电路工作特性不同，集成单稳态触发器分为可重复触发和不可重复触发两类。其工作波形分别如图 7-2-5 所示。

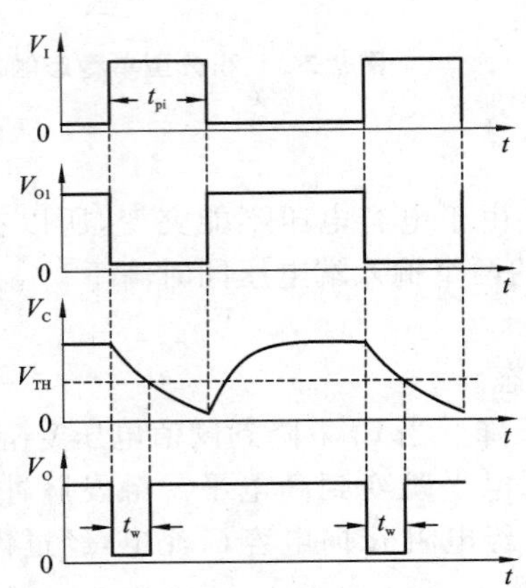

图 7-2-4　积分型单稳态触发器各点电压工作波形图

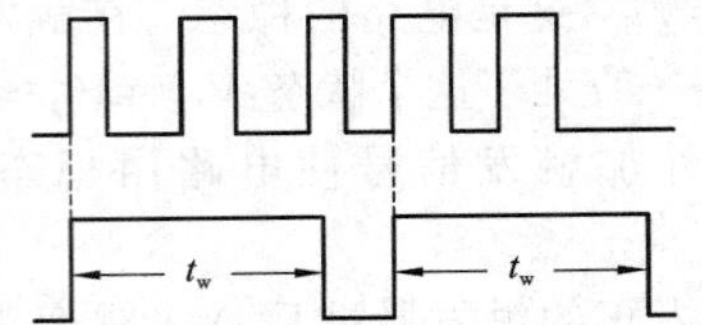

(a) 不可重复触发单稳态触发器的工作波形

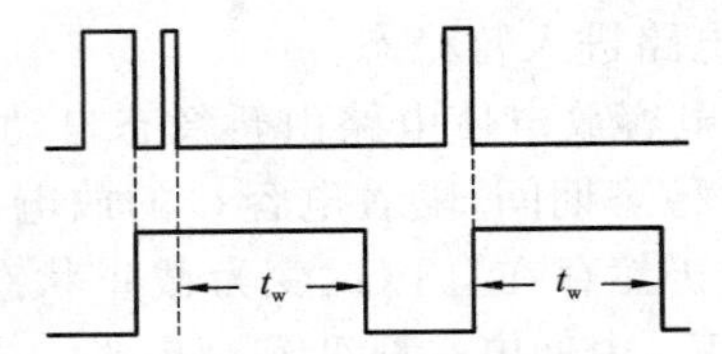

(b) 可重复触发单稳态触发器的工作波形

图 7-2-5　单稳态触发器的工作波形

图 7-2-5(a)为不可重复触发单稳态触发器的工作波形。该电路进入暂稳态(被触发状态)期间，不受触发输入影响，只有返回稳态后才可以被再次触发。

图 7-2-5(b)为可重复触发单稳态触发器的工作波形。该电路在暂稳态期间仍然可以接收输入信号，可以被重复触发，每触发一次，电路暂稳态会继续保持 t_w 时间。因此，采用可重复触发单稳态触发器时能比较方便地得到持续时间更长的输出脉冲宽度。

2. 不可重复触发的集成单稳态触发器——TTL 集成器件 74121

下面介绍一种不可重复触发的集成单稳态触发器——TTL 集成器件 74121。该集成器件的引脚图和功能表分别如图 7-2-6、表 7-2-1 所示。

表 7-2-1　TTL 集成器件 74121 的功能表

输入			输出	
A_1	A_2	B	Q	$\overline{Q}$
0	×	1	0	1
×	0	1	0	1
×	×	0	0	1
1	1	×	0	1
1	↓	1	⊓	⊔
↓	1	1	⊓	⊔
↓	↓	1	⊓	⊔
0	×	↑	⊓	⊔
×	0	↑	⊓	⊔

74121 是一种不可重复触发的集成单稳态触发器，它既可采用上升沿触发，又可采用下降沿触发。A_1、A_2 是两个下降沿有效的触发信号输入端，B 是上升沿有效的触发信号输入端，Q 和 $\overline{Q}$ 是两个状态互补的输出端。R_{ext}/C_{ext}、C_{ext} 是外接定时电容的连接端，外接定时电阻 $R(R=1.4\ \text{k}\Omega\sim40\ \text{k}\Omega)$ 接在 V_{CC} 和 R_{ext}/C_{ext} 之间；外接定时电容 $C(C=10\ \text{pF}\sim10\ \mu\text{F})$ 接在 C_{ext} 和 R_{ext}/C_{ext} 之间，如果电容 C 有极性，则正极接 C_{ext} 端。74121 内部已设置了一个 2 kΩ 的定时电阻，R_{int} 是其引出端，使用时只需将 R_{int} 与 V_{CC} 连接起来即可，不用时则应将 R_{int} 开路。图 7-2-7 给出了 74121 使用时的连接电路。

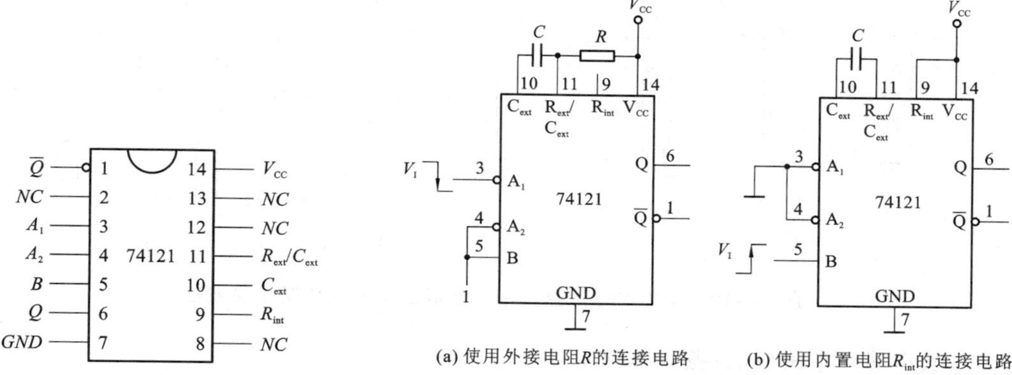

图 7-2-6　TTL 集成器件 74121 引脚图

图 7-2-7　74121 定时电容器、电阻器的连接电路

由 74121 的功能表可见，在下述情况下，电路有正脉冲输出：

(1) 采用触发脉冲的上升沿触发时，以 B 端为输入，同时 A_1 和 A_2 中至少有一个接低电平；

(2) 采用触发脉冲的下降沿触发时，则以 A_1、A_2 或者 A_1 和 A_2 并联作为输入端，同时将 B 和 A_1、A_2 中未作为输入端的一个接高电平。

根据 74121 的功能表，可以画出 74121 在触发脉冲作用下的工作波形，如图 7-2-8 所示。电路的输出脉冲宽度为

$$t_w \approx 0.7RC \tag{7-2-5}$$

7.2.3　单稳态触发器的应用

1. 定时

在图 7-2-9 所示的电路中，只有在单稳态触发器输出脉冲的 t_w 时间内，V_A 信号才有可能通过与门。单稳态触发器的 RC 取值不同，与门的开启时间不同，通过与门的脉冲个数也就随之改变。

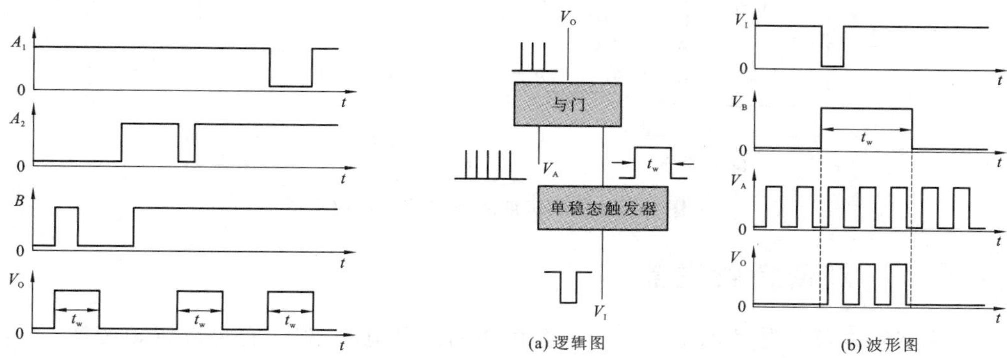

图 7-2-8　74121 集成单稳态触发器的工作波形

图 7-2-9　单稳态触发器作为定时器的应用

2. 延时

实现对脉冲信号的延时是单稳态触发器的另一用途。图 7-2-10(a)为由两片 74121 组成的延时电路,图 7-2-10(b)为其工作波形。从图 7-2-10(b)的波形图可以看出,V_O脉冲的上升沿相对输入信号 V_I的上升沿延迟了 t_{w1}时间。

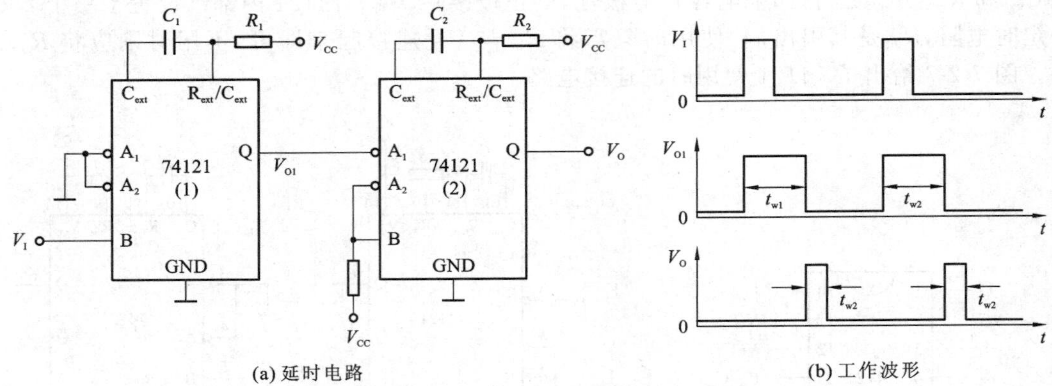

(a) 延时电路　　(b) 工作波形

图 7-2-10　单稳态触发器 74121 组成的延时电路及工作波形

3. 噪声消除电路(脉宽鉴别电路)

噪声消除电路及工作波形分别如图 7-2-11(a)、(b)所示。

该噪声消除电路由集成单稳态触发器 74121 和 D 触发器构成。电路的工作过程如下:当没有触发信号时,V_I为低电平,D 触发器的输入端 1D 和清零端 R 均为低电平,触发器输出低电平;当输入正的触发脉冲后,V_I为高电平,触发器的 1D 端和 R 端均为高电平,若此时 D 触发器的 CP 脉冲端有上升沿到来,则触发器输出高电平。分析波形图可知,对有用信号,在输入仍保持阶段,CP 有上升沿,所以可以输出信号;对干扰信号,在 CP 上升沿到来时,干扰信号已经消失,所以被消除。

一般情况下,有用信号都有一定的宽度,而噪声多表现为尖脉冲的形式。合理的选择 R、C 的值,使单稳态触发器的输出脉冲宽度 t_w 小于有用信号宽度,而大于噪声宽度,即可有效地消除噪声。

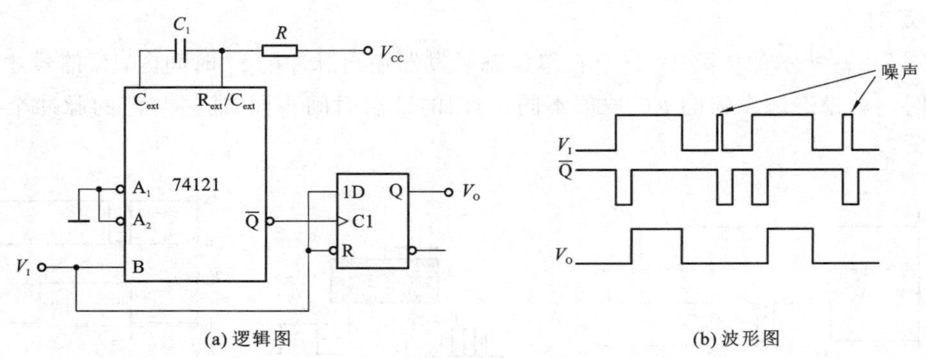

(a) 逻辑图　　(b) 波形图

图 7-2-11　噪声消除电路及工作波形图

7.3　施密特触发器

施密特触发器是脉冲波形变换中经常使用的一种电路,利用它可以将正弦波、三角波以及其他一些周期性的脉冲波形变换成边沿陡峭的矩形波。另外,它还可以完成脉冲鉴幅、整形等工作。其电路具有以下一些工作特点。

(1) 电路具有两个稳定状态，电路状态的转换与维持均依赖于外加触发电平，输入电压在某一点上会导致输出电压的突变。

(2) 电路有两个阈值电压。输入信号从低电平上升的过程中，电路状态转换时对应的输入电平称为正向阈值电压(V_{T+})，而输入信号从高电平下降过程中对应的输入转换电平称为负向阈值电压(V_{T-})。正向阈值电压与负向阈值电压之差，称为回差电压，用 ΔV_T 表示。根据输入相位、输出相位关系的不同，施密特触发器有同相输出和反相输出两种电路形式。其电压传输特性曲线及逻辑符号如图 7-3-1 所示。电路的电压传输特性曲线具有滞回特性，这是施密特触发器的一个重要标志。

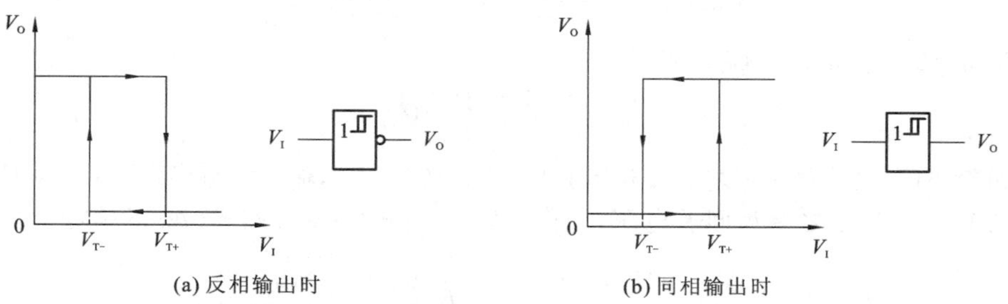

图 7-3-1　施密特触发器的电压传输特性曲线及逻辑符号

7.3.1　用门电路组成的施密特触发器

1. 电路组成

图 7-3-2 所示电路是由 CMOS 门电路构成的施密特触发器。电路中两个 CMOS 反相器串接，电阻 R_1、R_2 为分压电阻，电路的输出通过电阻 R_2 进行正反馈。

2. 工作原理

设 CMOS 反相器的阈值电压 $V_{TH}=\dfrac{V_{DD}}{2}$，电路中 $R_1<R_2$。

由图 7-3-2 可知，G_1 门的输入电平 V_{I1} 决定着电路的输出状态，状态翻转的临界时刻为 $V_{I1}=V_{TH}$。根据叠加原理，有

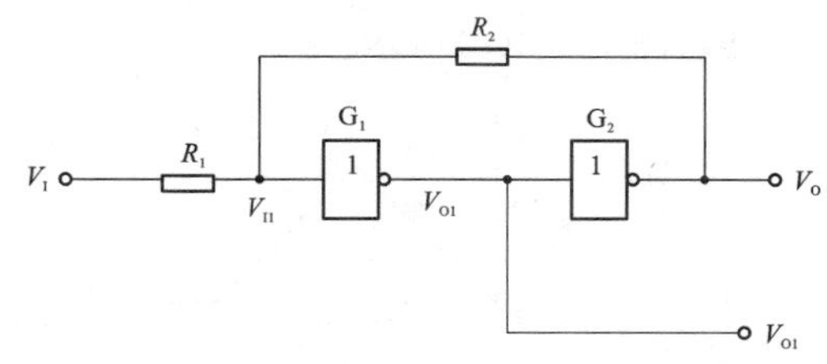

图 7-3-2　CMOS 反相器构成的施密特触发器

$$V_{I1}=\frac{R_2}{R_1+R_2}V_I+\frac{R_1}{R_1+R_2}V_O \quad (7\text{-}3\text{-}1)$$

设输入信号 V_I为三角波，当 $V_I=0\text{V}$ 时，$V_{I1}\approx 0\text{V}$，G_1 门截止，$V_{O1}=V_{OH}\approx V_{DD}$，$G_2$ 门导通，$V_O=V_{OL}\approx 0\text{V}$。输入信号 V_I从 0V 逐渐增加，只要 $V_{I1}<V_{TH}$，电路就保持 $V_O\approx 0\text{V}$ 不变。当 V_I上升到 $V_{I1}=V_{TH}$时，G_1 门进入其电压传输特性的转折区，此时 V_{I1} 的增加在电路中产生如下的正反馈过程：

$$V_I\uparrow \rightarrow V_{I1}\uparrow \rightarrow V_{O1}\downarrow \rightarrow V_O\uparrow$$

使电路的输出状态很快从低电平跳变为高电平，$V_O\approx V_{DD}$。由此可求出 V_I上升过程中电路状态发生转换时所对应的输入电平 V_{T+}，即正向阈值电压。由式(7-3-1)得：

$$V_{I1}=V_{TH}=\frac{R_2}{R_1+R_2}V_{T+} \quad (7\text{-}3\text{-}2)$$

所以

$$V_{T+}=\left(1+\frac{R_1}{R_2}\right)V_{TH} \quad (7\text{-}3\text{-}3)$$

V_{I1}继续上升，电路在$V_{I1}>V_{TH}$时，输出状态维持$V_O \approx V_{DD}$不变。

如果V_{I1}上升到V_{DD}时开始逐渐下降，当降至$V_{I1}=V_{TH}$时，G_1门又进入其电压传输特性的转折区，电路又产生如下的正反馈过程：

$$V_I \downarrow \rightarrow V_{I1} \downarrow \rightarrow V_{O1} \uparrow \rightarrow V_O \downarrow$$

电路的输出状态很快从高电平跳变为低电平，$V_O \approx 0V$。由此又可求出V_I下降过程中电路状态发生转换时所对应的输入电平V_{T-}，即负向阈值电压。由式(7-3-1)得：

$$V_{I1}=V_{TH}=\frac{R_2}{R_1+R_2}V_{T-}+\frac{R_1}{R_1+R_2}V_{DD} \tag{7-3-4}$$

将$V_{DD}=2V_{TH}$，带入式(7-3-4)得：

$$V_{T-}=\left(1-\frac{R_1}{R_2}\right)V_{TH} \tag{7-3-5}$$

V_{I1}继续下降，到达最小值之后又开始上升，只要$V_{I1}<V_{TH}$，输出状态将维持$V_O \approx 0V$不变。

定义V_{T+}与V_{T-}之差为回差电压，记作$\triangle V_T$。由式(7-3-3)和式(7-3-5)得：

$$\Delta V_T=V_{T+}-V_{T-}=2\frac{R_1}{R_2}V_{TH}=\frac{R_1}{R_2}V_{DD} \tag{7-3-6}$$

由式(7-3-6)可知，电路的回差电压$\triangle V_T$与$\frac{R_1}{R_2}$成正比，改变R_1、R_2的比值即可调节回差电压的大小。

3. 工作波形及电压传输特性

根据以上分析，可画出电路工作波形及电压传输特性曲线，如图7-3-3(a)、图7-3-3(b)、图7-3-3(c)所示。从图7-3-3(a)可知，以V_O端作为电路的输出，电路为同相输出施密特触发器；若以V_{O1}端作为输出，则电路为反相输出施密特触发器，它们的电压传输特性分别如图7-3-3(b)、图7-3-3(c)所示。

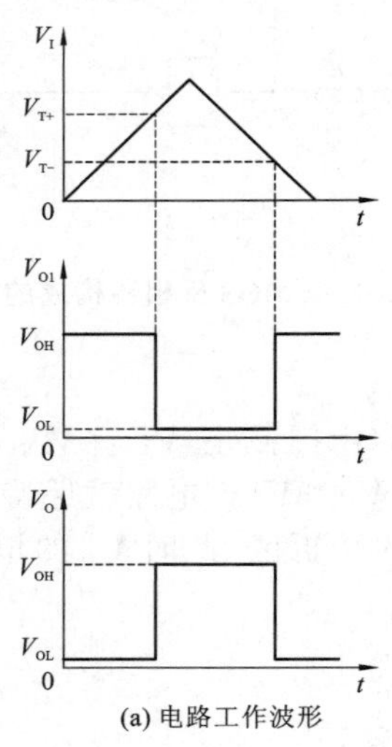

(a) 电路工作波形

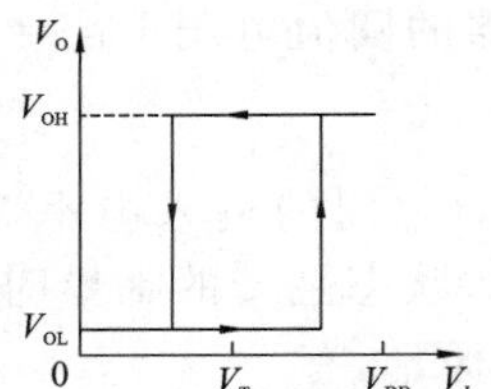

(b) V_O输出的施密特触发器传输特性曲线

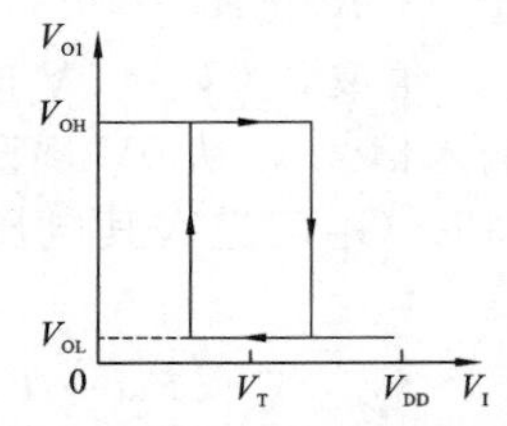

(c) V_{O1}输出的施密特触发器传输特性曲线

图 7-3-3 施密特触发器工作波形及电压传输特性

例 7.3.1 在图7-3-2所示的施密特触发电路中，若G_1、G_2为CMOS反相器74HC04，电源电压V_{DD}等于5 V，反相器的阈值电压V_{TH}等于2.5 V，$R_1=22\ k\Omega$，$R_2=44\ k\Omega$，试求电路的正向阈值电压V_{T+}，负向阈值电压V_{T-}和回差电压$\triangle V_T$。

解 将给定的电路参数代入式(7-3-3)、式(7-3-5)和式(7-3-6)即可得到

$$V_{T+}=\left(1+\frac{R_1}{R_2}\right)V_{TH}=\left[\left(1+\frac{22}{44}\right)\times 2.5\right]\ \mathrm{V}=3.75\ \mathrm{V}$$

$$V_{T-}=\left(1-\frac{R_1}{R_2}\right)V_{TH}=\left[\left(1-\frac{22}{44}\right)\times 2.5\right]\ \mathrm{V}=1.25\ \mathrm{V}$$

$$\Delta V_T=V_{T+}-V_{T-}=(3.75-1.25)\ \mathrm{V}=2.5\ \mathrm{V}$$

7.3.2 施密特触发器的应用

1. 波形变换

利用施密特触发器可以把非矩形波(如正弦波、三角波等)的输入信号变换为矩形脉冲信号。在图 7-3-4(a)中,施密特触发器的输入是一个正弦波;在图 7-3-4(b)中,输入的是一个三角波。改变施密特触发器的正向阈值电压 V_{T+} 和负向阈值电压 V_{T-},就可调节 V_O 的脉宽。

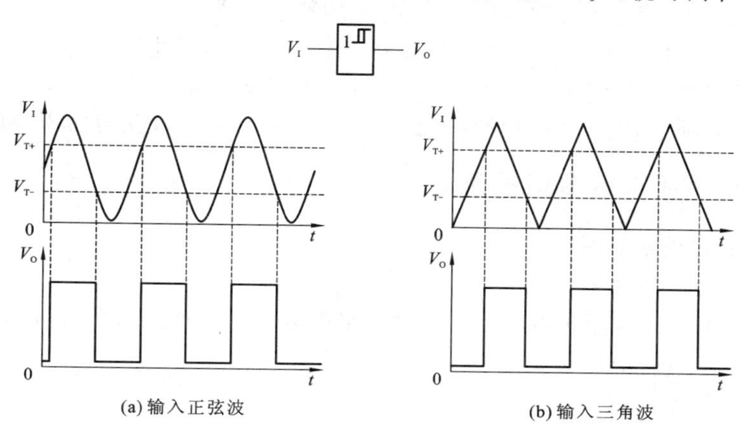

图 7-3-4 用施密特触发器实现波形变换

2. 波形整形(消除噪声干扰)

矩形脉冲信号经传输后,波形往往会发生畸变,例如输出信号有时叠加上了噪声。采用施密特触发器消除干扰,回差电压的选择很重要。若要消除图 7-3-5(a)所示信号的干扰,回差电压取小了,顶部干扰不能被消除,输出波形如图 7-3-5(b)所示;调大回差电压才能消除干扰,得到如图 7-3-5(c)所示的理想波形。

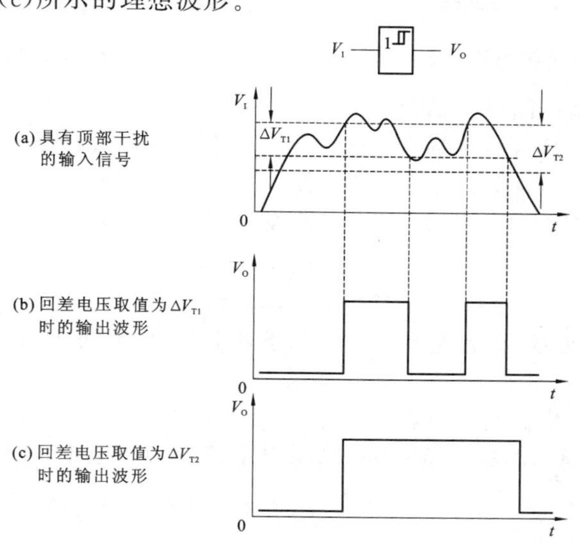

图 7-3-5 利用施密特触发器消除噪声干扰

3. 脉冲鉴幅

利用施密特触发器的输出状态取决于输入信号幅值的特点，可以用它作为脉冲幅度鉴别电路。如图 7-3-6 所示，在施密特触发器的输入端输入一串幅度不等的矩形脉冲，要鉴别幅度大于某个值的脉冲，只要令 V_{T+} 等于该值即可。根据施密特触发器的特点，对应于那些幅度大于 V_{T+} 的脉冲，电路有脉冲输出；而对于幅度小于 V_{T+} 的脉冲，电路则没有脉冲输出，从而达到幅度鉴别的目的。

7.4 多谐振荡器

多谐振荡器是一种自激振荡器，无须外加触发信号，在接通电源后即可产生一定频率和幅值的矩形脉冲。由于矩形波中含有多种谐波分量，故称为多谐振荡器。又因为电路中没有稳定状态，故也称无稳态多谐振荡器。其电路的特点如下：

(1) 含有开关器件，如门电路、电压比较器、BJT 等，用以产生高低电平；

(2) 具有反馈网络，将输出电压反馈给开关器件使之改变输出状态，自动进入振荡状态；

(3) 具有延时环节，利用 RC 电路的充放电特性实现延时，以获得所需要的振荡频率。

7.4.1 用门电路组成的多谐振荡器

1. 非对称式多谐振荡器

1) 电路组成及工作原理

图 7-4-1 是用 CMOS 反相器和 RC 延时电路组成的非对称式多谐振荡器。

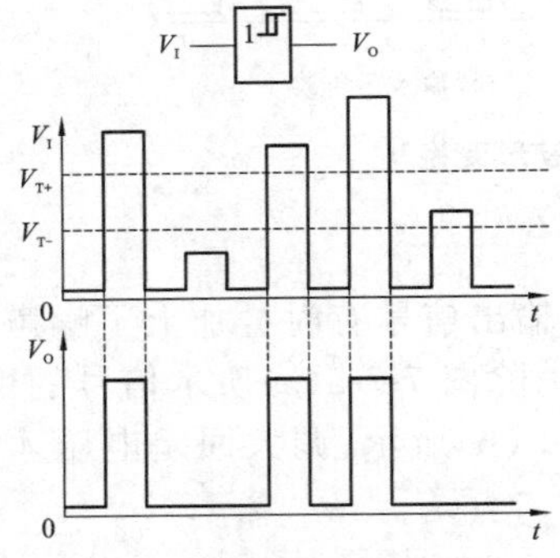

图 7-3-6 用施密特触发器进行幅度鉴别

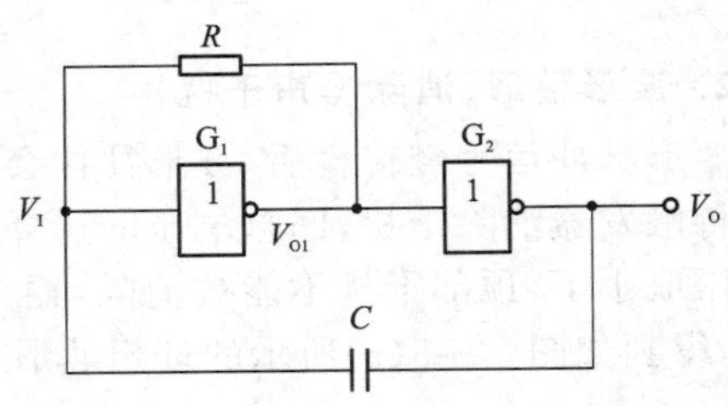

图 7-4-1 非对称式多谐振荡器

(1) 第一暂稳态及电路自动翻转的过程。

设在 $t=0$ 时刻接通电源，电容 C 尚未充电，此时 $V_{O1}=V_{OH}\approx V_{DD}$，$V_I=V_O=V_{OL}\approx 0$，电路处于第一暂稳态。因 V_{O1} 为高电平，V_O 为低电平，所以 V_{O1} 通过电阻 R 向电容 C 充电，使 V_I 电压值逐渐升高。当 V_I 上升至 V_{TH} 时，电路发生如下的正反馈过程：

$$V_I\uparrow \rightarrow V_{O1}\downarrow \rightarrow V_O\uparrow$$

这一正反馈过程使 G_1 门迅速导通，G_2 门迅速截止，电路进入第二暂稳态，$V_{O1}=V_{OL}\approx 0$，$V_O=V_{OH}\approx V_{DD}$。

(2) 第二暂稳态及电路自动翻转的过程。

电路进入第二暂稳态的瞬间，V_O 迅速从低电平跳变为高电平，电容两端电压不能突变，V_I 也将发生跳变。V_I 本应升至 $V_{DD}+V_{TH}$，对 CMOS 门电路而言，$V_{TH}=\frac{V_{DD}}{2}$，所以 V_I 应该上升到 $1.5V_{DD}$，但是由于电路内部保护二极管的钳位作用，V_I 仅上跳至 $V_{DD}+0.7$ V。由于

$V_{O1}\approx 0$，$V_O\approx V_{DD}$，电容 C 通过电阻 R 放电或由 V_O 反向充电，V_I 电压逐渐下降。当 V_I 下降至 V_{TH} 时，电路发生如下的正反馈过程：

$$V_I\downarrow\rightarrow V_{O1}\uparrow\rightarrow V_O\downarrow$$

从而使 G_1 门迅速截止，G_2 门迅速导通，$V_{O1}\approx V_{DD}$，$V_O\approx 0$。此时 $V_C=V_{DD}-V_{TH}$，电容电压不能突变，故 $V_I=V_{TH}-V_{DD}=-(V_{DD}-V_{TH})$，对于 CMOS 门电路 $-(V_{DD}-V_{TH})=-\frac{V_{DD}}{2}$，由于保护二极管的作用，$V_I$ 只下降到 -0.7 V。$V_{O1}\approx V_{DD}$，$V_O\approx 0$，电路又返回到第一暂稳态。

此后，电路通过电容 C 的充放电，使两个暂稳态过程周而复始地交替出现，在输出端就有矩形脉冲输出。电路的工作波形如图 7-4-2 所示。

2）振荡周期的计算

非对称式多谐振荡器的振荡周期与两个暂稳态的时间有关，两个暂稳态的时间分别由电容的充、放电时间决定。设电路的第一暂稳态和第二暂稳态的时间分别为 T_1、T_2，根据以上分析，可计算电路振荡周期的值。

（1）T_1 的计算。

将图 7-4-2 中的 t_1 作为第一暂稳态的起点，$V_I(0^+)=-0.7$ V，$V_I(\infty)=V_{DD}$，$V_T(T_1)=V_{TH}$，根据 RC 电路过渡过程的分析可知，V_I 从 0 V 变化到 V_{TH} 所需要的时间为

$$T_1=RC\ln\frac{V_{DD}}{V_{DD}-V_{TH}}\tag{7-4-1}$$

（2）T_2 的计算。

同理，将 t_2 作为第二暂稳态的起点，$V_I(0^+)=V_{DD}+0.7\ \text{V}\approx V_{DD}$，$V_I(\infty)=0$ V，$V_T(T_2)=V_{TH}$，由此可求出

$$T_2=RC\ln\frac{V_{DD}}{V_{TH}}\tag{7-4-2}$$

所以

$$T=T_1+T_2=RC\ln\left[\frac{V_{DD}{}^2}{(V_{DD}-V_{TH})\cdot V_{TH}}\right]\tag{7-4-3}$$

将 $V_{TH}=\frac{V_{DD}}{2}$ 代入上式有

$$T=RC\ln 4\approx 1.4RC\tag{7-4-4}$$

2. 环形多谐振荡器

1）电路组成及工作原理

如图 7-4-3 所示的环形多谐振荡器是将奇数个 TTL 反相器首尾相接，添加 RC 延时电路构成的。图中，R_S 是保护电阻，为了防止 V_A 发生负跳变时流过反相器 G_3 输入端钳位二极管的电流过大，所以又称之为限流电阻。

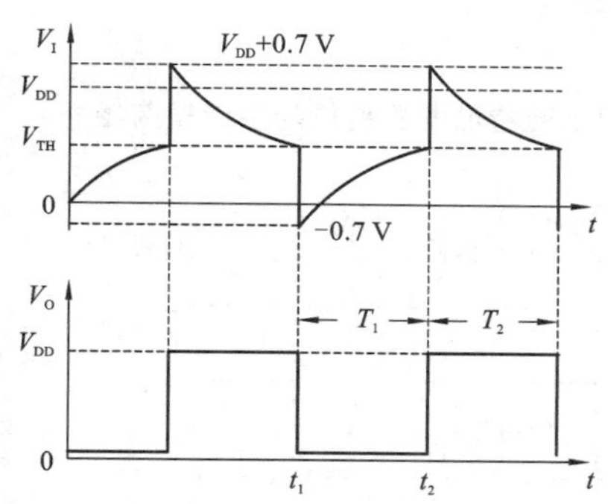

图 7-4-2　非对称式多谐振荡器波形图

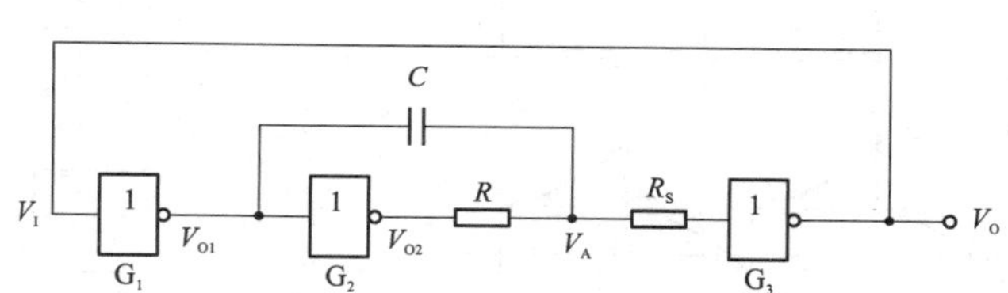

图 7-4-3　环形多谐振荡器

(1) 第一暂稳态及电路自动翻转的过程。

设在接通电源的瞬间,V_I为高电平,则 V_{O1} 为低电平,V_{O2} 为高电平。由于 $V_{O1}<V_{O2}$,则 V_{O2} 经电阻 R 向电容 C 充电,随着充电的进行,V_A 电压值逐渐上升。当 V_A 上升至 V_{TH} 时,门 G_3 迅速导通,V_O 由高电平翻转为低电平,V_{O1}、V_{O2} 也将一起翻转。由于电容电压不能突变,当 V_{O1} 发生上跳变时,V_A 也上跳变同样的值。至此,第一暂稳态结束,电路进入第二暂稳态。

(2) 第二暂稳态及电路自动翻转的过程。

电路进入第二暂稳态的瞬间,$V_A>V_{TH}$,此时 $V_I=V_O=V_{O2}=V_{OL}\approx 0$,$V_{O1}=V_{OH}\approx V_{DD}$,电容 C 开始经电阻 R 放电,随着放电的进行,V_A 电压值逐渐下降。当 V_A 下降至 V_{TH} 时,门 G_3 迅速截止,V_O 由低电平翻转为高电平,V_{O1}、V_{O2} 也将一起翻转。同样由于电容电压不能突变,当 V_{O1} 发生下跳变时,V_A 也下跳变同样的值。第二暂稳态结束,电路又返回第一暂稳态。

此后,电路通过电容 C 的充放电,使两个暂稳态过程周而复始地交替出现,在输出端就有矩形脉冲输出。电路的工作波形如图 7-4-4 所示。

2) 振荡周期的计算

环形多谐振荡器的振荡周期与非对称式多谐振荡器的振荡周期的计算方法相似,由此可得出环形多谐振荡器振荡周期的计算公式:

$$T=T_1+T_2=RC\ln\left(\frac{2V_{OH}-V_{TH}}{V_{OH}-V_{TH}}\cdot\frac{V_{OH}+V_{TH}}{V_{TH}}\right) \tag{7-4-5}$$

将 $V_{OH}=3$ V,$V_{TH}=1.4$ V 代入上式可得

$$T\approx 2.2RC \tag{7-4-6}$$

7.4.2 用施密特触发器构成的多谐振荡器

将施密特触发器的输出端经 RC 积分电路接回其输入端即可构成多谐振荡器,电路如图 7-4-5 所示。

1. 工作原理

设接通电源的瞬间,电容 C 上的初始电压为零,输出电压 V_O 为高电平。V_O 通过电阻 R 对电容 C 充电,随着充电的进行,电压值 V_I 逐渐上升。当 V_I 上升至 V_{T+} 时,施密特触发器发生翻转,V_O 跳变为低电平。此后,电容 C 开始经电阻 R 放电,随着放电的进行,V_I 电压值逐渐下降。当 V_I 下降至 V_{T-} 时,电路又发生翻转,V_O 由低电平又跳变为高电平,电容又重新充电。如此周而复始,在电路的输出端就得到了矩形脉冲,工作波形如图 7-4-6 所示。

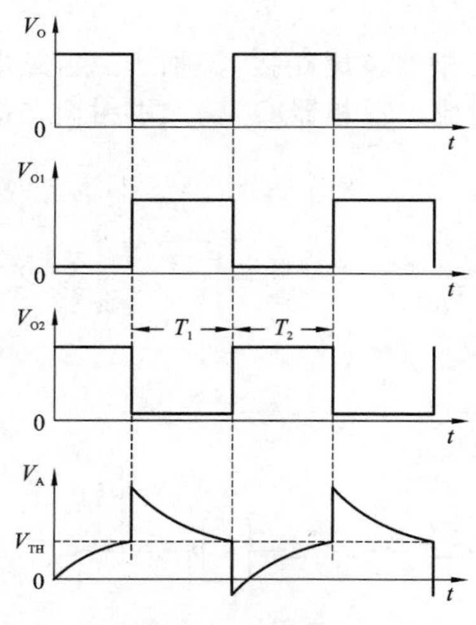

图 7-4-4 环形多谐振荡器工作波形图

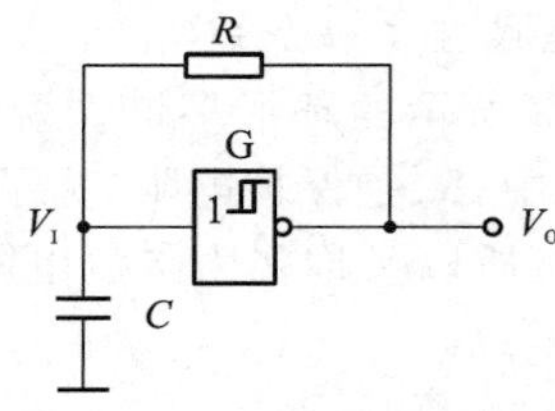

图 7-4-5 用施密特触发器构成的多谐振荡器

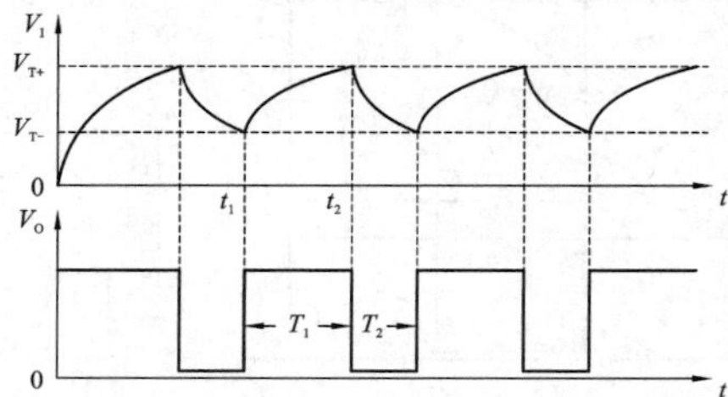

图 7-4-6 工作波形

2. 振荡周期的计算

1) T_1 的计算

将图 7-4-6 中的 t_1 作为起点，$V_I(0^+)=V_{T-}$，$V_I(\infty)=V_{DD}$，$V_I(T_1)=V_{T+}$，根据 RC 电路过渡过程的分析可知，V_I从 V_{T-} 上升到 V_{T+} 所需要的时间为

$$T_1=RC\ln\frac{V_{DD}-V_{T-}}{V_{DD}-V_{T+}} \tag{7-4-7}$$

2) T_2 的计算

以图 7-4-6 中的 t_2 作为起点，$V_I(0^+)=V_{T+}$，$V_I(\infty)=0$，$V_I(T_2)=V_{T-}$，根据 RC 电路过渡过程的分析可知，V_I从 V_{T+} 下降到 V_{T-} 所需要的时间为

$$T_2=RC\ln\frac{V_{T+}}{V_{T-}} \tag{7-4-8}$$

所以

$$T=T_1+T_2=RC\ln\left(\frac{V_{DD}-V_{T-}}{V_{DD}-V_{T+}}\cdot\frac{V_{T+}}{V_{T-}}\right) \tag{7-4-9}$$

7.4.3 石英晶体多谐振荡器

前两节介绍的几种多谐振荡器的一个共同特点就是振荡频率不稳定，容易受温度、电源电压波动和 RC 参数的影响。而在数字系统中，矩形脉冲信号常用作时钟信号来控制和协调整个系统的工作。因此，控制信号频率不稳定会直接影响到系统的工作。显然，前面讨论的多谐振荡器是不能满足要求的，必须采用由石英晶体组成的石英晶体多谐振荡器来提高其频率稳定度。

石英晶体的等效电路、电路符号及阻抗频率特性分别如图 7-4-7(a)、图 7-4-7(b)、图 7-4-7(c)所示。石英晶体具有很好的选频特性，它有一个极为稳定的串联谐振频率 f_S，且等效品质因数 Q 值也很高。当振荡信号的频率和石英晶体的串联谐振频率 f_S相同时，石英晶体呈现很低的阻抗，信号很容易通过，而其他频率的信号则被衰减掉。

若将非对称式多谐振荡电路中的电容 C 用石英晶体取代，如图 7-4-8 所示。这时，振荡频率只取决于石英晶体的固有谐振频率 f_S，而与 RC 无关，从而起到稳定振荡频率的作用。

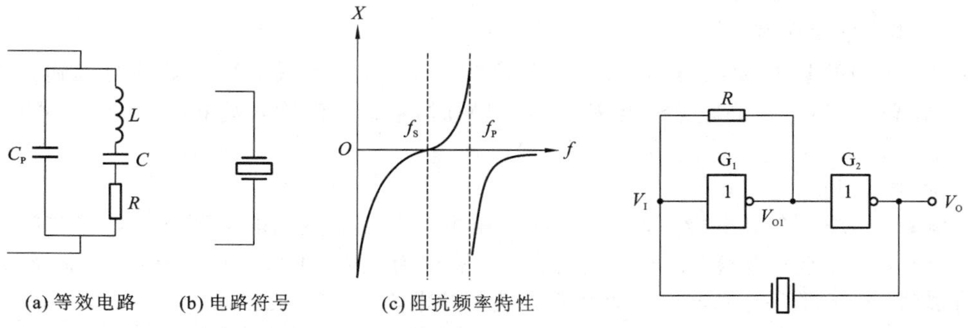

(a) 等效电路 (b) 电路符号 (c) 阻抗频率特性

图 7-4-7 石英晶体的等效电路、电路符号及阻抗频率特性

图 7-4-8 采用石英晶体同步的非对称式多谐振荡器

7.5 555 定时器及其应用

555 定时器是一种应用极为广泛的中规模集成电路，利用它能极方便地构成单稳态触发器、施密特触发器和多谐振荡器。由于使用灵活、方便，555 定时器常用于信号产生、变换、控制与检测电路中。

7.5.1 555 定时器

1. 电路结构

555 定时器电路的内部结构如图 7-5-1 所示，共包含以下几部分。

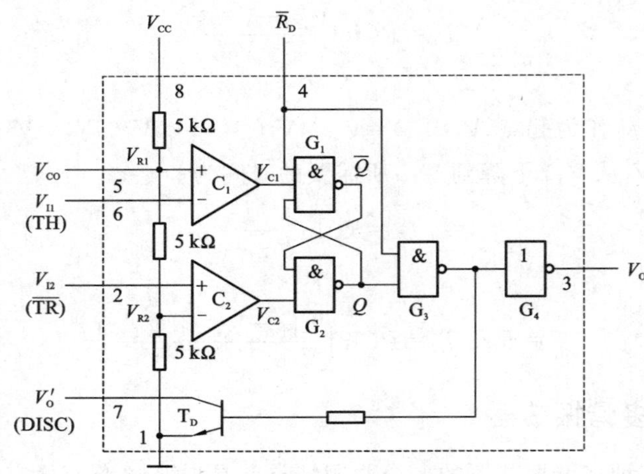

图 7-5-1　555 定时器电路的内部结构

1）电阻分压器

电阻分压器由 3 个 5 kΩ 的电阻串联组成，为电压比较器 C_1 和 C_2 提供基准电压。

2）电压比较器 C_1 和 C_2

对于电压比较器 C_1 和 C_2，当 $V_+>V_-$ 时，V_C 输出高电平，反之则输出低电平。

V_{CO} 为控制电压输入端，当 V_{CO} 悬空时(可对地接上 0.01 μF 左右的滤波电容)，$V_{R1}=\frac{2}{3}V_{CC}$，$V_{R2}=\frac{1}{3}V_{CC}$；当 V_{CO} 外接电压 V_{IC} 时，$V_{R1}=V_{IC}$，$V_{R2}=\frac{1}{2}V_{IC}$。

TH 是比较器 C_1 的信号输入端，称为阈值输入端；$\overline{TR}$ 是比较器 C_2 的信号输入端，称为触发输入端。

3）基本 RS 锁存器

图 7-5-1 中的基本 RS 锁存器由两个与非门构成。$\overline{R}_D$ 是低电平有效的复位输入端，正常工作时，必须使 $\overline{R}_D$ 接高电平。当 $\overline{R}_D$ 为低电平时，不管其他输入端的状态如何，输出端 V_O 为低电平。

4）放电管 T_D

放电管 T_D 是一个集电极开路的三极管，相当于一个受控的电子开关。当与非门 G_3 输出为高电平时，放电三极管 T_D 导通；与非门 G_3 输出为低电平时，放电三极管 T_D 截止。在使用定时器时，该三极管的集电极一般都要外接上拉电阻。

5）缓冲器

缓冲器由 G_4 构成，用于提高电路的带负载能力，隔离负载的影响。

2. 工作原理

当 $V_{I1}>\frac{2}{3}V_{CC}$、$V_{I2}>\frac{1}{3}V_{CC}$ 时，比较器 C_1 的输出端 V_{C1} 输出低电平，比较器 C_2 的输出端 V_{C2} 输出高电平，基本 RS 锁存器的 Q 端置 0，放电三极管 T_D 导通，输出端输出低电平。

当 $V_{I1}<\frac{2}{3}V_{CC}$、$V_{I2}>\frac{1}{3}V_{CC}$ 时，比较器 C_1 的输出端 V_{C1} 输出高电平，比较器 C_2 的输出端

V_{C2}输出高电平，基本 RS 锁存器的状态不变，电路状态保持不变。

当 $V_{I1}<\frac{2}{3}V_{CC}$、$V_{I2}<\frac{1}{3}V_{CC}$时，比较器 C_1 的输出端 V_{C1}输出高电平，比较器 C_2 的输出端 V_{C2}输出低电平，基本 RS 锁存器的 Q 端置 1，放电三极管 T_D截止，输出端输出高电平。

当 $V_{I1}>\frac{2}{3}V_{CC}$、$V_{I2}<\frac{1}{3}V_{CC}$时，比较器 C_1 的输出端 V_{C1}输出低电平，比较器 C_2 的输出端 V_{C2}输出低电平，基本 RS 锁存器的 Q 端置 1，放电三极管 T_D截止，输出端输出高电平。

由上述工作原理，可得出 555 定时器的功能表，如表 7-5-1 所示。

表 7-5-1　555 定时器的功能表

输入			输出	
复位端 $\overline{R}_D$	阈值输入端 V_{I1}	触发输入端 V_{I2}	输出端 V_O	放电管 T_D
0	×	×	0	导通
1	$>\frac{2}{3}V_{CC}$	$>\frac{1}{3}V_{CC}$	0	导通
1	$<\frac{2}{3}V_{CC}$	$>\frac{1}{3}V_{CC}$	不变	不变
1	$<\frac{2}{3}V_{CC}$	$<\frac{1}{3}V_{CC}$	1	截止
1	$>\frac{2}{3}V_{CC}$	$<\frac{1}{3}V_{CC}$	1	截止

7.5.2　用 555 定时器组成的单稳态触发器

将触发信号从 555 定时器的触发输入端 V_{I2}输入，其放电端 V'_O与阈值输入端 V_{I1}相连，同时对电源和对地分别接入电阻 R 和电容 C，即构成单稳态触发器，如图 7-5-2 所示。

当未加触发信号时，V_I为高电平。接通电源后，V_{CC}经电阻 R 对电容 C 充电，当 V_C上升到$\frac{2}{3}V_{CC}$时，比较器 C_1 输出为 0，将锁存器置 0，使 $V_O=0$。这时 $Q=0$，放电三极管 T_D导通，电容 C 通过三极管 T_D放电，使 $V_C=0$，V_O保持低电平不变，电路处于稳态。

当触发负脉冲到来时，V_I为低电平，且 $V_I<\frac{1}{3}V_{CC}$，使 $V_{C2}=0$，锁存器置 1，V_O由 0 变为 1，电路进入暂稳态。由于此时 $Q=1$，放电三极管 T_D截止，V_{CC}经电阻 R 对电容 C 充电。若此时触发负脉冲已消失，比较器 C_2 的输出为 1，但充电继续进行，直到 V_C上升到$\frac{2}{3}V_{CC}$时，比较器 C_1 输出为 0，将锁存器置 0，电路输出 $V_O=0$，三极管 T_D导通，电容 C 通过三极管 T_D放电，电路恢复到稳定状态。

由上述分析，可得出电路的工作波形，如图 7-5-3 所示。

输出脉冲的宽度 t_w 等于暂稳态的持续时间，而暂稳态的持续时间取决于外接电阻 R 和电容 C 的大小。由图 7-5-3 可知，输出脉冲宽度 t_w 等于电容电压 V_C从零电平上升到$\frac{2}{3}V_{CC}$所需要的时间，据此可得：

$$t_w=RC\ln3\approx1.1RC \tag{7-5-1}$$

7.5.3　用 555 定时器组成的施密特触发器

将 555 定时器的阈值输入端 V_{I1}和触发输入端 V_{I2}相连，即构成施密特触发器，电路如图

7-5-4 所示。

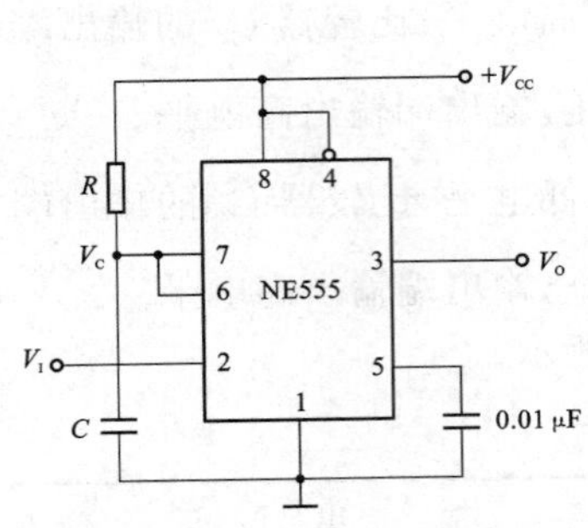

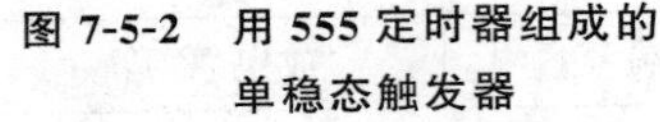
图 7-5-2 用 555 定时器组成的单稳态触发器

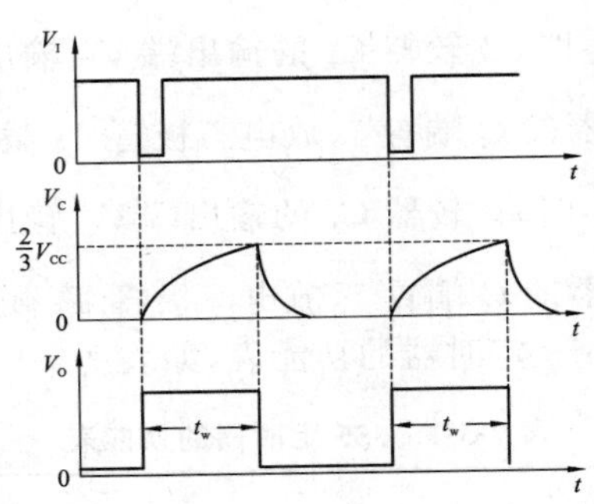

图 7-5-3 电路的工作波形

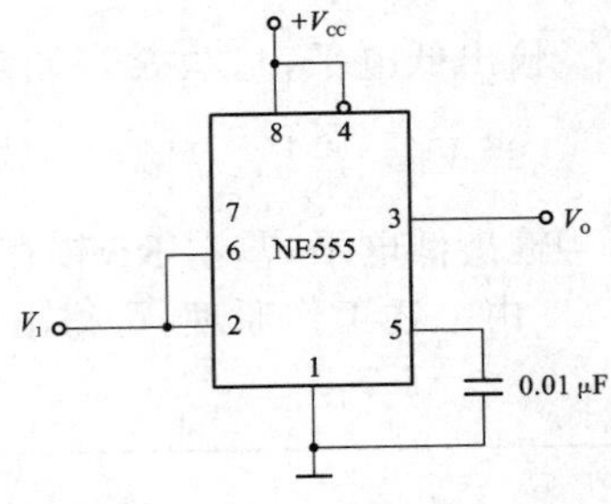

图 7-5-4 用 555 定时器组成的施密特触发器

若 V_I从 0V 开始逐渐升高，当 $V_I<\frac{1}{3}V_{CC}$时，根据 555 定时器的功能表可知，V_O输出为高电平；V_I继续升高，如果$\frac{1}{3}V_{CC}<V_I<\frac{2}{3}V_{CC}$，$V_O$维持高电平不变；$V_I$再继续升高，到 $V_I>\frac{2}{3}V_{CC}$，V_O由高电平跳变为低电平；之后 V_I再升高，只要 $V_I>\frac{2}{3}V_{CC}$，V_O保持低电平不变。根据施密特触发器的电压传输特性，可知 $V_{T+}=\frac{2}{3}V_{CC}$。

而后，V_I从高于$\frac{2}{3}V_{CC}$开始逐渐下降，当$\frac{1}{3}V_{CC}<V_I<\frac{2}{3}V_{CC}$时，$V_O$输出状态不变，仍为低电平；$V_I$继续下降，只有当 $V_I<\frac{1}{3}V_{CC}$时，V_O的状态才由低电平跳变为高电平。同样，可知 $V_{T-}=\frac{1}{3}V_{CC}$。

由此得到电路的回差电压为

$$\Delta V_T=V_{T+}-V_{T-}=\frac{1}{3}V_{CC} \tag{7-5-2}$$

若 V_I输入三角波，则电路的工作波形和电压传输特性曲线分别如图 7-5-5(a)、图 7-5-5(b)所示。由图 7-5-5(b)可看出，电路的电压传输特性是一个反相施密特触发特性。

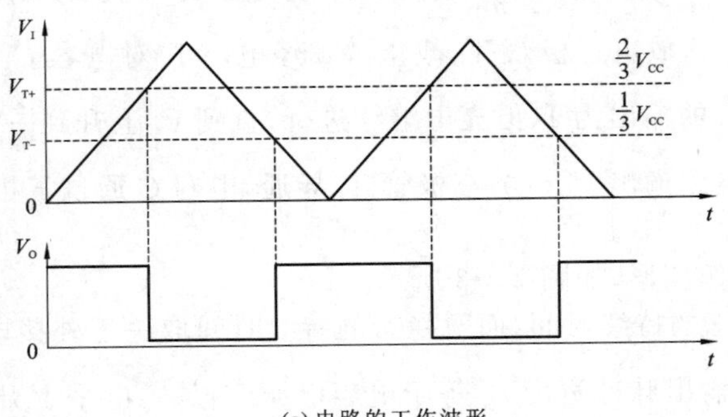

(a) 电路的工作波形　　(b) 电压传输特性曲线

图 7-5-5 电路的工作波形和电压传输特性曲线

7.5.4 用 555 定时器组成的多谐振荡器

用 555 定时器组成的多谐振荡器如图 7-5-6 所示。

接通电源后，V_{CC}经电阻 R_1 和 R_2 对电容 C 充电，V_C从 0V 开始逐渐上升。当 $V_C<\frac{2}{3}V_{CC}$时，V_O输出高电平，三极管 T_D截止；V_C继续上升，当 $V_C>\frac{2}{3}V_{CC}$时，V_O由高电平跳变为低电平，三极管 T_D导通，电容 C 通过电阻 R_2 和三极管 T_D放电，V_C开始下降。当 $V_C<\frac{1}{3}V_{CC}$时，V_O由低电平跳变为高电平，三极管 T_D截止，V_{CC}又经电阻 R_1 和 R_2 对电容 C 充电，V_C又开始上升。如此周而复始，在电路的输出端就产生了连续的矩形脉冲。工作波形如图 7-5-7 所示。

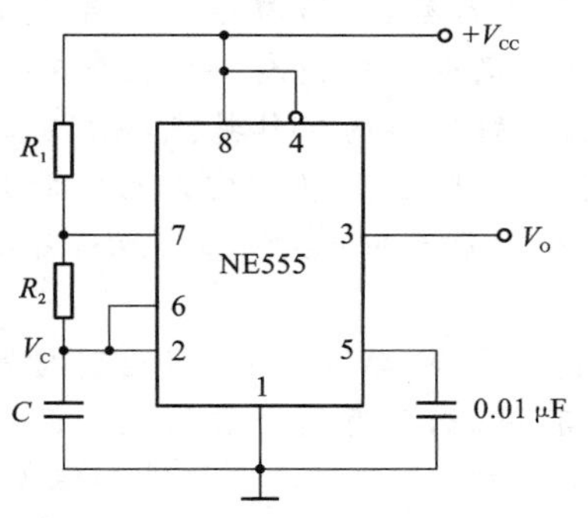

图 7-5-6　用 555 定时器组成的多谐振荡器

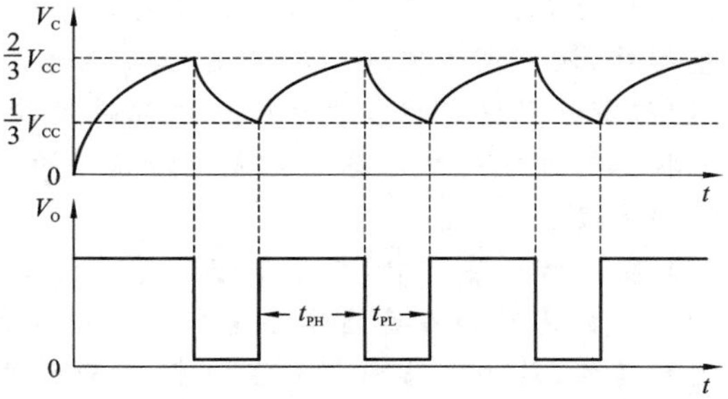

图 7-5-7　工作波形

由图 7-5-7 可得多谐振荡器的振荡周期 T 为

$$T=t_{PL}+t_{PH} \tag{7-5-3}$$

其中，t_{PL}为 V_C从$\frac{2}{3}V_{CC}$下降到$\frac{1}{3}V_{CC}$所需的时间，为

$$t_{PL}=R_2C\ln2\approx0.7R_2C \tag{7-5-4}$$

t_{PH}为 V_C从$\frac{1}{3}V_{CC}$上升到$\frac{2}{3}V_{CC}$所需的时间，为

$$t_{PH}=(R_1+R_2)C\ln2\approx0.7(R_1+R_2)C \tag{7-5-5}$$

所以，多谐振荡器的振荡周期 T 为

$$T=t_{PL}+t_{PH}\approx0.7(R_1+2R_2)C \tag{7-5-6}$$

输出脉冲的占空比 q 为

$$q(\%)=\frac{t_{PH}}{t_{PL}+t_{PH}}\times100\%\approx\frac{R_1+R_2}{R_1+2R_2}\times100\% \tag{7-5-7}$$

由式(7-5-7)可知，图 7-5-7 所示的电路中，占空比固定不变，若要使占空比可调，可采用图 7-5-8 所示的电路。由于该电路中二极管 D_1、D_2 的单向导电性，使电容 C 的充放电回路分开，调节电位器 R_2，就可方便地调节多谐振荡器的占空比。

图中，V_{CC}通过电阻 R_A、二极管 D_1 对电容 C 充电，充电时间为

$$t_{PH}\approx0.7R_AC \tag{7-5-8}$$

电容 C 通过二极管 D_2、电阻 R_B及 555 定时器内部的三极管 T_D放电，放电时间为

$$t_{PL}\approx0.7R_BC \tag{7-5-9}$$

输出波形的占空比 q 为

$$q(\%)=\frac{t_{PH}}{t_{PL}+t_{PH}}\times100\%\approx\frac{R_A}{R_A+R_B}\times100\% \tag{7-5-10}$$

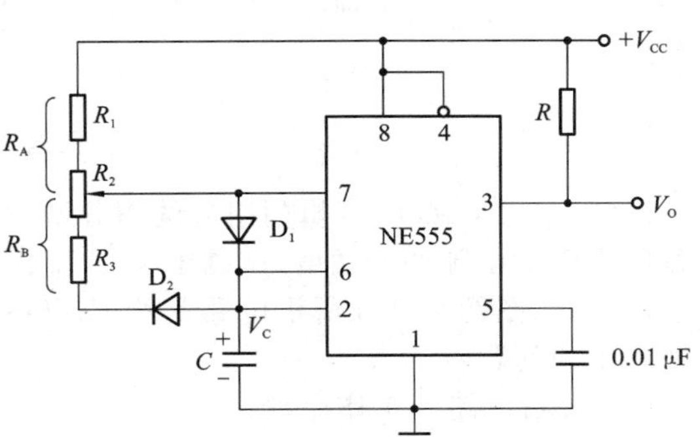

图 7-5-8　占空比可调的多谐振荡器

本章小结

(1) 本章介绍了用于产生矩形脉冲的几种常见的典型电路。

(2) 单稳态触发器和施密特触发器是最常用的两种整形电路，主要用于对波形进行整形和变换。这两种触发器既可以由门电路构成，也可以由555定时器构成。其中，单稳态触发器的显著特点是：在无外加触发信号时，电路工作于稳态，只有在外加触发信号的作用下，电路才进入暂态，暂态的持续时间只取决于R、C定时元件的参数，而与输入信号宽度和幅度无关。改变R、C定时元件的参数值可调节输出脉冲的宽度。单稳态触发器除可对脉冲进行整形外，还可用于实现脉冲的定时与延时。而施密特触发器的工作特点在于它的滞回特性，即施密特触发特性。由于输出电压跳变过程中存在着正反馈，所以它能够将非矩形脉冲或形状不够理想的矩形脉冲变成边沿陡峭的矩形脉冲，且调节回差电压的大小，可改变输出脉冲的宽度。

(3) 在多谐振荡器中，本章介绍了非对称式多谐振荡器、环形振荡器、用施密特触发器构成的多谐振荡器和石英晶体振荡器。多谐振荡器没有稳态，只有两个暂稳态。两个暂稳态之间的转换，是由电路内部电容的充、放电作用自动完成的，所以它不需要外加触发信号，只要接通电源就能自动产生矩形脉冲信号。由于前三种振荡器的振荡完全靠电路本身电容的充放电来完成，因而振荡频率的稳定性不高。在对振荡频率稳定性要求很高的情况下，可采用石英晶体振荡器。

(4) 555定时器是一种多用途电路，只需外接少量阻容元件便可组成单稳态触发器、施密特触发器、多谐振荡器及其他实用电路。

课后习题

7.1 概述(略)

7.2 单稳态触发器

7.2.1 由CMOS逻辑门组成的微分型单稳态电路如图题7.2.1所示。其中V_I为连续脉冲，$C_d=68$ nF，$R_d=1$ kΩ，C=0.47 μF，$R=1$ kΩ，试画出V_I、V_d、V_{O1}、V_R、V_{O2}和V_O的波形，并求出输出脉冲宽度。

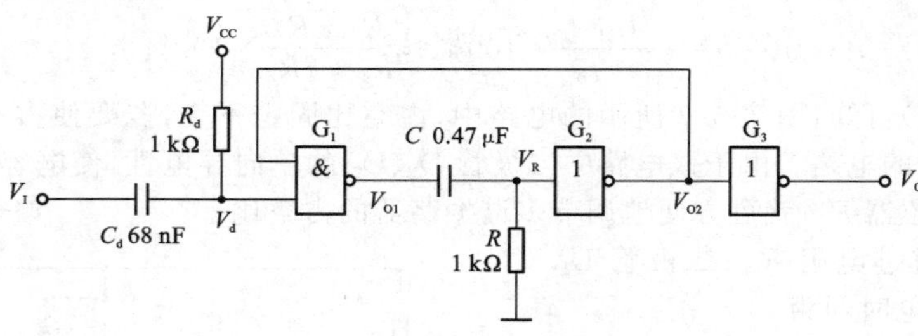

图题 7.2.1

7.2.2 由CMOS逻辑门组成的积分型单稳态电路如图题7.2.2所示。假定触发脉冲的宽度大于输出脉冲的宽度，试画出V_I、V_{O1}、V_A和V_O的波形。

7.2.3 图题7.2.3所示电路是用CMOS或非门构成的单稳态触发器的另一种形式。试回答下列问题：

(1) 分析电路的工作原理；

(2) 画出加入触发脉冲后V_{O1}、V_O及V_R的工作波形；

(3) 写出输出脉宽t_w的表达式。

7.2.4 集成单稳态触发器74121组成的延时电路及输入的触发脉冲如图题7.2.4所示。

(1) 计算输出脉宽的变化范围。

(2) 解释为什么使用电位器时要串接一个电阻。

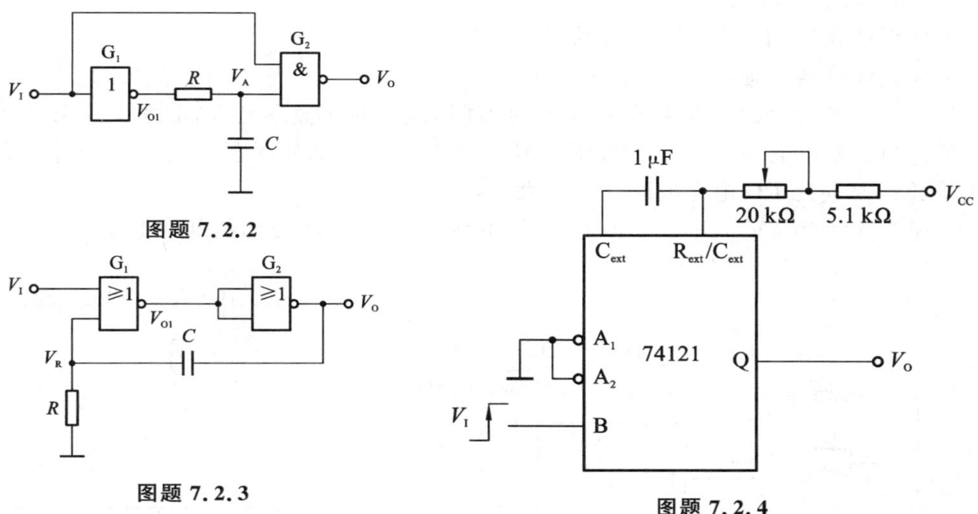

图题 7.2.2

图题 7.2.3

图题 7.2.4

7.2.5　图题 7.2.5 是用两个集成单稳态触发器 74121 所组成的脉冲变换电路，外接电阻和外接电容的参数如图所示。试计算在输入触发信号 V_I 作用下 V_{O1}、V_{O2} 输出脉冲的宽度，并画出与 V_I 波形相对应的 V_{O1}、V_{O2} 的电压波形。V_I 波形如图中所示。

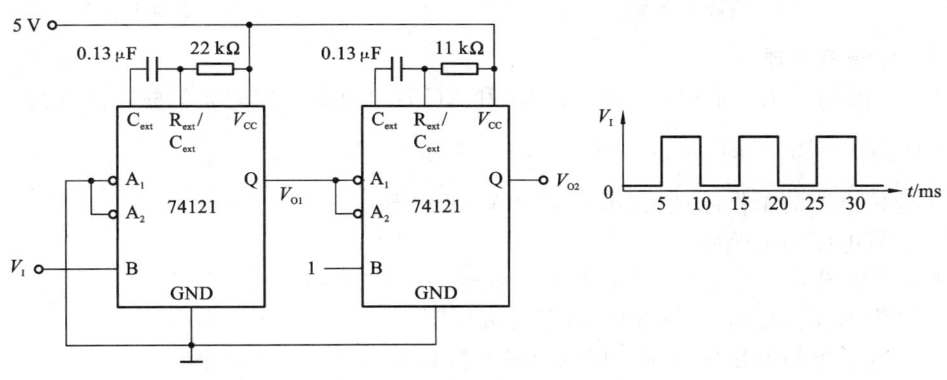

图题 7.2.5

7.3　施密特触发器

7.3.1　在图题 7.3.1 所示的施密特触发器电路中，已知 $R_1=10\ \text{k}\Omega$，$R_2=30\ \text{k}\Omega$。G_1 和 G_2 为 CMOS 反相器，$V_{CC}=15\ \text{V}$。

(1) 试计算电路的正向阈值电压 V_{T+}、负向阈值电压 V_{T-} 和回差电压 ΔV_T；

(2) 若将图题 7.3.1(b)给出的电压信号加到图题 7.3.1(a)所示电路的输入端，试画出输出电压的波形。

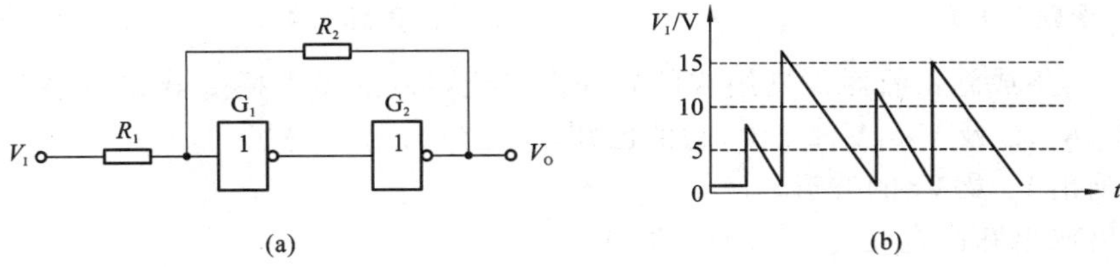

图题 7.3.1

7.3.2　集成施密特触发器和集成单稳态触发器 74121 构成的电路如图题 7.3.2 所示。已知集成施密特电路的 $V_{CC}=10\ \text{V}$，$R=100\ \text{k}\Omega$，$C=0.01\ \mu\text{F}$，$V_{T+}=6.3\ \text{V}$，$V_{T-}=2.7\ \text{V}$，$C_{ext}=0.01\ \mu\text{F}$，$R_{ext}=30\ \text{k}\Omega$。

（1）分别计算 V_{O1} 的周期及 V_{O2} 的脉宽。

（2）根据计算结果画出 V_{O1}、V_{O2} 的波形。

7.3.3　（宁波大学 2012 年考研题）由 CMOS 门电路构成的整形电路如图题 7.3.3(a)所示。

（1）试画出输出电压 V_A、V_O 的波形。输入电压 V_I 的波形如图题 7.3.3(b)所示，假定它的低电平持续时间比 RC 电路的时间常数大得多。

（2）在 $V_{T+}=60\%V_{CC}$，$V_{T-}=40\%V_{CC}$ 的条件下，计算输出波形的脉冲宽度。

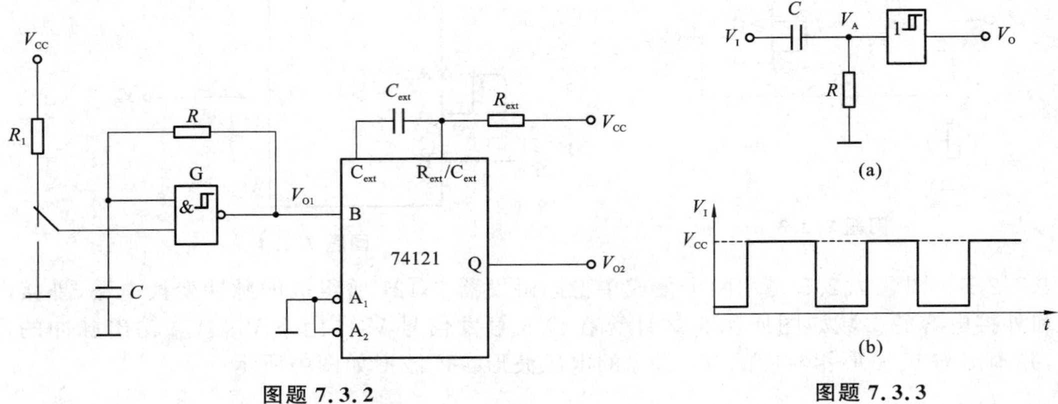

图题 7.3.2　　　　图题 7.3.3

7.4　多谐振荡器

7.4.1　图题 7.4.1 是用 CMOS 反相器和 RC 延时电路组成的非对称式多谐振荡器，其中 $R=10\ \text{k}\Omega$，$C=0.22\ \mu\text{F}$，$V_{OH}\approx V_{CC}$，$V_{OL}\approx 0$，$V_{TH}\approx\frac{1}{2}V_{CC}$。

（1）分析电路的工作原理，并画出 V_I 和 V_O 的波形。

（2）计算电路的振荡频率。

7.4.2　在图题 7.4.2 所示的环形振荡器电路中，试说明：

（1）电阻 R、R_S，电容 C 和门 G_4 各起什么作用？

（2）为降低电路的振荡频率可以调节哪些参数？是增大还是减小？

（3）若 $R=200\ \Omega$，$C=0.47\ \mu\text{F}$，求电路的振荡频率为多少？

（4）试画出 V_I、V_{O1}、V_{O2}、V_A、V_{O3} 和 V_O 的波形。

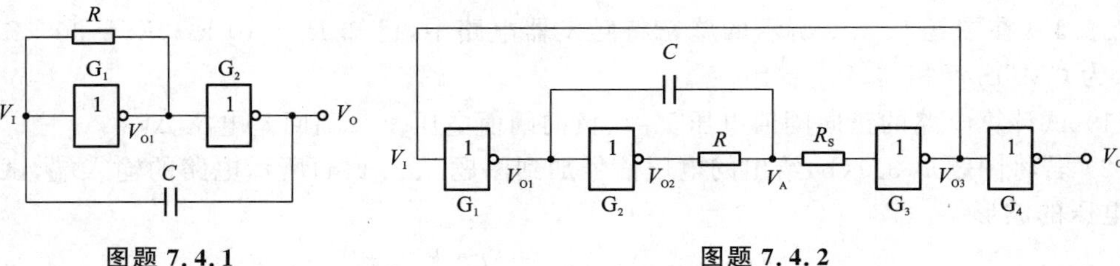

图题 7.4.1　　　　图题 7.4.2

7.4.3　由集成施密特触发器组成的脉冲占空比可调的多谐振荡器如图题 7.4.3 所示。设电路中 R_1、R_2、C 及 V_{CC}、V_{T+}、V_{T-} 的值已知。

（1）试画出 V_C 及 V_O 的波形。

（2）写出输出脉冲宽度 t_{PH}、t_{PL} 的表达式。

（3）写出输出脉冲频率 f 的表达式。

(4) 写出输出脉冲占空比 q 的表达式。

7.4.4 (苏州大学 2010 年考研题)利用集成施密特触发器组成如图题 7.4.4(a)所示的电路,图题 7.4.4(b)为施密特触发器的电压传输特性曲线。试问:

(1) 图题 7.4.4(a)是什么电路,分析其工作原理;

(2) 画出 V_I 和 V_O 的电压波形;

(3) 已知 $R=100\ \text{k}\Omega$, $C=0.01\ \mu\text{F}$,设输出的高、低电平分别为 $V_{OH}=3.6\ \text{V}$、$V_{OL}=0.1\ \text{V}$,试求 V_O 的振荡周期 T。

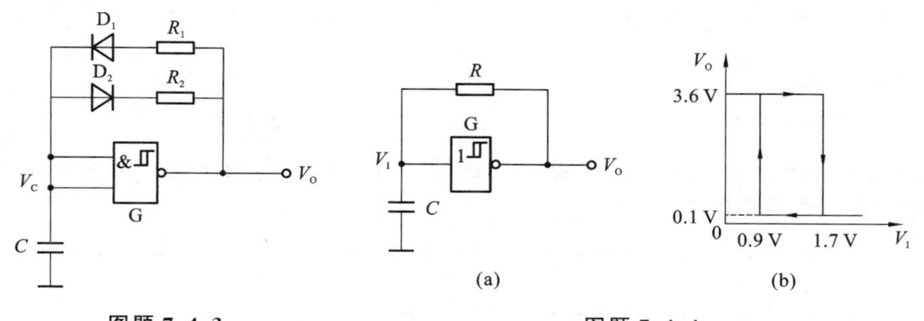

图题 7.4.3　　图题 7.4.4

7.5 555 定时器

7.5.1 图题 7.5.1 为一个由 555 定时器构成的单稳态触发器,已知 $V_{CC}=5\ \text{V}$, $R=30\ \text{k}\Omega$, $C=0.1\ \mu\text{F}$,求输出脉冲的宽度 t_w,并画出 V_I、V_C 和 V_O 的波形。

7.5.2 图题 7.5.2 是一个简易触摸开关电路,当手触摸金属片时,发光二极管 LED 点亮,经过一定时间后,LED 熄灭,试分析其工作原理。若图中 $R=100\ \text{k}\Omega$, $C=50\ \mu\text{F}$,求 LED 点亮的时间。

7.5.3 用 555 定时器接成的施密特触发器电路如图题 7.5.3 所示,试求:

(1) 当 $V_{CC}=12\ \text{V}$,而且没有外接控制电压时,V_{T+}、V_{T-} 及 ΔV_T 的值;

(2) 当 $V_{CC}=9\ \text{V}$,外接控制电压 $V_{CO}=5\ \text{V}$ 时,V_{T+}、V_{T-}、ΔV_T 各为多少。

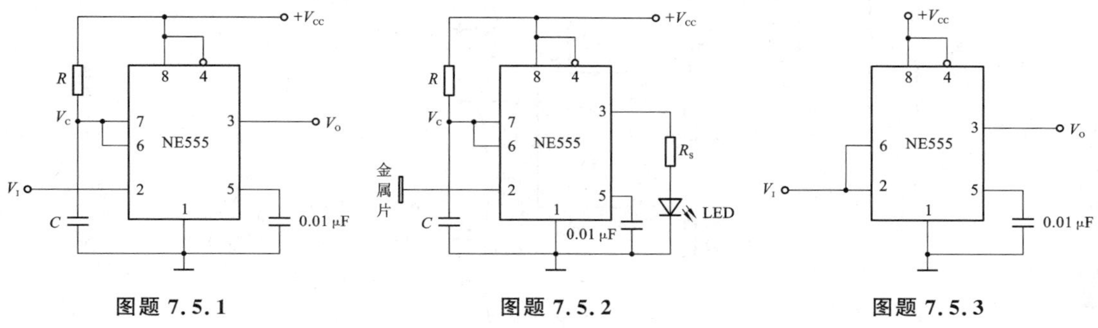

图题 7.5.1　　图题 7.5.2　　图题 7.5.3

7.5.4 图题 7.5.4 为用 555 定时器构成的多谐振荡器,其主要参数如下:$V_{CC}=5\ \text{V}$, $R_1=10\ \text{k}\Omega$, $R_2=100\ \text{k}\Omega$, $C=0.47\ \mu\text{F}$。试求:

(1) 输出脉冲的振荡周期 T;

(2) 输出脉冲的振荡频率 f;

(3) 输出脉冲的占空比 q;

(4) 画出 V_C 和 V_O 的波形图。

7.5.5 图题 7.5.5 为一个由 555 定时器构成的占空比可调的振荡器,试分析其工作原理。若要求占空比为 50%,应如何选择电路中的有关元件参数?该振荡器频率如何计算?

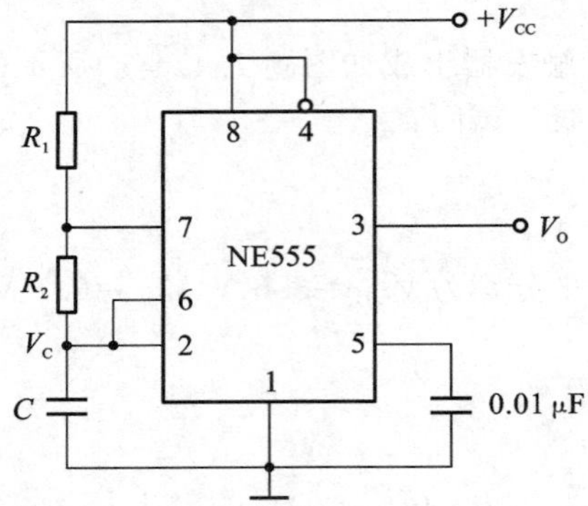

图题 7.5.4

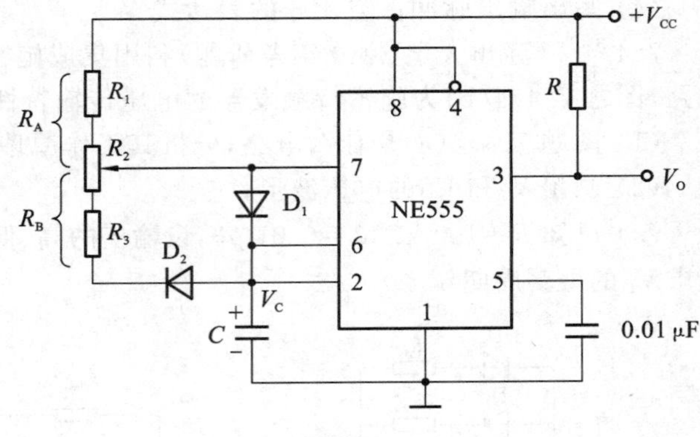

图题 7.5.5

7.5.6　分析图题 7.5.6 所示电路的组成及工作原理。若要求扬声器在开关 S 按下后以 1.2 kHz 的频率持续响 10 s，则电路中 R_1、R_2 的阻值为多少？

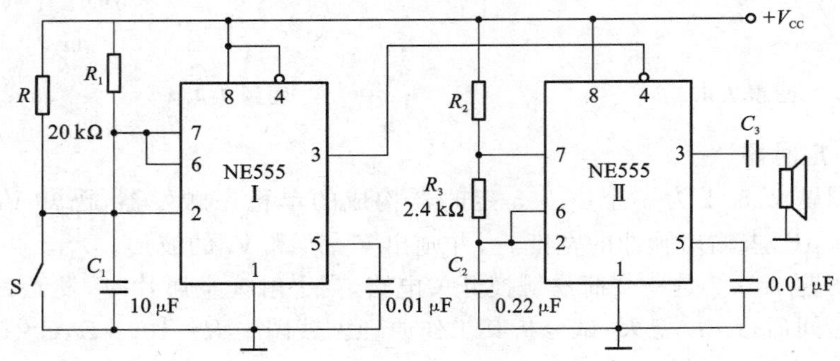

图题 7.5.6

7.5.7　分析图题 7.5.7 所示 555 定时器光电隔离式安全保护电路的工作原理。

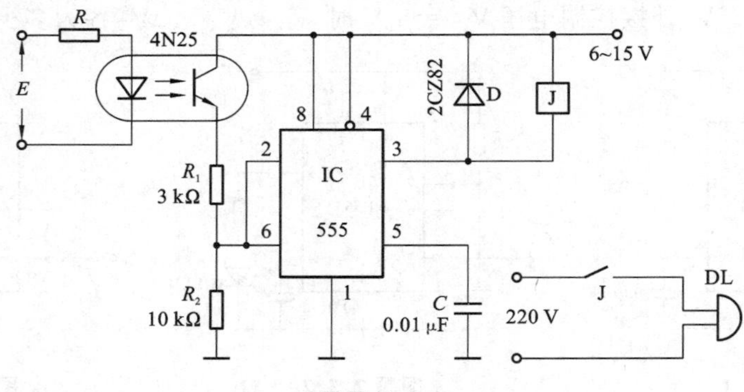

图题 7.5.7

7.5.8　分析图题 7.5.8 所示 555 定时换气扇自动控制电路，分析电路中两个 555 定时器各是哪一种基本连接形式？各有什么功能？

7.5.9　图题 7.5.9(a)所示为心律失常报警电路，经放大后的心电信号 V_I 如图题 7.5.9(b)所示，V_I 的幅值 $V_{Im}=4$ V。

(1) 对应 V_I 分别画出图中 A、B、E 三点的波形；

(2) 说明电路的组成及工作原理。

7.5.10　图题 7.5.10 是用两个 555 定时器接成的延时报警器。当开关 S 断开后，经过一定的延时时间后扬声器开始发出声音。如果在延时时间内 S 重新闭合，扬声器不会发出

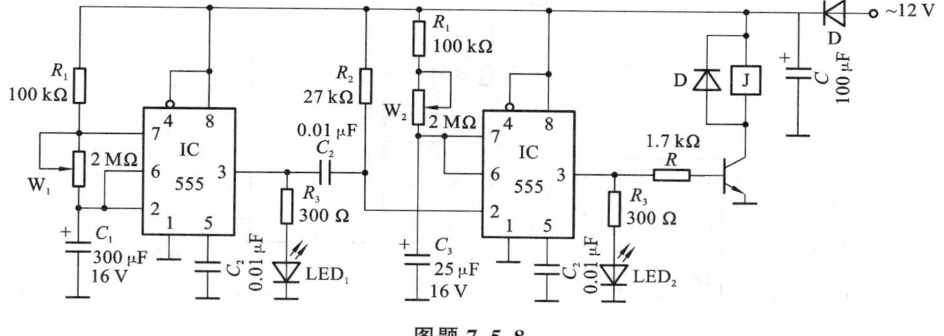

图题 7.5.8

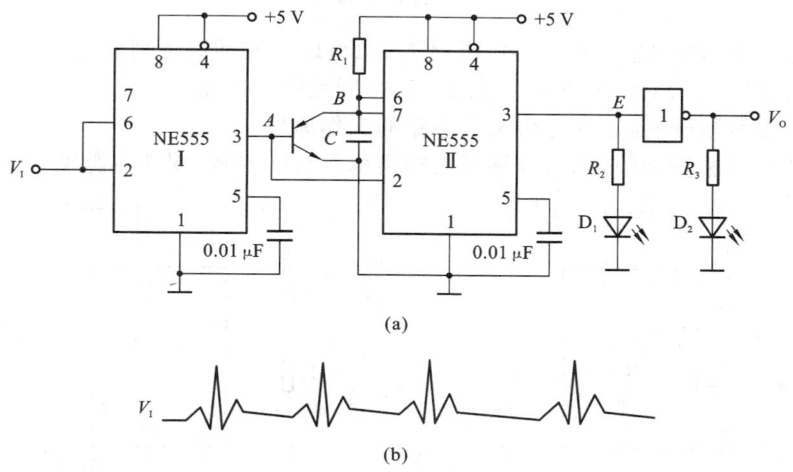

图题 7.5.9

声音。试分析其工作原理,并计算延时时间的具体数值和扬声器发出声音的频率。图中的 G_1 为 CMOS 反相器。

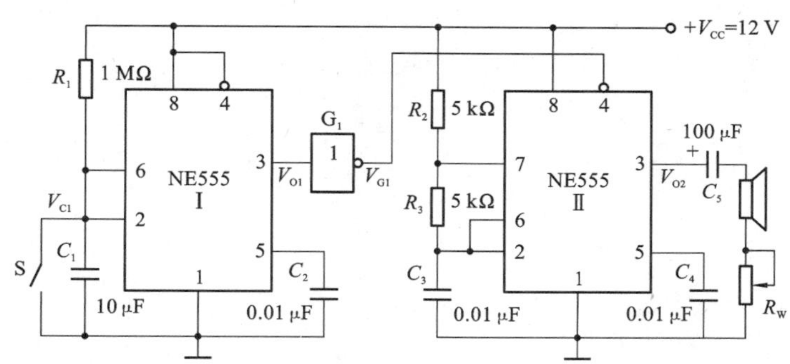

图题 7.5.10

7.5.11　由主从 JK 触发器和 555 定时器组成的电路如图题 7.5.11 所示,已知 CP 为 10 Hz 方波,$R_1=10\ \text{k}\Omega$,$R_2=56\ \text{k}\Omega$,$C_1=1000\ \text{pF}$,$C_2=4.7\ \mu\text{F}$,触发器 Q 端及 555 输出端初态均为 0。

(1) 试画出 Q 端、V_I、V_O 相对于 CP 脉冲的波形;

(2) 试求 Q 端输出波形的周期。

7.5.12　(苏州大学 2011 年考研题)555 定时器电路结构如图题 7.5.12 所示。根据

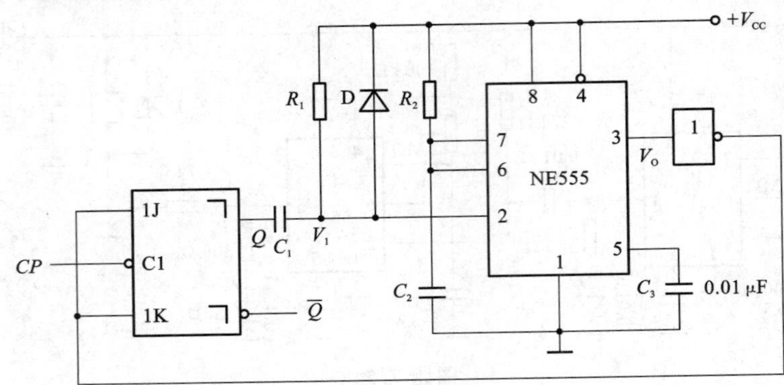

图题 7.5.11

555 定时器的功能，对图题 7.5.12(a)、图题 7.5.12(b)分别回答下列问题：

(1) 说明图题 7.5.12(a)、图题 7.5.12(b)分别是什么电路；

(2) 当开关 S 断开时，定性分析两个电路的工作原理；

(3) 当开关 S 断开和闭合时，分别写出输出脉冲时间参数(周期或脉宽)的近似公式。

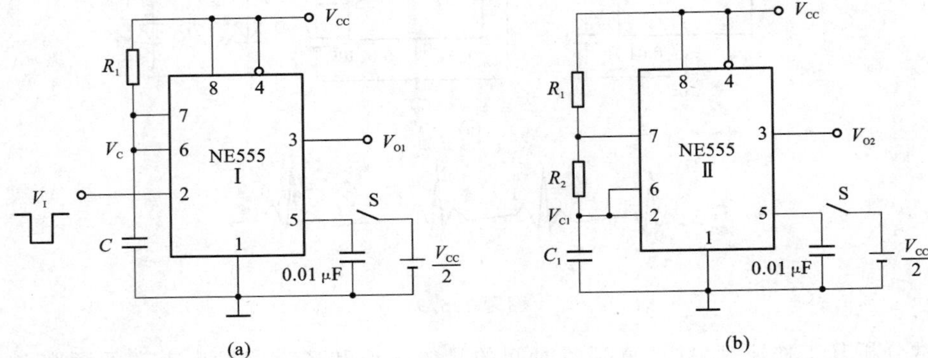

图题 7.5.12

第8章 数/模和模/数转换

主要教学内容

1. A/D 和 D/A 转换概述。
2. D/A 和 A/D 转换的基本原理。
3. 权电阻网络型、倒 T 形电阻网络型、权电流型 D/A 转换器的电路结构和工作原理。
4. 双极性 D/A 转换器的组成。
5. 并行比较型、逐次逼近型、双积分型 A/D 转换器的电路结构和工作原理。
6. D/A 和 A/D 转换器的主要技术指标。
7. 集成 D/A 和 A/D 转换器简介及其应用。

教学目的和要求

1. 了解典型数字控制系统的组成。
2. 理解 D/A 转换的基本原理。
3. 了解权电阻网络型、倒 T 形电阻网络型、权电流型等典型 D/A 转换器的电路结构、特点,掌握其工作原理及应用。
4. 理解双极性 D/A 转换器的原理及组成。
5. 理解 A/D 转换的基本原理。
6. 了解并行比较型、逐次逼近型、双积分型等典型 A/D 转换器的电路结构、特点,掌握其工作原理及应用。
7. 掌握 D/A 和 A/D 转换器的主要性能指标。

8.1 概述

随着数字电子技术、计算机技术的迅速发展,数字系统在现代控制、通信、检测及其他领域中得到了广泛的应用。但是数字系统只能对数字信号进行处理,而自然界中的物理量,如压力、温度、流量、液位等都是连续变化的模拟量。为了实现数字系统对这些模拟量的检测、运算和控制,需要模拟量与数字量之间的相互转换,即需要把模拟量转换为数字量,才能送入数字系统进行处理,处理后的数字量需要转换成模拟量才能应用。

从模拟量到数字量的转换称为模/数转换,完成这种转换的电路称为模/数(A/D)转换器,简称 ADC(analog-digital converter);从数字量到模拟量的转换称为数/模转换,完成这种转换的电路称为数/模(D/A)转换器,简称 DAC(digital-analog converter)。图 8-1-1 是一个典型的数字控制系统的组成框图,传感器的输入为自然界中的物理量,送入 ADC,ADC 将模拟信号转换为数字信号,这些数字信号经数字控制系统或计算机系统处理后,输出数字量结果,再通过 DAC 将该数字量转换为模拟量送入模拟控制器,以实现对模拟量的控制。

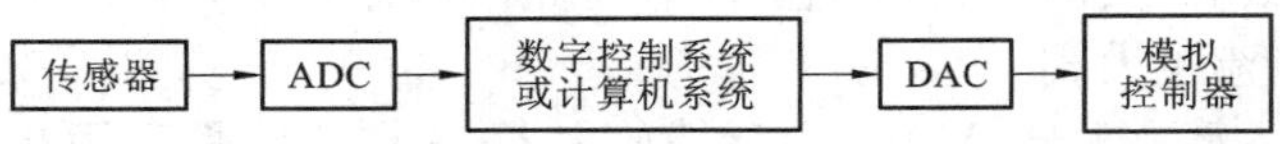

图 8-1-1 典型数字控制系统的组成框图

ADC 和 DAC 是沟通模拟电路与数字电路的桥梁，是数字系统中不可缺少的接口电路，本章主要介绍几种常用的 DAC 和 ADC 的电路结构、工作过程及性能指标等。

8.2 D/A 转换器

8.2.1 D/A 转换的基本原理

第 1 章讲过数制的概念，一个 n 位二进制数可表示为 $N_B = D_{n-1}D_{n-2}\cdots D_1D_0$，其最高位(most significant bit，简写为 MSB)到最低位(least significant bit，简写为 LSB)的权值依次为 $2^{n-1}, 2^{n-2}, \cdots, 2^1, 2^0$。要实现数/模转换，需将二进制数的每一位代码按权值转换成相应的模拟量，然后再将这些模拟量相加，这样便得到与数字量成正比的模拟量，如式(8-2-1)所示，这就是 D/A 转换的指导思想。

$$N_D = D_{n-1}\times 2^{n-1} + D_{n-2}\times 2^{n-2} + \cdots + D_1\times 2^1 + D_0\times 2^0 \tag{8-2-1}$$

D/A 转换的原理框图如图 8-2-1 所示，输入数字量 N_B 为 n 位二进制代码 $D_{n-1}D_{n-2}\cdots D_1D_0$，输出模拟量为电压 u_o(或电流 i_o)，则 D/A 转换的一般表达式为

$$u_o(\text{或 } i_o) = k\sum_{i=0}^{n-1} D_i \times 2^i \tag{8-2-2}$$

式中：k 为比例系数(转换系数)，是一个常数。

n 位 D/A 转换器的一般组成框图如图 8-2-2 所示，输入的 n 位数字量首先存放在数字寄存器中，数字寄存器并行输出的每一位驱动对应位上的电子开关将相应数位的值送入解码网络，解码网络分配各位的权，求和电路将各位的权值相加得到与输入数字量相对应的模拟量。

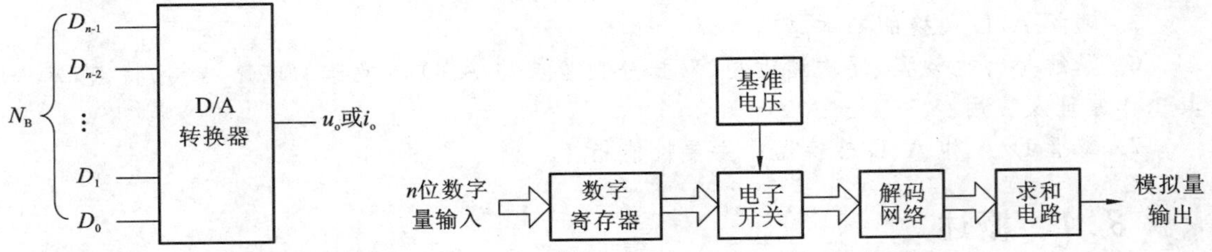

图 8-2-1 D/A 转换的原理框图

图 8-2-2 D/A 转换器的组成框图

按解码网络结构不同，D/A 转换器可分为权电阻网络型 DAC、T 形电阻网络型 DAC、倒 T 形电阻网络型 DAC、权电流型 DAC 等。

8.2.2 权电阻网络型 D/A 转换器

4 位权电阻网络型 D/A 转换器的电路如图 8-2-3 所示，由数字寄存器、电子开关、权电阻网络、求和电路、基准电压等组成。

在寄存指令作用下，将输入数字量 $D_3 \sim D_0$ 存入数字寄存器，数字寄存器输出数码分别控制电子开关 $S_3 \sim S_0$，当 $D_i = 1$ 时，S_i 接至基准电压 V_{REF}；当 $D_i = 0$ 时，S_i 接地。

对于 4 位二进制代码，需要 4 个电阻来构成权电阻网络，网络中各支路的电阻值必须按二进制位权大小成比例地减小，最高位 D_3 对应支路的电阻值最小，其值为 2^0R；最低位 D_0 对应支路的电阻值最大，其值为 2^3R。这样，各支路中电流按 $2^i(i=0,\cdots,3)$ 规律变化，位权值越高，支路中的电流越大。

求和电路中的运算放大器 A 接成负反馈放大器，工作于线性运用状态。根据线性运用条件下，运放虚短、虚断的特点，可以得到

$$u_o = -i_\Sigma R_f = -R_f(i_3 + i_2 + i_1 + i_0) \tag{8-2-3}$$

其中：$i_3=\dfrac{V_{REF}D_3}{R}$，$i_2=\dfrac{V_{REF}D_2}{2R}$，$i_1=\dfrac{V_{REF}D_1}{4R}$，$i_0=\dfrac{V_{REF}D_0}{8R}$，代入式(8-2-3)，得

$$u_o=-\frac{R_f V_{REF}}{2^3 R}(D_3\times 2^3+D_2\times 2^2+D_1\times 2^1+D_0\times 2^0)$$
$$=-\frac{R_f V_{REF}}{2^3 R}\sum_{i=0}^{3}D_i\times 2^i \qquad (8\text{-}2\text{-}4)$$

对于n位权电阻网络型D/A转换器，若取反馈电阻$R_f=R/2$，则输出电压的计算公式可写为

$$u_o=-\frac{V_{REF}}{2^n}\sum_{i=0}^{n-1}D_i\times 2^i \qquad (8\text{-}2\text{-}5)$$

结果表明，输出模拟电压与输入数字量成正比，实现了D/A转换功能。

权电阻网络型DAC的优点是电路结构简单，缺点是采用的电阻种类多且阻值相差较大，尤其在输入信号位数较多时，这个问题就会更加突出。例如，一个10位DAC，若最高位电阻为2 kΩ，则最低位电阻应为$2^9\times 2$ kΩ，在如此宽的范围内要保证各种阻值的精度以及相近的温度系数是十分困难的。

8.2.3 倒T形电阻网络型D/A转换器

在倒T形电阻网络型D/A转换器中，R-$2R$结构的电阻网络是最常见的一种。图8-2-4是4位倒T形电阻网络型D/A转换器的原理图，它由R-$2R$结构的倒T形电阻网络、模拟电子开关、利用运算放大器A组成的求和电路、基准电压V_{REF}等组成。

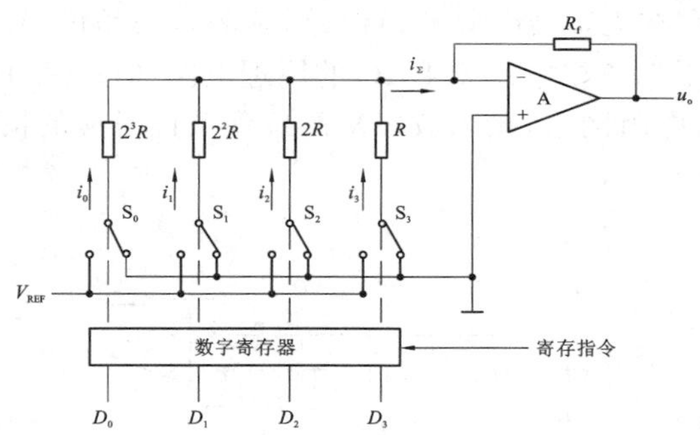

图8-2-3 权电阻网络型D/A转换器的电路

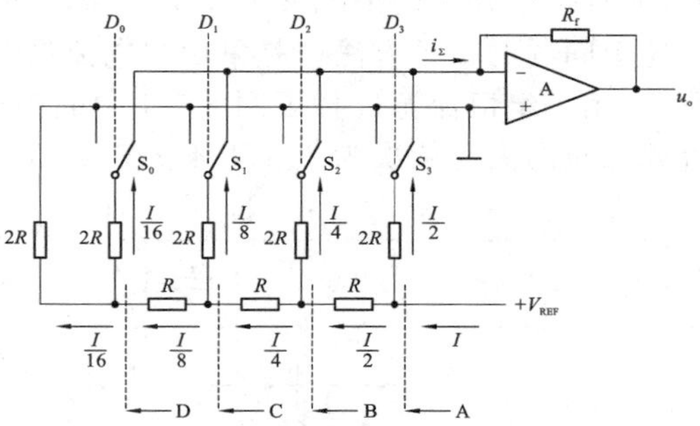

图8-2-4 倒T形电阻网络型D/A转换器

输入数字量$D_3\sim D_0$分别控制电子开关$S_3\sim S_0$，当$D_i=1$时，S_i接运算放大器反相端；当$D_i=0$时，S_i接地。

运算放大器A工作于线性运用状态，根据运算放大器虚短的特点，其反相端虚地，这样，无论电子开关S_i合到哪一边，与S_i相连的$2R$电阻都相当于接到了地电位上，流过每个支路上的电流与开关状态无关。所以，从A、B、C、D各端口向左看进去，其等效电阻均为R，因此从参考电源流入倒T形电阻网络的总电流为$I=V_{REF}/R$，各支路电流从右到左依次为$I/2$、$I/4$、$I/8$、$I/16$，每经过一级节点，支路电流衰减1/2。于是，可得输入运算放大器的总电流为

$$i_\Sigma=\frac{V_{REF}}{R}\left(\frac{D_0}{2^4}+\frac{D_1}{2^3}+\frac{D_2}{2^2}+\frac{D_3}{2^1}\right)=\frac{V_{REF}}{2^4\times R}\sum_{i=0}^{3}(D_i\times 2^i) \qquad (8\text{-}2\text{-}6)$$

根据工作于线性运用状态下运算放大器虚断的特点，得输出电压为

$$u_o=-i_\Sigma R_f=-\frac{R_f}{R}\cdot\frac{V_{REF}}{2^4}\sum_{i=0}^{3}(D_i\times 2^i) \qquad (8\text{-}2\text{-}7)$$

对于n位倒T形电阻网络型D/A转换器，若运算放大器反馈电阻$R_f=R$，则输出模拟电压的计算公式为

$$u_o = -\frac{V_{REF}}{2^n}\sum_{i=0}^{n-1}(D_i \times 2^i) \tag{8-2-8}$$

上式说明，输出模拟电压与输入数字量成正比，而且该式与权电阻网络型 DAC 输出电压的计算公式具有相同的形式。

倒 T 形电阻网络型 DAC 的电阻网络中只有 R 和 $2R$ 两种阻值的电阻，精度容易保证，易于集成电路的设计与制作，但 R 和 $2R$ 阻值要求的精度较高。另外，对于倒 T 形电阻网络型 DAC，电子开关在地与虚地之间转换，无论开关状态如何变化，各支路的电流始终不变，不需要电流建立时间，因此转换速度快，尖峰脉冲干扰较小，是用得最多的一种 DAC，如集成 D/A 转换器 AD7524(8 位)、AD7520(10 位)、DAC1210(12 位)、AK7546(16 位)等都是按该原理制造的。

集成 DAC 通常只将电阻网络、电子开关等集成到一块芯片上，多数芯片中不包含运算放大器，使用时需外接运算放大器，有时还要外接电阻。例如，AD 公司生产的 AD7533 是 10 位 CMOS 电流开关型 DAC，芯片内只含倒 T 形电阻网络、CMOS 电流开关和反馈电阻，组成 DAC 时，必须外接运算放大器，其反馈电阻可采用片内电阻或外加电阻，外接参考电压 V_{REF} 必须保证足够的稳定度。由 AD7533 组成的 D/A 转换电路如图 8-2-5 所示，图中虚线框内为 AD7533 的内部电路。

8.2.4 权电流型 D/A 转换器

权电阻网络型 DAC 和倒 T 形电阻网络型 DAC 中的模拟开关，存在导通电阻和导通压降，而且每个开关的情况又不完全相同，它们的存在无疑会引起转换误差，影响转换精度，解决这个问题的一种方法就是采用权电流型 DAC。4 位权电流型 DAC 的原理电路如图 8-2-6 所示，用一组恒流源代替了图 8-2-4 中的倒 T 形电阻网络，输入数码从高位到低位对应的恒流源电流的大小依次为 $I/2$、$I/4$、$I/8$、$I/16$。

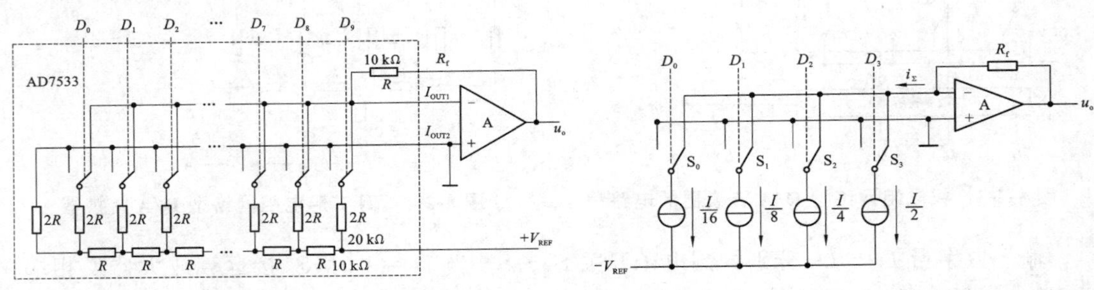

图 8-2-5　AD7533 组成的 D/A 转换电路　　图 8-2-6　权电流型 DAC 的原理电路

当 $D_i=1$ 时，开关 S_i 接运算放大器反相端；当 $D_i=0$ 时，开关 S_i 接地。分析该电路，得输出模拟电压为

$$\begin{aligned} u_o &= i_\Sigma R_f = R_f\left(\frac{I}{2}D_3+\frac{I}{4}D_2+\frac{I}{8}D_1+\frac{I}{16}D_0\right) \\ &= \frac{I}{2^4}R_f(D_3\times 2^3+D_2\times 2^2+D_1\times 2^1+D_0\times 2^0) \\ &= \frac{I}{2^4}R_f\sum_{i=0}^{3}D_i\times 2^i \end{aligned} \tag{8-2-9}$$

由于采用了恒流源，每个支路电流不再受开关导通电阻和压降的影响，可以降低对开关电路的要求，提高转换精度。恒流源电路经常使用的电路结构形式如图 8-2-7 所示，在电路工作时只要保证 V_B 和 V_{EE} 稳定不变，则三极管的集电极电流即可保持恒定，不受开关内阻的影响。三极管集电极电流近似为

$$I_i \approx \frac{V_B - V_{EE} - V_{BE}}{R_E}$$

在相同的 V_B 和 V_{EE} 下，为得到一组以 1/2 的规律递减的电流源，需要用到一组不同阻值的电阻，为减少电阻阻值的种类，在实际的权电流型 DAC 中经常利用倒 T 形电阻网络，如图 8-2-8 中点划线部分所示。

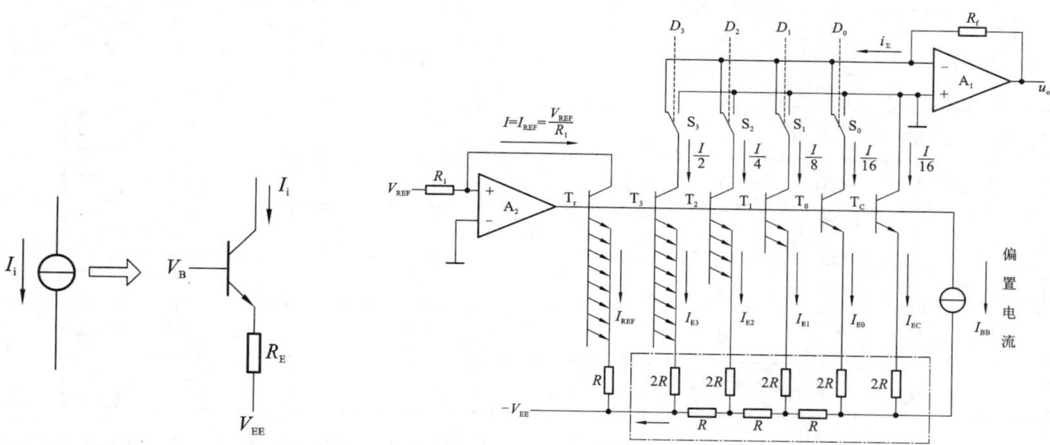

图 8-2-7　权电流型 DAC 中的恒流源　　**图 8-2-8　实际的权电流型 DAC 电路**

图 8-2-8 中，T_3、T_2、T_1、T_0 和 T_c 的基极连接在一起，只要这些三极管的发射结压降 V_{BE} 相等，则它们的发射极就处于相同的电位，就可以认为倒 T 形电阻网络中所有 $2R$ 电阻的上端都接到了同一电位，此时电路的工作状态与图 8-2-4 中倒 T 形电阻网络的工作状态一样，流过每个 $2R$ 电阻的电流自左至右依次减少 1/2，分别为 $I/2$、$I/4$、$I/8$、$I/16$。

为保证所有三极管的发射结电压相等，在发射极电流较大的三极管中按比例增加了发射结的面积，图中用增加发射极的数目来表示，$T_3 \sim T_0$ 发射极个数分别为 8、4、2、1，这样，在电流比值为 8∶4∶2∶1的情况下，$T_3 \sim T_0$ 的射极电流密度相等，它们的发射结电压也就相同。

运放 A_2、R_1、T_r、R 和 $-V_{EE}$ 组成基准电流发生电路。A_2 的输出端经 T_r 的集电结组成电压并联负反馈电路，以稳定其输出电压，即 T_r 的基极电压。基准电流 I_{REF} 由基准电压 V_{REF} 和电阻 R_1 决定。由于 T_r 和 T_3 发射极回路的电阻相差一倍，所以发射极电流也相差一倍，故有

$$I = I_{REF} = \frac{V_{REF}}{R_1} = 2I_{E3} \tag{8-2-10}$$

将式(8-2-10)带入式(8-2-9)，得

$$u_o = \frac{V_{REF} R_f}{2^4 R_1} \sum_{i=0}^{3} D_i \times 2^i \tag{8-2-11}$$

同理，对于 n 位权电流型 DAC，输出电压的计算公式为

$$u_o = \frac{V_{REF} R_f}{2^n R_1} \sum_{i=0}^{n-1} D_i \times 2^i \tag{8-2-12}$$

在权电流型 DAC 中，一般都采用高速电子开关，电路具有较高的转换速度。采用权电流型 D/A 转换电路生产的单片集成 DAC 有 DAC0806、DAC0807、DAC0808 等。

8.2.5　双极性 D/A 转换器

上述 DAC 均工作于单极性输出方式，数字输入量采用自然二进制码，二进制数的每一位都是数值位，输入的数字均为正数。根据不同电路结构或不同参考电压极性，输出模拟电压或者为 0 V～正满度值，或者为 0 V～负满度值。8 位 DAC 单极性输出时，输入数字量与

期望得到的模拟输出量之间的关系如表 8-2-1 所示。

表 8-2-1　8 位 DAC 单极性输出时的输入/输出关系

数字量								模拟量
MSB							LSB	
1	1	1	1	1	1	1	1	$\pm V_{REF}\left(\frac{255}{256}\right)$
⋮								⋮
1	0	0	0	0	0	0	1	$\pm V_{REF}\left(\frac{129}{256}\right)$
1	0	0	0	0	0	0	0	$\pm V_{REF}\left(\frac{128}{256}\right)$
0	1	1	1	1	1	1	1	$\pm V_{REF}\left(\frac{127}{256}\right)$
⋮								⋮
0	0	0	0	0	0	0	1	$\pm V_{REF}\left(\frac{1}{256}\right)$
0	0	0	0	0	0	0	0	$\pm V_{REF}\left(\frac{0}{256}\right)$

实际上，DAC 经常工作于双极性输出方式，输入的数字量有正有负，输出模拟电压也有正、负极性，范围为正满度值至负满度值。DAC 输入的双极性码一般表示为二进制补码形式，所以希望 DAC 能将以二进制补码形式输入的正、负数分别转换成正、负极性的模拟输出电压。现以输入为 8 位二进制补码为例，说明其转换原理，表 8-2-2 列出了 8 位二进制补码、偏移码与模拟量之间的对应关系。

表 8-2-2　常用双极性码及其对应关系

十进制数	二进制补码								偏移码								模拟量
	D_7	D_6	D_5	D_4	D_3	D_2	D_1	D_0	D_7	D_6	D_5	D_4	D_3	D_2	D_1	D_0	$\frac{u_o}{u_{LSB}}$
127	0	1	1	1	1	1	1	1	1	1	1	1	1	1	1	1	127
126	0	1	1	1	1	1	1	0	1	1	1	1	1	1	1	0	126
⋮	⋮								⋮								⋮
1	0	0	0	0	0	0	0	1	1	0	0	0	0	0	0	1	1
0	0	0	0	0	0	0	0	0	1	0	0	0	0	0	0	0	0
−1	1	1	1	1	1	1	1	1	0	1	1	1	1	1	1	1	−1
⋮	⋮								⋮								⋮
−127	1	0	0	0	0	0	0	1	0	0	0	0	0	0	0	1	−127
−128	1	0	0	0	0	0	0	0	0	0	0	0	0	0	0	0	−128

注：表中 $u_{LSB}=\frac{V_{REF}}{256}$。

偏移码容易实现，比较表 8-2-1 和表 8-2-2，可以看出 8 位二进制偏移码与自然二进制码形式相同，只是将自然二进制码对应的模拟量的零值偏移至 80H，偏移后的数中，大于 128 的原数是正数，小于 128 的原数是负数。因此，若将单极性 8 位 DAC 的输出电压减去偏移量 80H 所对应的模拟量 $\frac{V_{REF}}{2}$，就可得到极性正确的偏移二进制码对应的输出电压。

为求二进制补码对应的模拟输出电压，可以先将补码转换为偏移码，然后再将偏移码输入单极性 DAC 中即可。比较表 8-2-2 中二进制补码和偏移码的形式可以发现，只要将二进制补码加 80H(十进制 2^7)，并舍弃进位即可得其偏移码，二进制补码加 80H 可由高位取反得到。

由以上分析可总结出构成 8 位双极性 DAC 的一般方法，如图 8-2-9 所示，双极性 DAC 可在单极性 DAC 的基础上实现，图中虚线框内为一般单极性 DAC，输入 N_B 为二进制补码，将 N_B 最高位取反变为偏移码送入单极性 DAC，单极性 DAC 输出的模拟电压经运放 A_2 组成的偏移电路减去偏移量对应的模拟电压$\frac{V_{REF}}{2}$后，便可得到极性正确的输出电压 u_o，即

$$\begin{aligned} u_o &= -u_1 - \frac{1}{2}V_{REF} \\ &= -\left(-\frac{N_B+2^7}{2^8} - V_{REF}\right) - \frac{V_{REF}}{2} \\ &= V_{REF} \cdot \frac{N_B}{256} \end{aligned} \tag{8-2-13}$$

由上式得到的模拟输出电压 u_o 与输入二进制补码 N_B 之间满足表 8-2-2 所示的对应关系。

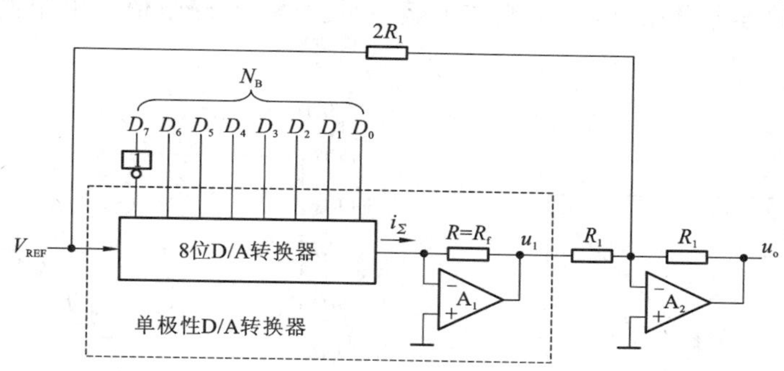

图 8-2-9　双极性 DAC 的构成

8.2.6　D/A 转换器的技术指标

1. 转换精度

在 DAC 中，通常用分辨率和转换误差来描述转换精度。

1) *分辨率*

分辨率用于表征 DAC 对输入微小量变化的敏感程度，定义为 DAC 模拟输出量可能被分离的等级数，n 位 DAC 最多有 2^n 个不同的模拟输出值，其分辨率即为 2^n。实际应用中，往往用输入数字量位数表示 DAC 的分辨率，即输入数字量为 n 位的 DAC，其分辨率为 n 位。

另外，也可以用 DAC 能够分辨出来的最小输出电压(输入数字量最低位为 1，其余位为 0 时所对应的模拟输出电压)与最大输出电压(输入数字量所有位为 1 时所对应的模拟输出电压)之比定义分辨率，即

$$分辨率=\frac{1}{2^n-1} \tag{8-2-14}$$

分辨率表示 DAC 在理论上所能达到的精度，无论分辨率采用何种定义，DAC 的分辨率仅取决于输入数字量的位数，输入数字量的位数越多，分辨率越高。

2) *转换误差*

转换误差是指对于给定的数字量，D/A 转换器的实际值与理论值之间的最大偏差。图 8-2-10 所示为 DAC 的转换特性曲线。图中虚线表示理想的 D/A 转换特性，它是连接坐标原点和满量程输出理论值的一条直线；图中实线表示实际可能的 D/A 转换特性。造成 DAC

转换误差的原因有参考电压波动、运算放大器的零点漂移、电路元件参数影响等，分别对应比例系数误差、失调误差、非线性误差。

(1) 比例系数误差：以 n 位倒 T 形电阻网络 DAC 为例，如果参考电压 V_{REF} 偏离标准值 ΔV_{REF}，就会在输出端产生误差 Δu_{o1}，由式(8-2-8)可知：

$$\Delta u_{o1} = -\frac{\Delta V_{REF}}{2^n}\sum_{i=0}^{n-1}(D_i \times 2^i) \tag{8-2-15}$$

这个结果表明，由 V_{REF} 的波动所引起的误差和输入数字量的大小成正比，因此将此误差称为比例系数误差。4 位 DAC 的比例系数误差如图 8-2-11 所示。

(2) 失调误差：该误差由运算放大器的零点漂移所引起，使输出电压的特性曲线发生平移(上移或下移)，4 位 DAC 的失调误差 Δu_{o2} 如图 8-2-12 所示。

(3) 非线性误差：这种误差没有一定的变化规律，引起非线性误差的原因有很多，如模拟电子开关的导通电阻和导通压降、电阻网络中电阻阻值的偏差以及三极管特性的不一致等，4 位 DAC 的非线性误差 Δu_{o3} 如图 8-2-13 所示。

因此，要提高 D/A 转换的精度，单纯依靠选用高分辨率的 D/A 转换器是不够的，还需要选用高稳定度的参考电压 V_{REF}、低漂移的运算放大器、精确阻值的电阻网络等与之配合，才能达到要求。

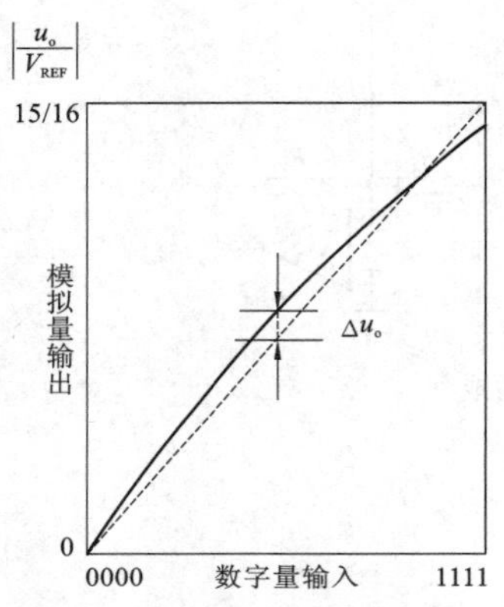

图 8-2-10　DAC 的转换特性曲线

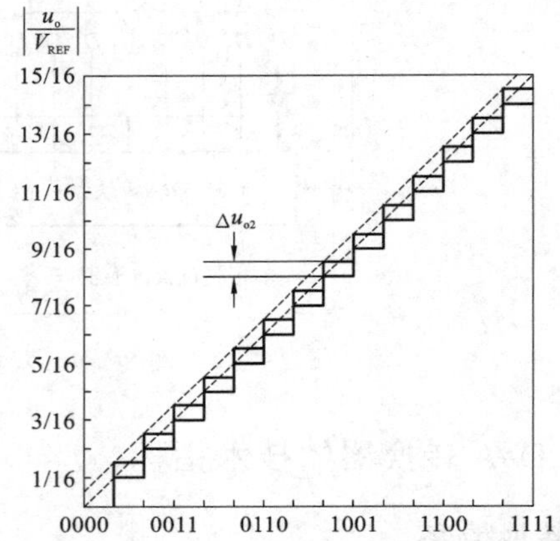

图 8-2-11　4 位 DAC 的比例系数误差

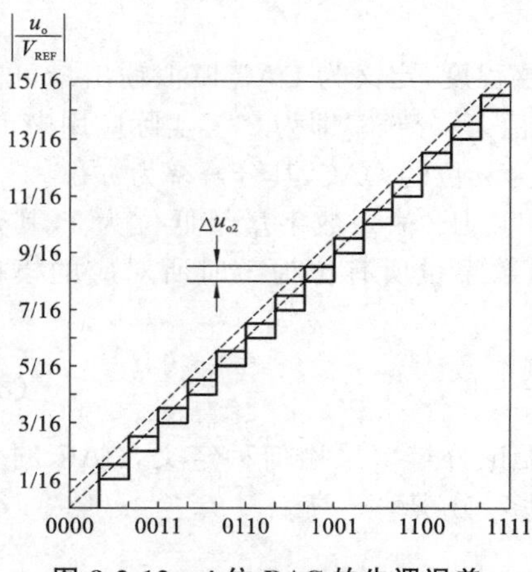

图 8-2-12　4 位 DAC 的失调误差

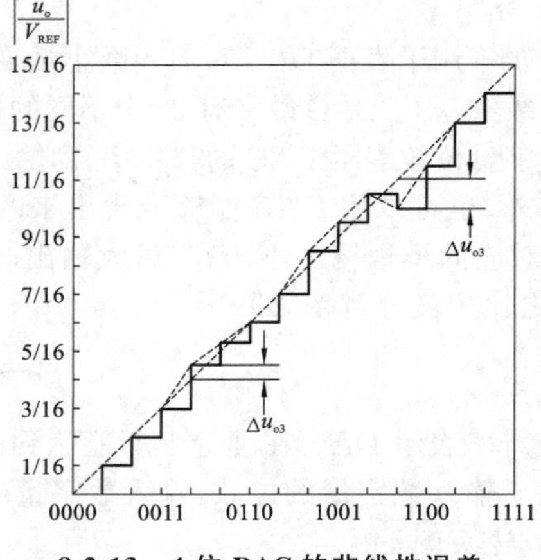

8-2-13　4 位 DAC 的非线性误差

2. 转换速度

当 DAC 输入的数字量发生变化时，输出的模拟量并不能立即达到所对应的值，要延迟一段时间。通常用建立时间来定量描述 DAC 的转换速度。

从输入数字量发生突变开始，直到输出电压进入与稳态值相差$\pm\frac{1}{2}$LSB 范围以内的这段时间称为建立时间。因为输入数字量的变化越大，建立时间越长，所以一般产品说明中给出的都是输入从全 0 跳变为全 1 时的建立时间。目前，不包含运算放大器的单片集成 DAC 的建立时间最短可达 0.1 μs，包含运算放大器的集成 DAC 的建立时间最短可达 1.5 μs。外加运算放大器组成完整的 DAC 时，为获得较快的转换速度，应选用转换速率较快的运放，以缩短运放的建立时间。

3. 温度系数

温度系数是指在输入不变的情况下，输出模拟电压随温度变化而产生的变化量。一般用满刻度输出条件下，温度每升高 1 ℃，输出电压变化的百分数来表示。

8.2.7 集成 D/A 转换器及其应用

目前常见的集成 DAC 有两大类：一类器件内部只包含电阻网络（或恒流源）和模拟开关；另一类器件内部还包含运算放大器和参考电压源的发生电路。使用前一类器件时必须外接参考电压 V_{REF} 和运算放大器。D/A 转换器不仅可以将数字量转换为模拟量，而且还可用于数字量对模拟信号的处理，下面以 AD7533 为例来说明 D/A 转换器的应用。

1. 集成 AD7533 简介

AD7533 是 10 位 CMOS 电流开关型 DAC，供电电压可在 +5 V～+15 V 之间选择，最大功耗约为 30 mW，建立时间可达 150 ns。8.2.3 节已经介绍了其内部结构，片内只含倒 T 形电阻网络、CMOS 电流开关和反馈电阻，组成 DAC 时，必须外接运算放大器。AD7533 的管脚示意图如图 8-2-14 所示，各管脚功能如下。

D_0～D_9：数字量输入端。

I_{OUT1}、I_{OUT2}：倒 T 形电阻网络的电流输出端。

V_{REF}：参考电压输入端。

R_f：反馈电阻端。

V_{CC}、GND：供电电源输入端和接地端。

2. 数字式可编程增益控制器

数字式可编程控制器如图 8-2-15 所示，AD7533 与运算放大器 A 接成反比例放大电路，AD7533 内部的反馈电阻 R 作为反比例放大电路的输入电阻，由数字量控制的倒 T 形电阻网络作为放大电路反馈电阻。根据线性运用状态下运放虚地的特点，得

$$\frac{u_I}{R}=-i_{\Sigma}=-\frac{V_{REF}}{2^{10}R}\sum_{i=0}^{9}(D_i\times 2^i)=-\frac{u_o}{2^{10}R}\sum_{i=0}^{9}(D_i\times 2^i) \tag{8-2-16}$$

所以，反比例放大电路的增益 A_V 为

$$A_V=\frac{u_o}{u_I}=\frac{-2^{10}}{\sum_{i=0}^{9}(D_i\times 2^i)} \tag{8-2-17}$$

可见，调整输入的数字量即可调整电路的增益，从而实现了数字式可编程增益控制的功能。

3. 阶梯波产生电路

由 AD7533、运算放大器 A 和计数器 74LVC163 可组成波形产生电路，如图 8-2-16(a)所示。74LVC163 是 4 位二进制加法计数器，具有同步清零和同步置数功能，低电平有效。74LVC163 和与非门用同步反馈清零法构成模 10 计数器，计数状态为 0000～1001。将计数器的计数状态送入 AD7533，AD7533 与运算放大器 A 接成 D/A 转换电路，即可将计数器的数字量输出分别转换为相应的模拟电压输出。输出电压 u_o 的工作波形如图 8-2-16(b)所

示，该波形是具有 10 个阶梯的阶梯波。若改变计数器的模，则波形的阶梯数将随之变化。

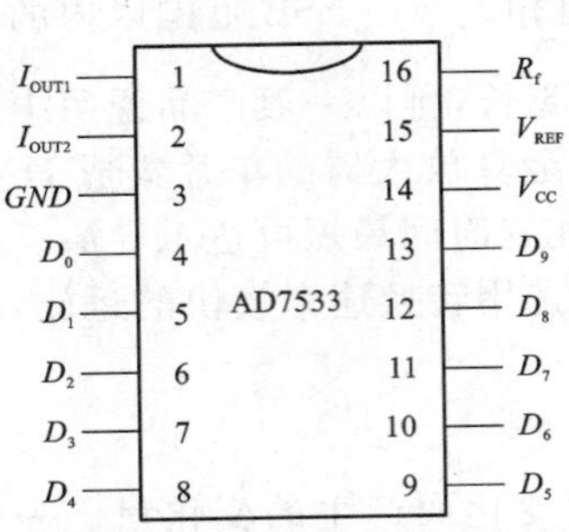

图 8-2-14　AD7533 管脚示意图

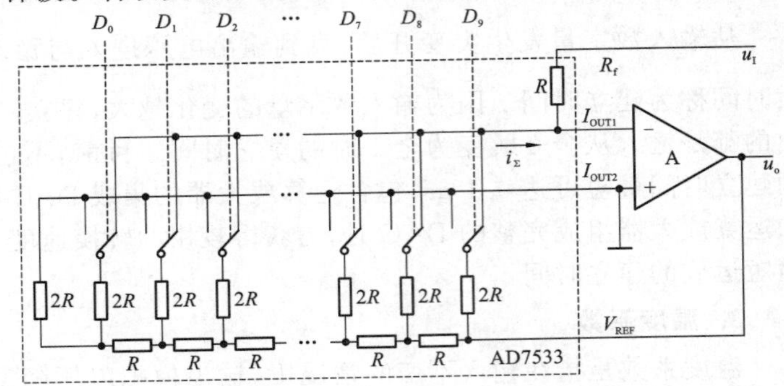

图 8-2-15　数字式可编程控制器

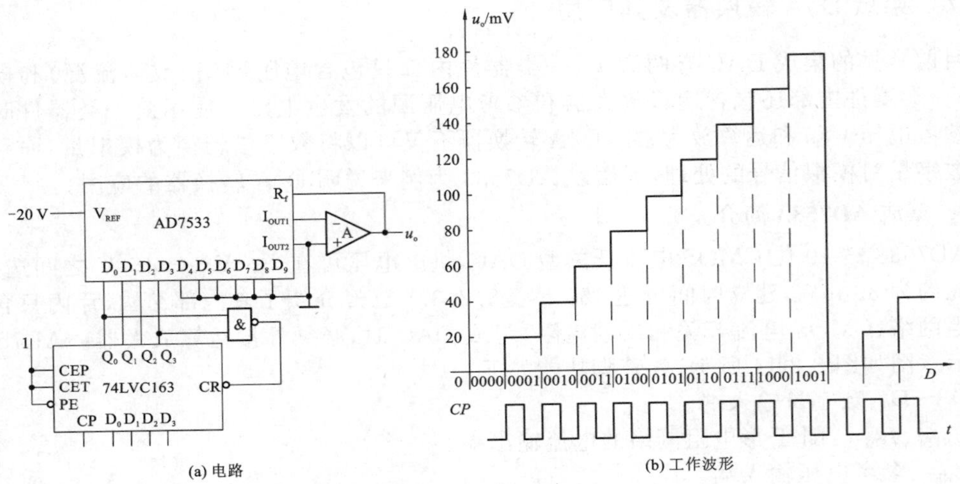

图 8-2-16　阶梯波产生电路

8.3　A/D 转换器

8.3.1　A/D 转换的基本原理

A/D 转换器是将时间和幅值都连续的模拟量转换为时间和幅值都离散的数字量的转换器。实现 A/D 转换，首先需要在一系列选定的瞬间，对输入模拟信号取样，将其变为在时间上离散的信号，取样后要保持一段时间，在此时间内，将取样信号量化为数字量，即变为时间和幅值均离散的信号，然后，按一定的编码方式给出结果。所以 A/D 转换一般要经过 4 个过程：取样、保持、量化、编码。实际电路中，取样和保持、量化和编码往往同时进行。

1. 取样和保持

取样电路可以将输入模拟量转换为时间上离散的信号，如图 8-3-1(a)所示，$u_I(t)$是输入模拟信号，$u'(t)$是输出取样信号，取样脉冲 $S(t)$控制传输门 TG。图 8-3-1(c)中，T_s 是取样脉冲周期，T_w 是取样脉冲持续时间，$T_s - T_w$ 是保持时间。在 T_w 时间内，$S(t)$使开关接通，输出取样信号 $u'(t)=u_I(t)$；在 $T_s - T_w$ 时间内，$S(t)$使开关断开，$u'(t)=0$。电路工作波形如图 8-3-1(c)所示。

将取样信号转换为幅值离散的数字信号需要一定的时间，为了给该阶段的量化和编码电路提供一个稳定值，取样信号必须保持一定的时间。一般取样与保持过程是同时完成的，可以利用图 8-3-1(b)所示的取样-保持电路对输入信号进行取样、保持。当 $S(t)$为高电平时(T_w 期

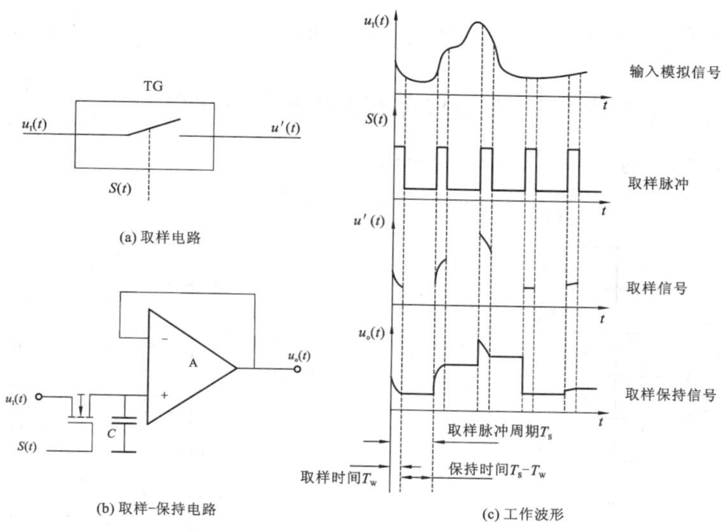

图 8-3-1 取样-保持工作过程

间)，场效应管导通，电容 C 的充电时间常数远远小于 T_w，所以 C 上的电压跟随输入信号 $u_I(t)$ 变换，而运算放大器 A 接成电压跟随器，所以 $u_o(t)=u_I(t)$；当 $S(t)$ 为低电平时(T_s-T_w 期间)，场效应管关断，由于电压跟随器的输入阻抗很高，存储在 C 中的电荷很难泄漏，使 C 上的电压保持不变，从而使 $u_o(t)$ 保持取样结束时的瞬时值，$u_o(t)$ 的波形如图 8-3-1(c)所示。

由图 8-3-1(c)可见，取样脉冲的频率越高，取样-保持信号的波形越接近于输入信号的波形。为了使有限个取样值能够更好地代表输入模拟信号，对取样频率有一定的要求。取样定理指出：当取样频率 $f_s(1/T_s)$ 不小于输入模拟信号频谱中最高频率 f_{max} 的 2 倍，即 $f_s \geqslant 2f_{max}$ 时，取样信号 $u_o(t)$ 才能正确地反映输入信号。一般取 $f_s \geqslant (2.5-3)f_{max}$，例如，如果语音信号的 $f_{max}=3.5$ kHz，一般取 $f_s=8$ kHz。

2. 量化和编码

模拟信号经过取样、保持而得到的取样信号，在时间上是离散的，但在幅值上仍然是连续的。而数字量在数值上也是离散的，任何数字量都是某个最小数量单位的整数倍，这个最小数量单位称为量化单位，用 Δ 表示，是指数字量最低有效位 1 所对应的模拟量，即 1LSB。因此，需要将上述取样信号 $u_o(t)$ 按某种近似方式转换为量化单位的整数倍，这个过程称为量化。将量化的结果转化为相应的代码，如二进制码、BCD 码等，称为编码。经编码输出的代码就是 ADC 的转换结果。

由于模拟电压是连续的，取样信号的值不一定都能被 Δ 整除，所以量化过程中不可避免地存在误差，称为量化误差，用 ε 表示。量化误差属于原理误差，是无法消除的。ADC 的位数越多，各离散电平之间的差值越小，量化误差越小。

量化的方法一般有舍尾取整法和四舍五入法两种。舍尾取整法为：将不足一个量化单位的部分舍弃，将等于或大于一个量化单位的部分按一个量化单位处理。四舍五入法为：将不足半个量化单位的部分舍弃，将等于或大于半个量化单位的部分按一个量化单位处理。

例如，要对模拟电压 0～1 V 进行量化编码，将其转换成 3 位二进制代码，如图 8-3-2 所示。若采用舍尾取整法，取 $\Delta=\frac{1}{8}$ V，凡数值在 $0\sim\frac{1}{8}$ V 之间的模拟量，都当作 0Δ，编码为 000；凡数值在$\frac{1}{8}\sim\frac{2}{8}$ V 之间的模拟量，都当作 1Δ，编码为 001；等等。若采用四舍五入法，取 $\Delta=\frac{2}{15}$ V，凡数值在 $0\sim\frac{1}{15}$V$\left(0\sim\frac{1}{2}\Delta\right)$之间的模拟量，都当作 0$\Delta$，编码为 000；凡数值在

$\frac{1}{15}\sim\frac{3}{15}$ V$\left(\frac{1}{2}\Delta\sim\frac{3}{2}\Delta\right)$之间的模拟量，都当作 1Δ，编码为 001；等等。不难看出，舍尾取整法最大量化误差$|\varepsilon_{max}|=1\text{LSB}=\frac{1}{8}$ V，而四舍五入法最大量化误差$|\varepsilon_{max}|=\frac{\text{LSB}}{2}=\frac{1}{15}$ V，由于后者量化误差小，所以为大多数 ADC 所采用。

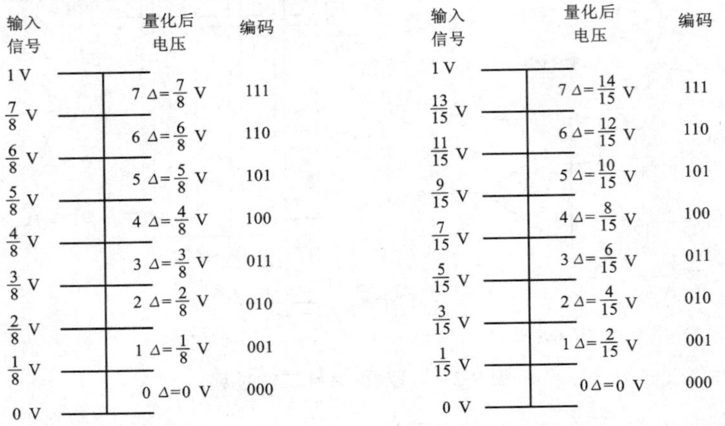

输入信号	量化后电压	编码
1 V		
	$7\Delta=\frac{7}{8}$ V	111
$\frac{7}{8}$ V		
	$6\Delta=\frac{6}{8}$ V	110
$\frac{6}{8}$ V		
	$5\Delta=\frac{5}{8}$ V	101
$\frac{5}{8}$ V		
	$4\Delta=\frac{4}{8}$ V	100
$\frac{4}{8}$ V		
	$3\Delta=\frac{3}{8}$ V	011
$\frac{3}{8}$ V		
	$2\Delta=\frac{2}{8}$ V	010
$\frac{2}{8}$ V		
	$1\Delta=\frac{1}{8}$ V	001
$\frac{1}{8}$ V		
	$0\Delta=0$ V	000
0 V		

(a) 舍尾取整法

输入信号	量化后电压	编码
1 V		
	$7\Delta=\frac{14}{15}$ V	111
$\frac{13}{15}$ V		
	$6\Delta=\frac{12}{15}$ V	110
$\frac{11}{15}$ V		
	$5\Delta=\frac{10}{15}$ V	101
$\frac{9}{15}$ V		
	$4\Delta=\frac{8}{15}$ V	100
$\frac{7}{15}$ V		
	$3\Delta=\frac{6}{15}$ V	011
$\frac{5}{15}$ V		
	$2\Delta=\frac{4}{15}$ V	010
$\frac{3}{15}$ V		
	$1\Delta=\frac{2}{15}$ V	001
$\frac{1}{15}$ V		
	$0\Delta=0$ V	000
0 V		

(b) 四舍五入法

图 8-3-2　划分量化电平的方法

A/D 转换器按工作原理不同可分为直接 A/D 转换器和间接 A/D 转换器。直接 A/D 转换器将模拟信号直接转换为数字信号，具有较快的转换速度，典型电路有并行比较型 ADC 和逐次逼近型 ADC；间接 A/D 转换器则是先将模拟信号转换成某一中间量(时间或频率)，再将中间量转换为数字量，速度较慢，典型电路有双积分型 ADC、电压频率转换型 ADC。

8.3.2　并行比较型 A/D 转换器

图 8-3-3 所示为 3 位并行比较型 A/D 转换电路，它由电阻分压器、比较器、寄存器及编码器组成。输入电压 u_I 范围为 $0\sim V_{REF}$，输出为 3 位二进制码 $D_2D_1D_0$。

电阻分压器用电阻链将参考电压 V_{REF} 分压，得到$\frac{V_{REF}}{15}$，$\frac{3V_{REF}}{15}$，…，$\frac{13V_{REF}}{15}$等 7 个量化电平，量化单位为$\Delta=\frac{2V_{REF}}{15}$。将这 7 个量化电平分别接到电压比较器 $C_7\sim C_1$ 的反向输入端，电压比较器同相输入端接输入电压 u_I。u_I 的大小决定各比较器的输出，例如，当 $0\leqslant u_I<\frac{V_{REF}}{15}$时，$C_7\sim C_1$ 输出全为 0，当$\frac{V_{REF}}{15}\leqslant u_I<\frac{3V_{REF}}{15}$时，只有 C_7 输出高电平，其余各比较器输出为 0。依次类推，便可列出 u_I 为不同电压时比较器的输出状态，如表 8-3-1 所示。

由于比较器的延迟时间可能有差异，所以利用缓冲寄存器来寄存比较结果，供编码使用，缓冲寄存器由 7 个 D 触发器构成。编码器将缓冲寄存器输出的 7 位信号转换成相应的二进制代码，得到输出数字量。

在并行比较型 ADC 中，输入电压 u_I 同时加到所有比较器的输入端，如果不考虑各器件的延迟，可认为 3 位数字量是与 u_I 输入时刻同时获得的，所以具有最短的转换时间，目前，8 位并行比较型 ADC 的转换时间可以达到 50 ns 以下，这是其他类型 ADC 无法做到的。但是，随着分辨率的提高，元件数目几乎按几何级数增加，一个 n 位 ADC，需要用 2^n-1 个比较器和触发器，位数越多，电路越复杂，因此，使用这种方案制作分辨率较高的集成 ADC 比较困难。这类 ADC 适用于要求高速度、低精度的场合。

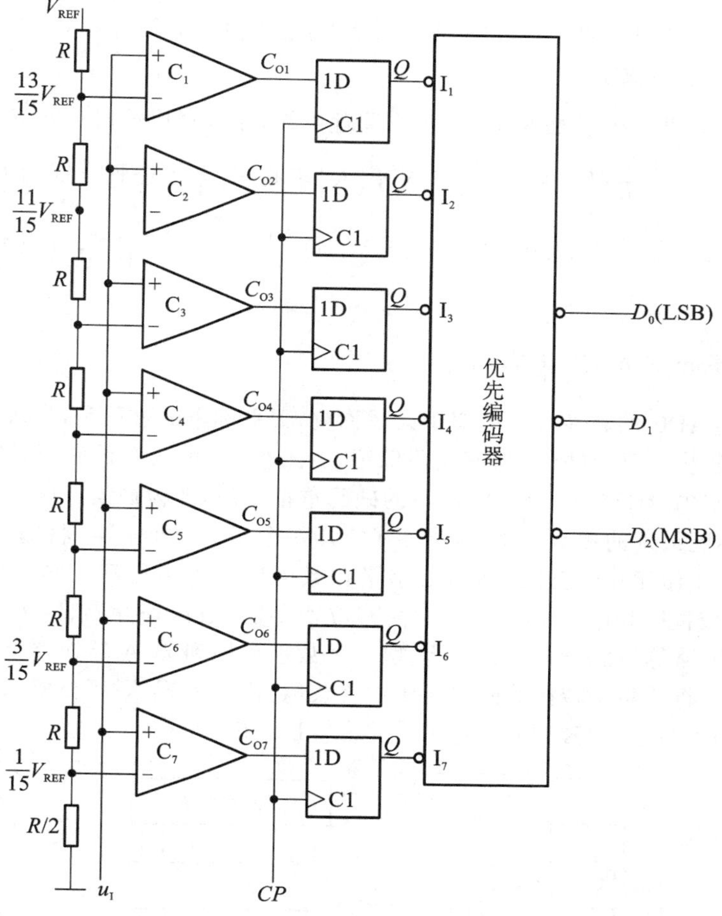

图 8-3-3 并行比较型 A/D 转换电路

表 8-3-1 3 位并行比较型 ADC 输入/输出关系对照表

模拟输入	比较器输出状态							数字输出		
	C_{O1}	C_{O2}	C_{O3}	C_{O4}	C_{O5}	C_{O6}	C_{O7}	D_2	D_1	D_0
$0\leqslant u_I<\frac{V_{REF}}{15}$	0	0	0	0	0	0	0	0	0	0
$\frac{V_{REF}}{15}\leqslant u_I<\frac{3V_{REF}}{15}$	0	0	0	0	0	0	1	0	0	1
$\frac{3V_{REF}}{15}\leqslant u_I<\frac{5V_{REF}}{15}$	0	0	0	0	0	1	1	0	1	0
$\frac{5V_{REF}}{15}\leqslant u_I<\frac{7V_{REF}}{15}$	0	0	0	0	1	1	1	0	1	1
$\frac{7V_{REF}}{15}\leqslant u_I<\frac{9V_{REF}}{15}$	0	0	0	1	1	1	1	1	0	0
$\frac{9V_{REF}}{15}\leqslant u_I<\frac{11V_{REF}}{15}$	0	0	1	1	1	1	1	1	0	1
$\frac{11V_{REF}}{15}\leqslant u_I<\frac{13V_{REF}}{15}$	0	1	1	1	1	1	1	1	1	0
$\frac{13V_{REF}}{15}\leqslant u_I<V_{REF}$	1	1	1	1	1	1	1	1	1	1

例 8.3.1 在图 8-3-3 中，已知 $V_{REF}=7$ V，输入模拟电压 $u_I=3.8$ V，试确定 3 位并行比较型 ADC 的输出数字量。

解 根据并行比较型 ADC 工作原理可知，输入到比较器 $C_7\sim C_1$ 的量化电平分别为 $\frac{V_{REF}}{15}$，$\frac{3V_{REF}}{15}$，…，$\frac{13V_{REF}}{15}$，将 $V_{REF}=7$ V 代入，求得各量化电平分别为 0.5 V、1.4 V、2.3 V、3.3 V、4.2 V、5.1 V、6.0 V，$u_I=3.8$ V，即 $\frac{7V_{REF}}{15}\leqslant u_I<\frac{9V_{REF}}{15}$，对照表 8-3-1，得输出数字量为 100。

8.3.3 逐次逼近型 A/D 转换器

逐次逼近型 ADC 的转换过程类似于天平称重，天平称重的过程是，先放最重的砝码，与被称物重比较，若物体重于砝码，则该砝码保留，否则移去；再放次重砝码，与物重比较……依次进行，直到砝码等于物重，将所有留下的砝码重量相加，即为物重。逐次逼近型 ADC 所使用的砝码是不同级别的参考电压，这些参考电压一个比一个小一半，将输入模拟信号与不同级别的参考电压做比较，使转换所得数字量在数值上逐次逼近模拟输入量。8 位逐次逼近型 ADC 的组成框图如图 8-3-4 所示，它由移位寄存器、数据寄存器、D/A 转换器、电压比较器、控制逻辑电路等组成。工作过程为：取一个数字量加到 D/A 转换器上，得到一个对应的模拟输出电压，将其与待转换的模拟电压相比较，若两者不等，则调整所取的数字量，直到两个模拟电压相等为止，此时所取的数字量即为转换结果。

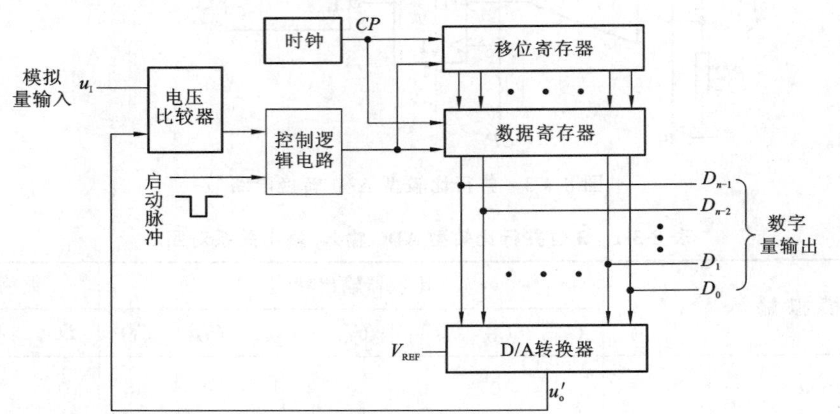

图 8-3-4 8 位逐次逼近型 ADC 的组成框图

下面以一个例子来详细说明其工作过程。设输入模拟电压 $u_I=6.84$ V，D/A 转换器的参考电压 $V_{REF}=-10$ V，工作过程如下。

(1) 数据寄存器清零。

(2) 启动脉冲低电平来到后开始转换，第一个 CP 将移位寄存器最高位置 1，即 10000000，该数字经数据寄存器送入 D/A 转换器，D/A 转换器输出电压 $u'_o=\frac{V_{REF}}{2}=5$ V，u_I 与 u'_o 比较，若 $u_I>u'_o$，则电压比较器输出 1，若 $u_I<u'_o$，则电压比较器输出 0，此结果存放于数据寄存器的 D_7 位。该例中，$u_I>u'_o$，所以 D_7 存 1。

(3) 第二个 CP 将移位寄存器次高位置 1，即 01000000，由于数据寄存器 D_7 已寄存 1，所以此时数据寄存器输出 11000000 给 D/A 转换器，D/A 转换器输出 $u'_o=\frac{3V_{REF}}{4}=7.5$ V，

$u_I < u_o'$，所以电压比较器输出为 0，此结果存放于数据寄存器的 D_6 位。

(4) 第三个 CP 将移位寄存器置为 00100000，由于数据寄存器 D_7、D_6 已经分别寄存 1、0，所以此时数据寄存器输出 10100000 给 D/A 转换器，$u_o'=6.25$ V，$u_I > u_o'$，所以数据寄存器 D_5 存 1。

(5) 如此重复比较下去……经过 8 个 CP，转换结束。最终转换结果为 10101111，该数字量对应的模拟电压为 6.835 937 V，与输入模拟电压 6.84 V 的相对误差仅为 0.06%。

由转换过程可见，输出数字量对应的模拟电压 u_o' 逐次逼近输入电压 u_I，转换过程的波形如图 8-3-5 所示。

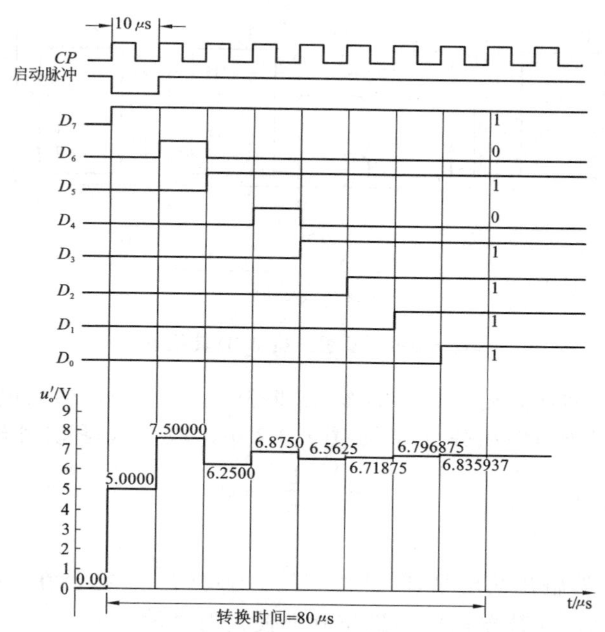

图 8-3-5　逐次逼近型 ADC 转换过程的波形

逐次逼近型 ADC 的转换速度比并行比较型 ADC 低，逐次逼近型 ADC 完成一次转换所需的时间与位数 n 和时钟脉冲频率有关，位数越少，时钟频率越高，转换时间越短。在位数较多时，逐次逼近型 ADC 比并行比较型 ADC 的电路规模要小得多。逐次逼近型 ADC 转换精度高，是目前集成 ADC 产品中用得最多的一种电路。

8.3.4　双积分型 A/D 转换器

双积分型 ADC 是一种间接 A/D 转换器，它先将输入的模拟信号转换成与之成正比的时间间隔，然后再在这个时间间隔里对固定频率的时钟脉冲计数，计数结果就是正比于模拟输入信号的数字信号。因此，这种 ADC 属于电压-时间变换型(V-T 变换型)ADC。

双积分型 ADC 的组成如图 8-3-6 所示，它由积分器(运算放大器 A)、过零比较器(C)、时钟脉冲控制门(G)、计数器($FF_0 \sim FF_{n-1}$)、定时器(FF_n)等组成。

下面以输入正极性的直流电压 u_I($u_I < V_{REF}$)为例，说明该电路的工作过程，如图 8-3-7 所示，分为以下几个阶段。

1. 初始阶段

转换开始前，将计数器清零，开关 S_2 闭合，使积分电容 C 完全放电。

2. 第一次积分(定时积分)

第一次积分是在固定时间内对输入模拟量积分，求得一个固定值 V_P。

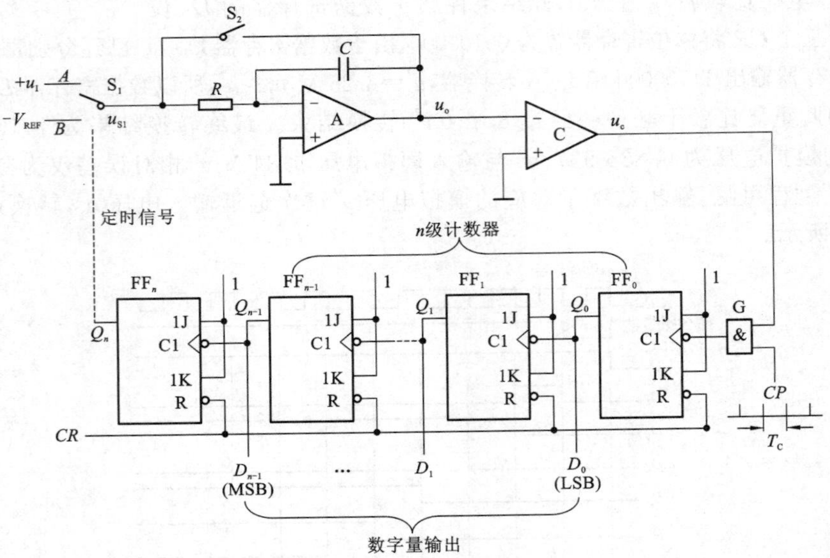

图 8-3-6　双积分型 A/D 转换器

启动脉冲到来后，转换开始。$t=0$ 时刻，S_2 断开，S_1 接 A 点，输入电压 u_I 接到积分器的输入端，积分器从 0 开始负向积分，波形如图 8-3-7 中①段所示，积分器输出电压 u_o 为

$$u_o=-\frac{1}{\tau}\int_0^t u_I \mathrm{d}t \tag{8-3-1}$$

式中：$\tau=\mathrm{RC}$。

此时 $u_o<0$，比较器输出高电平，时钟控制门 G 被打开，计数器在 CP 作用下从 0 开始计数，经 2^n 个时钟脉冲后，计数器输出的进位脉冲使定时器输出 $Q_n=1$，开关 S_1 转接至 B 点，第一次积分结束，积分时间为 $T_1=2^nT_c$，T_c 为 CP 的周期，n 为计数器的位数，所以 T_1 为定值。设 V_I 为输入电压在 T_1 时间内的平均值，则第一次积分结束时积分器的输出电压为

$$V_p=-\frac{T_1V_I}{\tau}=-\frac{2^nT_cV_I}{\tau} \tag{8-3-2}$$

3. 第二次积分(定值积分)

第二次积分是将 V_P 转换成与之成正比的时间间隔，并用计数器对该时间间隔进行计量。

$t=t_1$ 时刻，S_1 转接至 B 点，基准电压 $-V_{REF}$ 接到积分器的输入端，积分器以 V_P 为初始值正向积分，波形如图 8-3-7 中②段所示，计数器又从 0 开始计数。当 $t=t_2$ 时刻，积分器输出电压为 0，比较器输出为 0，时钟控制门 G 被关闭，计数停止。第二次积分结束时 u_o 的表达式为

$$u_o(t_2)=V_p-\frac{1}{\tau}\int_{t_1}^{t_2}(-V_{REF})\mathrm{d}t=0 \tag{8-3-3}$$

设 $T_2=t_1-t_2$，得

$$\frac{V_{REF}T_2}{\tau}=\frac{2^nT_cV_I}{\tau} \tag{8-3-4}$$

$$T_2=\frac{2^nT_c}{V_{REF}}V_I \tag{8-3-5}$$

可见，T_2 与 V_I 成正比，也就是说电路已经将输入模拟电压转换成了中间变量 T_2。

设 T_2 时间内计数器所累计的时钟脉冲个数为 M，则

$$M=\frac{T_2}{T_c}=\frac{2^n}{V_{REF}}V_I \qquad (8\text{-}3\text{-}6)$$

上式表明，T_2 时间内计数器所计脉冲数 M 与 T_1 时间内输入模拟电压成正比，所以与计数脉冲个数 M 相对应的计数器输出 $Q_{n-1}\cdots Q_1Q_0$ 即为转换的数字量 $D_{n-1}\cdots D_1D_0$，从而实现了模拟量向数字量的转换。只要 $u_I<V_{REF}$，T_2 期间计数器就不会发生溢出，转换器就能正常地将输入模拟量转换为数字量。

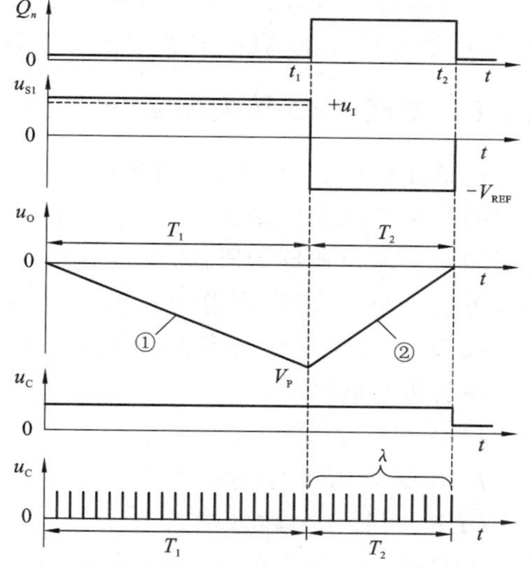

图 8-3-7 双积分型 ADC 的工作波形

4. 休止阶段

第二次积分结束后，控制电路又使开关 S_2 闭合，电容 C 放电，积分器回零，电路再次进入准备阶段，等待下一次转换。

双积分型 ADC 的工作性能比较稳定，由于转换过程中的两次积分使用的是同一积分器，两次积分期间的计数也使用同一计数器，由式(8-3-4)可以看出，只要两次积分期间 RC 时间常数相同，T_c 不变，转换结果就与 R、C 和 T_c 无关，因此，R、C 参数和时钟周期的缓慢变化对转换精度的影响几乎可以忽略不计。

另外，双积分型 ADC 抗干扰能力比较强，由于输入端使用了积分器，所以对平均值为零的噪声具有很强的抑制能力。在实际应用中，工频干扰近似于对称，若选定 T_1 等于工频周期的整数倍，例如 20 ms 或 40 ms 等，即可有效地消除工频干扰，得到良好的测量效果。

双积分型 ADC 的主要缺点是转换速度低，完成一次转换的时间大于 $2T_1$，即大于 $2^{n+1}T_c$，其转换速度一般在每秒几十次以内。双积分型 ADC 大多用于精度要求较高，而转换速度要求不高的仪器仪表中，例如数字万用表。

8.3.5 A/D 转换器的主要技术指标

1. 转换精度

A/D 转换器也采用分辨率和转换误差来描述转换精度。

分辨率用输出二进制数的位数表示，它表明 ADC 对输入信号的分辨能力。理论上讲，n 位输出的 ADC 能区分输入模拟信号的 2^n 个不同等级，能区分输入信号的最小值为满量程输入的 $1/2^n$，所以分辨率表示 ADC 在理论上能达到的精度。在最大输入信号一定时，输出位数越多，则每一位二进制代码所代表的模拟量越小，分辨率越高。例如，ADC 输入模拟电压变化范围为 0～5 V，输出为 10 位二进制码，则分辨率为 $\frac{5}{2^{10}}=4.88$ mV。

转换误差通常以输出最大误差给出，它表示实际输出的数字量和理论上应输出的数字量之间的差别，一般以最低有效位的倍数给出。例如，转换误差小于 ±LSB/2，表明实际输出的数字量和理论上应输出的数字量之间的误差小于最低有效位的一半。

相关手册上给出的转换精度都是在一定的电源电压和环境温度下得到的数据，如果这些条件改变了，将引起附加的转换误差。为获得较高的转换精度，必须保证供电电源有很好的稳定性，并限制环境温度的变化。

2. 转换速度

ADC 的转换速度主要取决于转换电路的类型，不同类型的 ADC，其转换速度相差甚远。并行比较型 ADC 转换速度最快，例如，8 位并行集成 ADC 的转换时间可缩短至 50 ns；其次为逐次逼近型 ADC,其多数产品的转换时间都在 10～100 μs 之间;间接型 ADC 的转换速度最低,例如双积分型 ADC 转换时间多在数十至数百毫秒之间。

8.3.6 集成 A/D 转换器简介

在单片集成 ADC 中,逐次逼近型的使用较多。ADC0809 是 AD 公司采用 CMOS 工艺生产的一种 8 位逐次逼近型 ADC,片内除了具有最基本的 A/D 转换功能之外,还具有 8 路模拟输入通道及地址译码器,可接 8 路模拟量输入,输出端具有三态输出缓冲电路,输出数字量可直接与 CPU 数据总线相连,无须附加接口电路。转换时间为 100 μs,输入电压范围为0～5 V。ADC0809 的管脚示意图如图 8-3-8 所示。

各管脚功能如下。

$IN_0 \sim IN_7$:8 路模拟信号输入端。

$D_0 \sim D_7$:8 位数字量输出端。

CLK:时钟信号输入端。

ADDA、*ADDB*、*ADDC*:地址输入端,不同的地址选择不同的模拟输入通道。

ALE:地址锁存输入端,*ALE* 上升沿将地址信号锁存于地址锁存器中。

V_{REF+}、V_{REF-}:参考电压的正、负输入端。

START:启动信号输入端,其上升沿到来时片内寄存器复位,下降沿到来时开始 A/D 转换。

EOC:转换结束输出端。*EOC* 为低电平表示正在进行 A/D 转换;*EOC* 变为高电平,表示A/D转换结束,将转换结果送入输出缓冲器,该管脚可用于向 CPU 发出中断请求信号。

OE:输出允许控制端,控制三态输出缓冲器,当 *OE*=0 时,数字输出端呈高阻态;当 *OE*=1时,将数字量送到数据总线。

图 8-3-9 所示为 ADC0809 工作时序图,根据该时序图可以设计与 CPU 总线的接口。工作过程如下:地址信号有效后,加入 *ALE* 信号,在 *ALE* 的上升沿将地址信号锁存于地址锁存器,通过地址译码,选择输入通道,输入通道信号有效后,在 *START* 下降沿开始 A/D 转换。经 t_c 时间,转换结束,*EOC* 变为高电平,将结果存于三态输出缓冲器,等到 *OE* 的高电平来到之后,将数字信号送出到数据总线。

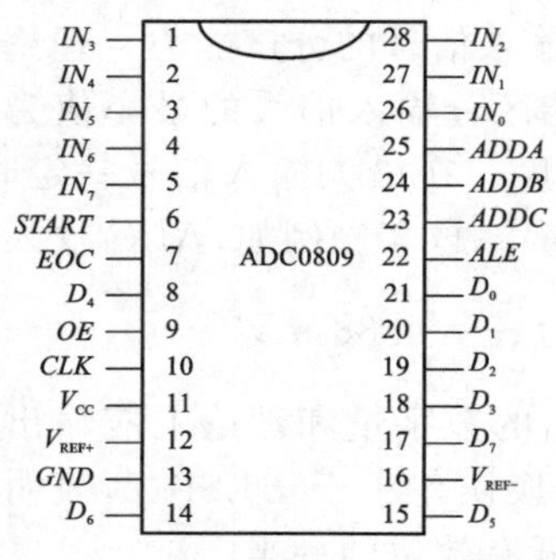

图 8-3-8 ADC0809 管脚示意图

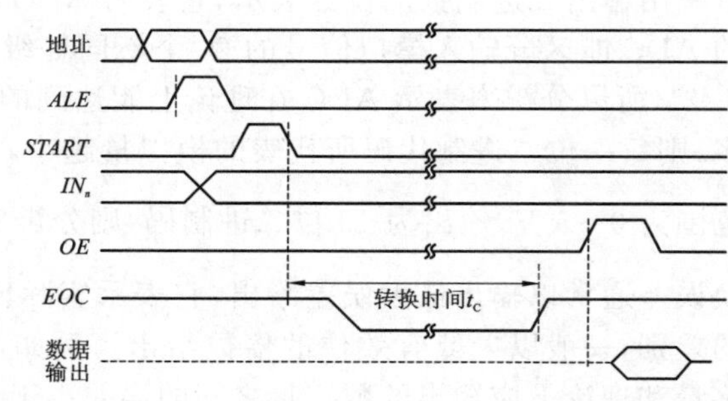

图 8-3-9 ADC0809 工作时序图

本章小结

(1) A/D 和 D/A 转换器是现代数字系统中的重要组成部件,本章主要讲述了 D/A 和 A/D 转换的基本原理,几种典型的 DAC 和 ADC 的电路结构和工作原理,以及 D/A 和 A/D

转换器的主要性能指标。A/D 和 D/A 转换器种类繁多，不可能一一列举，因此，首先应着重理解和掌握 A/D、D/A 转换的基本原理。

(2) 在 D/A 转换器中，分别介绍了权电阻网络型 DAC、倒 T 形电阻网络型 DAC、权电流型 DAC。权电阻网络型 DAC 电路结构简单，但采用的电阻种类多且阻值相差较大，不易于集成电路的制作；倒 T 形电阻网络型 DAC 的电阻网络中只有 R 和 $2R$ 两种阻值的电阻，精度容易保证，易于集成电路的设计与制作，而且转换速度快，尖峰脉冲干扰较小，是集成 D/A 转换器中用得最多的一种；权电流型 DAC 转换精度高，在双极性 D/A 转换器中用得比较多。

(3) A/D 转换器分为直接 ADC 和间接 ADC，直接 ADC 中介绍了并行比较型 ADC、逐次逼近型 ADC；间接 ADC 中介绍了双积分型 ADC。并行比较型 ADC 转换速度最快，但是分辨率越高，电路越复杂，适用于要求高速度、低精度的场合；逐次逼近型 ADC 转换速度虽然不及并行比较型 ADC，但是较之其他类型 ADC 又快得多，而且电路规模小，是目前集成 ADC 产品中用得最多的一种；虽然双积分型 ADC 转换速度低，但是由于其抗干扰能力强，性能稳定，因此在低速系统（例如数字万用表）中得到了广泛的应用。

(4) D/A 和 A/D 转换器的两个主要指标是转换精度和转换速度，目前，D/A 和 A/D 转换器的发展趋势是高速度、高分辨率、易于与微机接口。

课后习题

8.1　概述(略)

8.2　D/A 转换器

8.2.1　在图 8-2-3 所示的权电阻网络型 DAC 中，若 $V_{REF}=-10\ V$，$R_f=R/2$，当输入数字量为 $D_3D_2D_1D_0=0101$ 时，求输出电压的大小。

8.2.2　10 位倒 T 形电阻网络型 DAC 如图题 8.2.2 所示，取 $R_f=R$。

(1) 试求输出电压的取值范围；

(2) 若要求电路输入数字量为 200 H 时，输出电压 $u_o=5\ V$，试问 V_{REF} 应取何值？

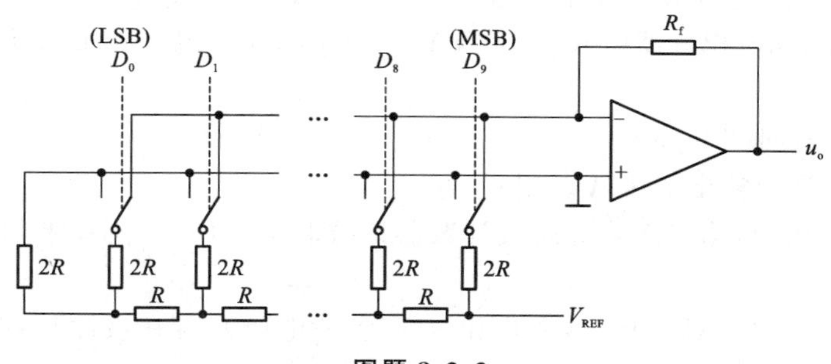

图题 8.2.2

8.2.3　在图 8-2-8 所示的 4 位权电流型 DAC 中，已知 $V_{REF}=8\ V$，$R_1=48\ k\Omega$，当输入 $D_3D_2D_1D_0=1010$ 时，$u_o=2.5\ V$，试确定 R_f 的值。

8.2.4　由 AD7533 组成的双极性输出 DAC 如图题 8.2.4 所示，AD7533 片内倒 T 形电阻网络中电阻为 R 和 $2R$，反馈电阻为 R_f。

(1) 根据电路写出输出电压 u_o 的表达式；

(2) 输入为二进制补码的双极性输出电路中，V_B、R_B、V_{REF} 和 R 应满足什么关系？

8.2.5　如果已知某 DAC 满刻度输出电压为 10 V，试问要求 1 mV 的分辨率，其输入数字量的位数 n 至少应为多少？

8.2.6　试用D/A转换器AD7533和计数器74161组成如图题8.2.6所示的10个阶梯的阶梯波形发生器，要求画出完整的逻辑图。

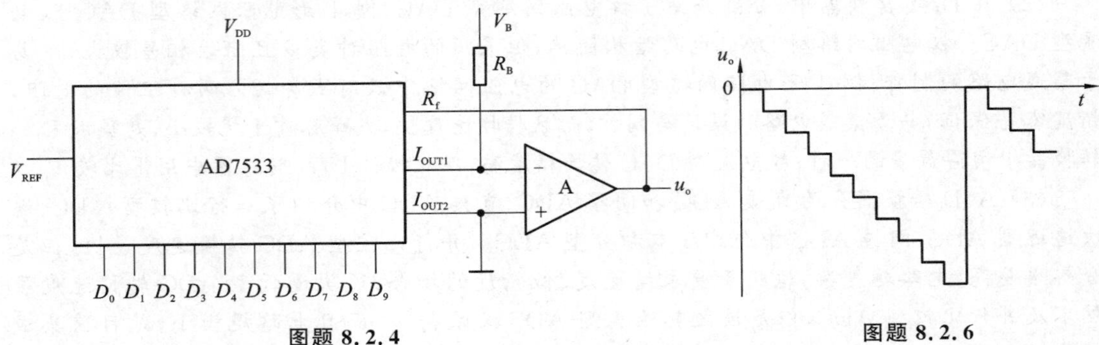

图题 8.2.4　　　　　　　　图题 8.2.6

8.2.7　比较权电阻网络型DAC、倒T形电阻网络型DAC、权电流型DAC的优缺点。

8.3　A/D转换器

8.3.1　实现模数转换一般要经过哪些过程？按工作原理不同，A/D转换器可分为哪两种？

8.3.2　在图8-3-3所示的并行比较型ADC中，$V_{REF}=7$ V，试问该电路的最小量化单位Δ等于多少？当$u_I=2.4$ V时，输出数字量$D_2D_1D_0$为多少？

8.3.3　在图8-3-4所示的逐次逼近型ADC中，若$n=10$，已知时钟频率为1 MHz，则完成一次模数转换所需时间是多少？如果要求完成一次转换的时间小于100 μs，试问时钟频率应选多大？

8.3.4　在图8-3-4所示的逐次逼近型ADC中，设$V_{REF}=10$ V，$u_I=5.74$ V，试画出在时钟脉冲作用下u_o'的波形，并写出转换结果。

8.3.5　逐次逼近型ADC参考电压$V_{REF}=8$ V，输入模拟电压$u_I=2.52$ V。若分别用4位和6位逐次逼近型ADC来实现，则转换器输出的4位码和6位码分别是多少？

8.3.6　某双积分型ADC中，计数器为十进制计数器，其最大计数容量为$(100)_{10}$，计数时钟脉冲频率为1 kHz，积分器中$R=100$ kΩ，$C=1$ μF，输入电压u_I的变化范围为0～5 V，试求：

(1) 第一次积分时间T_1；

(2) 积分器的最大输出电压$|V_{o\max}|$；

(3) 当$V_{REF}=10$ V，第二次积分阶段计数器计数值$M=(80)_{10}$时，输入电压平均值V_I为多少？

8.3.7　在双积分型ADC中，输入电压u_I和参考电压V_{REF}在极性和数值上应满足什么关系？如果$|u_I|>|V_{REF}|$，在转换过程中将会发生什么样的结果？

222

8.3.8　已知双积分型ADC中计数器是8位，时钟脉冲频率$f_c=100$ kHz，试求完成一次转换最长需要多少时间？

8.3.9　A/D转换器输入模拟电压变化范围为0～10 V，若要求模拟信号每变化2.5 mV能使数字信号最低位发生变化，试问应选多少位的ADC？

8.3.10　比较并行比较型ADC、逐次逼近型ADC、双积分型ADC的优缺点。

第9章 半导体存储器

主要教学内容

1. 只读存储器。
2. 可编程只读存储器。
3. 随机存储器。

教学目的和要求

1. 熟悉只读存储器(ROM)的结构、工作原理。
2. 熟悉随机存取存储器(RAM)的工作原理。
3. 掌握典型RAM的功能及容量扩展的方法。

在计算机及各种数字系统中,有大量的运算数据、程序、资料需要存储,具有存储功能的存储器理所当然成为数字系统中不可缺少的关键部件。存储器种类很多,但其基本的存储单元由触发器或其他记忆元件构成。我们称由半导体器件构成基本存储单元的存储器为半导体存储器,它是存放大量二值信息(或二值数据)的器件,是计算机及其他数字系统中不可或缺的重要组成部分,属于大规模集成电路。半导体存储器具有集成度高、价格低、体积小、耗电省、可靠性高和外围接口电路简单等优点。

1. 半导体存储器的分类

按制造工艺,半导体存储器可分为MOS型半导体存储器和双极型半导体存储器。MOS型半导体存储器集成度高、功耗小、价格低、工艺简单,适用于对容量要求较高的场合,用作主存储器;双极型半导体存储器工作速度快、功耗高、价格较高,适用于对速度要求较高的场合,用作高速缓冲存储器。

按功能半导体存储器可分为只读存储器(ROM)、随机存取存储器(RAM)和顺序存取存储器(SAM)。ROM只能从其中读出数据,不能写入数据,数据可长期保留,断电也不消失,具有非易失性,适用于长期存放的数据;RAM可在任何时刻从存储器中读出数据或向其中写入数据,其数据不可长期保留,断电后立即消失;SAM按照一定的顺序存取,有先入先出型(FIFO)和先入后出型(FILO)两种。

2. 半导体存储器的主要技术指标

半导体存储器的主要技术指标是存储容量和存取时间。

(1) 存储容量指存储器所能存放二进制信息的总量,常用"字数×位数"来表示。容量越大,表明能存储的二进制信息越多。

(2) 存取时间指进行一次(写)存或(读)取所用的时间,一般用读(或写)的周期来描述。读写周期(存取周期)指连续两次读(或写)操作的最短时间间隔,读写周期包括读(写)时间和内部电路的恢复时间。读写周期越短,则存储器的存储速度越快。

3. 在半导体存储器中,常用的几个基本概念

字长(位数):表示一个信息的多位二进制码称为一个字,字的位数称为字长。

字数:字的总量。

字数的计算方法:字数$=2^n$(n为存储器外部地址线的线数)。

存储容量(M):存储二值信息的总量,其计算方法为

存储容量(M)=字数×位数

地址：每个字的编号。

9.1 只读存储器

只读存储器是指只能读出事先所存数据的固态半导体存储器，英文简称 ROM。ROM 所存数据，一般是装入整机前事先写好的，整机工作过程中只能读出，而不像随机存储器那样能快速地、方便地加以改写。ROM 所存数据稳定，断电后所存数据也不会改变；其结构较简单，读出较方便，因而常用于存储各种固定程序和数据。大部分只读存储器用金属-氧化物-半导体场效应管(MOS)制成。

除少数类型的只读存储器(如字符发生器)可以通用之外，不同用户所需只读存储器的类型不同。根据存储内容、写入方式和能否改写的不同，只读存储器可分为固定 ROM(掩模 ROM)、可编程 ROM(PROM)、可擦除可编程 ROM(EPROM)、电可擦除可编程 ROM (E^2PROM)和快闪存储器(Flash Memory)等几种类型。其中，EPROM 需用紫外光长时间照射才能擦除，使用很不方便。20 世纪 80 年代制出的 E^2PROM，克服了 EPROM 的不足，但集成度不高，价格较贵。于是又开发出一种新型的存储单元结构同 EPROM 相似的快闪存储器，其集成度高、功耗低、体积小，又能在线快速擦除，因而获得飞速发展，并有可能取代现行的硬盘而成为主要的大容量存储媒体。

9.1.1 ROM 的定义与基本结构

只读存储器因工作时内容只能读出，不能随时写入，所以称为只读存储器(ROM)。

一般而言，只读存储器由存储阵列、地址译码器和输出控制电路三部分组成，如图 9-1-1 所示。它的功能是根据控制信号的读出要求，把存储在指定存储单元中的数据读出来。

地址译码器的作用是将输入的地址译成相应的字单元控制信号，此控制信号会从存储阵列中选中指定的存储单元，任何时刻只能有一条字线被选中。于是，被选中的那条字线所对应的一组存储单元中的各位数据送到输出控制电路，然后在输入的控制信号的作用下把数据输出。

存储阵列是存储器的主体，含有大量存储单元，一个存储单元只能存储一位二进制数码“1”或“0”，通常存储单元排成矩阵形式，且按一定位数进行编组，每次读出一组数据，这里的组称为字。存储器中以字为单位进行存储，每个字包含有 M 位二进制数。在只读存储器中，为了读出信息的方便，必须给每组存储单元(字单元)确定的标号，这个标号称为地址。不同的字单元具有不同的地址，从而在读出信息时，便可以按照地址来选择欲读出的存储单元。存储矩阵的存储容量反映了存储的信息量。其中，N 为字数，M 为每个字所包含的位数，那么，存储容量$=N\times M$。存储容量越大，存储的信息量就越多，存储功能就越强。

输出控制电路一般都包含三态缓冲器。三态缓冲器的作用是为了增加 ROM 带负载的能力，当有数据输出时，被选中的数据输出至数据总线上；当没有数据输出时，输出的高阻态不会对数据总线产生影响。

如图 9-1-2 所示，其中的 A_1 和 A_0 是输入的地址，2 线-4 线译码器是地址译码器，存储阵列由二极管组成，输出控制电路由 4 个三态缓冲器组成，$\overline{OE}$ 是输入的控制信号，D_3、D_2、D_1、D_0 是输出的被选中的数据。

存储阵列有 4 条字线和 4 条位线，共有 16 个交叉点(不是结点)，每个交叉点都可看作是一个存储单元。两位地址代码 A_1 和 A_0 为译码器的输入，译码器的输出就是存储矩阵字单元的地址。根据译码器的逻辑关系，当输入地址代码 A_1A_0 分别为 00、01、10、11 四种组合时，译码器的输出 Y_0、Y_1、Y_2、Y_3 中总有一个为有效低电平 0。例如，当地址代码 $A_1A_0=$

10 时，译码器的四个输出中只有 Y_2 为低电平，则 Y_2 字线与所有位线交叉处的二极管导通，使相应的位线变为低电平，而交叉处没有二极管的位线仍保持高电平。此时，若 $\overline{OE}=0$，则位线电平经反相输出缓冲器后输出。此时，输出 $D_3D_2D_1D_0=0100$。所以，交叉点处接有二极管时相当于存“1”，没有接二极管时相当于存“0”。由此可以看出，在控制信号有效的情况下，给定一组地址输入，便可得到一组输出。此 ROM 的地址与输出的关系如表 9-1-1 所示。

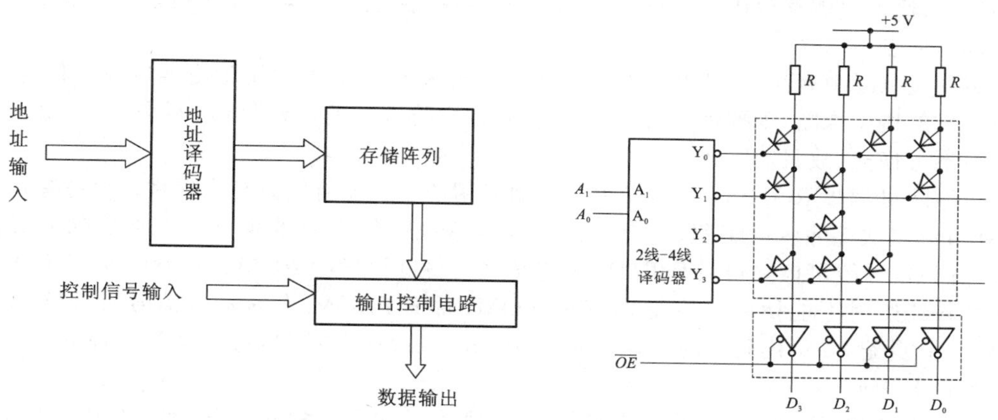

图 9-1-1　ROM 的基本结构　　图 9-1-2　ROM 的结构示意图

9.1.2　两维译码

在实际的应用中，常采用行译码和列译码的二维译码结构来减小译码电路的规模，如图 9-1-3 所示。

表 9-1-1　地址与输出的关系

控制信号	地址		内　容			
$\overline{OE}$	A_1	A_0	D_3	D_2	D_1	D_0
0	0	0	1	0	1	1
0	0	1	1	1	0	1
0	1	0	0	1	0	0
0	1	1	1	1	1	0
1	×	×	高阻			

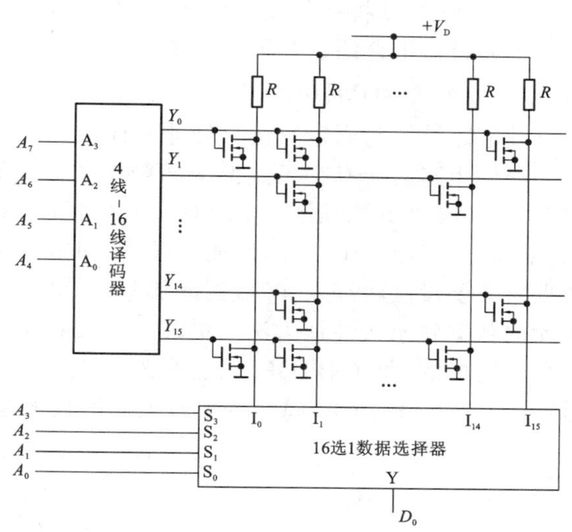

图 9-1-3　两维译码结构示意图

4 线-16 线译码器为行译码器，16 选 1 数据选择器构成列译码器，行译码器输出高电平有效，存储单元由 MOS 管构成。当给定的地址码为 $A_7A_6A_5A_4A_3A_2A_1A_0=00000001$ 时，$A_7A_6A_5A_4$ 经过译码器译码后，使得 Y_0 为有效高电平，则栅极与 Y_0 相连的 MOS 管导通，使得列线 $I_0=I_1=I_{15}=0$，而交叉处没有 MOS 管的列线仍然保持高电平。而 $A_3A_2A_1A_0=0001$，所以数据选择器将 I_1 的值输出，即 $D_0=I_1=0$。一般数据选择器的输出外面还会加一个反相器，这样，相应的位置有 MOS 管时，最后的输出就是 1；没有 MOS 管时，最后的输出就是 0。

9.1.3 可编程 ROM

ROM 按性能可分为如下几种类型：掩膜 ROM、熔丝式 ROM(PROM)、可擦除可编程 ROM(EPROM)。

掩膜 ROM 是由厂家通过掩膜工艺制造出的一种固定 ROM，用户无法改变其内部所存储的信息，通常只能存放固定数据、固定程序和函数表等。它具有性能可靠、大批量生产时成本低等优点。

熔丝式 ROM(PROM)由用户用专用的写入器将信息写入。如要使某位写入信息为 0，则将该位的熔丝烧断；如要使某位写入信息为 1，则将该位的熔丝保留(不烧断)。由于熔丝烧断后不可恢复，故只能写入一次。

可擦除可编程 ROM(EPROM)由用户用专用的写入器将信息写入器件。可擦除可编程 ROM 可以多次擦除多次编程，适合于需要经常修改存储内容的场合。根据擦除方式的不同，可分为紫外线可擦除可编程 ROM 和电信号可擦除可编程 ROM。一般提到 EPROM，是指在紫外线照射下能擦除其存储内容的 ROM，而 E^2PROM 指的是电信号可擦除可编程 ROM。20 世纪 80 年代问世的快闪存储器(flash memory 称为"闪存")就是一种电信号可擦除可编程 ROM。

如果要更改 EPROM 内部存储信息，只需将此器件置于紫外线下，即可擦除，且芯片可重复擦除和写入，这就解决了 PROM 芯片只能写入一次的弊端。EPROM 芯片有一个很明显的特征，在其正面的陶瓷封装上，开有一个玻璃窗口，透过该窗口，可以看到其内部的集成电路，紫外线透过该孔照射内部芯片就可以擦除其内的数据，完成芯片擦除的操作要用到 EPROM 擦除器。由于自然光中(特别是在太阳光直射下)含有一定量的紫外线，在一定时间作用下(少则几小时多则几天)，可能会使芯片上部分或全部信息擦除，所以在信息写入后，应用不透光纸将石英玻璃窗覆盖，以免信息丢失。

下面将详细介绍这几种 ROM。

1. 熔丝式 ROM(PROM)

其电路结构与固定只读存储器一样，也是由地址译码器、存储矩阵和输出部分组成。但是其存储矩阵的所有交叉点上全部制作了存储器件，相当于所有的存储单元内都存入数据"1"。存储器件的原理图和 PROM 的电路符号举例分别如图 9-1-4(a)、(b)所示。在图 9-1-4(a)中，存储器由一个二极管(或三极管)和串接在负极(或发射极)的快速熔断丝组成。写入数据时只要设法将存入"0"数据的那些存储单元的熔丝烧断就行了。一旦编程写入后，存储单元的数据就永久性地无法再更改。在实际应用中，写入 PROM 中的数据是通过专用编程器自动完成的，每个 PROM 只能写入一次。一个三态输出的 1024×4 位 PROM 的电路符号如图 9-1-4 (b)所示，每个外引线上侧的数字是引脚号。

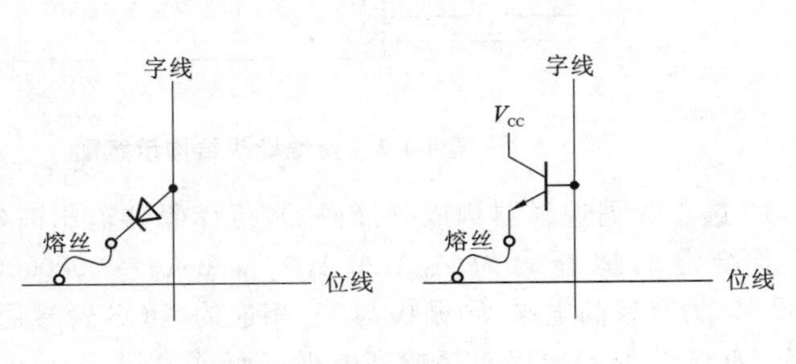

(a) 熔丝型PROM的存储单元

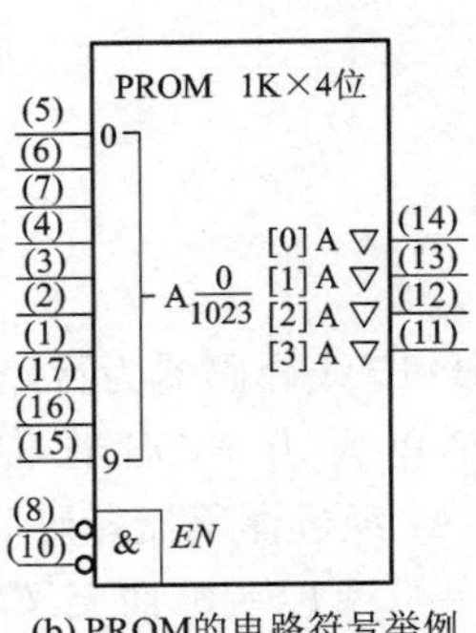

(b) PROM的电路符号举例

图 9-1-4 PROM 的存储单元及电路符号

2. EPROM(可擦除可编程只读存储器)

EPROM存储单元采用"叠栅注入MOS管"(SIMOS管),其存储一位信息的结构逻辑符号和构成的存储单元如图9-1-5(a)、(b)、(c)所示。从图9-1-5(a)可知,SIMOS管有两个重叠的栅极,上面的栅极G_c称为控制栅极,与字线相连,控制读出和写入;下面的栅极G_f称为浮栅,埋在S_iO_2绝缘层内,处于电悬浮状态,不与外部导通,注入电荷后可长期保存。

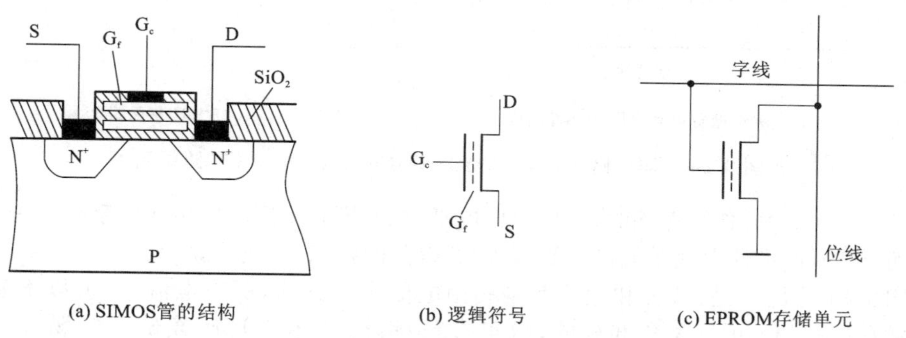

图9-1-5 SIMOS管的结构、逻辑符号及EPROM存储单元

EPROM芯片封装出厂时,所有存储单元的浮栅均无电荷,可认为全部存储了"1"数据。要写入"0"数据,即用户编程时,必须在SIMOS管的漏、栅之间加上约25 V的高电压,这时发生雪崩击穿现象,产生大量的高能电子。若同时在控制栅极G_c上加25 V、50 ms的高压正脉冲,则在G_c正脉冲电压的吸引下,部分高能电子穿过S_iO_2层到达浮栅,被浮栅俘获,浮栅注入电荷,注入电荷后的浮栅可看作写入"0",而原来没有注入电荷的浮栅相当于为"1"。当高压去掉以后,由于浮栅被高电压包围,电子很难泄漏,所以可以长期保存。在正常工作时,栅极G_c加+5 V电压,该SIMOS管不导通,所存储的内容只能读出,不能写入。但是当紫外线照射SIMOS管时,浮栅上的电子形成光电流而泄放,又恢复到编程前状态,即将其存储的内容擦除。

在实际应用中,利用专门的编程器和擦除器对芯片进行写入和擦除操作,擦除达到一定次数后,S_iO_2绝缘层将永久性击穿,芯片损坏,所以应尽量减少重写次数。同时应注意用保护膜遮盖窗口,防止受到阳光或日光灯照射,引起芯片内的内容丢失。

3. E^2PROM(电擦除可编程存储器)

为了克服EPROM擦除操作复杂,速度慢,不能按"位"擦除,只能进行整体擦除的缺点,一种用低压电信号便可擦除的E^2PROM便问世了,它有28-系列、28C-系列等,如28C256。E^2PROM存储单元采用浮栅隧道氧化层MOS管(即Flotox管),结构和存储单元分别如图9-1-6(a)、(b)所示。

Flotox管与前述SIMOS管的区别是:Flotox管的浮栅与漏极之间有一个极薄(厚度在20 nm以下)的氧化层区域(称作隧道区)。当漏极接地,控制栅加上足够高的电压,隧道区的电场强度足够大时(大于10 mV/cm),漏极和浮栅间将出现导电隧道,电子可穿过绝缘层到达浮栅,向浮栅注入电流,使浮栅带上负电荷,这种现象称为"隧道效应"。反之,控制栅接地,漏极接上正的高电压,与上述过程相反,浮栅放电,电荷将泄漏掉。因此,利用浮栅是否存有负电荷能区分浮栅是存储"1"和还是存储"0"的数据。

根据存储单元Flotox管的各电极所加的电压不同,有读出、写入和擦除三种不同的工作状态。如图9-1-6 (b)所示,读出时,控制栅极加+3 V以上的电压,字线供给+5 V电压,这时T_2管导通,若浮栅上存有负电荷(Flotox管的浮栅上充有负电荷代表存储单元存储的数据为"1"),则在"位线"上可读出"1",否则读出"0"。写入时,在要写入"0"的存储单元的控制栅加低电平,同时相应的字线和位线上加20 V、10 ms宽的正脉冲,使浮栅上存储的电荷通过隧道泄漏掉,

(a) 浮栅隧道氧化层MOS管结构

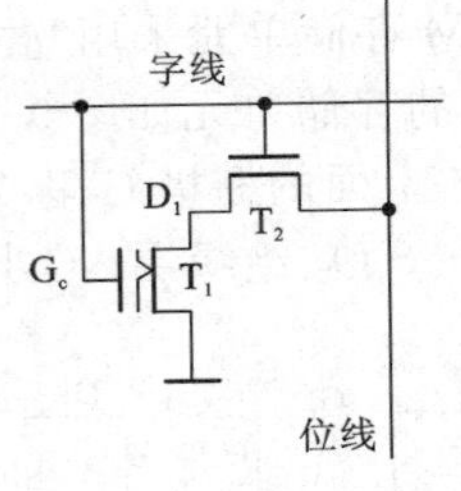

(b) E^2PROM存储单元

图 9-1-6　浮栅隧道氧化层 MOS 管结构及 E^2PROM 存储单元

即完成了写入“0”的操作。擦除时，漏极接低电平，控制栅和要擦除的单元的字线上加 20 V、10 ms 宽的正脉冲，即可使存储单元恢复到写入“0”以前的状态，完成擦除操作。

E^2PROM 的优点是：编程和擦除都是利用电信号完成的，所需电流小，可以不需要专门的编程器和擦写器，可一次全部擦除，也可按位擦除，适用于科研或试验等场合。一般的 E^2PROM 芯片可擦写 $1\times10^2\sim1\times10^4$ 次，数据可保存 5～10 年。

4. Flash(快闪存储器)

快闪存储器(Flash)实质上是一种快速擦除的 E^2PROM，俗称“U 盘”。其电路结构和存储单元分别如图 9-1-7(a)、(b)所示。与图 9-1-6 (a)的不同点是：Flash 的浮栅与衬底间氧化层厚度更薄(E^2PROM 的厚度为 30～40 nm，Flash 的厚度为 10～15 nm)，而且浮栅与源区重叠部分由源区横向扩散形成，面积极小，使得浮栅与源区间的电容比浮栅与控制栅极间的电容小得多，使得快闪存储器在性能上比 E^2PROM 的更好。

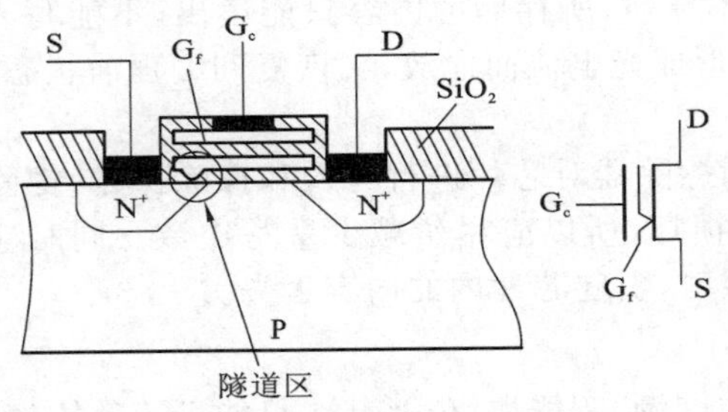

(a) 快闪存储器的叠栅图

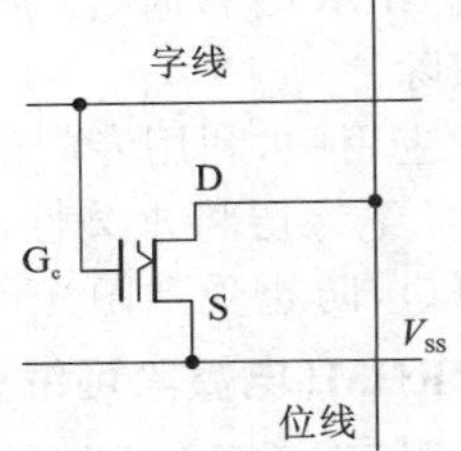

(b) 快闪存储器的存储单元

图 9-1-7　快闪存储器的叠栅图及存储单元

存储单元叠栅 MOS 管根据各极所加电压的不同，快闪存储器也有读出、写入和擦除三种不同的工作状态。读出时，字线接＋5 V 高电平，若浮栅上有负电荷，则读出“1”，否则读出“0”。写入时，位线接＋5 V 左右的高电平，源极接地，在要写入的存储单元的控制栅加 12 V左右、10 ms 宽的正脉冲，给浮栅充电即可完成“写”操作。擦除时，控制栅接地，源极 V_{SS} 加 12 V 左右、100 ms 宽的正脉冲，浮栅电荷经隧道区释放。由于片内所有叠栅 MOS 管的源极连在一起，擦除时将擦除芯片中各存储单元的内容。

快闪存储器的优点是：具有非易失性，断电后仍能长久保存信息，不需要后备电源，而且集成度高、成本低，写入或擦除速度快等。

9.1.4　集成电路 ROM

集成电路(integrated circuit)是一种微型电子器件或部件，它在电路中用字母“IC”(也有用符号"N"等)表示。集成电路采用一定的工艺,把一个电路中所需的晶体管、二极管、电阻、电容和电感等元件及布线连接在一起,制作在一小块或几小块半导体晶片或介质基片上,然后封装在一个管壳内,成为具有所需电路功能的微型结构;其中所有元件在结构上已组成一个整体,这样,整个电路的体积大大缩小,且引出线和焊接点的数目也大为减少,从而使电子元件向着微小型化、低功耗和高可靠性方面迈进了一大步。

集成电路具有体积小、质量小、引出线和焊接点少、寿命长、可靠性高、性能好等优点,同时它的成本低,便于大规模生产。它不仅在工、民用电子设备如收录机、电视机、计算机等方面得到广泛的应用,同时在军事、通信、遥控等方面也得到广泛的应用。用集成电路来装配电子设备,其装配密度比晶体管可提高几十倍至几千倍,设备的稳定工作时间也可大大提高。

AT27C010 是美国 Atmel 公司生产的 EPROM,其内部结构框图和引脚图如图 9-1-8 (a)、(b)所示。从引脚图上可以看出该芯片共有 32 个管脚:$A_0 \sim A_{16}$ 是地址信号;$O_0 \sim O_7$ 是数据信号;V_{CC}是读操作时的工作电压信号;V_{PP}是数据写入时的编程电压信号(编程写入的时候,$V_{PP}=13$ V);$\overline{OE}$ 是输出使能信号;$\overline{CE}$ 为片选信号;$\overline{PGM}$ 是编程选通信号;GND 为接地信号;NC 为空脚。各个管脚上的电压所决定的芯片的工作模式如表 9-1-2 所示。

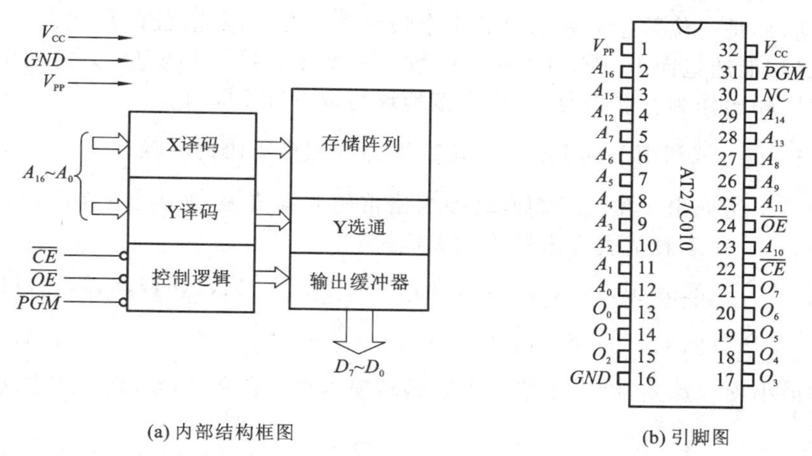

(a) 内部结构框图

(b) 引脚图

图 9-1-8　AT27C010 的内部结构框图和引脚图

表 9-1-2　AT27C010 工作模式与各管脚间的信号关系

工作模式	$\overline{CE}$	$\overline{OE}$	$\overline{PGM}$	$A_0 \sim A_{16}$	V_{pp}	$O_0 \sim O_7$
读	0	0	×	A_i	×	数据输出
输出无效	×	1	×	×	×	高阻
等待	1	×	×	A_i	×	高阻
快速编程	0	1	0	A_i	V_{pp}	数据输入
编程校验	0	0	1	A_i	V_{pp}	数据输出

9.1.5　ROM 的读操作与时序图

为了保证 ROM 工作准确无误,加到 ROM 上的地址信号和控制信号必须满足一定的时限条件,如图 9-1-9 所示。

读出过程如下:

(1) 欲读取单元的地址加到存储器的地址输入端;

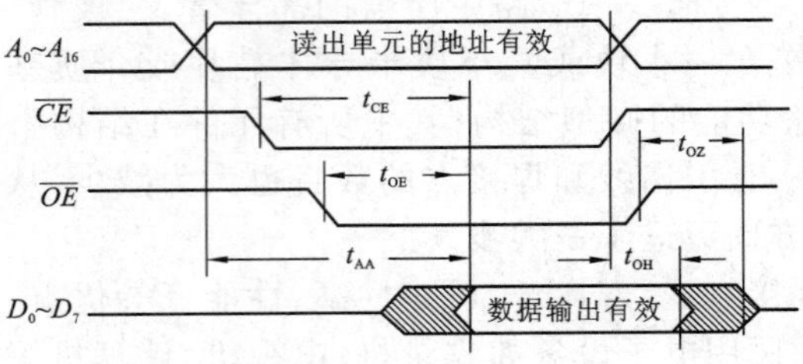

图 9-1-9　ROM 的读时序

(2) 加入有效的片选信号 $\overline{CE}$；

(3) 使输出使能信号 $\overline{OE}$ 有效，经过一定延时后，有效数据出现在数据线上；

(4) 让片选信号 $\overline{CE}$ 或输出使能信号 $\overline{OE}$ 无效，经过一定延时后数据线呈高阻态，本次读出结束。

9.1.6　ROM 的应用举例

一般来说，ROM 有以下三个作用。

(1) 用于存储固定的专用程序。

(2) 利用 ROM 可实现查表或码制变换等功能。查表：把变量值作为地址码，其对应的函数值作为存放在该地址内的数据，这称为“造表”。使用时，根据输入的地址，就可在输出端得到所需的函数值，这就称为“查表”。码制变换：把欲变换的编码作为地址，把最终的目的编码作为相应存储单元中的内容即可。

(3) 实现各种组合逻辑函数。从 ROM 电路结构图中可以看出，其译码器的输出是输入变量的最小项，而每一位数据的输出是若干个最小项之和。因此，任何形式的组合逻辑函数(与或函数式)均能通过向 ROM 写入相应的数据来实现。设计实现时，只需列出真值表，输入看作是地址，输出作为存储内容，将内容按地址写入 ROM 即可。

例 9.1.1　试利用 ROM 实现 4 位二进制码到格雷码的转换。

解　①列出 4 位二进制码转换为格雷码的真值表，如表 9-1-3 所示。

② 由表 9-1-3 所示真值表写出最小项表达式：

$$G_3=\sum(8,9,10,11,12,13,14,15)\qquad G_2=\sum(4,5,6,7,8,9,10,11)$$

$$G_1=\sum(2,3,4,5,10,11,12,13)\qquad G_0=\sum(1,2,5,6,9,10,13,14)$$

③ 根据最小项表达式，画出 4 位二进制码转换为格雷码的 ROM 阵列结构示意图，如图 9-1-10 所示。

④ 选用适当的只读存储器芯片(如 EROM、EPROM 或 E^2PROM 等)和专用的程序写入器将表 9-1-3 中所示的数据写入。芯片工作时，使片选信号 $\overline{CS}=0$。并令地址码 A_0～$A_3=B_0$～B_3，则只读存储器的输出端 O_0～$O_3=G_0$～G_3。

例 9.1.2　试用 ROM 设计组合逻辑电路，已知函数 F_1～F_4：

$$F_1(A,B,C,D)=\overline{A}\,\overline{B}+\overline{B}\,\overline{D}+A\overline{C}D+BCD$$

$$F_2(A,B,C,D)=\overline{A}\,\overline{D}+BC\overline{D}+A\overline{B}\,\overline{C}D$$

$$F_3(A,B,C,D)=\overline{A}\,B\overline{C}+\overline{A}CD+A\overline{C}D+ABC$$

$$F_4(A,B,C,D)=A\overline{C}+\overline{A}C+\overline{B}+\overline{D}$$

画出相应的 PROM 阵列结构图。

解　① 确定输入变量数(A,B,C,D)，输出端为(F_1,F_2,F_3,F_4)。

② 将函数化为最小项之和 $\sum\limits_i m_i$ 的形式：

$$F_1=\sum m(0,1,2,3,7,8,9,10,13,15)\qquad F_2=\sum m(0,2,4,6,9,14)$$

$$F_3=\sum m(3,4,5,7,9,13,14,15)\qquad F_4=\sum m(0,1,2,3,4,6,7,8,9,10,11,12,13,14)$$

③ 根据最小项表达式，画出相应的 PROM 阵列结构示意图，如图 9-1-11 所示。

表 9-1-3　二进制码转换为格雷码的真值表

二进制码				格雷码			
B_3	B_2	B_1	B_0	G_3	G_2	G_1	G_0
0	0	0	0	0	0	0	0
0	0	0	1	0	0	0	1
0	0	1	0	0	0	1	1
0	0	1	1	0	0	1	0
0	1	0	0	0	1	1	0
0	1	0	1	0	1	1	1
0	1	1	0	0	1	0	1
0	1	1	1	0	1	0	0
1	0	0	0	1	1	0	0
1	0	0	1	1	1	0	1
1	0	1	0	1	1	1	1
1	0	1	1	1	1	1	0
1	1	0	0	1	0	1	0
1	1	0	1	1	0	1	1
1	1	1	0	1	0	0	1
1	1	1	1	1	0	0	0

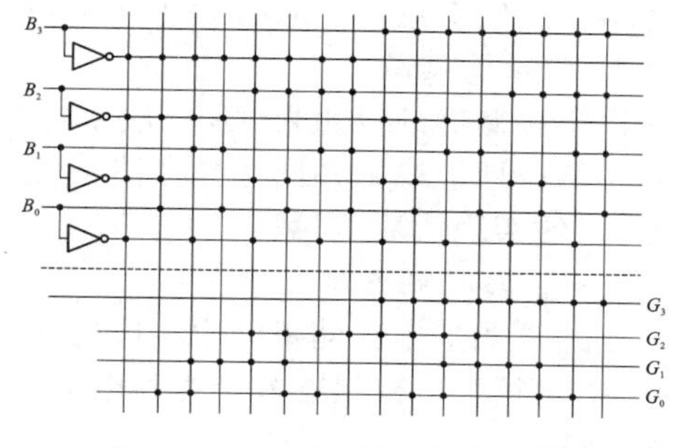

图 9-1-10　ROM 阵列结构示意图

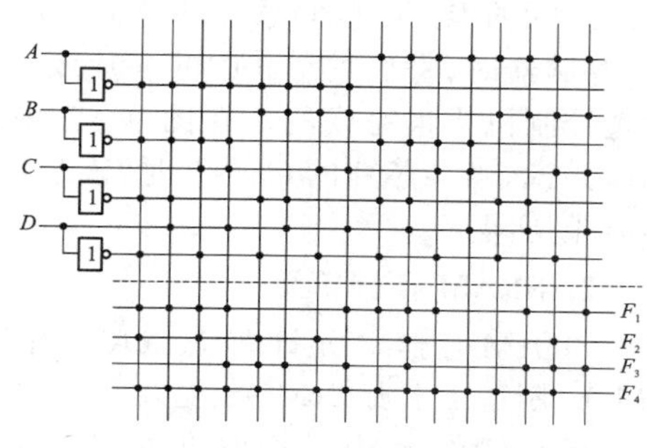

图 9-1-11　PROM 阵列结构示意图

④ 选用适当的只读存储器芯片(如 EROM、EPROM 或 E^2PROM 等)和专用的程序写入器将数据写入。芯片工作时,使片选信号 $\overline{CS}=0$。并令地址码 $A_0 \sim A_3 = A \sim D$,则只读存储器的输出端 $O_0 \sim O_3 = F_1 \sim F_4$。

9.2　随机存取存储器

随机存取存储器是可读/写的存储器,其英文简称为 RAM。RAM 可随时从任何一个指定地址的存储单元中读出数据,也可随时将数据写入任何一个指定地址的存储单元中。RAM 的最大优点是读/写方便,但信息容易丢失,一旦电源关断,所存储的信息就会随之消失,不利于信息的长期保存,这是它的缺点。

RAM 可以看作是由许多基本的寄存器组合起来构成的大规模集成电路。基本寄存器相当于是暂存处,RAM 则相当于是由许多暂存处构成的大仓库。按所用器件不同,RAM 可分为双极型和 MOS 型两种;按照工作原理的不同,RAM 可分为 SRAM(静态随机存取存储器)和 DRAM(动态随机存取存储器)两种类型。动态随机存取存储器的存储单元结构简单,它所能达到的集成度远高于静态随机存取存储器的,但存取速度比静态随机存取存储器的慢,常用作计算机中的主存,而静态随机存取存储器则用作计算机中的高速缓冲存储器。

9.2.1　静态随机存取存储器(SRAM)

1. SRAM 的基本结构及输入/输出

SRAM 的基本结构与 ROM 类似,如图 9-2-1 所示,它由三部分组成:地址译码器、存储矩阵和读/写控制电路。因此,存储器有三类信号线,即地址线、数据线和控制线。

1) 存储矩阵

RAM 的存储矩阵由许多存储单元构成,每个存储单元存放一位二进制数码。与 ROM

存储单元不同的是，RAM 存储单元的数据不是预先固定的，而是取决于外部输入的信息。要存得住这些信息，RAM 存储单元必须由具有记忆功能的电路构成。

2）地址译码器

由于存储器的容量巨大，一般都把存储单元排列成矩阵形式。采用双译码（行、列译码），用两条地址线来共同选择存储单元，当某个存储单元被选中时，该存储单元就与数据线相通，以便实现读数/写数。

3）读/写控制电路

当地址码选中存储矩阵中相应的存储单元时，是读还是写，可采用高、低电平来控制，图 9-2-1 中，当读/写控制输入端为高电平时，即 $R/\overline{W}=1$，执行的是读操作；当 $R/\overline{W}=0$，执行的是写操作。

4）片选控制

实际的 RAM 存储系统都是由多片 RAM 组成的，以满足实际工作的需要。在读/写（访问）存储器时，每次只与其中的一片或几片交换信息，这种有选择性地交换信息的任务是由片选控制机构来完成的。在图 9-2-1 中，片选 $\overline{CS}$ 为选择芯片的控制输入端，低电平有效。也就是说，当某芯片的 $\overline{CS}=0$ 时，该芯片才能被读出/写入信息，否则，该芯片呈现高阻状态，不能被访问。

2. SRAM 存储单元

SRAM 存储单元即静态 RAM 存储单元，一般由 6 管 CMOS 或 NMOS 组成。虽然 CMOS 制造工艺比 NMOS 复杂，但它具有微功耗的特点，所以大容量的静态存储器多采用 CMOS 存储单元，其结构如图 9-2-2 所示。

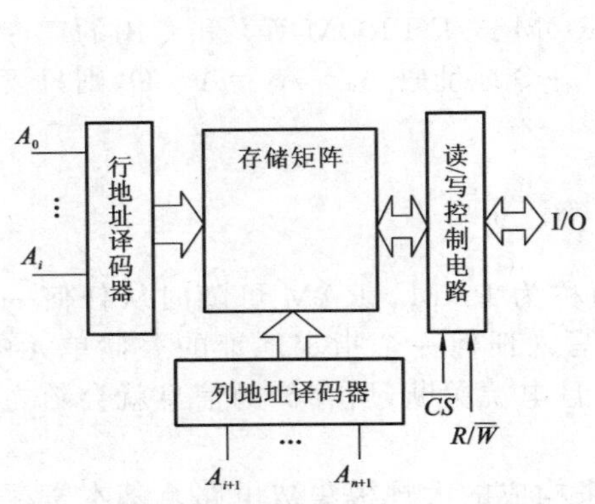

图 9-2-1 SRAM 的基本结构

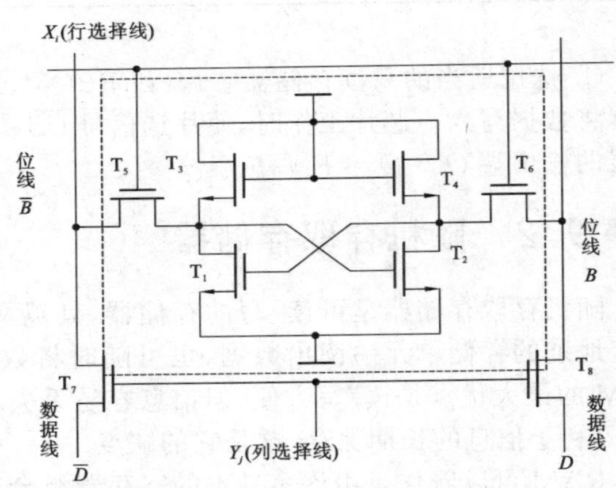

图 9-2-2 SRAM 存储单元结构

T_1 与 T_3、T_2 与 T_4 各构成一个 NMOS 反相器；两个反相器交叉耦合，组成基本 SR 锁存器。D、$\overline{D}$：存储的一位二值数据。T_5、T_6：本单元控制门，由行选择线 X_i 控制。T_7、T_8：一列存储单元公用的控制门，由列选择线 Y_j 控制。

工作原理：当 $X_i=1$ 时，T_5、T_6 导通，存储单元与位线接通；当 $X_i=0$ 时，T_5、T_6 截止，存储单元与位线隔离。当 $Y_j=1$ 时，T_7、T_8 导通，位线与数据线接通；当 $Y_j=0$ 时，T_7、T_8 截止，位线与数据线隔离。显然，只有 X_i、Y_j 选择线都是高电平，内部输入/输出才和外部数据线连接，也就是该存储单元被选中。

3. 静态存储器的特点

（1）利用锁存器或触发器保存数据，所以数据是非破坏性读出，一次写入，可以反复读出，对存储的数据没有反作用。

（2）进行读/写操作，由另外的输出/输入电路控制。

(3) 静态存储单元功耗高,体积大,集成度低。

9.2.2 同步静态随机存取存储器(SSRAM)

SSRAM(synchronous static random access memory)即同步静态随机存取存储器。同步是指 Memory 工作需要同步时钟,内部命令的发送与数据的传输都以它为基准;随机是指数据不是线性依次存储,而是由指定地址进行数据读/写。对于 SSRAM 的所有访问都在时钟的上升/下降沿启动。地址、数据输入和其他控制信号均与时钟信号相关。这一点与异步 SRAM 不同,异步 SRAM 的访问独立于时钟,数据输入/输出都由地址的变化控制。因此,SSRAM 最明显的标志是有时钟脉冲输入端。

如图 9-2-3 所示,SSRAM 中除了有与 SRAM 类似的电路外,还增加了地址寄存器、输入寄存器、读/写控制逻辑电路和丛发控制逻辑电路。其中,地址寄存器用来保存地址线上的地址;输入寄存器用来保存数据线上需要写入的数据;读/写控制逻辑电路内部的寄存器可以用来保存各种使能控制信号,并将它们进行逻辑运算,生成最终的内部读/写控制信号;丛发控制逻辑电路包含一个 2 位的二进制计数器,地址码的最低 2 位经过此电路后再输出。在所有的信号中,除了 $\overline{OE}$ 外,所有的输入都要在时钟脉冲的上升沿被采样。

ADV 是丛发使能控制信号,$ADV=0$ 时是普通模式读/写:在每个时钟有效沿锁存输入信号,在一个时钟周期内,由内部电路完成数据的读/写操作;$ADV=1$ 时是丛发模式读/写:在有新地址输入后,自动产生后续地址进行读/写操作,地址总线让出。读/写控制信号 $\overline{WE}=0$ 时为写操作,$\overline{WE}=1$ 时为读操作。

SSRAM 的使用特点:在由 SSRAM 构成的计算机系统中,由于在时钟有效沿到来时,地址、数据、控制等信号被锁存到 SSRAM 内部的寄存器中,因此读/写过程的延时等待均在时钟作用下,由 SSRAM 内部控制完成。此时,系统中的微处理器在读/写 SSRAM 的同时,可以处理其他任务,从而提高了整个系统的工作速度。

9.2.3 动态随机存取存储器(DRAM)

SRAM 存储单元由 6 个 MOS 管构成,所用的 MOS 管数目多、功耗大,集成度受到限制,而动态随机存储器 DRAM(dynamic randomaccess memory)就克服了这些缺点。图9-2-4为 DRAM 的存储单元,DRAM 存储原理依赖电容的电荷存储效应,只能将数据保持很短的时间。所以必须隔一段时间刷新一次,如果存储单元没有被刷新,存储的信息就会丢失。

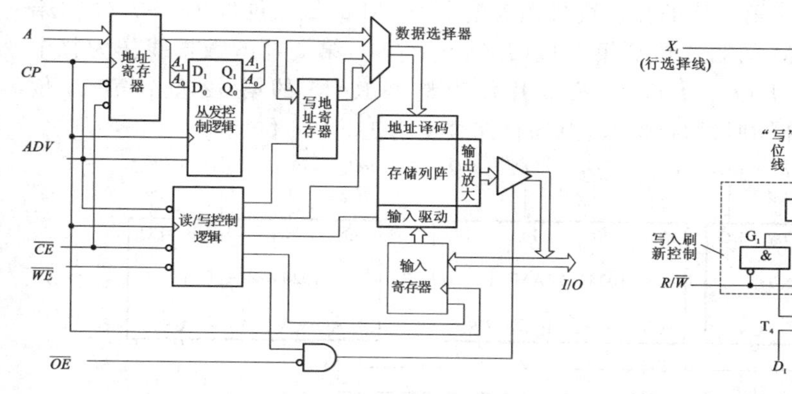

图 9-2-3 SSRAM 的基本结构

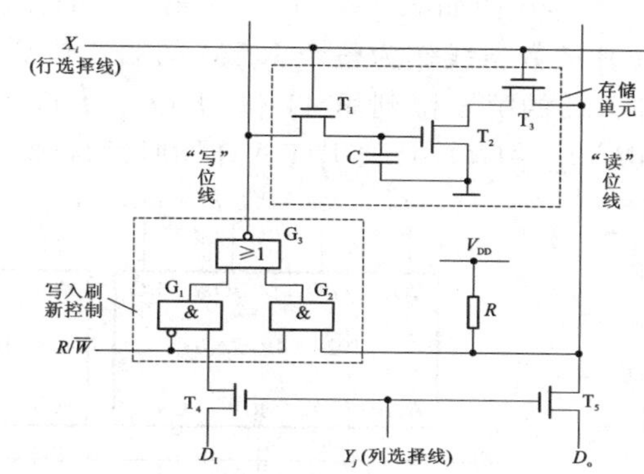

图 9-2-4 DRAM 的存储单元

读出过程:X_i、Y_j 选中该单元,T_1、T_3、T_4、T_5 都导通,D_O上得到存储的数据。电容 C 上若充有足够电荷,其电压足够使 T_2 导通,输出线(读位线)D_O上就得到低电平 0,否则得到 1。注意:每次从 DRAM 中读出数据时,因漏电流的原因,都会使电容 C 上的电荷减少,所以

DRAM 的读出过程是破坏性读出。因此，每次读出后必须及时给电容再次充电，维护其内容。此外，电容 C 上的电荷也不能长时间维持，所以还必须定时对电容充电，称为再生或刷新。定时刷新：只选通行选择线 X_i，并令 $R/\overline{W}=1$；则电容 C 上的数据经 T_2、T_3 到达"读"位线。与读出数据时数据再生相同，数据经写入刷新控制单元，根据原来存储的数据自己刷新。注意：因为此时 Y_j 不通，D_I、D_O 都断开，数据不被读出。

写入过程就是给电容充电和放电的过程。写入数据时：$R/\overline{W}=0$，X_i、Y_j 选中该单元，控制管导通。数据从 D_I 输入，经写入刷新控制电路，对电容充、放电。

9.3 存储器容量的扩展

存储器芯片种类繁多，容量也不相同。当一片 RAM(或 ROM)不能满足存储容量位数(或字数)要求时，需要多片存储芯片进行扩展，形成一个容量更大、字数位数更多的存储器。扩展方法根据需要有位扩展、字扩展和字位同时扩展三种方式。

9.3.1 位扩展方式

若一个存储器的字数用一片集成芯片已经够用，而位数不够用，则用"位扩展"方式将多片该型号集成芯片连接成满足要求的存储器。扩展的方法是将多片同型号的存储器芯片的地址线、读/写控制线 $R/\overline{W}$ 和片选信号相应连在一起，每个地址对应多个芯片内部的相同位置的存储单元，扩展了每个地址的位数，而将其数据线分别引出接到存储器的数据总线上，如图 9-3-1 所示。

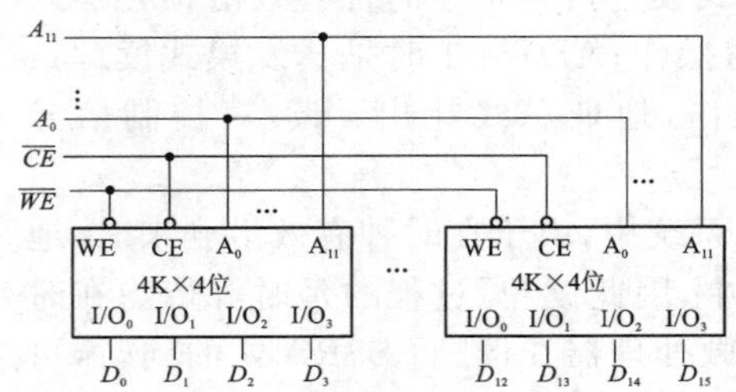

图 9-3-1 存储器的位扩展

例 9.3.1 现有 RAM2114 芯片若干片，需要构成 1K×16 位的存储器，需用多少片？画出接线图。

解 因 RAM2114 的容量为 1K×4 位，现在需要构成 1K×16 位的存储器，字线数正好够用，而位线数不够，所以需要进行位线扩展连接。

$$\text{需要 RAM2114 的片数 } n=\frac{\text{总存储容量}}{\text{每片存储容量}}=\frac{1\text{K}\times 16\text{ 位}}{1\text{K}\times 4\text{ 位}}=4\text{ 片}$$

连接图如图 9-3-2 所示。第 0 片的数据线将作为整个 RAM 的低 4 位($I/O_0 \sim I/O_3$)，第 1 片的数据线作为整个 RAM 的第 4 位到第 7 位($I/O_4 \sim I/O_7$)，第 2 片的数据线作为整个 RAM 的第 8 位到第 11 位($I/O_8 \sim I/O_{11}$)，第 3 片作为整个 RAM 的第 12 位到第 15 位($I/O_{12} \sim I/O_{15}$)。4 片 RAM 同时进行读、写，总的存储容量为 1K×16 位。

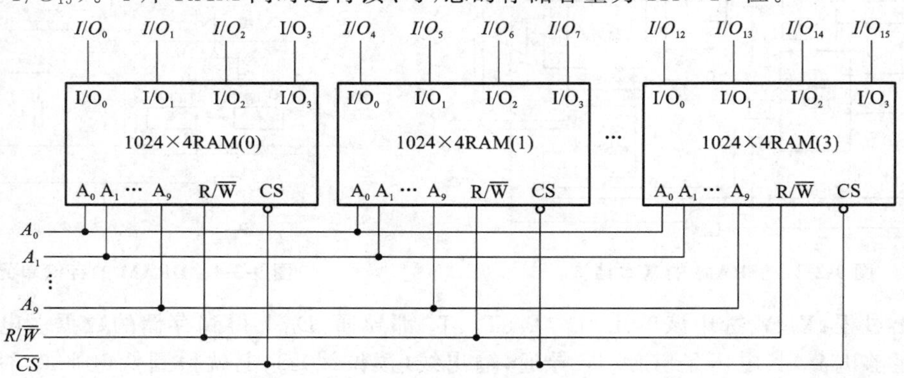

图 9-3-2 存储器的位扩展连接图

9.3.2 字扩展方式

若每一片存储器的数据位数够而字线数不够时，则需要采用“字线扩展”的方式将多片该种集成芯片连接成满足要求的存储器。扩展的方法是将各个芯片的数据线、地址线和读/写 $R/\overline{W}$ 控制线分别接在一起，而将片选信号线单独连接。若做地址扩展，则把低位地址并联入各个芯片，高位地址经译码作为各个芯片的片选信号。

例如：如图 9-3-3 所示，将 4 个 8K×8 位的 RAM 芯片扩展为 32K×8 位读存储器。外部 15 条地址线，接入芯片内部 13 条，增加的两条地址线 A_{14}、A_{13} 经译码后作为片选信号。当高位地址线为 00 时，Y_0 输出低电平，第一块 RAM 芯片被选中，其 8K 个存储单元与外部数据线相连。同理，若高位地址是 01，只有第二块 RAM 芯片被选中，其上的 8K 个存储单元与外部数据线相连。

9.3.3 字位同时扩展

在很多情况下，要组成的存储器比现有的存储芯片的字数、位数都多，需要字位同时进行扩展。扩展时可以先计算出所需芯片的总数及片内地址线、数据线的条数，再用前面介绍的方法进行扩展，先进行位扩展，再进行字扩展。

例 9.3.2 试用若干片 2048×8 位的 RAM6116 集成芯片，构成一个 8192×16 位的 RAM，求需要多少片？画出连接图。

解 需要 RAM6116 的片数 $=\dfrac{\text{总存储容量}}{\text{每片存储容量}}=\dfrac{8\ 192\times16\text{ 位}}{2\ 048\times8\text{ 位}}=8$ 片

因为 RAM6116 的容量为 2 048×8 位，表明片内字数为 2 048，所以地址线有 11 条，即 $(A_0\sim A_{10})$，每字 8 位，数据线有 8 条 $(I/O_1\sim I/O_8)$。

而存储容量为 8192×16 位的 RAM 的字数为 8192，所以地址线有 13 条，即 $(A_0\sim A_{12})$，每字 16 位，数据线有 16 条 $(I/O_1\sim I/O_{16})$。高位地址线 A_{12}、A_{11} 经译码器后用作芯片的片选信号线。具体连接方法如图 9-3-4 所示。

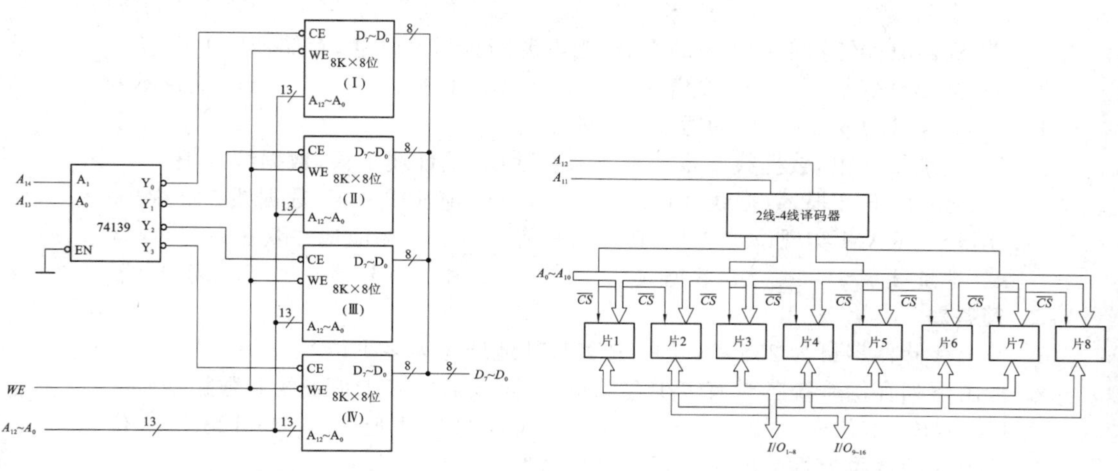

图 9-3-3 字扩展连线图　　　　图 9-3-4 RAM 扩展图

本章小结

本章介绍了半导体存储器的技术与发展，首先介绍了半导体存储器的分类方法，并讲解了只读存储器和静态随机存取存储器的电路结构和工作原理以及静态 RAM 的三种扩展方法，并通过例题讲解了 ROM 和 RAM 的作用。近年来，新一代高容量、高性能的存储器结构得到了进一步发展，包括嵌入式存储器和不挥发快闪存储器在内的大容量存储设备得到了越来越广泛的应用。

课后习题

一、选择题

1. 要构成容量为 4K×8 位的 RAM，需要________片容量为 256×4 位的 RAM。

A. 2　　B. 4　　C. 8　　D. 32

2. 寻址容量为 16K×8 位的 RAM 需要________根地址线。

A. 4　　B. 8　　C. 14　　D. 16k

3. 若 RAM 的地址码有 8 位，行、列地址译码器的输入端都为 4 个，则它们的输出线共有________条。

A. 8　　B. 16　　C. 32　　D. 256

4. 某存储器具有 8 根地址线和 8 根双向数据线，则该存储器的容量为________。

A. 8×3　　B. 8K×8　　C. 256×8　　D. 256×256

5. 只读存取存储器在运行时具有______功能。

A. 读/写　　B. 无读/写　　C. 只读　　D. 只写

6. 随机存取存储器具有______功能。

A. 读/写　　B. 无读/写　　C. 只读　　D. 只写

7. 欲将容量为 128×1 位的 RAM 扩展为 1024×8 位的 RAM，则需要控制各片选端的辅助译码器的输出端数为________。

A. 1　　B. 2　　C. 3　　D. 8

8. 欲将容量为 256×1 位的 RAM 扩展为 1024×8 位的 RAM，则需要控制各片选端的辅助译码器的输入端数为________。

A. 4　　B. 2　　C. 3　　D. 8

9. 只读存储器 ROM 中的内容，当电源断掉后又接通，存储器中的内容________。

A. 全部改变　　B. 全部为 0　　C. 不可预料　　D. 保持不变

10. 随机存取存储器 RAM 中的内容，当电源断掉后又接通，存储器中的内容________。

A. 全部改变　　B. 全部为 1　　C. 不确定　　D. 保持不变

11. 一个容量为 512×1 位的静态 RAM 具有________。

A. 地址线 9 根，数据线 1 根　　B. 地址线 1 根，数据线 9 根

C. 地址线 512 根，数据线 9 根　　D. 地址线 9 根，数据线 512 根

12. 用若干 RAM 实现位扩展时，其方法是将________相应地并联在一起。

A. 地址线　　B. 数据线　　C. 片选信号线　　D. 读/写线

二、简答题

1. 一个存储器容量为 256×8 位的 ROM，其地址应为多少位？

2. 指出下列存储系统各具有多少存储单元，至少需要多少地址线和数据线？

(1) 64K×1 位　　(2) 256K×4 位　　(3) 1M×1 位　　(4) 128K×8 位

3. 反映存储器系统性能的重要指标是什么？

第10章 可编程逻辑器件

主要教学内容

1. 可编程逻辑阵列。
2. 可编程阵列逻辑。
3. CPLD。

教学目的和要求

1. 掌握可编程逻辑器件的基本特点。
2. 了解 PLA 和 PAL 的区别。
3. 了解复杂的可编程逻辑器件 CPLD 的结构和编程方法。

1. 数字集成电路的分类

从逻辑功能特点上可以将数字集成电路分成以下三类。

(1) 通用型数字集成电路,包括各种中小规模数字集成电路,其特点是逻辑功能简单,且固定不变。从理论上讲,可以用其组成任何复杂的数字系统,但电路体积大、质量大、功耗大、可靠性差。

(2) 专用型数字集成电路,是为专门用途设计的大规模数字集成电路(application specific integrated circuit,简称 ASIC),其特点是体积小、重量轻、功耗小、可靠性好,缺点是用量不大的情况下,成本高,设计、制造周期长。

(3) 可编程逻辑器件(programmable logic device,简称 PLD),其特点是芯片本身作为通用器件生产,但其逻辑功能是由用户通过对器件编程来设定的。由于 PLD 集成度很高,足以满足一般数字系统设计的需要,设计人员只要自行编程,把一个数字系统"集成"在一片 PLD 上,而不必请芯片制造厂商设计和制作专用芯片。

2. PLD 开发系统

PLD 开发系统包括硬件和软件两部分。开发系统软件,指专用的编程语言和相应的汇编程序或编译程序,分为汇编型、编译型和原理图收集型。20 世纪 80 年代后,功能更强、效率更高、兼容性更好的编译型开发系统软件得到广泛应用,软件输入的源程序采用专用的高级编程语言(硬件描述语言 VHDL)。有自动化简和优化设计的功能,除了能自动完成设计外,还有模拟仿真和自动测试的功能。特别是 20 世纪 90 年代后推出的在系统可编程器件(in-system programmable PLD,简称 ISP-PLD),及与之配套的开发系统软件,为用户提供了更为方便的设计手段。其最大特点是编程时既不需要使用编程器,也不需要将芯片从电路板上取下,可以在系统内进行编程。而所有的开发系统软件都可以在 PC 机上运行。目前应用最多的 ISP 器件是 FPGA 和 CPLD,均称为高密度 ISP-PLD。生产厂家有 Lattice、Xilinx、Atmel 公司等。

 10.1 可编程逻辑器件的基本特点

可编程逻辑器件的特点是芯片本身作为通用器件生产,但其逻辑功能是由用户通过对器件编程来设定的。如图 10-1-1(a)、(b)、(c)所示,按 PLD 中的与、或阵列是否编程,PLD

可分为三类：与阵列固定、或阵列可编程(PROM)；与阵列、或阵列均可编程(PLA)；与阵列可编程、或阵列固定(PAL 和 GAL 等)。

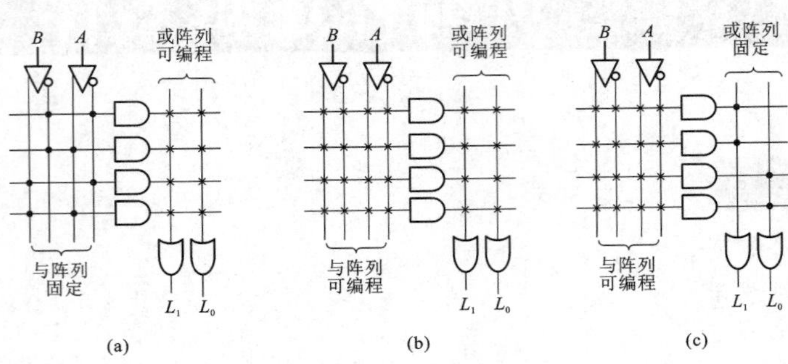

图 10-1-1 PLD 的分类

10.2 可编程逻辑阵列(PLA)

虽然用户能对 PROM 所存储的内容进行编程，但 PROM 还存在某些不足，如：PROM 巨大阵列的开关时间限制了 PROM 的速度；PROM 的全译码阵列中的所有输入组合在大多数逻辑功能中并不使用。可编程逻辑阵列(programmable logic array，简称 PLA)，也称现场可编程逻辑阵列(FPLA)，其出现弥补了 PROM 等的不足。它的基本结构为“与”阵列和“或”阵列，且都是可编程的，如图 10-1-1 所示。设计者可以控制全部的输入/输出，这为逻辑功能的处理提供了更有效的方法。然而，这种结构在实现比较简单的逻辑功能时还是比较浪费的，且 PLA 的价格昂贵，相应的编程工具也比较贵。

10.3 可编程阵列逻辑(PAL)

可编程阵列逻辑(programmable array logic，简称 PAL)，它既具有 PLA 的灵活性，又具有 PROM 易于编程的特点，其基本结构包含一个可编程的“与”阵列和一个固定的“或”阵列。PAL 器件“与”阵列的可编程特性使输入项增多，而“或”阵列的固定又使器件简化，所以这种器件得到了广泛应用。

10.4 复杂的可编程逻辑器件(CPLD)

复杂可编程逻辑器件 CPLD(complex programmable logic device)，是从 PAL 和 GAL 器件发展出来的器件，相对而言规模大，结构复杂，属于大规模集成电路范围，是一种用户根据各自需要而自行构造逻辑功能的数字集成电路。其基本设计方法是借助集成开发软件平台，用原理图、硬件描述语言等方法，生成相应的目标文件，通过下载电缆(“在系统”编程)将代码传送到目标芯片中，实现设计的数字系统。

CPLD 主要是由可编程逻辑宏单元(MC，macro cell)围绕中心的可编程互连矩阵单元组成。其中 MC 结构较复杂，并具有复杂的 I/O 单元互连结构，可由用户根据需要生成特定的电路结构，完成一定的功能。由于 CPLD 内部采用固定长度的金属线进行各逻辑块的互连，所以设计的逻辑电路具有时间可预测性，避免了分段式互连结构时序不完全预测的缺点。与简单 PLD 相比，CPLD 具有更多输入信号、更多的乘积项和更多的宏单元。图 10-4-1 是一般 CPLD 器件的基本结构图。

10.4.1 CPLD 的结构

CPLD 是和 FPGA 同期出现的可编程器件。从概念上，CPLD 是由位于中心的互连矩阵把多个类似 PAL 的功能块(function block，简称 FB)连接在一起，且具有很长的固定的布线资源的可编程器件，其基本结构如图 10-4-1 所示。

Altera 公司的 FLEX10K 是工业界第一个嵌入式的 PLD，由于其具有高密度、低成本、低功耗等特点，所以脱颖而出成为当今该公司应用前景最好的 CPLD 器件系列。现以 FLEX10K 系列为例，介绍 CPLD 的电路结构和工作原理。

FLEX10K CPLD 由嵌入式阵列、逻辑阵列、快速通道和 I/O 单元四部分组成，其结构框图如图 10-4-2 所示。一系列的嵌入式阵列块（简称 EAB）构成嵌入式阵列，可为用户提供存储器或实现逻辑功能，一系列的逻辑阵列块（简称 LAB）构成逻辑阵列，每个 LAB 又包含八个逻辑单元（简称 LE）和一些连接线，主要作用是实现逻辑功能。快速通道（简称 FT）提供 CPLD 内部信号的互连以及器件引脚之间的信号互连；I/O 单元（简称 IOE）位于快速通道的行和列的末端，其作用是驱动 I/O 引脚。

1. 嵌入式阵列块(简称 EAB)

图 10-4-3 是 FLEX10K 系列中的 EAB 结构框图。每个 EAB 含有 2048 bit 的 RAM、用于同步设计的输入寄存器、输出寄存器和地址寄存器。换句话说，EAB 就是一个在输入/输出口上带有寄存器的 RAM 块，其数据最大宽度为 8 bit，地址线最大宽度为 11 bit。EAB 的写使能信号（WE）可与输入时钟同步，也可以与输入时钟异步。EAB 的输出可以是寄存器输出，也可以是组合输出。

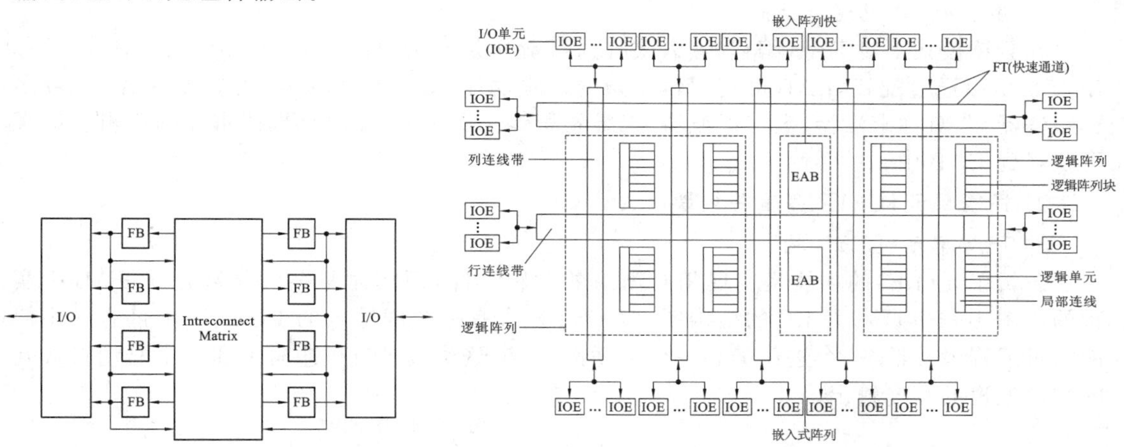

图 10-4-1　CPLD 基本结构　　　**图 10-4-2　CPLD 结构框图**

EAB 具有快速、可预测和可编程的性能，为设计者提供了在嵌入式阵列中实现完全可控制的编程功能。利用它不仅可以非常方便地实现一些规模不太大的 FIFO、ROM、RAM 和双端口 RAM 等功能，还能够实现乘法器、矢量定标器和错误校正电路等功能。除此之外，也可以应用于算术逻辑单元、数字滤波器、微控制器和微处理器等。

1）用 EAB 实现 RAM 功能

设计人员可以用标准的 EDA 工具或 Altera 公司的 MAX+PLUSⅡ开发系统在不需要任何附加逻辑的情况下，实现 EAB 自动级联，得到“更宽”“更深”的 RAM。EAB 还可以在一定的条件下，用特定的方法实现同步 RAM、异步 RAM 和仿真 ROM。

2）用 EAB 实现 FIFO 功能

通常在通信、打印机、微处理器等设备中，突发性的数据速率往往大于它们所能接受或处理的速率，因而需要一个先进先出缓冲器（FIFO）存储这些高速数据，直到较慢的处理进程准备好。

如图 10-4-4 所示，每个 EAB 中的 2048 bit 的 RAM 作为数据存储区；输入寄存器作为读/写指针计数器存储单元；输出寄存器用来锁存数据。交织的 EAB 存储功能允许构成更高的全局时钟速率和更大的 FIFO 区域。通过把同一个存储单元“分布”在不同的地址范围，在同一个 EAB 中可实现几个 FIFO。

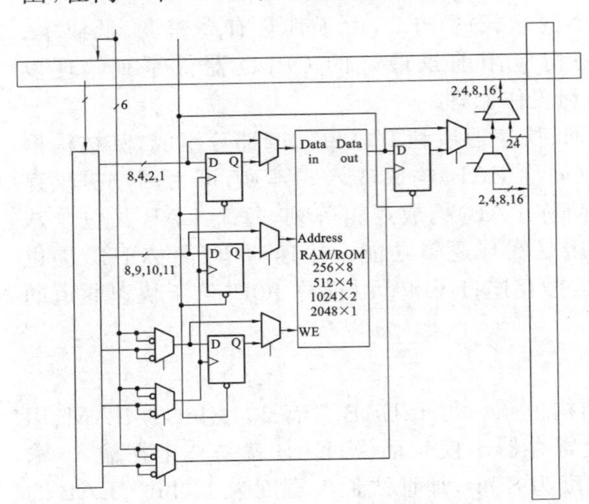

图 10-4-3　EAB 结构框图

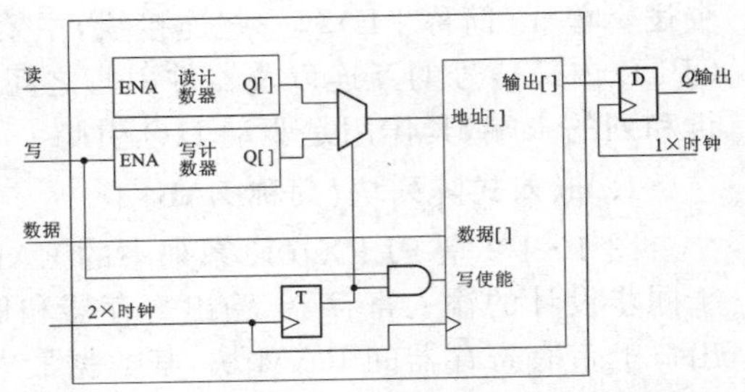

图 10-4-4　由 EAB 构成 FIFO 的结构图

3）用 EAB 实现逻辑功能

在只读模式下对 EAB 编程，嵌入式阵列可看作是一个大的查找表（look up table，简称 LUT），所以通过配置，EAB 可实现较复杂的逻辑功能，如对称乘法器、并行乘法器、时域多选乘法器、非对称乘法器、数字滤波器、二维卷积等。事实上，任何有规律重复的逻辑功能都可映射到 EAB 中。

2. 逻辑单元（LE）及逻辑阵列块（LAB）

1）逻辑单元（LE）结构

逻辑单元（LE）的功能是实现相对简单的逻辑功能，而相对复杂的函数是在 EAB 中实现的。图 10-4-5 所示为 LE 的结构图。每个 LE 含有一个四输入的 LUT、一个带有同步使能的可编程触发器、一个进位链和一个级联链、一个驱动局部的互连输出和一个驱动行或列的快速通道的互连输出。

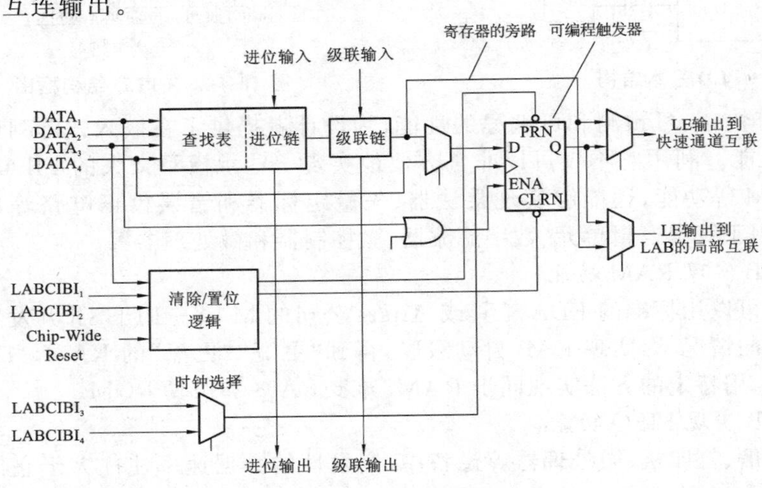

图 10-4-5　LE 的结构图

LUT 是一种函数发生器，它能快速计算四个变量的任意函数。LE 中的可编程触发器可设置成 D、T、JK 或 RS 触发器，在 LUT 的配合下，可方便地实现时序逻辑。该触发器的时钟、清零和置位信号可由专用的输入引脚、通用 I/O 引脚或任何内部逻辑驱动。当实现纯组合逻辑时,旁路该触发器,LUT 的输出直接接到 LE 的输出。进位链把来自低位的进位信号送到高位,为 LE 之间提供了非常快(0.2 ns 左右)的向前进位功能,使得 FLEX10K 能够实现高速计算器和任意进位的加法器的功能。级联链串接并行计算函数的相邻 LUT,使 FLEX10K 在最小延时情况下实现多输入逻辑函数。

2) 逻辑单元(LE)工作模式

逻辑单元(LE)有四种不同的工作模式,即正常模式、运算模式、加减计数器模式和可清除的计数模式。LE 工作模式的选择由 Altera 公司的 MAX+PLUSⅡ软件根据用户的设计自动完成。图 10-4-6 所示为这四种工作模式的结构图。

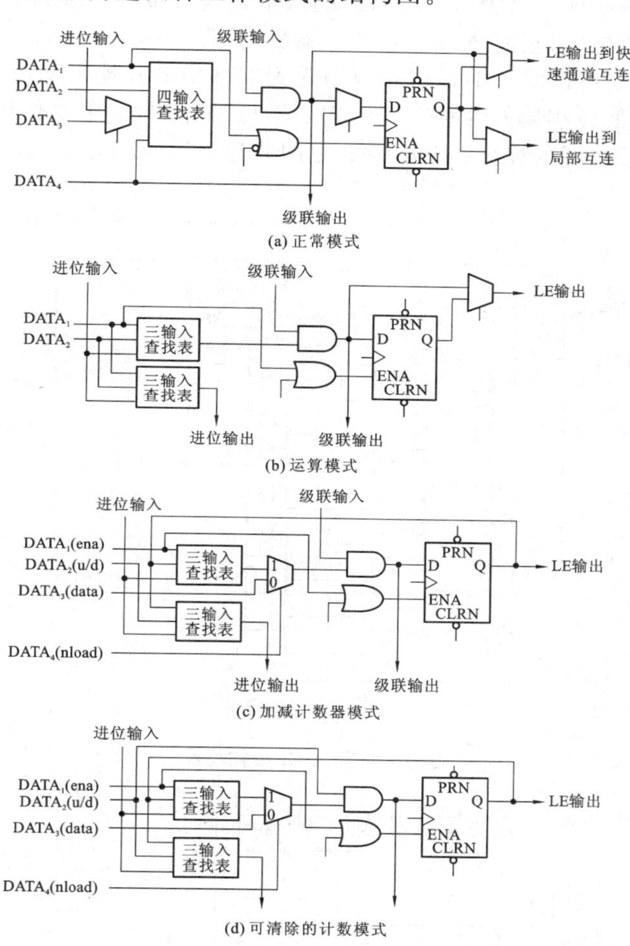

(a) 正常模式

(b) 运算模式

(c) 加减计数器模式

(d) 可清除的计数模式

图 10-4-6　LE 的四种工作模式

正常模式提供一个四输入的 LUT,适合于一般的逻辑应用和各种译码功能,充分发挥了级联链的优势。运算模式提供两个三输入的 LUT,适合于完成加法器、累加器和比较器功能。加减计数模式提供计数器使能、时钟使能、同步加减控制和数据加载选择,适合于可预置的同步加减计数器。可清除的计数模式提供计数器使能、时钟时能和同步清除控制,适合同步清除计数功能。

3) 逻辑阵列块(LAB)

一个 LAB 由八个 LE、进位链、级联链、LAB 控制信号以及 LAB 局部互连线组成。其结构框图如图 10-4-7 所示。LAB 构成了 FLE×10K 的“粗粒度”结构,具有有效的布线特性。它不仅能提高利用率,还能提高性能。

每一个 LAB 提供四个控制信号供八个 LE 使用。其中的两个控制信号可以用作时钟，另外两个用作清除/置位控制。LAB 时钟信号能够由专用时钟的输入引脚、全局信号、I/O 信号或借助 LAB 局部互连的任何内部信号直接驱动。LAB 清除/置位控制信号也能够由全局控制信号、I/O 信号或内部信号驱动。全局控制信号主要用于公共时钟、清除或置位信号。它可以由任何 LAB 中的一个或多个 LE 形成，并直接驱动目标 LAB 的局部互连线。也可以利用 LE 的输出产生。

3. 快速通道(FT)

快速通道是由一系列称之为“行连线带”的水平连续式布线通道和称之为“列连线带”的垂直连续式布线通道组成，它遍布整个 CPLD 器件，如图 10-4-8 所示。每行的 LAB 有一个专门的“行连线带”，它可以驱动 I/O 引脚或馈送到器件中的其他 LAB。“列连线带”布线于两列之间，它能驱动 I/O 引脚。这种布线结构是不可编程的，其主要作用是实现 LE 与 I/O 引脚之间的连接、LE 之间的连接、相邻 LAB 之间的连接以及相邻 EAB 之间的连接。

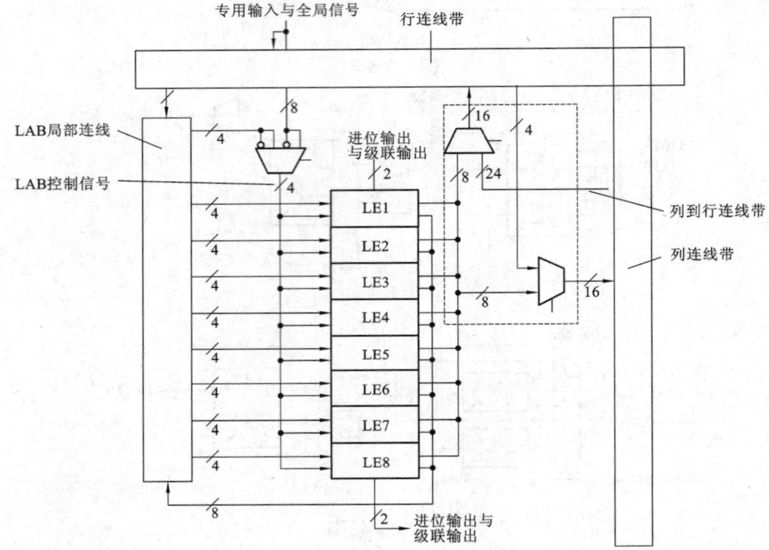

图 10-4-7 LAB 结构框图

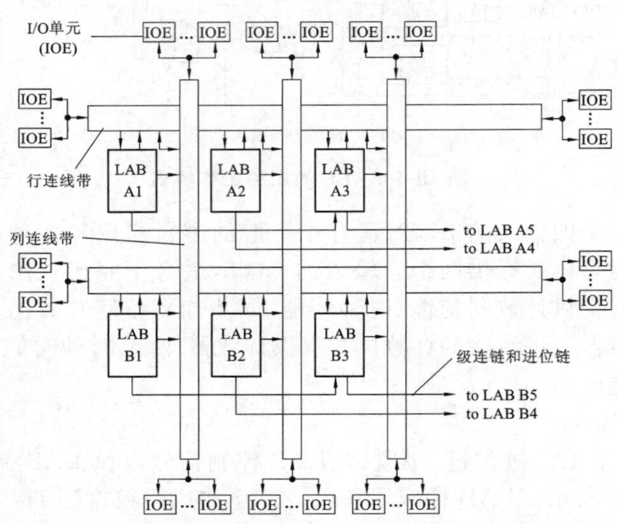

图 10-4-8 FLEX10KCPLD 的 FT 框图

图 10-4-9 所示为用 FT 实现 LE 与 I/O 引脚之间的连接示意图，“行连线带”中的每一个行通道都连有一个四选一多路选择器，每个 LE 都连有一个二选一多路选择器，所以“行连线带”中的每一个行通道可以由 LE 驱动，也可以由三个“列连线带”中的任意一个驱动。

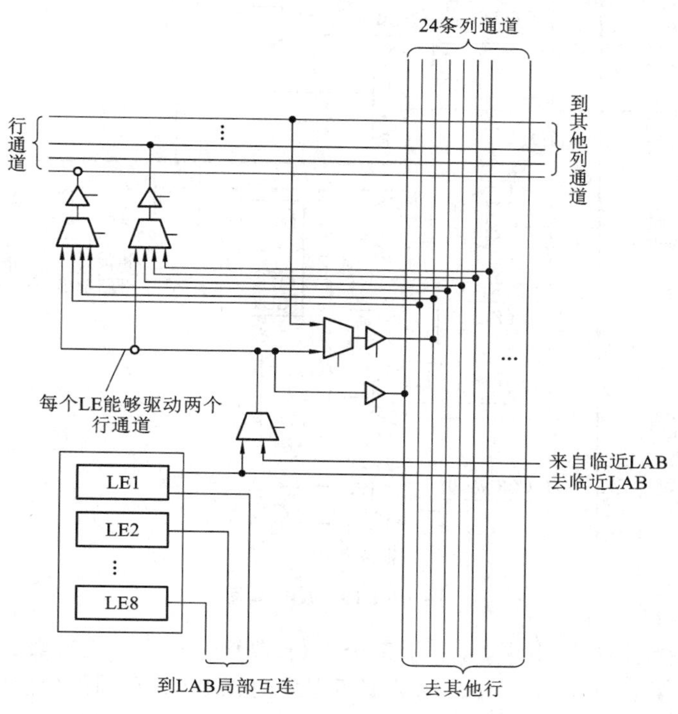

图 10-4-9 用 FT 实现 LE 与 I/O 引脚之间的连接

每列 LAB 有一个专用的“列连线带”承载本列中 LAB 的输出。来自“列连线带”的信号可能是 LE 的输出，也可能是 I/O 引脚的输入。“列连线带”可驱动 I/O 引脚或馈送到“行连线带”并把信号送到其他 LAB。在将“列连线带”信号送入 LAB 或 EAB 之前必须传送到“行连线带”。每个由 IOE 或 EAB 驱动的行通道能驱动一个特定的列通道。

为了提高可布通率，“行连线带”包括了全长和半长通道。半长通道连接一行中一半的 LAB，全长通道连接一行所有的 LAB。LAB 可以由一行中的半长通道驱动，也可以由全长通道驱动。两个相邻的 LAB 由一个半长通道连接，这样，该行的另一半就可以用作其他通道的一部分。

4. I/O 单元(IOE)

一个 I/O 单元包含一个双向 I/O 缓冲器和一个寄存器，其中，寄存器既可作为需要快速建立时间的外部数据的输入寄存器，也可以作为要求快速“时钟-输出”性能的数据的输出寄存器。但在某些情况下，用 LE 作为快速建立时间的外部数据的输入寄存器更快些。IOE 的结构框图 10-4-10 所示。I/O 引脚可以作为输入引脚、输出引脚或双向引脚。编程器可以利用可编程的反向选择，在需要的时候对来自行、列连线带的信号反相。

周边控制总线最多提供 12 个周边控制信号，可以配置成最多八个输出使能信号，或最多六个时钟使能信号，或最多两个时钟信号，或最多两个清除信号。每个 IOE 的时钟、清除、输出使能和时钟使能均由周边控制总线提供。

1）“行连线带”到 IOE 的连接

图 10-4-11 示出了 IOE 与“行连线带”的连接图。当 IOE 作为一个输入信号时，它可以驱动两个独立的行通道；当 IOE 作为一个输出信号时，其输出信号由一个对行通道进行选择

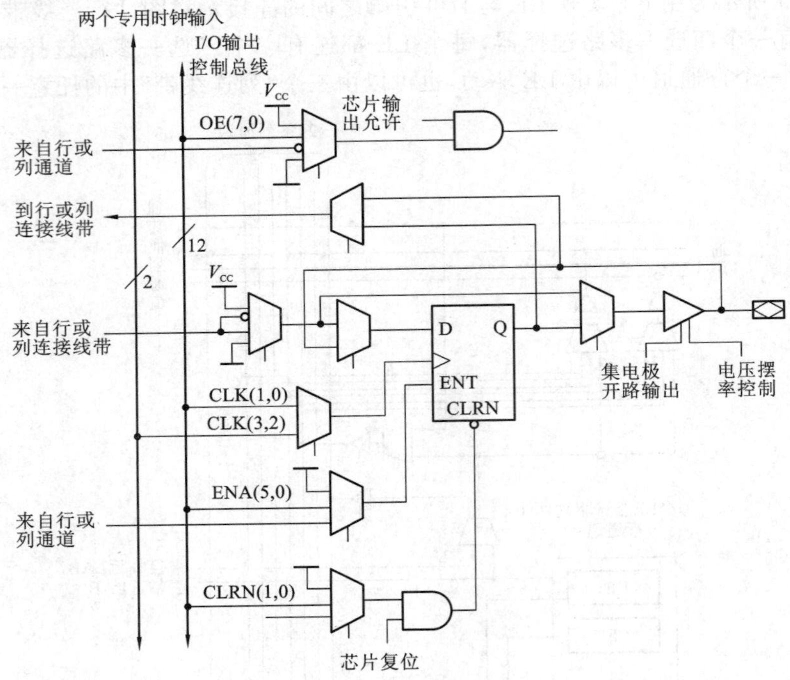

图 10-4-10　IOE 框图

的 m 选一多路选择器驱动，图中，m 表示每个 I/O 端子扇入的行通道数，n 表示每行扇入的通道数，n 和 m 的数值在 FLE×10K 的数据手册中可以查到，它们的值随器件型号变化。在 FLE×10K 系列的 CPLD 中，每个行通道最多与八个 IOE 相连，每个 IOE 最多能驱动两个行通道。

2）"列连线带"到 IOE 的连接

图 10-4-12 示出了 IOE 与"列连线带"的连接图。当 IOE 作为一个输入信号时，它最多能够驱动两个独立列通道；当 IOE 作为一个输出信号时，其输出信号由一个对列通道进行选择的 m 选一多路选择器驱动。图中，m 表示每个 I/O 端子扇入的列通道数，n 表示每列扇入的通道数。n 和 m 的数值随器件中的列数变化，在 FLE×10K 的数据手册中可以查到。每个列通道与两个 IOE 相连。

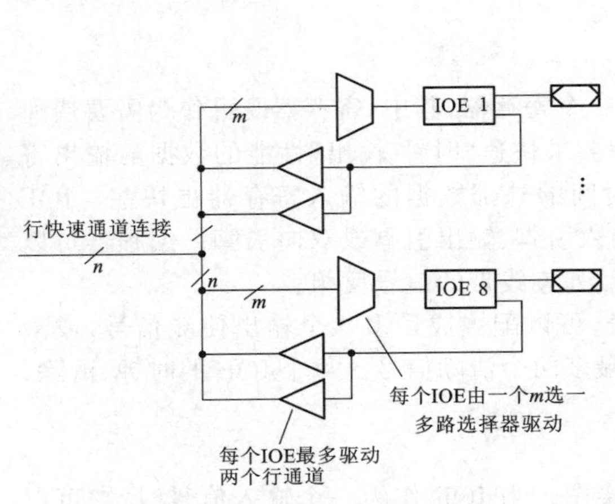

图 10-4-11　IOE 与"行连线带"的连接图

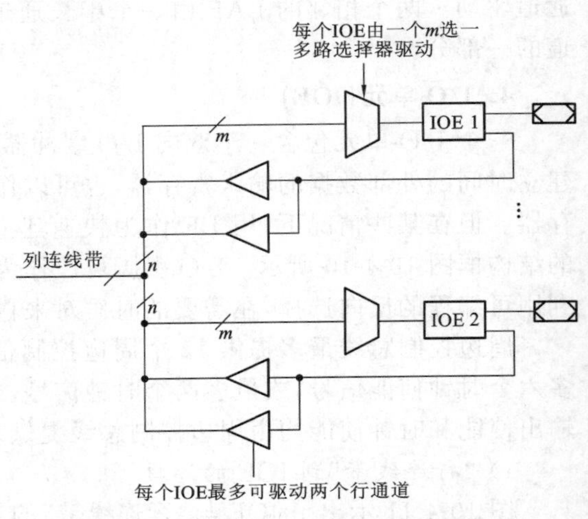

图 10-4-12　IOE 与"列连线带"的连接图

10.4.2 CPLD 编程简介

CPLD 是一种用户根据各自需要而自行构造逻辑功能的数字集成电路。其基本设计方法是借助集成开发软件平台，用原理图、硬件描述语言等方法，生成相应的目标文件，通过下载电缆（"在系统"编程）将代码传送到目标芯片中实现设计的数字系统。写入 CPLD 中的编程数据都是由可编程器件的开发软件自动生成的。如图 10-4-13 所示，用户在开发软件中输入设计及要求，利用开发软件对设计进行检查、分析和优化，并自动对逻辑电路进行划分、布局和布线，然后，按照一定的格式生成编程数据文件，再通过编程电缆将数据写入 CPLD 中。

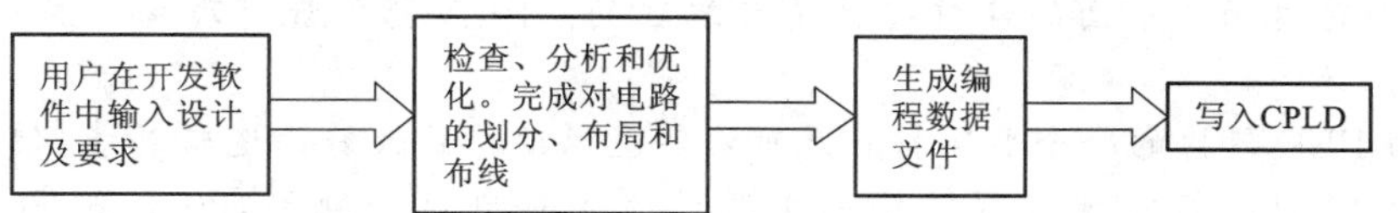

图 10-4-13 CPLD 编程流程图

编程时必须要有微机、CPLD 编程软件、专用编程电缆。计算机根据用户编写的源程序运行开发系统软件，产生相应的编程数据和编程命令，通过五线编程电缆接口与 CPLD 连接。如图 10-4-14 所示，将电缆接到计算机的并行口，通过编程软件发出编程命令，将编程数据文件中的数据转换成串行数据送入芯片。

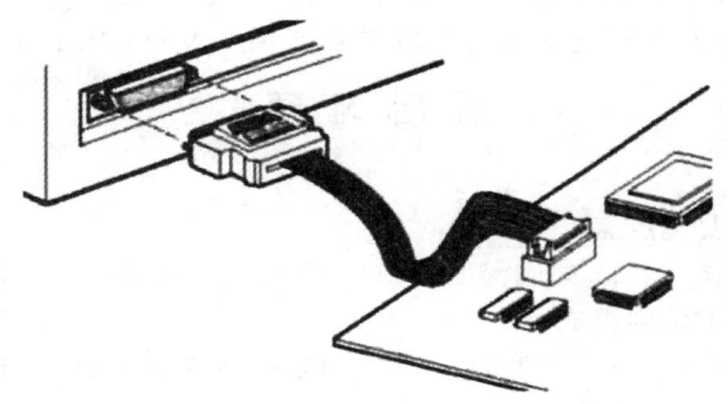

图 10-4-14 电缆接口与 CPLD 连接

当有多个 CPLD 器件串行编程时，需将多个 CPLD 器件以串行的方式连接起来，如图 10-4-15 所示，一次完成多个器件的编程，这种连接方式称为菊花链连接。

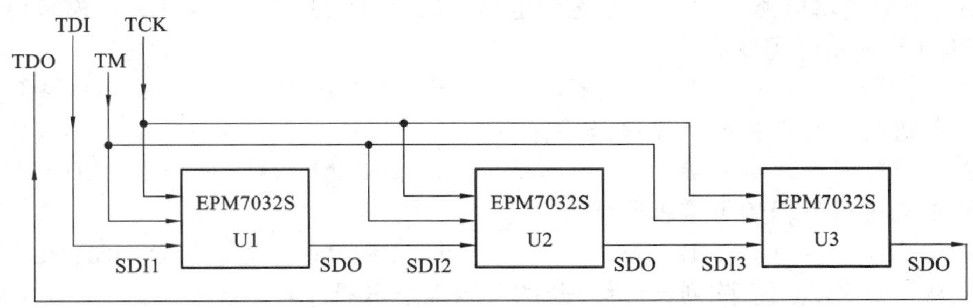

图 10-4-15 菊花链连接图

本章小结

早期的可编程逻辑器件只有可编程只读存储器（PROM）、紫外线可擦除只读存储器（EPROM）和电可擦除只读存储器（E^2PROM）三种。由于结构的限制，它们只能完成简单的数字逻辑功能。

其后，出现了一类结构上稍复杂的可编程芯片，即可编程逻辑器件(PLD)，它能够完成各种数字逻辑功能。典型的PLD由一个与门和一个或门阵列组成，而任意一个组合逻辑都可以用与-或表达式来描述。所以，PLD能以乘积和的形式完成大量的组合逻辑功能。这一阶段的产品主要有PAL(可编程阵列逻辑)和GAL(通用阵列逻辑)。PAL由一个可编程的与平面和一个固定的或平面构成，或门的输出可以通过触发器有选择地被置为寄存状态。PAL器件是现场可编程的，它的实现工艺有反熔丝技术、EPROM技术和E^2PROM技术。还有一类结构更为灵活的逻辑器件是可编程逻辑阵列(PLA)，它也由一个与平面和一个或平面构成，但是这两个平面的连接关系是可编程的。PLA器件既有现场可编程的，也有掩膜可编程的。

早期的PLD器件的一个共同特点是可以实现速度特性较好的逻辑功能，但其过于简单的结构也使它们只能实现规模较小的电路。为了弥补这一缺陷，20世纪80年代中期。Altera和Xilinx分别推出了类似于PAL结构的扩展型CPLD(complex programmable logic dvice)和与标准门阵列类似的FPGA(field programmable gate array)，它们都具有体系结构和逻辑单元灵活、集成度高以及适用范围宽等特点。这两种器件兼容了PLD和通用门阵列的优点，可实现较大规模的电路，编程也很灵活。它们又具有设计开发周期短、设计制造成本低、开发工具先进、标准产品无须测试、质量稳定以及可实时在线检验等优点，因此被广泛应用于产品的原型设计和产品生产(一般在10 000件以下)之中。几乎所有应用门阵列、PLD和中小规模通用数字集成电路的场合均可应用FPGA和CPLD器件。

课后习题

一、选择题

1. PLD器件的主要优点有________。
   A. 便于仿真测试　B. 集成密度高　C. 可硬件加密　D. 可改写
2. PLD器件的基本结构组成有________。
   A. 与阵列　B. 或阵列　C. 输入缓冲电路　D. 输出电路
3. PROM和PAL的结构是________。
   A. PROM与阵列固定，不可编程　B. PROM与阵列、或阵列均不可编程
   C. PAL与阵列、或阵列均可编程　D. PAL与阵列可编程
4. 当用异步I/O输出结构的PAL设计逻辑电路时，它们相当于________。
   A. 组合逻辑电路　B. 时序逻辑电路　C. 存储器　D. 数模转换器
5. PLD开发系统需要有________。
   A. 计算机　B. 编程器　C. 开发软件　D. 操作系统
6. 只可进行一次编程的可编程器件有________。
   A. PAL　B. GAL　C. PROM　D. PLD
7. 可重复进行编程的可编程器件有________。
   A. PAL　B. GAL　C. PROM　D. ISP-PLD
8. 全场可编程(与、或阵列皆可编程)的可编程逻辑器件有________。
   A. PAL　B. GAL　C. PROM　D. PLA

二、判断题(正确打√，错误的打×)

1. PAL的每个与项都一定是最小项。(　　)
2. PAL和GAL都是与阵列可编程、或阵列固定。(　　)
3. PAL可重复编程。(　　)
4. PAL的输出电路是固定的，不可编程，所以它的型号很多。(　　)

第11章 数字电路 Multisim 仿真研究

 11.1 逻辑函数化简与变换的 Multisim 仿真研究

1. 仿真电路

采用 Multisim 仿真软件来进行逻辑函数化简与变换，只需要使用逻辑转换器(logic converter)即可，其图标如图 11-1-1 所示，该仪器是 Multisim 特有的虚拟仪器，现实中并没有这种仪器，它可以实现逻辑电路、真值表和逻辑表达式的相互转换。逻辑转换器的图标只有在将逻辑电路转换为真值表或逻辑表达式时，才需要与逻辑电路相连。其图标有 9 个端子，其中左边 8 个用于连接逻辑电路的输入端，最右边的一个连接输出端。

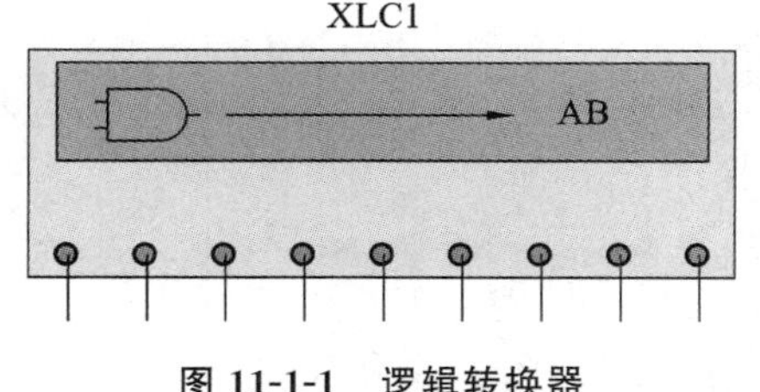

图 11-1-1 逻辑转换器

2. 仿真内容

已知逻辑函数 Y 的真值表如表 11-1-1 所示，试求出 Y 的逻辑表达式，并将其化简为最简的“与或”形式。

3. 仿真结果

双击逻辑转换器图标 XLC1，弹出逻辑转换器操作窗口 Logic Converter-XLC1，将表 11-1-1 所示的真值表键入逻辑转换器操作窗口左半部分的表格中。根据真值表的输入变量个数选择窗口上边的输入端 $A \sim H$，下面的真值表区就会出现输入信号的所有组合，表 11-1-1 所示真值表中有 A、B、C、D 共 4 个输入变量，所以选择 $A \sim D$ 四个输入端。之后根据表 11-1-1 中各变量组合对应的输出逻辑关系，改变真值表的输出值，单击真值表右边的“?”即可，单击一次变为 0，单击两次变为 1，单击三次变为 X。

点击逻辑转换器操作窗口右半部分转换方式(Conversions)栏内的第二个按钮，即可完成从真值表到逻辑表达式的转换。逻辑转换器实现从真值表到逻辑表达式转换的 Multisim 仿真结果如图 11-1-2 所示，转换结果显示在逻辑转换器操作窗口底部一栏中，得到

$$Y = AB'C'D' + AB'C'D + AB'CD' + AB'CD + ABC'D' + ABC'D + ABCD'$$

由转换结果可知，从真值表转换来的逻辑表达式是以最小项之和形式给出的。

将表 11-1-1 所示的真值表转化为最简与或式，只需再点击逻辑转换器操作窗口右半部分上边的第三个按钮，逻辑转换器实现从真值表到最简与或式转换的 Multisim 仿真结果如图 11-1-3 所示，转换结果显示在逻辑转换器操作窗口底部一栏中，得到

$$A = AB' + AC' + AD'$$

从图 11-1-2 中还可以看出，利用逻辑转换器操作窗口中右半部分设置的六个按钮，可以在逻辑函数的真值表、最小项之和形式的函数式、最简与或式以及逻辑图之间任意进行转换。

4. 结论

根据第 2 章所学理论知识可得出由表 11-1-1 所示真值写出的最小项之和形式的函数式为

$$Y = A\overline{BCD} + A\overline{BC}D + A\overline{B}\,C\overline{D} + A\overline{B}CD + AB\,\overline{CD} + AB\overline{C}D + ABC\overline{D}$$

采用卡诺图化简法对该最小项之和形式的函数式进行化简，如图 11-1-4 所示。

得到的最简与或式为

$$A=A\overline{B}+A\overline{C}+A\overline{D}$$

因此，仿真结果与理论计算结果完全相同。

表 11-1-1　逻辑函数真值表 1

A	B	C	D	Y
0	0	0	0	0
0	0	0	1	0
0	0	1	0	0
0	0	1	1	0
0	1	0	0	0
0	1	0	1	0
0	1	1	0	0
0	1	1	1	0
1	0	0	0	1
1	0	0	1	1
1	0	1	0	1
1	0	1	1	1
1	1	0	0	1
1	1	0	1	1
1	1	1	0	1
1	1	1	1	0

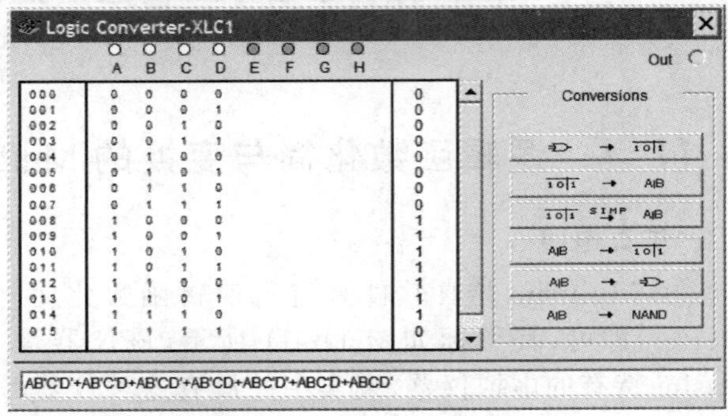

图 11-1-2　逻辑转换器实现从真值表到逻辑式转换的 Multisim 仿真结果图

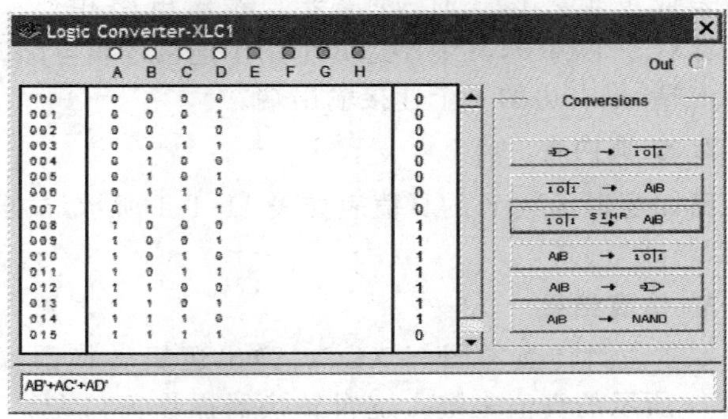

图 11-1-3　逻辑转换器实现从真值表到最简与或式转换的 Multisim 仿真结果图

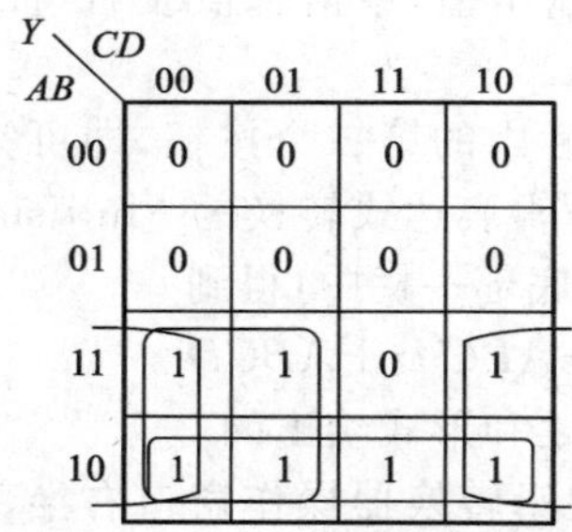

图 11-1-4　对最小项之和形式的函数式化简

11.2　组合逻辑电路的 Multisim 仿真

1. 仿真电路

组合逻辑电路的 Multisim 仿真电路如图 11-2-1 所示，从 TTL 集成电路器件库中的 74LS 库中找出 74LS151D 以及 74LS04D，从电源 Sources 库的 POWER_SOURCES 库中找出直流电源 V_{CC} 和接地符号 GROUND，然后连成组合逻辑电路。采用逻辑转换器分析该逻辑电路，将八选一数据选择器 74LS151D 的三个地址选通端 C、B、A 分别接逻辑转换器最左边的三个输入端 A、B、C；将逻辑转换器左起第四个输入端 D 接 74LS151D 的 D_5 输入端，同时 D 通过反相器 74LS04D 接 74LS151D 的 D_2 输入端；同时将电路的输出端接到逻辑转换器最右边的一个输入端 Out。

2. 仿真内容

已知组合逻辑电路如图 11-2-1 所示，试求出电路的逻辑真值表和逻辑表达式。

3. 仿真结果

双击逻辑转换器图标 XLC1，弹出逻辑转换器操作窗口 Logic Converter-XLC1。根据逻辑电路输入端的数量，点击窗口上边的逻辑变量，图 11-2-1 所示电路中共有 4 个输入变量，所以

选择 $A\sim D$ 四个输入端，真值表区就会出现 4 个变量的 16 种组合，但最右侧一栏暂时为“?”。

点击逻辑转换器操作窗口右半部分转换方式(Conversions)栏内的第一个按钮，即可完成从逻辑图到真值表的转换，逻辑转换器实现从逻辑图到真值表转换的 Multisim 仿真结果如图 11-2-2 所示。

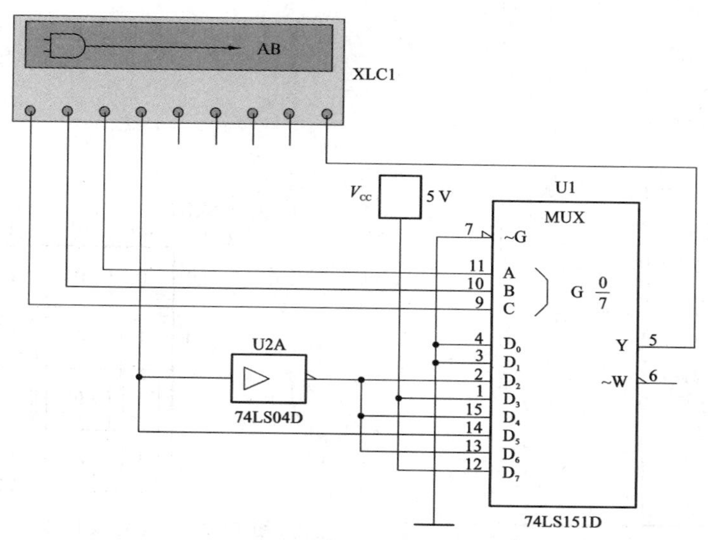

图 11-2-1 组合逻辑电路的 Multisim 仿真电路图

将图 11-2-2 所示的真值表转化为最简与或式，只需点击逻辑转换器操作窗口右半部分转换方式(Conversions)栏内的第三个按钮，即可完成从真值表到最简与或式的转换，逻辑转换器实现从真值表到最简与或式转换的 Multisim 仿真结果如图 11-2-3 所示。

转换结果显示在逻辑转换器操作窗口底部一栏中，得到

$$Y=AC'D'+ACD+BD'+BC$$

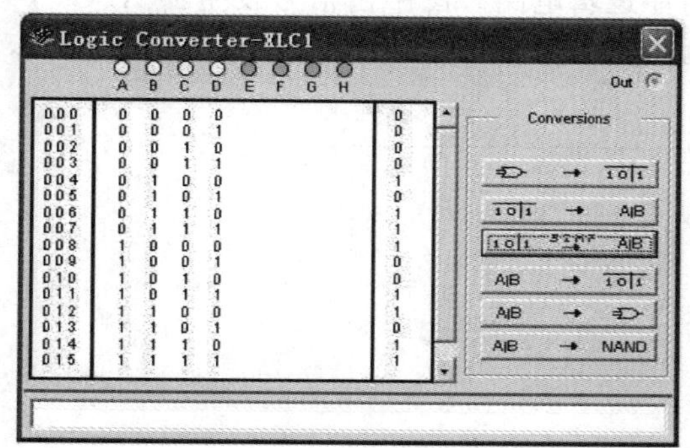

图 11-2-2 逻辑转换器实现从逻辑图到真值表转换的 Multisim 仿真结果图

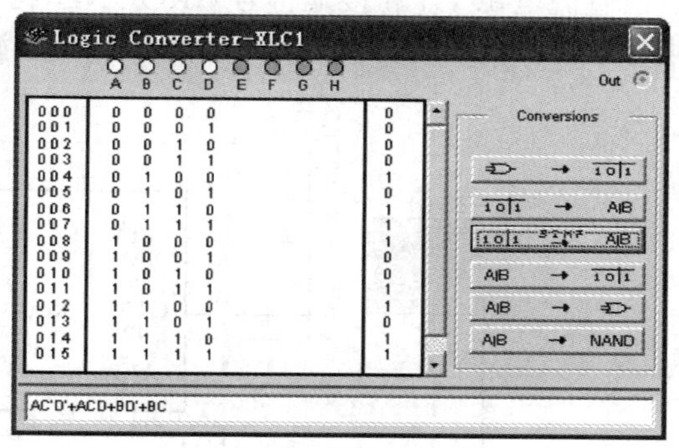

图 11-2-3 逻辑转换器实现从真值表到最简与或式转换的 Multisim 仿真结果图

4. 结论

根据 4.5.3 节所学八选一数据选择器 74HC151 的功能表，得出图 11-2-1 所示逻辑电路所对应的真值表，如表 11-2-1 所示，表中 C 对应图 11-2-3 中的 A，B 对应图 11-2-3 中的 B，A 对应图 11-2-3 中的 C，D_5 对应图 11-2-3 中的 D。

根据真值表画卡若图并化简，如图 11-2-4 所示。

得到的最简与或式为

$$Y=C\overline{A}\,\overline{D_5}+CAD_5+B\overline{D_5}+BA$$

由此可见，仿真结果与理论计算结果完全相同。

表 11-2-1　逻辑函数真值表 2

C	B	A	D_5	Y
0	0	0	0	0
0	0	0	1	0
0	0	1	0	0
0	0	1	1	0
0	1	0	0	1
0	1	0	1	0
0	1	1	0	1
0	1	1	1	1
1	0	0	0	1
1	0	0	1	0
1	0	1	0	0
1	0	1	1	1
1	1	0	0	1
1	1	0	1	0
1	1	1	0	1
1	1	1	1	1

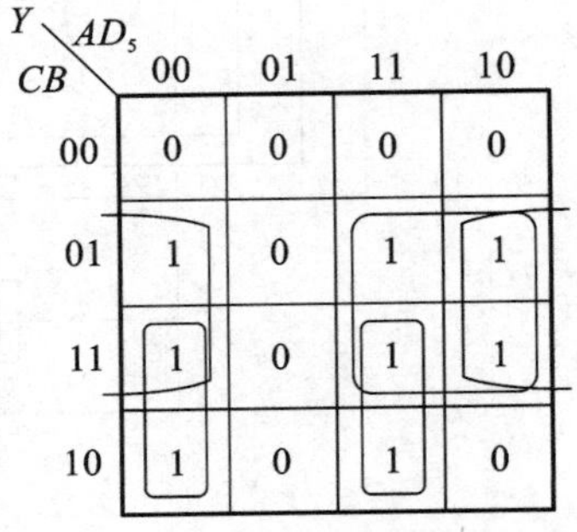

Y CB \ AD_5	00	01	11	10
00	0	0	0	0
01	1	0	1	1
11	1	0	1	1
10	1	0	1	0

图 11-2-4　根据真值表画卡诺图并化简

11.3　时序逻辑电路的 Multisim 仿真研究

1. 仿真电路

时序逻辑电路的 Multisim 仿真电路如图 11-3-1 所示，从 TTL 器件库中的 74LS 库中取计数器 74LS161D、2 输入与非门 74LS00D，从电源 Sources 库的 POWER_SOURCES 库中找出直流电源 V_{CC} 和接地符号 GROUND，构成时序逻辑电路。图中由信号发生器 XFG1 产生计数所需的时钟脉冲，该脉冲信号为矩形波，幅值为 5 V，频率为 1 kHz，占空比为 50%，

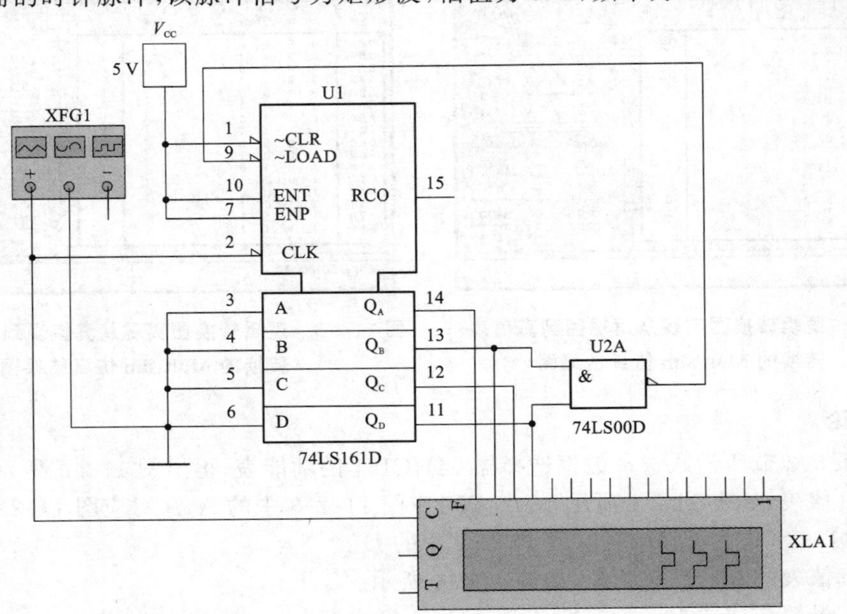

图 11-3-1　时序逻辑电路的 Multisim 仿真电路

如图 11-3-2 所示。计数器的输出 Q_D(高位)、Q_C、Q_B、Q_A(低位)对应接逻辑分析仪 XLA1 的低 4 位输入端。

逻辑分析仪(logic analyzer)的图标如图 11-3-3 所示,可以同时显示和记录 16 路逻辑信号,用于对数字逻辑信号的高速采集和时序分析。逻辑分析仪的连接端口有:1～F 共 16 路信号输入端、外接时钟端 C、时钟控制输入端 Q 以及触发控制输入端 T。

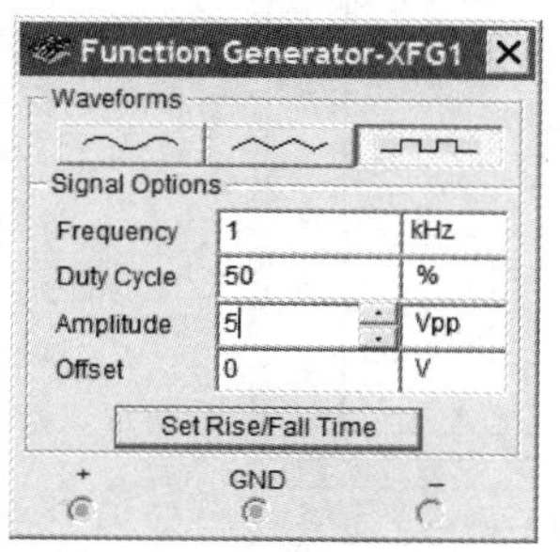

图 11-3-2　信号发生器的设置

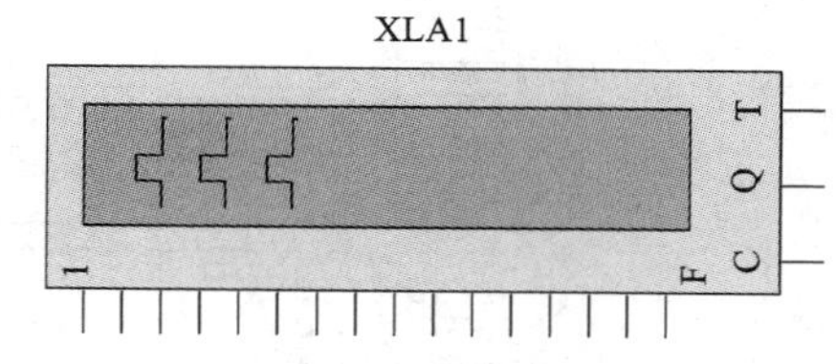

图 11-3-3　逻辑分析仪

2. 仿真内容

(1) 分析时序逻辑电路,求电路的时序图。

(2) 说明电路是几进制计数器。

3. 仿真结果

双击逻辑分析仪 XLA1 图标,弹出逻辑分析仪操作窗口 Logic Analyzer-XLA1,其上半部分是显示窗口,下半部分是逻辑分析仪的控制窗口,控制信号有 Stop(停止)、Reset(复位)、Reverse(反相显示)、Clock(时钟)设置和 Trigger(触发)设置。点击 Reverse,使显示窗口变为白色,方便观察。点击 Clock 中的 Set 按钮,弹出 Clock setup 对话框,如图 11-3-4 所示。在 Clock Source(时钟源)触发选择区,选择 Internal(内触发);在 Clock Rate(时钟频率)区,设置时钟脉冲频率为 1 kHz,与计数器的时钟频率相同,然后按 Accept 按钮确认。点击 Trigger 下的 Set(设置)按钮,出现 Trigger Settings(触发设置)对话框,如图 11-3-5 所示。在 Trigger Clock Edge(触发边沿)区,选择 Negative(下降沿)触发,然后按 Accept 按钮确认。

时序逻辑电路的 Multisim 仿真波形如图 11-3-6 所示,利用逻辑分析仪对计数器的时钟波形和输出波形进行观测,分析波形图可见,每 11 个时钟周期输出波形就重复一遍,在 74LS00D 的输出端产生一个低电平,使计数器置数。因此,这是一个十一进制计数器。

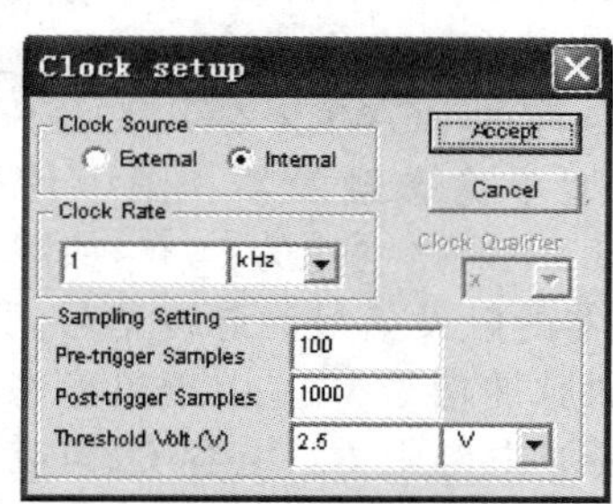

图 11-3-4　Clock setup 对话框

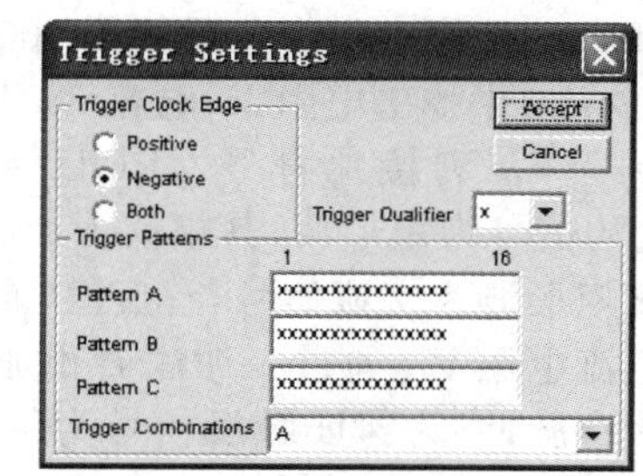

图 11-3-5　Trigger Settings 对话框

从逻辑分析仪给出的 Q_D、Q_C、Q_B、Q_A 的波形图,还可以画出电路的状态转换图,如图 11-3-7所示。

4. 结论

图 11-3-1 中的计数器采用了同步预置数的工作方式,把输出 $Q_DQ_CQ_BQ_A$=1010 的状态

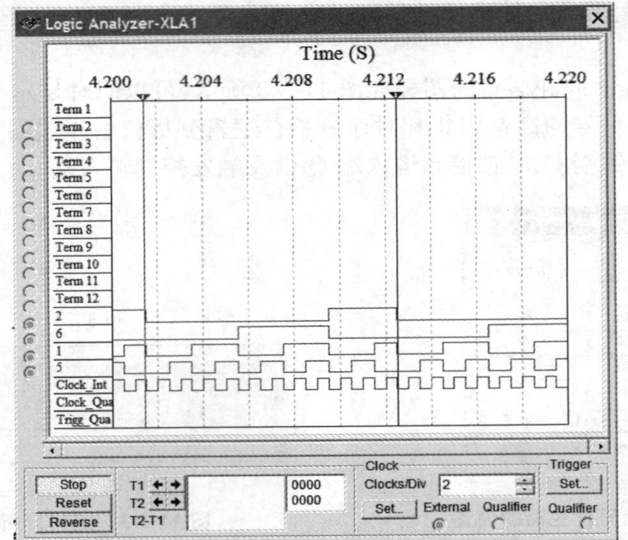

图 11-3-6　时序逻辑电路的 Multisim 仿真波形图

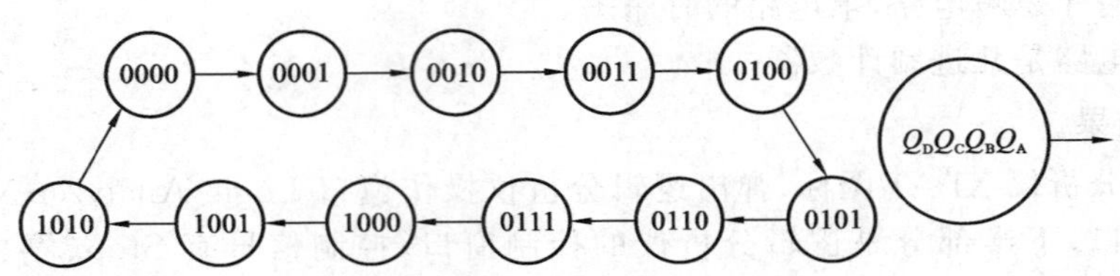

图 11-3-7　时序逻辑电路的状态转换图

经译码产生预置信号 0，反馈至 LOAD 端，在下一个 CP 脉冲的下降沿到达时将 $DCBA=0000$ 的信号预置入计数器，作为计数循环的初始状态。由此分析可得，该计数器是十一进制计数器。因此，仿真结果与理论分析结果完全吻合。

11.4　微分型单稳态触发器的 Multisim 仿真研究

1. 仿真电路

微分型单稳态触发器的 Multisim 仿真电路如图 11-4-1 所示，从 CMOS 集成电路器件库中的 CMOS_5V 库中找出六反相器 4009BD_5V，以及四 2 输入与非门 4011BD_5V，从基本元件库(Basic)中找出电阻 R、电容 C，从电源 Sources 库的 POWER_SOURCES 库中找出直流电源 V_{CC}、V_{DD} 和接地符号 GROUND，接成微分型单稳态触发器。图中信号发生器 XFG1 产生的信号为矩形波，其幅值为 2.5 V，频率为 1 kHz，占空比为 50%，如图 11-4-2 所示。由于该矩形波为交流信号，有负值，而单稳态触发器的触发信号为脉冲信号，只有正值，故将其与直流电压 V_{CC} 通过一加法器相加，得到所需的脉冲信号 V_I。由于单稳态触发器的触发信号为窄脉冲，为保证触发信号为窄脉冲，输入端加由电阻 R_d、电容 C_d 构成的微分电路，将脉冲信号 V_I 变为尖脉冲 V_d，保证电路为窄脉冲触发，从而使电路正常工作。

2. 仿真内容

(1) 用示波器观察并对应记录 V_I、V_d、V_{O1}、V_R 以及 V_O 的波形。

(2) 测记 V_O 的脉冲宽度。

3. 仿真结果

利用两个四踪示波器对各点的波形进行观察，V_I、V_d 以及 V_{O1} 的 Multisim 仿真波形如图

11-4-3 所示，V_{O1}、V_R以及 V_O的 Multisim 仿真波形如图 11-4-4 所示，由图 11-4-3 和图 11-4-4 所示 Multisim 仿真波形可知，触发器的触发信号为负窄脉冲，输出为负宽脉冲。用示波器的时间线进行测量，得到 V_O的脉冲宽度即低电平的输出时间为 336.134 μs。

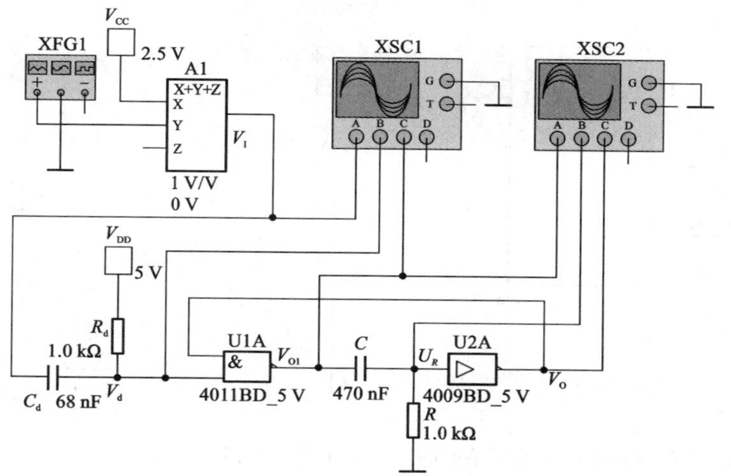

图 11-4-1　微分型单稳态触发器的 Multisim 仿真电路

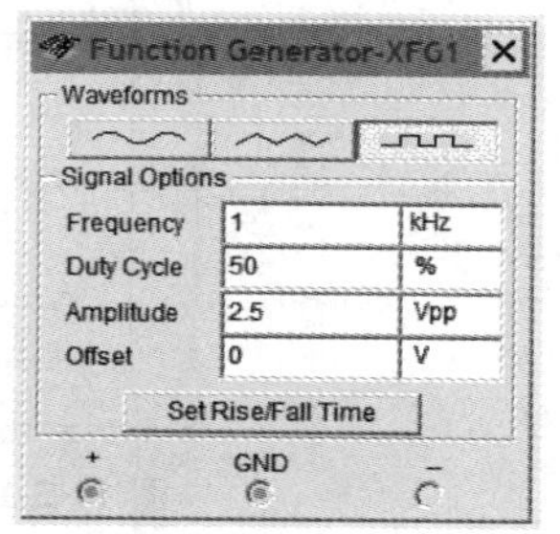

图 11-4-2　信号发生器的设置

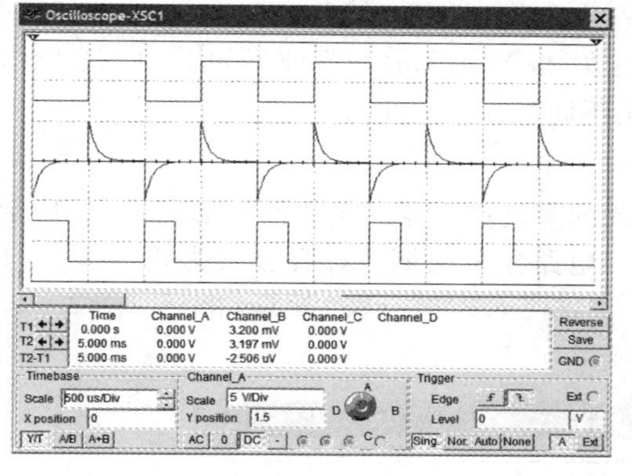

图 11-4-3　V_I、V_d以及 V_{O1}的 Multisim 仿真波形图

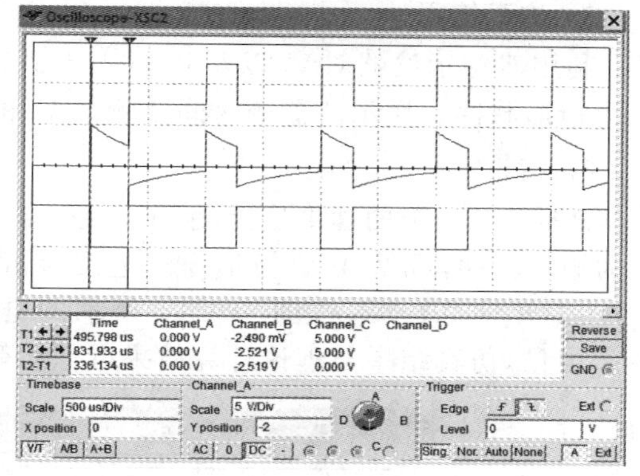

图 11-4-4　V_{O1}、V_R以及 V_O的 Multisim 仿真波形图

4. 结论

根据 7.2.1 节的理论分析，由与非门组成的微分型单稳态触发器的电压波形如图 7-2-2 所示，负窄脉冲触发，输出负宽脉冲，可见，仿真波形与理论波形相同。电路输出脉冲宽度的计算公式为式(7-2-2)，即 $t_w \approx 0.69RC$，将图 11-4-1 所示的电路参数代入式(7-2-2)计算，得到$t_w \approx 324.3$ μs，可见，仿真结果与理论计算结果近似相等。

11.5　555 定时器构成的多谐振荡器的 Multisim 仿真研究

1. 仿真电路

555 定时器构成的多谐振荡器的 Multisim 仿真电路如图 11-5-1 所示，从混合器件库(Mixed)中的定时器件(TIMER)中取 555 定时器，从基本元件库(Basic)中找出电阻 R、电容 C，从电源 Sources 库的 POWER_SOURCES 库中找出直流电源 V_{CC}和接地符号 GROUND，接成多谐振荡器。V_O、V_C分别接双踪示波器的 A 通道和 B 通道。

2. 仿真内容

(1) 用示波器观察并对应记录 V_C以及 V_O的波形。

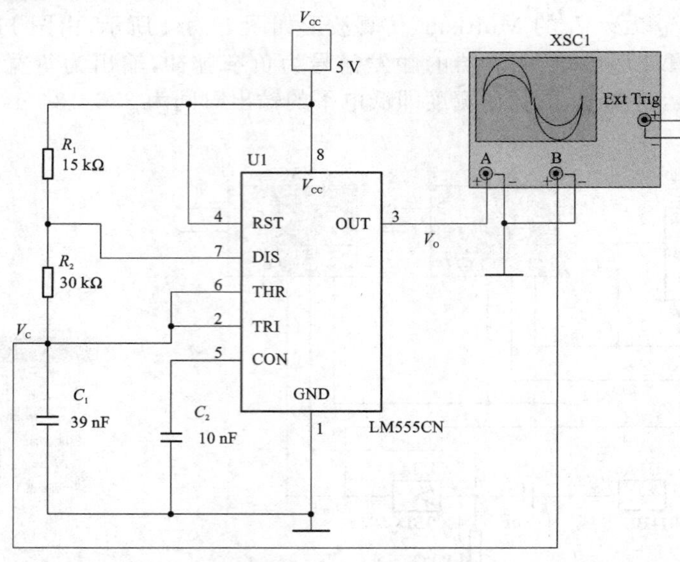

图 11-5-1　555 定时器构成的多谐振荡器的 Multisim 仿真电路

（2）测记 V_O的振荡周期。

3. 仿真结果

利用双踪示波器对 V_C以及 V_O的波形进行观察，得 Multisim 仿真波形如图 11-5-2 所示，V_O为矩形脉冲。用示波器的时间线测量 V_O的振荡周期为 2.039 ms。

4. 结论

根据 7.5.4 节的理论分析，用 555 定时器构成的多谐振荡器的工作波形如图 7-5-7 所示，V_O为矩形脉冲，可见，仿真波形与理论波形相同。电路振荡周期的计算公式为式(7-5-6)，即 $T\approx 0.7(R_1+2R_2)C$，将图 11-5-1 所示的电路参数代入式(7-5-6)计算，得到 $T\approx 2.0475$ ms。可见，仿真结果与理论计算结果近似相等。

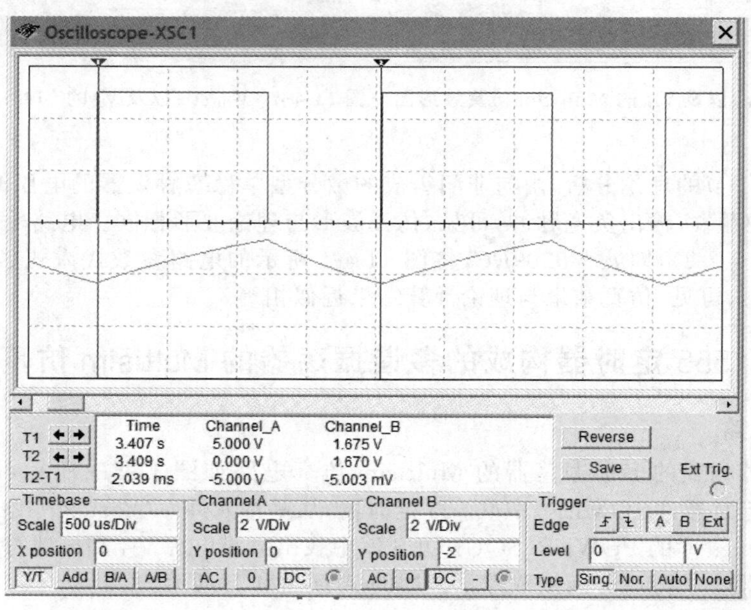

图 11-5-2　V_O、V_C的 Multisim 仿真波形图

第12章 数字电路应用实例

12.1 遮挡式红外声光报警装置

1. 目的

(1) 掌握光电二极管以及光电三极管的工作原理。

(2) 掌握由 555 定时器构成的施密特触发器的工作原理。

(3) 掌握直流继电器的工作原理。

(4) 用 Multisim 画图并进行仿真。

2. 电路原理

遮挡式红外声光报警装置电路如图 12-1-1 所示,电路由 5 V 直流电源供电。图中电位器 R_P、光电二极管 D1、电阻 $R1$、光电三极管 D2 和开关 J1 构成光电检测电路;555 定时器和电容 C 构成施密特触发器;电阻 $R4$、发光二极管 LED1 以及蜂鸣器 BUZZER 构成声光报警电路。

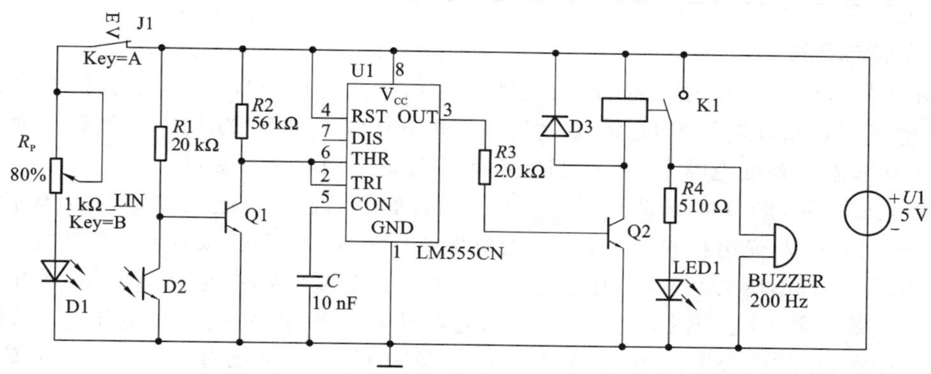

图 12-1-1 遮挡式红外声光报警装置电路图

当无人遮挡时,即 J1 开关闭合时,红外二极管 D1 发出红外光,光电三极管 D2 接收到红外光导通,将三极管 Q1 的基极电位变为低电平,三极管 Q1 截止,555 定时器的 2、6 引脚为高电平,其 3 引脚输出低电平,使三极管 Q2 截止,继电器 K1 不动作,其常开开关断开,故发光二极管 LED1 不亮、蜂鸣器 BUZZER 不响。

当有人遮挡时,实际中用手指挡在红外二极管 D1 和光电三极管 D2 之间,使光电三极管 D2 因接收不到红外光而截止。为了便于仿真,在电路中接入一开关 J1,通过断开开关 J1 来模拟有人遮挡这一动作,即开关 J1 断开时,由电位器 R_P 和红外二极管 D1 构成的红外光发射电路不工作,不能发出红外光,光电三极管 D2 接收不到红外光而截止,此时三极管 Q1 的基极电位被电阻 $R1$ 拉为高电平,三极管 Q1 导通,555 定时器的 2、6 引脚为低电平,其 3 引脚输出高电平,三极管 Q2 导通,将其集电极电位变为低电平,继电器 K1 线圈两端被加上 5 V 直流电压,其常开开关闭合,从而使发光二极管 LED1 点亮、蜂鸣器 BUZZER 发出响声,实现声光报警。

3. 元器件清单

遮挡式红外声光报警装置元器件清单如表 12-1-1 所示。

表 12-1-1 遮挡式红外声光报警装置元器件清单

元件标号	型 号	元件名称
D1	SE303	光电发射二极管
D2	PH202	光电接收二极管
LED1	LED	发光二极管
D3	1N4148	开关二极管
Q1	9013	NPN 型三极管
Q2	9013	NPN 型三极管
$R1$	20 kΩ	1/4W 碳膜电阻
$R2$	56 kΩ	1/4W 碳膜电阻
$R3$	2 kΩ	1/4W 碳膜电阻
$R4$	510 Ω	1/4W 碳膜电阻
R_P	1 kΩ	多圈电位器
U1	NE555	定时器
C	103 F	独石电容
K1	HK4100F-DC5V	继电器
BUZZER	5 V	蜂鸣器

4. 安装与调试

采用万用板焊接电路，按照原理图的顺序对元器件进行布局即可，注意将光电二极管D1的发射面正对光电接收管D2的接收面。若光电接收二极管采用PH202，则要使其工作于反向击穿状态。若继电器采用HK4100F-DC5V，则采用其常开触点。

焊接完成之后，调节电位器 R_P 的值为200 Ω，加电测试。未遮挡时，光电二极管D1的正极电压为1.18 V，光电接收二极管D2的负极电压为0.45 V，三极管Q1的集电极电压为3.5 V，555的3脚电压为0 V，三极管Q2的集电极电压为5 V，继电器不工作，发光二极管LED1不亮、蜂鸣器BUZZER不响。遮挡时，光电发射二极管D1的正极电压为1.18 V，光电接收二极管D2的负极电压为0.66 V，三极管Q1的集电极电压为0 V，555的3脚电压为3.5 V，三极管Q2的集电极电压为0 V，继电器线圈得电，其常开触点吸合，发光二极管LED1点亮、蜂鸣器BUZZER发声，实现声光报警。

5. 思考题

(1) 图12-1-1中继电器旁边的二极管D3起什么作用？可以去掉吗？

(2) 该报警电路遮挡时报警，不遮挡时立即停止报警。若要求遮挡后，报警持续一段时间，电路应如何改进？

12.2 30秒倒计时器

1. 目的

(1) 掌握由与非门构成的基本RS锁存器的工作原理。

(2) 掌握十进制可逆计数器74LS192的工作原理。

(3) 掌握由555定时器构成的多谐振荡器的工作原理。

(4) 掌握译码驱动器CD4511的工作原理。

(5) 掌握7段数码管的工作原理。

(6) 用Multisim画图并进行仿真。

2. 电路原理

30 秒倒计时器电路如图 12-2-1 所示。定时器 LM555CM、电阻 $R1$、电阻 $R2$、电解电容 $C1$ 和无极性电容 $C2$ 构成多谐振荡器，产生计数所需的秒脉冲，该电路和计数暂停开关 J2 共同构成计数时钟控制电路。当开关 J2 闭合时，计数器正常计数；当开关 J2 断开时，计数器暂停计数，显示器保持不变。多谐振荡器输出的秒脉冲经过开关 J2 输入计数器 U3 的减计数时钟 DOWN 端，作为减计数脉冲。当计数器 U3 计数到 0 时，其借位端 BO 输出借位脉冲使十位计数器 U2 开始计数。

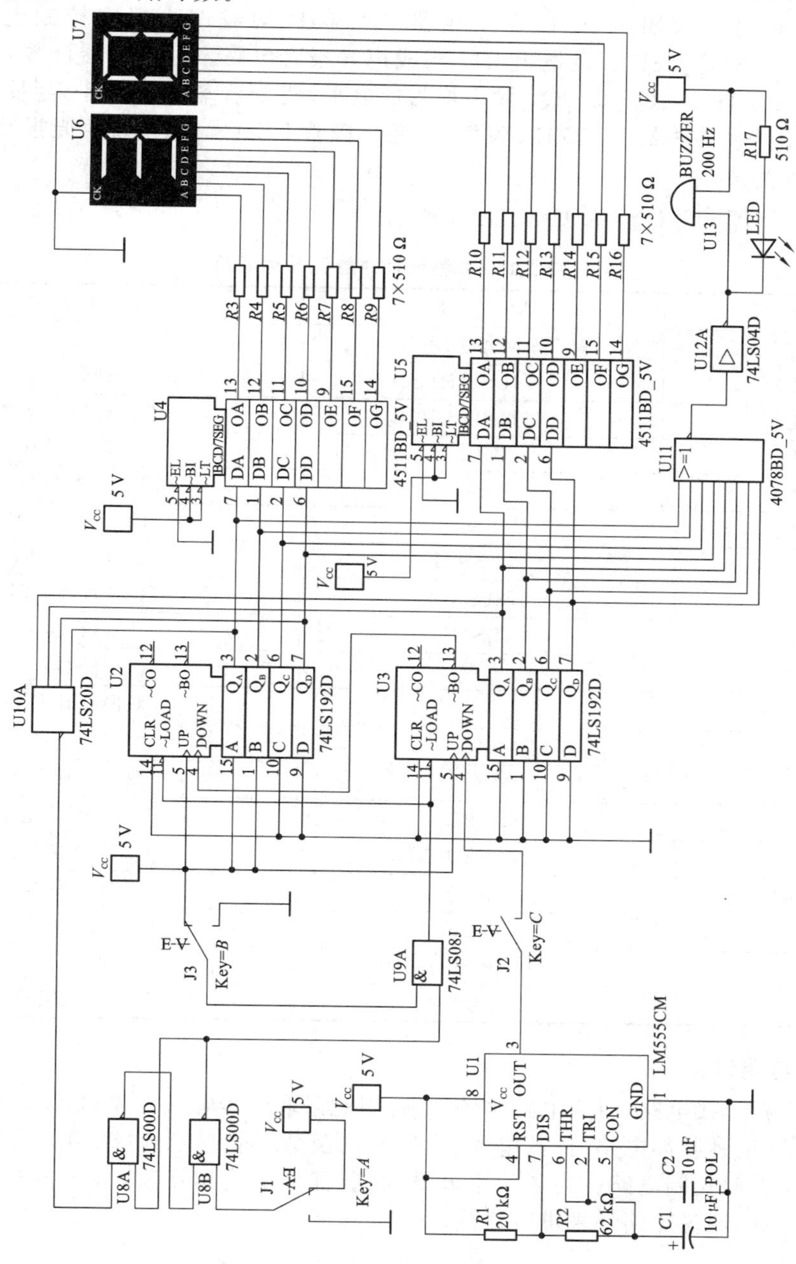

图 12-2-1　30 秒计时器电路图

复位按钮 J3 和 2 输入与门 74LS08J 构成复位电路，当按下 J3 时，不管计数器工作于什么状态，计数器立即被复位到预置数值，即“30”。两个 2 输入与非门 U8A、U8B 以交叉耦合方式构成基本 RS 锁存器，其与 4 输入与非门 74LS20D、重启按钮 J1、2 输入与门 74LS08J 构成计数重启控制电路。当计数器计数到“00”时，再来一个计数脉冲，计数器变为“99”，由于“99”是一个过渡过程，不会显示出来，因此本电路采用“99”作为计数器计零后的重启控制。正常工作时，J1 接 5 V 电源，即 RS 锁存器的 S 输入端为高电平，当计数器由“00”跳变为“99”时，利用个位和十位的 Q_D、Q_A 通过 4 输入与非门 74LS20D 的输出控制 RS 锁存器的 R 输入端为低电平，锁存器置 0，该低电平通过 2 输入与门 74LS08J 来使计数器 U2、U3 的置数端 LOAD 有效，电路被置为“30”并保持不变，为下一次计时做好准备。

8 输入或非门 4078BD-5 V 以及反相器 74LS04D 构成声光报警控制电路，蜂鸣器 BUZZER、发光二极管 LED 以及电阻 $R17$ 构成声光报警电路。当计数器计数到“00”时，两个计数器 U2、U3 的 Q_D、Q_C、Q_B、Q_A 输出均为低电平，使 U11 输出高电平，经反相器后输出低电平，该低电平使蜂鸣器 BUZZER 发声、发光二极管 LED 发光，实现声光报警。

3. 元器件清单

30 秒倒计时器元器件清单如表 12-2-1 所示。

表 12-2-1　30 秒倒计时器元器件清单

元件标号	型　号	元件名称
U1	LM555CM	定时器
U2、U3	74LS192D	计数器
U4、U5	4511BD-5 V	七段译码驱动器
U6、U7	共阴	七段数码管
U8	74LS00D	四 2 输入与非门
U9	74LS08J	四 2 输入与门
U10	74LS20D	二 4 输入与非门
U11	4078BD-5 V	8 输入或非门
U12	74LS04D	六反相器
U13	5 V	蜂鸣器
J1		双向按钮开关
J2		单刀开关
J3		双向按钮开关
$R1$	20 kΩ	1/4W 碳膜电阻
$R2$	62 kΩ	1/4W 碳膜电阻
$R3$～$R17$	510 Ω	1/4W 碳膜电阻
$C1$	10 μF	电解电容
$C2$	10 nF	独石电容
LED	红色 ϕ5	发光二极管

4. 安装与调试

采用万用板焊接电路，由于电路比较复杂，因此采取分步焊接并调试的方法。将电路分为以下几个部分：秒脉冲电路、计数电路、译码驱动及数码管显示电路、声光报警控制电路、复位电路以及重启控制电路。为了便于调试，将各部分电路相互独立，在各电路的输入/输出端加单排插针，通过短路环来进行连接。

5. 思考题

(1) 简述计数器 74LS192 的工作原理，该芯片可用哪种型号的计数器代替？

(2) 简述译码器 4511BD 的工作原理，该芯片可用哪种型号的译码器代替？

(3) 要实现 59 秒倒计时，电路应如何改进？

课 后 答 案

第 1 章　数字逻辑概论

1.1　数字电路与数字信号

1.1.1　360

1.1.2　(1) 5 V / 0 V　(2) 5 V / 0 V　(3) 5 V / 0 V

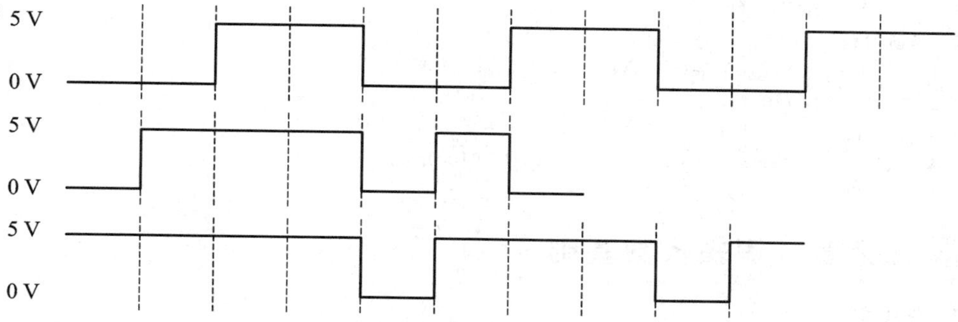

图题 1.1.2

1.1.3　(1) $T=10$ ms；(2) 100 Hz；(3) 10%

1.2　数制

1.2.1　(1) 00101100；(2) 2 ms；(3) 0.25 ms

1.2.2　(1) 259.125；(2) 40277.046

1.2.3　二进制、八进制和十六进制分别为

(1) 10 1011、53、2B；(2) 111 1111、177、7F；(3) 1111 1110.01、376.2、FE.4；(4) 10.1011、2.54、2.B

1.2.4　(1) 29；(2) 3.68

1.3　二进制的算术运算

1.3.1　(1) 反:00011010　补:00011010　(2) 反:11100101　补:11100110

(3) 反:00101101　补:00101101　(4) 反:11010010　补:11010011

1.3.2　(1) 23；(2) −24

1.3.3　(1) 21；(2) 8；(3) −54；(4) −90

1.4　二进制代码

1.4.1　(1) 97；(2) 893；(3) 149；(4) 84.91

1.4.2　(1)

000	001	011	010	110	111	101	100

(2)

00000	00001	00011	00010	00110	00111	00101	00100
01100	01101	01111	01110	01010	01011	01001	01000
10000	10001	10011	10010	10110	10111	10101	10100
11100	11101	11111	11110	11010	11011	11001	11000

1.4.3　“101 0111 、110 0101、110 1100、110 1100、100 0011、110 1111、110 1101、110 0101、010 0001”

1.5　二值逻辑变量与基本逻辑运算

1.5.1　与:获得学位证的条件为课程全部及格与绩点达到 2.0 之间的关系就是与的关系；

或:一把锁可以被多个钥匙打开,这些钥匙与锁之间的关系就是或的关系；

非:灯泡或者其他电器打开和关闭的状态就是非的关系。

1.5.2　同或与异或之间的关系为非

1.6　逻辑函数及其表示方法

1.6.1

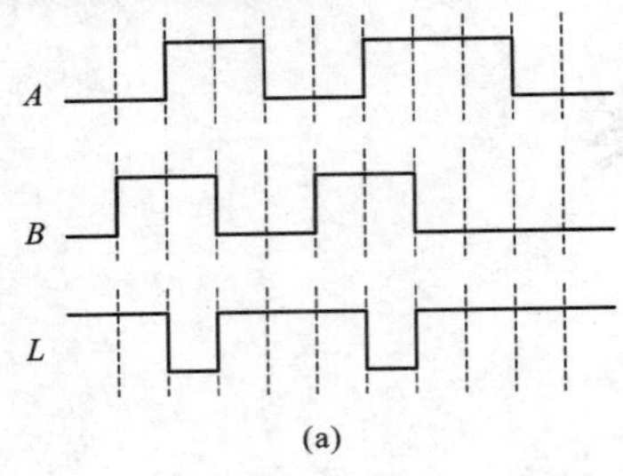

(a)

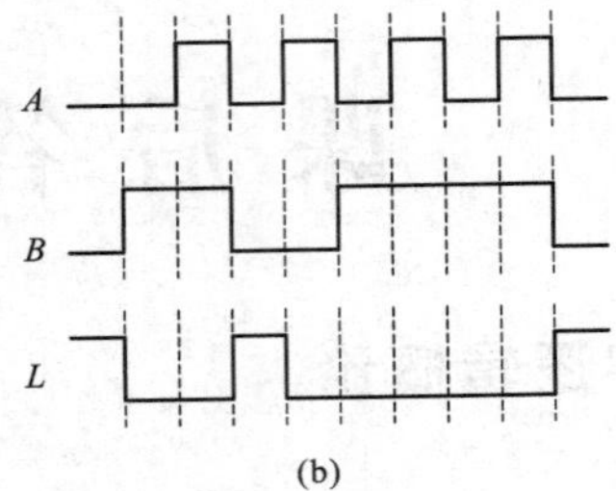

(b)

图题 1.6.1

1.6.2 (a) $Y_1=A_1B$； (b) 略

1.7 考研习题

1.7.1 (1) $(1011001.101)_2=(59.A)_{16}=(131.5)_8$；(2) 365

1.7.2 (1) 1；(2) 140

1.7.3 (1) 1101 0010 1101；(2) 1024

1.7.4 $(110110)_2=(36)_{16}=(66)_8=(54)_{10}=(0101\ 0100)_{8421BCD}$

1.7.5 100 1110

第 2 章 逻辑代数基础

2.1 逻辑代数

2.1.1 用真值表证明下列恒等式：

(1) $(A\oplus B)\oplus C=A\oplus(B\oplus C)$

A	B	C	$A\oplus B$	$(A\oplus B)\oplus C$	$B\oplus C$	$A\oplus(B\oplus C)$
0	0	0	0	0	0	0
0	0	1	0	1	1	1
0	1	0	1	1	1	1
0	1	1	1	0	0	0
1	0	0	1	1	0	1
1	0	1	1	0	1	0
1	1	0	0	0	1	0
1	1	1	0	1	0	1

通过真值表可以证明：$(A\oplus B)\oplus C=A\oplus(B\oplus C)$

(2) $(A+B)(A+C)=A+BC$

A	B	C	$A+B$	$A+C$	$(A+B)(A+C)$	BC	$A+BC$
0	0	0	0	0	0	0	0
0	0	1	0	1	0	0	0
0	1	0	1	0	0	0	0
0	1	1	1	1	1	1	1
1	0	0	1	1	1	0	1
1	0	1	1	1	1	0	1
1	1	0	1	1	1	0	1
1	1	1	1	1	1	1	1

(3) $\overline{A\oplus B}=\overline{A}\,\overline{B}+AB$

A	B	AB	$\overline{A}$	$\overline{B}$	$\overline{A}\,\overline{B}$	$\overline{A\oplus B}$	$\overline{A}\,\overline{B}+AB$
0	0	0	1	1	1	1	1
0	1	0	1	0	0	0	0
1	0	0	0	1	0	0	0
1	1	1	0	0	0	1	1

2.1.2 写出三变量的摩根定理表达式，并用真值表验证其正确性。

(1) $\overline{ABC}=\overline{A}+\overline{B}+\overline{C}$ (2) $\overline{A+B+C}=\overline{A}\,\overline{B}\,\overline{C}$

A	B	C	$\overline{A}$	$\overline{B}$	$\overline{C}$	$\overline{ABC}$	$\overline{A}+\overline{B}+\overline{C}$
0	0	0	1	1	1	1	1
0	0	1	1	1	0	1	1
0	1	0	1	0	1	1	1
0	1	1	1	0	0	1	1
1	0	0	0	1	1	1	1
1	0	1	0	1	0	1	1
1	1	1	0	0	0	0	0

即

$$\overline{ABC}=\overline{A}+\overline{B}+\overline{C}$$

A	B	C	$\overline{A}$	$\overline{B}$	$\overline{C}$	$\overline{A+B+C}$	$\overline{A}\cdot\overline{B}$
0	0	0	1	1	1	1	1
0	0	1	1	1	0	0	0
0	1	0	1	0	1	0	0
0	1	1	1	0	0	0	0
1	0	0	0	1	1	0	0
1	0	1	0	1	0	0	0
1	1	0	0	0	1	0	0
1	1	1	0	0	0	0	0

即

$$\overline{A+B+C}=\overline{A}\cdot\overline{B}\cdot\overline{C}$$

2.1.3 用逻辑代数定律证明下列等式：

(1) $A+\overline{A}B=A+B$

$$A+\overline{A}B=A+AB+\overline{A}B=A+(A+\overline{A})B=A+B$$

(2) $ABC+A\overline{B}C+AB\overline{C}=AB+AC$

$$ABC+A\overline{B}C+AB\overline{C}=AC(B+\overline{B})+AB(C+\overline{C})=AB+AC$$

(3) $A+A\overline{B}\,\overline{C}+\overline{A}CD+(\overline{C}+\overline{D})E=A+CD+E$

$$A+A\overline{B}\,\overline{C}+\overline{A}CD+(\overline{C}+\overline{D})E=A+CD+\overline{C}\,\overline{D}E=A+CD+E$$

2.1.4 用代数法化简下列各式：

(1) $AB(BC+A)=ABC+AB=AB$

(2) $(A+B)(A\overline{B})=A\overline{B}+AB\overline{B}=A\overline{B}$

(3) $\overline{\overline{A}BC}(B+\overline{C})=(A+\overline{B}+\overline{C})(B+\overline{C})$

$=AB+A\overline{C}+\overline{B}\,\overline{C}+B\overline{C}+\overline{C}$

$=AB+\overline{C}$

(4) $\overline{\overline{A\overline{B}+\overline{ABC}}+A(B+A\overline{B})}$

$=\overline{\overline{A}+\overline{\overline{B}+\overline{BC}}+AB+A}$

$=0$

(5) $\overline{AB+\overline{A}\,\overline{B}+\overline{A}B+A\overline{\overline{B}}}$

$=\overline{A(B+\overline{B})+\overline{A}(\overline{B}+B)}$

$=\overline{A+\overline{A}}$

$=0$

(6) $\overline{\overline{(\overline{A}+B)}+\overline{(A+B)}+\overline{\overline{A}B}\,\overline{A\overline{B}}}$

$=\overline{A\overline{B}+\overline{A}B+(A+\overline{B})(\overline{A}+B)}$

$=\overline{\overline{B}+AB+\overline{A}\,\overline{B}}$

$=\overline{\overline{B}+AB}$

(7) $\overline{B}+ABC+\overline{AC}+\overline{AB}$

$=\overline{B}+ABC+\overline{A}+\overline{C}+\overline{A}+\overline{B}$

$=\overline{A}+\overline{B}+\overline{C}+ABC$

$=\overline{A}+BC+\overline{BC}$

$=1$

(8) $\overline{ABC}+A\overline{B}C+ABC+A+B\overline{C}$

$=\overline{ABC}+ABC+A\overline{B}C+A+BC$

$=1$

(9) $ABC\overline{D}+ABD+BC\overline{D}+ABCD+B\overline{C}$

$=ABC\overline{D}+ABCD+ABD+B\overline{C}+BC\overline{D}$

$=ABC+ABD+BC+B\overline{D}$

$=BC+B(AD+\overline{D})$

$=BC+AB+B\overline{D}$

(10) $\overline{\overline{AC+\overline{A}BC}+BC+ABC}$

$=\overline{\overline{(A+B)C}+\overline{B}C+AB\overline{C}}$

$=\overline{\overline{A+B}+\overline{C}+\overline{B}C+AB\overline{C}}$

$=\overline{\overline{A+B}+\overline{C}+\overline{B}C}$

$=\overline{\overline{A}\,\overline{B}+\overline{C}+\overline{B}}$

$=\overline{\overline{B}+\overline{C}}$

2.1.5 将下列各式转换成与-或形式：

(1) $\overline{A\oplus B}\oplus\overline{C\oplus D}$

$=(A\overline{B}+\overline{A}B)\oplus(C\overline{D}+\overline{C}D)$

$=(AB+\overline{A}\,\overline{B})(CD+\overline{C}\,\overline{D})+(A\overline{B}+\overline{A}B)(C\overline{D}+\overline{C}D)$

$=\overline{A}\,\overline{B}\,\overline{C}\,\overline{D}+AB\overline{C}\,\overline{D}+\overline{A}\,\overline{B}CD+A\overline{B}\,\overline{C}D+A\overline{B}\,C\overline{D}+\overline{A}\,BC\overline{D}+\overline{A}\,B\overline{C}D+ABCD$

(2) $\overline{\overline{A+B}+\overline{C+D}}+\overline{\overline{C+D}+\overline{A+D}}$

$=(A+B)(C+D)+(C+D)(A+D)$

$=(C+D)(A+B+D)$

$=AC+AD+BC+BD+D$

$=AC+BC+D$

(3) $\overline{\overline{AC}\,\overline{BD}}\;\overline{\overline{BC}\,\overline{AB}}$

$=\overline{(AC+BD)(BC+AB)}$

$=\overline{ABC+BCD+ABD}$

2.1.6 已知逻辑函数表达式为 $L=\overline{A}BC\overline{D}$，画出实现该式的逻辑电路图，限使用非门和二输入与非门。

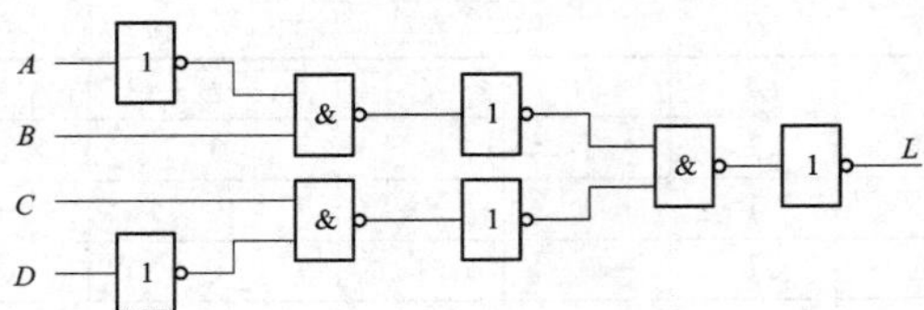

图题 2.1.6

2.1.7 画出实现下列逻辑表达式的逻辑电路图，限使用非门和二输入与非门。

(1) $L=AB+AC$

(2) $L=\overline{D(A+C)}$

(3) $L=\overline{(A+B)(C+D)}=\overline{\overline{\overline{A}\,\overline{B}}\;\overline{\overline{C}\,\overline{D}}}$

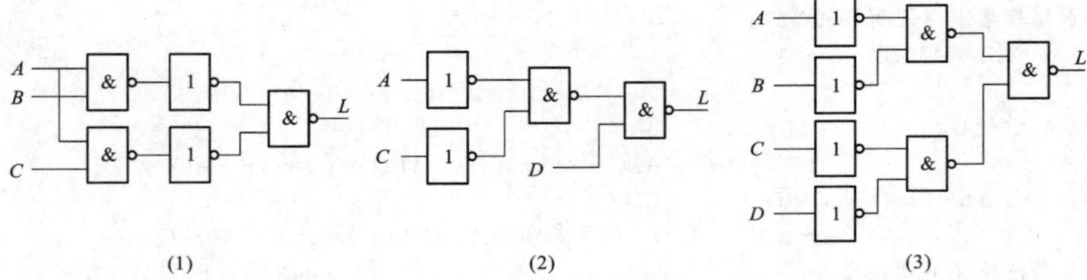

图题 2.1.7

2.1.8 已知逻辑函数表达式为 $L=A\overline{B}+\overline{A}C$，画出实现该式的逻辑电路图，限使用与非门和二输入或非门。

$L=A\overline{B}+\overline{A}C=\overline{\overline{A\overline{B}}}+\overline{\overline{\overline{A}C}}=\overline{\overline{\overline{A\overline{B}}+\overline{\overline{A}C}}}$

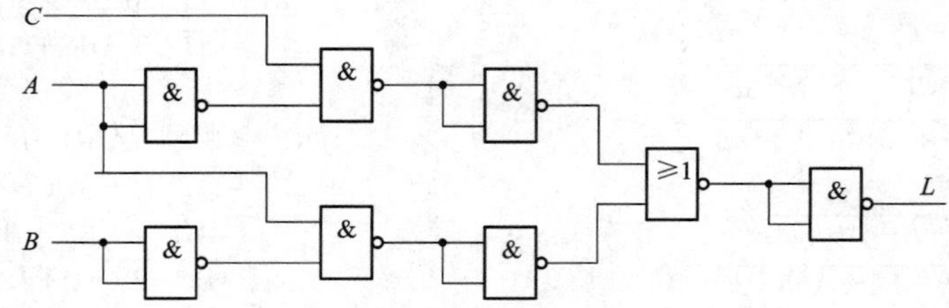

图题 2.1.8

2.2 逻辑函数的卡诺图化简法

2.2.1 将下列函数展开为最小项表达式：

(1) $L=A\overline{C}D+\overline{B}C\overline{D}+ABCD$

$=A(B+\overline{B})\overline{C}D+(A+\overline{A})\overline{B}C\overline{D}+ABCD$

$=AB\overline{C}D+A\overline{B}\,\overline{C}D+A\overline{B}C\overline{D}+\overline{A}\,\overline{B}C\overline{D}+ABCD$

(2) $L=\overline{\overline{A}(B+\overline{C})}$

$=A+\overline{B+\overline{C}}$

$=A+\overline{B}C$

$=A(B+\overline{B})(C+\overline{C})+(A+\overline{A})\overline{B}C$

$=A\overline{B}\,\overline{C}+A\overline{B}C+AB\overline{C}+ABC+\overline{A}\,\overline{B}C$

(3) $L=\overline{\overline{AB}+ABD}(B+\overline{C}D)$

$=AB\overline{ABD}(B+\overline{C}D)$

$=(AB+AB\overline{C}D)(\overline{A}+\overline{B}+\overline{D})$

$=AB\overline{D}$

$=AB\overline{C}\,\overline{D}+ABC\overline{D}$

(4) $L=\overline{A+\overline{B}}+\overline{A}\,\overline{B}C$

$=\overline{A}B+\overline{A}\,\overline{B}C$

$=\overline{A}B(C+\overline{C})+\overline{A}\,\overline{B}C$

$=\overline{A}BC+\overline{A}B\overline{C}+\overline{A}\,\overline{B}C$

(5) $L(A,B,C)=\overline{(AB+\overline{A}\,\overline{B}+\overline{C})\overline{AB}}$

$=(\overline{A}+\overline{B})(A+B)C+AB$

$=\overline{A}BC+A\overline{B}C+AB\overline{C}+ABC$

2.2.2 已知函数 $L(A,B,C,D)$ 的卡诺图如图题 2.2.2 所示，试写出函数 L 的最简与或表达式。

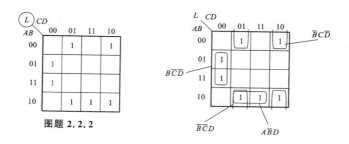

L: AB \ CD	00	01	11	10
00		1		1
01	1			
11	1			
10		1	1	1

图题 2.2.2

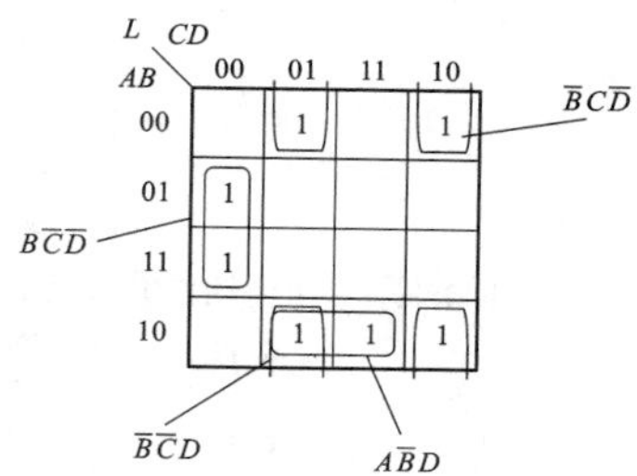

$$L=B\bar{C}\,\bar{D}+\bar{B}\,\bar{C}D+A\bar{B}D+\bar{B}C\bar{D}$$

2.2.3 用卡诺图化简下列各式：

(1) $A\bar{B}CD+AB\bar{C}D+A\bar{B}+A\bar{D}+A\bar{B}C$

(2) $(\bar{A}\,\bar{B}+B\bar{D})\bar{C}+BD\,\overline{(\bar{A}\,\bar{C})}+\bar{D}\,\overline{(\bar{A}+\bar{B})}$

(3) $A\bar{B}CD+D(\bar{B}\,\bar{C}D)+(A+C)\,B\bar{D}+\bar{A}\,\overline{(\bar{B}+C)}$

(4) $L(A,B,C,D)=\sum m(0,2,4,8,10,12)$

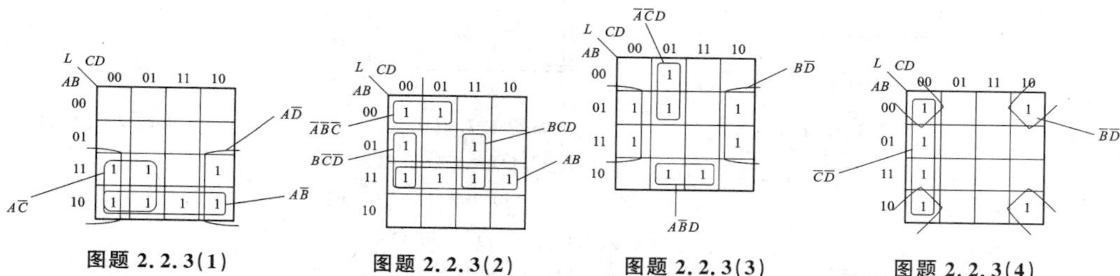

图题 2.2.3(1)　图题 2.2.3(2)　图题 2.2.3(3)　图题 2.2.3(4)

(5) $L(A,B,C,D)=\sum m(0,1,2,5,6,8,9,10,13,14)$

(6) $L(A,B,C,D)=\sum m(0,2,4,6,9,13)+\sum d(1,3,5,7,11,15)$

(7) $L(A,B,C,D)=\sum m(0,13,14,15)+\sum d(1,2,3,9,10,11)$

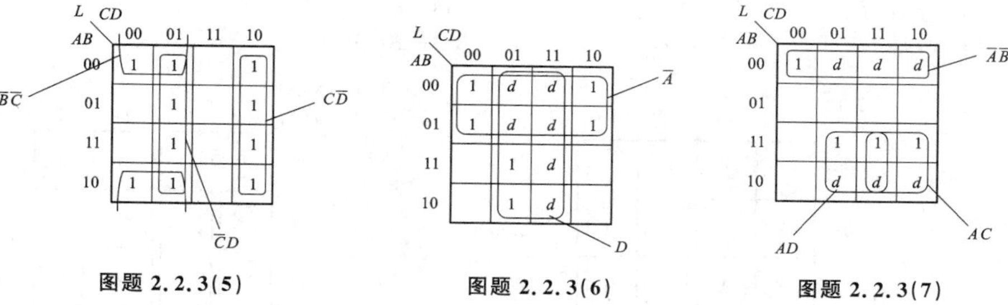

图题 2.2.3(5)　图题 2.2.3(6)　图题 2.2.3(7)

2.2.4 已知逻辑函数 $L=A\bar{B}+B\bar{C}+C\bar{A}$，试用真值表、卡诺图和逻辑图(限用非门和与非门)表示。

表题 2.2.4

A	B	C	L
0	0	0	0
0	0	1	1
0	1	0	1
0	1	1	1
1	0	0	1
1	0	1	1
1	1	0	1
1	1	1	0

A \ BC	00	01	11	10
0	0	1	1	1
1	1	1	0	1

图题 2.2.4

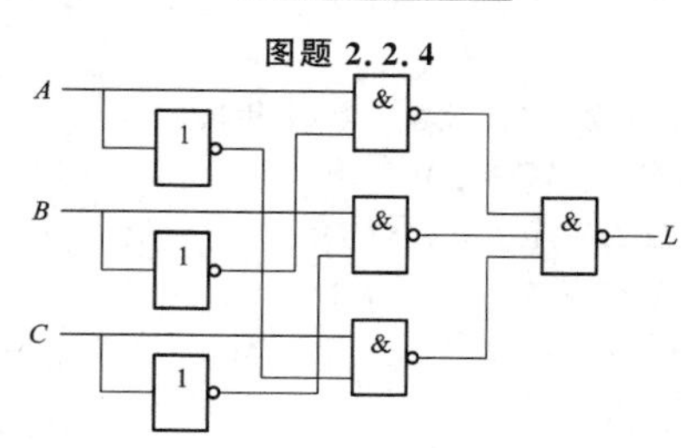

$$L=A\bar{B}+B\bar{C}+C\bar{A}=\overline{\overline{A\bar{B}+B\bar{C}+C\bar{A}}}=\overline{\overline{A\bar{B}}\cdot\overline{B\bar{C}}\cdot\overline{C\bar{A}}}$$

2.3　略

2.4　略

2.5　略

2.6　略

2.7　考研习题

2.7.1　在约束条件 $\overline{A}\,\overline{B}=0$ 的条件下，用卡诺图化简出函数（北京航空航天大学 2001 年）

$$Z_1(A,B,C,D)=\sum M(4,8,9,10,12,13,14)$$

$$Z_2(A,B,C,D)=\sum M(4,8,9,10,11,12,14)$$

$$Z_3(A,B,C,D)=\sum M(9,11,13)$$

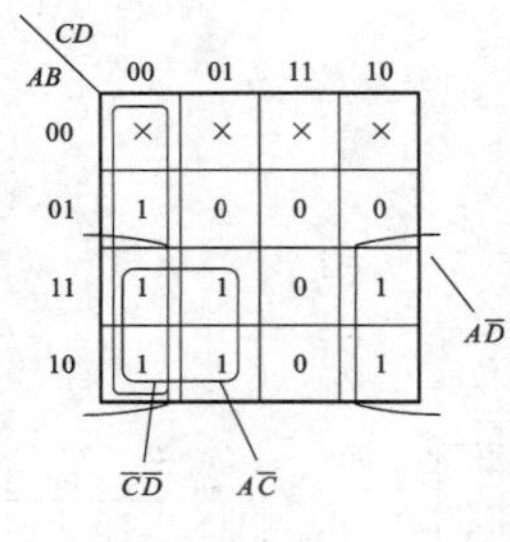

图题 2.7.1(a)

图题 2.7.1(b)

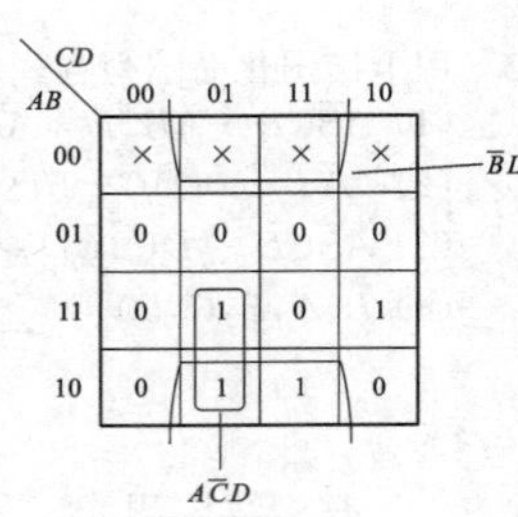

图题 2.7.1(c)

所以　$Z_1(A,B,C,D)=\overline{C}\,\overline{D}+A\overline{C}+A\overline{D}$

所以　$Z_2(A,B,C,D)=\overline{C}\,\overline{D}+\overline{B}+A\overline{D}$

所以　$Z_3(A,B,C,D)=A\overline{C}D+\overline{B}D$

2.7.2　用卡诺图法化简下面二输出逻辑函数（北京航空航天大学　2005）。

$$Z_1(A,B,C,D)=\sum m(0,2,5,6,8,10,13,14)+\sum d(7,15)$$

$$Z_2(A,B,C,D)=\sum m(1,16,9,14)$$

约束条件为：　$B\overline{C}=0$

解：　$Z_1=\overline{B}\,\overline{D}+BD+BC$

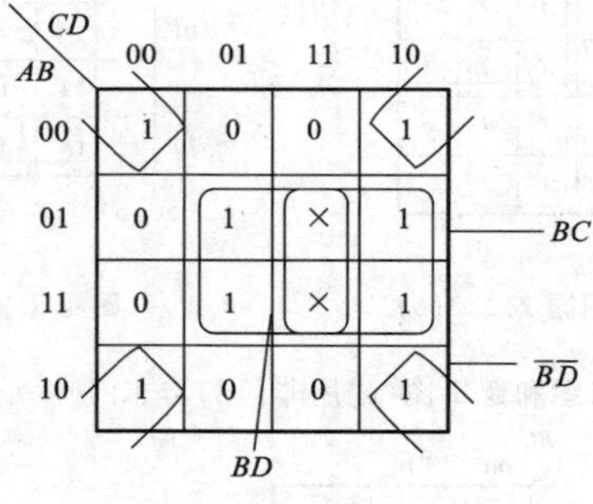

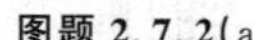

图题 2.7.2(a)

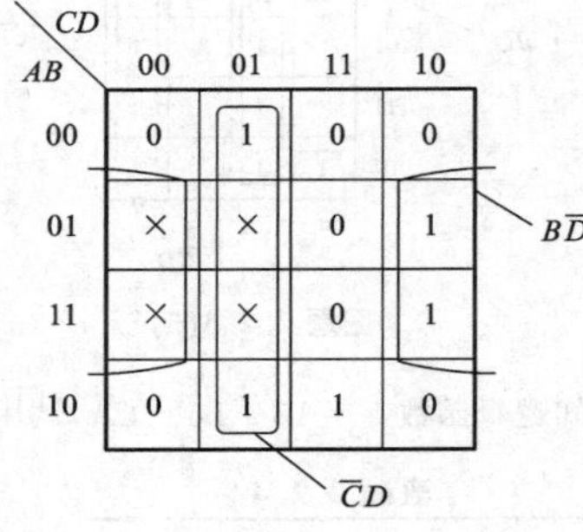

图题 2.7.2(b)

$$Z_2=C\overline{D}+B\overline{D}$$

3. 用代数法化简以下逻辑函数（浙江大学　2007 年）。

(1) $Y_1=A(C\oplus D)+B\overline{C}D+AC\overline{D}+A\overline{B}\,\overline{C}D$

$=\overline{A}(C\overline{D}+\overline{C}D)+B\overline{C}D+AC\overline{D}+A\overline{B}\,\overline{C}D$

$=\overline{A}C\overline{D}+AC\overline{D}+\overline{A}\,\overline{C}D+A\overline{B}\,\overline{C}D+B\overline{C}D$

$=C\overline{D}+\overline{C}D(A+A\overline{B}+B)$

$=C\overline{D}+\overline{C}D(A+\overline{B}+B)$

$=C\overline{D}+\overline{C}D$

(2) $Y_2=1\oplus A\oplus B\oplus C\oplus AB\oplus AC\oplus BC\oplus ABC$

$=1\oplus(A\oplus AB)\oplus(B\oplus BC)\oplus(C\oplus AC)\oplus ABC$

$=1\oplus A\overline{B}\oplus B\overline{C}\oplus C\overline{A}\oplus ABC$

$=1\oplus(A\overline{B}+B\overline{C}+\overline{A}C)\oplus ABC$

$=(\overline{A}\,\overline{B}\,\overline{C}+ABC)\oplus ABC$

$=\overline{A}\,\overline{B}\,\overline{C}$

第 3 章 逻辑门电路

3.1 MOS 逻辑门电路

3.1.1 $L=\overline{\overline{AB}\cdot\overline{BC}\cdot\overline{D}\cdot E}$

3.1.2 (1) 当 $CS_i=1$ 时,第 i 个三态门被选中,其输入数据被送到数据总线上。根据数据传输速度,分时给片选信号以正脉冲,使各路数据分时传送到数据总线上;(2) 任何时候不能有两个或两个以上片选信号为高电平。否则两个不同的信号将在总线上产生冲突。即总线不能同时既为 0 又为 1。(3) 若所有片选信号为低电平,则总线处于高阻状态。

3.1.3 $47\ \text{k}\Omega\leqslant R_p\leqslant 150\ \text{k}\Omega$

3.1.4 (1) 74LS 驱动同类门:$N_{OH}=N_{OL}=20$

(2) 74LS 驱动 74ALS 系列 TTL 门:$N_{OH}=20$,$N_{OL}=80$,$N_{OH}\neq N_{OH}$,取两者中最小值,因此扇出数为 20。

3.1.5 (a) MOS 管处于饱和导通状态;(b) MOS 管处于截止状态;(c) MOS 管处于截止状态;(d) MOS 管处于饱和导通状态。

3.2 TTL 逻辑门电路

3.2.1 对于 TTL 门电路来说,输出和输入高电平的标准电压值为:$V_{OH}=2.7\ \text{V}$,$V_{IH}=2\ \text{V}$。

(1) 对于教材图 3-2-7 所示的与非门电路,当输入端悬空时,T_1 的发射极电流 $I_{E1}=0$,集电极结正偏。V_{CC} 通过 R_{b1} 和 T_1 的集电极向 T_2、T_3 提供基极电流,使 T_2、T_3 饱和导通,输出为低电平。可见输入端悬空等效于逻辑 1。

(2) $u_I\geqslant 2\ \text{V}=V_{IH}$,属于逻辑 1。

(3) $u_I=3.6\ \text{V}>V_{IH}$,属于逻辑 1。

(4) 对于教材图 3-2-7 所示的与非门电路,考虑 A 端接 10 kΩ 电阻接地,B 端悬空时,则电源电压 $V_{CC}=5\ \text{V}$ 分配到 R_{b1}(4 kΩ)电阻、T_1 的发射结(0.7)和 10 kΩ 电阻上,显然,$V_{10\ \text{k}\Omega}>V_{IH}(2\ \text{V})$,故此时输入端也属于逻辑 1。

3.2.2 对于 TTL 与非门电路来说,输出和输入低电平的标准电压值为:$V_{OL}=0.5\ \text{V}$,$V_{IL}=0.8\ \text{V}$。因此有:

(1) $u_I=0\ \text{V}\leqslant 0.8\ \text{V}=V_{IL}$,属于逻辑门 0;

(2) $u_I=0.8\ \text{V}=V_{IL}$,属于逻辑门 0;

(3) $u_I=0.2\ \text{V}\leqslant 0.8\ \text{V}=V_{IL}$,属于逻辑门 0;

(4) 对于教材图 3-2-7 所示的与非门电路,考虑 A 端接 500 Ω 电阻接地,B 端悬空时,则电源电压 $V_{CC}=5\ \text{V}$ 分配到 R_{b1}(4 kΩ)电阻、T_1 的发射结(0.7)和 500 Ω 电阻上,显然,$V_{500\ \Omega}>V_{IL}(0.8\ \text{V})$,故此时输入端也属于逻辑 0。

3.3 逻辑描述中的几个问题

3.3.1 逻辑门变换过程如下图所示:

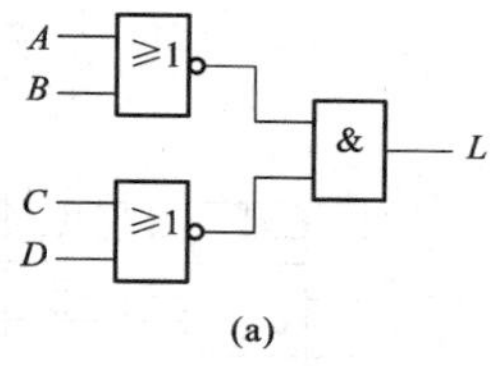

(a)

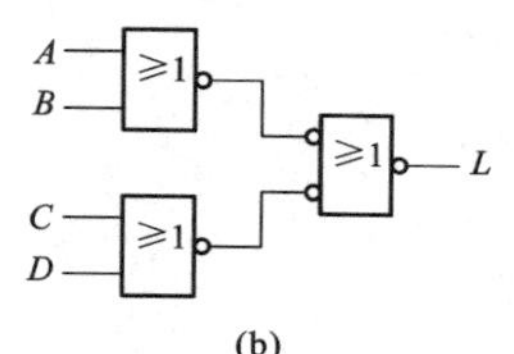

(b)

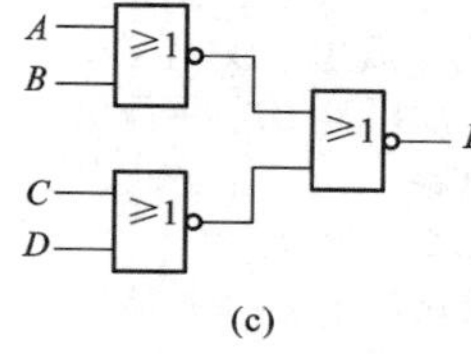

(c)

图题 3.3.1

3.3.2 逻辑门变换过程如下图所示:

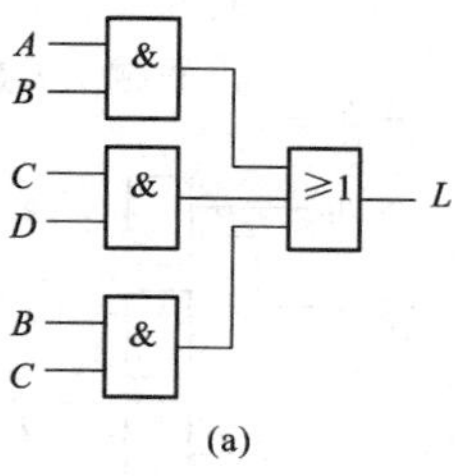

(a)

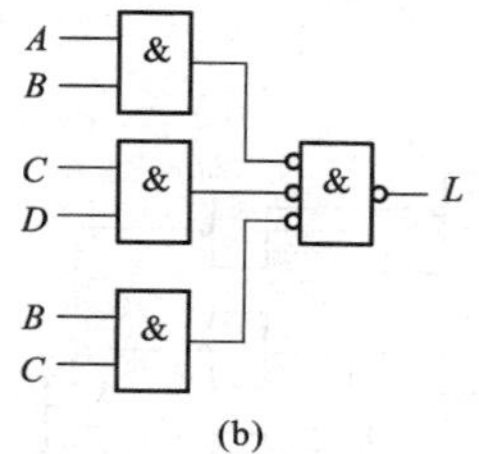

(b)

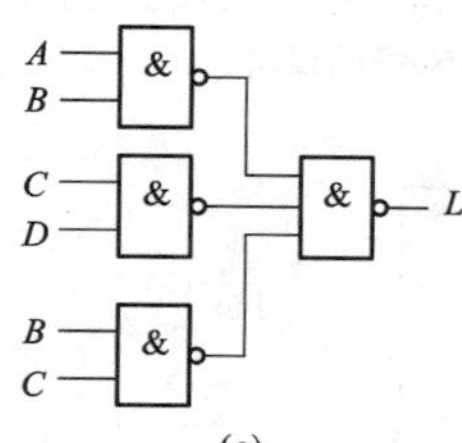

(c)

图题 3.3.2

3.4 逻辑门电路使用中的几个实际问题

3.4.1 解:选用 74LS04 作为驱动器件,其参数:$I_{OL}(\max)=8\ \text{mA}$,$V_{OL(\max)}=0.5\ \text{V}$

求限流电阻 R 得:

$$R=\frac{V_{CC}-V_F-V_{OL(max)}}{I_F}=\frac{(5-2.5-0.5)\text{V}}{4.5\text{ mA}}=444\ \Omega$$

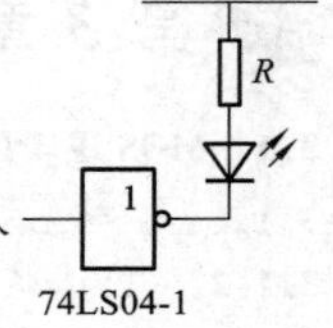

响应的电路图如右图所示。

3.4.2 解：当 CMOS 和 TTL 两种门电路相互连接时，需要考虑驱动门的输出电压 $V_{OH(min)}$、$V_{OL(max)}$ 和电流值 $I_{OH(max)}$、$I_{OL(max)}$ 与负载门的输入电压 $V_{IH(min)}$、$V_{IL(max)}$ 和电流值 $I_{IH(max)}$、$I_{IL(max)}$。驱动门和负载门是否匹配要考虑两个方面的因素，首先是驱动门的输出电压必须满足负载门输入高低电平的范围，即

$$V_{OH(min)}\geqslant V_{IH(min)}\quad V_{OL(max)}\leqslant V_{IL(max)}$$

其次，驱动门必须为负载门提供足够的灌电流和拉电流，即

$$I_{OH(max)}\geqslant I_{IH(total)}\quad I_{OL(max)}\geqslant I_{IL(total)}$$

如果上述条件都满足，则两种门电路可以直接相互连接。

3.4.3 解：TTL 门输出超载可能有两种情况，以 74LS 系列为例：

(1) 灌电流超载，此时 V_{OL} 将超过 0.5 V；(2) 拉电流超载，此时 V_{OH} 将低于 2.7 V。

第 4 章　组合逻辑电路

4.1　概述

4.2　组合逻辑电路的分析

4.2.1 (a) $L=\overline{A}+B+C=\overline{A\overline{B}\,\overline{C}}$，根据表达式列出真值表如下：

(b) $L_1=1$，$L_2=\overline{A}\,\overline{B}\,\overline{C}+\overline{A}BC$，根据表达式列出真值表如下：

表题 4.2.1(a)

A	B	C	L
0	0	0	1
0	0	1	1
0	1	0	1
0	1	1	1
1	0	0	0
1	0	1	1
1	1	0	1
1	1	1	1

表题 4.2.1(b)

A	B	C	L_1	L_2
0	0	0	1	1
0	0	1	1	0
0	1	0	1	0
0	1	1	1	1
1	0	0	1	0
1	0	1	1	0
1	1	0	1	0
1	1	1	1	0

4.2.2 多数表决电路

4.2.3 $W=C\overline{B}+D\overline{C}\,\overline{A}+\overline{D}\,C\overline{A}+\overline{C}BA$

$X=D\overline{B}+\overline{B}\,\overline{A}+CBA+\overline{D}\,\overline{C}\,\overline{A}$

$Y=\overline{D}\,\overline{C}\,\overline{B}+\overline{D}CB+D\overline{C}\,\overline{A}$

$Z=CA+D\overline{B}\,\overline{A}+DBA+\overline{D}CB$

4.2.4 奇校验电路

4.2.5 如图题 4.2.5 所示。

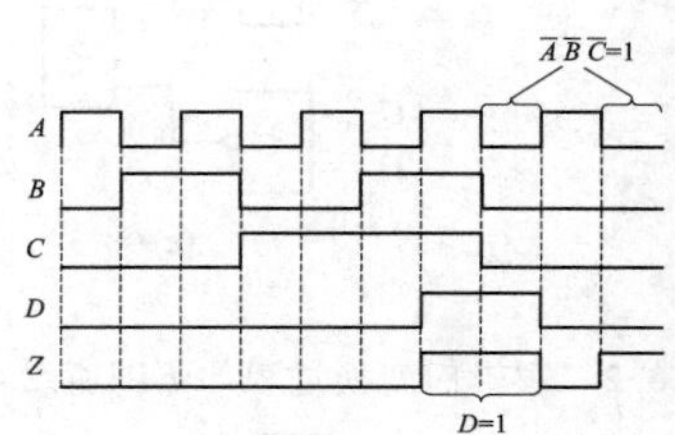

图题 4.2.5

4.2.6 一位二进制加法器(半加器)

4.2.7 多数表决电路

4.2.8 自然二进制码到格雷码的代码转换电路

4.2.9 ABC 取值分别为 111、100、011 时，输出 F 为 1

4.3　组合逻辑电路的设计

4.3.1

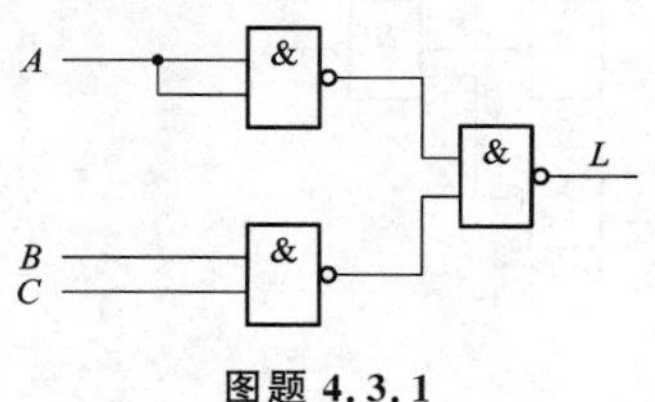

图题 4.3.1

4.3.2

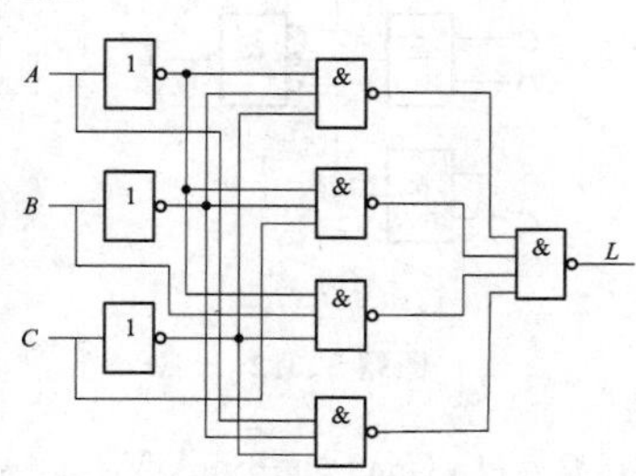

图题 4.3.2

4.3.3

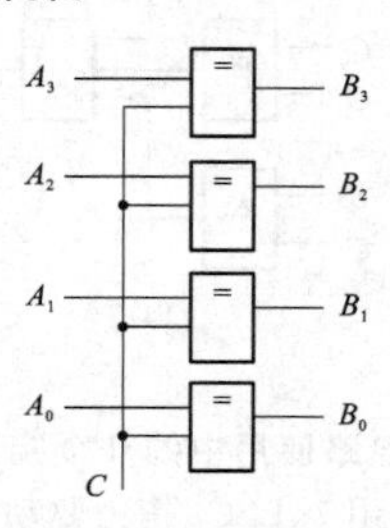

图题 4.3.3

4.3.4

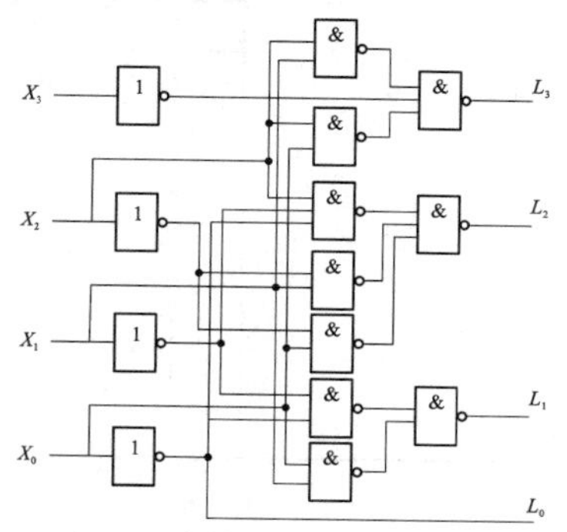

图题 4.3.4

4.3.5

图题 4.3.5

4.3.6 设输入分别为 A、B、C，输出为 Z，则逻辑表达式为

$$Z=\overline{A}\,\overline{B}\,\overline{C}+\overline{A}BC+AB\overline{C}+\overline{A}\,\overline{B\oplus C}+AB\overline{C}$$

根据表达式画出两种组合逻辑电路逻辑图，分别如图题 4.3.6(a)和(b)所示。

4.3.7 输入变量 A、B、C 表示分别表示三个开关，输出函数用 L 表示。开关有两种状态：向上用 1 表示，向下用 0 表示。灯 L 有两种状态：灯亮用 1 表示，灯灭用 0 表示。则逻辑表达式为

$$L=\overline{A}\,\overline{B}\,C+\overline{A}\,B\overline{C}+A\overline{B}\,\overline{C}+ABC=A\oplus B\oplus C$$

根据表达式画出两种组合逻辑电路的逻辑图，分别如图题 4.3.7(a)和(b)所示。

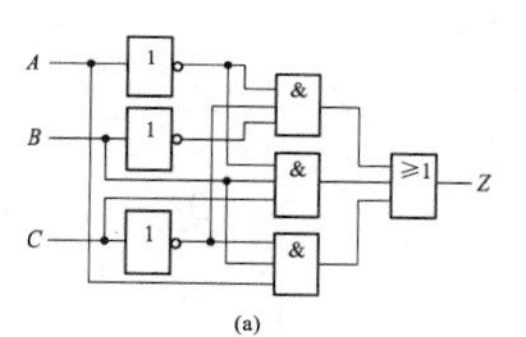

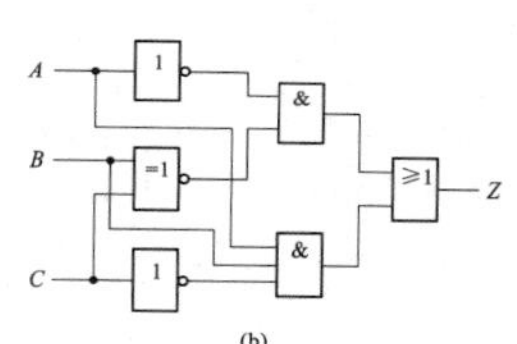

图题 4.3.6

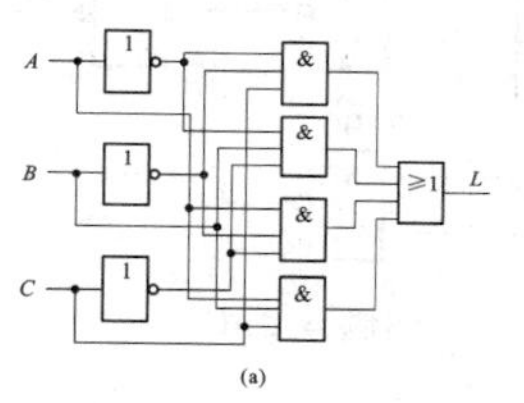

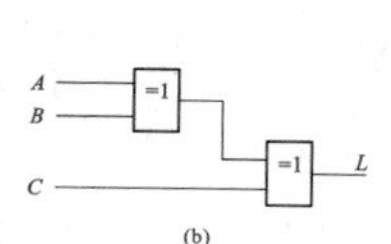

图题 4.3.7

4.3.8

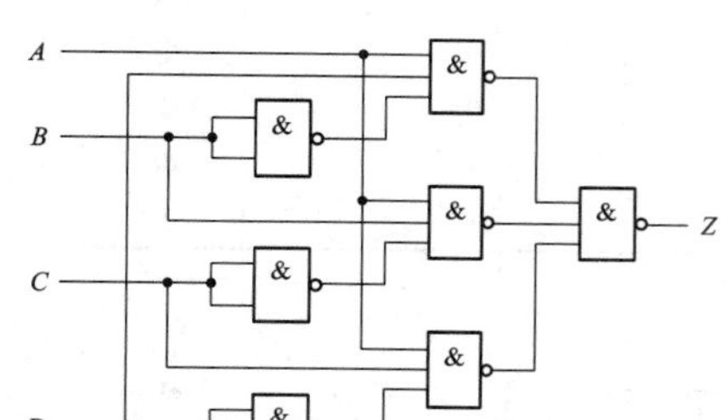

图题 4.3.8

4.3.9

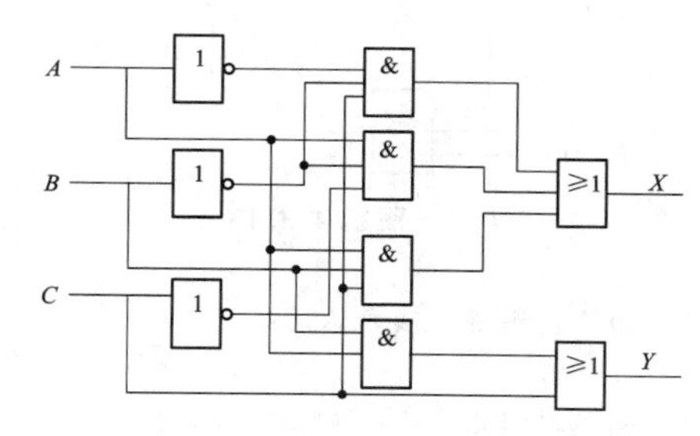

图题 4.3.9

4.3.10 如图题 4.3.10 所示。

图题 4.3.10

4.3.11 首先确定逻辑变量是烟感、温感和紫外光感三种火灾探测器，分别用符号 A、B、C 表示，它们的含义如下：$A=1$，烟感探测器发出火灾探测信号；$B=1$，温感探测器发出火灾探测信号；$C=1$，紫外光感探测器发出火灾探测信号。

逻辑函数就是报警控制信号，用 F 表示，产生报警时 $F=1$。得到真值表如表题 4.3.11所示。

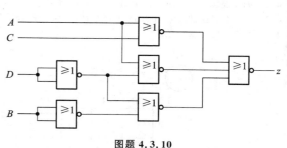

由真值表可见，只有当其中两种或两种以上的探测器发出火灾探测信号时，报警系统才产生报警控制信号，$F=1$。

4.3.12 三个变量 R、Y、G 分别表示红、黄、绿三盏信号灯。"1"表示灯亮；"0"表示灯灭。一个逻辑函数 L 表示故障报警信号，正常情况下 L 为"0"；发生故障时 L 为"1"。得到真值表如表题 4.3.12 所示。

表题 4.3.11 真值表

A	B	C	F
0	0	0	0
0	0	1	0
0	1	0	0
0	1	1	1
1	0	0	0
1	0	1	1
1	1	0	1
1	1	1	1

表题 4.3.12 真值表

A	B	C	F
0	0	0	1
0	0	1	0
0	1	0	1
0	1	1	0
1	0	0	0
1	0	1	1
1	1	0	1
1	1	1	1

根据真值表列出逻辑表达式 $L=\overline{\overline{\overline{R}\,\overline{G}}\cdot\overline{RG}\cdot\overline{YG}}$，据此画出逻辑图，如图题 4.3.12 所示。

4.3.13 设 8421BCD 码用变量 A、B、C、D 表示，输出用 F 表示，可得真值表如表题 4.3.13 所示。

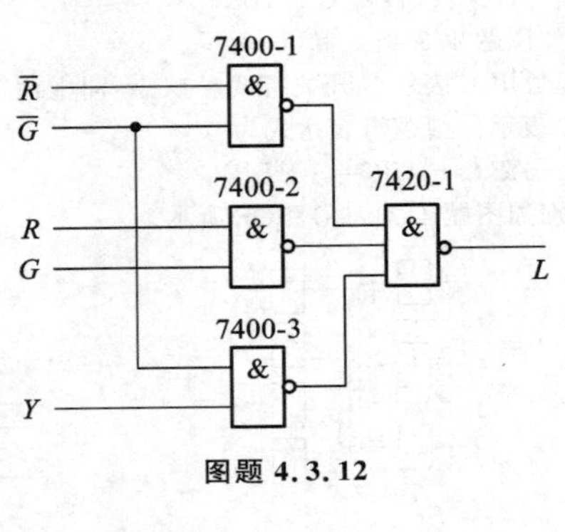

图题 4.3.12

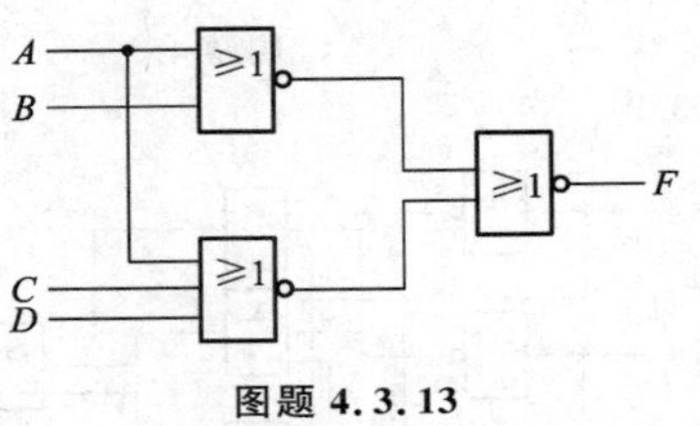

图题 4.3.13

表题 4.3.13 真值表

A	B	C	D	F
0	0	0	0	0
0	0	0	1	0
0	0	1	0	0
0	0	1	1	0
0	1	0	0	0
0	1	0	1	1
0	1	1	0	1
0	1	1	1	1
1	0	0	0	1
1	0	0	1	1
1	0	1	0	Φ
1	0	1	1	Φ
1	1	0	0	Φ
1	1	0	1	Φ
1	1	1	0	Φ
1	1	1	1	Φ

化简得 F 的最简与或表达式：

$$F=\overline{\overline{(A+B)(A+C+D)}}=\overline{\overline{A+B}+\overline{A+C+D}}$$

其电路逻辑图如图题 4.3.13 所示，可用一片 74LS27(三个三输入或非门)实现。

4.4 组合逻辑电路中的竞争冒险

4.4.1 如图题 4.4.1 所示。由卡诺图可知，该电路存在冒险。

4.4.2 (1) 不存在；(2) 存在；(3) 不存在；(4) 不存在；(5) 存在；(6) 不存在；(7) 存在。

4.4.3 如图题 4.4.3 所示。

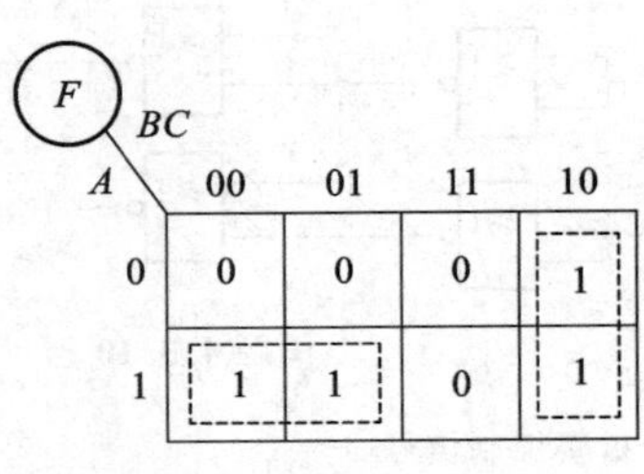

图题 4.4.1

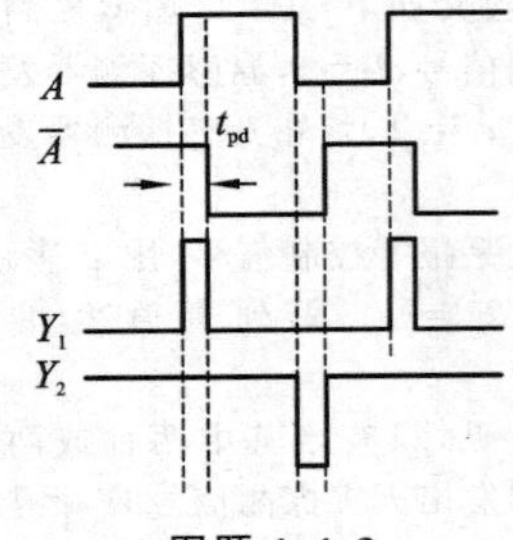

图题 4.4.3

4.4.4 存在冒险，加冗余项 BC。

4.5 常用组合逻辑集成电路

4.5.1 输出 $Y_2Y_1Y_0$ 为:101。

4.5.2 设输入为 I_0、I_1、I_2、I_3;输出为 Y_0、Y_1;工作标志为 GS。真值表如表题 4.5.2 所示。

表题 4.5.2 真值表

I_0	I_1	I_2	I_3	Y_0	Y_1	GS
0	0	0	0	0	0	0
1	0	0	0	0	0	1
×	1	0	0	0	1	1
×	×	1	0	1	0	1
×	×	×	1	1	1	1

逻辑表达式为:

$$Y_1=\bar{I}_3I_2+I_3=I_2+I_3=\overline{\bar{I}_3\bar{I}_2}$$

$$Y_0=\bar{I}_3\bar{I}_2I_1+I_3=\bar{I}_2I_1+I_3=\overline{\overline{\bar{I}_2I_1}\,\bar{I}_3}$$

工作标志位逻辑表达式为

$$GS=\overline{\bar{I}_3\bar{I}_2\bar{I}_1\bar{I}_0}$$

逻辑图如图题 4.5.2 所示。

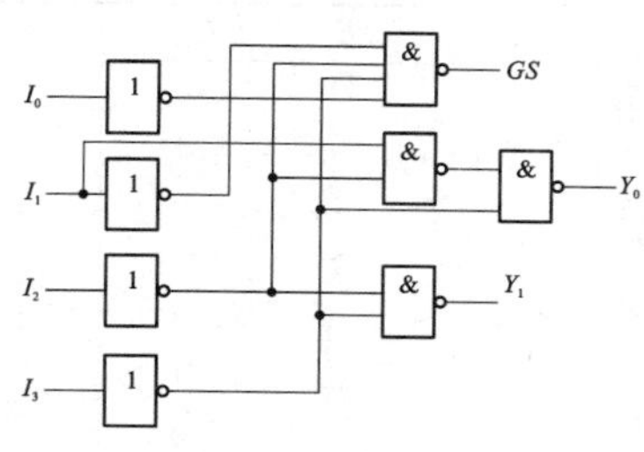

图题 4.5.2

4.5.3 8421BCD 码编码器需要 10 个输入和 4 个输出,而 74148 只有 8 个输入和 3 个输出,利用使能输入端 $\overline{ST}$ 扩展输入端,如图题 4.5.3 所示。

当输入$\overline{A_8}$或$\overline{A_9}$为低电平时(即有 8 或 9 十进制数输入),两输入端与非门输出 1 使 74148 编码器禁止编码,对$\overline{A_8}$或$\overline{A_9}$进行编码;当输入$\overline{A_8}$和$\overline{A_9}$均为高电平时,74148 编码器正常工作,对$\overline{A_0}$~$\overline{A_7}$进行编码。

4.5.4 如图题 4.5.4 所示。

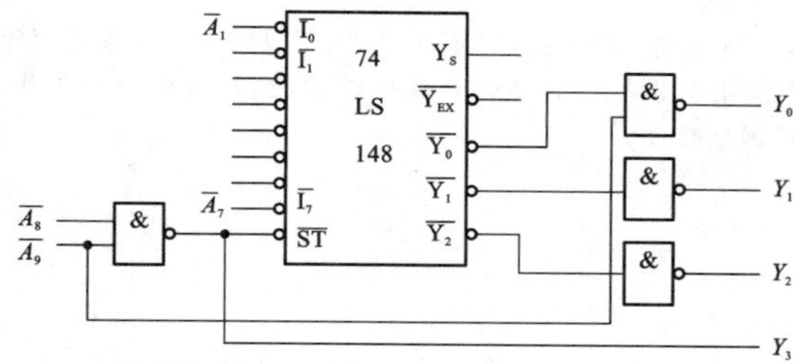

图题 4.5.3

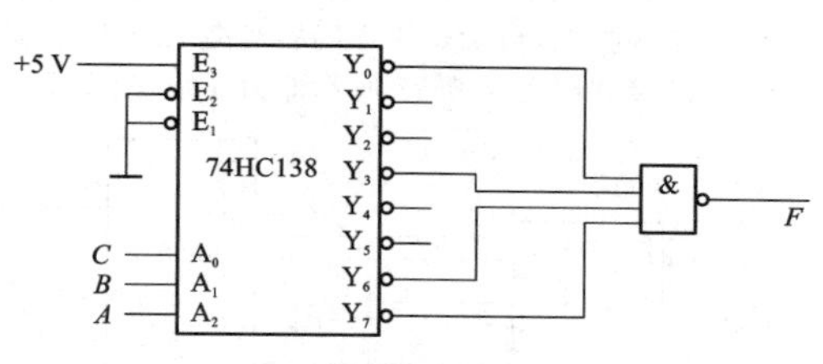

图题 4.5.4

4.5.5 A_0、A_1、A_2 分别为 101,E_1、E_2、E_3 分别为 001。

4.5.6

4.5.7

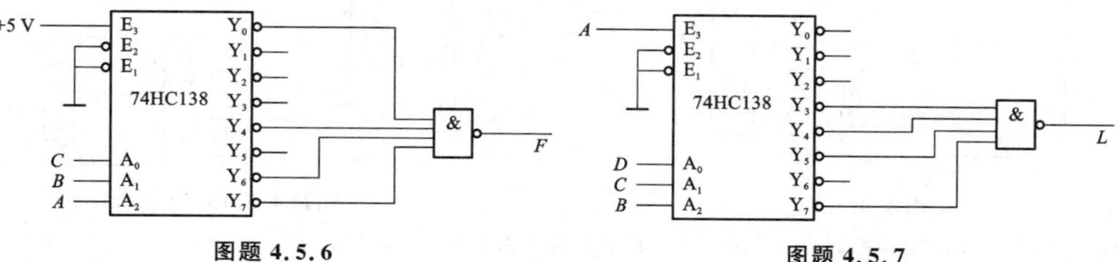

图题 4.5.6

图题 4.5.7

4.5.8

$$\begin{cases}F_1=A\bar{C}+\bar{A}BC+A\bar{B}C=AB\bar{C}+A\bar{B}\,\bar{C}+\bar{A}BC+A\bar{B}C=m_6+m_4+m_3+m_5\\F_2=BC+\bar{A}\,\bar{B}C=ABC+\bar{A}BC+\bar{A}\,\bar{B}C=m_7+m_3+m_1\\F_3=\bar{A}B+A\bar{B}C=\bar{A}BC+\bar{A}\,B\bar{C}+A\bar{B}C=m_3+m_2+m_5\\F_4=\bar{A}\,B\bar{C}+\bar{B}\,\bar{C}+ABC=\bar{A}\,B\bar{C}+A\bar{B}\,\bar{C}+\bar{A}\,\bar{B}\,\bar{C}+ABC=m_2+m_4+m_0+m_7\end{cases}$$

$$\begin{cases}F_1=m_6+m_4+m_3+m_5=\overline{\overline{m_6+m_4+m_3+m_5}}=\overline{\bar{m}_6\cdot\bar{m}_4\cdot\bar{m}_3\cdot\bar{m}_5}=\overline{\overline{Y_6}\cdot\overline{Y_4}\cdot\overline{Y_3}\cdot\overline{Y_5}}\\F_2=m_7+m_3+m_1=\overline{\overline{m_7+m_3+m_1}}=\overline{\bar{m}_7\cdot\bar{m}_3\cdot\bar{m}_1}=\overline{\overline{Y_7}\cdot\overline{Y_3}\cdot\overline{Y_1}}\\F_3=m_3+m_2+m_5=\overline{\overline{m_3+m_2+m_5}}=\overline{\bar{m}_3\cdot\bar{m}_2\cdot\bar{m}_5}=\overline{\overline{Y_3}\cdot\overline{Y_2}\cdot\overline{Y_5}}\\F_4=m_2+m_4+m_0+m_7=\overline{\overline{m_2+m_4+m_0+m_7}}=\overline{\bar{m}_2\cdot\bar{m}_4\cdot\bar{m}_0\cdot\bar{m}_7}=\overline{\overline{Y_2}\cdot\overline{Y_4}\cdot\overline{Y_0}\cdot\overline{Y_7}}\end{cases}$$

逻辑电路图如图题 4.5.8 所示。

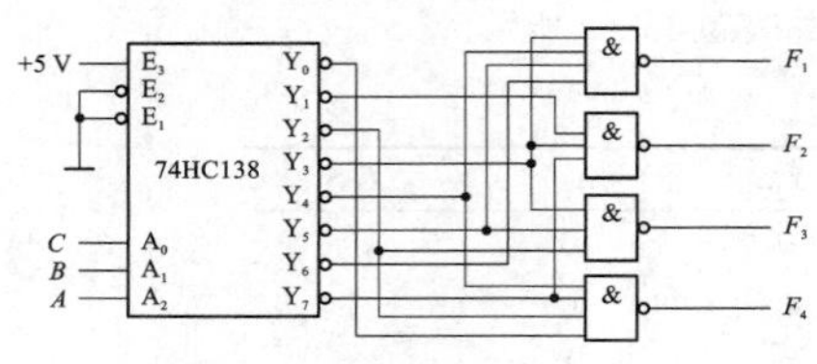

图题 4.5.8

4.5.9 输出引脚 Y_4 有效。

4.5.10 设 A_i 为被减数、B_i 为减数、C_{i-1} 为来自低位的借位、S_i 为差数、C_i 为高位的借位，则可列出一位全减器真值表，如表题 4.5.10 所示。

由真值表得逻辑式为

$$S_i=\overline{A_i}\,\overline{B_i}C_{i-1}+\overline{A_i}B_i\overline{C_{i-1}}+A_i\overline{B_i}\,\overline{C_{i-1}}+A_iB_iC_{i-1}=\overline{\overline{Y_1}\,\overline{Y_2}\,\overline{Y_4}\,\overline{Y_7}}$$

$$C_i=\overline{A_i}\,\overline{B_i}C_{i-1}+\overline{A_i}B_i\overline{C_{i-1}}+\overline{A_i}B_iC_{i-1}+A_iB_iC_{i-1}=\overline{\overline{Y_1}\,\overline{Y_2}\,\overline{Y_3}\,\overline{Y_7}}$$

由逻辑式画出逻辑电路，如图题 4.5.10 所示。

表题 4.5.10　一位全减器真值表

A_i	B_i	C_{i-1}	S_i	C_i
0	0	0	0	0
0	0	1	1	1
0	1	0	1	1
0	1	1	0	1
1	0	0	1	0
1	0	1	0	0
1	1	0	0	0
1	1	1	1	1

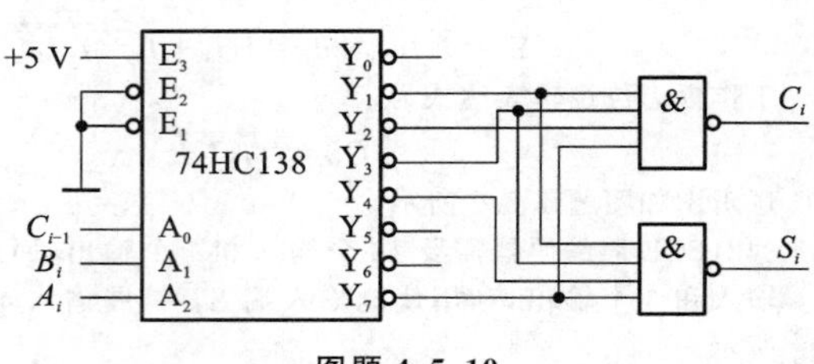

图题 4.5.10

4.5.11 如图题 4.5.11 所示。

4.5.12 3 线-8 线译码器 74HC138 构成的输出 F 的最简与或表达式为

$$F=A\overline{B}\,\overline{C}+BC$$

4.5.13 由输出线数可知，至少需要 8 片 3 线-8 线译码器，这时使能端本身已经不能完成高位控制了，常采用树型结构扩展，再加 1 片译码器对高三位译码，其 8 个输出分别控制其余 8 片的使能端，选择其中一个工作，连接如图题 4.5.13 所示即为 6 线-64 线译码器扩展连接图。

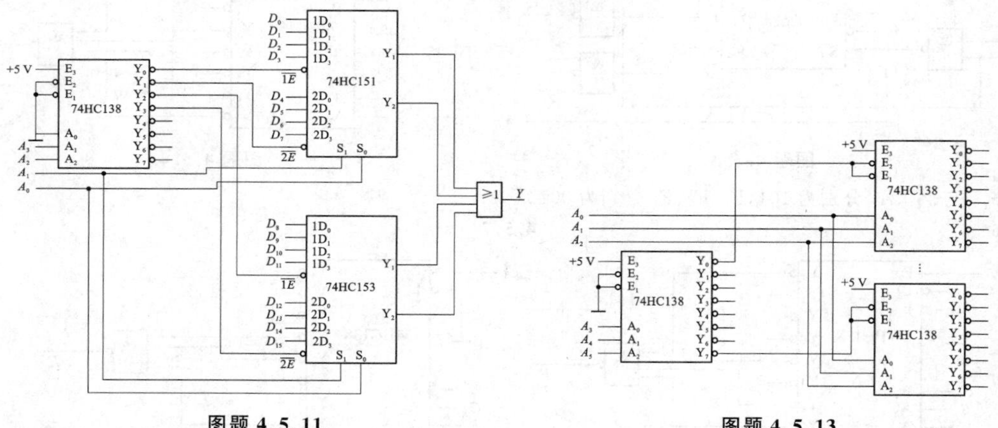

图题 4.5.11　　图题 4.5.13

4.5.14 $LE=0$ 时，显示的字符序列为 0、1、6、9、4；LE 由 0 跳变为 1 时，持续显示 4。

4.5.15 共需 9 片八选一数据选择器，片 1～片 8 的同名地址端相连接低三位地址输入，片 9 的三位地址端接高三位地址输入，并将片 1～片 8 的输出接至片 9 相应的数据输入端，即构成了 64 选 1 数据选择器，如图题 4.5.15 所示即为 8 选 1 数据选择器构成的 64 选 1 数据选择器。

4.5.16 $F=1\cdot m_0+\overline{A}m_2+1\cdot m_3$，电路图如图题 4.5.16 所示。

4.5.17 $L=\overline{R}\,\overline{G}+RG+Y\overline{G}=\overline{R}m_0+Rm_1+1\cdot m_2+Rm_3$，电路图如图题 4.5.17 所示。

4.5.18 本题有三个变量 A、B、C，表示三台设备。“1”表示故障；“0”表示正常。有两个逻辑函数 L_1、L_2，分别表示红灯和黄灯。“1”—灯亮，表示报警；“0”—灯不亮，表示不报警。逻辑表达式为：

$$L_1=\overline{A}BC+A\overline{B}C+AB\overline{C}+ABC=0m_0+Cm_1+Cm_2+1m_3$$

$$L_2=\overline{A}\,\overline{B}C+\overline{A}B\overline{C}+A\overline{B}\,\overline{C}+ABC=Cm_0+\overline{C}m_1+\overline{C}m_2+Cm_3$$

根据表达式画出该逻辑函数的逻辑图，如图题 4.5.18 所示。

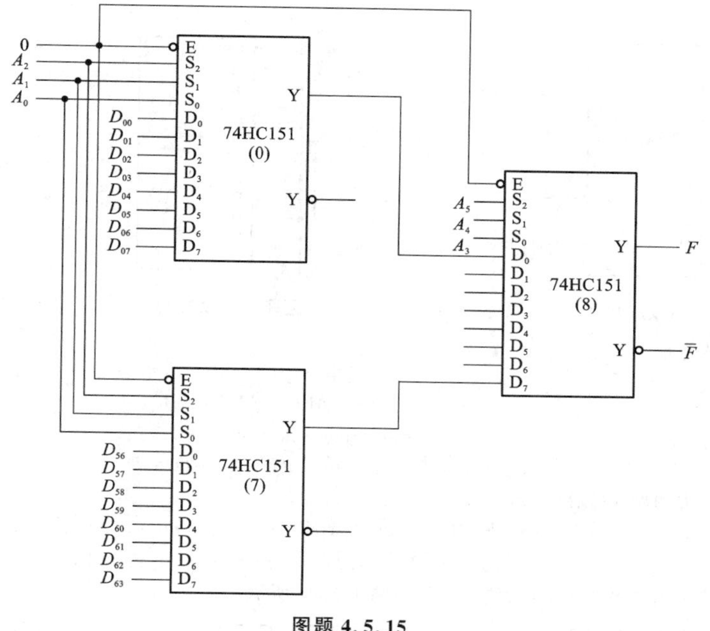

图题 4.5.15

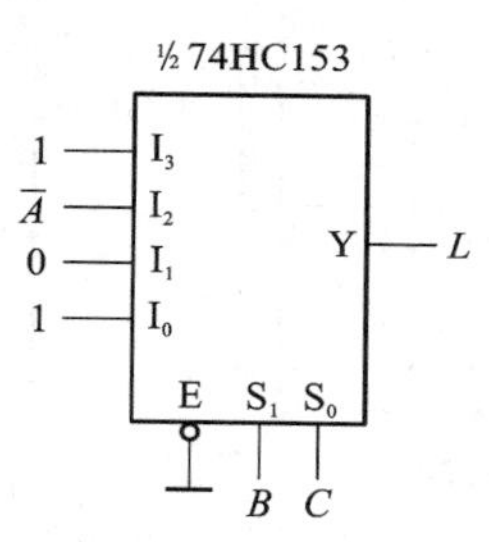

图题 4.5.16

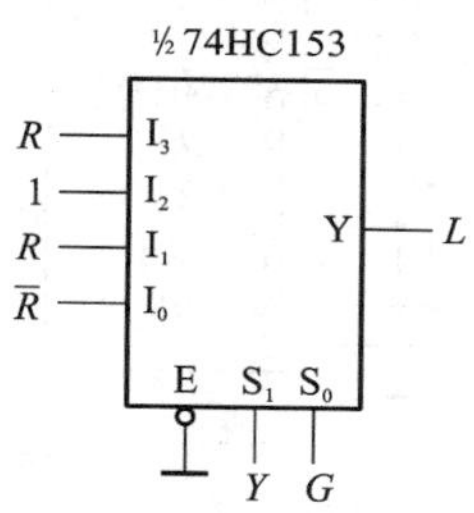

图题 4.5.17

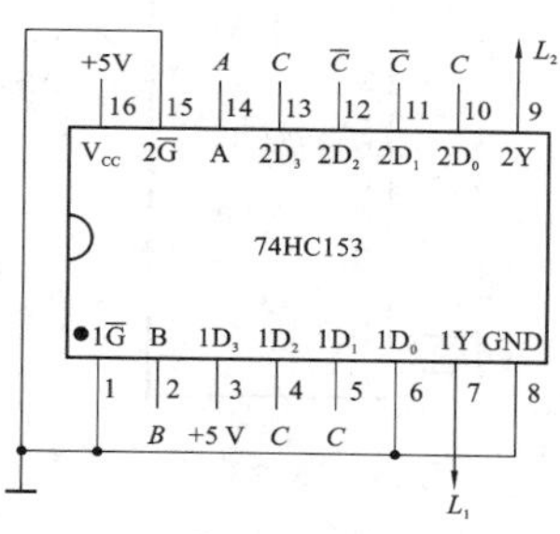

图题 4.5.18

4.5.19

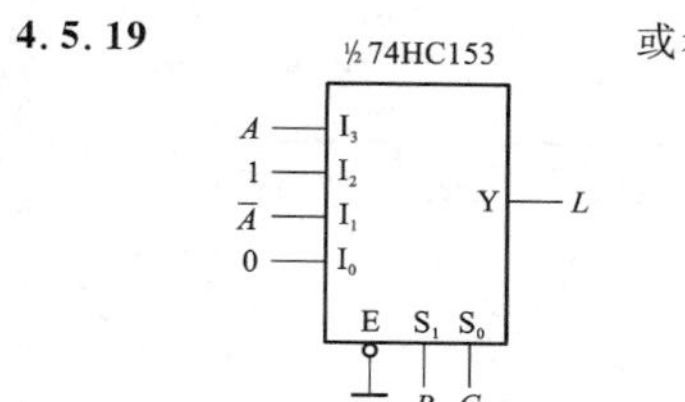

图题 4.5.19(1)

或者

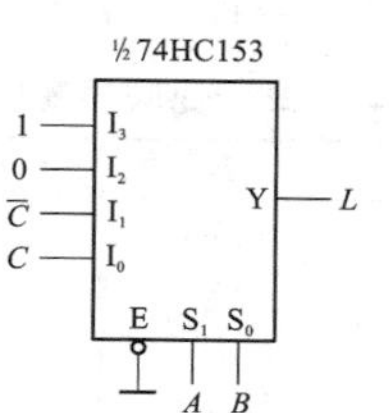

图题 4.5.19(2)

4.5.20

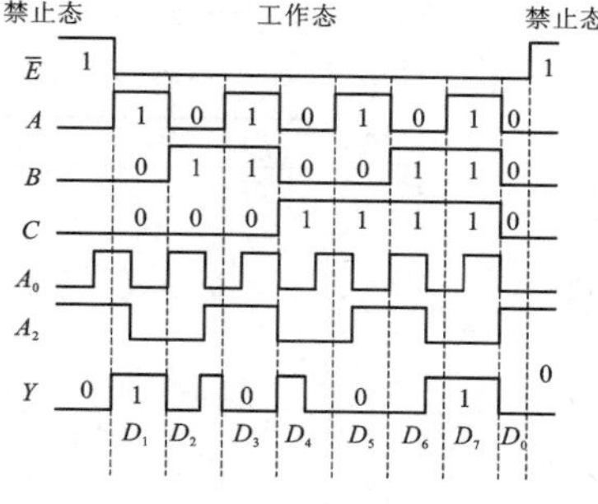

图题 4.5.20

4.5.21

(1)

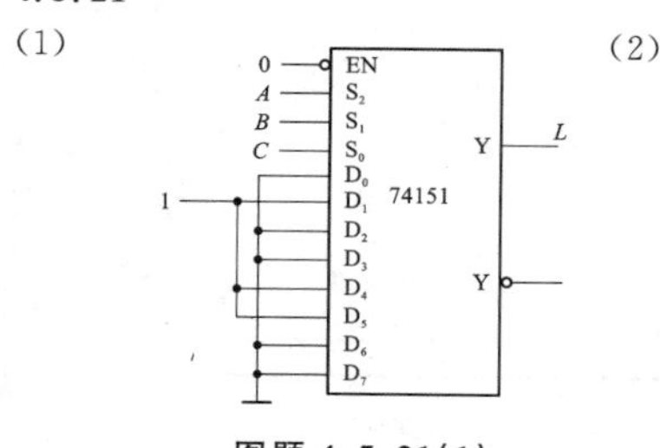

图题 4.5.21(1)

(2)

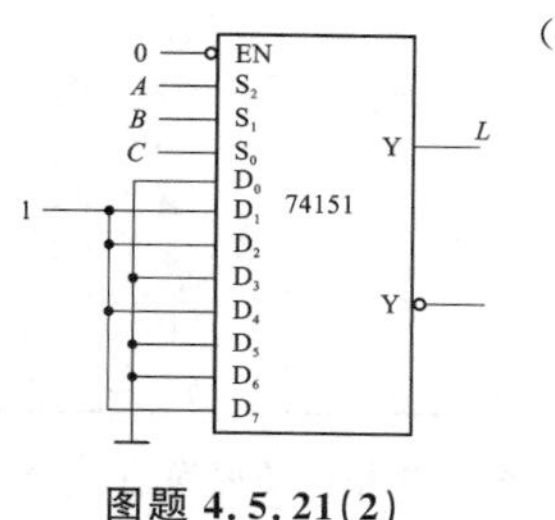

图题 4.5.21(2)

(3)

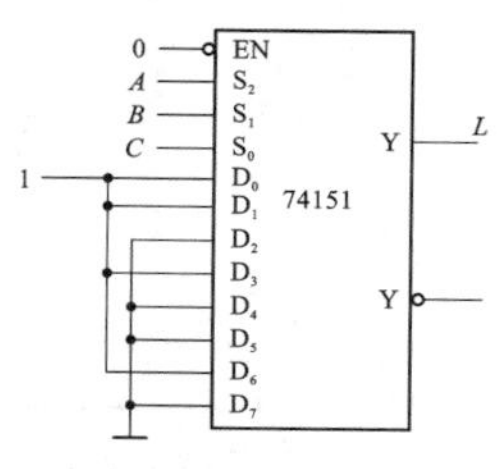

图题 4.5.21(3)

4.5.22

(1)

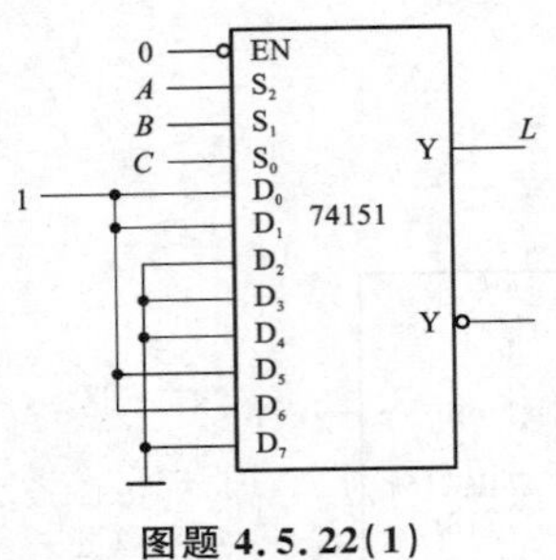

图题 4.5.22(1)

(2)

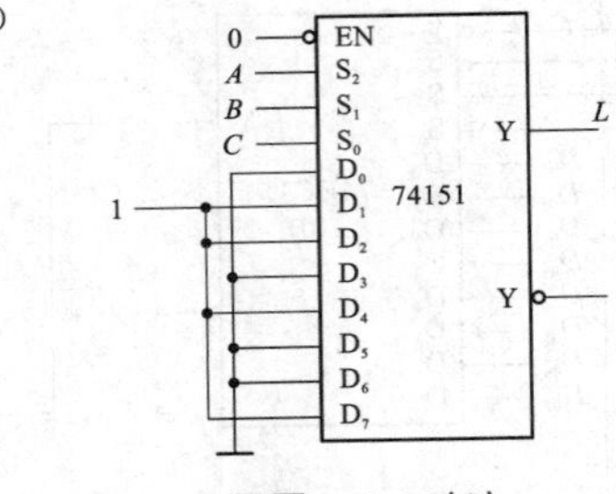

图题 4.5.22(2)

4.5.23 逻辑表达式为：

$$
\begin{aligned}
Y &= AB+BC+AC \\
&= \overline{A}BC+A\overline{B}C+AB\overline{C}+ABC \\
&= m_3+m_5+m_6+m_7
\end{aligned}
$$

则有： $D_0=D_1=D_2=D_4=0$； $D_3=D_5=D_6=D_7=1$

画出逻辑图如图题 4.5.23 所示。

4.5.24 逻辑表达式为： $L_1=\overline{A}BC+A\overline{B}C+AB\overline{C}+ABC=m_3+m_5+m_6+m_7$

$$L_2=\overline{A}\,\overline{B}C+\overline{A}B\overline{C}+A\overline{B}\,\overline{C}+ABC=m_1+m_2+m_4+m_7$$

根据表达式画出该逻辑函数的逻辑图，如图题 4.5.24 所示。

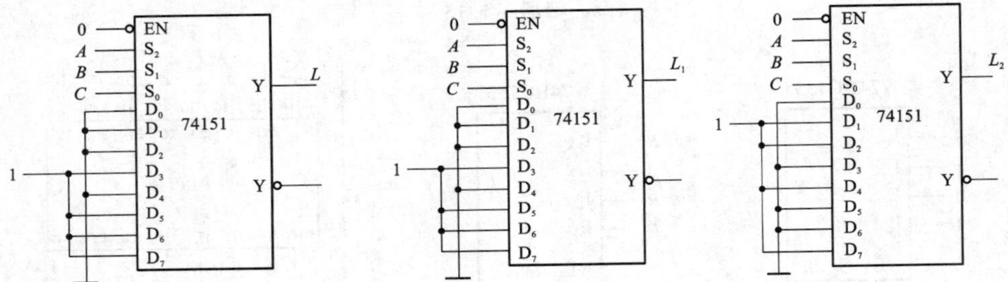

图题 4.5.23　　**图题 4.5.24**

4.5.25 第一步：列真值表。

设比较的两个二进制数为 $A=A_1A_0$、$B=B_1B_0$，比较的结果有 $A>B$、$A=B$、$A<B$ 三种情况，分别用 F_1、F_2、F_3 表示。则 $A>B$，$F_1=1$；$A=B$，$F_2=1$；$A<B$，$F_3=1$，可列出真值表，如表题 4.5.25 所示。

表题 4.5.25 比较器真值表

A_1	A_0	B_1	B_0	F_1	F_2	F_3
0	0	0	0	0	1	0
0	0	0	1	0	0	1
0	0	1	0	0	0	1
0	0	1	1	0	0	1
0	1	0	0	1	0	0
0	1	0	1	0	1	0
0	1	1	0	0	0	1
0	1	1	1	0	0	1
1	0	0	0	1	0	0
1	0	0	1	1	0	0
1	0	1	0	0	1	0
1	0	1	1	0	0	1
1	1	0	0	1	0	0
1	1	0	1	1	0	0
1	1	1	0	1	0	0
1	1	1	1	0	1	0

第二步：作卡诺图，对函数进行简化，并作相应的变换。

函数的卡诺图如图题 4.5.25(1)所示。因要求用异或门、与非门及或非门实现，由卡诺图化简和变换得：

$$\begin{aligned}F_1 &= A_1\overline{B}_1 + A_1A_0B_1\overline{B}_0 + \overline{A}_1A_0\overline{B}_1\overline{B}_0\\ &= A_1\overline{B}_1 + A_0\overline{B}_0(A_1B_1 + \overline{A}_1\overline{B}_1)\\ &= A_1\overline{B}_1 + A_0\overline{B}_0(A_1\odot B_1)\end{aligned}$$

F_1 表达式意义很明显，即两个数比较，高位大的一定大，式中第一项为 1，使 $F_1=1$；若高位相同比低位，低位大的则大，式中第二项为 1，使 $F_1=1$。

对 F_2 做如下变换：

$$\begin{aligned}F_2 &= \overline{A}_1\overline{A}_0\overline{B}_1\overline{B}_0 + \overline{A}_1A_0\overline{B}_1B_0 + A_1\overline{A}_0B_1\overline{B}_0 + A_1A_0B_1B_0\\ &= \overline{A}_1\overline{B}_1(\overline{A}_0\overline{B}_0 + A_0B_0) + A_1B_1(\overline{A}_0\overline{B}_0 + A_0B_0)\\ &= \overline{A}_1\overline{B}_1(A_0\odot B_0) + A_1B_1(A_0\odot B_0)\\ &= (A_1\odot B_1)(A_0\odot B_0)\end{aligned}$$

该式表明，只有两个数的对应位都相同，F_2 才为 1，表示两数相等。

函数 F_3 的变换和 F_1 类似：

$$\begin{aligned}F_3 &= \overline{A}_1B_1 + \overline{A}_1\overline{A}_0\overline{B}_1B_0 + A_1\overline{A}_0B_1B_0\\ &= \overline{A}_1B_1 + \overline{A}_0B_0(\overline{A}_1\overline{B}_1 + A_1B_1)\\ &= \overline{A}_1B_1 + \overline{A}_0B_0(A_1\odot B_1)\end{aligned}$$

F_3 说明两数进行比较，高位小的一定小，高位相同时低位小的一定小。

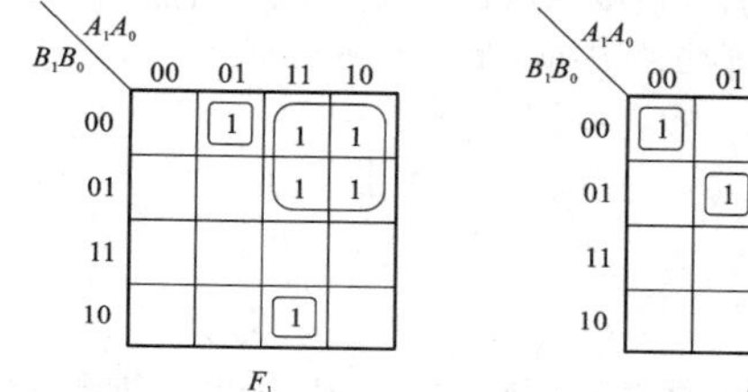

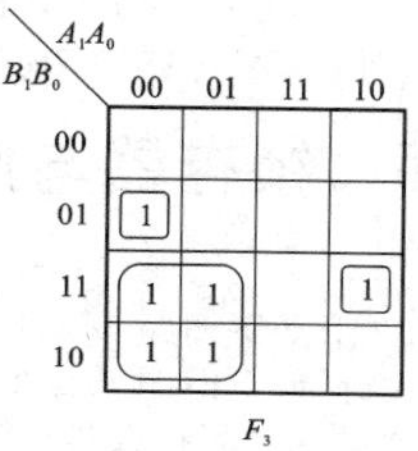

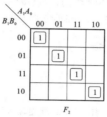

图题 4.5.25(1)　两位比较器卡诺图

并且由真值表还可看出三个输出函数之间的关系：

$$F_2=\overline{F_1+F_3}$$

第三步：作逻辑电路图，如图题 4.5.25(2)所示。

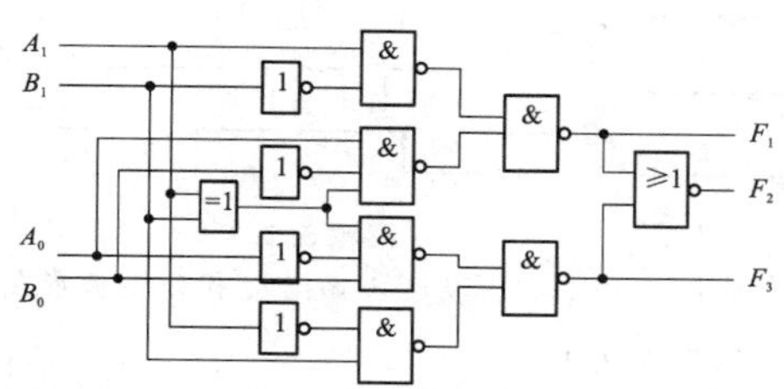

图题 4.5.25(2)　两位数码比较器逻辑图

由此例的两位数比较，找出了比较器的规律，可以推广至 N 位数比较。如四位二进制数比较的表达式为

$$\begin{aligned}F_1(A>B) &= A_3\overline{B}_3 + A_2\overline{B}_2(A_3\odot B_3) + A_1\overline{B}_1(A_3\odot B_3)(A_2\odot B_2)\\ &\quad + A_0\overline{B}_0(A_3\odot B_3)(A_2\odot B_2)(A_1\odot B_1)\\ F_2(A=B) &= (A_3\odot B_3)(A_2\odot B_2)(A_1\odot B_1)(A_0\odot B_0)\\ F_3(A<B) &= \overline{A}_3B_3 + \overline{A}_2B_2(A_3\odot B_3) + \overline{A}_1B_1(A_3\odot B_3)(A_2\odot B_2)\\ &\quad + \overline{A}_0B_0(A_3\odot B_3)(A_2\odot B_2)(A_1\odot B_1)\end{aligned}$$

4.5.26

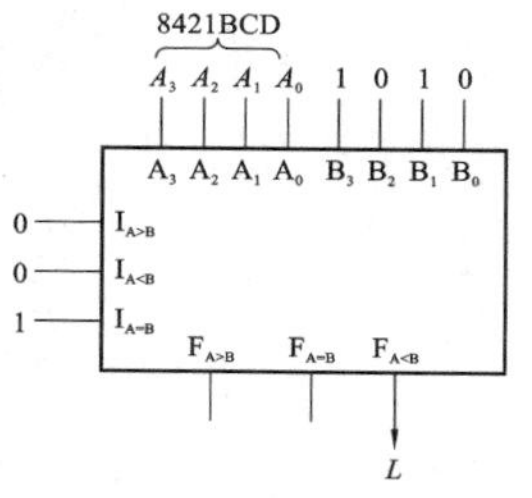

图题 4.5.26

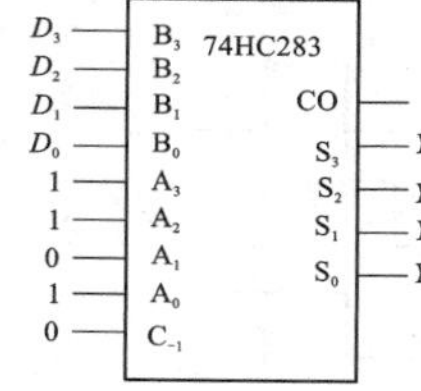

图题 4.5.27

4.5.27 余3码减去3(0011)即可得到8421码,减3可以通过加它的补码实现。若输入的余3码为$D_3D_2D_1D_0$,输出的8421码为$Y_3Y_2Y_1Y_0$,则有

$$Y_3Y_2Y_1Y_0=D_3D_2D_1D_0+(0011)_{补}=D_3D_2D_1D_0+1101$$

于是得电路图如图题4.5.27所示。

4.5.28 解:全加器逻辑表达式为

$$S_i=A_i\oplus B_i\oplus C_{i-1}=m_1+m_2+m_4+m_7$$

$$C_i=A_iB_i+A_i\overline{B_i}C_{i-1}+\overline{A_i}B_iC_{i-1}=m_3+m_5+m_6+m_7$$

用8选1数据选择器74HC151实现1位二进制全加器,逻辑图如图题4.5.28所示。

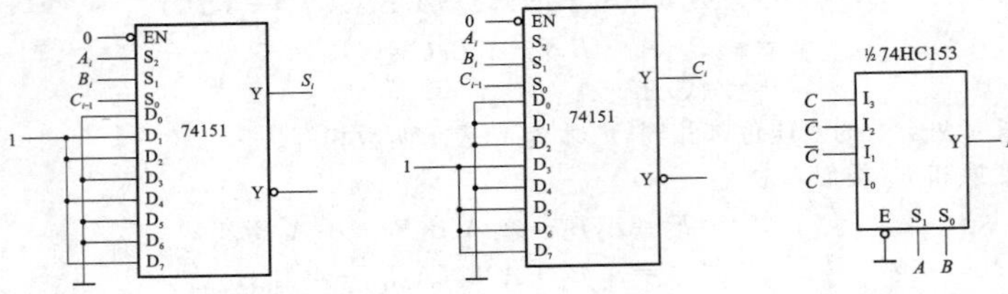

图题 4.5.28　　图题 4.5.29

4.5.29 电灯控制电路的逻辑表达式为

$$L=\overline{A}\,\overline{B}\,C+\overline{A}\,B\overline{C}+A\overline{B}\,\overline{C}+ABC=Cm_0+\overline{C}m_1+\overline{C}m_2+Cm_3$$

用数据选择器74HC153实现的电灯控制电路的电路图如图题4.5.29所示。

第5章　锁存器与触发器

5.2　锁存器

5.2.1 输出Q的波形如下图题5.2.1所示。

5.2.2 输出Q的波形如下图题5.2.2所示。

5.2.3 不论触发器原来处于什么状态,当开关倒向$\overline{S}$端时就使输入置为$\overline{S}=0$,$\overline{R}=1$,从而使输出$Q=0$,$\overline{Q}=1$,若开关存在抖动,则使输入状态变化为:$\overline{S}\,\overline{R}=01\to11\to01\to11$……直至稳定于01,在这个过程中输出保持$Q=0$,$\overline{Q}=1$,不会发生抖动,波形如图题5.2.3所示。

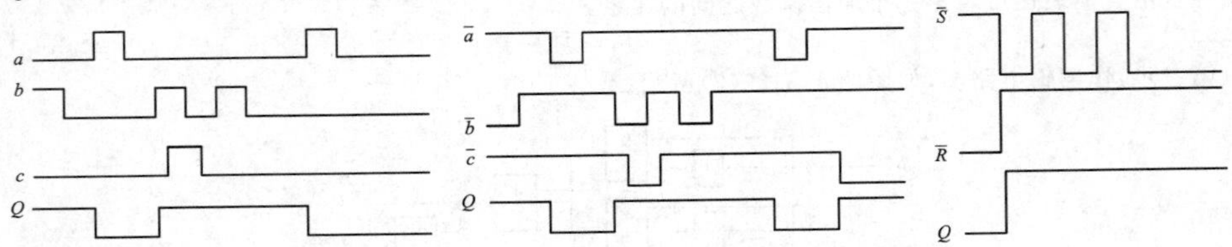

图题 5.2.1　　图题 5.2.2　　图题 5.2.3

5.2.4 门控SR锁存器的功能表见表题5.2.4;根据功能表画出Q和$\overline{Q}$的波形图如图题5.2.4。

表题 5.2.4

E	S	R	Q	$\overline{Q}$
0	×	×	保持	
1	0	0	保持	
1	0	1	0	1
1	1	0	1	0
1	1	1	不定	

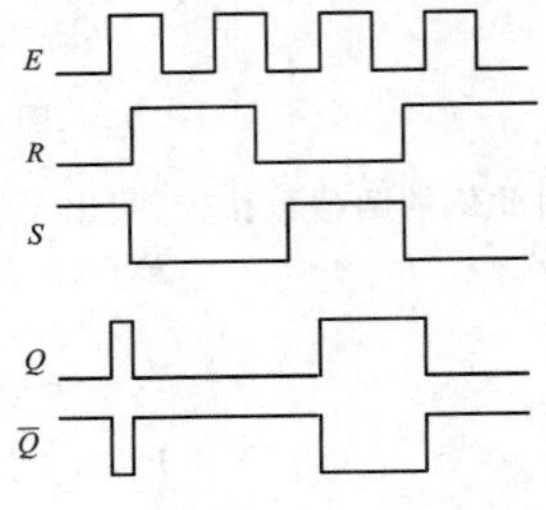

图题 5.2.4

5.4　触发器的逻辑功能

5.4.1

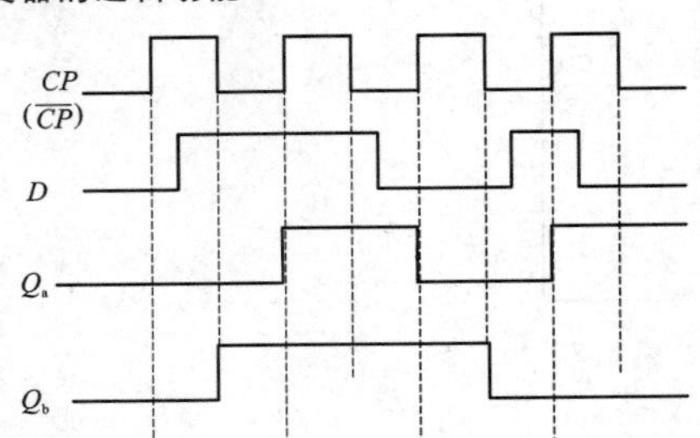

5.4.2 JK 触发器的功能表如表题 5.4.2 所示。

根据功能表画出 Q 的波形图如图题 5.4.2 所示。

表题 5.4.2

$\overline{CP}$	J	K	Q^{n+1}
↓	0	0	Q^n
↓	1	0	1
↓	0	1	0
↓	1	1	$\overline{Q^n}$

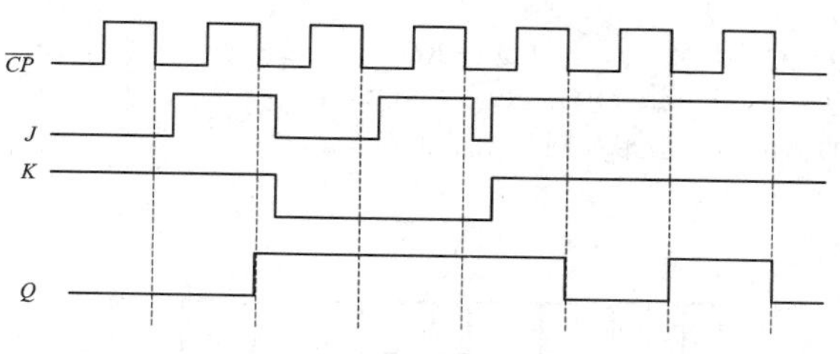

图题 5.4.2

5.4.3 由 JK 触发器的特性方程 $Q^{n+1}=J\overline{Q^n}+\overline{K}Q^n$ 可知：

(a) $K=1, J=\overline{Q}\Rightarrow Q^{n+1}=\overline{Q^n}$；

(b) $K=1, J=Q\Rightarrow Q^{n+1}=\overline{0}$；

(c) $K=1, J=1\Rightarrow Q^{n+1}=\overline{Q^n}$；

(d) $K=\overline{Q}, J=1\Rightarrow Q^{n+1}=1$；

那么 $Q_1^{n+1}=\overline{Q_1^n}, Q_2^{n+1}=0, Q_3^{n+1}=\overline{Q_3^n}, Q_4^{n+1}=1$。

初态为 0 的各 Q 端波形如图题 5.4.3 所示。

5.4.4 输出 Q 的波形图题 5.4.4 所示。

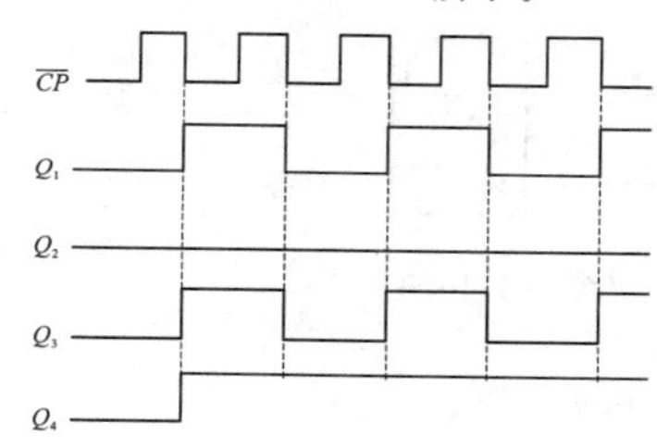

图题 5.4.3

图题 5.4.4

5.4.5 由题可知 $J_1=K_1=1, J_2=K_2=X\oplus Q_1$。

Q_1 和 Q_2 的波形如图题 5.4.5 所示。

5.4.6 由题可知：

$$J_1=K_1=1, \overline{CP_1}=\overline{CP}$$
$$J_2=K_2=1, \overline{CP_2}=Q_1$$
$$Y_1=Q_2$$
$$Y_2=\overline{Q_2}\,\overline{Q_1}+Q_2Q_1=\overline{Q_2\oplus Q_1}$$

Y_1 和 Y_2 的波形如图题 5.4.6 所示。

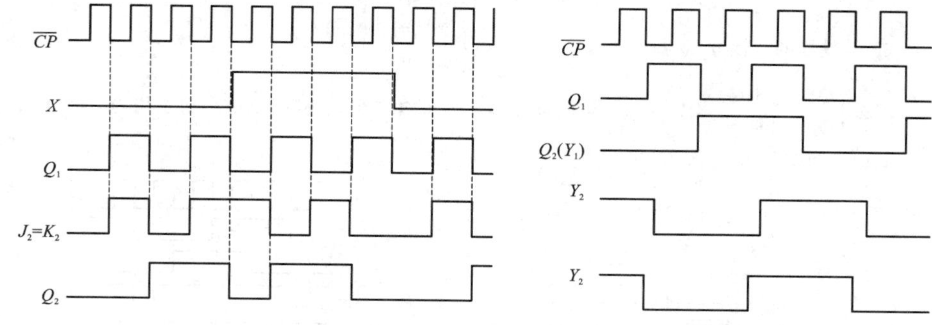

图题 5.4.5

图题 5.4.6

由波形图看出 Y_1 和 Y_2 的时间关系为：Y_1 超前 Y_2 一个 CP 脉冲的周期时间。

5.4.7 (a) $Q^{n+1}=D=\overline{AQ^n}$；

(b) $Q^{n+1}=J\overline{Q^n}+\overline{K}Q^n=A\oplus B\oplus Q^n$；

(c) $Q^{n+1}=D=Q^n\overline{B}+A\overline{Q^n}$。

5.4.8 Q_1 和 Q_2 的波形如图题 5.4.8 所示。

5.4.9 各触发器的下一状态方程分别为：

(a) $T=Q^n, Q^{n+1}=T\overline{Q^n}+\overline{T}Q^n=0$；

(b) $D=Q^n, Q^{n+1}=D=Q^n$；

(c) $J=Q^n, K=1, Q^{n+1}=J\overline{Q^n}+\overline{K}Q^n=0$；

(d) $J=Q^n, K=\overline{Q^n}, Q^{n+1}=J\overline{Q^n}+\overline{K}Q^n=Q^n$；

(e) $T=\overline{Q^n}, Q^{n+1}=T\overline{Q^n}+\overline{T}Q^n=1$；

(f) $D=\overline{Q^n}, Q^{n+1}=D=\overline{Q^n}$；

(g) $J=\overline{Q^n}, K=1, Q^{n+1}=J\overline{Q^n}+\overline{K}Q^n=\overline{Q^n}$；

(h) $J=\overline{Q^n}, K=Q^n, Q^{n+1}=J\overline{Q^n}+\overline{K}Q^n=\overline{Q^n}$。

各个触发器的输出 Q 的波形如图题 5.4.9 所示。

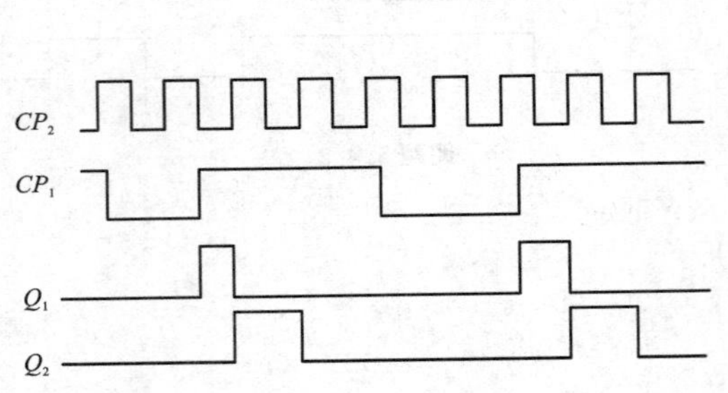

图题 5.4.8

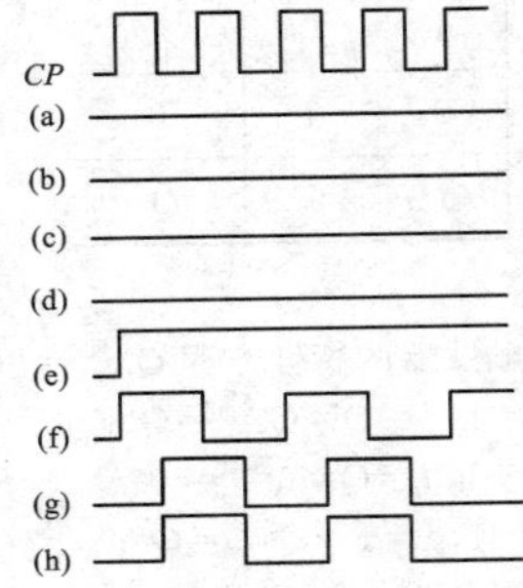

图题 5.4.9

5.4.10 将 JK 触发器转换为 D 触发器的逻辑电路如图题 5.4.10(a)所示。

将 JK 触发器转换为 T 触发器的逻辑电路如图题 5.4.10(b)所示。

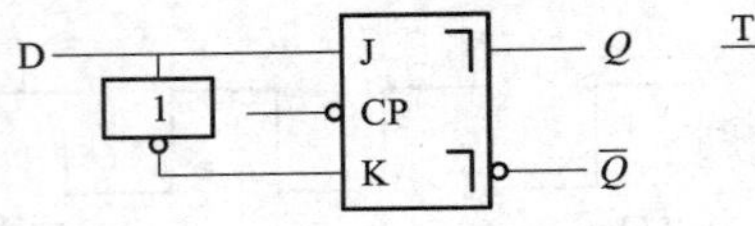

图题 5.4.10(a)

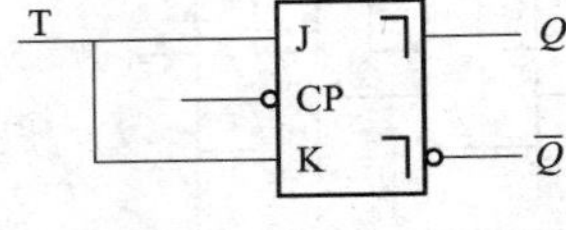

图题 5.4.10(b)

5.4.11 将 D 触发器转换为 JK 触发器的逻辑电路如图题 5.4.11(a)所示。

将 D 触发器转换为 T 触发器的逻辑电路如图题 5.4.11(b)所示。

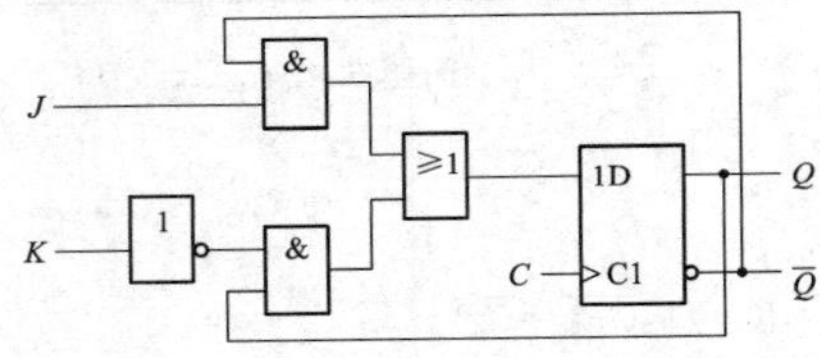

图题 5.4.11(a)

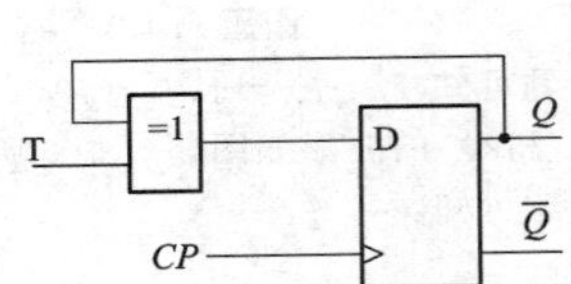

图题 5.4.11(b)

5.4.12 将 T 触发器转换为 D 触发器的逻辑电路如图题 5.4.12 所示。

5.4.13 由图题可知
$$\begin{cases}S_0=\overline{Q_1^n}\\R_0=Q_1^n\end{cases},\begin{cases}S_1=Q_0^n\\R_1=\overline{Q_0^n}\end{cases},\begin{cases}A_0=Q_0\\A_1=Q_1\end{cases}$$

SR 触发器的特性方程为
$$\begin{cases}Q^{n+1}=S+\overline{R}Q^n\\SR=0\end{cases}$$

那么$\begin{cases}Q_0^{n+1}=S_0=\overline{Q_1^n}\\Q_1^{n+1}=S_1=Q_0^n\end{cases}$，$\overline{Y_i}=\overline{m_i}$，其中，$m_i$ 是 A_1、A_0 的第 i 个最小项，Q_1、Q_0 初态均为 0 时，Φ_0、Φ_1、Φ_2、Φ_3 的波形如图题 5.4.13 所示。

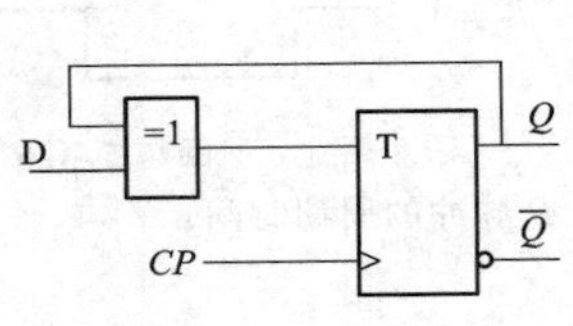

图题 5.4.12

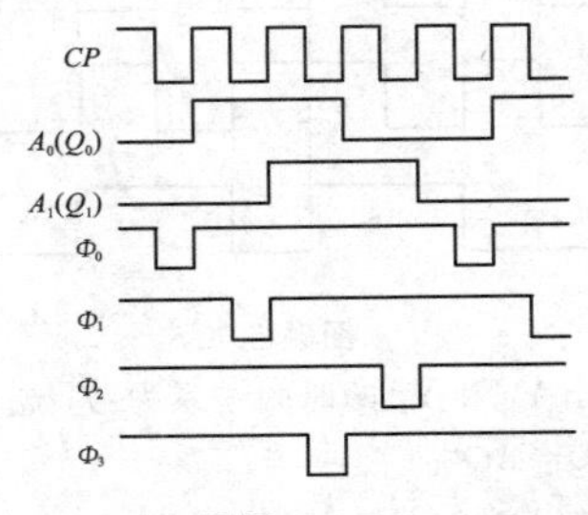

图题 5.4.13

第 6 章 时序逻辑电路

6.1 时序逻辑电路的基本概念

6.1.1 状态表如表题 6.1.1 所示。

6.1.2 状态图如表题 6.1.2 所示。

表题 6.1.1

$Q_1^n Q_0^n$ \ X	$Q_1^{n+1}Q_0^{n+1}/Z$ 0	1
00	00/0	10/0
01	00/0	11/1
11	00/0	11/1
10	00/0	11/0

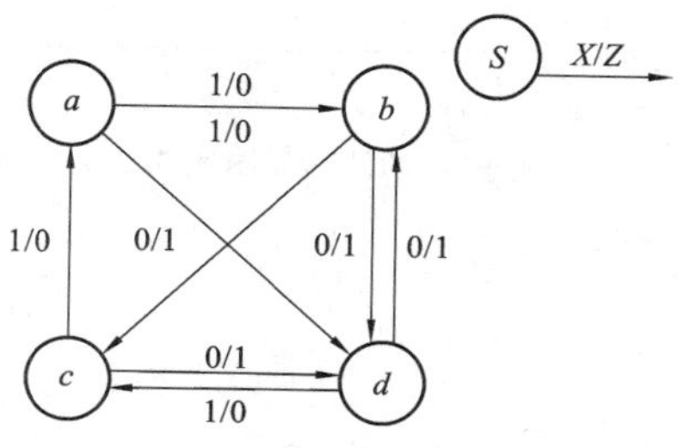

图题 6.1.2

6.1.3 Mealy 型原始状态图如图题 6.1.3(a)所示。

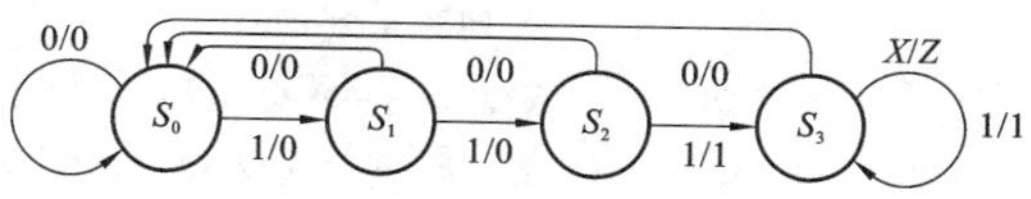

图题 6.1.3(a)

Mealy 型原始状态表如表题 6.1.3(a)所示。

表题 6.1.3(a)

S \ X	S^{n+1} 0	1	Z
S_0	S_0	S_1	0
S_1	S_0	S_2	0
S_2	S_0	S_3	0
S_3	S_0	S_3	1

Moore 型原始状态图如图题 6.1.3(b)所示。

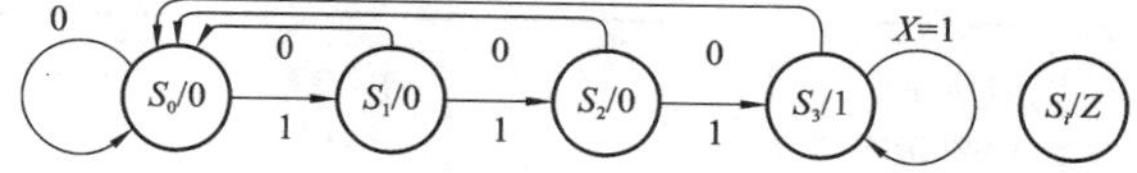

图题 6.1.3(b)

Moore 型原始状态表如表题 6.1.3(b)所示。

表题 6.1.3(b)

S \ X	S^{n+1}/Z 0	1
S_0	$S_0/0$	$S_1/0$
S_1	$S_0/0$	$S_2/0$
S_2	$S_0/0$	$S_3/1$
S_3	$S_0/0$	$S_3/1$

6.2 同步时序逻辑电路的分析

6.2.1 状态表如表题 6.2.1 所示。

状态图如图题 6.2.1(a)所示。

表题 6.2.1

Q^n \ A (Q^{n+1}/Z)	0	1
0	0/1	1/1
1	1/1	0/0

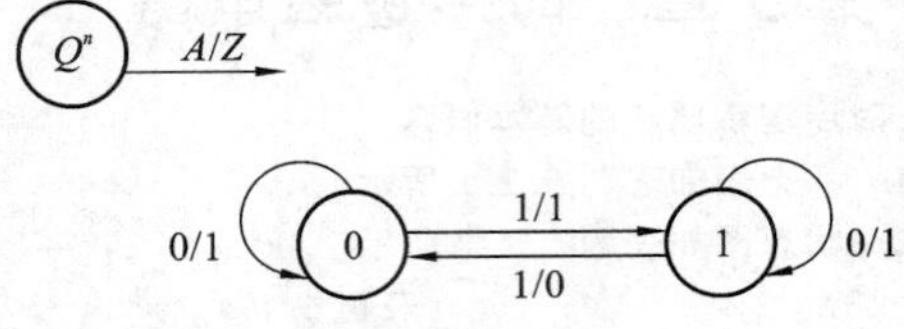

图题 6.2.1(a)

Q 和 Z 的波形如图题 6.2.1(b)所示。

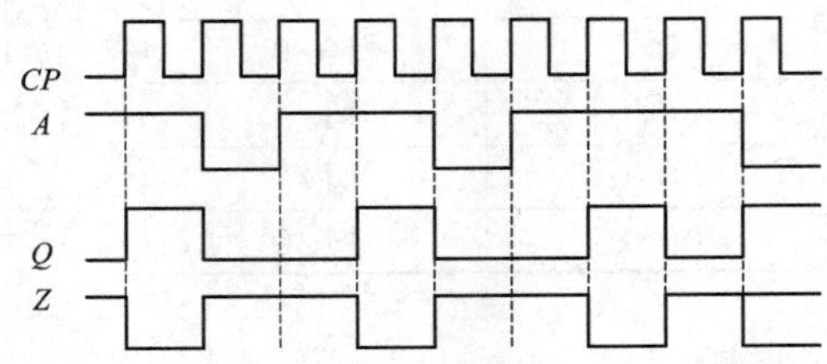

图题 6.2.1(b)

6.2.2 激励方程组：

$$J_0=X\overline{Q_1^n},\ K_0=XQ_1^n,\ J_1=\overline{X}Q_0^n,\ K_1=\overline{X}\,\overline{Q_0^n}$$

状态方程组：

$$Q_0^{n+1}=J_0\overline{Q_0^n}+\overline{K_0}Q_0^n=X\overline{Q_1^n}\,\overline{Q_0^n}+\overline{XQ_1^n}Q_0^n$$

$$Q_1^{n+1}=J_1\overline{Q_1^n}+\overline{K_1}Q_1^n=\overline{X}Q_0^n\overline{Q_1^n}+\overline{\overline{X}\,\overline{Q_0^n}}\cdot Q_1^n=XQ_1^n+\overline{X}Q_0^n$$

输出方程组：

$$z=Q_1^n$$

状态表如表题 6.2.2 所示。

表题 6.2.2

Q_1^n	Q_0^n	X	Q_1^{n+1}	Q_0^{n+1}	z
0	0	0	0	0	0
0	1	0	1	1	0
0	0	1	0	0	1
0	1	1	1	1	1
1	0	0	0	1	0
1	1	0	0	1	0
1	0	1	1	0	1
1	1	1	1	0	1

状态图如图题 6.2.2(a)所示。

时序图如表题 6.2.2(b)所示。

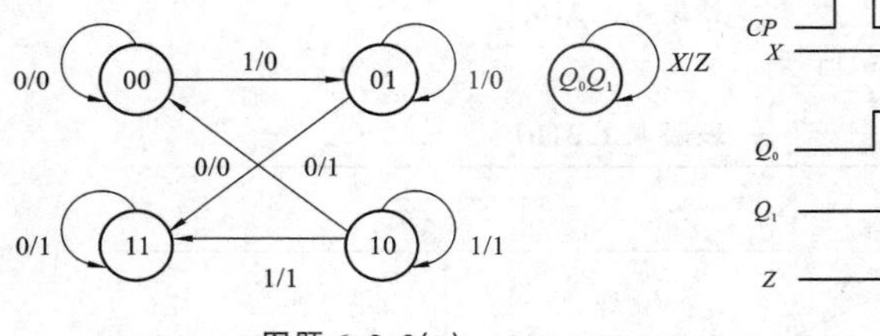

图题 6.2.2(a)

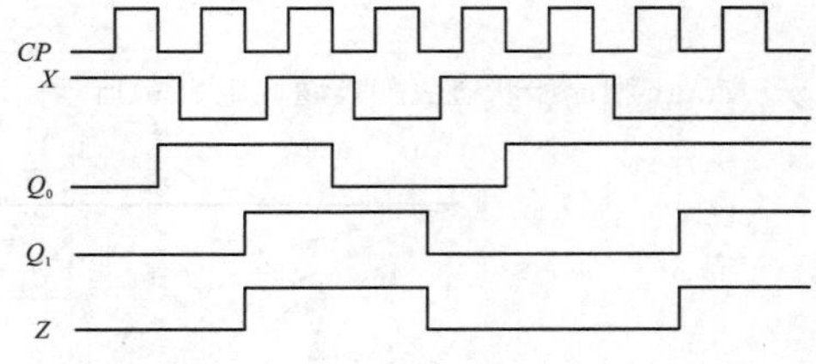

图题 6.2.2(b)

6.2.3 激励方程组：

$$J_0=K_0=1$$

$$J_1=K_1=A\oplus Q_0$$

状态方程组：

$$Q_0^{n+1}=J_0\overline{Q_0^n}+\overline{K_0}Q_0^n=\overline{Q_0^n}$$

$$Q_1^{n+1}=J_1\overline{Q_1^n}+\overline{K_1}Q_1^n=(A\oplus Q_0^n)\overline{Q_1^n}+\overline{A\oplus Q_0^n}Q_1^n=A\oplus Q_0^n\oplus Q_1^n$$

输出方程组：

$$Z=Q_1^nQ_0^n$$

状态表如表题 6.2.3 所示。

状态图如图题 6.2.3 所示。

表题 6.2.3

$Q_1^nQ_0^n$ \ A ($Q_1^{n+1}Q_0^{n+1}/Z$)	0	1
00	01/0	11/0
01	10/0	00/0
10	11/0	01/0
11	00/1	10/1

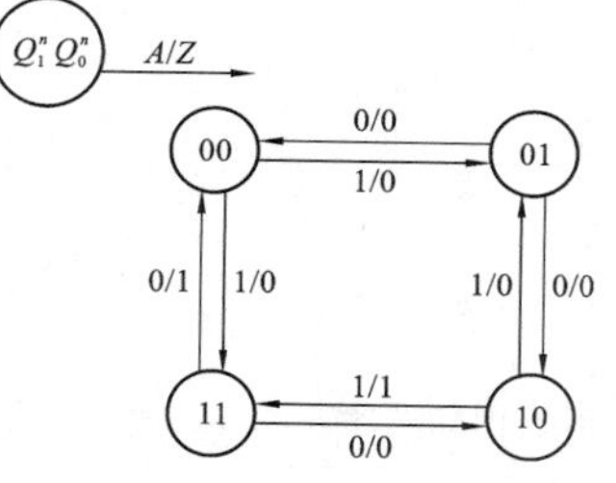

图题 6.2.3

6.2.4 FF$_0$ 激励方程组：$J_0=\overline{Q_1}$，$K_0=\overline{A\,Q_1}$

FF$_1$ 的激励方程为 $J_1=Q_0$，$K_1=1$

FF$_0$ 的状态方程为

$$Q_0^{n+1}=J_0\,\overline{Q_0^n}+\overline{K_0}\,Q_0^n=\overline{Q_1^n}\,\overline{Q_0^n}+A\,\overline{Q_1^n}\cdot Q_0^n$$
$$=\overline{Q_1^n}(\overline{Q_0^n}+A\,Q_0^n)=\overline{Q_1^n}(\overline{Q_0^n}+A)$$

FF$_1$ 的状态方程为

$$Q_1^{n+1}=J_1\,\overline{Q_1^n}+\overline{K_1}\,Q_1^n=Q_0^n\,\overline{Q_1^n}+0\cdot Q_1^n=Q_0^n\,\overline{Q_1^n}$$

输出方程为

$$Z=\overline{AQ_0Q_1}$$

状态表如表题 6.2.4 所示。

状态图如图题 6.2.4 所示。

表题 6.2.4

$Q_1^nQ_0^n$ \ A ($Q_1^{n+1}Q_0^{n+1}/Z$)	0	1
00	01/0	01/0
01	10/0	11/0
10	00/0	00/0
11	00/0	00/1

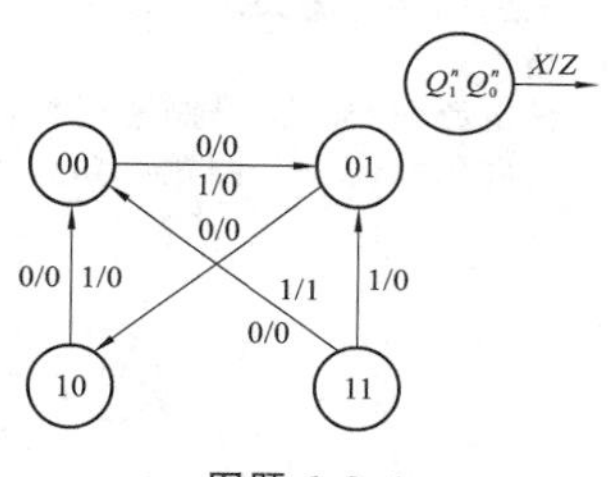

图题 6.2.4

6.2.5 激励方程组：

$$J_1=\overline{Q_3^n},\ K_1=1$$
$$J_2=Q_1^n,\ K_2=Q_1^n$$
$$J_3=Q_1^nQ_2^n,\ K_3=1$$

状态方程组：

$$Q_1^{n+1}=\overline{Q_3^n}\,\overline{Q_1^n}$$
$$Q_2^{n+1}=Q_1^n\,\overline{Q_2^n}+\overline{Q_1^n}\,Q_2^n$$
$$Q_3^{n+1}=Q_1^nQ_2^n\,\overline{Q_3^n}$$

输出方程组：

$$C=Q_3^n$$

状态表如表题 6.2.5 所示。

表题 6.2.5

Q_3^n	Q_2^n	Q_1^n	Q_3^{n+1}	Q_2^{n+1}	Q_1^{n+1}	C
0	0	0	0	0	1	0
0	0	1	0	1	0	0
0	1	0	0	1	1	0
0	1	1	1	0	0	0
1	0	0	0	0	0	1
1	0	1	0	1	0	0
1	1	0	0	1	0	0
1	1	1	0	0	0	0

状态图如图题 6.2.5 所示。

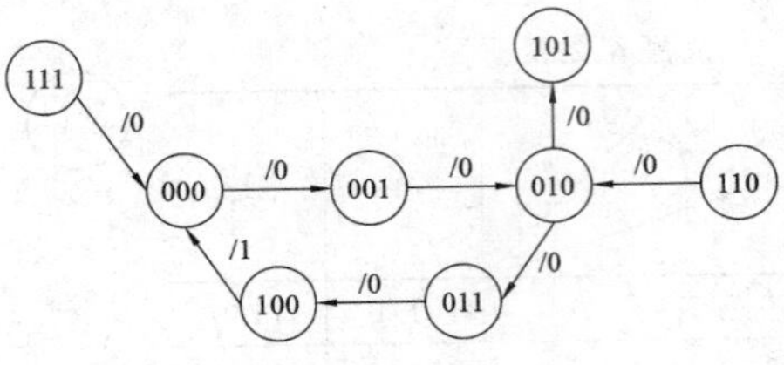

图题 6.2.5

6.2.6 状态图如图题 6.2.6(a)所示。波形图图题 6.2.6(b)所示。

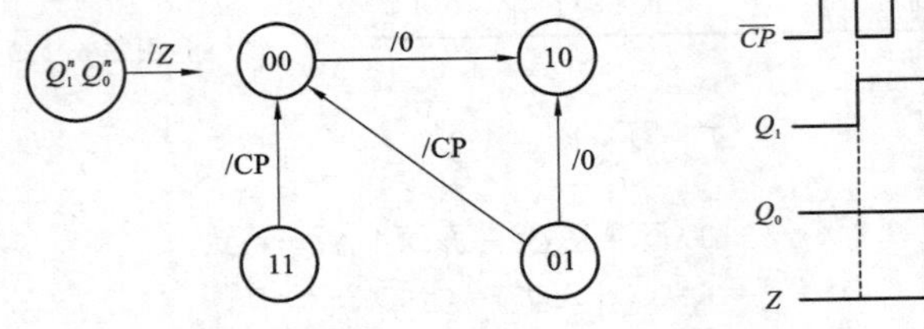

图题 6.2.6(a)

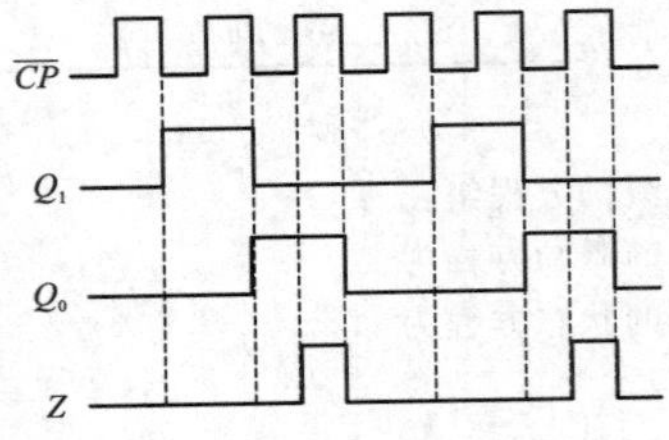

图题 6.2.6(b)

6.2.7 该电路为六进制计数器，又称为六分频电路，且无自启动能力。所谓分频电路是将输入的高频信号变为低频信号输出的电路。六分频是指输出信号的频率为输入信号频率的六分之一。

6.3 异步时序逻辑电路的分析

6.3.1 该电路是异步五进制递增计数器，且具有自启动能力。

电路的状态图如图题 6.3.1 所示。

6.3.2 略。

6.3.3 该电路是异步七进制递增计数器，且具有自启动能力。

电路的状态图如图题 6.3.3 所示。

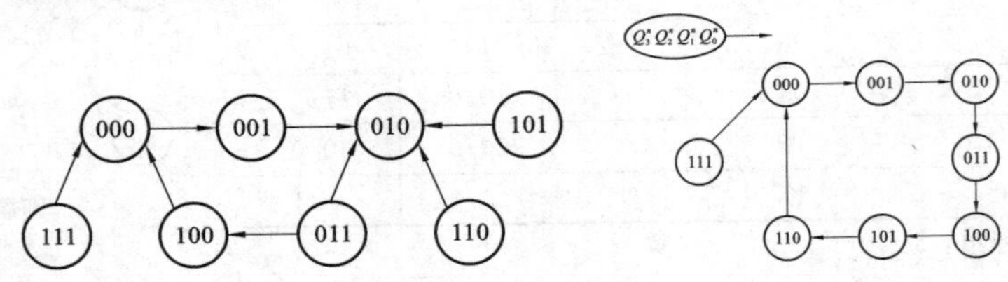

图题 6.3.1　　图题 6.3.3

6.3.4 时序图如图题 6.3.4(a)所示；状态图如图题 6.3.4(b)所示。

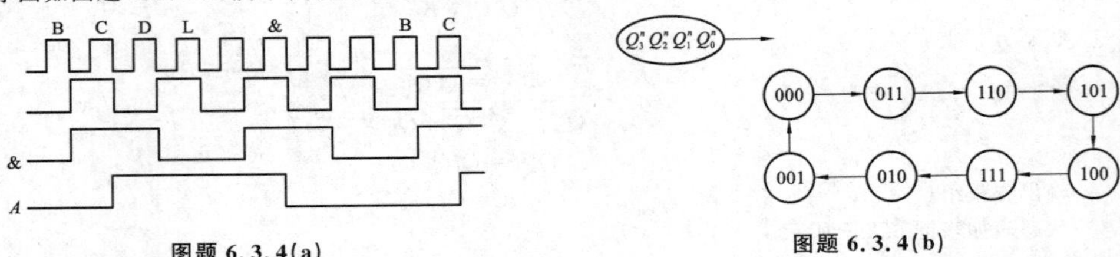

图题 6.3.4(a)　　图题 6.3.4(b)

6.4 若干典型的时序逻辑电路

6.4.1 输出波形如图题 6.4.1 所示。当低电平启动时，使 $S_1=1$，则 $S_1\ S_0=11$，因此并行输入，即 $Q_3Q_2Q_1Q_0=0111$。启动之后，$S_1=\overline{Q_3Q_2Q_1Q_0}=Q_3Q_2Q_1Q_0$，因此 $S_1\ S_0=01$，寄存器要完成右移操作。

6.4.2 如图题 6.4.2 所示。

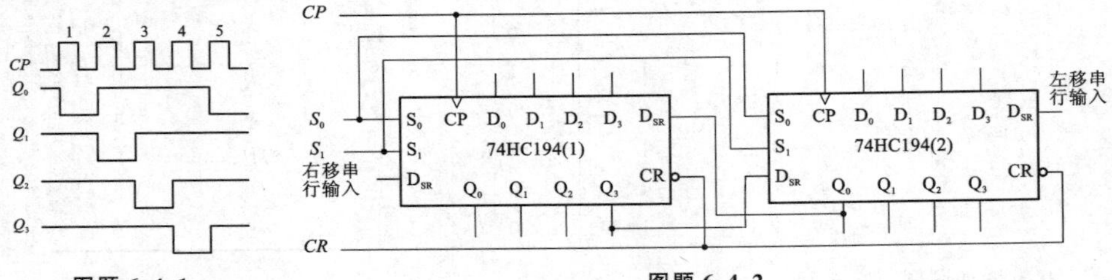

图题 6.4.1　　图题 6.4.2

6.4.3 状态转换表如表题 6.4.3 所示。

表题 6.4.3

逻辑关系式	$S_R=\overline{Q_2Q_3}$	Q_0	Q_1	Q_2	Q_3
状态迁移关系	1	0	0	0	0
	1	1	0	0	0
	1	1	1	0	0
	1	1	1	1	0
	0	1	1	1	1
	0	0	1	1	1
	0	0	0	1	1
	1	0	0	0	1

该电路为七进制计数器，又称为七分频电路。

6.4.4 逻辑图如图题 6.4.4 所示。

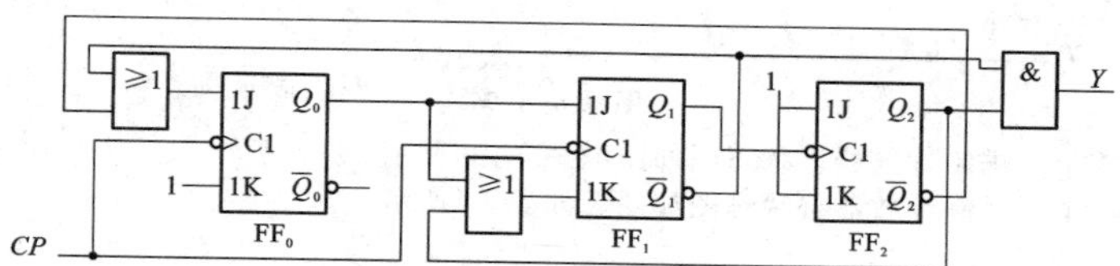

图题 6.4.4

6.4.5 异步 3 位二进制加法计数器逻辑图如图题 6.4.5(a)所示；异步 3 位二进制减法计数器逻辑图如图题 6.4.5(b)所示。

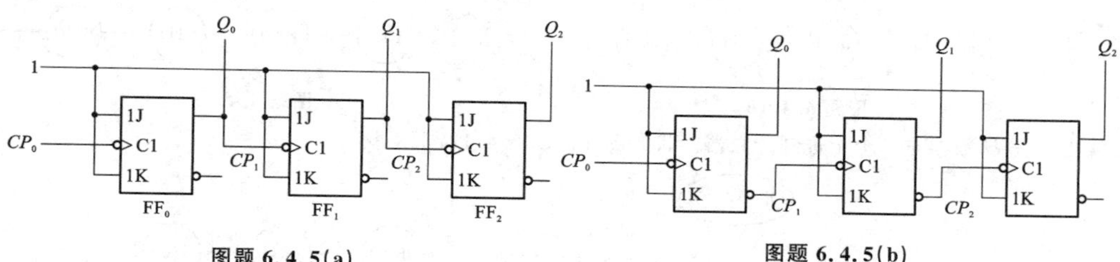

图题 6.4.5(a)

图题 6.4.5(b)

6.4.6 逻辑图如图题 6.4.6 所示。

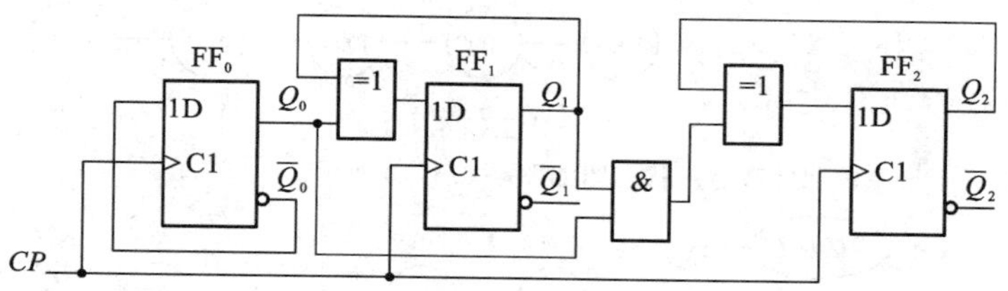

图题 6.4.6

6.4.7 该电路是五进制计数器。波形图如图题 6.4.7 所示。

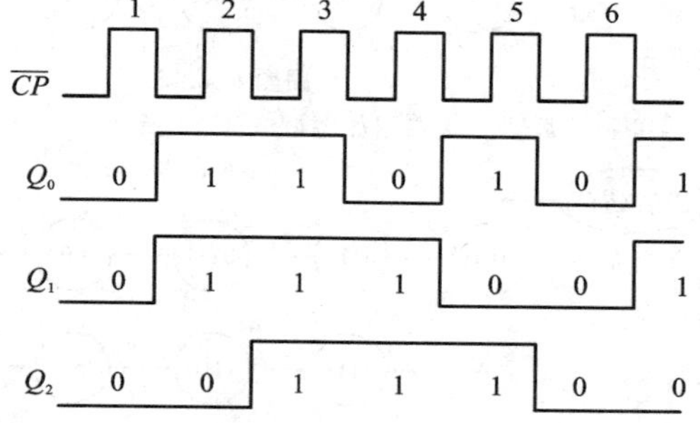

图题 6.4.7

6.4.8 下降沿触发的 D 触发器设计 8421BCD 异步计数器电路如图题 6.4.8 所示。

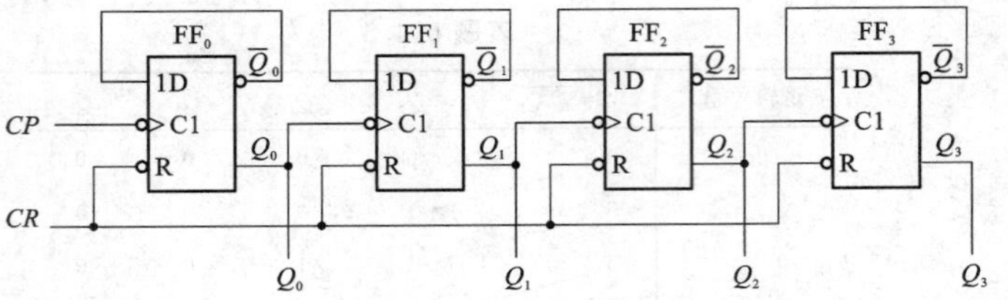

图题 6.4.8

6.4.9 D触发器构成模6同步计数器电路图如题6.4.9所示。

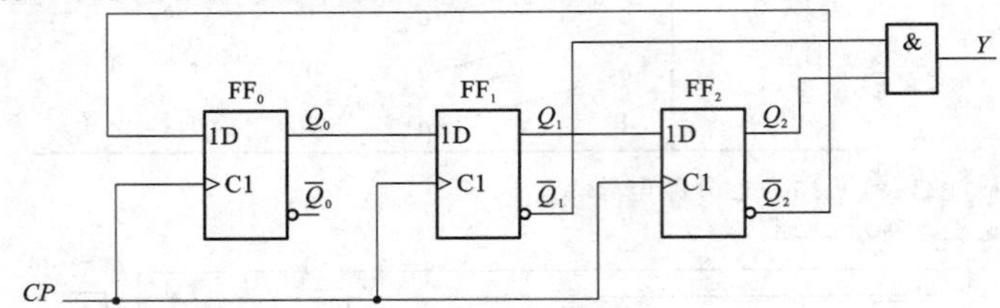

图题 6.4.9

6.4.10 该计数器是一个六进制计数器。状态图如图题6.4.10所示。

6.4.11 该计数器是一个十进制计数器。状态图如图题6.4.11所示。

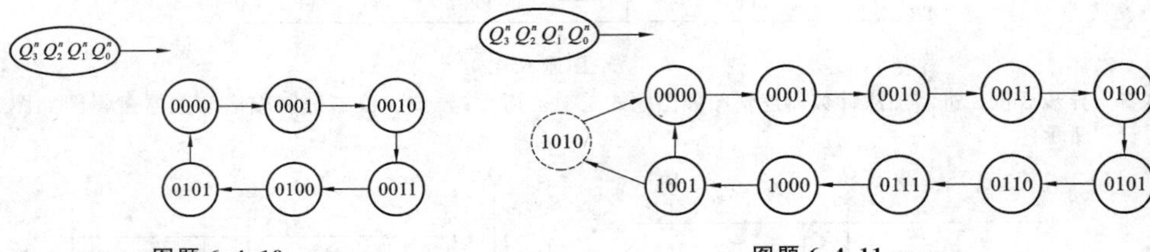

图题 6.4.10　　　　图题 6.4.11

6.4.12 该计数器是一个十进制计数器。状态图如图题6.4.12所示。

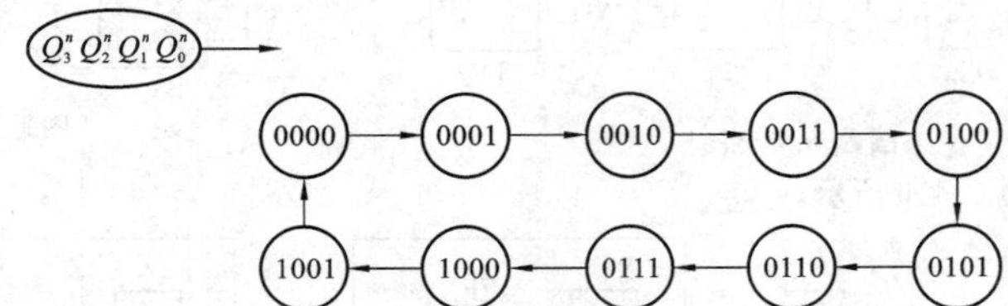

图题 6.4.12

6.4.13 此计数器是一个十一进制计数器。状态图如图题6.4.13所示。

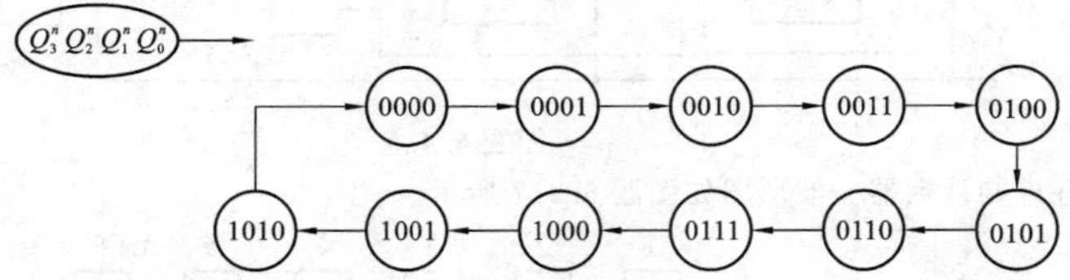

图题 6.4.13

6.4.14 该计数器是一个十一进制计数器。状态图如图题6.4.14所示。

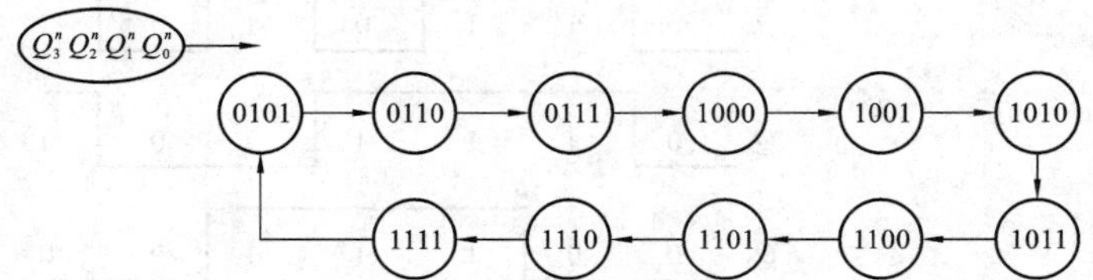

图题 6.4.14

6.4.15 状态图如图题6.4.15(a)所示；逻辑图如图题6.4.15(b)所示。

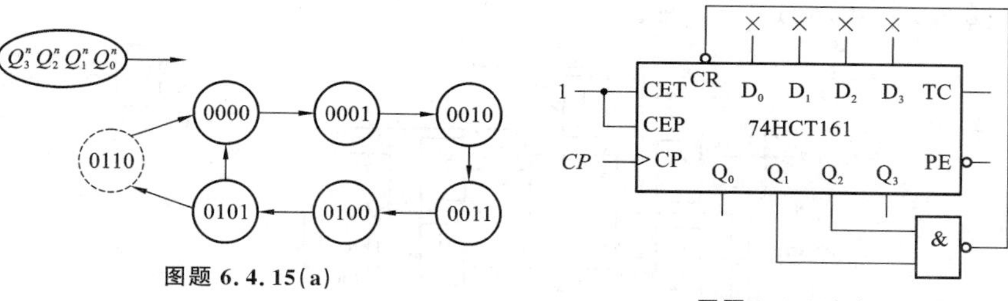

图题 6.4.15(a)

图题 6.4.15(b)

6.4.16 方法一:置全 0。

状态图如图题 6.4.16(a)所示;逻辑图如图题 6.4.15(b)所示。

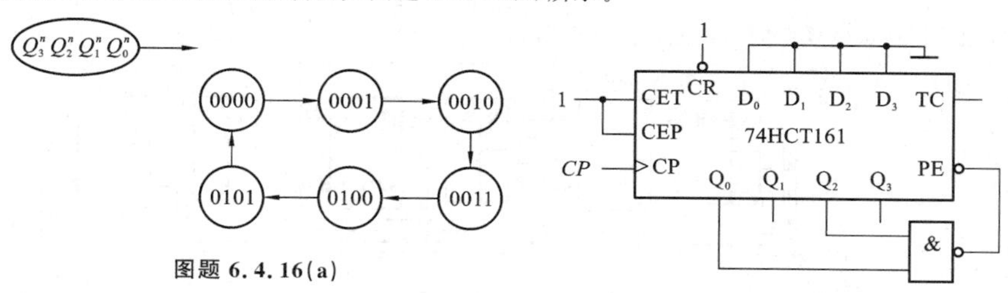

图题 6.4.16(a)

图题 6.4.16(b)

方法二:置非全 0。

状态图如图题 6.4.16(c)所示;逻辑图如图题 6.4.16(d)所示。

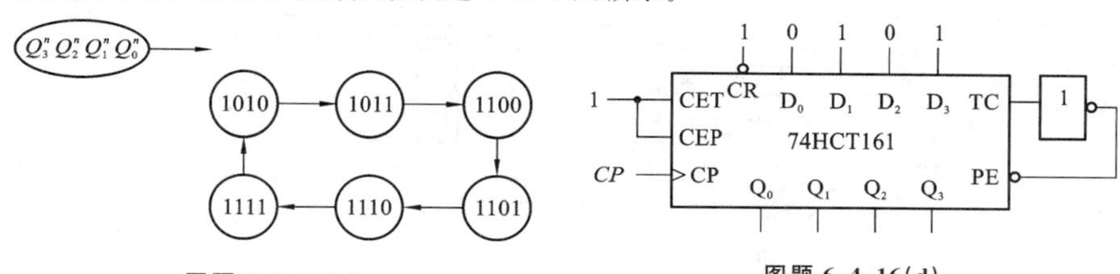

图题 6.4.16(c)

图题 6.4.16(d)

6.4.17 该计数器是一个模 174 计数器。

6.4.18 该计数器是一个 174 进制的计数器。

6.4.19 方法一:整体反馈复 0。

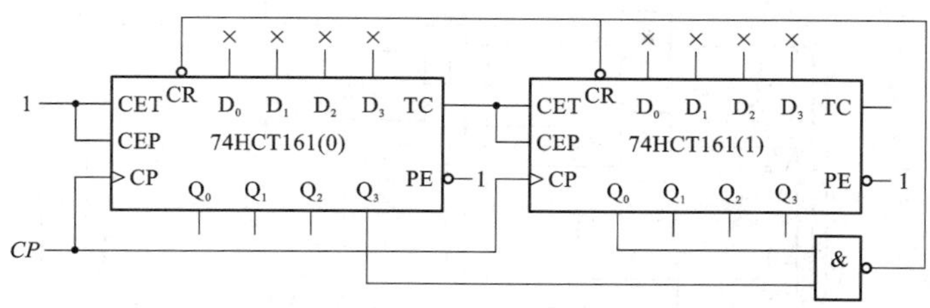

图题 6.4.19(a)

方法二:整体预置法。

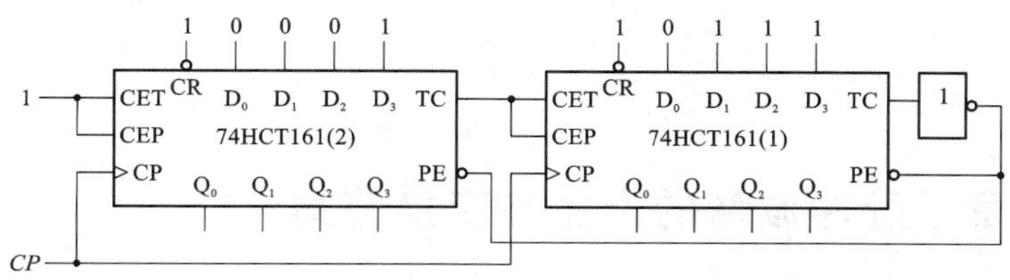

图题 6.4.19(b)

6.5 同步时序逻辑电路的设计

6.5.1 D 触发器实现的最简激励方程组为

$$\begin{cases} D_2 = \overline{Q_0^n} \\ D_1 = \overline{Q_2^n}Q_1^n + \overline{Q_2^n}Q_0^n \\ D_0 = \overline{Q_1^n} \end{cases}$$

6.5.2　JK 触发器设计的同步时序电路图：

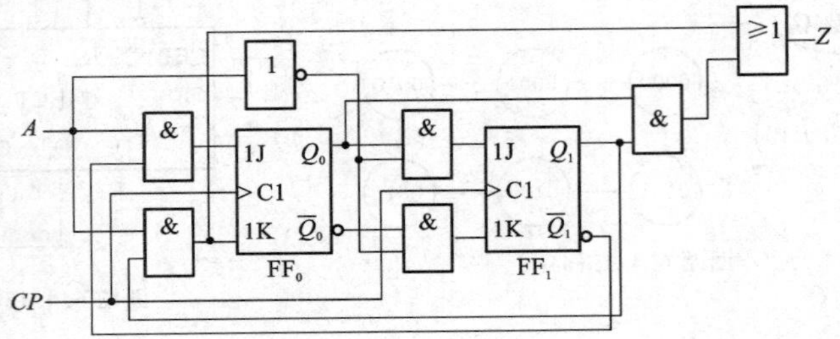

图题 6.5.2

6.5.3　D 触发器构成的模 7 同步加法计数器电路图：

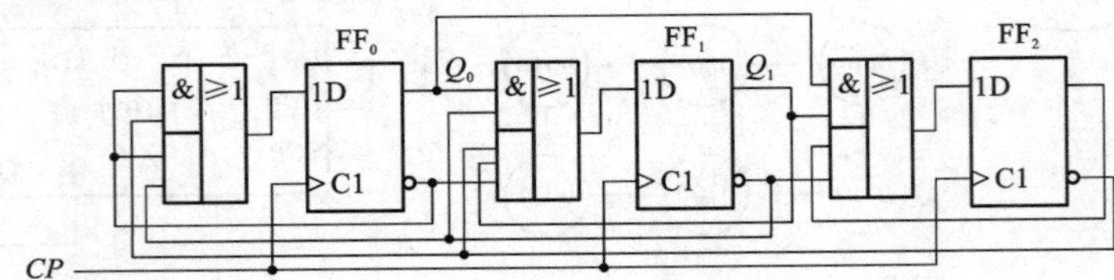

图题 6.5.3

6.5.4　JK 触发器完成“111”序列检测器的电路图：

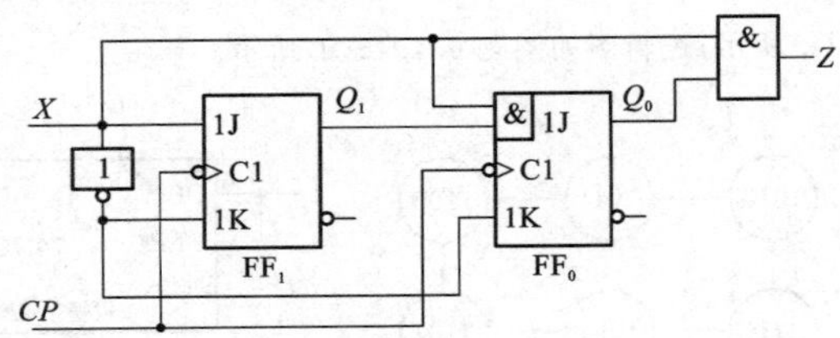

图题 6.5.4

6.5.5　序列检测器的设计电路图：

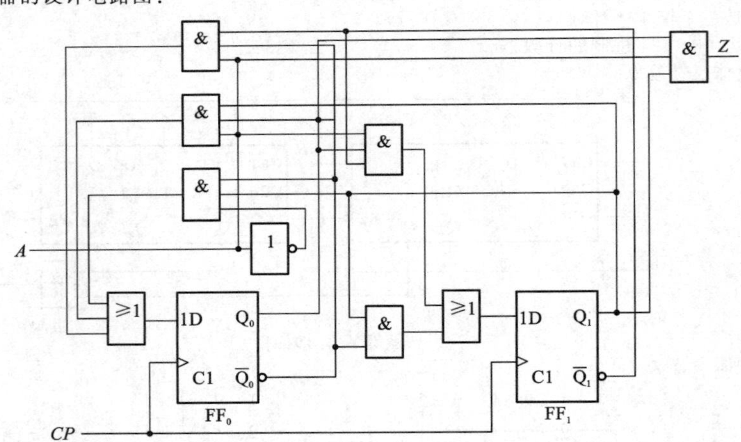

图题 6.5.5

第 7 章　脉冲波形的产生与变换答案

7.1　概述(略)

7.2　单稳态触发器

7.2.1　$t_w \approx 324.3\ \mu s$

7.2.3　$t_w = 0.69RC$

7.2.4　$t_w \approx (3.57 \sim 17.57)$ ms

7.2.5　$t_{w1} \approx 2$ ms，$t_{w2} \approx 1$ ms

7.3　施密特触发器

7.3.1 $V_{T+}=10\ V, V_{T-}=5\ V, \Delta V_T=5\ V$

7.3.2 $T=1.53\ ms$, $t_w\approx0.21\ ms$

7.3.3 $t_w=RC\ln 2.5$

7.4 多谐振荡器

7.4.1 $f\approx324.68\ Hz$

7.4.2 $f\approx4.8\ kHz$

7.4.3 $t_{PH}=R_1C\ln\frac{V_{CC}-V_{T-}}{V_{CC}-V_{T+}}$, $t_{PL}=R_2C\ln\frac{V_{T+}}{V_{T-}}$

$$f=\left(R_1C\ln\frac{V_{CC}-V_{T-}}{V_{CC}-V_{T+}}+R_2C\ln\frac{V_{T+}}{V_{T-}}\right)^{-1},\quad q(\%)=\frac{R_1C\ln\frac{V_{CC}-V_{T-}}{V_{CC}-V_{T+}}}{R_1C\ln\frac{V_{CC}-V_{T-}}{V_{CC}-V_{T+}}+R_2C\ln\frac{V_{T+}}{V_{T-}}}\times100\%$$

7.4.4 $T\approx1\ ms$

7.5 555 定时器

7.5.1 $t_w\approx3.3\ ms$

7.5.2 $t_w\approx5.5\ s$

7.5.3 (1)$V_{T+}=8\ V$, $V_{T-}=4\ V$, $\Delta V_T=4\ V$

(2) $V_{T+}=5\ V$, $V_{T-}=2.5\ V$, $\Delta V_T=2.5\ V$

7.5.4 $T\approx69.09\ ms$, $f=14.46\ Hz$, $q(\%)=52.38\%$

7.5.5 $f=\frac{1}{0.7R_AC+0.7R_BC}$

7.5.6 $R_1=910\ k\Omega$, $R_2=611\ \Omega$

7.5.10 $t_w=11\ s$, $f=9.52\ kHz$

7.5.11 $T=0.4\ s$

7.5.12 开关 S 断开时：$T=0.7(R_1+2R_2)C_1$；

开关 S 闭合时：$T=0.4R_1C_1+1.09R_2C_1$

第 8 章 数/模和模/数转换

8.1 概述(略)

8.2 D/A 转换器

8.2.1 $V_O=\frac{V_{REF}R_f}{2^3R}\sum_{i=0}^{3}D_i\times2^i=3.125\ V$

8.2.2 (1) 由 $V_O=-\frac{V_{REF}}{2^{10}}\sum_{i=0}^{9}(D_i\times2^i)$，得输出电压的取值范围为 $-V_{REF}\sim0$。

(2) $V_{REF}=-10\ V$

8.2.3 由 $V_O=\frac{V_{REF}R_f}{2^4R_1}\sum_{i=0}^{3}D_i\cdot2^i$，得 $R_f=24\ k\Omega$。

8.2.4 (1) $V_O=-\left(\frac{V_{REF}}{2^{10}\cdot R}\sum_{i=0}^{9}D_i\times2^i+\frac{V_B}{R_B}\right)R_f$；(2) $\frac{|V_B|}{R_B}=\frac{|V_{REF}|}{2R}$

8.2.5 由 $\frac{10^{-3}}{10}>\frac{1}{2^n-1}$，得 n 至少应为 10。

8.2.6 要实现 10 阶阶梯波输出，则要求 D/A 转换器连续输入十个数字量。用反馈置数法将 74161 接成模 10 计数器，使其输出作为 AD7520 低 4 位输入，AD7520 高 6 位接地，即得所要求设计的电路。

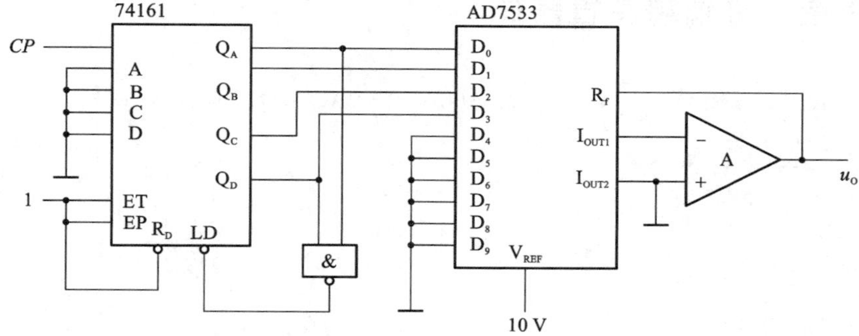

图题 8.2.6

8.2.7 权电阻网络型 DAC 优点：原理简单，适合于 n 较小的场合；缺点：当 n 增大时，权电阻阻值差别大，不易集成制造。

倒T形电阻网络型DAC优点：克服了T形的缺点，流过V_{REF}为恒定电流，有利于提高精度；缺点：模拟开关残余电压会影响精度。

权电流型DAC优点：克服了电子开关残余电压的影响，速度快；缺点：制造成本较高，功耗较大。

8.3 A/D **转换器**

8.3.1 A/D转换一般要经过4个过程：取样、保持、量化、编码；
A/D转换器按工作原理不同可分为直接A/D转换器和间接A/D转换器。

8.3.2 $\Delta=\frac{2V_{REF}}{15}=\frac{14}{15}$ V；$D_2D_1D_0=011$

8.3.3 完成一次转换所需时间：$T=n\times T_c=n\times\frac{1}{f}=10^{-5}$ s$=10$ μs
若$T<100$ μs，则时钟频率至少应为0.1 MHz。

8.3.4 转换结果为：10010011

8.3.5 $D_3D_2D_1D_0=0101$；$D_5D_4D_3D_2D_1D_0=010100$

8.3.6 (1) $T_1=100\times T_c=100\times\frac{1}{f_c}=0.1$ s

(2) $|V_{O\max}|=\frac{T_1V_{I\max}}{\tau}=\frac{T_1V_{I\max}}{RC}=5$ V

(3) 由$M=\frac{T_2}{T_c}=\frac{2^n}{V_{REF}}V_I$，$(2^n)_{10}=100$，得$V_I=8$ V

8.3.7 V_I和V_{REF}极性相反，并且$|V_I|<|V_{REF}|$。
若$|V_I|>|V_{REF}|$，则第二次积分期间计数器可能发生溢出。

8.3.8 完成一次转换最长需要$2^{n+1}T_c=2^{n+1}\times\frac{1}{f_c}=\frac{2^9}{10\times10^3}=5.12$ ms

8.3.9 由$10/2^n<2.5\times10^{-3}$，得$n=12$，所以至少应选12位的ADC。

8.3.10 并行比较型ADC是将输入信号和各个量化电平同时比较后，立即得到结果。其优点是：一次比较得到结果，速度最快；缺点是：当n增大时，比较器阵列迅速增大，价格升高。

逐次比较型ADC是根据逐次逼近码逐次产生一系列参考电平V_F和V_A比较后得到结果。其优点是：N位ADC通过n次比较得到结果只要一个比较器；缺点是：速度比并行型略慢。

双积分型ADC是通过对V_A都能够积分和对V_{REF}定值积分，二次积分电荷达到平衡时，得到表示V_A大小的量化数字。其优点是：有很高的分辨率，电路简单，价格低，并有抗干扰能力；缺点是：速度较慢。

第9章 半导体存储器

一、选择题

1. D **2.** C **3.** C **4.** C **5.** C **6.** A **7.** D
8. B **9.** D **10.** C **11.** A **12.** ACD **13.** B

二、简答题

1. 8位

2. (1) 64 K个存储单元，16根地址线，1根数据线；
(2) 1 M个存储单元，18根地址线，4根数据线；
(3) 1 M个存储单元，18根地址线，1根数据线；
(4) 1 M个存储单元，17根地址线，8根数据线。

3. 存储容量 存取时间

第10章 可编程逻辑器件

一、选择题

1. ABCD **2.** ABCD **3.** AD **4.** A **5.** ABCD **6.** AC **7.** BD **8.** D

二、判断题

1. × **2.** √ **3.** × **4.** ×

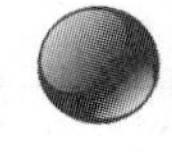

附　录

附录 A　常用逻辑符号对照表

名　称	国标符号	特异形符号
与门	&	
或门	≥1	
非门	1	
与非门	&	
或非门	≥1	
异或门	=1	
同或门	=	
漏极开路与非门	&	
三态输出非门	1 EN	
传输门	TG	
半加器	Σ CO	HA
全加器	Σ CI CO	FA
RS 锁存器（触发器）	S R	S Q R $\overline{Q}$
逻辑门控 RS 锁存器	1S C1 1R	S Q CK R $\overline{Q}$
上升沿触发 D 触发器	S C1 1D R	S_D CK Q D $\overline{Q}$ R_D

续表

名　称	国标符号	特异形符号
下降沿触发 JK 触发器	S 1J C1 1K R	S_D J Q CK K $\overline{Q}$ R_D
脉冲触发(主从) JK 触发器	S 1J C1 1K R	S_D J Q CK K $\overline{Q}$ R_D
带施密特触发特性的与门	&	

附录 B　CMOS 和 TTL 门电路的技术参数表

名称	参数		类别(系列) CMOS 74HC	CMOS 74HCT	TTL 74LS	TTL 74ALS
输入和输出电流	$I_{IH(max)}$/mA		0.001	0.001	0.02	0.02
	$I_{IL(max)}$/mA		−0.001	−0.001	−0.4	−0.1
	$I_{OH(max)}$/mA	CMOS 负载	−0.02	−0.02	−0.4	−0.4
		TTL 负载	−4	−4		
	$I_{OL(max)}$/mA	CMOS 负载	0.02	0.02	8	8
		TTL 负载	4	4		
输入和输出电压	$V_{IH(min)}$/V		3.5	2	2	2
	$V_{IL(max)}$/V		1.5	0.8	0.8	0.8
	$V_{OH(min)}$/V	CMOS 负载	4.9	4.9	2.7	3
		TTL 负载	3.84	3.84		
	$V_{OL(max)}$/V	CMOS 负载	0.1	0.1	0.5	0.5
		TTL 负载	0.33	0.33		
电源电压	V_{DD}或V_{CC}/V		4.5～5.5		2～6	
平均传输延迟时间	t_{pd}/ns		10	13	9	4
功耗	P_D/mW		0.56	0.39	2	1.2
扇出数	N_O^{**}		≥20	≥20	20	20
噪声容限	V_{NH}/V		1.4	2.9	0.7	1
	V_{NL}/V		1.4	0.7	0.3	0.3

附录C　本书常用符号表

符　　号	含　　义	符　　号	含　　义
E_I;E_O	使能输入;使能输出	V_{NH}	高电平噪声容限电压
f_{max}	最高工作频率	V_{OL}	输出低电平时的电压
J,K	JK 触发器的输入端	V_{OH}	输出高电平时的电压
N_I,N_O	扇入数,扇出数	V_{REF}	参考电压
R_D	锁存器和触发器的直接置 0 端	V_{TH}	阈值电压
S_D	锁存器和触发器的直接置 1 端	V_{T-}	施密特触发特性的负向阈值电压
A_0、A_1、A_2…	第 0、1、2…位译码器地址输入	V_{T+}	施密特触发特性的正向阈值电压
C	进位数	V_{ON}	开门电压
CP/CLK	时钟脉冲输入端	FF	触发器
D	数据输入端	G	逻辑门
D_{SR}	右移串行输入	Q	触发器的输出
$E(LE)$	使能控制端	P_D	功耗
q	占空比	R	RS 锁存器的复位端
T_N	N 沟道 MOSFET	BCD	二-十进制码
T_P	P 沟道 MOSFET	$F_{A>B}$、$F_{A<B}$、$F_{A=B}$	数字比较器输出
t	时间	CS	片选信号输入
t_{pd}	传输延迟时间	CR/CLR	清零
t_f	下降时间	D_I	移位寄存器串行输入
t_r	上升时间	D_{SL}	左移串行输入
t_w	脉冲宽度	S	RS 锁存器的置位端
V_{CC},V_{DD}	电源电压	T	周期或计数型触发器
V_{NL}	低电平噪声容限电压	×	任意态,无关项

参考文献

[1] 康华光. 电子技术基础(数字部分)[M]. 5 版. 北京:高等教育出版社,2006.
[2] 阎石. 数字电子技术基础[M]. 4 版. 北京:高等教育出版社,1998.
[3] 张建华. 数字电子技术[M]. 2 版. 北京:机械工业出版社,2006.
[4] 沈任元,吴勇. 数字电子技术基础[M]. 北京:机械工业出版社,2006.
[5] 彭容修. 数字电子技术基础[M]. 武汉:华中理工大学出版社,2000.